회로이론

권오규·이영삼·한수희·권보규 지음

청문각

'전기회로(Electric circuit)' 또는 줄여서 '회로'란 전류(electric current)가 흐르는 통로를 뜻하며, 전류란 전기를 띠고 있는 입자인 전하(electric charge)의 흐름을 말한다. 회로는 각종 산업용기기는 물론 생활필수품인 각종 가전제품과 컴퓨터, 통신, 사무용품들에 이르기까지 거의 모든 분야에 필수적 요소로서 두루 쓰이고 있다. 이와 같이 다양한 분야에서 사용하는 각종 장치에 들어있는 회로가 수행하는 역할은 전기에너지원으로부터 공급되는 에너지를 각종 기기에 전달해주거나 또는 각종 신호원이 지니고 있는 물리적·화학적·기계적 신호와 정보들을 처리하여 전기적 신호로 변환하여 여기에 연결된 각종 기기들에 전송해주는 것이다.

현대를 일컬어 '회로망(network)의 시대'라고 한다. 여기서 회로망이란 '회로들의 집합체'를 가리키는 말로서, 전기에너지를 발생하고 전송하여 수요자에게 공급해주는 전력 회로망, 화상이나 음성정보를 가공하여 원거리 전송계통을 통해 전달해주는 방송 회로망, 사람들 간의 의사소통을 연결해주는 통신 회로망, 가정에서 사용하는 각종 가전제품들과 장비들을 원격 및 자동으로 조정해주는 홈네트워크, 위성을 이용하여 지구 상의 위치정보를 알려주는 GPS(Global Positioning System) 네트워크 등 현대사회의 모든 분야에서 회로망은 필수적이면서 그 필요성이 날로 커지고 있는 거의 절대적인 요소로 자리잡고 있다.

이처럼 현대사회의 전 분야에서 필수적 요소로 사용되고 있는 회로망은 '회로들의 집합체'라고 할 수 있으며, 회로망의 기능과 동작특성에 대해 이해하려면 이를 이루고 있는 회로에 대한 이해를 필요로 한다. 따라서 회로를 사용하고 있는 각종 기기들의 동작특성을 파악하거나 이러한 기기들을 제작 및 설계하려면 핵심요소인 회로의 동작원리를 파악하고 회로를 해석하는 방법을 익혀야 한다. 이 책은 회로에 대한 이해를 돕기 위해 집필한 것이며, 회로의 구성요소와 성질을 이해한 다음, 이를 바탕으로 회로의 동작과 특성을 해석하고, 설계하는 방법인 회로이론을 정리하여 제시한다.

이 책에서는 회로이론을 누구나 쉽게 접근하여 익힐 수 있도록 다음과 같이 4개 부와 15개 장으로 체계를 구성하여 제시한다.

제1부(1~2장) : 회로 기본개념

1장과 2장을 통해 회로에 대한 기본개념을 세운다. 먼저 회로가 등장하기까지의 전기과학사를 간략히 살펴보고, 회로변수로서 전류, 전압, 전력에 대한 정의를 정리한다. 그리고 회로에서 성립하는 기본 원리인 에너지 보존의 법칙과 연속성의 법칙에 해당하는 키르히호프의 전압법칙과 전류법칙을 살펴보고, 회로를 이루는 기본 소자로서 저항(Resistor)과 직류전원의 특성을 이해하여 익힌다.

제2부(3~8장) : 직류회로 해석법

제1부에서 익힌 기본개념을 기초로 하여 직류전원과 저항만으로 이루어지는 단순한 직류저항회로를 대상으로 회로를 해석하고, 설계하는 체계적인 방법을 정리한다. 그리고 에너지 저장소자인 용량기(Capacitor)와 유도기(Inductor)의 전압전류 특성을 파악한 다음, 이 소자에 직류전원이 연결될 때의 회로응답 특성을 구하는 해석법을 익힌다.

제3부(9~12장) : 정현파 교류회로 해석법

전원이 정현파 교류인 경우에 회로를 해석하는 방법을 제시한다. 복소수로 표시되는 위상자와 임피던스 개념을 도입하면 정현파 교류전원과 RLC소자로 이루어진 회로의 해석법이 제2부에서 다룬 직류저항회로 해석법과 똑같아지며, 컴퓨터나 계산기를 활용하면 정현파 교류회로의 해석을 쉽게 처리할 수 있다는 것을 정리할 것이다.

제4부(13~15장) : 통합 회로 해석법

임의의 전원에 RLC소자나 증폭기 등으로 구성되는 일반회로를 해석하는 방법을 정리한다. 회로변수들에 라플라스 변환을 활용하여 회로소자를 임피던스와 변환함수로 표시하면 임의의 전원에 대해서도 제2부에서 익힌 저항회로해석법을 적용할 수 있으며, 통합회로해석이 가능해진다는 것을 알 수 있다.

이 책은 4년제 대학 학부생들과 현장 엔지니어들을 대상으로 집필하였다. 다루는 내용 가운데 조금 어려운 부분들은 해당 장절에 '*'를 표시하여 생략할 수 있도록 배려하였다. 회로이론이 기본해석법을 알고 보면 어렵지 않고 꽤 재미있는 학문이라는 것을 알려주고자 노력하였다. 계산과정이 복잡한 경우에는 컴퓨터 꾸러미를 활용함으로써 회로이론을 보다 쉽게 접근하면서 개념을 보다 구체적으로 정확하게 전달하도록 하였다. 특히 우리 기술로 만든 컴퓨터 꾸러미인 셈툴을 사용하여 해석하고 설계하는데 활용함으로써 이 분야의 기술 독립에 기여하도록 하였다. 또한 알기 쉬운 우리말 용어를 사용해서 회로이론에 대해 설명함으로써 이 학문에 보다 친근감을 느낄 수 있도록 배려하였다.

끝으로 이 책을 만드는 과정에서 회로도 작성과 도표 작성에 도움을 준 김창유, 양지혁, 김석윤, 박재헌 연구원들에게 고마운 마음을 전하며, 적극적으로 자료 제공을 도와주신 셈웨어에 감사드린다. 또한 이 책의 출간을 흔쾌히 맡아주신 청문각의 모든 분께 감사드린다. 이 책을 통해 많은 신세대 학생들과 현장 엔지니어들이 회로이론을 보다 쉽게 재미를 느끼면서 익히고, 이를 활용함으로써 우리나라 산업기술을 발전시키는 미래의 주역으로 성장하기를 바란다.

2015년 2월
저자 일동

차 례

차 례

PART

01

회로 기본이론

CIRCUIT THEORY

집안이 나쁘다고 탓하지 말라.
나는 아홉 살 때 아버지를 잃고 마을에서 쫓겨났다.

가난하다고 말하지 말라.
나는 들쥐를 잡아먹으며 연명했고,
목숨을 건 전쟁이 내 직업이고 내 일이었다.

작은 나라에서 태어났다고 말하지 말라.
그림자 말고는 친구도 없고 병사로만 10만.
백성은 어린애, 노인까지 합쳐 2백만도 되지 않았다.

배운 게 없다고 힘이 없다고 탓하지 말라.
나는 내 이름도 쓸 줄 몰랐으나
남의 말에 귀 기울이면서 현명해지는 법을 배웠다.

너무 막막하다고, 그래서 포기해야겠다고 말하지 말라.
나는 목에 칼을 쓰고도 탈출했고,
뺨에 화살을 맞고 죽었다 살아나기도 했다.

적은 밖에 있는 것이 아니라 내 안에 있었다.
나는 내게 거추장스러운 것은 깡그리 쓸어버렸다.

나를 극복하는 그 순간 나는 징기스칸이 되었다.

- CEO 징기스칸, 역경을 먹고 자라는 리더 -

회로의 기본개념

1.1 서론

전기(electricity)란 '양과 음의 두 종류의 전하(electric charge)가 존재하면서 이들 간의 상호작용에 의해 생기는 물리적 현상'을 일컫는 용어이다. 전하의 흐름을 전류(electric current)라 하며, 이러한 전류가 흐르는 길을 전기회로(electric circuit) 또는 줄여서 회로라고 한다. 회로는 각종 산업용기기는 물론이고 생활필수품인 각종 가전제품과 컴퓨터, 통신, 사무용품에 이르기까지 거의 모든 분야에 필수적 요소로 두루 쓰이고 있다. 이와 같이 다양한 분야에서 사용하는 각종 장치에 들어있는 회로가 수행하는 역할은 전기에너지원으로부터 공급되는 에너지를 각종 기기에 전달해주거나 각종 신호원이 지니고 있는 물리적·화학적·기계적 신호와 정보들을 처리하여 전기적 신호로 변환하여 여기에 연결된 각종 기기들에 전송해주는 것이다.

현대를 일컬어 '회로망(network)의 시대'라고 한다. 전기에너지를 발생하고 전송하여 수요자에게 공급해주는 전력 회로망, 화상이나 음성정보를 가공하여 원거리 전송계통을 통해 전달해주는 방송 회로망, 사람들 간의 의사소통을 연결해 주는 통신 회로망, 가정에서 사용하는 각종 가전제품들과 장비들을 원격 및 자동으로 조정해주는 홈 네트워크, 위성을 이용하여 지구 상의 위치정보를 알려주는 GPS(Global Positioning System) 네트워크 등 현대사회 모든 분야에서 회로망은 필수적이면서, 그 필요성이 날로 커지고 있는 거의 절대적인 요소로 자리 잡고 있다. 이처럼 현대사회의 전 분야에서 필수적 요소로 사용되고 있는 회로망은 '회로들의 집합체'라고 할 수 있으며, 회로망의 기능과 동작특성에 대해 이해하려면 이를 이루고 있는 회로에 대한 이해를 필요로 한다. 이 책은 이러한 회로망의 단위라고 할 수 있는 회로에 대한 이해를 돕기 위해 작성한 것이며, 회로의 구성요소와 성질을 이해하고, 이를 바탕으로 회로의 동작과 특성을 해석하고 설계하는 방법들을 정리하여 제시하고 있다.

이 장에서는 회로에 대한 기본개념을 세우기 위해 먼저 회로가 등장하기까지의 전기과학사를 간략히 살펴보고, 회로변수로서 전류, 전압, 전력에 대한 정의를 정리한다. 그리고 회로를 이루는 기본소자로서 저항과 전원의 특성을 이해하여 익힌 다음, 이러한 이해를 기초로 하여 회로를 해석하고, 설계하는 과정이 무엇인가를 개념적으로 정리한다. 그리고 회로변수 중에 전압과 전류의 값을 직접 측정하는 계기의 사용법과 특성에 대해서도 익힐 것이다. 회로해석 과정은 회로변수에 대한 수학적 관계식을 세우고 이를 풀어내는 수학적 연산과정을 필요로 하는데, 측정계기를 사용하는 경우에는 이러한 연산과정을 거치지 않고 간편하게 회로변수의 값을 구할 수 있다.

1.2 전기과학사

회로가 현대사회의 모든 분야에 활용되기까지에는 전기가 발견된 이래로 오랜 기간에 걸쳐 수많은 천재들이 전기의 성질을 규명하는 각종 이론을 개발하고, 획기적인 발명을 이룩하는 준비과정들이 있었다. 따라서 이 책에서 회로를 다루기에 앞서 먼저 이와 같은 회로가 등장하게 되는 배경지식으로서 회로에 관련된 전기과학사를 요약해보기로 한다. 전기에 대한 발견은 기원전부터 이루어졌는데, 철학자 탈레스(Thales, B.C. 640~546)가 호박(amber)의 마찰전기를 발견한 것이 기록상으로는 최초의 것으로 알려져 있다. 탈레스는 천연자석이 철을 잡아당기는 힘을 갖고 있다는 것도 실험을 통해 알고 있었으며, 이러한 지식은 이후 13세기에 나침반의 기초가 되었다.

1600년에 영국의 길버트(William Gilbert)는 당시까지의 전기와 자기에 관한 연구를 집대성하여 ‘De Magnete’라는 책을 발간하였다. 이 책은 당시의 풍조에 따라 라틴어로 저술되었는데, 길버트는 이 책에서 일련의 실험에 의해 물리적 현상들을 분석하는 과학적 방법과 절차를 제시하였다. 길버트의 연구를 기초로 보일(Robert Boyle)은 1675년에 전기에 관한 다수의 실험 결과들을 발표하였다. 그러나 이때까지의 연구는 전기의 근본적 성질을 규명하지는 못하였다.

1740년대 후반에 미국의 프랭클린(Benjamin Franklin, 1706~1790, 그림 1-1 참조)은 전하가 양과 음의 두 종류로 구성되어 있다는 이론을 개발하였는데, 이것은 전기의 근본적인 성질을 규명할 수 있는 획기적인 이론이었다. 그는 이러한 전하의 개념을 이용하여

1749년에 피뢰침(lightning rod)을 발명하였고, 1752년에는 구름에 연을 날려 올리는 실험을 통해 번개와 전기의 방전은 동일한 것임을 증명하였다.

이탈리아의 물리학자인 볼타(Alessandro Volta, 1745~1827, 그림 1−2 참조)는 이종금속 간의 접촉에서 전기가 발생한다는 것을 발견하였으며, 1794년부터 1797년에 걸쳐 스스로 고안한 정밀 검전기를 사용하여 갖가지 이종금속간의 접촉으로 생기는 전기량을 측정하여 금속의 이온화 서열을 발견하고, 접촉전위차 개념을 세웠다. 그는 이러한 연구를 기초로 하여 1799년에 구리판과 아연판 사이에 습한 천을 끼운 것을 수십 개 겹쳐서 만든 이른바 '볼타 열전기' 더미를 개발하였고, 이듬해에는 구리와 아연을 묽은 황산용액에 담근 볼타 전지를 발명하였다. 이와 같은 볼타의 업적을 기리는 뜻으로 그의 사후 54년에 전압의 단위를 볼트(volt, V)로 이름 붙이게 되었다.

1820년 덴마크의 물리학자인 외르스테드(Hans Oersted, 1777~1851)에 의해 전류가 자침 에 힘을 미친다는 성질이 발견되자, 곧 이어서 프랑스의 물리학자이자 수학자인 앙페르 (Andre−Marie Ampere, 1775~1836, 그림 1−3 참조)도 전류의 자기에 관한 실험을 하여 전류가 흐르는 도선 간에 힘이 작용함을 발견하였고, 이것을 수학적으로 해석하여 1825년 에 전류와 자기에 관한 '앙페르의 법칙'을 확립하였다. 또 전류가 흐르는 나선형 코일과

그림 1−1 벤자민 플랭클린

그림 1−2 알레산드로 볼타

그림 1−3 앙드레 앙페르

그림 1−4 제임스 주울

그림 1−5 제임스 맥스웰

자석과의 동등성 및 전기역학이론의 기초를 세웠다. 후대에 이와 같은 앙페르의 업적을 기리는 뜻에서 전류의 단위를 암페어(ampere, A)로 이름 짓게 되었다.

1841년 영국의 아마추어 과학자인 주울(James Joule, 1818~1899, 그림 1-4 참조)은 전류의 열작용을 발견하고, 이른바 '주울의 법칙'을 발표하였다. 그는 또한 열의 일당량의 정밀측정으로 유명한데, 1848년 일과 열은 서로 변환할 수가 있고, 그 전체의 양은 감소하는 법은 없다고 보아 그 직후부터 일련의 열의 일당량 실험을 시작하여 성공을 거두었다. 이러한 주울의 업적을 기리는 뜻으로 그의 이름은 에너지의 단위로 쓰이게 되었다.

1873년에 영국의 수리 물리학자 맥스웰(James Clerk Maxwell, 1831~1879, 그림 1-5 참조)은 명저 전자기학(Treatise on Electricity and Magnetism)을 발표함으로써 전자기학의 체계를 정립하였다. 그가 전자기학에서 거둔 업적은 장(filed)의 개념을 집대성한 것이다. 패러데이의 법칙에서 출발하여 유체역학적 모델을 사용해서 수학적 이론을 완성하고, 유명한 전자기장의 기초방정식인 맥스웰 방정식을 도출하여 전자기파의 존재를 증명하였다. 그리고 전자기파의 전파속도가 광속도와 같고, 전자기파가 횡파라는 사실도 밝힘으로써 빛의 전자기파설의 기초를 세웠다.

이후에 전기과학 및 공학사에서 이루어진 주요 사건들을 정리하면 다음과 같다.

- 1875년 : 벨(Alexander Graham Bell)이 전화기를 발명
- 1881년 : 미국 뉴욕 주의 나이아가라 폭포에 세계 최초의 수력발전소 건설
- 1899년 : 마르코니가 미국에서 영국까지 무선 라디오 신호를 전송
- 1915년 : 뉴욕-샌프란시스코 간의 장거리 상용 전화서비스 사업 개시
- 1927년 : TV기술 실험적으로 확립
- 1933년 : 암스트롱(Edwon Armstrong)이 FM 라디오 전송을 선보임
- 1946년 : 디지털 컴퓨터 ENIAC 출시
- 1948년 : Shockley, Bardeen, Brattain 3자 공동으로 트랜지스터 개발
- 1958년 : 위성통신 시작
- 1959년 : IC 개발
- 1987년 : 초전도체 개발
- 1995년 : 인터넷 개시

1.3 회로변수

앞절에서 간략히 언급하였듯이 회로란 '전류가 흐르는 길'이라고 말할 수 있다. 이를 좀 더 정확하게 정의하자면, 전기회로(electrical circuit)란 전류가 흐를 수 있도록 폐로를 이루면서 연결되어 있는 전기소자들의 집합을 말하며, 줄임말로 회로(circuit)라고 부르기도 한다. 이와 같은 회로에 대한 정의를 이해하고 제대로 다루려면 회로와 관련된 변수인 전류, 전압, 전력 등에 대해 알아야 한다. 이 절에서는 회로 내의 변수로서 전류, 전압, 전력의 정의와 이들 사이의 관계를 살펴보고, 이 변수들을 나타내는 단위계에 대해 요약하여 정리한다. 회로변수들을 수식으로 나타낼 때에는 영문자를 사용하는데, 시간에 대해 변하지 않는 상수들은 대문자로 표시하고, 변수들은 소문자로 표시하기로 한다.

1. 전류

전하(electrical charge)란 전기량을 말하며, 양과 극성으로 표시된다. 전하에는 양전하, 음전하 두 종류가 있으며, 단위는 쿨롱(coulomb)을 쓰며, 기호 C 로 표시한다. 전하를 띤 최소 입자는 전자인데, 전자 한 개의 전하량은 $q_e = -1.60 \times 10^{-19}$ C이다.

전류(electrical current)는 '전하의 흐름'이라는 뜻으로, 단위시간당 어떤 단면을 통과하면서 흐르는 전하량으로 정의된다. 시간 T 초 동안 전하량이 일정하게 증가하면서 QC만큼씩 흐르는 경우에 전류는 상수로서 $I = Q/T$ 로 표시되며, 전하량 q 가 시간에 따라 변하는 경우에 전류는 다음과 같이 표시된다.

$$i(t) = \frac{dq}{dt} \tag{1-1}$$

전류는 크기와 방향을 지니고 있다. 크기의 단위는 암페어(ampere)를 쓰고, 기호 A로 표시하며, 등가단위는 [A]=[C/s]이다. 전류의 방향은 양전하가 움직이는 방향으로 정의된다. 따라서 음전하인 전자가 이동하는 경우에는 전자가 이동하는 방향과는 반대방향으로 전류가 흐르는 것으로 본다. 전류의 방향 표시는 +, - 부호로 나타낸다. 전류의 방향을 지정해 놓은 상태에서 부호가 '+'이면 그 방향으로, '-'이면 반대방향으로 전류가 흐른다는 뜻이다.

식 1-1은 전류와 전하량의 관계를 미분식으로 나타낸 것인데, 이로부터 전류와 전하량의 관계를 필요에 따라 적분식으로 나타낼 수도 있다.

$$q(t) = \int_{-\infty}^{t} i(\tau)d\tau = q(t_0) + \int_{t_0}^{t} i(\tau)d\tau \qquad (1-2)$$

여기서 $q(t_0)$는 초기시점 t_0에서의 전하량으로 다음과 같이 정의되며,

$$q(t_0) = \int_{-\infty}^{t_0} i(\tau)d\tau$$

값이 미리 주어진 것으로 보거나, 초기시점 $q_e = -1.60 \times 10^{-19}$ 이전에 전류가 $q_e = -1.60 \times 10^{-19}$인 경우에는 $q_e = -1.60 \times 10^{-19}$으로 처리한다.

전류 중에 크기와 방향이 일정한 전류를 **직류**(DC, Direct Current), 시간에 따라 방향이 수시로 바뀌는 전류를 **교류**(AC, Alternate Current)라 한다. 교류의 경우에는 값이 수시로 변하므로 필요에 따라 다음과 같이 구간 $[t_0, \ t_0 + T]$에서 정의되는 **평균전류**(average current)를 대표값으로 사용한다.

$$I_{av} = \frac{q_T}{T} = \frac{1}{T}\int_{t_o}^{t_o + T} i(t)dt \qquad (1-3)$$

여기서 T는 초 단위로 표시되는 시간구간으로서 값이 주어지거나 전류가 주기함수일 때에는 주기를 T로 사용한다.

예제 1-1

어떤 단면을 통해 흐르는 전하량이 다음과 같을 때 전류를 구하시오.

$$q(t) = \begin{cases} 0, & t < 0 \\ A\sin\omega t, & t \geq 0 \end{cases}$$

여기서 A는 삼각함수의 진폭, ω는 각속도를 나타내는 상수이다.

풀이 식 1-1을 적용하면 전류는 다음과 같이 구할 수 있다.

$$i(t) = \begin{cases} 0, & t < 0 \\ \omega A\cos\omega t, & t \geq 0 \end{cases}$$

예제 1-2

어떤 단면을 통해 흐르는 전하량이 그림 1-6과 같을 때 전류를 구하시오.

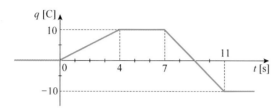

그림 1-6 예제 1-2의 전하량

풀이 그림 1-6으로 표시되는 전하량을 수식으로 나타내면 다음과 같다.

$$q(t) = \begin{cases} 0, & t < 0 \\ 2.5t, & 0 \leq t < 4 \\ 10, & 4 \leq t < 7 \\ -5(t-9), & 7 \leq t < 11 \\ -10, & t \geq 11 \end{cases}$$

따라서 식 1-1로부터 위의 식을 미분하면 전류를 다음과 같이 구할 수 있으며,

$$i(t) = \begin{cases} 0, & t < 0 \\ 2.5, & 0 \leq t < 4 \\ 0, & 4 \leq t < 7 \\ -5, & 7 \leq t < 11 \\ 0, & t \geq 11 \end{cases}$$

전류파형을 그래프로 나타내면 그림 1-7과 같다.

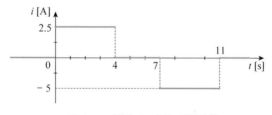

그림 1-7 예제 1-2의 전류파형

예제 1-3

어떤 회로에 흐르는 전류가 그림 1-8(a)와 같을 때 대응하는 전하량을 구하고, 구간 [0, 4]초 동안에 흐른 평균전류를 계산하시오.

$$i(t) = \begin{cases} 0, & t < 0 \\ 2t, & 0 \leq t < 2 \\ -1, & 2 \leq t < 4 \\ 0, & t \geq 4 \end{cases}$$

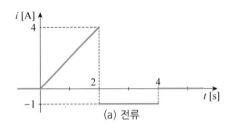

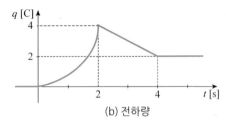

그림 1-8 예제 1-3의 파형 그래프

풀이 먼저, 식 1-2를 적용하면 전하량을 다음과 같이 구할 수 있다.

① $t < 0$일 때 $i = 0$이므로 $q(t) = \int_{-\infty}^{t} i(\tau)d\tau = 0\,[\text{C}]$이고, $q(0) = 0\,[\text{C}]$

② $0 \leq t < 2$일 때 $q(t) = q(0) + \int_{0}^{t} i(\tau)d\tau = 0 + [\tau^2]_{0}^{t} = t^2\,[\text{C}]$이고, $q(2) = 4\,[\text{C}]$

③ $2 \leq t < 4$일 때 $q(t) = q(2) + \int_{2}^{t} i(\tau)d\tau = 4 + [-\tau]_{2}^{t} = -t + 6\,[\text{C}]$이고, $q(4) = 2\,[\text{C}]$

④ $t \geq 4$일 때 $i = 0$이므로 $q(t) = q(4) + \int_{4}^{t} i(\tau)d\tau = 2 + 0 = 2\,[\text{C}]$

이것을 그래프로 나타내면 그림 1-8(b)와 같다. 여기서 [0, 4] 구간에 식 1-3을 적용하면
$t_0 = 0$, $T = 4$,, $q_T = \int_{0}^{4} i(\tau)d\tau = [q(\tau)]_{0}^{4} = q(4) - q(0) = 2\,[\text{C}]$이므로 이 구간에서의 평균전류는 $I_{av} = 2/4 = 0.5\,[\text{A}]$ 가 된다.

2. 전압

전압(voltage)이란 '단위 양전하를 두 점 사이에서 이동시키는데 필요한 에너지'로서, 에너지 w가 전하량 q에 따라 변하는 함수인 경우에 전압 v는 다음과 같이 정의된다.

$$v = \frac{dw}{dq} \qquad (1-4)$$

여기서 Q [C]당 이동 에너지가 일정하게 W [J] 만큼씩 드는 경우에 전압은 $V = W/Q$로서 상수가 된다. 전압의 단위는 볼트(volt)로서 기호 V로 표시하며, 등가단위로 나타내면 $V = J/C$이다.

전압은 두 점 사이에 정의되므로 크기와 +, -의 극성으로 나타내는데, '-' 부호가 표시된 점을 기준으로 '+' 부호가 표시된 점의 전압을 표시한다. 이처럼 전압은 기준점을 필요로 하기 때문에 회로 내에서 전압을 표시할 때에는 다음과 같은 표현법을 사용한다.

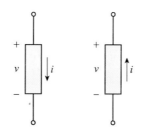

(a) 전압하강   (b) 전압상승

그림 1-9 전압극성 및 전류방향 표시법

v_{ab} : b점을 기준으로 할 때 a점의 전압

v_a : 전위기준점에 대한 a점의 전압

여기서 전위기준점이란 대상회로에서 전압측정의 기준점을 말하며, **접지점**(**ground node**)이 있는 경우에는 이 점을 사용하며, 그렇지 않은 경우에는 적절히 한 점을 지정하여 사용한다. 그리고 이 표현법에 의하면 v_{ba}는 a점을 기준으로 할 때 b점의 전압인데, 두 점이 서로 바뀐 전압인 v_{ab}와 크기는 서로 같고, 극성이 반대가 되므로 항상 $v_{ba} = -v_{ab}$가 성립한다.

회로에서 전압극성과 전류의 방향은 그림 1-9와 같이 표시하는데, 전류가 흐르는 방향으로 볼 때 전압이 +에서 -로 낮아지는 경우를 '**전압하강**(**voltage down**)'이라 하며, 전압이 -에서 +로 높아지는 경우를 '**전압상승**(**voltage up**)'이라고 한다.

3. 전력

전력(**electric power**)이란 회로에서 단위시간당 흡수하거나 공급하는 전기에너지로서 다음과 같이 정의된다.

$$p(t) = \frac{dw}{dt} \tag{1-5}$$

여기서 p는 전력, w는 에너지, t는 시간을 나타내는 변수이다. 식 1-5는 에너지가 시간에 따라 변화하는 경우에 해당하며, 시간 T초 [s] 당 에너지가 일정하게 W[J]이 전달되는 경우에 전력은 다음과 같이 상수가 된다.

$$P = \frac{W}{T}$$

식 1-5로 표시되는 전력의 정의는 앞에서 다룬 전류와 전압의 정의 식 1-1과 식 1-4로부터 다음과 같이 나타낼 수 있다.

$$p = \frac{dw}{dt} = \frac{dw}{dq}\frac{dq}{dt} = vi \qquad (1-6)$$

즉, 전력은 회로에 걸리는 전압과 전류의 곱으로 표현되며, 직류의 경우에는 $P = VI$가 된다. 전력의 단위로는 와트(W)를 사용하는데, 이것을 등가 단위로 나타내면 [W] = [J/s] = [VA]이다.

전력이 시간에 따라 변하는 경우에는 필요에 따라 다음과 같이 구간 $[t_0, t_0 + T]$에서 정의되는 **평균전력**(average power)을 대표값으로 사용한다.

$$P_{av} = \frac{w_T}{T} = \frac{1}{T}\int_{t_0}^{t_0+T} p(t)\,dt \qquad (1-7)$$

여기서 T는 식 1-3에서와 같이 초 단위로 표시되는 시간구간으로서 값이 주어지거나, 전력이 주기함수일 때 주기를 T로 사용한다.

회로에서는 소자의 특성에 따라 전력을 흡수하거나 공급하게 되는데, 이러한 경우를 각각 **흡수전력**(absorbed power), **공급전력**(supplied power)이라고 구분하여 부른다. 회로에서 흡수전력과 공급전력을 구분하는 것은 전압극성 및 전류방향과 밀접한 관련이 있는데, 그림 1-10에서 정리하기로 한다. 그림 1-10(a)와 같이 전류방향에 따라 전압하강으로 전압극성을 지정하는 방식을 **수동표시법**(passive convention)이라 하며, 그림 1-10(b)와 같이 전류방향에 따라 전압상승으로 극성을 지정하는 방식을 **능동표시법**(active convention)이라 한다. 이 가운데 수동표시법으로 전압전류를 지정한 경우에 전력이 양이면 흡수전력이고, 음이면 공급전력이다. 반대로 능동표시법으로 지정한 경우에 전력이 양이면 공급전력이고, 음이면 흡수전력이 된다. 그리고 동일한 소자에서 흡수전력과 공급전력은 필요에 따라 다음과 같이 부호를 바꿔 표시하기도 한다.

흡수전력=-(공급전력)

즉, 어떤 소자에서 "10 W를 흡수한다"는 표현은 "-10 W를 공급한다"는 표현과 같다.

전력량(total energy)은 회로가 어떤 시간동안 흡수하거나 공급한 총에너지로서 다음과 같이 정의된다.

$$w(t) = \int_{t_0}^{t} p(\tau)\,d\tau = \int_{t_0}^{t} v\,i\,d\tau \qquad (1-8)$$

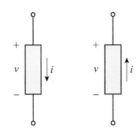

(a) 수동표시법   (b) 능동표시법

그림 1−10 흡수전력 및 공급전력

이것은 전력이 시간에 따라 변하는 경우에 해당하는 정의이며, 상수전력 P가 T초 동안 전달되는 경우에 전력량은 $W_T = PT = VIT$로서 상수가 된다.

전력량은 에너지이므로 단위는 주울(J)이지만 실제로는 실용 단위로 킬로와트시(kWh)를 많이 사용하며, 1 kWh를 등가 단위인 주울로 환산하면 다음과 같다.

$$1 \text{ kWh} = 1{,}000 \text{ W} \times 3{,}600 \text{ s} = 3.6 \text{ MJ} = -1.60 \times 10^{-19} \text{ J}$$

식 1−8에서 전력 p가 공급(흡수)전력이면 해당 에너지 w도 공급(흡수)전력량이 된다. 그리고 모든 회로 내에서 공급전력(량)과 흡수전력(량)의 크기는 에너지 보존의 법칙에 따라 항상 서로 일치한다.

예제 1−4

어떤 소자에 걸리는 전압과 흐르는 전류를 그림 1−11과 같은 수동표시법으로 나타낼 때 $i = 1$ A, $v_{ab} = -5$ V였다면 이 소자의 전력과 10초 동안의 전력량을 계산하시오.

그림 1−11 예제 1−4의 대상 소자

풀이 식 1−6에서 직류의 경우에는 전력이 $P = VI$이고, 식 1−8에서 $W = PT$이다. 그런데 전압과 전류는 수동표시법으로 표시되어 있으므로 대상전력(량)은 흡수전력(량)으로서 다음과 같이 계산할 수 있다.

$$P = VI = -5 \times 1 = -5 \text{ [W]}$$

$$W = PT = -5 \times 10 = -50 \text{ [J]}$$

따라서 대상전력은 공급전력 5 W, 공급전력량 50 J라고 표현할 수도 있다.

그림 1-11에서 전압을 v_{ab} 대신에 v_{ba}를 사용하면 능동표시법이 되고, $v_{ba} = -v_{ab} = 5\,\text{V}$ 이므로 공급전력 $P = VI = 5 \times 1 = 5\,[\text{W}]$, 공급전력량 $W = PT = 5 \times 10 = 50\,[\text{J}]$ 로 계산할 수도 있으며, 이 결과는 예제 1-4의 풀이와 같음을 알 수 있다.

예제 1-5

그림 1-12에서 전압, 전류가 다음과 같을 때 전력과 한주기 평균전력을 구하시오.

$$v(t) = 10\sin\frac{\pi}{2}t\ [\text{V}], \quad i(t) = \sin\frac{\pi}{2}t\ [\text{A}]$$

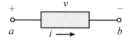

그림 1-12 예제 1-5의 대상 소자

풀이 수동표시법을 사용하고 있으므로 대상전력은 흡수전력이며, 식 1-6을 이용하면 전력을 다음과 같이 구할 수 있다.

$$p(t) = v(t)i(t) = 10\sin^2\frac{\pi}{2}t = 5(1 - \cos\pi t)\ [\text{W}]$$

여기서 전력 p의 주기를 구하면 $T = 2\pi/\pi = 2\,[\text{s}]$이므로 식 1-7을 써서 평균전력을 다음과 같이 구할 수 있다.

$$P_{av} = \frac{1}{2}\int_0^2 p(t)\,dt = \frac{1}{2}\int_0^2 5(1 - \cos\pi t)\,dt = 5\ [\text{W}]$$

예제 1-6

구름에서 땅 위로 벼락이 떨어질 때 평균전류는 $2 \times 10^4\,\text{A}$이고, 구름과 땅 사이의 전압은 $5 \times 10^8\,\text{V}$이다. 벼락의 지속시간이 $0.1\,\text{s}$일 경우 이 벼락에 의해 땅으로 전달되는 에너지는 얼마인지 계산하시오.

풀이 벼락이 지니는 전력은 식 1-6에 의해 $P = VI = (5 \times 10^8) \times (2 \times 10^4) = 10\ [\text{TW}]$이므로, 벼락에 의해 전달되는 에너지는 다음과 같다.

$$W = PT = 10 \times 0.1 = 1\ [\text{TJ}]$$

여기서 단위 앞에 붙은 기호 T는 10^{12}을 나타내는 단위 접두사이다(표 1-2 참조).

4. 단위계

전기회로에 나타나는 회로변수들의 단위 표시에는 국제단위계(SI, Système International)를 사용한다. 국제단위계란 1960년에 국제도량형총회에서 확정된 국제공인 단위계로서, 길이, 질량, 시간, 전류, 온도, 물질량, 광도의 단위인 [m], [kg], [s], [A], [K], [mol], [cd]를 기본 단위(base units)로 사용한다. 그리고 기본 단위로부터 파생되는 유도 단위(derived units)로는 표 1-1과 같은 단위들을 쓰며, 표 1-2와 같이 정의된 단위 접두사(units prefixes)를 사용한다.

표 1-1 국제단위계 유도 단위

변 량	단위 이름	기 호	등가단위
속 도	meter per second	m/s	
가속도	meter per square second	m/s^2	
평면각	radian	rad	
입체각	steradian	sr	
주파수	hertz	Hz	s^{-1}
힘	newton	N	kgm/s^2
압 력	pascal	Pa	N/m^2
밀 도	kilogram per cubic meter	kg/m^3	
에너지, 일	joule	J	Nm
전력, 일률	watt	W	J/s
전하량	coulomb	C	As
전 압	volt	V	J/C
저 항	ohm	Ω	V/A
전 도	siemens	S	A/V
정전용량	farad	F	C/V
자 속	weber	Wb	Vs
자속밀도	tesla	T	Wb/m^2
유도용량	henry	H	Wb/A

표 1-2 국제단위 접두사

배 수	접두사	기 호
10^{24}	yota	Y
10^{21}	zeta	Z
10^{18}	exa	E
10^{15}	peta	P
10^{12}	tera	T
10^{9}	giga	G
10^{6}	mega	M
10^{3}	kilo	k
10^{2}	hecto	h
10^{1}	deca	da
10^{-1}	deci	d
10^{-2}	centi	c
10^{-3}	milli	m
10^{-6}	micro	μ
10^{-9}	nano	n
10^{-12}	pico	p
10^{-15}	femto	f
10^{-18}	atto	a
10^{-18}	zepto	z
10^{-24}	yotto	y

1.4 회로소자

회로는 여러 가지 성분들로 구성되는데, 회로를 구성하는 요소들을 회로소자(circuit element)라 한다. 회로소자는 전기에너지를 공급할 수 있는가의 여부에 따라 능동소자(active element)와 수동소자(passive element)로 구분한다. 수동소자란 회로가 어떻게 구성되어도 모든 시점에서 전기에너지를 흡수만 하는 소자를 말하며, 회로에 부담을 주는 짐의 역할을 한다는 뜻에서 **부하**(load)라고도 한다. 그림 1−10(a)와 같은 수동표시법으로 전압과 전류를 표시할 때, 수동소자는 연결회로에 관계없이 모든 시점 t에서 다음과 같은 조건을 만족하는 것으로 정의된다.

$$w = \int_{-\infty}^{t} p(\tau)\, d\tau = \int_{-\infty}^{t} v\, i\, d\tau \; \geq \; 0 \qquad (1-9)$$

능동소자는 경우에 따라 전기에너지를 공급할 수 있는 소자를 말하며, 그림 1−10(b)의 능동표시법으로 표시되는 회로에서 연결 상태에 따라 어떤 한 시점 t에서 식 1−9를 만족한다. 수동소자의 예로는 저항, 코일, 커패시터(용량기) 등이 있으며, 능동소자로는 전압원, 전류원 등의 전원을 들 수 있다.

회로해석을 하려면 회로를 구성하고 있는 회로소자들의 전압전류 특성을 알고 있어야 한다. 이 소자들 가운데 저항과 전원의 특성에 대해서 간략히 정리하기로 한다. 코일과 커패시터(용량기)의 특성에 대해서는 6장에서 다루기로 한다.

1. 저항

저항기(resistor)는 모든 회로에 거의 필수적으로 쓰이는 소자이다. 이 소자는 전하의 흐름에 '저항'하는 성질을 지니고 있기 때문에 이러한 명칭을 사용한다. 옴(Ohm, 1787~1854)은 저항기 양단에 걸리는 전압과 흐르는 전류는 수동표시법에서 다음과 같은 관계를 만족한다는 것을 발견하였다.

$$v = R\,i \qquad (1-10)$$

식 1−10으로 표시되는 저항에서의 전압전류 관계를 '**옴의 법칙**(Ohm's law)'이라고 한다. 여기서 비례상수 R을 **저항**(resistance)이라고 하며, 전류의 흐름에 저항하는 성질을 나타내는 지표로 쓰인다. 저항의 단위는 옴(ohm, Ω)을 사용하며, 옴을 등가 단위로 나타내면 [Ω] = [V/A]이다. 식 1−10으로 표시되는 옴의 법칙은 필요에 따라 다음과 같이 나타내기도 하는데,

$$i = \frac{1}{R}v = Gv \qquad (1-11)$$

여기서 G는 저항의 역수로서 **전도**(conductance)라 하며, 단위는 지멘스(siemens, S), 또는 모(mho, ℧)를 사용하며, 등가단위로 표시하면 [S] = [A/V]이다. 다만, [S]는 국제단위(SI unit)로 공인된 것이며, [℧]는 실용 단위로서 지금도 더러 쓰이지만 공인된 것은 아니라는

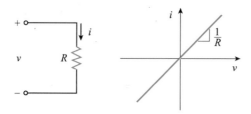

그림 1-13 저항 회로표시법과 전압전류 특성

점에 유의해야 한다.

저항의 회로표시법과 전압전류 특성을 나타내면 그림 1-13과 같다. 그림에서 나타낸 전압전류 특성은 가로축을 전압으로 사용하여 식 1-11을 표현한 것으로서, 전압전류 특성이 정비례 관계이므로 원점을 지나는 직선으로 표현된다. 따라서 이 직선의 기울기가 저항의 역수 또는 전도가 된다.

예제 1-7

그림 1-13의 저항회로에서 $v = 10\,\text{V}$일 때 $i = 0.5\,\text{A}$의 전류가 흐른다면 이 경우에 R의 저항값이 얼마인지 계산하시오.

풀이 저항에서는 식 1-10의 옴의 법칙이 성립하므로 저항값 R은 다음과 같이 구할 수 있다.

$$R = \frac{v}{i} = \frac{10}{0.5} = 20\,[\Omega]$$

예제 1-8

$1\,\text{M}\Omega$의 저항에 $100\,\text{V}$의 전압이 걸릴 때 이 저항에 흐르는 전류를 구하시오.

풀이 식 1-11에 의해 전류는 다음과 같이 계산할 수 있다.

$$i = \frac{v}{R} = \frac{100}{1 \times 10^6} = 100\,[\mu\text{A}]$$

회로해석 과정 중 필요에 따라 두 단자 사이를 개방하거나 단락시키는 경우가 자주 생기는데, 여기서 **개방**(open)이란 두 단자 사이에 회로소자를 연결하지 않고 열어놓은 상태를 말하고, **단락**(short)이란 두 단자를 붙인 상태를 말한다. 이렇게 회로를 개방하거나 단락한 상태를 각각 **개방회로**(open circuit)와 **단락회로**(short circuit)라고 하며, 회로도에서 나타내면 그림 1-14와 같다. 이 가운데 개방회로는 $R = \infty$로 나타낼 수 있으며, 이 경우에 전류는

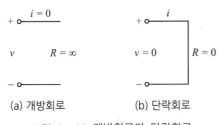

(a) 개방회로   (b) 단락회로

그림 1-14 개방회로와 단락회로

흐르지 않으므로 $i = 0$이 되고, 전압은 연결회로에 따라 결정된다. 반대로 단락회로는 $R = 0$으로 나타낼 수 있으며, 전압은 $v = 0$이 되고, 전류는 연결회로에 따라 결정된다.

저항은 회로에서 항상 전력을 흡수하고 소비하는 수동소자이다. 일반적으로 전력은 식 1-6의 표현과 같이 $p = vi$로 표시되는데, 저항에서는 식 1-10으로 표시되는 옴의 법칙이 성립하므로 이 관계를 이용하면 저항에서의 전력은 다음과 같다.

$$p = vi = (Ri)i = Ri^2$$
$$= v(v/R) = v^2/R$$

(1-12)

여기서 전압전류의 극성과 방향은 그림 1-13과 같이 수동표시법인데, 식 1-12를 보면 전력은 전류나 전압의 제곱에 비례하므로 항상 $p \geq 0$임을 알 수 있다. 따라서 식 1-9의 조건이 모든 시점에서 만족되어 전기에너지를 흡수만 하기 때문에 수동소자라는 것을 확인할 수 있다. 수동소자인 저항에 흡수되는 전력은 모두 열로 소비된다. 이와 같이 저항에서 소비되는 열을 주울열(Joule heating, ohmic heating)이라 하며, 저항에서 소비되는 전력을 **전력소비**(power dissipation) 또는 **소비전력**(dissipated power)이라고 한다. 저항에서는 식 1-12의 전력계산 공식에 의해 전압, 전류, 저항 중에 어느 두 가지만 값을 알면 소비전력을 계산할 수 있다.

예제 1-9

1 KΩ의 저항에 12 V의 전압이 걸릴 때 이 저항에서의 소비전력을 계산하고자 한다.

1) 전력계산 공식 $p = v^2/R$을 이용하여 소비전력을 구하시오.

2) 옴의 법칙에 의해 저항에 흐르는 전류 i를 구하고, $p = vi$ 와 $p = Ri^2$에 의해 소비전력을 각각 구한 다음 1)의 결과와 일치함을 확인하시오.

풀이 1) 전력공식 $p = v^2/R$에 주어진 전압과 저항수치를 대입하면 저항에서의 소비전력은 다음과 같이 계산된다.

$$p = \frac{12^2}{1 \times 10^3} = 144 \, [\text{mW}]$$

2) 옴의 법칙에 따라 전류를 구하면 $i = v/R = 12/(1 \times 10^3) = 12 \, [\text{mA}]$이고, 전력은 다음과 같이 계산된다.

$$p = vi = 12 \times 12 \times 10^{-3} = 144 \, [\text{mW}]$$

$$p = Ri^2 = 1 \times 10^3 \times (12 \times 10^{-3})^2 = 144 \, [\text{mW}]$$

위의 결과는 모두 1)의 결과와 일치함을 알 수 있으며, 저항에서의 소비전력은 식 1-12의 전력계산 공식 중에 어느 것을 써도 된다는 것을 확인할 수 있다.

예제 1-10

어떤 저항에 10 V의 전압이 걸릴 때 소비하는 전력이 2 W였다면 저항값은 얼마인지 계산하시오.

풀이 식 1-12에서 $p = v^2/R$이므로 저항은 다음과 같이 계산할 수 있다.

$$R = \frac{v^2}{p} = \frac{10^2}{2} = 50 \, [\Omega]$$

또는 식 1-11의 전력공식에 의해 전류를 $i = p/v = 2/10 = 0.2 \, [\text{A}]$로 구한 다음, 식 1-10의 옴의 법칙에 대입하여 $R = v/i = 10/0.2 = 50 \, [\Omega]$으로 구할 수도 있다.

---

2. 독립전원

독립전원(independent sources)이란 회로에 전기에너지를 공급하는 장치를 말하며, 줄여서 **전원**(electrical sources)이라고도 한다. 엄밀하게 정의하자면 연결회로의 회로변수에 관계없이 독립적으로 전압이나 전류를 공급하는 장치이다. 전원은 신호원의 형태에 따라 **전류원**과 **전압원**으로 구분되며, 이 가운데 전압원은 **기전력**(emf, electromotive force)이라고도 한다. 실제의 전원들은 어떤 한정된 동작범위에서만 일정한 전압이나 전류를 공급하는데, 편의상 무한 범위에서 동작하는 이상적 전원을 가정하여 회로해석에 사용한다. 따라서 회로에 등장하는 전압원이나 전류원들은 특별한 언급이 없으면 이상적인 것으로 간주한다.

이상적 전압원(ideal voltage source)은 연결회로에 흐르는 전류값에 상관없이 일정한 전압을 공급하는 장치이다. 이러한 전압원의 전압전류 특성은 그림 1-15(a)와 같은데, 이것을 그림 1-13에 나오는 저항의 전압전류 특성과 비교해보면, 기울기가 무한대이므로 다음과 같은 성질을 갖는다.

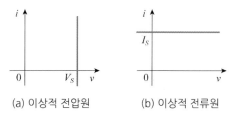

(a) 이상적 전압원   (b) 이상적 전류원

그림 1−15 이상적 전압원과 전류원의 전압전류 특성

전압원 내부저항 = 0

이상적 전류원(ideal current source)은 연결회로에 걸리는 전압값에 상관없이 일정한 전류를 공급하는 장치이다. 전류원의 전압전류 특성은 그림 1−15(b)와 같은데, 이것을 저항의 전압전류 특성과 비교해보면, 기울기가 0이므로 다음과 같은 성질을 갖는다.

전류원 내부저항 = ∞ (무한대)

전압원과 전류원의 내부저항에 관한 위의 성질들은 앞으로 회로해석에서 자주 사용될 것이므로 반드시 기억해두어야 한다.

전원은 시간변화에 따라 신호원값이 바뀌는가의 여부에 따라 **직류전원**과 **시변전원**으로 구분한다. **직류전원**(DC source)은 전원값이 시간에 따라 변하지 않고 상수인 전원을 말하며, 대표적인 예로는 전지(battery)가 있다. 그리고 **시변전원**(time-varying source)은 전원값이 시간의 함수인 전원이며, 정현파 전원을 대표적인 예로 들 수 있다. 정현파 전원은 흔히 **교류전원**(AC source)이라고도 한다. 직류전원과 교류전원을 회로도에 표시할 때에는 표 1−3과 같은 회로표시법을 사용하여 구분한다. 때로는 직류전원과 교류전원 표시법을 구분하지 않고 표 1−3에 제시하고 있는 일반적 표시법을 쓰기도 하는데, 이 경우에는 전원변수 v_s, i_s 가 상수이면 직류를, 정현파이면 교류를 나타내는 것으로 구분한다.

표 1−3 독립전원의 종류 및 회로표시법

직류전원 (전지)	정현파 교류전원		일반적 표시법	
	전압원	전류원	전압원	전류원
⊥	⊕(+∼−)	⊕(∼)	v_s ⊕(+−)	i_s ⊕(↑)

다음의 회로에서 $v_s = 12$[V], $i_s = 2$[A], $R = 3$[Ω]일 때

1) 전류 i 와 저항 R 에서의 흡수전력 및 전류원에서의 공급전력을 계산하시오.

2) $i_s = 4$[A]일 때 1)의 과정을 다시 계산하시오.

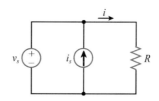

그림 1-16 예제 1-11의 회로

풀이 1) 저항 R 에 걸리는 전압은 독립전압원에 의해 v_s 로 결정되므로 옴의 법칙에 의해 식 1-11을 적용하여 전류 i 를 구할 수 있다.

$$i = \frac{v_s}{R} = \frac{12}{3} = 4 \,[\text{A}]$$

따라서 식 1-12의 전력공식에 의해 저항 흡수전력은 $p_R = i^2 R = 4^2 \times 3 = 48$ [W]이며, 전류원의 공급전력은 식 1-6에 의해 $p_i = v_s i_s = 12 \times 2 = 24$ [W]로 구해진다.

2) 저항 R 에 걸리는 전압 v_s 가 불변이므로 저항의 전류와 흡수전력은 1)과 같이 $i = 4$[A], $p_R = 48$ [W]이며, 전류원 공급전력은 $p_i = v_s i_s = 12 \times 4 = 48$ [W]로 구해진다.

예제 1-11에서는 전원 중에 전류원의 공급전력만 계산하였는데, 전압원 공급전력을 구해보면 1)에서는 24 W, 2)에서는 0 W로 계산되어 공급전력의 총합은 흡수전력의 총합과 항상 같음을 확인할 수 있다.

3. 종속전원

종속전원(dependent sources)이란 연결회로의 회로변수에 따라 종속적으로 전압이나 전류를 공급하는 장치이다. 전원값이 독립적으로 결정되지 않고 연결회로의 다른 가지 전압이나 전류의 함수로 표시되며, 5장에서 다룰 증폭기나 16장에서 다룰 4단자회로망 특성 표시에 유용하게 쓰인다. 종속전원의 값을 결정하는 다른 가지의 전압이나 전류를 **제어신호(control signal)**라 하며, 제어신호와 전원값의 형태에 따라 종속전원은 다음과 같이 네 가지로 구분한다.

- 전압제어전압원(VCVS, Voltage Controlled Voltage Source)
- 전류제어전압원(CCVS, Current Controlled Voltage Source)
- 전압제어전류원(VCCS, Voltage Controlled Current Source)
- 전류제어전류원(CCCS, Current Controlled Current Source)

종속전원의 회로표시법에는 마름모를 사용함으로써 원으로 표시되는 독립전원과 구분하며, 네 가지 종속전원의 회로표시법은 표 1−4와 같다. 종속전원은 반도체소자들의 증폭 특성이나 4단자회로망의 전압전류 전달 특성 등을 등가회로로 묘사하는데 활용된다. 예를 들어, 증폭소자인 트랜지스터의 등가모델을 종속전원을 써서 나타내면 그림 1−17과 같다.

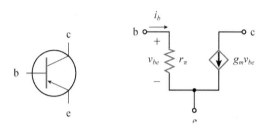

그림 1−17 트랜지스터와 등가모델

표 1−4 종속전원의 종류 및 회로표시법

종 류	회로표시법	종 류	회로표시법
VCVS 종속전원 이득 b [V/V]	v_c $v_d = b\,v_c$	VCCS 종속전원 이득 g [A/V] = [S]	v_c $i_d = g\,v_c$
CCVS 종속전원 이득 r [V/A] = [Ω]	i_c $v_d = r\,i_c$	CCCS 종속전원 이득 d [A/A]	i_c $i_d = d\,i_c$

다음의 회로에서 전류제어전압원의 공급전력을 계산하시오.

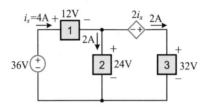

그림 1-18 예제 1-12의 회로

풀이 $i_x = 4$[A]이므로 CCVS 양단의 전압은 $2i_x = 2 \times 4 = 8$[V]이고, CCVS의 공급전력은 식 1-6에 의해 $p = vi = 8 \times 2 = 16$[W]로 결정된다.

1.5 회로해석과 설계

어떤 회로가 주어졌을 때 이 회로의 전압, 전류 특성을 분석하는 과정을 **회로해석(circuit analysis)**이라고 한다. 회로의 일반적인 구성을 그림 1-19에서 설명하자면, 대상회로망의 전원, 부하, 연결회로들이 모두 주어진 상태에서 전압, 전류, 전력, 즉 v_i, v_o, i_i, i_o, p_i, p_o 등을 계산하는 과정을 회로해석이라고 한다. 여기서 **부하(load)**란 전원으로부터 전력이나 신호를 전달받는 회로소자들의 집합을 말한다. 회로해석 과정은 전원과 부하 및 연결회로 내의 회로소자들의 전압전류 특성을 파악한 다음, 회로규칙을 이용하여 회로방정식들을 적절히 세우고, 이 방정식들을 연립하여 풂으로써 이루어진다. 이 과정의 첫째 단계로서 회로소자들의 전압전류 특성을 파악하기 위해 전원과 회로소자 중 저항의 전압전류 특성은 1.4절에서 다루었으며, 나머지 소자들인 증폭기와 코일 및 커패시터의 전압전류 특성에 대해서는 5장과 6장에서 다룰 것이다. 그리고 이 과정의 둘째 단계인 회로규칙과 회로방정식을 세워 푸는 방법은 2~4장에서 저항회로를 먼저 다룬 다음, 7장 이후에 일반 회로망을 다룰 것이다.

그림 1-19에서 원하는 전압전류 특성이 먼저 주어진 상태에서 이 특성을 갖는 회로를 구성하는 과정을 **회로설계(circuit design)**라 한다. 회로해석의 역과정이라고 할 수 있지만, 대부분의 회로해석 과정은 결과가 유일하게 나오는 반면에, 회로설계 과정의 해는 대부분 여러 가지로 나올 수 있기 때문에 회로해석에 비해 더 어려운 과정이라고 할 수 있다.

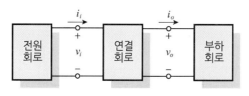

그림 1-19 회로의 일반적 구성

따라서 이 책에서는 회로설계 과정 중에 몇 가지 전형적인 기본회로들을 조합하여 구성하는 간단한 설계법을 6장에서 다룰 것이다. 참고로 일반적인 회로설계 과정은 전자전기 분야의 전공과목인 회로망 합성(network synthesis)에서 체계적으로 다룬다.

회로는 쓰임새에 따라 **전력전달 회로(power transfer circuit)**와 **신호처리 회로(signal processing circuit)**로 구분된다. 전력전달 회로란 부하에 필요로 하는 전력을 전달해주는 회로이며, 전력계통 내의 각종 기기들에 연결된 회로들이 대표적인 예이다. 신호처리 회로란 전원신호를 부하에서 요구하는 형태의 신호로 바꿔주는 회로이며, 증폭기, 다이오드와 같은 증폭 및 조파(wave shaping) 기능을 갖는 반도체소자를 포함하는 각종 전자회로들이 여기에 속한다. 이 책에서는 두 가지 회로 모두에 필요한 기본적인 회로해석 기법들을 다룰 것이다.

1.6 전압계와 전류계

회로해석은 회로규칙을 이용하여 회로방정식을 세우고 이로부터 회로 내의 전류, 전압, 전력 등을 계산하는 과정을 말한다. 따라서 회로해석은 필연적으로 대수방정식이나 미분방정식을 풀어내는 수학적 연산과정을 거치게 마련이며, 이를 처리할 수 있는 수학적 배경을 필요로 한다. 그런데 이러한 수학적 연산과정을 거치지 않고 회로 내의 전압이나 전류를 간단한 측정에 의해 결정할 수 있는 방법이 있다. 전압계(voltmeter)와 전류계(ammeter)라는 계기를 이용하면 아주 쉽게 전압과 전류를 측정할 수 있는 것이다. 이 절에서는 전압계와 전류계의 사용법에 대해 설명한다.

전압계와 전류계는 측정값을 표시하는 방식에 따라 **아날로그 계기(anolog meter)**와 **디지털 계기(digital meter)**로 나뉜다. 아날로그 계기는 측정값에 비례하는 각만큼 회전하는 전기 기계식 구동장치(driving unit)를 포함하고 있으며, 그림 1-20(a)와 같이 지침과 눈금판을 써서 측정값을 나타낸다. 디지털 계기는 전자식으로 구성되어 그림 1-20(b)와 같이 측정값을 숫자판에 직접 표시해준다. 한 개의 변수를 측정하거나 관측하는 경우에는 디지털 계기

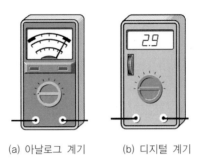

(a) 아날로그 계기　　　(b) 디지털 계기

그림 1-20 측정 계기

가 더 편리하고, 정확하여 휴대용이나 실험실용으로 많이 사용되고 있지만, 두 개 이상의 변수를 동시에 지속적으로 관측해야 하는 경우에는 아날로그 계기가 더 편리하기 때문에 대형 플랜트의 각종 감시제어장치 계기판에는 아날로그 계기들을 주로 사용하고 있다.

1. 전압계

전압계(voltmeter)란 전압을 측정하는 계기이다. 구체적으로 말하자면 회로 내 대상 소자 양단의 전압을 측정하는 계기로서, 그림 1-20에서 보는 바와 같이 계기에 연결된 두 개의 측정침(probe)을 대상 소자에 병렬로 접속하여 측정한다. 직류전압계의 경우 측정침 연결단에 +, -의 극성 표시가 되어 있으며, 이 극성에 맞추어 대상 소자 양단에 접속하여 측정하는데, 극성이 반대로 연결되어 있으면 디지털 계기에서는 지시치에 '-' 부호가 표시되고 측정이 가능하지만, 아날로그 계기에서는 지시침이 반대방향으로 움직이게 되어 측정이 불가능하므로 측정침의 접속을 반대로 바꾸어 측정한다.

계기를 이용하여 전압이나 전류를 측정하려면 필연적으로 계기를 대상회로에 접속해야 하는데, 이 경우 회로에 접속된 계기 자체가 회로 구성에 변화를 일으켜 회로응답이 달라질 수 있다. 이처럼 측정계기가 접속회로에 영향을 주어 회로응답이 바뀌는 현상을 **부하효과** (loading effect)라고 한다. 전압계는 대상 소자에 병렬로 접속하여 전압을 측정하는 계기인데, 부하효과가 안 생기려면 계기에 전압은 전달되지만, 계기로 유입되는 전류는 없어야 한다. 따라서 이상적인 전압계에서는 전압은 걸리지만 전류는 0이어야 하므로 내부저항은 무한대가 되어야 한다. 그러나 실제 전압계에서 내부저항이 무한대가 될 수는 없으므로, 일반 회로망에서 주로 사용하는 저항값의 범위가 수 kΩ 내지 수십 kΩ 규모라는 점을 고려하여 부하효과가 아주 작도록 만들기 위해 내부저항이 수십 MΩ 이상이 되도록 상용 전압계들이 제작된다. 내부저항이 높을수록 전압계의 부하효과가 줄어들어 이상적인 특성에 가까워진다.

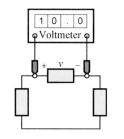

그림 1-21 직류전압계 연결법

2. 전류계

전류계(ammeter)란 회로 내의 어떤 가지에 흐르는 전류를 측정하는 계기를 말한다. 이 계기는 그림 1-22에서 보듯이 계기에 연결된 두 개의 측정침(probe)을 대상 소자 한쪽 단에 직렬로 접속하여 측정한다. 직류전류계의 경우 측정침 연결단에 +, -의 극성표시가 되어 있으며, 전류계의 '+' 단자 쪽으로 전류가 흘러들어가도록 극성을 맞추어 대상 소자 한쪽 단에 접속하여 측정한다. 직류전압계에서와 같이 직류전류계에서도 극성이 반대로 연결되어 있으면 디지털 계기에서는 지시치에 '-' 부호가 표시되어 측정할 수 있지만, 아날로그 계기에서는 지시침이 반대방향으로 움직이게 되어 측정할 수 없으므로 측정침의 접속을 바꿔서 측정해야 한다. 그림 1-22에서와 같이 연결된 상태에서 전류계의 지시치가 -2 A이면 실제 전류는 그림에 표시된 i의 반대방향으로 2 A가 흐른다는 뜻이다.

전류계도 전압계와 마찬가지로 부하효과를 일으킬 수 있다. 이상적인 전류계는 측정전류는 흐르게 하되 전류계에 걸리는 전압이 없어야 하므로 내부저항이 영이 되어야 하며, 내부저항이 낮을수록 이상적인 특성에 가깝다고 할 수 있다. 따라서 실제의 상용 전류계에서는 일반 회로망에서 주로 사용하는 저항값의 범위가 수 kΩ 내지 수십 kΩ 규모에 비추어 부하효과가 아주 작도록 내부저항이 수십 Ω 이하가 되도록 제작된다.

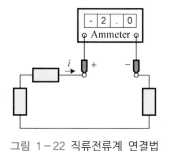

그림 1-22 직류전류계 연결법

표 1-5 전압계 전류계 회로표시법

전압계	전류계
 + Ⓥ − 	 + Ⓐ −

전압계와 전류계는 측정계기로서 회로소자는 아니지만 필요에 따라 회로에 계기를 표시하는 경우가 있는데, 이때에는 표 1-5와 같은 표시법을 사용한다. 여기서 +, − 극성표시는 직류계기를 나타낸 것이며, 교류계기에서는 극성표시를 생략한다.

예제 1-13

그림 1-23의 회로에서 전류계와 전압계를 써서 전류 i_c와 전압 v_d를 측정하여 그림과 같은 결과를 얻었을 때, 이 측정값으로부터 다음 값들을 계산하시오.

1) 종속전원 전류 i_d와 흡수전력
2) 3 Ω 저항과 2 Ω 저항 양단의 전압

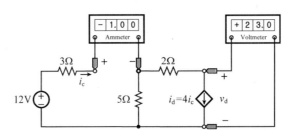

그림 1-23 예제 1-13의 회로

풀이 1) 종속전원 CCCS의 전류는 $i_d = 4 i_c$인데, 여기서 제어전류는 $i_c = -1$[A]이므로
$i_d = 4 \times (-1) = -4$[A]이고, 흡수전력은 $p_d = v_d\, i_d = 23 \times (-4) = -92$[W]이다.

2) 3 [Ω] 저항에 흐르는 전류는 $i_c = -1$[A]이므로 저항 왼쪽을 기준으로 할 때 오른쪽의 전압이 3×1 = 3 [V]이다. 그리고 2 Ω 저항에 흐르는 전류는 $i_d = -4$ [A]이므로 저항 왼쪽을 기준으로 할 때 오른쪽의 전압이 2×4 = 8 [V]이다.

예제 1-14

그림 1-24의 회로에서는 전압 v_c와 전류 i를 계기로 측정하였을 때의 결과를 보여주고 있다. 이 측정값을 이용하여 이 회로에서 각각의 저항과 종속전원에서 흡수하는 전력을 구하시오.

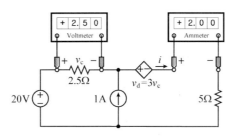

그림 1-24 예제 1-14의 회로

풀이 $2.5\ \Omega$ 저항 양단에 걸리는 전압이 $2.5\ V$이므로 이 저항의 흡수전력은 $2.5^2 = 2.5\ [W]$이다. 그리고 $5\ \Omega$ 저항에 흐르는 전류가 $2\ A$이므로 이 저항의 흡수전력은 $2^2 = 20\ [W]$로 결정된다. 한편 종속전압원에 걸리는 전압은 $3v_c = 3 \times 2.5 = 7.5\ [V]$이면서 '+'단으로 전류가 흘러 들어가므로 흡수전력은 $7.5 \times 2 = 15\ [W]$이다.

익힘문제

01 어떤 회로소자에 흐르는 전하가 다음과 같을 때, $t \geq 0$에서의 전류 $i(t)$ 를 구하시오.

$$q(t) = 5\left(1 - e^{-2t}\right) [\text{C}], \ t \geq 0$$

02 어떤 회로소자에 흘러들어가는 전류 $i(t)$ 가 다음과 같을 때, 이 소자에 흘러들어가는 전하량 $q(t)$ 를 구하시오.

$$i(t) = \begin{cases} 0, & t < 1 \\ 2, & 1 \leq t < 5 \\ -2, & 5 \leq t < 7 \\ 0, & t \geq 7 \end{cases}$$

03 자동차 전지(battery)의 정격은 암페어시(Ah)로 표시되며, 1 Ah는 등가 단위로 표시하면 다음과 같다.

$$1 \text{ [Ah]} = 1 \text{ [C/s]} \times 3{,}600 \text{ [s]} = 3{,}600 \text{ [C]}$$

이 관계를 이용하여 정격이 12 V, 200 Ah인 자동차 전지의 충전전하량과 에너지를 계산하시오.

04 그림 p1.4와 같이 구성된 회로에서 $v = 10$ V일 때, $i = 2$A, 4 A, -4 A의 각 경우에 대해 부하에 공급되는 전력을 구하시오.

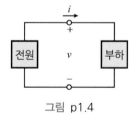

그림 p1.4

05 그림 p1.4의 회로에서 $v = 10 - 0.5i$ V일 때, $i = 2$A, 4 A, -4 A의 각 경우에 대해 부하에 공급되는 전력을 구하시오.

06 그림 p1.6의 회로에서 $v_s = 10$ V, $i_s = 1$ A, $R = 5\ \Omega$일 때

1) 전류 i 를 구하고 저항 R 에서의 흡수전력 및 각 전원에서의 공급전력을 계산하시오.

2) $i_s = 2$ A일 때 1)의 과정을 다시 계산하시오.

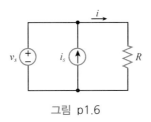

그림 p1.6

07 그림 p1.7의 회로에서 $v_s = 10 \text{ V}$, $i_s = 1 \text{ A}$, $R = 5 \text{ }\Omega$일 때

1) 전압 v 를 구하고, 저항 R 에서의 흡수전력 및 각 전원에서의 공급전력을 계산하시오.

2) $v_s = -5 \text{ V}$일 때 1)의 과정을 다시 계산하시오.

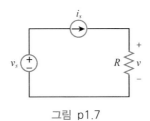

그림 p1.7

08 그림 p1.8(a), (b)의 회로에서 회로소자 각각의 전력을 계산하시오.

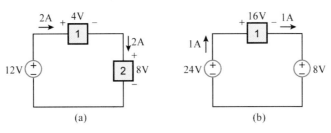

그림 p1.8

09 그림 p1.9(a), (b)의 회로에서 회로소자 각각의 전력을 계산하시오.

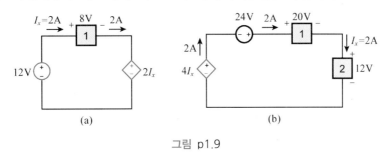

그림 p1.9

10 그림 p1.10의 회로에서 전류원의 공급전력이 24 W일 경우에 회로소자 1, 2 각각의 전력을 구하시오.

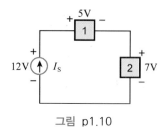

그림 p1.10

11 어떤 회로의 부하에서 소비하는 전력 $p(t)$가 다음과 같을 때 이 부하에서 소비하는 에너지 $w(t)$를 계산하시오.

$$p(t) = \begin{cases} 0, & t < 0 \\ 5, & 0 \leq t < 2 \\ 10, & 2 \leq t < 4 \\ 8, & t \geq 4 \end{cases}$$

12 그림 1-18의 회로에서 모든 회로소자 각각에서의 전력을 계산하시오.

13 그림 1-23의 회로에서 전압원과 저항 각각에서의 전력을 계산하시오.

14 그림 p1.14(a)의 회로에서 전류와 전압이 각각 (b), (c)와 같을 때 이 회로에서의 흡수전력을 계산하시오.

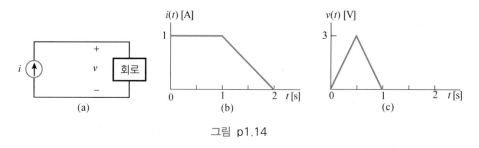

그림 p1.14

15 그림 p1.15와 같은 회로소자에서 $v(t) = 5\sin 5t$ [V], $i(t) = 2\cos 5t$ [A]일 때 공급전력 $p(t)$를 구하고, $t = 0.2$ s, $t = 0.5$ s, $t = 1$ s에서의 전력값을 계산하시오.

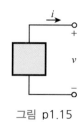

그림 p1.15

16 그림 p1.16의 회로에서 (a), (b) 각 소자의 공급전력을 구하시오(답 : (a) 36 W (b) −20 W).

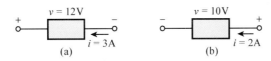

그림 p1.16

17 그림 p1.17의 회로에서 $v_s = 5\,V$, $i_s = 2\,A$일 때, (a), (b) 회로 각각에서 전원의 공급전력을 계산하시오(답 : (a) 전압원 10 W, 전류원 −10 W(b) 전압원 −10 W, 전류원 10 W).

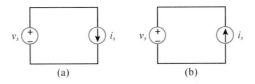

그림 p1.17

18 어떤 전원에 50 Ω의 부하를 연결하면 50 W를 공급하고, 250 Ω 부하를 연결하면 10 W를 공급한다면, 이 전원의 종류를 판단하고, 각 경우에 부하에 걸리는 전압과 전류를 계산하시오(답 : 전압원, 50 Ω 부하전압 = 50 V, 전류 = 1 A, 250 Ω 부하전압 = 50 V, 전류 = 0.2 A).

19 어떤 전원에 75 Ω의 부하를 연결하면 1.2 kw를 공급하고, 300 Ω 부하를 연결하면 4.8 kw를 공급한다면, 이 전원의 종류를 판단하고, 각 경우에 부하에 걸리는 전압과 전류를 계산하시오(답 : 전류원, 75 Ω 부하전압 = 300 V, 전류 = 4 A, 250 Ω 부하전압 = 1.2 kV, 전류 = 4 A).

20 그림 1−23의 회로에서 12 V 전압원의 공급전력을 계산하시오.

21 그림 1−24의 회로에서 20 V 전압원과 1 A 전류원의 공급전력을 계산하시오.

저항회로

2.1 서론

1장에서 다루었듯이 회로란 전원으로부터 부하에 필요로 하는 전력이나 신호를 전달하는 장치들의 집합을 말한다. 이러한 회로 중에 전원을 제외한 나머지 소자들이 모두 저항만으로 이루어진 경우를 **저항회로(resistive circuit)**라고 한다. 저항에서는 전압과 전류 사이에 옴의 법칙으로 표현되는 정비례관계가 성립하여, 저항회로의 회로방정식은 모두 1차연립방정식으로 구성되기 때문에 회로해석을 쉽게 처리할 수 있다.

수학에서 인수분해를 하려면 기본적인 공식을 알아야 하는 것과 같이, 회로를 해석하기 위해서는 회로에서 성립하는 기본적인 규칙들을 알아야 한다. 이러한 기본적인 규칙들은 회로소자들 자체의 성질과 에너지 보존의 법칙 등에 근거한 것이며, 이를 통틀어 **회로법칙(circuit law)**이라고 한다. 이 장에서는 저항회로에서 성립하는 회로규칙으로서 키르히호프의 전류법칙과 전압법칙, 직렬저항의 분압규칙, 병렬저항의 분류규칙, 전원의 직병렬 연결 등에 대해 정리한다. 이 법칙들은 저항회로 해석에 기본 공식으로 활용되며, 대상회로 내의 전압과 전류에 관한 회로방정식을 세우는 데 쓰인다. 이 장의 끝에서는 이러한 회로규칙들을 토대로 회로변수에 대한 1차 연립방정식을 세워서 저항회로를 해석하는 방법을 익힌다. 여기서 사용하는 회로규칙들은 저항회로에만 한정되지 않고 일반회로망에도 확장하여 적용할 수 있기 때문에 회로해석법의 기초로서 중요한 의미를 지닌다.

2.2 키르히호프의 법칙

키르히호프의 법칙(Kirchhoff's current law)은 회로에서 성립하는 가장 기본적인 규칙으로서, 1847년 키르히호프(G.W. Kirchhoff, 1824~1887)에 의해 제시된 것이다. 이 법칙은 전류법칙과 전압법칙 등 두 가지로 이루어지는데, 각각은 전류의 연속성과 회로 내에서의 에너지 보존법칙에 근거한 것이다. 그런데 연속성과 에너지 보존법칙은 저항회로 뿐만 아니라 모든 회로소자를 포함하는 일반 회로망에서도 성립하므로, 키르히호프의 법칙은 모든 회로에서 성립하는 일반 회로규칙이다. 그러면 이 법칙에 대해 살펴보기로 한다.

1. 전류법칙

영문약자로 KCL(Kirchhoff's current law) 또는 키르히호프의 제1법칙(Kirchhoff's 1st law)은 회로에서 전류의 연속성원리(continuity principle)에 근거한 것으로서 다음과 같이 표현된다.

회로 내의 임의 마디에서 나가는 전류의 합은 그 마디로 들어오는 전류의 합과 같다.

여기서 **마디**(node)란 회로에 있는 두 개 이상 소자들의 연결점을 말한다. 이 마디에 들어오는 전류의 부호를 +, 나가는 전류의 부호를 −로 정하면 전류법칙은 '임의 마디에서 모든 전류의 합은 0'이라고 표현할 수도 있다. 위에서 말하는 전류의 합이란 해당 마디에 연결된 각각의 가지에 흐르는 전류들의 합을 뜻하며, 여기서 **가지**(branch)란 마디에 연결된 소자들을 말한다.

예를 들어, 그림 2−1과 같은 회로에서 세 개의 소자가 연결된 마디에 전류법칙을 적용하면 다음 등식이 성립한다.

$$i_3 = i_1 + i_2$$

여기서 들어오는 전류의 부호를 +, 나가는 전류의 부호를 −로 정하면 전류법칙은 다음과 같이 표시되며, 같은 내용을 나타내고 있음을 알 수 있다.

$$i_1 + i_2 - i_3 = 0$$

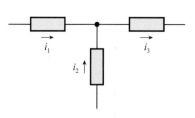

그림 2-1 전류법칙의 예

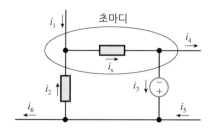

그림 2-2 초마디에서의 전류법칙

예제 2-1

회로소자를 포함하는 두 개 이상 마디들의 집합을 **초마디(super-node)**라고 한다. 그림 2-2의 초마디에서 다음과 같은 전류법칙이 성립하는 것을 보이시오.

$$i_1 + i_2 - i_3 - i_4 = 0$$

풀이 초마디 내부의 왼쪽 마디와 오른쪽 마디에 KCL을 각각 적용한 다음

$$i_1 + i_2 - i_s = 0$$

$$i_s - i_3 - i_4 = 0$$

이 두 개의 식을 더하면 위의 결과를 얻을 수 있다.

예제 2-1에서 볼 수 있듯이 전류법칙은 회로내의 모든 초마디에서도 성립한다. 초마디의 개념과 이 성질은 앞으로 다룰 마디해석법에서 중요한 역할을 할 것이다.

2. 전압법칙

영문약자로 **KVL(Kirchhoff's voltage law)** 또는 **키르히호프의 제2법칙(Kirchhoff's 2nd law)**은 회로 안에서의 에너지 보존법칙에 근거한 것으로서 다음과 같이 표현된다.

> **임의 폐로에서 전압하강의 합은 전압상승의 합과 같다.**

여기서 **폐로(closed path)**란 어떤 마디에서 출발하여 다른 마디들은 중복하지 않고 지나면서 출발 마디로 되돌아오는 닫힌 경로를 말하며, '루프(loop)' 또는 '고리'라고도 한다. 이 폐로에서 전압하강의 부호를 +, 전압상승의 부호를 −로 정하면 전압법칙은 '임의 폐로에서 모든 전압 상승과 하강의 합은 0'이라고 표현할 수도 있다.

예를 들면, 그림 2-3과 같은 회로를 대상으로 왼쪽의 폐로에 전압법칙을 적용하면 다음과 같은 전압방정식이 성립한다.

$$v_1 + v_2 = v_3$$

여기서 전압하강의 부호를 +, 전압상승의 부호를 −로 정하고, 전압법칙을 적용하면 전압방정식은 다음과 같이 표현된다.

$$v_1 + v_2 - v_3 = 0$$

전압상승과 하강의 부호를 고려하는 방식으로 전압법칙을 적용할 때에는 먼저 폐로의 회전방향을 임의로 정한 다음, 이 방향으로 폐로를 돌면서 만나는 회로소자 전압의 전단 극성부호를 사용해서 전압을 표시하는 방식으로 처리하면 틀리지 않고 쉽게 전압방정식을 표시할 수 있다. 그리고 전압법칙을 적용할 때 주의할 사항은 회로소자들을 연결해 주는 도선(conducting wire)의 저항값은 0으로 가정한다는 것이다. 따라서 도선에서는 전압하강이 전혀 없는 것으로 보고, 회로소자 양단의 전압상승이나 하강만을 고려하면 된다.

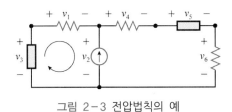

그림 2-3 전압법칙의 예

예제 2-2

그림 2-3의 회로에서 오른쪽 폐로와 회로의 가장자리 소자들로 이루어지는 폐로에 대해 각각 전압법칙을 적용하여 해당되는 전압방정식을 세우시오.

풀이 오른쪽 폐로에 시계방향으로 KVL을 적용하면 다음과 같은 식을 세울 수 있다.

$$-v_2 + v_4 + v_5 + v_6 = 0$$

가장자리 폐로에서 시계방향으로 KVL을 적용하면 전압방정식은 다음과 같다.

$$-v_3 + v_1 + v_4 + v_5 + v_6 = 0$$

2.3 직렬회로와 분압규칙

직렬회로(series circuit)란 그림 2-4에서 보듯이 두 회로소자 간에 한 마디만 공유하면서 연결되는 회로를 말한다. 직렬회로의 각 마디에 KCL을 적용하면 다음과 같은 성질이 성립하는 것을 알 수 있다.

$$i_1 = i_2 = i_3 = \cdots$$

즉, 직렬회로에서는 모든 가지전류(branch current)가 서로 같다는 것이다.

어떤 두 회로에서 두 개의 기준단자에서 본 전압과 전류가 서로 같으면 두 회로는 **등가(equivalent)**라고 말한다. 그림 2-5의 왼쪽과 같이 저항 두 개가 직렬로 연결된 회로는 필요에 따라 저항 한 개의 회로로 등가화할 수 있는데, 이처럼 하나로 등가화한 저항을 **직렬등가저항(series equivalent resistance)**이라고 한다. 그림 2-5의 회로에서 직렬등가저항은 두 저항의 합과 같다는 것을 알 수 있다. 즉, 그림 2-5의 두 회로가 등가라면 기준단자 a, b에서 본 전압과 전류가 각각 서로 같다는 것인데, 왼쪽 직렬회로에서 두 저항에 흐르는 전류는 같으므로 전압과 전류의 관계는 다음과 같이 표현된다.

$$v = iR_1 + iR_2 = i(R_1 + R_2)$$

오른쪽 회로에서 전압과 전류 관계식은 다음과 같으므로

$$v = iR_s$$

이로부터 직렬등가저항은 다음과 같이 두 직렬저항의 합이 됨을 알 수 있다.

$$R_s = R_1 + R_2$$

그리고 직렬저항회로에서 각 저항에 걸리는 전압은 다음과 같이 저항값에 비례하여 나뉜다.

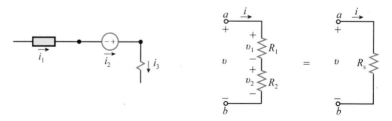

그림 2-4 직렬회로의 예　　　　　그림 2-5 직렬등가저항

$$v_1 = \frac{R_1}{R_1 + R_2}v = \frac{R_1}{R_s}v$$

$$v_2 = \frac{R_2}{R_1 + R_2}v = \frac{R_2}{R_s}v$$

이것을 직렬회로의 **분압규칙(voltage division rule)**이라 하는데, N개의 저항이 직렬로 연결된 일반적인 경우에는 다음과 같이 표시된다.

$$R_s = R_1 + R_2 + \cdots + R_N$$

$$v_k = \frac{R_k}{R_s}v, \quad k = 1, 2, \cdots, N \tag{2-1}$$

분압규칙에 특기할 사항은 직렬저항 중에 어느 한 저항이 개방되면, 즉 저항값이 무한대이면 모든 전압이 그 개방저항에만 걸리고 나머지 저항에는 전압이 걸리지 않는다는 점이다. 이러한 성질은 그림 2-5의 두 저항 직렬회로에서 개방가지의 저항을 ∞로 처리함으로써 간단히 보일 수 있으며, 일반적인 경우에도 식 2-1에서 개방가지의 저항이 무한대가 되는 점을 이용하면 개방가지에만 전체 전압이 걸리고, 나머지 가지들에 걸리는 전압은 0이 됨을 어렵지 않게 증명할 수 있다. 이와는 반대로 직렬저항 중에 어느 한 저항이 단락되면, 즉 저항값이 0이면 그 가지에는 전압이 걸리지 않고 나머지 저항 쪽에만 전압이 걸리게 되는데, 이것도 식 2-1에서 해당 가지의 저항을 0으로 놓음으로써 증명할 수 있다.

예제 2-3

그림 2-6의 직렬회로에서 $v_s = 10\,\text{V}$, $R_1 = 20\,\Omega$, $R_2 = 30\,\Omega$, $R_3 = 50\,\Omega$일 때 각 저항에 걸리는 전압과 소비전력을 구하시오.

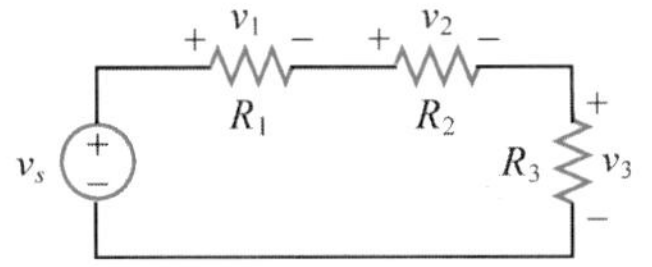

그림 2-6 예제 2-3의 회로

풀이 대상회로에 식 2-1의 분압규칙을 적용하면 각 저항에 걸리는 전압은 다음과 같이 저항값에 비례하여 나뉜다.

$$v_1 = \frac{R_1}{R_1 + R_2 + R_3}v_s = \frac{20}{20 + 30 + 50}10 = 2\,\text{V}$$

$$v_2 = \frac{R_2}{R_1 + R_2 + R_3}v_s = \frac{30}{20+30+50}10 = 3\,\text{V}$$

$$v_3 = \frac{R_3}{R_1 + R_2 + R_3}v_s = \frac{50}{20+30+50}10 = 5\,\text{V}$$

각 저항에서의 소비전력은 식 1-4를 적용하여 다음과 같이 구할 수 있으며

$$p_1 = \frac{v_1^2}{R_1} = \frac{2^2}{20} = 0.2\,\text{W}$$

$$p_2 = \frac{v_2^2}{R_2} = \frac{3^2}{30} = 0.3\,\text{W}$$

$$p_3 = \frac{v_3^2}{R_3} = \frac{5^2}{50} = 0.5\,\text{W}$$

직렬회로에서 소비전력은 저항값에 정비례함을 알 수 있다.

2.4 병렬회로와 분류규칙

병렬회로(parallel circuit)란 그림 2-7에서 보듯이 회로소자들이 두 마디를 공유하면서 연결되는 회로를 말한다. 병렬회로의 각 루프에 KVL을 적용하면 다음과 같은 성질이 성립하는 것을 알 수 있다.

$$v_1 = v_2 = v_3$$

이 성질을 이용하면 그림 2-8과 같이 저항 두 개가 병렬로 연결되는 경우에 **병렬등가저항**(parallel equivalent resistance)은 다음과 같이 두 저항의 합에 대한 두 저항의 곱의 비로 정해지는 것을 유도할 수 있다.

$$R_p = \frac{R_1 R_2}{R_1 + R_2} =: R_1 \parallel R_2 \tag{2-2}$$

그림 2-7 병렬회로의 예

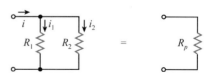

그림 2-8 병렬등가저항

병렬등가저항은 자주 쓰이는 것이기 때문에 편의상 $R_1 \parallel R_2$로 표기하기도 한다. 이 관계식을 저항의 역수인 전도를 써서 나타내면 다음과 같다.

$$G_p = G_1 + G_2$$

그리고 병렬저항에 흐르는 전류는 다음과 같이 전도값에 정비례하여 나뉘는데, 전도는 저항의 역수이므로 저항값에 반비례하여 나뉜다고 할 수 있다.

$$i_1 = \frac{G_1}{G_1 + G_2} i = \frac{R_2}{R_1 + R_2} i$$

$$i_2 = \frac{G_2}{G_1 + G_2} i = \frac{R_1}{R_1 + R_2} i$$

(2 – 3)

이것을 병렬회로의 **분류규칙(current division rule)**이라 하며, 저항 N개가 병렬로 연결되어 있는 일반적인 경우에는 다음과 같이 표시된다.

$$G_p = G_1 + G_2 + \cdots + G_N$$

$$i_k = \frac{G_k}{G_p} i, \quad k = 1, 2, \cdots, N$$

(2 – 4)

분류규칙에 특기할 사항은 병렬저항 중에 어느 한 저항이 단락되면, 즉 저항값이 0이면 모든 전류가 그 단락저항 쪽으로만 흐르고, 나머지 저항에는 전류가 흐르지 않는다는 점이다. 이러한 성질은 그림 2–8의 두 저항 병렬회로에서 단락 가지의 저항을 0으로 처리함으로써 간단히 보일 수 있으며, 일반적인 경우에도 식 2–4에서 단락 가지의 전도가 무한대가 되는 점을 이용하면 단락 가지에만 전체 전류가 흐르고, 나머지 가지들에 흐르는 전류는 0이 됨을 어렵지 않게 증명할 수 있다. 이와는 반대로 병렬저항 중에 어느 한 저항이 개방되면, 즉 저항값이 무한대이면 그 가지에는 전류가 흐르지 않고, 나머지 저항 쪽으로 전류가 흐르게 되는데, 이것도 식 2–4에서 해당 가지의 전도를 0으로 놓음으로써 증명할 수 있다.

예제 2 – 4

그림 2–9의 병렬회로에서 $i_s = 1\,\text{A}$, $R_1 = 20\,\Omega$, $R_2 = 30\,\Omega$, $R_3 = 50\,\Omega$일 때 각 저항에 흐르는 전류, 걸리는 전압을 구하시오. 그리고 각 저항에서의 소비전력을 구하고 소비전력의 총합이 전원에서 공급하는 전력과 일치하는 것을 확인하시오.

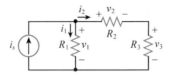

그림 2-9 예제 2-4의 회로

풀이 대상회로에서 R_2와 R_3는 직렬저항이므로 등가저항은 $R_2 + R_3 = 80\,\Omega$이다. 이 저항이 R_1과 병렬로 연결되어 있으므로 식 2-3의 분류규칙에 따라 전류는 다음과 같이 결정된다.

$$i_1 = \frac{R_2 + R_3}{R_1 + R_2 + R_3}i_s = \frac{80}{20 + 80}1 = 0.8\,\text{A}$$

$$i_2 = \frac{R_1}{R_1 + R_2 + R_3}i_s = \frac{20}{20 + 80}1 = 0.2\,\text{A}$$

따라서 각 저항 양단에 걸리는 전압은 옴의 법칙에 따라 결정되며,

$$v_1 = R_1 i_1 = 20 \times 0.8 = 16\,\text{V}$$

$$v_2 = R_2 i_2 = 30 \times 0.2 = 6\,\text{V}$$

$$v_3 = R_3 i_2 = 50 \times 0.2 = 10\,\text{V}$$

각 저항에서의 소비전력과 총합은 다음과 같이 구해진다.

$$p_1 = v_1 i_1 = 16 \times 0.8 = 12.8\,\text{W}$$

$$p_2 = v_2 i_2 = 6 \times 0.2 = 1.2\,\text{W}$$

$$p_3 = v_3 i_2 = 10 \times 0.2 = 2\,\text{W}$$

$$P_d = p_1 + p_2 + p_3 = 12.8 + 1.2 + 2 = 16\,\text{W}$$

여기서 전원에서의 공급전력을 구해보면 다음과 같이 소비전력 총합과 일치한다.

$$P_s = v_1 i_s = 16 \times 1 = 16\,\text{W}$$

따라서 에너지 보존의 법칙이 성립하는 것을 알 수 있다.

2.5 전원의 직병렬연결

앞절에서 언급했듯이 회로소자 중에 저항소자들 간에는 직렬연결이나 병렬연결이 모두 허용되며, 필요에 따라 직병렬 등가저항을 구하여 대체할 수 있다. 그렇다면 회로소자 중에 전원의 직병렬연결도 가능한 것인가? 결론부터 말하면 전원에서는 직병렬연결이 모두 허용되는 것은 아니라는 것이다. 즉, 종류에 따라 직병렬연결이 허용되지 않는 경우가 생긴다. 이 절에서는 전원의 직병렬연결에 대해 익히기로 한다.

1. 직렬전압원

전압원의 직병렬연결 중에 직렬연결은 항상 가능하다. 그림 2-10(a)와 같이 전압원이 두 개 이상 직렬로 연결되어 있을 경우에 단자 a, b 양단간의 전압은 전압법칙에 의해 다음과 같이 표시된다.

$$v_{eq} = v_1 + v_2 + \cdots + v_n = \sum_{k=1}^{n} v_k$$

따라서 단자 a, b에서 볼 때 직렬전압원은 각 전압원 기전력의 합으로 표시되는 등가전압원 하나로 나타낼 수 있다. 이것을 요약하면 그림 2-10(b)와 같다.

전압원 직병렬연결에서 주의할 점은 직렬연결은 얼마든지 허용되지만, 기전력이 서로 다른 전압원의 병렬연결은 허용되지 않는다는 것이다. 2.2절에서 언급했듯이 모든 회로에서 키르히호프의 법칙이 성립하므로 전압원의 직병렬연결 시에도 이 법칙은 성립한다. 전압법칙에 의하면 임의 폐로에서 전압하강의 합은 전압상승의 합과 같다. 그렇다면 그림 2-11과 같이 전압원 두 개가 병렬로 연결되어 폐로를 구성하는 경우에 이 법칙을 적용하면

$$-v_1 + v_2 = 0 \quad \Rightarrow \quad v_1 = v_2$$

이므로 두 전압원의 기전력이 서로 같아야 한다. 이렇게 되면 대상회로는 한 개의 전압원만으로 구성되는 등가회로로 바꿀 수 있다. 그렇지만 기전력이 서로 다른 전압원의 병렬연결은 전압법칙에 위배되므로 허용되지 않는다. 만일 기전력이 서로 다른 전압원이 병렬로 연결되는 경우에는 이론적으로 해석해보면 단락회로, 즉 저항이 0인 가지에 전압 $v_1 - v_2$이 걸리는 꼴이 되어 무한대의 전류가 흐르게 되므로 매우 위험하다. 실제로는 전압원 내부저항이 0이 아니고 수 Ω 이하의 크기를 가지므로 기전력이 서로 다른 전압원을 병렬로 연결하더라도 전류가 무한대로 되지는 않겠지만, 전원에서 공급할 수 있는 전류 한계치를 벗어나서 전원을 손상시킬 위험이 있으므로, 기전력이 서로 다른 전압원의 병렬연결은 피해야 한다. 다음 예제를 통해 이에 대해 살펴보기로 한다.

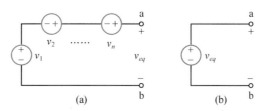

그림 2-10 (a) 직렬전압원, (b) 등가전압원 $v_{eq} = \sum_{k=1}^{n} v_k$

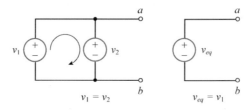

그림 2-11 전압원의 병렬연결

예제 2-5

실제 전압원은 내부저항이 0이 아니므로 그림 2-12와 같이 내부저항과 이상적 전압원의 직렬회로로 나타낼 수 있다. 이 회로에서 $v_1 = 10$ V, $R_1 = 2$ Ω, $v_2 = 4$ V, $R_2 = 1$ Ω이고, 각 전원의 최대허용전류가 1 A일 때 전압원에 흐르는 전류 i를 계산하고, 허용치 초과여부를 판단하시오.

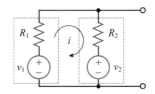

그림 2-12 예제 2-5의 회로

풀이 대상회로의 폐로에서 전압법칙을 적용하면 다음과 같은 방정식을 얻을 수 있다.

$$-v_1 + R_1 i + R_2 i + v_2 = 0$$

따라서 전원에 흐르는 전류는 다음과 같이 구할 수 있으며,

$$i = \frac{v_1 - v_2}{R_1 + R_2} = \frac{10 - 4}{2 + 1} = 2 \text{ A}$$

최대허용전류 1 A를 초과하므로 병렬연결해서 사용할 수는 없다.

2. 병렬전류원

이제는 전류원의 직병렬연결에 대해 다루어보기로 한다. 전류원에서는 직병렬연결 중에 병렬연결은 항상 가능하다. 그림 2-13(a)와 같이 전류원이 두 개 이상 병렬로 연결되어 있을 경우, 전류원들이 연결된 위 마디에 전류법칙을 적용하면 다음 관계가 성립한다.

$$i = i_1 + i_2 + \cdots + i_n = \sum_{k=1}^{n} i_k$$

따라서 단자 a, b에서 볼 때 병렬전류원은 그림 2-13(b)와 같이 각 전류원 전원값의 합으로 표시되는 한 개의 전류원으로 등가화하여 나타낼 수 있다.

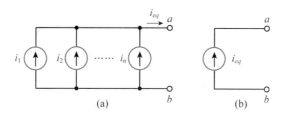

그림 2-13 (a) 병렬전류원,   (b) 등가전류원 $i = \sum_{k=1}^{n} i_k$

여기서 주의할 점은 전류원의 병렬연결은 항상 허용되지만, 전원값이 서로 다른 전류원의 직렬연결은 전류법칙에 위배되므로 허용되지 않는다는 것이다. 전류원직병렬 연결에 관한 성질들은 전압원의 경우에 쌍대가 된다는 점은 유념해둘 사항이다.

2.6 회로 가지해석법

저항소자의 전압전류 특성은 옴의 법칙에 의해 정비례 관계식으로 표현된다. 따라서 저항회로에서 저항이 들어있는 가지(branch)의 전압과 전류에 관한 회로방정식은 1차 대수방정식이 되고, 이 회로변수들은 키르히호프의 전압법칙과 전류법칙을 만족하는데, 이 법칙들을 수식으로 나타내면 역시 1차 대수방정식이므로 저항회로의 방정식은 1차연립 대수방정식이 된다. 그러므로 저항회로 해석은 1차연립 대수방정식을 푸는 것으로 해결되므로 어렵지 않게 풀 수 있다. 이와 같이 회로를 구성하는 모든 가지에 전압과 전류를 지정하고, 이 회로변수들 간에 회로방정식을 세워 연립하여 풀음으로써 회로를 해석하는 방법을 **가지해석(branch analysis)**이라고 한다. 이 절에서는 가지해석법을 다루되, 먼저 간단한 경우를 익히고 이어서 일반적인 경우를 다루기로 한다.

1. 저항사다리

저항회로 중에 독립전원과 직렬 및 병렬저항들의 결합으로 이루어지는 회로를 **저항사다리(resistor ladder)**라고 한다. 저항사다리는 등가저항을 직관적으로 쉽게 구할 수 있기 때문에 회로해석을 간단하게 처리할 수 있다. 저항사다리의 해석은 직병렬저항들을 등가저항으로 단계적으로 축소시키는 **직병렬 축소법(series-parallel reduction method)**으로 이루어지는데 이 절차를 요약하면 다음과 같다.

(1) 해석대상 회로망에서 전원으로부터 가장 멀리 있는 가지부터 시작하여 직병렬 등가저항을 차례로 구하면서 전체 회로망을 한 개의 등가저항으로 축소한다.

(2) 이 등가저항을 써서 옴의 법칙에 의해 전체 회로망에 공급되는 전압이나 전류를 계산한다.

(3) 필요에 따라 KCL, KVL, 분압규칙, 분류규칙, 옴의 법칙을 적용하여 해석대상 가지에서의 전압과 전류들을 계산한다.

그러면 간단한 예제를 풀어보면서 위에 요약한 직병렬 축소법에 대해 익히기로 한다.

예제 2-6

다음 저항회로에서 $R_1 = R_2 = R_4 = R_6 = R_7 = 4\,\Omega$, $R_3 = R_5 = 2\,\Omega$일 때 가지전류 i_1을 구하시오.

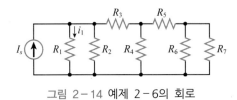

그림 2-14 예제 2-6의 회로

풀이 대상회로는 저항사다리 회로이므로 전류원 오른쪽 회로에 직병렬 축소법을 적용하면 다음과 같은 등가저항을 구할 수 있다.

$$R_{eq} = R_1 \parallel R_2 \parallel [R_3 + R_4 \parallel (R_5 + R_6 \parallel R_7)]\} = 4 \parallel 2 = \frac{4}{3}\,\Omega$$

따라서 옴의 법칙에 의해 전류원에서 공급되는 전체 전압은 다음과 같은데,

$$V_s = R_{eq} I_s = \frac{4}{3} I_s$$

이 전압이 저항 R_1에 걸리므로 옴의 법칙에 따라 가지전류 i_1을 구할 수 있다.

$$i_1 = \frac{V_s}{R_1} = \frac{1}{3} I_s$$

[별해] 그림 2-14의 회로에서 전체 저항이 아니라 저항 R_2를 포함하는 오른쪽 회로에 직병렬 축소법을 적용하여 등가저항을 구하면 다음과 같고

$$R_{eq} = R_2 \parallel [R_3 + R_4 \parallel (R_5 + R_6 \parallel R_7)] = 2\,\Omega$$

등가회로를 그림 2-15와 같이 나타낼 수 있다.

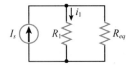

그림 2-15 예제 2-6의 별해

여기에서 분류규칙을 적용하면 i_1은 다음과 같이 결정된다.

$$i_1 = \frac{R_{eq}}{R_1 + R_{eq}} I_s = \frac{1}{3} I_s$$

여기서 다룬 저항사다리는 직병렬저항들의 조합으로 구성되어 있기 때문에 직병렬 축소법에 의해 회로해석을 쉽게 처리할 수 있다. 그러나 이 방법은 저항사다리에만 적용할 수 있는 제한적인 해석법이며, 직병렬 조합이 아닌 일반 저항회로의 경우에는 이 방법을 적용할 수 없다. 그러면 일반 저항회로에 적용할 수 있는 가지해석법에 대해 익히기로 한다.

2. 저항회로 가지해석법

일반 저항회로의 가지해석법은 대상회로의 모든 가지에 전압과 전류를 지정한 다음 전류법칙, 전압법칙, 옴의 법칙을 적용하여 1차연립 대수방정식들을 세워서 회로를 해석하는 기법이며, 개념적으로는 아주 단순한 해석법이라 할 수 있다.

가지해석법에서 가지에 전압과 전류를 지정할 때에는 1장에서 다루었듯이 전원에 대해서는 능동표시법으로, 저항에 대해서는 수동표시법을 적용한다.

예제 2-7

다음 저항회로에서 가지해석을 하여 전류 i_2를 구하시오.

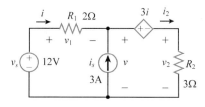

그림 2-16 예제 2-7의 대상회로

풀이 대상회로에 가지변수를 그림 2-16과 같이 정한 다음 회로방정식을 세우면 다음과 같다.

KCL : $i - i_2 = -i_s = -3$

KVL : (왼쪽 폐로) $v_1 + v = v_s = 12$, (오른쪽 폐로) $-v + 3i + v_2 = 0$

옴의 법칙 : $v_1 = R_1 i = 2i$, $v_2 = R_2 i_2 = 3i_2$

위의 식들을 연립하여 풀면 $i = 0.375\,\mathrm{A}$이고, $i_2 = i + i_s = 3.375\,\mathrm{A}$이다.

다음 저항회로에서 $v_s = 20\,\text{V}$, $R_1 = 5\,\Omega$, $R_2 = R_3 = R_4 = 20\,\Omega$, $R_5 = 2\,\Omega$일 때 가지해석법을 사용하여 전류 i와 i_5를 구하시오.

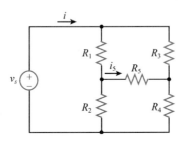

그림 2-17 예제 2-8의 회로

풀이 대상회로에서 저항에 걸리는 전압과 전류를 수동표시법으로 지정하면 그림 2-18과 같다. 여기서 가지해석법을 적용하여 회로방정식을 세우면 다음과 같다.

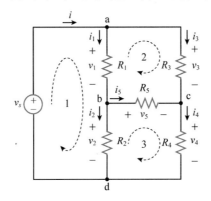

그림 2-18 가지전압 전류 지정

- KCL : (a 마디) $i - i_1 - i_3 = 0$ (b 마디) $i_1 - i_2 - i_5 = 0$

      (c 마디) $i_3 - i_4 + i_5 = 0$ (d 마디) $-i + i_2 + i_4 = 0$

- KVL : (왼쪽 폐로) $v_1 + v_2 = v_s = 20$ (오른쪽 위 폐로) $-v_1 + v_3 - v_5 = 0$

      (오른쪽 아래 폐로) $-v_2 + v_4 + v_5 = 0$

- 옴의 법칙 : $v_n = R_n i_n$ $\Rightarrow$ $v_1 = 5i_1$, $v_2 = 20i_2$, $v_3 = 20i_3$, $v_4 = 20i_4$, $v_5 = 2i_5$

위의 식들 중 d 마디에서의 KCL방정식은 나머지 세 마디의 KCL 방정식의 합으로 표시되어 중복되므로 사용하지 않기로 한다. 여기서 옴의 법칙에 의한 관계식을 KVL 방정식 세 개에 대입한 다음, 이것과 KCL 방정식 세 개를 연립하여 전류 i와 i_5에 관해 정리하여 풀면 $i = 1.4125\,\text{A}$, $i_5 = 0.375\,\text{A}$이다.

회로해석을 하려면 대상회로에 회로변수를 최소로 지정하고, 이에 대응하는 최소수의 독립적인 회로방정식을 찾아내는 것이 중요하다. 그런데 이 절에서 다룬 가지해석법은 개념적으로는 단순하지만, 모든 가지에 전압과 전류를 회로변수로 지정하여 회로방정식을 세우다보면 식이 부족하거나 중복되는 경우가 생긴다. 식이 부족한 경우에는 해를 결정할 수 없으므로 문제가 되며, 식이 중복되는 경우에는 예제 2-8의 풀이과정에서 보듯이 해당 식을 찾아내어 없애야 하는 번거로움이 따른다. 따라서 가지해석법은 최소수의 회로방정식을 보장하지 않는다는 점에서 체계적인 해석법이라고 볼 수는 없으며, 대상회로가 간단한 경우에는 적용할 수 있지만, 조금만 복잡해져도 적용하기 곤란한 방법이다. 특히 회로해석 과정을 컴퓨터를 이용하여 전산화하려고 할 때 이 방법은 사용하기 어렵다. 이러한 문제점을 해결하기 위해 다음 장에서는 체계적인 회로해석법을 다룰 것이다.

01 그림 2-8의 병렬회로에서 병렬등가저항은 식 2-2와 같고, 전류는 식 2-3과 같음과 보이시오.

02 그림 2-14의 회로에서 저항 R_4에 흐르는 전류를 계산하시오(답 : $I_s/6$).

03 그림 2-16의 회로에서 각 소자의 전압, 전류, 전력을 구하고 공급전력의 합이 흡수전력의 합과 같음을 확인하시오(답 : 전압원 4.5 W 공급, 전류원 33.75 W 공급, 종속전압원 3.7969 W 흡수, 저항 R_1 0.2812 W 흡수, 저항 R_2 34.1719 W 흡수).

04 그림 p2.4의 회로에서 전압법칙과 전류법칙을 적용하여 V_s, V_x, I_s를 구하시오.

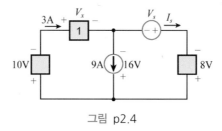

그림 p2.4

05 그림 p2.5의 회로에서 V_x, I_x를 구하고, 회로소자 각각의 전력을 계산하시오.

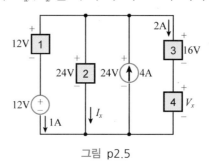

그림 p2.5

06 그림 p2.6의 회로에서 V_x, I_x를 구하고, 회로소자 각각의 전력을 계산하시오.

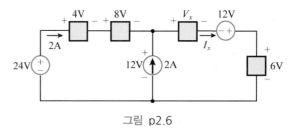

그림 p2.6

07 그림 p2.7의 회로에서 $i_4 = 2$ A, $R_2 = 10$ Ω일 경우에 i_s 와 v_1 을 구하시오.

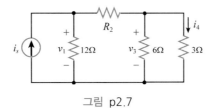

그림 p2.7

08 그림 p2.7의 회로에서 $v_1 = 18$ V, $v_3 = 9$ V일 경우에 i_s 와 R_2 를 구하시오.

09 그림 p2.9의 회로에서 $v_2 = 15$ V, $R_3 = 24$ kΩ일 경우에 i_3 와 v_s 를 구하시오.

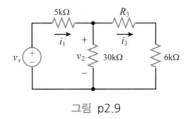

그림 p2.9

10 그림 p2.9의 회로에서 $v_s = 90$ V, $i_1 = 6$ mA일 경우에 i_3 와 R_3 를 구하시오.

11 그림 p2.9의 회로에서 $v_s = 60$ V, $v_2 = 30$ V일 경우에 i_1 과 R_3 를 구하시오.

12 그림 p2.12의 회로에서 $v_s = 12$ V, $v_a = 6$ V일 경우에 v_b 와 R_3 를 구하시오.

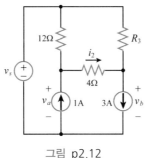

그림 p2.12

13 그림 p2.12의 회로에서 $v_a = 12$ V, $v_b = 8$ V일 경우에 v_s 와 R_3 를 구하시오.

14 그림 p2.12의 회로에서 $v_s = 18$ V, $i_2 = 2$ A일 경우에 v_b 와 R_3 를 구하시오.

15 그림 p2.15의 회로에서 $i_s = 15$ mA, $i_3 = 1$ mA일 경우에 v_s 와 각 전원에서의 공급전력을 구하시오.

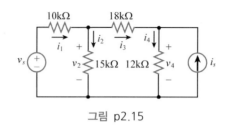

그림 p2.15

16 그림 p2.15의 회로에서 $i_s = 10$ mA, $i_4 = 7$ mA일 경우에 v_s 와 i_1, i_2, i_3 를 구하시오.

17 그림 p2.15의 회로에서 $v_s = 60$ V, $i_2 = 4$ mA일 경우에 i_s 와 각 전원에서의 공급전력을 구하시오.

18 그림 p2.15의 회로에서 $v_s = 40$ V, $i_3 = 1$ mA일 경우에 i_s 와 i_1, i_2, i_4 및 각 전원에서의 공급전력을 구하시오.

19 그림 p2.19와 같이 가변저항으로 구성된 분압회로에서 다음과 같은 전압을 만들고자 할 때, 각 경우에 해당하는 a값을 결정하시오. 단 $V_s = 12$ V이고, $0 \leq a \leq 1$ 이다.

	A	B	C
전 압 v_o	6V	4V	3V

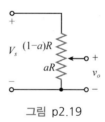

그림 p2.19

20 문제 19에서 $V_s = 9$ V일 때 각 경우에 해당하는 a값을 구하시오.

21 그림 p2.21의 직렬회로에서 $v = V_s$ 로 주어진 경우에

1) $R_1 = \infty$ (개방상태)일 때 i, v_1, v_2 를 구하시오.

2) $R_1 = 0$ (단락상태)일 때 i, v_1, v_2 를 구하시오.

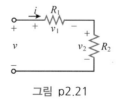

그림 p2.21

22 그림 p2.22의 병렬회로에서 $i = I_s$로 주어진 경우에

　1) $R_2 = \infty$(개방상태)일 때 v, i_1, i_2, v_2를 구하시오.

　2) $R_2 = 0$(단락상태)일 때 v, i_1, i_2, v_2를 구하시오.

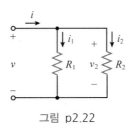

그림 p2.22

02

직류회로 해석법

CIRCUIT THEORY

人一能之己百之, 人十能之己千之.

인일능지기백지, 인십능지기천지.

남이 한 번에 능하게 하면, 나는 백 번을 할 것이며

남이 열 번에 능하게 되면, 나는 천 번을 할 것입니다.

— 중용의 한 구절 —

03 저항회로 해석법

3.1 서론

키르히호프의 전압법칙과 전류법칙은 모든 회로에서 성립하는 성질이며, 이것을 수식으로 나타내면 전압전류들의 1차식으로 표현된다. 저항회로에서는 전압전류 특성이 옴의 법칙을 만족하는데 옴의 법칙을 수식으로 나타내면 1차 정비례 관계식이기 때문에, 이 특성과 더불어 모든 회로에서 성립하는 전압법칙과 전류법칙을 적용하여 저항회로의 전압전류 관계식을 나타내면 항상 1차 연립방정식으로 표시된다. 따라서 저항회로의 해석은 이렇게 나타나는 1차 연립방정식을 제대로 세우기만 하면 쉽게 처리할 수 있다.

2장에서 가지해석법을 사용해서 저항회로를 해석하는 방법을 익혔다. 이 방법은 회로 내의 어떤 가지 양단에 걸리는 전압과 가지에 흐르는 전류를 변수로 지정하여 회로를 해석하는 기법인데, 회로가 간단한 경우에는 이 해석법을 써서 회로변수를 어떻게 지정하든 간에 큰 어려움 없이 회로를 해석할 수 있다. 그렇지만 회로가 복잡한 경우에 가지해석법을 적용하다 보면 회로변수를 필요 이상으로 많이 지정하거나 또는 필요한 개수보다 적게 지정할 수 있으며, 이렇게 되면 해를 구할 수 없는 상황이 발생할 수 있다. 따라서 회로변수의 개수를 최소로 지정하여 회로방정식의 수를 최소로 만듦으로써 항상 해를 구할 수 있는 체계적인 해석법이 필요하다. 2장에서 다룬 가지해석법은 최소수의 회로방정식을 보장해 주지 못하기 때문에 체계적인 해석법이 아니므로, 이 장에서는 가지해석법을 대신할 체계적인 회로 해석법을 익힐 것이다.

일반 저항회로의 체계적인 해석법으로는 회로 내의 마디에 지정된 전압을 기준으로 해석하는 방법과 폐로를 이루는 망에 흐르는 전류를 기준으로 해석하는 방법 등 두 가지가 있다. 이 두 가지 방법은 회로 내의 가지 대신에 마디나 망을 기준으로 회로변수를 지정하는데, 두 방법 모두 최소수의 회로방정식을 보장해주면서도 이 방정식을 세우는 규칙이 단순하기 때문에, 복잡한 회로에 대해서도 쉽게 적용하여 해를 구할 수 있는 기법이다. 이 장에서는 마디를 기준으로 회로를 해석하는 마디전압 해석법을 먼저 다루고, 이어서 망을 기준으로 해석하는 망전류 해석법에 대해 익힐 것이다. 여기서 다루는 해석법들은 편의상 저항회로에 한정하고 있지만, 이 방법들은 모든 회로망 해석에 확장하여 적용할 수 있는 일반적인 방법으로서, 회로해석법의 근간을 이루는 중요한 기법이므로 잘 익혀두어야 한다.

3.2 마디전압 해석법

마디란 2.2절에서 정의하였듯이 두 개 이상 소자들의 연결점을 말한다. 마디전압 해석법(node voltage analysis)은 회로 내의 마디에 미지전압을 회로변수로 지정하고, 각 마디에 전류법칙을 적용하여 회로방정식을 세워 회로를 해석하는 방법이며, 마디해석법(node analysis)이라고도 한다. 이 해석법을 적용하면 최소수의 회로방정식이 보장되어 해를 쉽게 구할 수 있으며, 회로변수가 많은 경우에는 행렬방정식 꼴로 나타낸 다음, 컴퓨터꾸러미를 활용하여 간단하게 처리할 수 있다. 그러면 마디해석법의 기본개념과 원리 및 활용에 대해 익히기로 한다.

1. 마디전압

회로 안에는 여러 개의 마디가 있는데, 이 가운데 전위기준점이 되는 마디를 기준마디(reference node)라 하며, 이 마디의 전위를 0으로 잡는다. 접지점(ground node)이 있는 경우에는 접지점을 기준마디로 잡으며, 그 밖의 경우에는 어떤 마디이든 기준마디로 지정할 수 있으나, 전압이 확정되지 않는 미지마디수가 적을수록 회로해석이 간편해지므로 미지마디수가 최소가 되도록 기준마디를 정한다. 이렇게 기준마디가 정해지면 이 기준마디에 대한 다른 마디의 전위를 마디전압(node voltage)이라고 한다.

예를 들면, 그림 3-1(a)의 회로에서는 4개의 마디가 있는데, 접지점이 있으므로 이것을 기준마디로 정한 다음, 나머지 세 마디 가운데 왼쪽 마디는 전압원 v_s에 의해 전압이 결정되므로 나머지 두 개 마디에 마디전압을 v_1과 v_2로 지정한다. 그림 3-1(b)와 같은 회로의 경우에는 기준마디를 두 전압원 사이의 마디로 지정하면, 전압원에 의해 왼쪽과 오른쪽

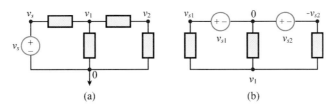

그림 3-1 마디와 마디전압 지정

마디의 전압은 각각 v_{s1}과 $-v_{s2}$로 결정되고, 미지마디전압은 아래 마디 하나만 남으므로 이것을 마디전압 v_1으로 지정한다.

2. 기본원리

마디전압 해석법은 회로 내의 마디전압들을 미지변수로 놓고 회로방정식을 세워서 풀어 내는 방법을 일컫는다. 이 해석법의 기본원리는 다음과 같다.

어떤 회로에서 마디전압을 모두 알면 모든 가지변수들을 결정할 수 있다.

예를 들어, 그림 3-2와 같은 회로에서 하단의 기준마디에 대한 마디전압 v_1, v_2, v_3를 안다고 가정하면, 이 회로 내의 모든 가지전압과 가지전류들은 마디전압으로부터 다음과 같이 결정할 수 있다.

- 가지전압 : $v_{nm} = v_n - v_m$ (마디 n과 m 사이의 가지)
- 가지전류 : $i_a = \dfrac{v_a}{R_a} = G_a v_a$, $i_b = \dfrac{v_{13}}{R_b} = G_b(v_1 - v_3)$

위의 예에서 알 수 있듯이 가지전압은 마디전압의 차로 계산되기 때문에 가지상수를 모르더라도 마디전압으로부터 항상 구할 수 있다. 그러나 가지전류를 계산하는 경우에는 옴의 법칙을 적용해야 하는데, 이 전류가 결정되려면 가지상수값들이 주어져야 한다.

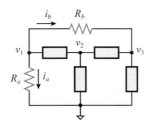

그림 3-2 마디전압과 가지변수

다음 저항회로에서 $R_1 = 2\,\Omega$, $R_2 = R_3 = 1\,\Omega$, $i_s = 3\,\text{A}$일 때 마디전압 v_a와 v_b를 구하고, 가지전압 v_{ab}와 가지전류 i_1을 계산하시오.

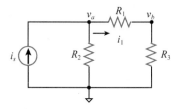

그림 3-3 예제 3-1의 회로

풀이 마디 a, b에서 각각 KCL을 적용하여 회로방정식을 세우면 다음과 같다.

$$\frac{v_a}{R_2} + \frac{v_a - v_b}{R_1} = i_s \quad \Rightarrow \quad \frac{3}{2}v_a - \frac{1}{2}v_b = 3$$

$$\frac{v_b}{R_3} + \frac{v_b - v_a}{R_1} = 0 \quad \Rightarrow \quad -\frac{1}{2}v_a + \frac{3}{2}v_b = 0$$

위의 연립방정식을 풀면 마디전압은 다음과 같이 계산된다.

$$v_a = \frac{9}{4}\,\text{V}, \quad v_b = \frac{3}{4}\,\text{V}$$

따라서 가지전압과 가지전류는 다음과 같이 구해진다.

$$v_{ab} = v_a - v_b = \frac{3}{2}\,\text{V}, \quad i_1 = \frac{v_{ab}}{R_1} = \frac{3}{4}\,\text{A}$$

그림 3-4의 저항회로에서 $R_1 = R_2 = 2\,\Omega$, $R_3 = R_4 = 4\,\Omega$, $i_1 = i_2 = 1\,\text{A}$, $i_3 = 3\,\text{A}$일 때 마디전압 v_a와 v_b를 구하고, 가지전류 i를 계산하시오.

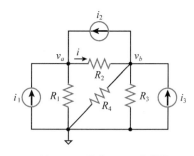

그림 3-4 예제 3-2의 회로

풀이 마디 a, b에서 각각 KCL을 적용하여 회로방정식을 세우면 다음과 같다.

$$\frac{v_a}{R_1} + \frac{v_a - v_b}{R_2} = i_1 + i_2 \quad \Rightarrow \quad v_a - \frac{1}{2}v_b = 2$$

$$\frac{v_b - v_a}{R_2} + \frac{v_b}{R_4} + \frac{v_b}{R_3} = i_3 - i_2 \quad \Rightarrow \quad -\frac{1}{2}v_a + v_b = 2$$

위의 연립방정식을 풀면 마디전압은 다음과 같이 계산된다.

$$v_a = v_b = 4\,\text{V}$$

따라서 가지전류 i 는 다음과 같이 구해진다.

$$i = \frac{v_a - v_b}{R_2} = 0\,\text{A}$$

앞의 예제에서는 독립전류원과 저항으로 이루어진 회로에서 마디전압을 정하여 회로를 해석하는 방법을 다루었는데, 이제 일반 저항회로에서 마디전압을 지정하고 해석하는 체계적인 방법을 익히기로 한다. 먼저 대상회로에 독립전압원이 들어있는 경우를 다루고, 이어서 종속전원을 포함하는 경우를 다룰 것이다.

3. 전압원 포함 회로의 마디해석법

대상회로에 독립전압원이 들어있는 경우 이 전압원이 연결된 마디의 전압이 확정될 수 있기 때문에 이 마디전압에 대해서는 회로방정식을 세울 필요가 없다. 이러한 경우에는 미지마디에만 마디전압을 변수로 지정하여 회로방정식을 세우면, 변수 개수가 줄어들어 회로해석이 더 간략화된다. 먼저 독립전압원이 기준마디에 연결된 경우에 해석법을 정리하기로 한다.

(1) 기준마디 연결 전압원의 경우

이 경우에는 전압원의 다른 마디의 전압이 전압원에 의해 확정되므로 마디전압을 따로 지정하지 않고 마디방정식을 세운다. 예를 들어, 그림 3-5와 같은 회로에서 전압원 v_s 가 기준마디에 연결되어 있으면 $v_a = v_s$ 이므로 미지 마디전압은 v_b 만이다. 따라서 이 마디에서 KCL을 적용하여 식을 세우면 회로방정식은 다음과 같으며, 이 식을 풀면 미지 마디전압 v_b 를 결정할 수 있다.

$$\frac{v_b - v_s}{R_2} + \frac{v_b}{R_3} = i_s \quad \Rightarrow \quad \left(\frac{1}{R_2} + \frac{1}{R_3}\right)v_b = i_s + \frac{v_s}{R_2} \tag{3-1}$$

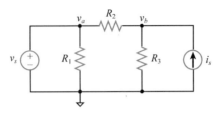

그림 3-5 기준마디 연결 전압원

(2) 둥둥전압원의 경우

기준마디가 아닌 두 마디 사이에 연결된 전압원을 **둥둥전압원(floating voltage source)**이라 하는데, 이러한 회로에 마디전압 해석법을 적용할 경우에는 주의해야 한다. 이 경우에는 두 마디와 둥둥전압원을 묶어서 **초마디(supernode)**로 지정하여 처리한다. 둥둥전압원이 여러 개인 경우에는 미지마디수가 최소가 되도록 기준마디를 정한다. 예를 들어, 그림 3-6의 회로에서 마디 a, b 사이에 둥둥전압원이 있는 경우에 어떻게 회로방정식을 세우는지 살펴보기로 한다.

이 회로에서 마디전압과 둥둥전압원 사이에는 다음의 관계가 성립하여

$$v_a = v_b + v_s$$

마디전압 v_a 는 마디전압 v_b 에 따라 결정되므로 v_b 만 미지 마디전압으로 지정하고, 마디 a, b와 둥둥전압원을 묶어서 초마디로 지정하여 KCL을 적용하면 다음과 같은 마디방정식을 얻는다.

$$\frac{1}{R_1}(v_b + v_s) + \frac{1}{R_2}v_b = i_s \;\Rightarrow\; \left(\frac{1}{R_1} + \frac{1}{R_2}\right)v_b = i_s - \frac{1}{R_1}v_s \tag{3-2}$$

이 마디방정식을 보면 좌변에서 초마디 전압 v_b 의 계수는 초마디에 연결된 가지들의 전도합으로 구성되어 초마디에서 흘러나가는 전류합을 나타내고, 우변의 항들은 전원들에 의해 초마디에 흘러들어오는 전류성분을 나타낸다. 이 중에 초마디에 들어있는 둥둥전압원 v_s 는 마디 a에서 저항 R_1을 거쳐 전류를 흘려내보내기 때문에 부호를 −로 붙인 것이다.

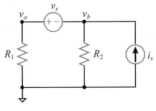

그림 3-6 둥둥전압원의 예

다음의 회로에서 마디전압을 구하시오.

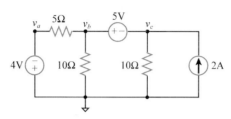

그림 3-7 예제 3-3의 회로

풀이 $-4\,\mathrm{V}$ 전원이 기준마디와 마디 a에 연결되어 있으므로 $v_a = -4\,\mathrm{V}$이다. 그리고 마디 b와 c 사이에 둥둥전압원이 걸려 있으므로, v_c를 미지마디로 하고 초마디로 묶으면 $v_b = v_c + 5$이고, 이 초마디에서 KCL방정식은 다음과 같다.

$$\left(\frac{1}{5} + \frac{1}{10} + \frac{1}{10}\right)v_c = 2 + \frac{-4}{5} - \left(\frac{1}{5} + \frac{1}{10}\right) \times 5$$

이 방정식을 풀면 $v_c = -0.75\,\mathrm{V}$이고, $v_b = v_c + 5 = 4.25\,\mathrm{V}$이다.

다음의 회로에서 마디전압 v_a, v_b, v_c를 구하시오.

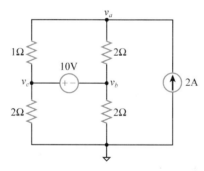

그림 3-8 예제 3-4의 회로

풀이 마디 b와 c 사이에 둥둥전압원이 걸려 있으므로, v_b를 미지마디로 하고, 초마디로 묶으면 $v_c = v_b + 10$이다. 마디 a와 초마디에서 KCL을 적용하여 마디방정식을 세우면 다음과 같다.

$$\frac{v_a - v_b}{2} + \frac{v_a - v_c}{1} = 2 \;\Rightarrow\; \left(1 + \frac{1}{2}\right)v_a - \left(1 + \frac{1}{2}\right)v_b = 2 + \frac{10}{1}$$

$$\frac{v_b}{2} + \frac{v_c}{2} + \frac{v_b - v_a}{2} + \frac{v_c - v_a}{1} = 0 \;\Rightarrow\; -\left(1 + \frac{1}{2}\right)v_a + \left(1 + \frac{3}{2}\right)v_b = -\left(1 + \frac{1}{2}\right) \times 10$$

여기서 오른쪽의 방정식들은 초마디의 관계식 $v_c = v_b + 10$을 대입하여 정리한 것이다. 이 연립방정식을 풀면 $v_a = 5$ V, $v_b = -3$ V이고, $v_c = v_b + 10 = 7$ V이다.

4. 행렬 마디방정식

지금까지 익혀온 마디전압 해석법을 잘 살펴보면, 회로방정식 형태에 어떤 규칙이 있는 것을 알 수 있다. 회로망의 어떤 마디에서 마디전압과 그 마디에 흘러들어오는 가지전류 사이에 성립하는 방정식을 **마디방정식(node equation)**이라 하는데, 이 절에서는 이 마디방정식에 나타나는 규칙과 성질을 정리한다. 이 성질을 알면 대상회로에서 마디방정식을 직관적으로 세울 수 있어 회로해석을 보다 체계적으로 쉽게 처리할 수 있다.

먼저 마디가 하나인 경우에 마디방정식의 꼴을 살펴보면 다음과 같은 형태로 나타남을 알 수 있다.

$$G_{11}v_1 = i_{s1} \tag{3-3}$$

여기서 G_{11}은 마디에 연결된 가지들의 전도합이며, i_{s1}은 전원에 의해 마디에 흘러들어오는 가지전류들의 합을 나타내는데, 전원전류가 흘러나가는 경우에는 부호를 '−'로 하면 된다. 식 3−3의 형태는 그림 3−5나 3−6의 회로에 대한 마디방정식인 식 3−1과 3−2에 나타나는 것을 볼 수 있다.

이제 미지마디가 두 개 이상인 경우에는 마디방정식이 어떤 형태가 되는지 살펴보기로 한다. 예를 들어, 그림 3−9와 같이 3개의 미지 마디전압을 갖는 회로의 마디방정식을 세워보기로 하자. 이 회로의 미지마디에 KCL을 적용하면 다음과 같다. 단 $G_k = 1/R_k$, $k = 1,2,\cdots,6$ 이다.

$$G_1(v_1 - v_s) + G_2 v_1 + G_3(v_1 - v_2) - i_s = 0$$

$$G_3(v_2 - v_1) + G_4 v_2 + G_5(v_2 - v_3) = 0$$

$$G_5(v_3 - v_2) + G_6 v_3 + i_s = 0$$

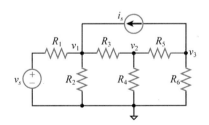

그림 3−9 3개 미지마디 회로의 예

이 식을 마디전압에 대해 정리하면

$$(G_1 + G_2 + G_3)v_1 - G_3 v_2 = i_s + G_1 v_s$$

$$- G_3 v_1 + (G_3 + G_4 + G_5)v_2 - G_5 v_3 = 0$$

$$- G_5 v_2 + (G_5 + G_6)v_3 = - i_s$$

다음과 같은 행렬 마디방정식을 구할 수 있다.

$$\begin{bmatrix} G_1 + G_2 + G_3 & - G_3 & 0 \\ - G_3 & G_3 + G_4 + G_5 & - G_5 \\ 0 & - G_5 & G_5 + G_6 \end{bmatrix} \begin{bmatrix} v_1 \\ v_2 \\ v_3 \end{bmatrix} = \begin{bmatrix} G_1 v_s + i_s \\ 0 \\ - i_s \end{bmatrix}$$

위에서 다룬 예를 통해서 보면 행렬 마디방정식의 일반형은 다음과 같은 꼴이 된다는 것을 알 수 있다.

$$[G][v] = [i_s] \tag{3-4}$$

여기서 $[v]$는 마디전압 벡터, $[i_s]$는 전원전류 벡터이며,

$$[v] = \begin{bmatrix} v_1 \\ v_2 \\ \vdots \\ v_N \end{bmatrix}, \quad [i_s] = \begin{bmatrix} i_{s1} \\ i_{s2} \\ \vdots \\ i_{sN} \end{bmatrix}$$

v_n은 마디 n에서의 미지 마디전압, i_{sn}은 전원에 의해서 마디 n에 흘러들어오는 전류들의 합이다. 그리고 $[G]$는 **전도행렬**(conductance matrix)로서 다음과 같은 꼴을 지닌다.

$$[G] = \begin{bmatrix} G_{11} & - G_{12} & \cdots & - G_{1N} \\ - G_{21} & G_{22} & \cdots & - G_{2N} \\ \vdots & \vdots & & \vdots \\ - G_{N1} & - G_{N2} & \cdots & G_{NN} \end{bmatrix} \tag{3-5}$$

여기서 G_{nn}은 마디 n에 연결된 가지들의 전도합이고, G_{nm}은 마디 n과 m 사이에 연결된 가지들의 전도합이며, $G_{nm} = G_{mn}$이다. 식 3-5의 전도행렬은 다음과 같은 성질을 지닌다.

① $[G]$는 대칭행렬이다.
② 주대각선 성분 > 0, 비대각선 성분 ≤ 0
③ 비대각선 성분들이 주대각선에 부분적으로 나타난다.

여기서 주의할 점은 대상회로에 전원으로 종속전원이 전혀 없고, 독립전원만 있는 경우에 전도행렬이 위와 같은 성질을 지닌다는 것이다. 종속전원이 있는 경우에 대해서는 이 절 뒤에서 다룰 것이다.

5. 마디해석법

식 3-4의 행렬 마디방정식의 좌변은 각 마디에서 마디전압에 의해 흘러나가는 전류성분들을 나타낸 것이고, 우변은 전원에 의해 각 마디에 흘러들어오는 전류성분을 나타낸 것으로서 식 3-4의 행렬 마디방정식은 KCL을 표현한 것이다. 행렬 마디방정식의 계수행렬인 전도행렬은 식 3-5의 꼴을 지니고 있기 때문에, 대상회로로부터 직관적으로 구할 수 있다. 이러한 사항에 근거하여 저항회로의 마디해석법을 정리하면 다음과 같다.

- **저항회로 마디해석법**
  ① 마디설정 : 기준마디를 정하고, 미지마디에 마디전압을 설정한다.
  ② 전도행렬 구하기 : 대상회로로부터 전도행렬 $[G]$를 직관적으로 구한다. 그리고 이렇게 구한 $[G]$가 전도행렬의 성질을 만족하는가를 확인한다.
  ③ 전원전류 벡터 구하기 : 대상회로로부터 전원전류 벡터 $[i_s]$를 구한다. 각 마디에 들어오는 전류는 +로, 나가는 전류는 -로 하며, 저항 R_s와 직렬로 연결된 전압원 v_s에 의한 전류성분은 $v_s / R_s = G_s v_s$로 변환하여 더한다.
  ④ 마디전압 벡터 계산 : 대상회로의 마디방정식이 식 3-4의 행렬 마디방정식 꼴로 구성되면 $[v] = [G]^{-1}[i_s]$를 계산하여 마디전압을 구한다.
  ⑤ 출력변수 계산 : 대상회로에서 원하는 출력변수를 ④에서 구한 마디전압 벡터로부터 계산한다.

대상회로에 마디해석법을 적용할 때 마디방정식을 간략화하려면 미지마디수가 최소가 되도록 설정하는 것이 중요하다. 최소 마디수를 설정하는 방법은 대상회로에서 독립전원을 모두 없앤 **전원억제회로**에서 마디의 개수 N_s를 구한 다음에 여기서 기준마디를 **빼면** 결정된다. 즉, $N = N_s - 1$개가 최소 마디수가 되는 것이다. 그리고 단계 ④에서 마디전압 벡터를 구하려면 역행렬 연산이 필요한데, 이 부분은 계산기나 셈툴 컴퓨터 꾸러미를 이용하면 간편하게 처리할 수 있다.

다음의 회로에서 행렬 마디방정식을 구하시오. 단 모든 저항의 단위는 Ω이다.

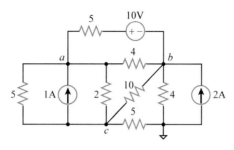

그림 3-10 예제 3-5의 회로

풀이 전원억제회로를 구성하면 마디가 모두 4개임을 알 수 있다. 따라서 최소마디수는 3이다. 대상회로에서 하단 마디를 기준마디로 하여 마디전압 벡터를 $[v] = [v_a \ v_b \ v_c]^T$로 잡고, 식 3-4에 대응하는 마디방정식을 세우면 전도행렬과 전원전류 벡터는 다음과 같다.

$$[G] = \begin{bmatrix} \frac{1}{5}+\frac{1}{5}+\frac{1}{4}+\frac{1}{2} & -\left(\frac{1}{5}+\frac{1}{4}\right) & -\left(\frac{1}{5}+\frac{1}{2}\right) \\ -\left(\frac{1}{5}+\frac{1}{4}\right) & \frac{1}{5}+\frac{1}{4}+\frac{1}{10}+\frac{1}{4} & -\frac{1}{10} \\ -\left(\frac{1}{5}+\frac{1}{2}\right) & -\frac{1}{10} & \frac{1}{5}+\frac{1}{2}+\frac{1}{10}+\frac{1}{5} \end{bmatrix} = \begin{bmatrix} 1.15 & -0.45 & -0.7 \\ -0.45 & 0.8 & -0.1 \\ -0.7 & -0.1 & 1.0 \end{bmatrix}$$

$$[i_s] = \begin{bmatrix} 1+\frac{10}{5} \\ 2-\frac{10}{5} \\ -1 \end{bmatrix} = \begin{bmatrix} 3 \\ 0 \\ -1 \end{bmatrix}$$

여기서 구한 전도행렬의 꼴을 보면 식 3-5의 대칭성과 전도행렬의 성질을 모두 만족하고 있음을 알 수 있다.

다음의 회로에서 행렬 마디방정식을 구하시오. 단 모든 저항의 단위는 Ω이다.

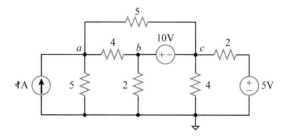

그림 3-11 예제 3-6의 회로

풀이 전원억제회로를 구성하면 마디 b와 c는 초마디로 묶이므로 마디수는 3개임을 알 수 있다. 따라서 기준마디를 제외하면 최소마디수는 2이다. 대상회로에서 $v_b = v_c + 10$ 이므로 v_c를 초마디 기준전압으로 잡고, 마디전압 벡터를 $[v] = [v_a \ v_c]^T$로 하여 식 3-4에 대응하는 마디방정식을 세우면 전도행렬과 전원전류 벡터는 다음과 같다.

$$[G] = \begin{bmatrix} \dfrac{1}{5} + \dfrac{1}{5} + \dfrac{1}{4} & -\left(\dfrac{1}{5} + \dfrac{1}{4}\right) \\ -\left(\dfrac{1}{5} + \dfrac{1}{4}\right) & \dfrac{1}{5} + \dfrac{1}{4} + \dfrac{1}{4} + \dfrac{1}{2} + \dfrac{1}{2} \end{bmatrix} = \begin{bmatrix} 0.65 & -0.45 \\ -0.45 & 1.7 \end{bmatrix}$$

$$[i_s] = \begin{bmatrix} 1 + \dfrac{10}{4} \\ \dfrac{5}{2} - \left(\dfrac{1}{4} + \dfrac{1}{2}\right)10 \end{bmatrix} = \begin{bmatrix} 3.5 \\ -5 \end{bmatrix}$$

여기서 구한 전도행렬도 식 3-5의 대칭성과 전도행렬의 성질을 모두 만족하고 있음을 확인할 수 있다.

6. 종속전원의 마디해석법

이 절에서는 마디해석법의 마지막 단계로서 종속전원이 있는 경우를 다루기로 한다. 종속전원의 전원값은 미지 마디변수로 표현되는 제어신호에 의해 결정되므로, 이와 같은 종속전원을 고려한 행렬 마디방정식의 일반형은 다음과 같은 꼴이 된다.

$$[G - G_d][v] = [i_{si}] \tag{3-6}$$

이 마디방정식을 유도하는 과정은 다음과 같다.

① 전도행렬 유도 : 미지 마디전압을 지정하고 식 3-5에 대응하는 전도행렬 $[G]$를 구한다.

② 종속전원 구속방정식 설정 : 종속전원의 전원값들을 마디전압의 함수로 표시한다.

③ 전원전류 벡터 구분 : 식 3-4에 대응하는 전원전류 벡터를 구한 다음에 이것을 독립전원전류 $[i_{si}]$와 종속전원전류 $[i_{sd}]$로 구분하고, 이 중에 종속전원전류를 ②의 구속방정식을 이용하여 미지 마디전압의 함수 행렬로 표시한다.

$$[i_s] = [i_{si}] + [i_{sd}] = [i_{si}] + [G_d][v] \tag{3-7}$$

④ 마디방정식 재구성 : 식 3-7의 전원전류 벡터식을 식 3-4의 마디방정식에 대입하여 식 3-6의 형태로 만들어 전도행렬 $[G - G_d]$를 구성한다.

⑤ 마디전압 벡터 계산 : 식 3−6의 행렬 마디방정식을 푼다.

$$[v] = [G- G_d]^{-1}[i_{si}] \tag{3-8}$$

여기서 특기할 사항은 대상회로가 종속전원을 갖는 경우에 식 3−6의 행렬 마디방정식에서 전도행렬 $[G- G_d]$는 일반적으로 대칭행렬이 아니라는 점이다.

예제 3−7

다음의 회로에서 행렬 마디방정식을 세우고 마디전압을 구하시오.

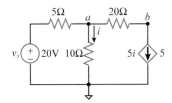

그림 3−12 예제 3−7의 회로

풀이 전원억제회로를 구성하면 마디가 모두 3개이고, 최소마디수는 2이므로 마디 a, b에 미지 마디전압을 지정한다. 이 마디전압에 대해 식 3−4에 대응하는 마디방정식을 세우면 식 3−5에 대응하는 전도행렬은 다음과 같이 구해진다.

$$[G] = \begin{bmatrix} \dfrac{1}{5}+\dfrac{1}{10}+\dfrac{1}{20} & -\dfrac{1}{20} \\ -\dfrac{1}{20} & \dfrac{1}{20} \end{bmatrix} = \begin{bmatrix} 0.35 & -0.05 \\ -0.05 & 0.05 \end{bmatrix}$$

대상회로는 종속전원을 갖고 있는데 이 종속전원의 제어신호 i는 마디전압 v_a에 의해 다음과 같이 표현된다.

$$i = \frac{v_a}{10}$$

따라서 식 3−4의 우변에 나오는 전원전류벡터는 다음과 같이 분해된다.

$$[i_s] = \begin{bmatrix} \dfrac{20}{5} \\ -5i \end{bmatrix} = \begin{bmatrix} 4 \\ -0.5v_a \end{bmatrix} = \begin{bmatrix} 4 \\ 0 \end{bmatrix} + \begin{bmatrix} 0 & 0 \\ -0.5 & 0 \end{bmatrix}\begin{bmatrix} v_a \\ v_b \end{bmatrix}$$

따라서 마디방정식 3−6에 대응하는 전도행렬과 독립전원전류는 다음과 같이 구성되며,

$$[G- G_d] = \begin{bmatrix} 0.35 & -0.05 \\ 0.45 & 0.05 \end{bmatrix}, \quad [i_{si}] = \begin{bmatrix} 4 \\ 0 \end{bmatrix}$$

마디전압은 식 3−8에 의해 다음과 같이 결정된다.

$$\begin{bmatrix} v_a \\ v_b \end{bmatrix} = \begin{bmatrix} 0.35 & -0.05 \\ 0.45 & 0.05 \end{bmatrix}^{-1}\begin{bmatrix} 4 \\ 0 \end{bmatrix} = \begin{bmatrix} 5 \\ -45 \end{bmatrix}\mathrm{V}$$

다음의 회로에서 행렬 마디방정식을 세우고 마디전압을 구하시오.

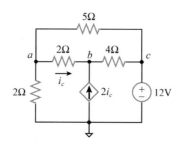

그림 3-13 예제 3-8의 회로

풀이 전원억제회로를 구성하면 c 마디는 기준마디와 같으므로 마디수는 모두 3개이고, 최소마디수는 2이다. 따라서 마디 a, b에 미지 마디전압을 지정하고, 이 마디전압에 대해 전류법칙을 적용하여 식 3-4에 대응하는 마디방정식을 세우면 다음과 같이 구해진다.

$$[G][v] = [i_s]$$

$$[G] = \begin{bmatrix} \dfrac{1}{5}+\dfrac{1}{2}+\dfrac{1}{2} & -\dfrac{1}{2} \\ -\dfrac{1}{2} & \dfrac{1}{2}+\dfrac{1}{4} \end{bmatrix} = \begin{bmatrix} 1.2 & -0.5 \\ -0.5 & 0.75 \end{bmatrix}, \quad [i_s] = \begin{bmatrix} \dfrac{12}{5} \\ \dfrac{12}{4}+2i_c \end{bmatrix}$$

여기서 종속전류원의 제어신호 i_c는 마디전압 v_a, v_b에 의해 다음과 같이 표현되므로

$$i_c = \frac{1}{2}(v_a - v_b)$$

우변에 나오는 전원전류벡터 $[i_s]$는 다음과 같이 분해된다.

$$[i_s] = \begin{bmatrix} 2.4 \\ 3+v_a-v_b \end{bmatrix} = \begin{bmatrix} 2.4 \\ 3 \end{bmatrix} + \begin{bmatrix} 0 & 0 \\ 1 & -1 \end{bmatrix} \begin{bmatrix} v_a \\ v_b \end{bmatrix}$$

따라서 마디방정식 3-6에 대응하는 전도행렬과 독립전원전류는 다음과 같이 구성되며,

$$[G-G_d] = \begin{bmatrix} 1.2 & -0.5 \\ -1.5 & 1.75 \end{bmatrix}, \quad [i_{si}] = \begin{bmatrix} 2.4 \\ 3 \end{bmatrix}$$

마디전압은 식 3-8에 의해 다음과 같이 결정된다.

$$\begin{bmatrix} v_a \\ v_b \end{bmatrix} = \begin{bmatrix} 1.2 & -0.5 \\ -1.5 & 1.75 \end{bmatrix}^{-1} \begin{bmatrix} 2.4 \\ 3 \end{bmatrix} = \begin{bmatrix} 4,22 \\ 5.33 \end{bmatrix} \text{V}$$

예제 3-7과 예제 3-8의 풀이과정을 보면 전도행렬 $[G-G_d]$은 대칭이 아닌 것을 확인할 수 있다. 그리고 식 3-8의 마디전압 해는 역행렬 연산을 필요로 하는데, 이 과정은 계산기나 컴퓨터 꾸러미를 활용하면 간편하게 처리할 수 있다.

3.3 망전류 해석법

이 절에서는 앞에서 다룬 마디해석법과 달리 대상회로 내의 폐로에 흐르는 전류를 기준으로 회로방정식을 세워서 해석하는 기법인 망전류 해석법을 익히기로 한다. 이 방법은 마디해석법과 쌍대성(duality)을 지니고 있어서 대응하는 규칙과 성질들이 나타나기 때문에 관련 이론 및 전개 과정을 간략히 정리하기로 한다.

1. 망전류

회로는 마디와 가지들로 구성되는데, 회로 내의 가지들 사이에 교차(crossover)가 없이 연결할 수 있는 회로를 **평면회로(planar circuit)**라 한다. 예를 들면, 그림 3 – 14(a)와 같은 경우에는 도선을 어떻게 재구성하더라도 교차가 없어지지 않기 때문에 **비평면회로 (nonplanar circuit)**이며, 그림 3 – 14(b)와 같은 경우에는 1번 소자 상단 도선에 교차가 있는 것처럼 보이지만 이 도선을 늘려서 소자를 2번 소자 오른쪽으로 빼내면 교차가 없는 회로가 되므로 평면회로이다.

평면회로에서 다른 폐로를 포함하지 않는 닫혀진 전류경로를 **망(mesh)**이라 하며, 평면회로에서 망을 맴도는 전류를 **망전류(mesh current)**라 한다. 망전류는 각각의 망마다 정의되며, 전류방향은 시계방향이나 반시계방향 중에 어느 것을 사용해도 되지만 회로해석 편의상 두 방향 중에 한가지로 정한다.

2. 기본원리

망전류 해석법은 회로 내의 망전류들을 미지변수로 놓고 회로방정식을 세워서 풀어내는 방법이다. 이 해석법의 기본원리는 다음과 같다.

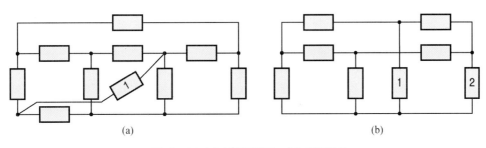

그림 3 – 14 (a) 비평면회로 (b) 평면회로

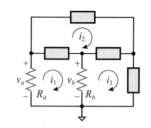

그림 3-15 망전류와 가지변수

> **평면회로에서 모든 망전류를 알면 그 회로의 모든 가지변수를 결정할 수 있다.**

예를 들어, 그림 3-15의 회로에서 세 개의 망에 대한 망전류 i_1, i_2, i_3를 안다고 가정하면, 이 회로 내의 모든 가지전압과 가지전류들은 망전류를 써서 다음과 같이 결정할 수 있다.

- 가지전류 : $i_{nm} = i_n - i_m$(망 n과 m에 공유된 가지)
- 가지전압 : $v_a = -R_a i_1$

$$v_b = R_b i_{13} = R_b(i_1 - i_3)$$

위의 예로부터 유추할 수 있듯이 망전류를 알면 모든 가지전류들을 망전류의 합이나 차로 계산할 수 있다. 그러나 망전류로부터 가지전압을 계산하려면 옴의 법칙을 적용해야 하므로 가지상수 값들이 주어져야 한다.

예제 3-9

그림 3-16의 회로에서 망전류가 $i_1 = 1.4$ A, $i_2 = 3$ A, $i_3 = 2$ A일 때, 가지전압 v_{23} 와 미지저항 R_2 를 결정하시오.

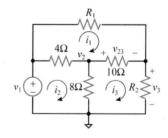

그림 3-16 예제 3-9의 회로

풀이 10 Ω 저항에 흐르는 가지전류는 $i_3 - i_1 = 0.6$ A이므로 가지전압 v_{23} 는 옴의 법칙에 의해 다음과 같이 결정된다.

$$v_{23} = 10 \times (i_3 - i_1) = 6 \text{ V}$$

i_3 망에 KVL을 적용하여 회로방정식을 세우면 다음과 같고,

$$8(i_3 - i_2) + v_{23} + R_2 i_3 = -8 + 6 + 2R_2 = 0$$

따라서 미지저항은 $R_2 = 1\,\Omega$으로 결정된다.

예제 3-10

그림 3-16의 회로에서 $v_1 = 12$ V, $R_1 = 2\,\Omega$, $R_2 = 4\,\Omega$일 때, 망전류 i_1, i_2, i_3를 구하고, 마디전압 v_2와 가지전압 v_{23}를 결정하시오.

풀이 망전류 i_1, i_2, i_3가 지정된 각각의 망에 전압법칙을 적용하면 다음과 같은 세 개의 망방정식을 얻을 수 있다.

$$2i_1 + 10(i_1 - i_3) + 4(i_1 - i_2) = 0$$
$$4(i_2 - i_1) + 8(i_2 - i_3) - 12 = 0$$
$$10(i_3 - i_1) + 4i_3 + 8(i_3 - i_2) = 0$$

위의 등식을 망전류 i_1, i_2, i_3에 대하여 정리하면 다음의 연립방정식을 얻을 수 있고,

$$16i_1 - 4i_2 - 10i_3 = 0$$
$$-4i_1 + 12i_2 - 8i_3 = 12$$
$$-10i_1 - 8i_2 + 22i_3 = 0$$

이 연립방정식을 풀면 망전류는 $i_1 = i_3 = 2\,$A, $i_2 = 3\,$A로 결정된다. 따라서 마디전압 v_2와 가지전압 v_{23}는 다음과 같이 구해진다.

$$v_2 = 8(i_2 - i_3) = 8, \quad v_{23} = 10(i_3 - i_1) = 0\,\text{V}$$

이상으로 독립전압원과 저항으로 이루어진 간단한 예제를 통하여 망해석법의 기본사항을 다루었다. 이제 일반 저항회로에서 망전류를 지정하여 해석하는 망전류 해석법을 익히기로 한다. 먼저 대상회로의 망에 독립전류원이 들어있는 경우를 다룬 다음에 종속전원이 포함되는 회로를 다루기로 한다.

3. 전류원 포함 회로의 망해석법

망방정식을 세울 때에는 방정식을 가능한 한 간략화해야 하므로 망전류를 모르는 경우에만 변수로 지정하며, 독립전류원이 연결된 경우에는 망전류를 지정하지 않는다. 그런데

독립전류원이 망 내의 어느 부분에 들어가느냐에 따라 해석이 조금 달라지므로 구분해서 살펴보기로 한다.

(1) 전용가지 독립전류원의 경우

어떤 망의 전용가지에 독립전류원이 연결된 경우 이 망에서 망전류는 독립전류원과 같으므로 망전류를 따로 지정하지 않는다. 예를 들어, 그림 3-17의 회로에서 왼쪽 망의 전용가지에 독립전류원이 연결되어 있으므로 이 망의 망전류는 확정이 된다. 따라서 미지망은 하나이고, 오른쪽 망에 KVL을 적용하면 회로방정식은 다음과 같이 구성된다.

$$R_a(i_1 - i_s) + R_b i_1 - v_s = 0 \quad \Rightarrow \quad (R_a + R_b)i_1 = v_s + R_a i_s$$

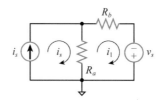

그림 3-17 망해석의 예

예제 3-11

다음의 회로에서 망전류 i_1, i_2, i_3 를 구하시오. 단 대상회로의 모든 저항의 단위는 kΩ이다.

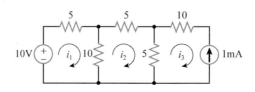

그림 3-18 예제 3-11의 회로

풀이 i_3 망에는 전용가지에 독립전류원이 연결되어 있으므로 망전류 $i_3 = -1\,\text{mA}$로 결정된다. 전류단위를 mA로 잡고, i_1 망과 i_2 망에 전압법칙을 적용하면 다음과 같은 회로방정식을 얻을 수 있다.

$$5i_1 + 10(i_1 - i_2) - 10 = 0 \quad \Rightarrow \quad 15i_1 - 10i_2 = 10$$

$$10(i_2 - i_1) + 5i_2 + 5(i_2 - i_3) = 0 \quad \Rightarrow \quad -10i_1 + 20i_2 = -5$$

이 회로방정식을 연립하여 풀면 망전류는 $i_1 = 0.75\,\text{mA}$, $i_2 = 0.125\,\text{mA}$로 결정된다.

(2) 내부전류원의 경우

이웃하는 두 망의 공유가지에 연결된 전류원을 **내부전류원**(interior current source)이라 하는데, 망해석법을 적용할 때 주의해서 처리해야 한다. 내부전류원이 있는 경우에는 내부 전류원을 포함하여 이웃하는 두 망을 **초망**(supermesh)으로 지정하여 처리한다. 초망은 앞에서 익힌 마디해석법에 나타나는 초마디에 대응하는 망해석법에서의 쌍대 개념인데, 다음 예제를 통해 초망 처리법을 익히기로 한다.

예제 3-12

다음의 회로에서 전압법칙을 적용하여 회로방정식을 세우시오.

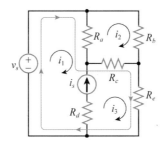

그림 3-19 예제 3-12의 회로

풀이 1번망과 3번망 사이에 내부전류원이 들어있는데, 이 전류원과 반대방향의 망전류인 i_1을 미지 망전류로 지정하면 3번 망전류는 $i_3 = i_1 + i_s$로 결정되므로, 미지망으로 지정할 필요가 없으며, 1번망과 3번망을 묶어서 초망으로 처리한다. 따라서 대상회로에서 미지망은 1번 초망과 2번 망이며, 이 두 망에 대해서만 전압법칙을 적용하여 회로방정식을 세우면 다음과 같은 회로방정식을 구할 수 있다.

$$R_a(i_1 - i_2) + R_c(i_3 - i_2) + R_e\,i_3 - v_s = 0$$

$$R_b\,i_2 + R_c(i_2 - i_3) + R_a(i_2 - i_1) = 0$$

여기서 $i_3 = i_1 + i_s$의 관계식을 대입하여 정리하면 대상회로의 방정식은 다음과 같이 정리할 수 있다.

$$(R_a + R_c + R_e)\,i_1 - (R_a + R_c)\,i_2 = v_s - (R_c + R_e)\,i_s$$

$$-(R_a + R_c)\,i_1 + (R_a + R_b + R_c)\,i_2 = R_c\,i_s$$

이 회로방정식에서 주의할 것은 1번 초망의 한 부분인 i_3 망에 내부전류원에 의한 전류 i_s가 더 흐르면서 $(R_c + R_e)\,i_s$만큼의 전압하강이 일어나며, 이 가운데 $R_c\,i_s$는 2번 망에 대해서는 전압상승분으로 작용하여 우변의 전원에 의한 전압상승분에 나타난다는 점이다.

---

4. 행렬 망방정식

회로 내의 어떤 망에서 망전류와 그 망에 연결된 가지전압 사이에 성립하는 방정식을 **망방정식**(mesh equation)이라 한다. 망방정식은 회로 내의 각 망에 KVL을 적용하여 유도한다. 예를 들어, 그림 3-20과 같이 3개의 미지 망전류를 갖는 회로에서 망방정식을 세워보기로 한다.

대상회로의 각 망에 KVL을 적용하면 다음과 같다.

$$R_1 i_1 + R_4(i_1 - i_2) - v_{s1} = 0$$

$$R_2 i_2 + R_4(i_2 - i_1) + R_5(i_2 - i_3) = 0$$

$$R_5(i_3 - i_2) + R_3 i_3 + v_{s2} = 0$$

이 식을 망전류에 대해 정리하면,

$$(R_1 + R_4) i_1 - R_4 i_2 = v_{s1}$$

$$-R_4 i_1 + (R_2 + R_4 + R_5) i_2 - R_5 i_3 = 0$$

$$-R_5 i_2 + (R_3 + R_5) i_3 = -v_{s2}$$

다음과 같은 행렬 망방정식을 구할 수 있다.

$$\begin{bmatrix} R_1 + R_4 & -R_4 & 0 \\ -R_4 & R_4 + R_2 + R_5 & -R_5 \\ 0 & -R_5 & R_3 + R_5 \end{bmatrix} \begin{bmatrix} i_1 \\ i_2 \\ i_3 \end{bmatrix} = \begin{bmatrix} v_{s1} \\ 0 \\ -v_{s2} \end{bmatrix}$$

위의 예제에서 유도한 망방정식을 통해 알 수 있듯이, 어떤 회로에서 행렬 망방정식의 일반형은 다음과 같은 꼴이 된다.

$$[R][i] = [v_s] \tag{3-9}$$

여기서 $[i]$는 망전류 벡터, $[v_s]$는 전원전압 벡터이며

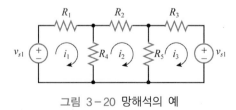

그림 3-20 망해석의 예

$$[i] = \begin{bmatrix} i_1 \\ i_2 \\ \vdots \\ i_N \end{bmatrix}, \quad [v_s] = \begin{bmatrix} v_{s1} \\ v_{s2} \\ \vdots \\ v_{sN} \end{bmatrix}$$

i_n은 망 n에서의 미지 망전류, v_{sn}은 망 n에 걸려있는 전원전압들의 합이다. 그리고 **저항행렬(resistance matrix)** $[R]$은 다음과 같은 꼴을 갖는다.

$$[R] = \begin{bmatrix} R_{11} & -R_{12} & \cdots & -R_{1N} \\ -R_{21} & R_{22} & \cdots & -R_{2N} \\ \vdots & \vdots & & \vdots \\ -R_{N1} & -R_{N2} & \cdots & R_{NN} \end{bmatrix} \qquad (3-10)$$

여기서 R_{nn}은 망 n을 구성하는 가지저항들의 합이고, R_{nm}은 망 n과 m이 공유하는 가지저항들의 합이며, $R_{nm} = R_{mn}$이다. 식 3–10의 저항행렬은 다음과 같은 성질을 지닌다.

① $[R]$는 대칭행렬이다.
② 주대각선 성분 > 0, 비대각선 성분 ≤ 0
③ 비대각선 성분들이 주대각선에 부분적으로 나타난다.

여기서도 주의할 점은 저항행렬의 위와 같은 성질들은 대상회로에 종속전원이 전혀 없고 독립전원만 있는 경우에만 성립한다는 것이다. 종속전원이 있는 경우에는 뒤에서 다루겠지만 대칭성이 보장되지 않는다.

5. 망해석법

식 3–9의 행렬 망방정식의 좌변은 각 망에서 망전류에 의해 생기는 전압하강 성분들을 나타낸 것이고, 우변은 전원에 의해 각 망에 생기는 전압상승 성분을 나타낸 것이다. 따라서 식 3–9의 행렬 망방정식은 KVL을 표현한 것이다. 행렬 망방정식의 계수행렬인 저항행렬은 식 3–10의 꼴을 지니고 있기 때문에 대상회로로부터 직관적으로 구할 수 있다. 이러한 사항에 근거하여 저항회로의 망해석법을 정리하면 다음과 같다.

① 망전류 설정 : 전류원에 의해 고정된 망전류를 표시하고, 미지 망에 망전류들을 한 방향으로 설정한다.
② 저항행렬 구하기 : 대상회로에서 저항행렬 $[R]$을 식 3–10에 따라 직관적으로 구한다. 그리고 이렇게 구한 $[R]$이 저항행렬의 성질을 만족하는가 확인한다.

③ 전원전압 벡터 구하기 : 대상회로에서 전원전압 벡터$[v_s]$를 구한다. 이 벡터를 구할 때 특히 방향에 주의해야 하는데, 망전류 방향으로 볼 때 전압상승분을 +로, 전압 하강분은 −로 하며, 전류원 i_s에 의한 전압성분은 $R_s i_s$로 변환하여 더한다.

④ 망전류 벡터 계산 : 대상회로의 행렬 망방정식이 식 3−9의 꼴로 구성되었으므로 $[i] = [R]^{-1}[v_s]$를 계산하여 망전류를 구한다.

⑤ 출력변수 계산 : 대상회로에서 원하는 출력변수를 ④에서 구한 망전류 벡터로부터 계산한다.

대상회로에 망해석법을 적용할 때 망방정식을 간략화하기 위해서는 미지망수가 최소가 되도록 설정하는 것이 중요하다. 최소망수는 전원억제회로에서 남아있는 망의 개수가 되므로, 이것을 최소망수로 설정하되 망전류를 모두 같은 방향으로 설정한다. 그리고 단계 ④에서 망전류 벡터를 구하려면 역행렬 연산이 필요한데, 이 부분은 계산기나 컴퓨터 꾸러미를 이용하여 처리하면 된다.

예제 3−13

다음의 회로에서 행렬 망방정식을 세우고 망전류를 구하시오.

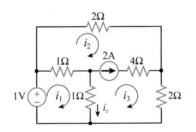

그림 3−21 예제 3−13의 회로

풀이 전원억제회로를 구성하면 망수가 모두 2개이므로 최소망수는 2이다. 2번망과 3번망은 공유 가지에 내부전류원이 존재하므로 초망으로 묶을 수 있으며, 내부전류원과 반대방향으로 흐르는 i_2를 미지 망전류를 지정하면 $i_3 = i_2 + 2$로 결정된다. 따라서 1번망과 2번 초망에 대해 전압법칙을 적용하면 다음과 같은 행렬 망방정식을 구할 수 있고,

$$[R][i] = [v_s]$$

$$[R] = \begin{bmatrix} 1+1 & -(1+1) \\ -(1+1) & 2+2+1+1 \end{bmatrix} = \begin{bmatrix} 2 & -2 \\ -2 & 6 \end{bmatrix}$$

$$[v_s] = \begin{bmatrix} 10+1\times2 \\ -(2+1)\times2 \end{bmatrix} = \begin{bmatrix} 12 \\ -6 \end{bmatrix}$$

이 방정식을 풀면 망전류는 다음과 같이 결정된다.

$$\begin{bmatrix} i_1 \\ i_2 \end{bmatrix} = \begin{bmatrix} 2 & -2 \\ -2 & 6 \end{bmatrix}^{-1} \begin{bmatrix} 12 \\ -6 \end{bmatrix} = \begin{bmatrix} 7.5 \\ 1.5 \end{bmatrix}$$

그리고 $i_3 = i_2 + 2 = 3.5 \,\text{A}$이다.

예제 3-14

다음의 회로에서 행렬 망방정식을 세우고 망전류를 구하시오. 단 회로 안의 모든 저항들의 단위는 kΩ이다.

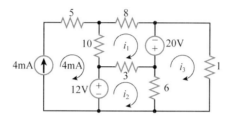

그림 3-22 예제 3-14의 회로

풀이 전원억제회로를 구성하면 망수가 모두 3개이므로 최소망수는 3이다. 제일 왼쪽의 망은 독립전류원에 의해 망전류가 4 mA로 고정되므로 그림 3-22에서 보는 바와 같이 나머지 세 개의 망에 망전류를 지정하면 식 3-9에 나타나는 저항행렬과 전원전압 벡터를 각각 다음과 같이 구할 수 있다.

$$[R] = \begin{bmatrix} 8+3+10 & -3 & 0 \\ -3 & 3+6 & -6 \\ 0 & -6 & 1+6 \end{bmatrix} = \begin{bmatrix} 21 & -3 & 0 \\ -3 & 9 & -6 \\ 0 & -6 & 7 \end{bmatrix}$$

$$[v_s] = \begin{bmatrix} 20+10\times4 \\ 12 \\ -20 \end{bmatrix} = \begin{bmatrix} 60 \\ 12 \\ -20 \end{bmatrix}$$

따라서 망전류는 다음과 같이 계산된다.

$$[i] = [R]^{-1}[v_s] = \begin{bmatrix} 21 & -3 & 0 \\ -3 & 9 & -6 \\ 0 & -6 & 7 \end{bmatrix}^{-1} \begin{bmatrix} 60 \\ 12 \\ -20 \end{bmatrix} = \begin{bmatrix} 3 \\ 1 \\ -2 \end{bmatrix} \text{mA}$$

---

6. 종속전원의 망해석법

식 3-9로 표시되는 행렬 망방정식의 일반형에서 종속전원을 고려할 경우에 전원전압 벡터 $[v_s]$는 항상 다음과 같이 분해할 수 있다.

$$[v_s] = [v_{si}] + [R_d][i] \tag{3-11}$$

여기서 $[v_{si}]$ 는 독립전원만으로 구성된 전원전압 벡터이며, $[R_d][i]$ 는 종속전원에 의한 전압벡터 부분을 망전류들의 함수로 표시한 것이다. 여기서 계수행렬 $[R_d]$ 는 일반적으로 대칭이 아니다. 식 3–11과 같이 분해되는 경우에 이것을 식 3–9에 대입하여 정리하면 종속전원을 고려한 행렬 망방정식의 일반형은 다음과 같다.

$$[R - R_d][i] \;=\; [v_{si}] \tag{3-12}$$

이 식에 근거하여 종속전원이 포함된 회로에 대한 망해석법은 다음과 같이 요약된다.

① 저항행렬 유도 : 미지 망전류를 지정하고 망방정식 3–9에 대응하는 식 3–10의 저항행렬 $[R]$을 구한다.

② 종속전원 구속방정식 설정 : 종속전원의 전원값들을 망전류의 함수로 표시한다.

③ 전원전압 벡터 구분 : 식 3–9에 대응하는 전원전압 벡터를 구한 다음, 독립전원전압과 종속전원전압으로 구분하고, 이 중에 종속전원전압을 ②의 구속방정식을 이용하여 식 3–11과 같이 미지 망전류의 함수 행렬로 표시한다.

④ 망방정식 재구성 : 식 3–11의 전원전압 벡터를 식 3–9의 망방정식에 대입하여 식 3–12의 형태로 만들어 저항행렬 $[R - R_d]$ 를 구성한다.

⑤ 망전류 벡터 계산 : 식 3–12의 행렬 마디방정식을 푼다.

$$[i] \;=\; [R - R_d]^{-1}[v_{si}]$$

여기서도 주의할 사항은 대상회로가 종속전원을 갖는 경우에 식 3–11에서 $[R_d]$ 가 대칭이 아니기 때문에 식 3–12의 행렬 망방정식에서 저항행렬 $[R - R_d]$ 는 일반적으로 대칭이 아니라는 것이다.

예제 3–15

다음의 회로에서 행렬 망방정식을 세우고 망전류를 구하시오.

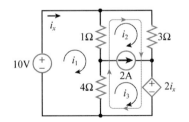

그림 3–23 예제 3–15의 회로

풀이 전원억제회로를 구성하면 망수가 모두 2개이므로 최소망수는 2이다. 2번망과 3번망 사이에 내부전류원이 들어있는데, 이 전류원과 반대방향의 망전류인 i_2를 미지 망전류로 지정하면 3번 망전류는 $i_3 = i_2 + 2$로 결정되므로 미지망으로 지정할 필요가 없으며, 2번망과 3번망을 묶어서 초망으로 처리한다. 그리고 종속전압원의 제어신호는 $i_x = i_1$로서 1번 망전류와 같다. 따라서 1번 망과 2번 초망에 대해서만 식 3 – 9의 망방정식을 세우면 저항행렬과 전원전압 벡터는 다음과 같이 구해진다.

$$[R] = \begin{bmatrix} 5 & -5 \\ -5 & 8 \end{bmatrix}, \quad [v_s] = \begin{bmatrix} 10 + 2 \times 4 \\ -2 \times 4 - 2i_x \end{bmatrix} = \begin{bmatrix} 18 \\ -8 \end{bmatrix} + \begin{bmatrix} 0 & 0 \\ -2 & 0 \end{bmatrix} \begin{bmatrix} i_1 \\ i_2 \end{bmatrix}$$

위의 행렬과 벡터로부터 식 3 – 12의 저항행렬과 독립전원전압 벡터가 다음과 같이 구성된다.

$$[R - R_d] = \begin{bmatrix} 5 & -5 \\ -3 & 8 \end{bmatrix}, \quad [v_{si}] = \begin{bmatrix} 18 \\ -8 \end{bmatrix}$$

따라서 망전류는 다음과 같이 계산된다.

$$\begin{bmatrix} i_1 \\ i_2 \end{bmatrix} = \begin{bmatrix} 5 & -5 \\ -3 & 8 \end{bmatrix}^{-1} \begin{bmatrix} 18 \\ -8 \end{bmatrix} = \begin{bmatrix} 4.16 \\ 0.56 \end{bmatrix}$$

그리고 $i_3 = i_2 + 2 = 2.56$ [A]이다.

예제 3 – 16

다음의 회로에서 행렬 망방정식을 세우고 망전류를 구하시오.

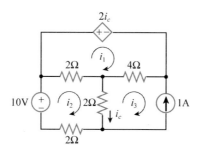

그림 3 – 24 예제 3 – 16의 회로

풀이 전원억제회로를 구성하면 망수가 모두 2개이므로 최소망수는 2이다. 3번 망에서 전용가지에 있는 독립전류원에 의해 $i_3 = -1$ A로 고정되므로, 1번과 2번 망에서만 망방정식을 세우면 된다. 전압법칙을 적용하여 식 3 – 9에 대응하는 망방정식을 세우면 다음과 같다.

$$[R][i] = [v_s]$$

$$[R] = \begin{bmatrix} 4+2 & -2 \\ -2 & 2+2+2 \end{bmatrix} = \begin{bmatrix} 6 & -2 \\ -2 & 6 \end{bmatrix}, \quad [v_s] = \begin{bmatrix} -2i_c + 4i_3 \\ 10 + 2i_3 \end{bmatrix} = \begin{bmatrix} -4 - 2i_c \\ 8 \end{bmatrix}$$

여기서 종속전원의 제어신호는 $i_c = i_2 - i_3 = i_2 + 1$이므로 전원전압 벡터$[v_s]$는 다음과 같이

분해하여 나타낼 수 있으며,

$$[v_s] = \begin{bmatrix} -4-2(i_2+1) \\ 8 \end{bmatrix} = \begin{bmatrix} -6 \\ 8 \end{bmatrix} + \begin{bmatrix} 0 & -2 \\ 0 & 0 \end{bmatrix} \begin{bmatrix} i_1 \\ i_2 \end{bmatrix}$$

식 3-12에 대응하는 저항행렬과 독립전원전압 벡터가 다음과 같이 구성된다.

$$[R-R_d] = \begin{bmatrix} 6 & 0 \\ -2 & 6 \end{bmatrix}, \quad [v_{si}] = \begin{bmatrix} -6 \\ 8 \end{bmatrix}$$

따라서 망전류는 다음과 같이 구할 수 있다.

$$\begin{bmatrix} i_1 \\ i_2 \end{bmatrix} = \begin{bmatrix} 6 & 0 \\ -2 & 6 \end{bmatrix}^{-1} \begin{bmatrix} -6 \\ 8 \end{bmatrix} = \begin{bmatrix} -1 \\ 1 \end{bmatrix} \quad A$$

3.4 마디해석법과 망해석법 비교

앞에서 저항회로의 일반해석법으로 마디해석법과 망해석법에 대해 익혔다. 이 두 해석법은 서로 쌍을 이루면서 대응하는 관계를 이루는데 이러한 관계를 쌍대관계(dual relation)라 하며, 이러한 성질을 **쌍대성**(duality)이라고 한다. 두 해석법간의 쌍대관계를 요약하면 표 3-1과 같다. 여기서 한 가지 주의할 점은 마디해석법은 모든 선형회로에 적용되지만, 망해석법은 반드시 평면회로망에만 적용된다는 점이다.

저항회로 해석을 할 때에는 두 해석법 가운데 어느 하나만 사용하면 되는데, 이 가운데 어느 것을 사용하는 것이 더 효과적인가는 대상회로에 따라 다르기 때문에 일방적으로 단정할 수는 없다. 그렇지만 두 해석법 중에 하나를 선정하는 일반적인 규칙은 다음과 같이 정리할 수 있다. 먼저 독립전압원만으로 이루어진 회로는 망해석법으로, 독립전류원 만으로 이루어진 회로는 마디해석법으로 처리하는 것이 대체로 편리하다. 그리고 전압원과 전류원이 섞여있는 회로는 둘 가운데 어떤 해석법을 써도 되지만, 전원억제회로를 구성하였을 때 미지망수와 마디수를 비교하여 더 작은 쪽을 사용하는 것이 편리하다. 또는 대상문제에서 계산을 요구하는 전압수가 전류수보다 더 많으면 마디해석법을 사용하고, 더 적으면 망해석법을 사용한다.

표 3-1 마디해석법과 망해석법의 쌍대성

마 디	마디전압	KCL	마디방정식	전도행렬
망	망전류	KVL	망방정식	저항행렬

다음의 세 가지 회로들을 해석할 때 마디해석법과 망해석법 가운데 어느 쪽이 더 편리한가를
판단하시오.

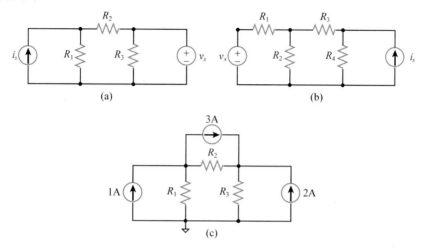

그림 3-25 예제 3-17의 회로들

풀이 (a) 대상회로에서 전원억제회로를 구성한 다음 하단을 기준마디로 삼으면 미지마디수 = 1,
미지망수 = 2이므로 마디해석법을 적용하는 것이 더 편리하다.

(b) 전원억제회로를 구성하여 비교해보면 미지마디수 = 미지망수 = 2이므로 이 경우에는
두 해석법의 편의성은 똑같다.

(c) 전원억제회로에서 미지마디수 = 2, 미지망수 = 1이므로 망해석법이 더 편리하다.

3.5 회로해석법 응용

이 절에서는 지금까지 익힌 저항회로 해석법을 응용하여 회로를 해석하거나 설계하는
문제들을 다루기로 한다. 저항회로 해석법으로는 마디와 망해석법 두 가지가 있으므로
먼저 대상회로 둘 중에 어떤 방법을 적용하는 것이 더 편리한가를 판단하여 선택한 다음,
대상회로에 해당 마디전압이나 망전류를 지정하여 회로를 해석하는 절차로 진행한다. 그러
면 몇 가지 예제들을 통해 이 과정을 익히기로 한다.

다음의 회로에서 미지저항 R값을 결정하시오.

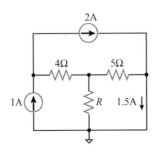

그림 3-26 예제 3-18의 대상회로   그림 3-27 망전류 설정

풀이 대상회로에서 전원억제 회로를 구성해보면 미지마디수 = 2, 미지망수 = 0이므로 망해석법을 사용하는 것이 훨씬 더 편리하다. 그림 3-27과 같이 망전류를 지정하면 $i_1 = 1$ A, $i_2 = 2$ A, $i_3 = 1.5$ A이므로 i_3망에 KVL을 적용하면 다음과 같은 등식이 성립한다.

$$5(i_3 - i_2) + R(i_3 - i_1) = -5 \times 0.5 + 0.5R = 0$$

이 등식을 풀면 $R = 5\ \Omega$이다.

그림 3-28의 회로에서 전류 i를 결정하시오.

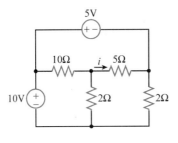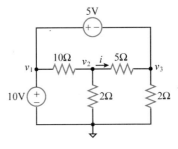

그림 3-28 예제 3-19의 대상회로   그림 3-29 마디전압 설정

풀이 대상회로에서 전원억제회로를 구성해보면 미지마디수 = 1, 미지망수 = 3이므로 마디해석법을 사용하는 것이 더 편리하다. 그림 3-29와 같이 마디전압을 지정하면 $v_1 = 10$ V, $v_3 = 10 - 5 = 5$ V이므로 v_2마디에 KCL을 적용하여 마디방정식을 세우면

$$\left(\frac{1}{2} + \frac{1}{10} + \frac{1}{5}\right)v_2 = \frac{v_1}{10} + \frac{v_3}{5} = 2$$

$v_2 = 2.5$ V로 결정되며, 전류 i는 다음과 같이 구할 수 있다.

$$i = \frac{v_2 - v_3}{5} = \frac{2.5 - 5}{5} = -0.5$$

예제 3-20

그림 3-30의 회로에서 $i_t = 1$ A, $R_1 = R_5 = 5$ Ω, $R_2 = 2$ Ω, $R_3 = 10$ Ω, $R_4 = 4$ Ω일 때 단자 a-b 양단의 전압 v_t를 계산하시오.

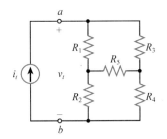　　　　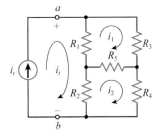

그림 3-30 예제 3-20의 대상회로　　　　그림 3-31 망전류 설정

풀이　전원억제회로를 구성하면 미지망수는 2, 미지마디수는 3이므로 망해석법을 사용하기로 하고, 그림 3-31과 같이 망전류를 설정한 다음 망방정식을 세우면 다음과 같다.

$$\begin{bmatrix} R_1 + R_3 + R_5 & -R_5 \\ -R_5 & R_2 + R_4 + R_5 \end{bmatrix} \begin{bmatrix} i_1 \\ i_2 \end{bmatrix} = \begin{bmatrix} R_1 i_t \\ R_2 i_t \end{bmatrix}$$

$$\begin{bmatrix} 20 & -5 \\ -5 & 11 \end{bmatrix} \begin{bmatrix} i_1 \\ i_2 \end{bmatrix} = \begin{bmatrix} 5 \\ 2 \end{bmatrix}$$

이 방정식을 풀어서 망전류를 구하면 $i_1 = i_2 = 1/3$ A이고, v_t는 다음과 같이 결정된다.

$$v_t = R_1(i_t - i_1) + R_2(i_t - i_2) = 5 \times \frac{2}{3} + 2 \times \frac{2}{3} = \frac{14}{3}$$

독립전원을 포함하지 않는 회로 내의 두 단자에 전류원 i_t(또는 전압원 v_t)를 걸었을 때 두 단자 사이에 나타나는 전압이 v_t(또는 두 단자로 드나드는 전류가 i_t)라면 두 단자에서 본 등가저항은 $R_t = v_t / i_t$로 나타낼 수 있다. 예제 3-20의 해석결과로부터 그림 3-30의 회로에서 단자 a-b에서 본 등가저항은 $R_t = v_t / i_t = 14/3$ Ω이 된다.

그림 3-32의 회로에서 a-b 단자에서 본 등가저항 R_t 를 구하시오.

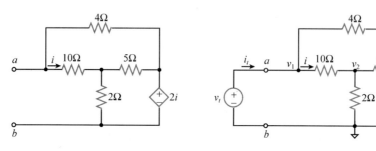

그림 3-32 예제 3-21의 대상회로   그림 3-33 시험전원 걸기

풀이 등가저항을 구하기 위해 대상회로에 그림 3-33과 같이 시험전원으로 전압원 v_t 를 걸고 마디전압을 설정하면 $v_1 = v_t$, $v_3 = 2i$ 로 결정되므로 미지마디인 v_2 마디에서 마디방정식을 세우면 다음과 같다.

$$\left(\frac{1}{2} + \frac{1}{5} + \frac{1}{10}\right) v_2 = \frac{v_t}{10} + \frac{2i}{5}$$

여기서 제어전류는 $i = \dfrac{v_t - v_2}{10}$ 이므로 이것을 위의 식에 대입하여 정리하면 v_2 와 i 는 다음과 같이 구해진다.

$$v_2 = \frac{1}{6} v_t, \quad i = \frac{1}{12} v_t$$

이 결과로부터 전류 i_t 는 KCL을 적용하여 다음과 같이 구해지므로

$$i_t = i + \frac{v_t - 2i}{4} = \frac{i}{2} + \frac{v_t}{4} = \frac{7}{24} v_t$$

등가저항 R_t 는 다음과 같이 결정된다.

$$R_t = \frac{v_t}{i_t} = \frac{24}{7}$$

익힘문제

01 그림 p3.1 회로에서 마디전압 v_1, v_2를 구하시오(답 : $v_1 = -8/3$ V, $v_2 = 4/3$ V).

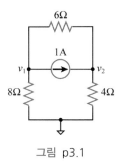

그림 p3.1

02 그림 p3.2 회로에서 마디전압 v_1, v_2, v_3를 구하시오(답 : $v_1 = -2/3$ V, $v_2 = 16$ V, $v_3 = 13/3$ V).

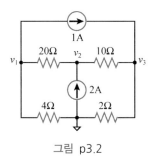

그림 p3.2

03 그림 p3.3 회로에서 가지전압 v를 구하시오(답 : $v = -5.17$ V).

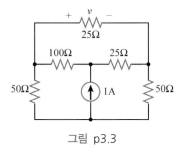

그림 p3.3

04 그림 p3.4 회로에서 마디전압이 $v_1 = 15$ V, $v_2 = 10$ V로 나타날 경우 전류원 i_1, i_2와 마디전압 v_3를 결정하시오(답 : $i_1 = 1.75$ A, $i_2 = 1.29$ A, $v_3 = 5.42$ V).

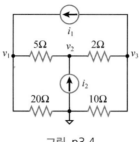

그림 p3.4

05 그림 p3.5 회로에서 전압 v_a, v_b, v_c와 전류 i를 구하시오(답 : $v_a = v_b = 8$ V, $v_c = 0$ V, $i = 1$ mA).

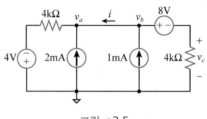

그림 p3.5

06 그림 p3.6 회로에서 전압 v_a, v_b를 구하시오(답 : $v_a = 7$ V, $v_b = -1$ V).

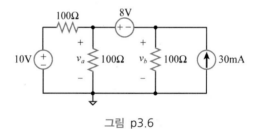

그림 p3.6

07 그림 p3.7 회로에서 전압 v_a, v_b를 구하시오(답 : $v_a = 12$ V, $v_b = 4$ V).

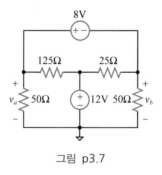

그림 p3.7

08 그림 p3.8 회로에서 마디전압 v_a, v_b, v_c를 구하시오.

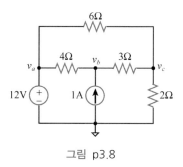

그림 p3.8

09 그림 p3.9 회로에서 마디전압 v_a, v_b, v_c와 가지전류 i_1, i_2를 구하시오.

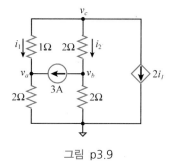

그림 p3.9

10 다음 회로에서 종속전압원에 흐르는 전류 i와 공급전력을 계산하시오(답 : $i = 10$ mA, 공급전력 = 0.4 W).

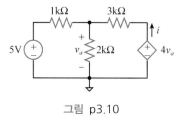

그림 p3.10

11 다음 회로에서 마디전압 v_b와 제어전류 i_c를 계산하시오(답 : $v_b = 15$ V, $i_c = 1.25$ mA).

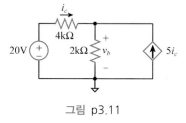

그림 p3.11

12 그림 p3.12 회로에서 마디전압이 $v_1 = 10$ V, $v_2 = 14$ V, $v_3 = 12$ V일 때 전류 i_b와 CCVS의 계수 r을 계산하시오.

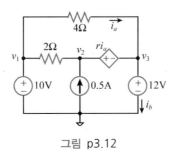

그림 p3.12

13 그림 p3.13 회로에서 전류 i_x 를 구하시오.

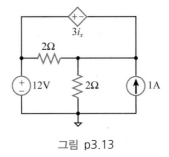

그림 p3.13

14 그림 p3.14 회로에서 망전류 i_1, i_2, i_3를 구하시오(답 : $i_1 = -3$ A, $i_2 = -2$ A, $i_3 = -4$ A).

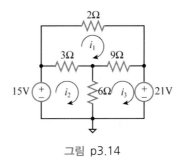

그림 p3.14

15 그림 p3.15 회로에서 $i_1 = 1$ A, $i_2 = 2$ A, $i_3 = 3$ A일 때 전압원 v_1, v_2 와 미지저항 R을 결정하시오(답 : $v_1 = -4$ V, $v_2 = -28$ V, $R = 24$ Ω).

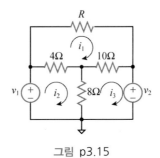

그림 p3.15

16 그림 p3.16 회로에서 $i_1 = 3$ A일 때 망전류 i_2 와 가지전압 v_a 및 미지저항 R 을 구하시오(답 : $i_2 = 1.5$ A, $v_a = 12$ V, $R = 2\ \Omega$).

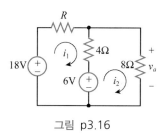

그림 p3.16

17 그림 p3.17 회로에서 망전류 i_1, i_2와 가지전압 v_c 를 구하시오(답 : $i_1 = i_2 = -40/3$ mA, $v_c = 0$ V).

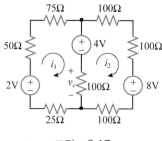

그림 p3.17

18 그림 p3.18 회로에서 가지전류 i_b 를 구하시오(답 : $i_b = 0.6$ A).

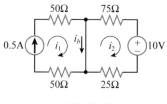

그림 p3.18

19 그림 p3.19 회로에서 가지전압 v_c 를 구하시오(답 : $v_c = 15$ V).

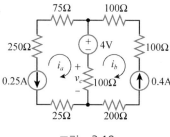

그림 p3.19

20 그림 p3.20 회로에서 가지전압 v_2 를 구하시오(답 : $v_2 = 2$ V).

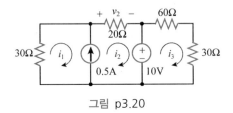

그림 p3.20

21 그림 p3.21 회로에서 망전류 i_a , i_b와 가지전압 v_c 를 구하시오(답 : $i_a = -20$ mA, $i_b = -40$ mA, $v_c = -4$ V).

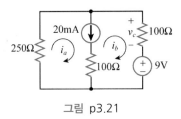

그림 p3.21

22 그림 p3.22 회로에서 망전류 i_1 , i_2 , i_3 를 구하고 미지저항 R 을 결정하시오(답 : $i_1 = 2$ A, $i_2 = -3$ A, $i_3 = -1$ A, $R = 5$ Ω).

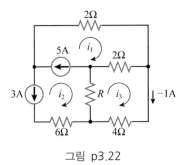

그림 p3.22

23 그림 p3.23 회로에서 망전류 i_1 과 가지전압 v_2 를 구하시오(답 : $i_1 = 0.2$ A, $v_2 = 10$ V).

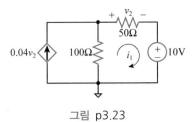

그림 p3.23

24 그림 p3.24 회로에서 망전류 i_a 와 가지전류 i_b 를 구하시오(답 : $i_a = -48$ mA, $i_b = -16$ mA).

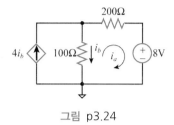

그림 p3.24

25 그림 p3.25 회로에서 망전류 i_a 와 가지전류 i_b 를 구하고, CCVS의 전압 v_o 를 계산하시오(답 : $i_a = 10$ mA, $i_b = 50$ mA, $v_o = 2.5$ V).

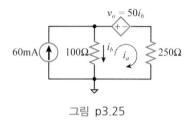

그림 p3.25

26 그림 p3.26 회로에서 전류 i_t 를 구한 다음 이로부터 단자 a−b에서 본 등가저항 R_t 를 유도하시오(그림 p3.6의 회로를 브리지회로(bridge circuit)라 함).

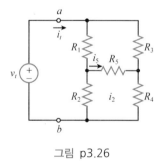

그림 p3.26

27 그림 p3.26 회로에서 전류 i_5 를 구한 다음 이 전류가 0이 되기 위한 조건을 유도하시오 (이 조건을 브리지회로의 평형조건이라 함).

28 예제 3−21의 그림 3−32 회로에서 a−b 단자에 시험전원으로 전류원 i_t 를 걸고 망해석법을 써서 등가저항 R_t 를 구하시오.

29 그림 p3.29 회로에서 가지전류 i 를 구하시오(답 : $i = -0.25$ A).

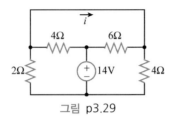

그림 p3.29

30 그림 p3.2 회로에서 망해석법을 사용하여 마디전압 v_1, v_2, v_3 를 구하시오.

31 예제 3-9의 그림 3-16 회로에서 전압원 v_1 과 미지저항 R_1 을 구하시오.

32 그림 p3.32 회로에서 I_o 를 구하시오.

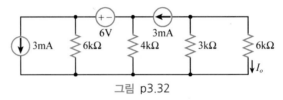

그림 p3.32

33 그림 p3.33 회로에서 I_o 를 구하시오.

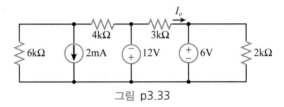

그림 p3.33

34 그림 p3.34 회로에서 마디해석법을 이용하여 V_x 와 V_y 를 구하시오.

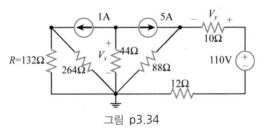

그림 p3.34

35 그림 p3.35 회로에서 마디해석법을 이용하여 V_o 를 구하시오.

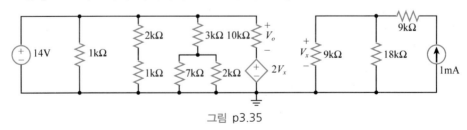

그림 p3.35

36 그림 p3.36 회로에서 마디해석법을 이용하여 I_o를 구하시오.

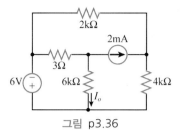

그림 p3.36

37 그림 p3.37 회로에서 마디해석법을 이용하여 V_o를 구하시오.

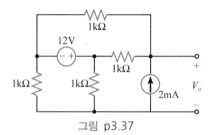

그림 p3.37

38 그림 p3.38 회로에서 마디해석법을 이용하여 V_o를 구하시오.

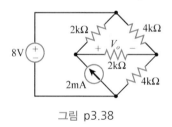

그림 p3.38

39 그림 p3.39 회로에서 마디해석법을 이용하여 V_o를 구하시오.

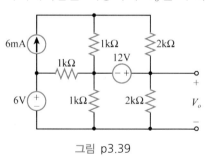

그림 p3.39

40 그림 p3.40 회로에서 마디해석법을 이용하여 V_o를 구하시오.

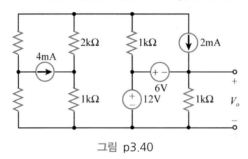

그림 p3.40

41 그림 p3.41 회로에서 V_o를 구하시오.

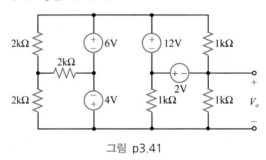

그림 p3.41

42 그림 p3.42 회로에서 V_o를 구하시오.

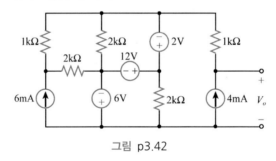

그림 p3.42

43 그림 p3.43 회로에서 V_o를 구하시오.

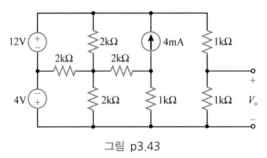

그림 p3.43

44 그림 p3.44 회로에서 마디해석법을 이용하여 I_o를 구하시오.

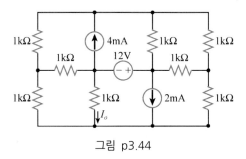

그림 p3.44

45 그림 p3.45 회로에서 마디해석법을 이용하여 V_o를 구하시오.

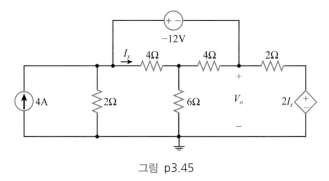

그림 p3.45

46 그림 p3.46 회로에서 마디해석법을 이용하여 V_o를 구하시오.

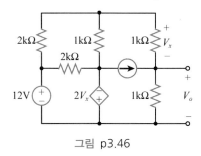

그림 p3.46

47 그림 p3.47 회로에서 마디해석법을 이용하여 V_o를 구하시오.

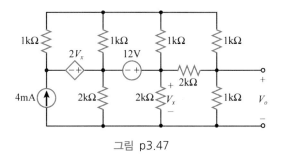

그림 p3.47

48 그림 p3.48 회로에서 마디해석법을 이용하여 V_o를 구하시오.

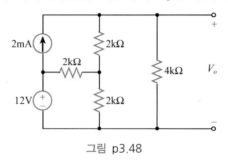

그림 p3.48

49 그림 p3.49 회로에서 망해석법을 이용하여 망전류를 구하시오.

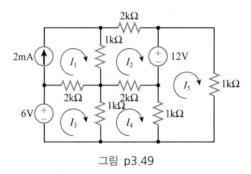

그림 p3.49

50 그림 p3.50 회로에서 망해석법을 이용하여 망전류를 구하시오.

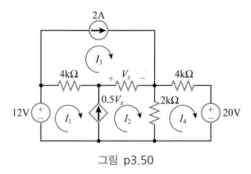

그림 p3.50

51 그림 p3.51 회로에서 V_o를 구하시오.

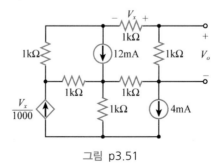

그림 p3.51

52 그림 p3.52 회로에서 망해석법을 이용하여 3 V 전압원의 전력을 구하시오.

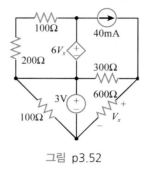

그림 p3.52

53 그림 p3.53 회로에서 망해석법을 이용하여 CCVS 종속전원의 전력을 구하시오.

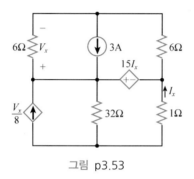

그림 p3.53

54 문제 34의 해를 망해석법을 이용하여 구하시오.

55 문제 36의 해를 망해석법을 이용하여 구하시오.

56 문제 37의 해를 망해석법을 이용하여 구하시오.

57 문제 38의 해를 망해석법을 이용하여 구하시오.

58 문제 39의 해를 망해석법을 이용하여 구하시오.

59 문제 44의 해를 망해석법을 이용하여 구하시오.

60 문제 45의 해를 망해석법을 이용하여 구하시오.

61 문제 46의 해를 망해석법을 이용하여 구하시오.

62 문제 47의 해를 망해석법을 이용하여 구하시오.

63 문제 48의 해를 망해석법을 이용하여 구하시오.

Chapter

04 회로정리

4.1 서론

우리는 지금까지 저항회로를 해석하는 방법으로 가지해석법과 마디해석법, 망해석법을 다루었다. 이 중에 가지해석법은 체계적인 방법이 아니어서 회로가 간단한 경우에만 적용할 수 있지만, 나머지 두 해석법은 저항회로 뿐만 아니라 모든 회로해석에도 활용할 수 있는 일반적인 회로해석법이며, 이 방법을 이용하면 최소의 회로변수를 설정하여 모든 회로를 체계적으로 해석할 수 있다.

이 장에서는 회로해석 과정에서 부분적으로 활용하거나 경우에 따라 전체 회로해석에도 활용할 수 있는 회로정리(circuit theorem)들을 익히기로 한다. 먼저 등가회로의 개념을 정리한 다음에 이를 바탕으로 전압원 회로와 전류원 회로를 서로 바꾸는 전원변환 기법을 다룰 것이다. 그리고 독립전원이 두 개 이상 존재하는 회로를 해석할 때 매우 유용한 중첩원리에 대해 익힐 것이다. 이어서 등가회로 개념을 바탕으로 하여 복잡한 회로를 전압원과 저항의 단순한 직렬회로로 등가화하여 나타내는 테브냉 등가회로와 전류원과 저항의 병렬회로로 나타내는 노턴 등가회로 표시법에 대해 공부할 것이다. 끝으로 어떤 회로의 부하에 최대전력을 전달하는 조건을 다루는 '최대전력전달' 문제를 정의하고, 그 해와 응용에 대해 익힐 것이다.

이 장에서 익히게 될 회로정리들은 앞장에서 다룬 마디나 망해석법과 함께 사용하면 회로해석을 더욱 쉽고 정확하게 처리할 수 있게 도와주며, 회로가 단순한 경우에는 이 정리들을 활용한 해석기법들에 의해 회로해석을 암산으로 할 수 있을 정도로 간단하게 처리할 수 있다.

1. 등가회로

어떤 두 개의 회로 각각에 설정된 두 기준단자 양단에서 본 전압전류특성이 서로 같으면 두 회로는 서로 **등가**(equivalent)라고 하며, 두 회로를 **등가회로**(equivalent circuit)라고 한다. 여기서 전압전류특성이 같다는 것은 두 회로의 기준단자에 동일한 임의의 회로를 연결할 때, 두 회로의 기준단자 양단에 나타나는 전압과 전류가 서로 같다는 뜻이다. 즉, 두 회로의 기준단자 양단에 나타나는 전압이 서로 같고, 기준단자에 흐르는 전류가 서로 같다는 것을 말한다.

선형소자와 한 개 이상의 독립전원으로 이루어진 2단자 회로망을 **전원회로망**(source network)이라 하며, 독립전원을 포함하지 않는 2단자 회로망은 **부하회로망**(load network)이라 한다. 위에서 정의한 등가회로의 개념은 모든 회로에 적용할 수 있지만 대상회로가 전원회로망인가 아니면 부하회로망인가에 따라 기준단자에 연결하는 회로를 달리 사용해야 한다.

먼저 전원회로망의 경우 등가회로를 적용할 때 기준단자에 연결하는 회로로서 저항을 사용한다. 즉, 두 회로의 기준단자에 임의의 동일한 값의 저항을 연결하였을 때 기준단자 양단의 전압과 전류가 서로 일치하면 등가가 되는 것이다. 이처럼 연결회로로서 저항을 사용한다면, 두 전원회로망이 등가라는 것은 저항값이 무한대와 영인 각각의 경우에도 전압전류특성이 서로 같다는 것이므로, 두 회로의 개방회로 전압이 서로 같고, 단락회로 전류가 서로 같다는 것으로 볼 수 있다. 따라서 전원회로망의 경우에는 기준단자에서 본 개방회로 전압과 단락회로 전류가 서로 같으면 두 회로는 등가가 되는 것이다.

반면에 부하회로망의 경우 회로 내에 전원을 포함하고 있지 않으므로 어떤 회로에서든 개방회로 전압이나 단락회로 전류가 나타나지 않기 때문에 전압전류가 서로 같은지 판단할 수 없게 된다. 따라서 부하회로망에 등가회로를 적용할 때에는 기준단자에 연결하는 회로로서 전원을 사용하며, 등가회로를 구하기 위해 사용하는 전원을 **시험전원**(test source)이라

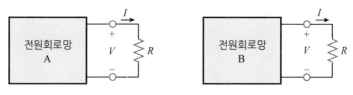

그림 4-1 전원회로망에서 등가회로의 개념

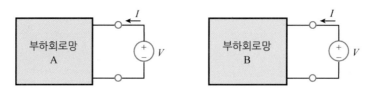

그림 4-2 부하회로망에서 등가회로의 개념

고 한다. 시험전원으로서 전압원을 택하여 두 회로의 기준단자 양단에 동일한 전압원을 연결한다면, 두 부하회로망의 기준단자 양단의 전압은 항상 같으므로, 두 회로가 등가가 되려면 기준단자에 흐르는 전류만 서로 같으면 된다. 즉, 부하회로망의 경우에는 기준단자 양단에 동일한 시험전압원을 걸었을 때 기준단자에 흐르는 전류만 서로 같으면 두 회로는 등가가 되는 것이다.

2. 전원변환

앞에서 정의한 등가회로의 개념을 적용하면 어떤 회로에서 전압원-저항의 직렬회로는 필요에 따라 전류원-저항의 병렬회로로 등가화하여 바꿀 수 있다. 역으로 전류원-저항 병렬회로를 전압원-저항 직렬회로로 바꿀 수도 있다. 이와 같이 전압원-저항의 직렬회로와 전류원-저항의 병렬회로 사이에 서로를 등가로 바꾸는 기법을 **전원변환(source transformation)**이라 한다. 전원변환의 기본원리를 살펴보기 위해 그림 4-3에서와 같이 전압원 v_s 와 저항 R_s 의 직렬회로와 전류원 i_s 와 저항 R_p 의 병렬회로가 있을 때, 이 두 회로가 등가가 되기 위한 조건을 유도하기로 한다. 이 두 회로에 단자 a, b를 기준으로 등가가 되기 위한 조건을 적용하면 다음과 같이 전개되므로

① 기준단자 a, b단의 개방회로 전압이 서로 같다. $v_s = R_p\, i_s$

② 기준단자 a, b단에서 단락회로 전류가 서로 같다. $\dfrac{v_s}{R_s} = i_s$

위의 조건을 정리하면 전원변환 공식은 다음과 같이 요약할 수 있다.

$$R_s = R_p = R_t\,, \qquad i_s = \dfrac{v_s}{R_t} \tag{4-1}$$

전원변환은 전원의 저항값이 0이 아니면 항상 적용할 수 있고, 종속전원의 경우에도 적용 가능하며, 필요에 따라 적절히 활용하면 회로해석을 쉽게 처리할 수 있도록 도움을 주는 유용한 기법이다. 단 이 기법을 사용할 때에는 그림 4-3에서 표시된 기준단자에

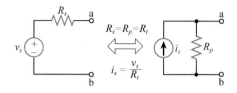

그림 4-3 전원변환

대한 전압원의 극성과 전류원의 방향에 주의해야 한다. 식 4-1은 이 극성과 방향으로 정의되어 있을 때 성립하는 식이며, 전원의 극성이나 방향이 그림 4-3과 반대일 경우에는 해당 전원의 부호를 '−'로 잡고 처리해야 한다.

예제 4-1

다음과 같이 그림 4-4의 (a), (b) 회로를 각각 전원변환을 하여 바꾸고자 한다. 해당되는 전원과 저항값을 결정하시오.

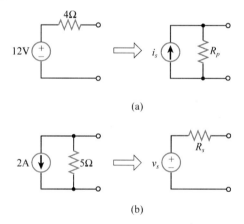

(a)

(b)

그림 4-4 전원변환 예제 4-1

풀이 (a) 대상회로에 그림 4-3과 식 4-1의 전원변환 공식을 적용하면 $R_p = R_s = 4\,\Omega$이고 전류원 i_s는 다음과 같이 구해진다.

$$i_s = \frac{v_s}{R_s} = \frac{12}{4} = 3$$

(b) 대상회로에 그림 4-3과 식 4-1의 전원변환 공식을 적용하면 $R_s = R_p = 5\,\Omega$이고 전압원 전원값은 다음과 같이 구해진다.

$$v_s = (-i_s)\,R_p = -10$$

여기서 전류원값의 부호를 '−'로 처리한 것은 전류원의 방향이 반대로 지정되어 있기 때문이다.

다음 회로가 전원변환을 하였을 때 기준단자에 대해 서로 등가가 되기 위한 조건을 구하시오.

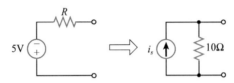

그림 4-5 전원변환 예제 4-2

풀이 전원변환 공식 4-1에 의해 저항값은 $R=10\,\Omega$이고 전류원은 다음과 같이 결정된다.

$$i_s = \frac{-v_s}{R} = \frac{-5}{10} = -0.5$$

여기서도 전압원의 극성이 기준단자에 대해 반대로 지정되어 있기 때문에 전압원값의 부호를 '-'로 처리한 것이다.

그림 4-6의 회로에서 전원변환법을 써서 전류 i를 구하시오.

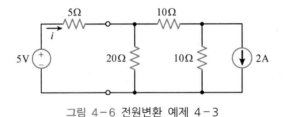

그림 4-6 전원변환 예제 4-3

풀이 대상회로에서 오른쪽의 전류원과 $10\,\Omega$ 병렬저항을 전원변환에 의해 전압원과 저항의 직렬회로로 바꾸면 그림 4-7(a)와 같다. 여기서 $10\,\Omega$ 저항 두 개가 직렬로 연결되므로 등가저항이 $20\,\Omega$이 되는데, 이것을 또 전원변환에 의해 전류원과 저항의 병렬회로로 바꾸면 그림 4-7(b)와 같다. 여기서 $20\,\Omega$ 저항 두 개가 병렬로 연결되므로 등가저항으로 바꾸면 $10\,\Omega$이 되고, 이것과 전류원의 병렬회로를 전원변환에 의해 전압원과 저항의 직렬회로로 바꾸면 그림 4-7(c)와 같다. 여기서 전류 i를 구하면 다음과 같다.

$$i = \frac{5-(-10)}{5+10} = 1$$

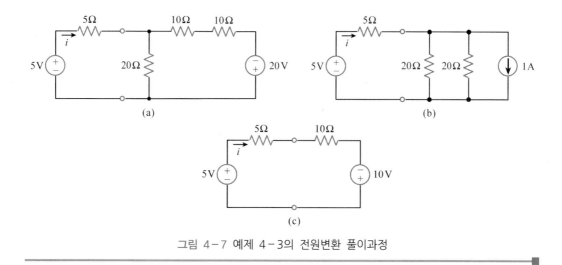

그림 4-7 예제 4-3의 전원변환 풀이과정

4.3 중첩원리

대상회로에 독립전원이 두 개 이상 연결되어 동작하는 경우가 흔히 있는데, 이러한 경우 회로에는 각각의 전원에 대한 응답들이 중첩되어 나타난다. 이 절에서는 이처럼 전원이 여러 개 있는 경우에 나타나는 회로의 성질을 살펴보고, 이 성질을 활용한 회로해석법에 대해 정리한다.

1. 선형소자 및 회로

어떤 시스템의 입출력신호 사이에 다음과 같이 정의되는 비례성과 중첩성이 함께 성립하는 성질을 **선형성(linearity)**이라 한다.

① **비례성(proportionality)** : 입력이 어떤 비율로 증감하면 출력도 같은 비율로 증감하는 성질을 말하며, 그림 4-8과 같이 입출력특성이 함수 f로 표시되는 시스템에서 이 성질을 수식으로 나타내면 다음과 같다. 모든 상수 k와 입력변수 x에 대해

그림 4-8 입출력특성

$$f(kx) = kf(x)$$

② **중첩성(superposition)** : 입력이 임의의 두 신호의 합으로 들어오는 경우에 출력은 각 신호에 대한 출력의 합으로 나타나는 성질을 일컫는다. 그림 4−8과 같은 시스템에서 이 성질을 수식으로 표현하면 다음과 같다. 모든 입력변수 x_1, x_2에 대해

$$f(x_1 + x_2) = f(x_1) + f(x_2)$$

위에서 정의한 비례성과 중첩성을 함께 지니는 선형성을 한 개의 수식으로 나타내면 다음과 같다. 모든 상수 k_1, k_2 와 입력변수 x_1, x_2 에 대해

$$f(k_1 x_1 + k_2 x_2) = k_1 f(x_1) + k_2 f(x_2) \tag{4-2}$$

위와 같은 선형성을 지니는 함수들을 **선형변환(linear transformation)**이라 하며, 상수곱과 미분 및 적분 등 세 가지 연산이 선형변환의 대표적인 예이다. 이 세 가지 연산의 조합으로 표시되는 연산들도 모두 선형변환에 속한다.

입출력신호 사이에 선형성이 성립하는 회로소자를 **선형소자(linear elements)**라 한다. 선형소자의 예로는 저항(R), 코일(L), 용량기(C) 및 (선형)종속전원들이 있는데, 입력을 전류, 출력을 전압으로 잡을 때 저항과 선형종속전원의 입출력신호특성은 상수곱 연산으로 표시되고, 코일과 용량기에서는 각각 미분과 적분 연산으로 표시되기 때문이다. 이와 같은 선형소자와 독립전원들만으로 이루어진 회로를 **선형회로(linear circuits)**라 하는데, 선형회로에서는 선형성이 성립하므로 이 성질을 회로해석에 활용할 수 있다.

예제 4−4

다음의 회로에서 선형성을 적용하여 전압 V_o를 구하고자 한다. 단 회로저항값은 $R_1 = R_3 = 4\,\text{k}\Omega$, $R_2 = 3\,\text{k}\Omega$, $R_4 = 2\,\text{k}\Omega$이다.

1) V_s를 미지로 놓고, $V_o = 1\,\text{V}$라 가정할 때 V_s 값을 구하시오.

2) $V_s = 18\,\text{V}$일 때 회로의 선형성을 이용하여 V_o를 구하시오.

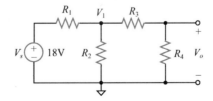

그림 4−9 예제 4−4의 회로도

풀이 1) $V_o = 1\,\mathrm{V}$일 때 V_1을 구하면 다음과 같으므로

$$V_1 = (R_3 + R_4)\frac{V_o}{R_4} = 3$$

이 경우에 전원전압은 다음과 같이 결정된다.

$$V_s = R_1\left(\frac{V_1}{R_2} + \frac{V_o}{R_4}\right) + V_1 = 4 \times (3/3 + 1/2) + 3 = 9$$

2) $V_s = 9\,\mathrm{V}$일 때 $V_o = 1\,\mathrm{V}$이므로, $V_s = 18\,\mathrm{V}$일 때 V_o는 회로의 선형성에 의해 다음과 같이 구해진다.

$$V_o = \frac{18}{9} \times 1 = 2$$

2. 중첩원리

선형회로에 독립전원이 두 개 이상 걸려있는 경우에 선형회로의 중첩성에 따라 다음과 같이 회로해석을 할 수 있다.

> 독립전원이 두 개 이상인 선형회로에서 임의의 회로변수(전압, 전류)의 값은 독립전원이 하나씩만 있는 경우에 나타나는 그 변수의 값들을 모두 더한 것과 같다.

이것을 중첩원리(superposition principle)라 하는데, 수식으로 표현하면 다음과 같다.

$$y = f(x_1,\ x_2,\ \cdots,\ x_n)$$
$$= f(x_1,\ 0,\ \cdots,\ 0) + f(0,\ x_2,\ \cdots,\ 0) + \cdots + f(0,\ 0,\ \cdots, x_n)$$

$$(4-3)$$

여기서 $x_1,\ x_2,\ \cdots,\ x_n$은 서로 독립인 입력변수를 말한다.

위에서 다룬 식 4-3으로 표시되는 중첩원리를 회로해석에 적용할 때에는, 이 식의 우변에서 볼 수 있듯이 한 독립전원만 남기고 다른 독립전원들을 0으로 만든 상태에서 각각의 출력을 구해야 한다. 이처럼 크기를 0으로 만든 전원을 억제전원(suppressed sources)이라 한다. 억제전원은 대상전원이 전압원이면 단락상태로, 전류원이면 개방상태로 처리한다. 이렇게 처리하는 근거는 그림 1-8에서 이미 살펴보았듯이 독립전압원은 내부저항이 0이고, 독립전류원은 내부저항이 무한대이기 때문이다. 중첩원리를 적용할 때 주의할 점은 독립전원만 억제시키며 종속전원은 그대로 두고 처리한다는 것과 회로변수 중에 전압, 전류에 대해서는 항상 성립하지만, 전력의 경우에는 그렇지 않다는 것이다.

다음의 회로에 중첩원리를 적용하여 전류 i를 구하시오.

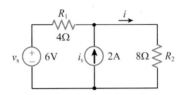

그림 4-10 예제 4-5의 회로도

풀이 중첩원리를 적용하기 위해 먼저 $i_s = 0$으로 놓아 전류원을 개방시킨 회로에서 전류 i를 i_1이라 놓고, 이를 구하면 다음과 같다.

$$i_1 = \frac{v_s}{R_1 + R_2} = \frac{1}{2}\,\mathrm{A}$$

이번에는 $v_s = 0$으로 처리하여 전압원을 단락시킨 회로에서 해당하는 전류 i를 i_2라 놓고, 이것을 분류규칙을 적용하여 전류를 구한다.

$$i_2 = \frac{R_1}{R_1 + R_2}\,i_s = \frac{2}{3}\,\mathrm{A}$$

따라서 중첩원리에 따라 i는 다음과 같이 두 전류 i_1과 i_2의 합으로 결정된다.

$$i = i_1 + i_2 = \frac{1}{2} + \frac{2}{3} = \frac{7}{6}\,\mathrm{A}$$

예제 4-6

다음의 회로에 중첩원리를 적용하여 전류 i를 구하시오.

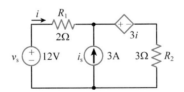

그림 4-11 예제 4-6의 회로도

풀이 먼저 $i_s = 0$으로 놓아 전류원을 개방시킨 회로에 흐르는 전류를 i_1이라 놓고, KVL을 적용하면 다음과 같다.

$$-v_s + i_1 R_1 + 3i_1 + i_1 R_2 = 0$$

$$i_1 = \frac{v_s}{R_1 + R_2 + 3} = \frac{12}{8} = \frac{3}{2}\,\mathrm{A}$$

이번에는 $v_s = 0$으로 하여 전압원을 단락시킨 회로에 흐르는 전류를 i_2라 놓고, 가장자리 폐로에 KVL을 적용하면 다음과 같다.

$$i_2 R_1 + 3 i_2 + (i_2 + 3) R_2 = 0$$

$$i_2 = \frac{-3 R_2}{R_1 + R_2 + 3} = -\frac{9}{8} \text{ A}$$

따라서 중첩원리에 따라 i 는 다음과 같이 결정된다.

$$i = i_1 + i_2 = \frac{3}{2} - \frac{9}{8} = \frac{3}{8} \text{ A}$$

4.4 테브냉 등가회로

회로해석을 할 때에는 대상회로 안에 있는 모든 가지의 전압과 전류를 구하는 경우는 거의 없고, 특정 가지 양단의 전압이나 전류를 구하는 경우가 대부분이다. 따라서 대상회로에서 원하는 가지 양단에서 본 나머지 회로의 등가회로를 구할 수 있으면 회로가 간략화되어 회로해석을 쉽게 해낼 수 있다. 이 절에서는 전원회로망을 등가회로로 간략화 시키는 방법에 대해 익히되, 먼저 전압원과 저항의 직렬회로로 등가화하는 방법을 다루기로 한다.

1. 테브냉 등가회로

테브냉 등가회로(Thévenin's equivalent circuit)는 전원회로망을 전압원과 저항의 직렬회로로 표시하는 것인데, 이에 대한 기본원리는 다음과 같은 테브냉의 정리(Thévenin's theorem)로 요약된다.

> 임의의 선형 전원회로망은 기준단자에서 본 개방회로 전압과 등가저항의 직렬회로로 나타낼 수 있다.

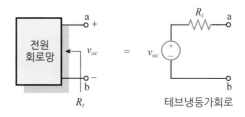

그림 4 – 12 테브냉의 정리

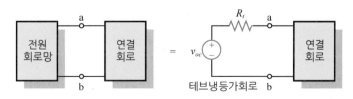

그림 4-13 테브냉 등가회로의 활용

이 정리는 1883년 프랑스 엔지니어인 테브냉(M.L. Thévenin)이 개발한 것이다. 그림 4-12에서 보듯이 전원회로망을 단자 ab를 기준으로 전압원 하나와 저항 하나의 직렬회로로 단순화한다. 여기서 **개방회로 전압**이란 기준단자 ab를 개방시킨 상태에서 이 단자 양단에 나타나는 전압을 말한다. 그림 4-13에서 보듯이 기준단자 ab에서 왼쪽의 두 회로는 등가이기 때문에 전원회로망 대신에 테브냉 등가회로를 이용하면 기준단자에 연결되는 회로의 해석을 아주 쉽게 할 수 있다.

2. 등가저항 산출법

테브냉 등가회로에서 등가저항은 기준단자에서 본 전원회로망의 등가저항을 말하며, 이 등가회로를 구성할 때 가장 주의를 필요로 하는 부분이다. 이 등가저항을 산출하는 방법은 모두 세 가지가 있다.

(1) 직관법(direct inspection method)

이 방법은 대상회로의 독립전원을 없애고 부하회로망으로 만들었을 때 대상회로가 직병렬저항들의 조합으로 분해되는 경우, 즉 저항사다리 회로인 경우에 적용하는 방법이다. 이 경우에는 2.6절에서 다룬 직병렬 축소법을 써서 부하회로망의 기준단자에서 가장 먼 쪽부터 직병렬 등가저항을 단계적으로 계산함으로써 등가저항을 직접 산출할 수 있다. 그러면 예제를 통해 이 방법에 대해 살펴보기로 한다.

예제 4-7

다음의 회로에서 ab단에서 본 테브냉 등가회로를 구하여 전류 i를 산출하시오.

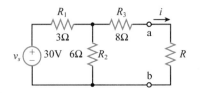

그림 4-14 예제 4-7의 회로도

풀이 테브냉 등가회로를 구하기 위해 ab단을 개방하고 개방회로 전압 v_{oc}를 구하면 다음과 같다.

$$v_{oc} = \frac{R_2}{R_1 + R_2} v_s = \frac{6}{3+6} \times 30 = 20\,\text{V}$$

등가저항은 전원회로망에서 $v_s = 0$으로 하여 전압원을 단락시켜 부하회로망으로 만들고, 다음과 같이 직관적으로 구할 수 있다.

$$R_t = (R_1 \parallel R_2) + R_3 = \frac{3 \times 6}{3+6} + 8 = 10\,\Omega$$

따라서 ab단에서 본 테브냉 등가회로는 그림 4.4−4와 같다.

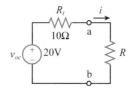

그림 4−15 예제 4−7의 등가회로

여기서 전류 i를 계산하면 다음과 같이 구할 수 있다.

$$i = \frac{v_{oc}}{R + R_t} = \frac{20}{R + 10}\,\text{A}$$

여기서 다른 직관법은 등가저항을 구하기 위해 대상회로의 독립전원을 없앤 부하회로망이 직병렬저항들의 조합으로 분해되는 저항사다리의 경우에만 적용할 수 있다. 대상회로가 이렇게 분해되지 않거나 종속전원을 포함하는 경우에는 이 방법을 적용할 수 없으며, 다음에 다룰 방법을 사용해야 한다.

(2) 시험전원법(test source method)

이 방법은 기준단자에서 대상회로를 부하회로망으로 만든 다음, 기준단자 양단에 시험전원을 걸었을 때 나타나는 응답을 계산하여 등가저항을 산출하는 방법이다. 그림 4−16에서 보듯이 v_t라는 전압을 걸었을 때 흐르는 전류가 i_t였다면 두 단자 양단에서 본 등가저항은 다음과 같다.

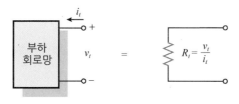

그림 4−16 시험전원법

$$R_t = \frac{v_t}{i_t} \tag{4-4}$$

시험전원법을 사용할 때 주의할 점은 부하회로망에 적용되는 것이기 때문에 반드시 대상
회로의 독립전원을 없앤 상태, 즉 독립전압원은 단락시키고, 독립전류원은 개방시킨 상태
에서 적용한다는 것이다. 그리고 시험전원으로는 꼭 전압원만 사용할 필요는 없으며, 경우
에 따라 그림 4-17에 보듯이 전류원을 사용할 수도 있다. 이 경우에는 기준단자 양단에
나타나는 전압을 구하여 등가저항을 산출하면 된다.

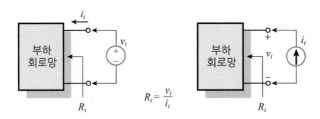

그림 4-17 시험전원 사용법

예제 4-8

다음 회로의 ab단에서 본 테브냉 등가회로를 구하시오.

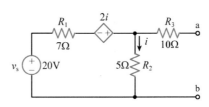

그림 4-18 예제 4-8의 회로도

풀이   먼저 ab단을 개방하고 그림 4-18의 왼쪽 폐로에 KVL을 적용하면 다음과 같이 개방회로
전압 v_{oc}를 구할 수 있다.

$$-v_s + iR_1 - 2i + iR_2 = 0$$

$$i = \frac{v_s}{R_1 + R_2 - 2} = \frac{20}{10} = 2\,\text{A}$$

$$\therefore \quad v_{oc} = iR_2 = 2 \times 5 = 10\,\text{V}$$

등가저항을 구하기 위해 그림 4-19와 같이 전압원을 단락시켜 부하회로망으로 만든 다음
ab양단에 시험전류원 i_t를 걸고 KVL을 적용하면

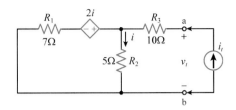

그림 4-19 시험전원 적용

$$i R_2 = 2i + (i_t - i) R_1 \quad \Rightarrow \quad i = \frac{R_1}{R_1 + R_2 - 2} i_t$$

$$v_t = 10 i_t + i R_2 = \left(10 + \frac{R_1 R_2}{R_1 + R_2 - 2} \right) i_t$$

식 4-4에 의해 다음과 같이 등가저항을 구할 수 있으며,

$$R_t = \frac{v_t}{i_t} = 10 + \frac{R_1 R_2}{R_1 + R_2 - 2} = 13.5 \ \Omega$$

따라서 등가회로는 그림 4-20과 같다.

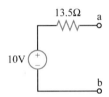

그림 4-20 예제 4-8의 테브냉 등가회로

(3) 개방단락법

이 방법은 앞에서 다룬 등가저항 산출법인 직관법이나 시험전원법과는 달리 등가저항을 구할 때에도 전원회로망을 그대로 사용하는 방법이다. 그림 4-21에서처럼 전원회로망의 기준 단자 양단을 개방시켰을 때 전압이 v_{oc}이고, 기준단자를 단락시켰을 때의 전류가 i_{sc}일 때, 기준단자에서 본 등가저항은 **개방회로 전압**과 **단락회로 전류**에 의해 다음과 같이 결정된다.

$$R_t = \frac{v_{oc}}{i_{sc}} \tag{4-5}$$

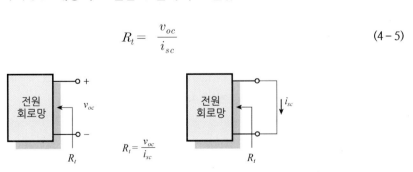

그림 4-21 개방단락법의 등가저항 산출법

이 방법을 사용할 때 주의할 점은 개방회로 전압과 단락회로 전류의 방향에 유의해야 한다는 것이다. 즉, 그림 4-21에 표시된 방향으로 개방회로 전압과 단락회로 전류를 구하여 등가저항을 산출해야 한다는 것이다.

예제 4-9

예제 4-8에서 다룬 그림 4-18 회로의 ab단에서 본 테브냉 등가회로를 개방단락법을 사용하여 구하시오.

풀이 개방회로 전압은 예제 4-8의 풀이에서 $v_{oc} = 10\,\text{V}$로 구했으므로, 단락회로 전류만 계산하기로 한다. 그림 4-18의 대상회로에서 ab단을 단락시키면 그림 4-22와 같으며, KVL을 적용하면 다음 식들이 성립한다.

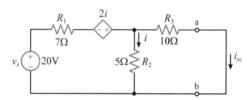

그림 4-22 대상회로의 출력단 단락회로

$$i R_2 = i_{sc} R_3 \quad \Rightarrow \quad i = \frac{R_3}{R_2} i_{sc} = 2\,i_{sc}$$

$$v_s = (i + i_{sc}) R_1 - 2i + i_{sc} R_3 = (3 R_1 - 4 + R_3) i_{sc} = 27\,i_{sc}$$

따라서 단락회로 전류 i_{sc}와 등가저항은 식 4-5에 의해 다음과 같이 구해진다.

$$i_{sc} = \frac{20}{27} \quad \Rightarrow \quad R_t = \frac{v_{oc}}{i_{sc}} = \frac{10}{20/27} = 13.5\,\Omega$$

이것은 예제 4-8과 똑같은 결과이며, 따라서 등가회로도 그림 4-20과 일치한다.

여기서는 등가저항을 구하기 위한 세 가지 방법을 다루었다. 이 가운데 직관법은 종속전원이 없고 직병렬저항들로 이루어진 저항사다리 회로에만 적용할 수 있는 방법이며, 개방단락법은 반드시 독립전원을 포함하는 전원회로망에만 적용할 수 있다. 반면에 시험전원법은 독립전원 유무에 관계없이 모든 선형회로의 등가저항 산출에 사용할 수 있기 때문에 세 가지 방법 중에 가장 일반적인 방법이라고 할 수 있다.

앞에서 다룬 등가저항 산출법을 써서 테브냉 등가회로를 구할 때, 대상회로가 직병렬저항들로 이루어진 단순한 회로인 경우에는 직관법을 사용하는 것이 효과적이며, 그 밖의 경우에는 시험전원법이나 전원회로망 사용법을 써야 한다. 나머지 두 가지 방법들 가운데 어느 것이 더 간편한 방법인가는 단정할 수 없으며, 대상회로에 따라 사용자가 더 편하고 익숙하게 여기는 방법을 적용하면 된다.

4.5 노턴 등가회로

노턴 등가회로(Norton's equivalent circuit)는 전원회로망을 전류원과 저항의 병렬회로로 표시하는 것인데, 이에 대한 기본원리는 다음과 같은 노턴의 정리(Norton's theorem)로 요약 된다.

> **임의의 선형 전원회로망은 기준단자에서 본 단락회로 전류와 등가저항의 병렬회로로 나타낼 수 있다.**

이 정리는 1926년에 미국 엔지니어인 노턴(E. L. Norton)이 제안한 것이며, 테브냉 정리의 쌍대(dual) 결과로서 그림 4-23에서 보듯이 전원회로망을 단자 ab를 기준으로 전류원 하나 와 저항 하나의 병렬회로로 단순화한다. 이 정리를 사용할 때에는 단락회로 전류의 방향에 주의해야 한다. 그리고 등가저항 산출법은 테브냉 등가회로의 등가저항 산출법과 똑같다.

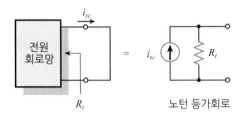

그림 4-23 노턴의 정리

예제 4-10

다음 회로에서 ab단자에서 본 노턴 등가회로를 구하시오.

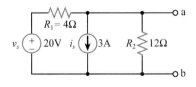

그림 4-24 예제 4-10의 대상회로

풀이 대상회로에 독립전원이 두 개이므로 중첩원리를 적용하여 개방회로 전압을 구하면 다음과 같다.

$$v_{oc} = \frac{R_2}{R_1 + R_2}v_s - i_s(R_1 \parallel R_2) = \frac{12}{16} \times 20 - 3 \times \frac{4 \times 12}{16} = 6\,\text{V}$$

그리고 ab단을 단락시켰을 때 a단에서 b단으로 흐르는 단락회로 전류는 중첩원리에 의해 다음과 같이 결정된다.

$$i_{sc} = \frac{v_s}{R_1} - i_s = \frac{20}{4} - 3 = 2\,\text{A}$$

따라서 등가저항은 다음과 같으며, 노턴 등가회로는 그림 4-25와 같이 구해진다.

$$R_t = \frac{v_{oc}}{i_{sc}} = \frac{6}{2} = 3\,\Omega$$

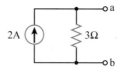

그림 4-25 예제 4-10의 노턴 등가회로

예제 4-11

예제 4-8의 그림 4-18 회로 ab단자에서 본 노턴 등가회로를 구하시오.

풀이 대상회로에서 단락회로 전류는 예제 4-9의 결과에 의해 $i_{sc} = 20/27\,\text{A}$이고, 개방회로전압은 예제 4-8의 결과에 의해 $v_{oc} = 10\,\text{V}$이므로, 등가저항은 $R_t = v_{oc}/i_{sc} = 13.5\,\Omega$이고 노턴 등가회로는 그림 4-26과 같다.

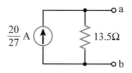

그림 4-26 예제 4-11의 노턴 등가회로

4.6 최대전력전달

전기회로의 용도는 전력전달과 신호처리이다. 이 절에서는 회로의 주요 용도 가운데 하나인 전력전달에 관련된 **최대전력전달**(**maximum power transfer**) 문제를 다루기로 한다.

이 문제는 전원으로부터 부하에 전달되는 전력이 최대가 되기 위한 조건을 찾는 것이다. 그림 4-27과 같이 전압원 v_s 와 저항 R_s 의 직렬회로로 표시되는 전원에 부하 R_L 이 연결될 때 최대전력전달 조건을 유도해보기로 한다.

그림 4-27의 회로에서 부하에 전달되는 전력 p_L 은 다음과 같이 표시된다.

$$p_L = R_L i^2 = \frac{R_L}{(R_s + R_L)^2} v_s^2 \tag{4-6}$$

여기서 전원측은 고정되어 있고 부하저항 R_L 만 가변이라고 가정할 때 부하전력 p_L 이 최대가 되기 위한 조건은 1차도함수가 0이면 되므로 다음과 같이 표시할 수 있다.

$$\frac{dp_L}{dR_L} = \frac{(R_s + R_L)^2 - 2(R_s + R_L)R_L}{(R_s + R_L)^4} v_s^2 = \frac{R_s - R_L}{(R_s + R_L)^3} v_s^2 = 0 \tag{4-7}$$

식 4-7로부터 최대전력전달 조건은 다음과 같이 결정된다.

$$R_L = R_s \tag{4-8}$$

위의 내용은 다음과 같이 요약할 수 있다.

- **최대전력전달 정리(maximum power transfer theorem)**

  전원저항이 R_s 인 전원에서 최대전력전달이 이루어지는 부하저항은 $R_L = R_s$ 이다.

여기서 최대전력전달 조건인 식 4-8을 **정합조건(matching condition)**이라 한다. 그리고 부하에 전달되는 최대전달전력은 다음과 같이 구해진다.

$$p_{\max} = \frac{1}{4} \frac{v_s^2}{R_s} \tag{4-9}$$

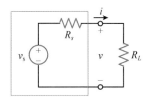

그림 4-27 최대전력전달 문제

위에서 유도한 최대전력전달 정리에서는 편의상 전원을 그림 4-27에서 보듯이 전압원과 저항 직렬회로로 나타냈다. 그렇지만 부하 양단에 연결된 회로는 필요에 따라 테브냉 등가회로로 나타낼 수 있기 때문에 그림 4-27의 최대전력전달 문제는 모든 회로를 포함한다고 볼 수 있다. 즉, 대상회로 부하 양단에서 개방회로 전압과 등가저항을 구하여 전원측을 테브냉 등가회로로 표시한 다음, 최대전력전달 정리를 적용할 수 있는 것이다. 전원측 회로를 전류원 i_s와 저항 R_s의 병렬회로인 노턴 등가회로로 표시하는 경우에도 최대전력전달 문제의 해는 식 4-8의 정합조건으로 똑같이 유도되며, 이 경우의 최대전달전력은 다음과 같이 결정된다.

$$p_{\max} = \frac{1}{4} R_s i_s^2 \qquad\qquad (4-10)$$

전력전달 문제에서 자주 사용하는 지표로서 **전력전달 효율(power transfer efficiency)**이 있는데, 이 지표는 공급전력이 얼마나 효율적으로 부하에 전달되었는가를 나타내는 것으로서 다음과 같이 정의된다.

$$\eta = \frac{\text{부하전력}}{\text{공급전력}} = \frac{p_L}{p_L + p_s} \times 100\,\% \qquad\qquad (4-11)$$

여기서 p_s는 전원 내부저항 R_s에 의한 전력인 전원내부 소비전력이며,

$$p_s = R_s i^2 = \frac{R_s}{(R_s + R_L)^2} v_s^2$$

최대전력전달의 경우 $p_L = p_s$이므로 전력전달 효율은 50%이다. 즉, 부하에 전달되는 전력은 최대이지만 같은 크기의 전력이 전원 내부저항에서도 소비되므로 전력전달 효율은 50%가 되는 것이다.

예제 4-12

그림 4-28과 같은 회로에서 부하에 전달되는 전력이 최대가 되기 위한 부하저항 R_L과 최대전력을 구하시오.

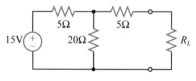

그림 4-28 예제 4-12 대상회로

풀이 부하저항 R_L 양단에서 전원측을 본 테브냉 등가회로 구하면 테브냉 등가전압과 등가저항은 각각 다음과 같다.

$$v_s = 15 \times \frac{20}{5+20} = 12 \text{ V}$$

$$R_t = 5 \parallel 20 + 5 = \frac{5 \times 20}{5+20} + 5 = 9 \text{ } \Omega$$

따라서 최대전력전달 정리에 의해 최대전력전달 부하저항은 $R_L = R_t = 9 \text{ } \Omega$이고, 최대전력은 다음과 같다.

$$p_{\max} = \frac{v_s^2}{4R_t} = \frac{12^2}{4 \times 9} = 4 \text{ W}$$

예제 4-13

그림 4-29와 같은 회로에서 최대전력전달 조건을 구하고 최대전력을 구하시오.

풀이 a-b 양단에서 전원측을 본 테브냉 등가회로를 구하기 위해 개방회로 전압을 구하면 다음과 같다.

$$v_{oc} = 5 \times 10 - 2i = 50 - 2 \times 5 = 40$$

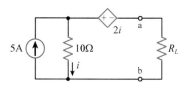

그림 4-29 예제 4-13 대상회로

이어서 a-b 양단의 단락회로를 구성하면 전압법칙에 의해 $10i = 2i \Rightarrow i = 0$이므로 단락회로 전류는 다음과 같다.

$$i_{sc} = 5 - i = 5$$

따라서 테브냉 등가저항은 $R_t = v_{oc}/i_{sc} = 8 \text{ } \Omega$이고, 최대전력전달 저항 및 최대전력은 다음과 같이 결정된다.

$$R_L = R_t = 8 \text{ } \Omega, \quad p_{\max} = \frac{v_{oc}^2}{4R_t} = \frac{40^2}{4 \times 8} = 50 \text{ W}$$

01 그림 p4.1 회로에서

1) $I_o = 1\,\text{mA}$라고 가정하고 전류원 I_s 값을 구하시오.

2) $I_s = 2\,\text{mA}$일 때 회로의 선형성을 이용하여 I_o를 구하시오.

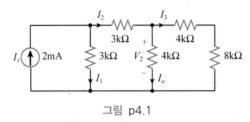

그림 p4.1

02 그림 p4.1 회로에서

1) $V_2 = 1\,\text{V}$라고 가정하고 전류원 I_s 값을 구하시오.

2) $I_s = 2\,\text{mA}$일 때 회로의 선형성을 이용하여 V_2를 구하시오.

03 그림 p4.3 회로에서

1) $I_o = 1\,\text{mA}$라고 가정하고 I_s 값을 구하시오.

2) $I_s = 7\,\text{mA}$일 때 회로의 선형성을 이용하여 I_o를 구하시오.

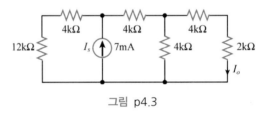

그림 p4.3

04 그림 p4.4 회로에서 $R_7 = 8\,\text{k}\Omega$, 나머지 저항은 모두 $4\,\text{k}\Omega$이다.

1) $V_o = 1\,\text{V}$라고 가정하고 V_s 값을 구하시오.

2) $V_s = 8\,\text{V}$일 때 회로의 선형성을 이용하여 V_o 값을 구하시오.

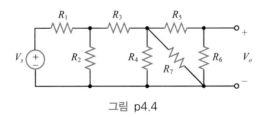

그림 p4.4

05 그림 p4.5 회로에서 중첩성을 이용하여 I_o를 구하시오.

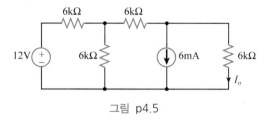

그림 p4.5

06 그림 p4.6 회로에서 중첩성을 이용하여 I_o를 구하시오.

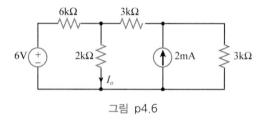

그림 p4.6

07 그림 p4.7 회로에서 중첩성을 이용하여 I_o를 구하시오.

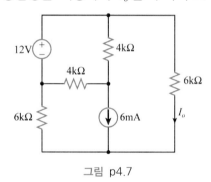

그림 p4.7

08 그림 p4.8 회로에서 중첩성을 이용하여 I_o를 구하시오.

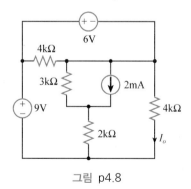

그림 p4.8

09 그림 p4.9 회로에서 중첩성을 이용하여 V_o를 구하시오.

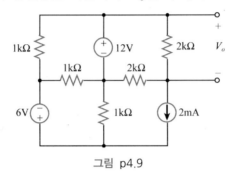

그림 p4.9

10 그림 p4.10 회로에서 중첩성을 이용하여 V_o를 구하시오.

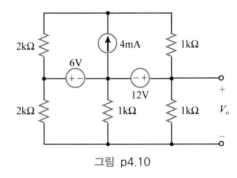

그림 p4.10

11 그림 p4.11 회로에서 중첩성을 이용하여 I_o를 구하시오.

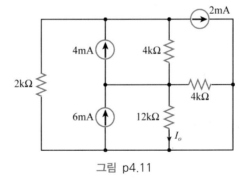

그림 p4.11

12 그림 p4.12 회로에서 중첩성을 이용하여 V_o를 구하시오.

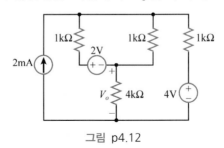

그림 p4.12

13 그림 p4.13 회로에서 중첩성을 이용하여 I_o를 구하시오.

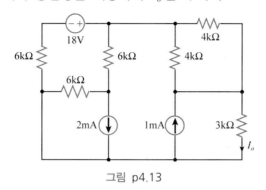

그림 p4.13

14 1) 다음과 같이 두 개의 미지변수를 갖는 선형연립방정식에서

$$a_{11}x_1 + a_{12}x_2 = b_1$$
$$a_{21}x_1 + a_{22}x_2 = b_2$$

$x_1 = 0$ 이 되는 경우에 b_1, b_2, a_{ij} 간의 관계를 유도하시오.

2) 위의 결과를 이용하여, 그림 p4.14의 회로에서 $V_1 = 0$이 되기 위한 I_x 값을 구하시오.

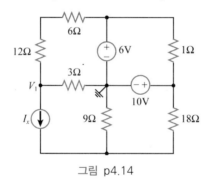

그림 p4.14

15 1) 다음과 같이 3개의 마디를 갖는 마디방정식에서

$$G_{11} V_1 + G_{12} V_2 + G_{13} V_3 = I_1$$
$$G_{21} V_1 + G_{22} V_2 + G_{23} V_3 = I_2$$
$$G_{31} V_1 + G_{32} V_2 + G_{33} V_3 = I_3$$

$V_2 = 0$ 이 되는 경우에 다음과 같은 등식이 성립함을 보이시오.

$$I_1 \begin{vmatrix} G_{21} & G_{23} \\ G_{31} & G_{33} \end{vmatrix} - I_2 \begin{vmatrix} G_{11} & G_{13} \\ G_{31} & G_{33} \end{vmatrix} + I_3 \begin{vmatrix} G_{11} & G_{13} \\ G_{21} & G_{23} \end{vmatrix} = 0$$

2) 위의 결과를 이용하여 그림 p4.15의 회로에서 $V_o = 0$이 되기 위한 V_B 값을 구하시오.

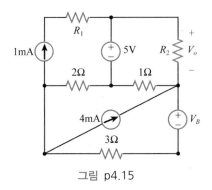

그림 p4.15

16 그림 p4.16 회로에서

1) $V_o = 0$가 되기 위한 저항 R_2값을 구하시오.

2) 이 경우에 단자 A, B를 기준으로 왼쪽 회로의 테브냉과 노턴 등가회로를 구하시오.

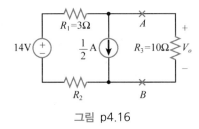

그림 p4.16

17 그림 p4.17 회로에서 테브냉 정리를 이용하여 I_o를 구하시오.

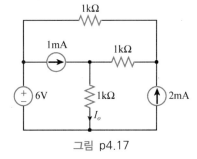

그림 p4.17

18 그림 p4.18 회로에서 테브냉 정리를 이용하여 V_o를 구하시오.

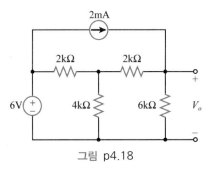

그림 p4.18

19 그림 p4.19 회로에서 테브냉 정리를 이용하여 I_o를 구하시오.

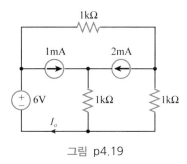

그림 p4.19

20 그림 p4.20 회로에서 테브냉 정리를 이용하여 V_o를 구하시오.

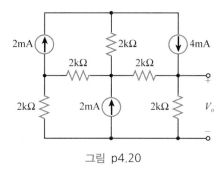

그림 p4.20

21 그림 p4.21 회로에서 테브냉 정리를 이용하여 V_o를 구하시오.

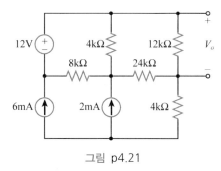

그림 p4.21

22 그림 p4.22 회로에서 테브냉 정리를 이용하여 V_o를 구하시오.

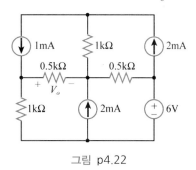

그림 p4.22

23 문제 05의 해를 테브냉 정리를 이용하여 구하시오.

24 문제 07의 해를 테브냉 정리를 이용하여 구하시오.

25 문제 09의 해를 테브냉 정리를 이용하여 구하시오.

26 문제 11의 해를 테브냉 정리를 이용하여 구하시오.

27 문제 13의 해를 테브냉 정리를 이용하여 구하시오.

28 어떤 회로의 두 단자 A−B에 2 kΩ 부하를 연결하면 10 mA가 흐르고, 10 kΩ 부하를 연결하면 6 mA가 흐른다. 이 회로의 단자 A−B에 20 kΩ 부하를 연결할 때 흐르는 전류를 구하시오.

29 그림 p4.29 회로에서 노턴 정리를 이용하여 I_o를 구하시오.

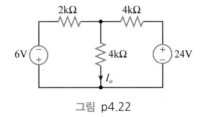

그림 p4.22

30 그림 p4.30 회로에서 노턴 정리를 이용하여 I_o를 구하시오.

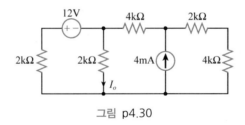

그림 p4.30

31 그림 p4.31 회로에서 노턴 정리를 이용하여 V_o를 구하시오.

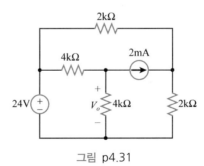

그림 p4.31

32 문제 06의 해를 노턴 정리를 이용하여 구하시오.

33 문제 08의 해를 노턴 정리를 이용하여 구하시오.

34 문제 10의 해를 노턴 정리를 이용하여 구하시오.

35 문제 12의 해를 노턴 정리를 이용하여 구하시오.

36 그림 p4.36 회로에서 A-B 단자에서 본 테브냉 등가회로를 구하시오.

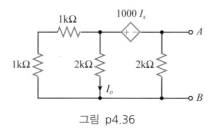

그림 p4.36

37 그림 p4.37 회로에서 테브냉 정리를 이용하여 V_o를 구하시오.

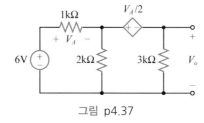

그림 p4.37

38 그림 p4.38 회로에서 테브냉 정리를 이용하여 I_o를 구하시오.

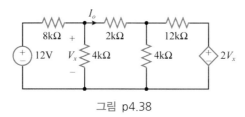

그림 p4.38

39 그림 p4.39 회로에서 테브냉 정리를 이용하여 V_o를 구하시오.

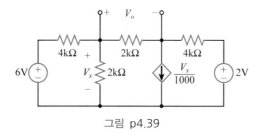

그림 p4.39

40 그림 p4.40 회로에서 테브냉 정리를 이용하여 V_o를 구하시오.

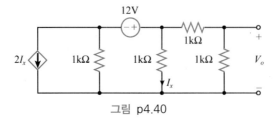

그림 p4.40

41 그림 p4.41의 회로에서 테브냉 정리를 이용하여 V_o를 구하시오.

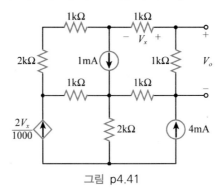

그림 p4.41

42 그림 p4.42 회로에서 테브냉 정리를 이용하여 V_o를 구하시오.

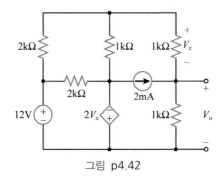

그림 p4.42

43 그림 p4.43 회로에서 테브냉 정리를 이용하여 I_o를 구하시오.

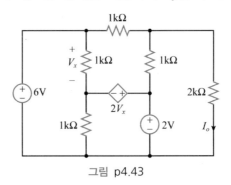

그림 p4.43

44 그림 p4.44 회로에서 테브냉 정리를 이용하여 I_o를 구하시오.

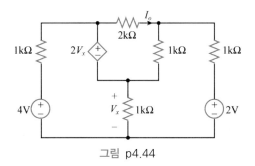

그림 p4.44

45 그림 p4.44 회로에서 테브냉 정리를 이용하여 2V 전원의 공급전력을 구하시오.

46 그림 p4.46 회로에서 전원변환을 이용하여 V_o를 구하시오.

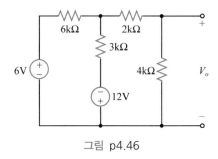

그림 p4.46

47 그림 p4.47 회로에서 전원변환을 이용하여 V_o를 구하시오.

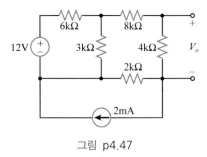

그림 p4.47

48 그림 p4.48 회로에서 I_o를 구하시오.

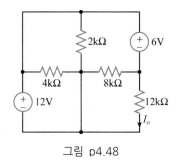

그림 p4.48

49 그림 p4.49 회로에서 전원변환을 이용하여 I_o를 구하시오.

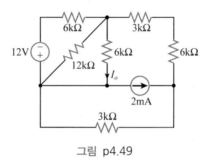

그림 p4.49

50 그림 p4.50 회로에서 전원변환을 이용하여 I_o를 구하시오.

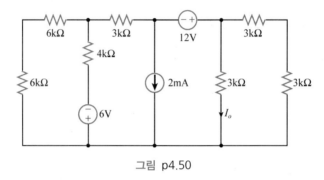

그림 p4.50

51 문제 05의 해를 전원변환을 이용하여 구하시오.

52 문제 06의 해를 전원변환을 이용하여 구하시오.

53 문제 29의 해를 전원변환을 이용하여 구하시오.

54 문제 30의 해를 전원변환을 이용하여 구하시오.

55 그림 p4.55 회로에서 최대전력전달을 이루기 위한 부하 R_L값을 구하시오.

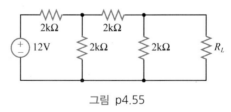

그림 p4.55

56 그림 p4.56 회로에서 최대전력전달을 이루기 위한 부하 R_L값을 구하시오.

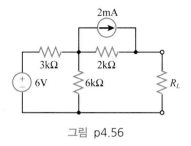

그림 p4.56

57 그림 p4.57 회로에서 최대전력전달을 이루기 위한 부하 R_L값을 구하시오.

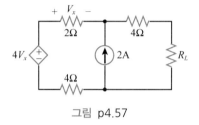

그림 p4.57

58 그림 p4.58 회로에서 최대전력전달을 이루기 위한 부하 R_L값을 구하시오.

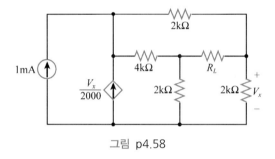

그림 p4.58

59 전원측을 그림 p4.59와 같이 노턴 등가회로로 표시할 때 최대전력전달 문제의 해를 유도하시오.

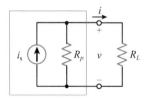

그림 p4.59 노턴등가회로와 최대전력전달

60 그림 4－27의 최대전력전달 문제에서 전원저항 R_s가 가변이고, 부하저항 R_L이 고정되어 있는 경우에 부하에 최대전력이 전달되는 조건을 유도하시오.

OP앰프와 기본응용회로

5.1 서론

우리는 지금까지 저항회로를 해석하는 여러 가지 방법들을 익히면서 저항회로를 구성하는 회로소자들로 전원과 저항 및 종속전원을 다루었다. 여기서 회로소자 중에 전원과 저항은 실제 존재하는 것을 알겠는데, 도대체 종속전원은 어떠한 것인지 궁금할 것이다. 종속전원은 실제 존재하는 소자라기보다는 트랜지스터와 같은 반도체 증폭기의 전압전류특성을 묘사하는 회로모델에 사용되는 개념적 소자라고 할 수 있다. 여기서 증폭기(amplifier)란 전압이나 전류의 크기를 증폭하는 기능을 수행하는 회로소자를 말한다.

이 절에서는 증폭기능을 수행하는 회로소자로서 OP앰프(OP Amp)를 다룰 것이다. OP앰프는 수십 개의 반도체 트랜지스터를 집적하여 구성되는 집적회로(IC, Integrated Circuit)인데, 내부구조는 복잡하지만 입출력특성이 이상적 특성에 가깝고, 몇 가지 기본회로를 활용하면 증폭회로 설계를 쉽게 처리할 수 있기 때문에 실제로 많이 사용되고 있다. 증폭회로를 설계할 때 증폭소자로는 집적회로인 OP앰프 대신에 단위소자인 반도체 트랜지스터를 사용할 수도 있으나, 이 경우에는 원하는 증폭특성을 얻기 위한 회로설계에 많은 경험과 비결들을 필요로 하기 때문에 처리하기가 쉽지 않다. 따라서 회로이론을 다루는 이 책에서는 증폭소자로서 OP앰프만을 다루기로 한다.

이 장에서는 OP앰프의 입출력특성을 살펴보고 이 특성에 근거한 OP앰프 회로해석법을 정리할 것이다. 그리고 OP앰프 기본응용회로들의 동작을 해석해보고, 이 기본회로들을 활용하는 증폭회로 설계법을 간략하게 익힐 것이다. OP앰프의 본격 응용회로라든지 트랜지스터 단위의 증폭회로 설계에 관한 사항들은 전자회로에서 다루는 내용이며, 이 책의 범위를 벗어나므로 다루지 않을 것이다.

5.2 OP앰프

OP앰프는 집적회로로 구성된 고이득의 차동증폭기(difference amplifier)로서, 수학적 연산(operation)용으로 개발되었기 때문에 '**연산증폭기(operational amplifier)**', 줄여서 '**OP Amp**'라고 한다. 여기서 차동증폭기란 두 개의 입력단을 갖고 있으며, 두 입력의 차를 증폭하여 출력해주는 회로를 말한다. OP앰프는 개발 초기에 상수곱(증폭), 덧셈, 뺄셈, 적분, 미분 등의 각종 수학적 연산 처리용으로 쓰였지만, 현재에는 각종 신호처리회로, 파형조형회로(wave shaping circuit) 및 파형발생기(wave generator) 등에 쓰이며, 활용범위가 매우 다양하고 거의 모든 아날로그 회로구성에 필수적으로 들어갈 정도로 실제 회로에 많이 쓰이고 있다. 그림 5–1은 범용으로서 실제로 많이 사용되고 있는 μA 741 OP앰프의 외형과 핀 구성도를 보여 주고 있다.

OP앰프를 회로소자로 사용할 경우에 회로표시법은 그림 5–2와 같다. OP앰프는 두 개의 입력단과 한 개의 출력단을 갖는데, 입력단의 명칭을 각각 반전입력단(inverting input terminal)과 동상입력단(noninverting input terminal)이라 하며, 각각 – 부호와 + 부호를 표기하여 구분한다. 그리고 양과 음 두 개의 직류동작전원을 필요로 하는데, 동작전원단자를 그림 5–2에서처럼 V_{PS}와 $-V_{PS}$로 표시하기도 하지만, 많은 경우에 동작전원단자 표시는 생략하고, 두 개의 입력단과 한 개의 출력단 3단자만 표시하기도 한다. OP앰프

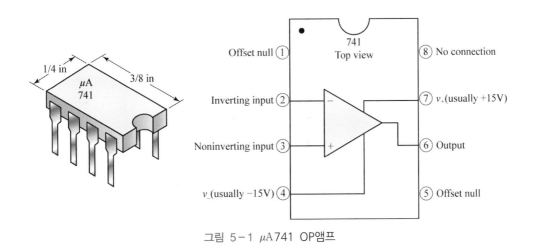

그림 5–1 μA 741 OP앰프

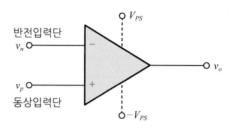

그림 5-2 OP앰프 회로표시법

중에는 직류동작전원을 하나만 사용하거나, 양전압원과 음전압원의 크기가 서로 다른 비대칭전원을 사용하는 것들도 있으나 이 책에서는 다루지 않기로 한다.

OP앰프의 입출력 전달특성을 그림표로 나타내면 그림 5-3과 같고, 이것을 수식으로 나타내면 다음과 같다.

$$v_o = \begin{cases} V_{sat}, & v_d > v_{\max} \\ A\,v_d = A\,(v_p - v_n), & |v_d| \leq v_{\max} \\ -V_{sat}, & v_d < -v_{\max} \end{cases} \tag{5-1}$$

여기서 $v_d = v_p - v_n$ 는 **차동입력(difference input)**을 뜻하며, OP앰프가 증폭동작을 수행하는 $|v_d| \leq v_{\max}$ 인 영역을 **선형동작영역(linear operation region)** 또는 **증폭영역**이라 한다. 이 영역에서 증폭이득 A를 **개로전압이득(open-loop voltage gain)**이라 하며, 실제 OP앰프에서 이 값은 대략 10^5 정도의 크기를 지닌다. 그리고 출력이 **포화전압** V_{sat}나 $-V_{sat}$에 도달하는 영역을 **포화영역(saturation region)**이라고 한다. 선형동작영역에서 동작하기 위한 입력전압 한계인 $v_{\max}$는 대략 수십~수백 μV 정도의 크기를 지닌다.

그림 5-3에서 살펴본 OP앰프 입출력 전달특성에 의하면 선형동작영역에서 동작하기 위한 입력전압 범위는 수백 μV 이하로 매우 작으며, 이 범위를 벗어날 경우에 OP앰프의 출력은 포화상태로 나타난다. OP앰프를 이렇게 개로방식으로 사용한다면 출력은 대부분

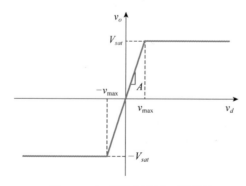

그림 5-3 OP앰프 입출력 전달특성

포화되면서 증폭동작을 제대로 수행하지 못하게 된다. 따라서 OP앰프를 실제로 사용할 때 선형동작영역에서 동작시키려면 출력단과 반전입력단을 연결하는 방식의 **음의 되먹임 (negative feedback)**을 사용한다. 음의 되먹임에 대한 자세한 내용은 전자회로나 자동제어에서 다룰 사항이므로 여기서는 생략하지만, 음의 되먹임을 사용할 때에는 출력단을 반드시 반전입력단에 연결하는 방식으로 적용한다는 것을 유념해두어야 한다.

그림 5-3에서 보듯이 실제 OP앰프의 출력전압은 포화전압을 초과할 수 없는데, OP앰프는 이러한 출력전압 제한조건 외에 출력전압 변화율과 출력전류에도 제한조건이 있다. 실제 OP앰프의 출력제한 조건을 요약하면 다음과 같다.

$$|v_o| \leq V_{sat}, \ |i_o| \leq I_{sat}$$

$$\left| \frac{dv_o}{dt} \right| \leq SR \ (\text{Slew rate, 출력변화율})$$

출력제한 조건은 OP앰프 모델에 따라 조금씩 다르며, $\mu A\,741$ OP앰프의 경우에는 다음과 같다.

$$V_{sat} = 14 \ [\text{V}], \ I_{sat} = 2 \ [\text{mA}], \ SR = 500,000 \ \text{V/s}$$

OP앰프는 입력단을 두 개 사용하여 입력의 차를 증폭하는 차동증폭기로 구성되어 있는데, 이렇게 차동증폭방식을 사용하는 목적은 크게 두 가지를 꼽을 수 있다. 첫째는 입력의 차를 증폭하면 두 입력단에 들어오는 잡음의 공통성분이 상쇄되기 때문에 입력단의 잡음이 증폭되어 출력단에 나타나는 영향을 크게 줄일 수 있다는 점이다. 둘째는 차동증폭방식에서 증폭단 사이에 커패시터를 연결하지 않고 직접 연결하는 방식의 **직결(direct-coupled)**증폭이 가능하여 IC화에 유리하다는 점이다. 이에 대한 보다 상세한 내용은 전자회로에서 다룰 것이므로 생략한다.

5.3 이상적 OP앰프

OP앰프를 사용하는 회로를 해석할 때 회로해석 편의를 위해 OP앰프가 이상적 특성을 지니는 것으로 가정하는데, 이렇게 가정한 앰프를 **이상적(ideal) OP앰프**라 한다. 이러한 가정은 마치 회로해석 편의상 이상적 전원을 가정한 것과 비슷한 배경을 갖는다. 즉, 이상적 특성은 회로해석 편의상 사용하는 것이지만, 실제의 OP앰프도 이상적 특성에 가깝기 때문에 이 특성을 가정하여 회로해석을 하더라도 오차가 아주 작아서 거의 문제가 없는 것이다. 이상적 OP앰프는 다음과 같은 특성을 지니는 것으로 정의된다.

- 입력저항 $= \infty$
- 출력저항 $= 0$
- 선형동작영역에서 동작하며, 개로전압이득 $A = \infty$

여기서 입력저항이 무한대라는 조건은 이상적 OP앰프의 두 입력단 사이가 개방상태와 같다는 것이므로, 이상적 OP앰프의 입력전류는 항상 0이 된다. 그리고 OP앰프가 선형동작 영역에서 동작한다면 출력은 $v_o = A v_d = A(v_p - v_n)$로 나타나는데, 이 출력은 유한하므로 개로 전압이득이 무한대라는 조건으로부터 다음과 같은 성질이 유도된다.

$$A = \infty \quad \Rightarrow \quad v_d = \frac{v_o}{A} = 0 \tag{5-2}$$

즉, 이상적 OP앰프의 두 입력단 사이는 전위차가 0이 되어 단락(short)상태와 같다는 것이다. 이와 같이 개방상태와 단락상태가 공존하는 이상적 OP앰프의 특성을 **가상단락(virtual short)** 특성이라고 한다. 그리고 이상적 OP앰프의 출력저항은 0이므로 출력단에 어떤 회로가 연결되어 있더라도 출력단에서 OP앰프 쪽을 본 등가저항은 항상 0이 된다. 이러한 이상적 OP앰프의 특성을 등가모델로 나타내면 그림 5-4와 같다.

OP앰프를 증폭기로 활용하려면 반전입력단과 출력단을 연결하는 음의 되먹임을 걸어서 써야 한다. 이렇게 음의 되먹임을 걸어서 사용할 경우에 OP앰프는 이상적 특성을 지니는 것으로 볼 수 있으며, 식 5-2의 가상단락 특성이나 그림 5-4의 등가모델을 써서 회로해석을 할 수 있다.

이상적 OP앰프를 가정하여 활용할 때 주의할 사항은 OP앰프의 이상적 특성이 음의 되먹임을 사용하는 경우에만 성립한다는 점이다. 음의 되먹임을 쓰지 않는 경우 출력이 포화상태가 되어 증폭동작을 수행하지 못한다는 것이다. 그리고 OP앰프의 출력전류는 동

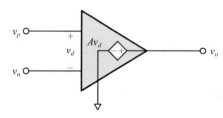

그림 5-4 이상적 OP앰프 등가모델

작전원으로부터 공급된다는 점이다. 그런데 회로표시법에서 OP앰프의 동작전원단자는 대부분 생략하므로, 이러한 점을 잊으면 OP앰프 회로해석에서 큰 오류를 일으킬 수 있다. 따라서 OP앰프 출력단에서는 KCL을 적용할 때 주의해야 한다.

예제 5-1

다음의 OP앰프 회로에서 v_o와 i_o를 구하시오. 단 OP앰프는 이상적 특성을 지닌 것으로 가정한다.

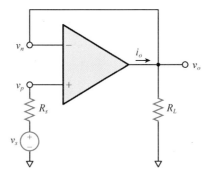

그림 5-5 예제 5-1의 대상회로

풀이 이상적 OP앰프를 가정하면 가상단락 특성에 의해 입력단에는 전류가 흐르지 않으면서 전위차가 없으므로 $v_s = v_p = v_n$ 이다. 따라서 $v_o = v_s$ 이고, 출력단 마디에서 KCL을 적용하면 반전입력단에는 전류가 흐르지 않으므로 출력전류는 부하저항 R_L에 흐르는 전류와 같으므로 다음과 같이 유도된다.

$$i_o = \frac{v_o}{R_L} = \frac{v_s}{R_L}$$

예제 5-2

그림 5-6의 회로에서 출력전압 V_o를 구하시오. 단 OP앰프는 이상적 특성을 지닌 것으로 가정한다.

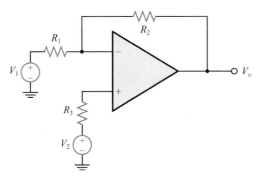

그림 5-6 예제 5-2의 회로

풀이 이상적 OP앰프를 가정하면 가상단락 특성에 의해 반전입력단 전압이 다음과 같이 결정된다.

$$v_n = v_p = V_2 \tag{5-3}$$

반전입력단 마디에서 전류법칙을 적용하여 마디방정식을 세우면 다음과 같다.

$$\left(\frac{1}{R_1} + \frac{1}{R_2}\right)v_n - \frac{1}{R_2}V_o = \frac{1}{R_1}V_1 \tag{5-4}$$

식 5-3을 식 5-4에 대입하여 정리하면 출력전압 V_o는 다음과 같이 구해진다.

$$V_o = -\frac{R_2}{R_1}V_1 + \left(1 + \frac{R_2}{R_1}\right)V_2$$

5.4 OP앰프회로 마디해석법

OP앰프가 포함된 회로를 해석할 때 회로가 단순한 경우에는 OP앰프의 가상단락 특성을 이용하면 회로해석을 간단히 할 수 있지만, 복잡한 경우에는 회로망 해석법을 사용하는 것이 좋다. 3장에서 다룬 회로망해석법에는 마디전압 해석법과 망전류 해석법이 있는데, OP앰프 자체는 전압증폭기이므로 이 해석법 중에 전압을 회로변수로 처리하는 마디전압 해석법을 사용하는 것이 편리하다. 그런데 OP앰프 출력전압은 그림 5-4에서 보듯이 차동 입력에 의해 결정되는 종속전압원에 의해 결정되므로, 마디방정식을 세울 때 출력단에는 적용하지 않는다. 이처럼 OP앰프 출력마디에서 마디방정식을 세우지 않는 대신에 OP앰프 입력단의 가상단락 조건을 사용하고, 나머지 마디들에서 마디방정식을 세우면 OP앰프 회로를 해석할 수 있다. 이와 같은 기본개념에 근거하여 OP앰프 회로의 마디해석 절차를 정리하면 다음과 같다.

- **OP앰프회로 마디해석법**
  ① 대상회로의 모든 마디에 마디전압을 표기한다.
  ② OP앰프 입력단에서 가상단락 조건에 대응하는 등식을 세운다.
  ③ OP앰프 입력전류는 영인 조건을 고려하여 ①의 마디전압에 대해 마디방정식을 세운다. 단 OP앰프 출력단 마디에서는 마디방정식을 세우지 않는다.
  ④ 단계 ③에서 세운 마디방정식과 단계 ②에서 구한 가상단락 등식을 함께 풀어서 미지 마디전압을 구하고, 이 결과로부터 관심대상 회로변수를 구한다.

다음의 OP앰프회로에서 출력전압 v_o와 출력전류 i_o를 구하시오. 단 $v_s = 12\,\mathrm{V}$, $R_s = R_1 = R_3 = 20\,\mathrm{k\Omega}$, $R_2 = R_4 = R_L = 10\,\mathrm{k\Omega}$이다.

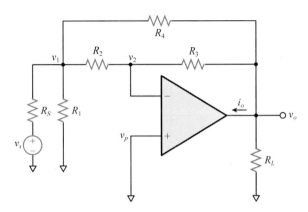

그림 5-7 예제 5-3의 대상회로

풀이 그림 5-7의 대상회로에 있는 세 개 마디전압을 그림과 같이 지정하면, 가상단락 특성에 의해 $v_2 = 0\,\mathrm{V}$ 로 결정된다. 여기서 v_1과 v_2 마디를 기준으로 마디방정식을 세우면 다음과 같다.

$$\left(\frac{1}{R_s}+\frac{1}{R_1}+\frac{1}{R_2}+\frac{1}{R_4}\right)v_1 - \frac{v_o}{R_4} = \frac{v_s}{R_s} \tag{5-5}$$

$$-\frac{v_1}{R_2} - \frac{v_o}{R_3} = 0 \tag{5-6}$$

식 5-6을 정리하면 $v_1 = -(R_3/R_2)\,v_o = -0.5\,v_o$이므로 이것을 식 5-5에 대입하여 정리하면 출력전압 v_o는 다음과 같이 결정된다.

$$\left[\left(\frac{1}{20}+\frac{1}{20}+\frac{1}{10}+\frac{1}{10}\right)\times(-0.5)-\frac{1}{10}\right]v_o = \frac{v_s}{20}$$

$$v_o = -\frac{v_s}{5} = -2.4\,\mathrm{V}$$

출력단 마디에서 KCL을 적용하면 출력전류 i_o는 다음과 같이 구할 수 있다.

$$i_o = -\frac{v_o}{R_L} - \frac{v_o}{R_3} - \frac{v_o - v_1}{R_4} = \frac{2.4}{10} + \frac{2.4}{20} - \frac{-2.4+1.2}{10} = 0.48\,\mathrm{mA}$$

그림 5-8의 OP앰프 회로에서 출력전압 V_0를 구하시오.

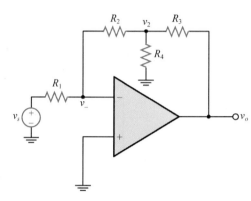

그림 5-8 예제 5-4의 대상회로

풀이 대상회로에서 가상단락 특성에 의해 반전입력단 전압은 동상입력단 전압과 같으므로 $v_- = 0$ 이다. v_- 마디와 v_2 마디에서 전류법칙을 적용하면 다음과 같은 마디방정식을 얻을 수 있다.

$$\left(\frac{1}{R_1} + \frac{1}{R_2} \right) v_- - \frac{1}{R_2} v_2 = \frac{1}{R_1} v_s \tag{5-7}$$

$$-\frac{1}{R_2} v_- + \left(\frac{1}{R_2} + \frac{1}{R_3} + \frac{1}{R_4} \right) v_2 - \frac{1}{R_3} v_o = 0 \tag{5-8}$$

식 5-7에서 $v_- = 0$ 를 대입하면 마디전압 v_2 는 다음과 같이 결정되며,

$$v_2 = -\frac{R_2}{R_1} v_s$$

이 결과를 식 5-8에 대입하면 출력전압 v_o 는 다음과 같이 구해진다.

$$v_o = -\frac{1}{R_1} \left(R_2 + R_3 + \frac{R_2 R_3}{R_4} \right) v_s \tag{5-9}$$

그림 5-8의 회로는 식 5-9에서 보듯이 전압이득이 두 개 저항비의 곱으로 결정되기 때문에 고저항을 사용하지 않고서도 고이득 증폭기를 구현하기에 적합한 형태이다.

5.5 OP앰프 기본응용회로

 이 절에서는 OP앰프의 기본적인 응용회로를 다루기로 한다. 여기서 다루는 기본응용회로들의 입출력특성은 마치 수학공식처럼 활용할 수 있으며, 이 기본회로들이 들어있는 복잡한 회로를 해석할 때 적용할 수 있다.

1. 반전증폭기(Inverting Amp)

 먼저 그림 5-9와 같이 저항 두 개와 OP앰프로 이루어진 간단한 회로를 다루기로 한다. 이 회로의 입출력전달 특성을 구하기 위해 마디전압을 그림 5-9와 같이 지정하면, 가상단락 특성에 의해 다음의 등식이 성립한다.

$$v_n = v_p = 0 \tag{5-10}$$

여기서 반전입력단 마디전압 v_n에 대해 마디방정식을 세우면 다음과 같다.

$$\left(\frac{1}{R_1} + \frac{1}{R_F}\right)v_n - \frac{1}{R_F}v_o = \frac{v_i}{R_1} \tag{5-11}$$

가상단락 등식 5-10과 마디방정식 5-11을 연립해서 풀면 다음과 같은 입출력전달특성을 구할 수 있다.

$$v_o = -\frac{R_F}{R_1}v_i \tag{5-12}$$

$$A_v = \frac{v_o}{v_i} = -\frac{R_F}{R_1} < 0 \tag{5-13}$$

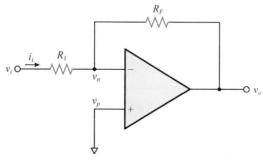

그림 5-9 반전증폭기 회로

여기서 이 증폭기의 전압이득은 식 5-13과 같이 음수로 나오기 때문에 출력의 위상이 입력과는 정반대로 반전된다는 것을 알 수 있다. 따라서 그림 5-9의 OP앰프 회로를 **반전증폭기**(inverting amp)라고 한다. 그리고 $R_1 = R_F$인 경우에는 전압이득이 $A_v = -1$이므로 **(단일이득)반전기**(inverter)라고도 한다.

식 5-13에서 보듯이 반전증폭기의 증폭이득은 OP앰프 외부에 연결하는 저항에 의해서 결정된다. OP앰프는 반도체소자로서 온도변화에 대해 상당히 민감하기 때문에 되먹임을 쓰지 않고 사용하면 개로이득이 심하게 바뀌고, 출력이 포화되는 불안정한 동작을 한다. 그렇지만 그림 5-9와 같이 되먹임 저항 R_F를 써서 음의 되먹임을 사용하면 전압이득이 식 5-13과 같이 외부저항에 의해 결정되므로 온도변화에 대해 거의 바뀌지 않고 매우 안정한 증폭기가 되는 것이다. 반전증폭기의 입력단에서 본 입력저항은 $R_i = v_i / i_i = R_1$이 된다. 반전증폭기 회로에서 이론적으로는 외부저항을 어떤 것을 쓸 수도 있지만, OP앰프의 출력제한 조건을 고려하여 실제로는 수 $k\Omega \sim$ 수백 $k\Omega$ 범위의 것을 사용한다.

2. 동상증폭기(Noninverting Amp)

이번에는 저항 두 개와 OP앰프로 구성되면서 전압이득이 양수가 되는 증폭기를 다루기로 한다. 그림 5-10의 회로가 바로 이것인데, 이 회로는 그림 5-9의 회로에서 두 입력단에 신호원과 접지점을 반대로 연결한 회로와 같다. 이 회로에서 마디전압을 그림 5-10과 같이 지정하면 가상단락특성은 다음과 같이 표시된다.

$$v_n = v_p = v_i \tag{5-14}$$

그리고 반전입력단 마디전압 v_n에 대한 마디방정식은 다음과 같다.

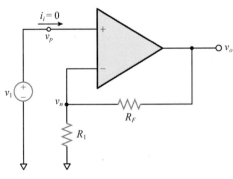

그림 5-10 동상증폭기 회로

$$\frac{v_n}{R_1} + \frac{v_n - v_0}{R_F} = 0 \tag{5-15}$$

따라서 가상단락 등식 5-14와 마디방정식 5-15를 연립하여 풀면 다음과 같은 입출력전달 특성을 구할 수 있다.

$$v_o = \left(1 + \frac{R_F}{R_1}\right)v_i \tag{5-16}$$

$$A_v = \frac{v_o}{v_i} = 1 + \frac{R_F}{R_1} \geq 1 \tag{5-17}$$

여기서 이 증폭기의 전압이득을 보면 항상 1 이상의 양수가 되어 입출력 신호간에 위상차가 없는 동상신호가 됨을 알 수 있다. 이러한 까닭에 이 증폭기를 **동상증폭기(noninverting amp)**라고 한다.

그림 5-10의 동상증폭기에서도 증폭이득은 식 5-17과 같이 외부저항에 의해 결정되어 온도변화의 영향을 거의 받지 않는 안정한 동작을 하며, 외부저항은 수 kΩ~ 수백 kΩ 범위의 것을 사용한다. 반전증폭기와 다른 특기할 사항은 증폭기 입력단에서 본 입력저항이 이상적 OP앰프의 경우에 $R_i = \infty$라는 점이다(실제로는 OP앰프 입력저항에 해당하는 수십 MΩ 이상이다). 따라서 동상증폭기에서 입력신호원에서 전압신호만 전달되고, 전류는 거의 흐르지 않아서 신호원의 전력소모는 거의 없다는 것이다.

동상증폭기에서 $R_1 = \infty$, $R_F = 0$인 경우에 대상회로는 그림 5-11과 같이 바뀌는데 입출력전달특성은 식 5-16으로부터 $v_o = v_i$가 되어 이 회로의 출력전압은 입력전압을 따라간다는 것을 알 수 있다. 이러한 특성 때문에 그림 5-11의 회로는 **전압추종기(voltage follower)**라고 한다. 이 회로에서 입력전류는 0으로서 신호원으로부터 전압신호만 전달하고 전력은 소모하지 않기 때문에 이 회로를 **완충기(buffer)**라고도 한다.

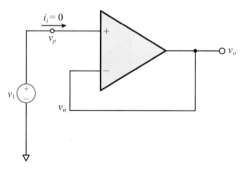

그림 5-11 전압추종기 회로

3. 덧셈증폭기(Summing Amp)

두 개 이상 입력들의 덧셈 연산을 수행하는 증폭회로에 대해 익히기로 한다. 이러한 동작을 하는 회로를 **덧셈증폭기(summing amp)**라 하며, 증폭이득이 음수인 경우에는 **반전 덧셈증폭기(inverting summing amp)**, 양수이면 **동상 덧셈증폭기(noninverting summing amp)**라고 구분하여 부른다. 그러면 각 증폭기의 기본회로와 동작특성을 살펴보기로 한다.

(1) 반전 덧셈증폭기(inverting summing amp)

이 증폭기의 기본회로는 그림 5-12와 같다. 이 회로에서 가상단락 특성에 의해 다음의 등식이 성립하고

$$v_n = v_p = 0 \tag{5-18}$$

반전입력단 마디전압 v_n에 대한 마디방정식은 다음과 같다.

$$\frac{v_n - v_1}{R_1} + \frac{v_n - v_2}{R_2} + \frac{v_n - v_o}{R_F} = 0 \tag{5-19}$$

따라서 가상단락 등식 5-18과 마디방정식 5-19를 연립하여 풀면 다음과 같은 입출력전달특성을 구할 수 있다.

$$
\begin{aligned}
v_o &= -\left(\frac{R_F}{R_1}v_1 + \frac{R_F}{R_2}v_2\right) \\
&= -\frac{R_F}{R_1}(v_1 + v_2), \ \text{if} \ R_1 = R_2
\end{aligned}
\tag{5-20}
$$

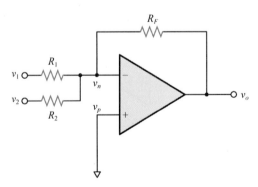

그림 5-12 반전 덧셈증폭기 회로

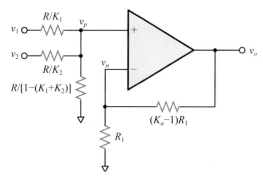

그림 5 – 13 동상 덧셈증폭기 회로

(2) 동상 덧셈증폭기(noninverting summing amp)

증폭이득이 양수로 나오는 동상 덧셈증폭기의 기본회로는 그림 5 – 13과 같이 구성된다. 이 회로의 동상입력단에서 마디전압 v_p에 대해 마디방정식을 세우면 v_p는 다음과 같이 결정된다.

$$[K_1 + K_2 + 1 - (K_1 + K_2)]\, G v_p = K_1 G v_1 + K_2 G v_2$$
$$v_p = K_1 v_1 + K_2 v_2$$

(5 – 21)

동상입력단에서 볼 때 대상회로는 그림 5 – 10의 동상증폭기 동작을 수행하므로 식 5 – 16과 식 5 – 21에 의해 출력전압은 다음과 같이 구해진다.

$$v_o = \left[1 + \frac{(K_a - 1)R_1}{R_1}\right] v_p$$
$$= K_a (K_1 v_1 + K_2 v_2)$$

(5 – 22)

4. 차동증폭기

이 절에서는 두 입력신호의 차를 증폭하는 **차동증폭기(Difference Amp)** 회로를 다루기로 한다. 5.2절에서 언급했듯이 OP앰프 자체도 차동증폭기이다. 그러나 OP앰프는 매우 불안정하기 때문에 개로방식으로 사용하여 차동증폭을 할 수는 없다. OP앰프를 써서 선형동작 영역에서 안정하게 동작하는 차동증폭기를 구성하려면 앞에서 다룬 기본응용회로에서와 같이 반전입력단과 출력단을 연결하는 음의 되먹임 방식을 사용해야 한다.

OP앰프에 의한 차동증폭기 회로는 그림 5 – 14와 같다. 이 회로의 동작을 해석해 보기로 한다.

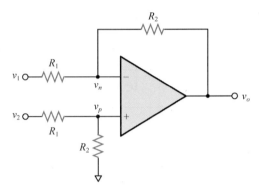

그림 5-14 차동증폭기 회로

먼저 동상입력단 전압 v_p 는 분압규칙에 의해 다음과 같이 구해진다.

$$v_p = \frac{R_2}{R_1 + R_2} v_2 \tag{5-23}$$

가상단락특성에 의해 $v_n = v_p$ 이고, 반전입력단에서 마디방정식을 세운 다음에

$$\frac{v_n - v_1}{R_1} + \frac{v_n - v_o}{R_2} = 0 \tag{5-24}$$

식 5-23을 식 5-24에 대입하여 정리하면 출력전압은 다음과 같이 결정된다.

$$v_o = \left(1 + \frac{R_2}{R_1}\right) v_n - \frac{R_2}{R_1} v_1$$

$$= \left(1 + \frac{R_2}{R_1}\right) \frac{R_2}{R_1 + R_2} v_2 - \frac{R_2}{R_1} v_1 = \frac{R_2}{R_1}(v_2 - v_1) \tag{5-25}$$

이 결과를 보면 두 입력전압의 차가 증폭되어 출력전압으로 나타나는 차동증폭 동작을 수행함을 알 수 있다. 그리고 차동증폭 이득은 R_2 / R_1으로서 OP앰프 외부 저항에 의해 결정되므로 온도변화에 대해서도 이득이 거의 변화하지 않는 견실한 특성을 지니게 된다.

　지금까지는 이 절에서 OP앰프 회로해석법을 이용하여 기본응용회로들의 전압전달특성을 해석하였는데, 여기서 다룬 OP앰프 회로들은 아주 기본적인 것이기 때문에 실제 회로해석을 할 때에는 이 기본회로가 들어있는 부분의 전달특성은 공식처럼 활용하여 회로해석을 해도 된다. 다음의 예를 들어 이 활용법을 익히기로 한다.

그림 5−15의 OP앰프 회로에서 출력전압 v_o를 구하시오. 단 OP앰프는 이상적 특성을 지닌 것으로 가정한다.

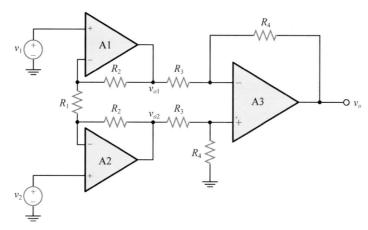

그림 5−15 계측용 차동증폭기 회로

풀이 그림 5−15의 회로에서 OP앰프 A1과 A2의 출력 마디전압을 각각 v_{o1}, v_{o2} 라 놓고, 중첩정리를 적용하여 이 전압을 구하기로 한다. 먼저 $v_2 = 0$ 일 경우에 v_1 입력에 대해 A1은 동상증폭기, A2는 반전증폭기로 동작하므로 식 5−16과 식 5−12에 의해 다음과 같은 출력을 얻을 수 있다.

$$v_{o1} = \left(1 + \frac{R_2}{R_1}\right)v_1, \quad v_{o2} = -\frac{R_2}{R_1}v_1$$

이어서 $v_1 = 0$ 일 경우에 v_2 입력에 대해 A1은 반전증폭기, A2는 동상증폭기로 동작하므로 다음과 같은 출력이 나타나며,

$$v_{o1} = -\frac{R_2}{R_1}v_2, \quad v_{o2} = \left(1 + \frac{R_2}{R_1}\right)v_2$$

중첩정리에 의해 마디전압 v_{o1}, v_{o2} 는 다음과 같이 구해진다.

$$v_{o1} = \left(1 + \frac{R_2}{R_1}\right)v_1 - \frac{R_2}{R_1}v_2, \quad v_{o2} = -\frac{R_2}{R_1}v_1 + \left(1 + \frac{R_2}{R_1}\right)v_2$$

OP앰프 A3는 마디전압 v_{o1}, v_{o2} 에 대해 차동증폭기로 동작하므로 식 5−25에 의해 출력전압 v_o는 다음과 같이 구할 수 있다.

$$v_o = \frac{R_4}{R_3}(v_{o2} - v_{o1}) = \frac{R_4}{R_3}\left(1 + \frac{2R_2}{R_1}\right)(v_2 - v_1)$$

예제 5-5에서 다룬 OP앰프 응용회로는 입력단에 완충기회로와 출력단에 차동증폭기를 결합시킨 회로로서, **계측용 차동증폭기(instrumentation difference amp)**라고 하며, 집적회로로 구현하여 생산된다. 이 증폭기는 입력단 완충기에 의해 입력단 전류가 거의 0 이기 때문에 전원을 보호하면서 차동증폭을 시킬 수 있어서 각종 센서신호들의 계측용으로 많이 활용되고 있다.

예제 5-6

그림 5-16의 OP앰프 회로에서 출력전압 v_0를 구하시오. 단 OP앰프는 이상적 특성을 지닌 것으로 가정한다.

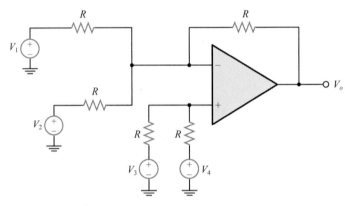

그림 5-16 예제 5-6의 회로

풀이 중첩정리를 써서 풀기로 한다. 먼저 $V_3 = V_4 = 0$으로 놓으면 V_1, V_2에 대해 OP앰프 회로는 반전 덧셈기로 동작하므로 이 경우의 출력 V_{o1}은 식 5-20에 의해 다음과 같이 구할 수 있다.

$$V_{o1} = -(V_1 + V_2)$$

이어서 $V_1 = V_2 = 0$으로 놓으면 동상입력단 전압은 $V_+ = (V_3 + V_4)/2$이고, 이 전압에 대해 OP앰프 회로는 동상증폭기로 동작하므로 이 경우의 출력 V_{o2}은 다음과 같이 나타난다.

$$V_{o2} = \left(1 + \frac{R}{R/2}\right) V_+ = \frac{3}{2}(V_3 + V_4)$$

여기서 주의할 점은 $V_1 = V_2 = 0$일 때 반전입력단과 접지점 사이에 연결된 등가저항은 $R/2$이 되어 동상증폭기 이득이 식 5-17에 의해 3이 된다는 것이다. 이상의 결과를 종합하면 출력 V_o는 다음과 같이 구해진다.

$$V_o = V_{o1} + V_{o2} = -(V_1 + V_2) + \frac{3}{2}(V_3 + V_4)$$

익힘문제

01 그림 5-14 차동증폭기 회로에서 중첩정리를 적용하여 출력전압 v_o를 구하고 식 5-25와 똑같은 결과를 얻을 수 있음을 보이시오.

02 다음 OP앰프 회로에서 출력전류 i_o를 구하고, 이 회로가 전압제어전류원(VCCS) 동작을 수행함을 보이시오.

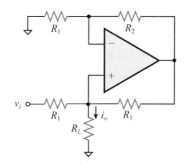

그림 p5.2 전압제어전류원 회로

03 그림 p5.3 회로에서 $R_1 = 4\,\text{k}\Omega$, $R_2 = R_4 = 30\,\text{k}\Omega$, $R_3 = 1\,\text{k}\Omega$일 때 출력전압 v_o를 구하시오.

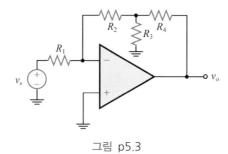

그림 p5.3

04 그림 p5.4 회로에서 $v_s = 12\,\text{V}$, $R_1 = 40\,\text{k}\Omega$, $R_2 = 20\,\text{k}\Omega$, $R_3 = 30\,\text{k}\Omega$, $R_4 = R_5 = 10\,\text{k}\Omega$일 때 마디전압 v_a, v_b, v_o를 구하시오.

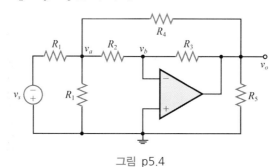

그림 p5.4

05 그림 p5.5 회로에서 v와 i를 구하시오.

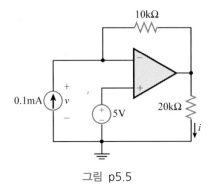

그림 p5.5

06 그림 p5.6 회로에서 모든 마디전압을 구하시오.

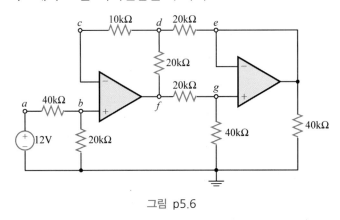

그림 p5.6

07 그림 p5.7 회로에서 출력전압 V_0를 구하시오.

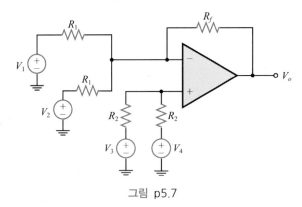

그림 p5.7

08 그림 p5.8 회로에서 출력전압 V_o를 구하시오.

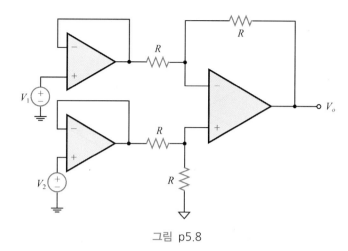

그림 p5.8

09 (음저항 변환기 회로, negative resistance converter) 다음 OP앰프 회로에서 입력단에서 본 등가저항 $R_i = v_i / i_i$를 구하시오.

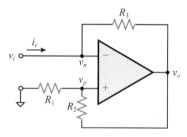

그림 p5.9 음저항변환기 회로

10 그림 p5.10 브리지 증폭기(bridge amp) 회로에서 출력전압 v_{out}를 구하시오(힌트 : 전압원이 포함된 브리지 회로 부분을 상하 단자 기준의 테브냉 등가회로로 바꿔놓고 해석).

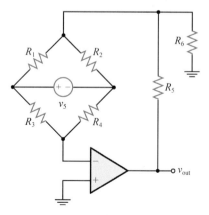

그림 p5.10 브리지 증폭기 회로

답 : $v_{out} = \left(1 + \dfrac{R_5}{R_6}\right)\left(\dfrac{R_2}{R_1 + R_2} - \dfrac{R_4}{R_3 + R_4}\right)v_s$

11 그림 p5.11 회로에서 출력전압 V_o를 구하시오.

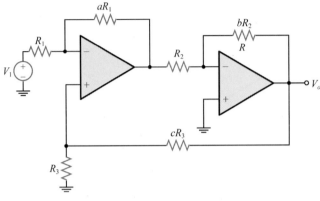

그림 p.5.11

12 그림 p5.12 OP앰프 회로에서 부하 R_L에 흐르는 전류를 계산하고, 이 회로가 부하에 대해 전류원으로 동작함을 보이시오.

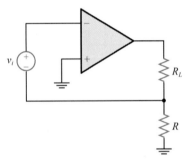

그림 p5.12

13 그림 p5.13 회로에서 출력전압 v_o를 구하시오.

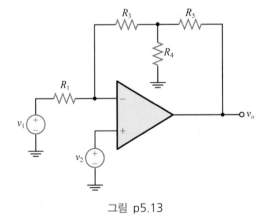

그림 p5.13

14 그림 p5.14 회로에서 출력전압 v_o와 전류 i_o를 구하시오.

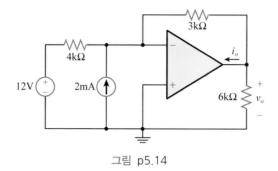

그림 p5.14

15 그림 p5.15 회로에서 출력전압 V_o를 구하시오.

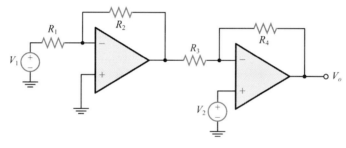

그림 p5.15

16 그림 p5.16의 회로에서 출력전압 V_o를 구하시오.

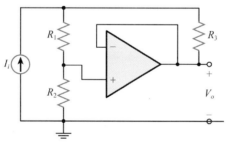

그림 p5.16

17 그림 p5.17 회로에서 출력전압 v_o와 전류 i_o를 구하시오.

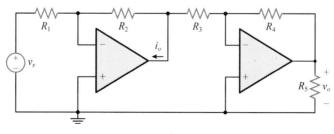

그림 p5.17

18 그림 p5.18 회로에서 모든 마디전압들을 구하시오.

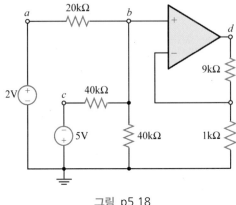

그림 p5.18

19 그림 p5.19 회로에서 출력전압 v_o와 전류 i_o를 구하시오.

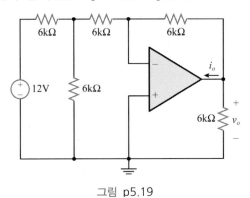

그림 p5.19

20 그림 p5.20 회로에서 출력전압 v_o와 전류 i_o를 구하시오.

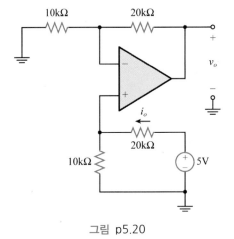

그림 p5.20

21 그림 p5.21 회로에서 출력전압 v_o와 전류 i_o를 구하시오.

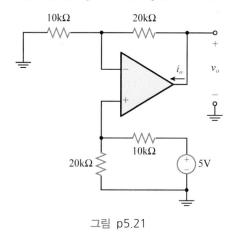

그림 p5.21

22 그림 p5.22 회로와 같은 동작을 하는 OP앰프 회로를 설계하시오.

$$v_o = r \cdot i_s , \qquad r = 20 \frac{\text{V}}{\text{mA}}$$

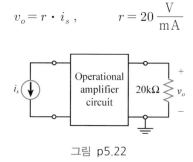

그림 p5.22

23 그림 p5.23 회로와 같은 동작을 하는 OP앰프 회로를 설계하시오.

$$v_o = 3v_1 + 5v_2$$

그림 p5.23

24 그림 p5.26 회로에서 다음과 같은 동작을 하는 OP앰프 회로를 설계하시오.

$$v_o = 3v_1 - 5v_2$$

25 그림 p5.9 회로에서 등가저항 $R_i = \dfrac{v_i}{i_i} = -10\,\mathrm{k\Omega}$이 되는 음저항기를 설계하시오.

26 그림 p5.26과 같은 전압뺄셈 회로(voltage subtracting circuit)에서

1) 출력전압 v_o가 다음과 같이 표시됨을 증명하시오.

$$v_o = \frac{1 + R_2/R_1}{1 + R_3/R_4} v_2 - \frac{R_2}{R_1} v_1$$

2) 출력전압 $v_o = 2v_2 - 9v_1$가 되기 위한 회로를 설계하시오.

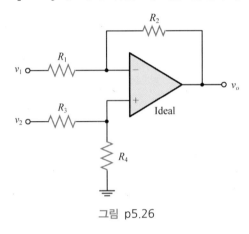

그림 p5.26

27 그림 p5.27 회로에서 출력전압 v_o를 구하시오.

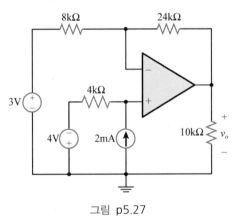

그림 p5.27

28 그림 p5.28 회로에서 출력전압 v_o를 구하시오.

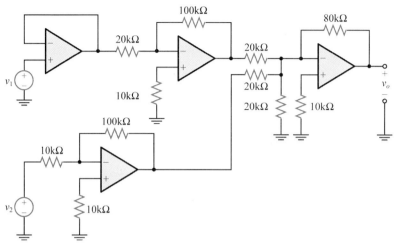

그림 p5.28

29 그림 p5.29 회로에서 출력전류 i_o를 구하시오.

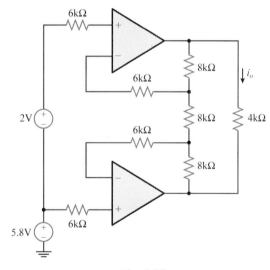

그림 p5.29

30 OP앰프는 그림 p5.30 회로에서와 같이 전류-전압변환기(Current-to-voltage converter)로 사용할 수 있다. 이 회로에서 출력전압 v_o를 구하고 전류-전압변환특성에 대해 살펴보시오.

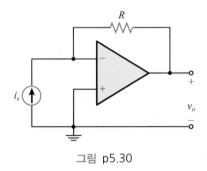

그림 p5.30

Chapter 06

에너지 저장소자

6.1 서론

우리가 지금까지 익혀온 회로소자들은 전기에너지를 발생하거나 소비하는 것들이다. 즉, 각종 전원들은 전기에너지를 발생하여 회로에 공급하며, 저항이나 증폭기들은 전기에너지를 소비하면서 동작한다. 회로소자 중에는 이처럼 전기에너지를 발생하거나 소비하는 소자들 외에 에너지를 저장하는 소자들도 있는데, 이 장에서는 전기에너지 저장용으로 사용되는 회로소자로서 용량기(capacitor)와 유도기(inductor)를 다룰 것이다.

용량기는 전하를 충전하여 형성되는 전계에 에너지를 저장하는 소자로서, 그 원형은 1746년에 네덜란드 라이덴(Leyden)의 물리학 교수인 뮈센브로크(Peter van Musschenbrock)에 의해 고안된 라이덴 병(Leyden jar)이다. 이후에 충전전하의 개념이 쿨롱(Coulomb)에 의해 제안되면서 두 개의 평행 금속판으로 구성되는 용량기에 대한 연구가 진행되었으며, 이에 대한 연구결과들은 패러데이(Michael Faraday)에 의해 체계적으로 정리하여 발표되었다. 이러한 패러데이의 업적을 기리기 위해 용량기의 단위로 패럿(farad)을 사용하고 있다.

유도기는 나선형 도체인 코일에 형성되는 자계에 에너지를 저장하는 소자로서, 덴마크 코펜하겐대 교수인 외르스테드(Hans Christian Oersted)이 발견한 전류에 의한 자기 효과와 암페어(Andre-Marie Ampere)가 찾아낸 두 코일 간에 작용하는 자기력 등의 연구에 의해 활용되기 시작하였다. 이후에 패러데이가 코일에서 전자유도(Electromagnetic Induction) 작용을 발견하고, 헨리(Joseph Henry)가 코일의 자기유도작용(Self-induction)을 발견함으로써 이 소자의 특성이 파악되고 본격적으로 활용되었다. 이와 같이 코일의 성질을 규명한 헨리의 업적을 기리는 뜻으로 유도용량의 단위에 헨리(henry)를 사용하고 있다.

이 장에서는 전기에너지 저장소자인 용량기와 유도기의 동작특성과 기본성질들에 대해 파악하고, 이 소자들의 저장에너지와 직병렬 연결 시에 등가용량을 구하는 방법을 익힌다. 그리고 이 소자들이 스위치와 연동되어 사용될 때 초기조건을 구하는 방법과 용량기를 OP앰프 회로에 활용하는 기본회로에 대해 다룬다. 특히 이 소자들의 초기조건은 회로해석을 할 때 중요한 역할을 하기 때문에 잘 익혀두어야 한다. 이 소자들을 사용하는 회로를 해석하는 방법에 대해서는 7장에서 익힐 것이다.

6.2 용량기

용량기(capacitor)는 절연상태로 분리된 두 개의 도체판으로 이루어진 2단자 소자로서, 정전기유도(electrostatic induction) 작용에 의해 두 도체판에 전하를 모음으로써 전기를 저장하는 요소로 사용된다. 이 소자는 2장과 3장에서 다룬 저항과 더불어 각종 회로에 가장 많이 쓰이는 기본적인 회로소자이다. 이 절에서는 용량기의 기본구조, 용량의 정의 및 전압전류특성을 살펴보고, 용량기들이 직병렬로 연결된 경우에 등가용량을 구하는 방법 등을 살펴보기로 한다.

1. 기본구조 및 용량의 정의

용량기의 기본구조는 그림 6-1의 평판용량기와 같다. 이 구조에서 용량기 두 극판 사이는 절연체에 의해 절연되어 있는데, 용량기 두 단자에 외부전원이 연결되면 정전기유도 작용에 의해 전위가 높은 쪽에 양전하가, 낮은 쪽에 음전하가 저장되고, 이렇게 저장된 전하에 의해 두 극판 사이에는 양극판에서 음극판 방향으로 전계가 형성되어 전계에너지를 저장하게 된다. 이처럼 정전유도 작용에 의해 용량기의 두 극판에 분리되어 대전된 전하를 변위전하(displaced charge)라고 한다. 용량기에서는 연결된 회로의 전위가 용량기 전위보다 낮아지면 용량기의 저장에너지가 연결회로에 공급되며, 연결회로의 전위가 용량기 전위보

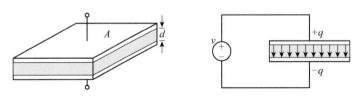

그림 6-1 평판용량기의 구조

다 높아지면 용량기는 연결회로로부터 전기에너지를 흡수하게 된다.

> **용량기는 극판에 저장되는 변위전하에 의해 만들어지는 전계 안에 에너지를 저장한다.**

용량기에 충전되는 전하량은 용량기에 걸리는 전압에 비례하는데, 이 비례관계를 나타내는 비례상수로서 **용량(capacitance)**을 사용한다.

$$q \propto v \quad \Rightarrow \quad q = Cv \tag{6-1}$$

따라서 용량은 다음과 같이 정의되며

$$C = \frac{q}{v} \tag{6-2}$$

단위전압당 용량기에 충전되는 전하량을 나타낸다. 용량의 단위는 패러데이(Faraday)를 기리는 뜻으로 **패럿(farad)**을 사용하고, 단위약자는 [F]로 한다. 평판용량기의 경우에 용량은 다음과 같이 형상인수(shaping factor)에 의해 상수로 결정된다.

$$C = \frac{\varepsilon A}{d}$$

여기서 A는 평판의 단면적 [m²], d는 평판 극판간격 [m], ε은 극판간 절연체의 유전율로서 공기의 경우 8.85×10^{-12} [F/m]이다. [F]을 등가단위로 표시하면 식 6-2의 정의에 따라 [C/V]가 된다. 그런데 1 [F]의 용량은 실제로 사용하기에는 매우 큰 단위이기 때문에 실용단위로는 [μF]을 사용한다.

2. 용량기 회로표시법과 전압전류특성

용량기에 걸린 전압이 시간에 따라 변화하는 경우에는 식 6-1의 관계에 따라 충전전하도 시간에 따라 변화하게 된다. 전하가 시간에 따라 바뀌면 단위시간당 전하변화량인 전류가 흐르는 것이므로, 용량기에서는 다음과 같은 전압전류특성이 성립하게 된다.

$$q = Cv \quad \Rightarrow \quad i = \frac{dq}{dt} = C\frac{dv}{dt} \tag{6-3}$$

용량기의 회로표시법과 전압전류의 기준방향은 그림 6-2와 같다. 여기서 주의할 점은

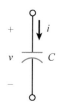

그림 6-2 용량기 회로표시법

용량기에 흐르는 전류는 용량기의 극판 사이에 흐르는 것이 아니고, 연결회로에 흐른다는 것이다. 용량기의 두 극판간은 절연되어 있기 때문에 전하가 서로 대전되어 있을 뿐이고, 두 극판간에는 전류가 흐르지 않으며, 연결회로에 전하를 공급하거나 받아들이면서 전하의 이동에 의해 연결회로에 전류가 흐르는데, 이러한 전류를 **변위전류**(displacement current)라 한다. 한 가지 더 특기할 사항은 용량기에 걸린 전압이 직류인 경우에는 v가 상수가 되어 미분값이 0이 되므로, 식 6-3에서 알 수 있듯이 전류가 $i = 0$이 되어 직류전압에 대해 용량기는 개방회로로 작용한다는 것이다.

예제 6-1

용량값이 $C = 1\ \mu\mathrm{F}$인 용량기에 그림 6-3과 같은 전압이 걸릴 때, 이 용량기에 흐르는 전류와 그 파형을 구하시오.

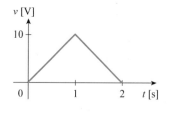

그림 6-3 예제 6-1의 전압파형

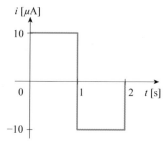

그림 6-4 예제 6-1의 전류파형

풀이 그림 6-3의 전압파형을 수식으로 나타내면 다음과 같다.

$$v = \begin{cases} 0 & t < 0 \\ 10t & 0 \le t < 1 \\ 20 - 10t & 1 \le t < 2 \\ 0 & 2 \le t \end{cases} \quad [\mathrm{V}]$$

식 6-3의 용량기 전압전류특성에 따라 용량기 전류는 다음과 같이 구할 수 있으며,

$$i = C\frac{dv}{dt} = \begin{cases} 0 & t < 0 \\ 10 & 0 \le t < 1 \\ -10 & 1 \le t < 2 \\ 0 & 2 \le t \end{cases} \quad [\mu\mathrm{A}]$$

이것을 그림으로 나타내면 그림 6-4와 같다.

식 6-3에서 알 수 있듯이 전류는 용량기에서 전압의 미분함수로 나타나기 때문에, 전압이 연속적이라 하더라도 증가감소가 급격히 바뀌어 미분이 불가능한 경우에는 전류가 불연속적으로 나타날 수 있다. 그 예는 예제 6-1에서 나타나는 전류파형 그림 6-4를 들 수 있다. 전압파형은 연속이지만 $t=1$ [s]에서 전압의 증감이 급격히 바뀌면서 미분이 불가능하면서 전류가 불연속으로 나타나는 것이다.

식 6-3은 용량기의 전압전류특성을 미분관계식으로 나타낸 것으로서 용량기에 걸리는 전압을 알고, 이로부터 용량기 전류를 구할 때 사용할 수 있다. 용량기의 전압전류특성은 필요에 따라 식 6-3의 양변을 적분하여 다음과 같이 적분관계식으로 나타낼 수 있다.

$$v(t) \,=\, v(t_0) + \frac{1}{C}\int_{t_0}^{t} i(\tau)d\tau, \quad t \geq t_0 \tag{6-4}$$

여기서 t_0는 초기시점, $v(t_0)$는 초기전압(initial voltage)이다. 이 적분관계식은 용량기에 흐르는 전류를 알고 이로부터 용량기 전압을 구하고자 하는 경우에 사용할 수 있다. 식 6-4의 우변에서 둘째 적분항은 전류가 불연속적으로 변화하더라도 무한대가 아닌 한에는 값이 갑자기 불연속적으로 증가할 수 없으며, 항상 연속적으로 변화한다. 실제로 전류가 무한대인 경우는 없으므로, 용량기에서는 전압값이 항상 연속적인 파형으로 나타난다는 것을 알 수 있다.

전류가 유한할 때 용량기 양단의 전압은 항상 연속적이다.

예제 6-2

$C=0.5$ [mF]인 용량기에 그림 6-5와 같은 전류가 흐를 때 $t=0$ 이후에 이 용량기에 나타나는 전압과 그 파형을 구하시오. 단 용량기의 초기전압은 $v(0) = -4$ [V]이다.

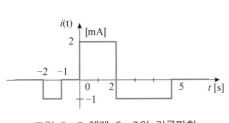

그림 6-5 예제 6-2의 전류파형

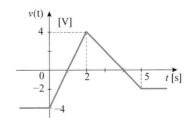

그림 6-6 예제 6-2의 전압파형

용량기에 흐르는 전류가 주어졌을 때 전압을 구하는 문제이므로, 식 6−4의 적분관계식을 그림 6−5의 전류파형에 적용하여 전압을 구하면 다음과 같다.

$$v(t) = \begin{cases} 2\displaystyle\int_{0}^{t} 2\,d\tau - 4 = 4t-4, & 0 \leq t < 2 \\ 2\displaystyle\int_{2}^{t} (-1)\,d\tau + 4 = -2t+8, & 2 \leq t < 5 \\ 2\displaystyle\int_{5}^{t} 0\,d\tau - 2 = -2, & 5 \leq t \end{cases}$$

이렇게 구해진 전압의 파형을 그림으로 나타내면 그림 6−6과 같다.

이 예제의 결과를 보면 그림 6−5의 전류파형은 불연속이지만 그림 6−6의 전압파형은 연속함수 파형으로 나타나는 것을 알 수 있다.

3. 용량기의 형태

용량기의 기본 형태는 그림 6−1의 평판형이지만, 실제의 상용 용량기들은 용도에 따라 다양한 형태와 재질로 제작되고 있다. 이러한 용량기들은 극판간에 유전체의 사용 여부에 따라 공극가변형(air−variable type)과 유전체형(dielectric type)으로 구분할 수 있다. 공극가 변형은 극판간에 공기를 유전체 대신 사용하는 방식으로서, 주로 가변용량기를 구성할 때 사용하며, 용량 범위는 수십~수백 pF 정도로 낮다. 반면에 유전체형 용량기들은 극판 간에 유전체를 사용하는 방식으로서, 세라믹판 양면에 금속박막을 입혀서 초소형으로 제작

그림 6−7 용량기 실물사진

표 6-1 용량기 종류와 특징

종류	명칭	용량범위	특징
공극형	공극가변형 용량기	수십 [pF]~수백 [pF]	가변형
유전체형	세라믹판 용량기	수 [pF]~수10 [nF]	
	플라스틱 박막 용량기	수 [nF]~수10 [μF]	
	전해형 용량기	수 [μF]~수 [F]	극성유의. 음극단자 띠 표시

할 수 있는 세라믹판(ceramic disc) 용량기, 유전체로 플라스틱을 사용하는 플라스틱 박막 (plastic film) 용량기 그리고 전기화학분해에 의한 산화피막을 유전체로 사용하는 전해형 (electrolytic type) 용량기 등이 있다. 용량기의 종류와 특징을 요약하면 표 6-1과 같다. 이 용량기 중에 사용 시 주의할 것은 전해형 용량기인데, 이 용량기는 용량범위가 [μF]~[F] 로서 비교적 큰 반면에, 소자에 극성이 있어서 연결회로의 전압 극성이 이와 맞지 않으면 파손되기 때문에 반드시 극성에 맞추어 사용해야 하고, 연결회로의 동작 중에도 전압의 극성이 바뀌지 않도록 주의해야 한다. 따라서 이 용량기에는 극성을 육안으로 쉽게 확인할 수 있도록 음극 단자 쪽에 띠가 표시되어 있으며, 용량기 몸체에 용량값과 정격전압이 숫자로 표기되어 있는 것이 보통이다.

4. 용량기 저장에너지

용량기는 에너지 저장소자라 하였는데, 이 절에서는 용량기에 저장되는 에너지가 어떻게 표현되는지 살펴보기로 한다. 회로에 연결된 용량기에 그림 6-8과 같은 기준방향으로 전압과 전류가 걸려있을 때, 이 용량기에 $[t_0,\ t]$ 시간 동안에 저장되는 전기에너지는 다음과 같이 유도할 수 있다.

$$
\begin{aligned}
w_c(t) &= \int_{t_0}^t p\, d\tau = \int_{t_0}^t v\, i\, d\tau \\
&= \int_{t_0}^t v\, C \frac{dv}{d\tau}\, d\tau = C \int_{v(t_0)}^{v(t)} v\, dv \\
&= \frac{1}{2} C\left[v^2(t) - v^2(t_0)\right] \quad \leftarrow \quad \text{if} \quad v(t_0) = 0 \\
&= \frac{1}{2} C v^2(t)
\end{aligned}
\tag{6-5}
$$

그림 6-8 용량기 기본회로

여기에서 초기시점 t_0은 특별히 지정하거나 언급하지 않는 경우에는 보통 $t_0 = -\infty$로 간주하고, $v(t_0) = 0$으로 처리한다. 식 6-5에서 주의할 점은 용량기의 전력 $p = vi$는 소비전력이 아니고 저장전력이라는 점이다. 이 소자에서 그림 6-8의 전압전류 방향을 기준으로 계산하여 전력 $p > 0$인 경우에는 저장전력으로서 연결회로로부터 용량기로 전력이 흡수되는 것이며, 전력 $p < 0$인 경우에는 방출전력으로 거꾸로 용량기로부터 연결회로로 전력이 전달되는 것이다. 그리고 저장에너지는 식 6-5와 같이 표시되며, 저장전하량 $q(t)$를 알 경우에는 필요에 따라 다음과 같이 나타낼 수도 있다.

$$w_c(t) = \frac{1}{2C}q^2(t) \ [\text{J}] \tag{6-6}$$

예제 6-3

$C = 1 \ [\text{mF}]$ 인 용량기에 그림 6-9와 같이 직류전압원 $V_s = 10 \ [\text{V}]$가 연결되어 있을 때, 스위치를 열기 직전($t = 0^-$)과 직후($t = 0^+$)에 이 용량기에 걸리는 전압과 저장에너지를 구하시오.

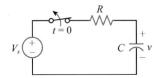

그림 6-9 예제 6-3의 대상회로

풀이 스위치를 열기 직전 상태에서 대상회로의 전원은 직류전원이고, 직류에 대해 용량기는 개방회로로 작용하므로 $t = 0^-$에서의 용량기 전압은 전원전압과 같고, 용량기 전압의 연속성에 의해 $t = 0^+$에서의 용량기 전압도 이와 동일하다.

$$v(0^-) = v(0^+) = V_s = 10 \, [\text{V}]$$

그리고 이 시점에서 용량기 저장에너지는 식 6-5에 의해 다음과 같이 구할 수 있다.

$$w_c(0) = \frac{1}{2}Cv(0)^2 = \frac{1}{2} \times 10^{-3} \times 10^2 = 50 \, [\text{mJ}]$$

$C = 20$ [mF]인 용량기에 그림 6-10과 같은 전압이 걸릴 때 이 용량기에 흐르는 전류와 전력과 저장에너지를 구하시오.

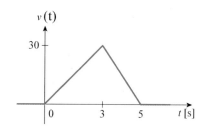

그림 6-10 예제 6-4의 대상 전압파형

풀이 그림 6-10의 전압파형을 수식으로 나타내면 다음과 같으므로,

$$v(t) = \begin{cases} 0, & t < 0 \\ 10t, & 0 \leq t < 3 \\ 75 - 15t, & 3 \leq t < 5 \\ 0, & 5 \leq t \end{cases} \text{ [V]}$$

식 6-3의 용량기 전압전류특성에 따라 용량기 전류는 다음과 같이 구할 수 있다.

$$i(t) = C\frac{dv(t)}{dt} = \begin{cases} 0, & t < 0 \\ 0.2, & 0 \leq t < 3 \\ -0.3, & 3 \leq t < 5 \\ 0, & 5 \leq t \end{cases} \text{ [A]}$$

따라서 용량기의 전력과 저장에너지는 다음과 같이 구해진다.

$$p(t) = v(t)\,i(t) = \begin{cases} 0, & t < 0 \\ 2t, & 0 \leq t < 3 \\ 4.5(t-5), & 3 \leq t < 5 \\ 0, & 5 \leq t \end{cases} \text{ [W]}$$

$$w_c(t) = \int_{-\infty}^{t} p\,d\tau = \begin{cases} 0, & t < 0 \\ t^2, & 0 \leq t < 3 \\ 2.25(t-5)^2, & 3 \leq t < 5 \\ 0, & 5 \leq t \end{cases} \text{ [J]}$$

위의 결과를 파형으로 나타내면 그림 6-11과 같다.

예제 6-4의 결과로서 그림 6-11의 파형을 보면, [0, 3]초 구간 동안에는 전력이 양의 값으로서 용량기에 전력이 저장되면서 저장에너지가 증가하고, [3, 5]초 구간 동안에는 전력이 음의 값으로서 용량기로부터 전력이 연결회로로 전달되면서 저장에너지가 감소하는 것을 알 수 있다.

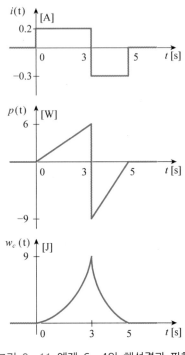

그림 6-11 예제 6-4의 해석결과 파형

5. 직렬 및 병렬 등가용량

이 절에서는 두 개 이상의 용량기들이 직렬이나 병렬로 연결되어 있을 때 등가용량을 구하는 방법을 다루기로 한다. 이 방법은 회로에서 두 개 이상의 용량기들을 한 개의 등가용량으로 간략화해 주기 때문에 회로해석을 간편하게 만들어주는 기법이다. 먼저 병렬등가용량을 구하는 방법부터 살펴보기로 한다.

(1) 병렬등가용량

그림 6-12에서 보듯이 C_1 부터 C_N 까지 N개의 용량기가 병렬로 연결되어 있을 때 기준단자에서 본 등가용량 C_{par} 는 다음과 같이 유도할 수 있다. 먼저 병렬연결 용량기에 걸리는 전압은 서로 같으므로, 식 6-3의 용량기 전압전류특성에 따라 다음 식이 성립한다.

$$i_k = C_k \frac{dv}{dt}, \quad k = 1, 2, \cdots, N \tag{6-7}$$

병렬연결회로의 기준단자에서 본 전체전류 i 와 전체전압 v 간에는 다음과 같이 관계가 성립하므로

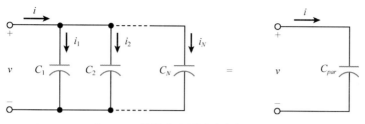

그림 6-12 용량기의 병렬연결과 등가용량

$$i = i_1 + i_2 + \cdots + i_N = C_1 \frac{dv}{dt} + C_2 \frac{dv}{dt} + \cdots + C_N \frac{dv}{dt}$$

$$= (C_1 + C_2 + \cdots + C_N) \frac{dv}{dt} \tag{6-8}$$

$$= C_{par} \frac{dv}{dt}$$

병렬연결 용량기의 등가용량은 다음과 같이 유도된다.

$$C_{par} = C_1 + C_2 + \cdots + C_N$$

그리고 각 용량기에 흐르는 전류는 다음과 같은 **분류규칙(current division rule)**을 만족하면서 용량값에 비례하는 전류가 흐름을 알 수 있다.

$$i_k = \frac{C_k}{C_{par}} i, \quad k = 1, 2, \cdots, N \tag{6-9}$$

식 6-9의 용량기 분류식은 식 6-8의 결과를 식 6-7에 대입하면 유도할 수 있다. 이 식에서 $N=2$인 경우, 즉 두 개의 용량기가 병렬연결되는 경우는 실제 회로에서 자주 등장하므로 요약하여 정리하면 다음과 같다.

$$C_{par} = C_1 + C_2$$

$$i_1 = \frac{C_1}{C_1 + C_2} i \tag{6-10}$$

$$i_2 = \frac{C_2}{C_1 + C_2} i$$

(2) 직렬등가용량

그림 6-13에서 보듯이 C_1부터 C_N까지 N개의 용량기가 직렬로 연결되어 있는 경우 등가용량을 구하는 문제를 다루기로 한다. 직렬연결 용량기에 흐르는 전류는 서로 같으므로, 식 6-3의 용량기 전압전류특성에 따라 용량기 각각에서는 다음과 같은 관계가 성립한다.

$$i = C_k \frac{dv_k}{dt}, \quad k = 1, 2, \cdots, N \tag{6-11}$$

직렬연결회로의 기준단자에서 본 전체전압 v은 각 용량기전압의 합으로 표시되므로

$$v = v_1 + v_2 + \cdots + v_N$$

직렬용량기 회로에서 전체전압 v와 전체전류 i 간에는 다음과 같은 관계가 성립한다.

$$\frac{dv}{dt} = \frac{dv_1}{dt} + \frac{dv_2}{dt} + \cdots + \frac{dv_N}{dt}$$

$$= \left(\frac{1}{C_1} + \frac{1}{C_2} + \cdots + \frac{1}{C_N} \right) i = \frac{1}{C_{ser}} i \tag{6-12}$$

따라서 직렬용량기의 등가용량 C_{ser}은 다음과 같은 식으로 표시할 수 있다.

$$\frac{1}{C_{ser}} = \frac{1}{C_1} + \frac{1}{C_2} + \cdots + \frac{1}{C_N}$$

그리고 각각의 용량기에 걸리는 전압은 다음의 **분압규칙(voltage division rule)**을 만족하며, 용량값에 반비례함을 알 수 있다.

$$v_k(t) = v_k(t_0) + \frac{1}{C_k} \int_{t_0}^{t} i(\tau) d\tau \quad \leftarrow i(\tau) = C_{ser} \frac{dv}{d\tau}$$

$$= v_k(t_0) + \frac{C_{ser}}{C_k} \left[v(t) - v(t_0) \right], \quad t \geq t_0, \quad k = 1, 2, \cdots, N \tag{6-13}$$

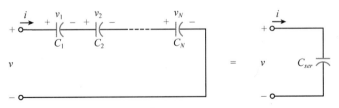

그림 6-13 용량기의 직렬연결과 등가용량

식 6-13의 용량기 분압식은 식 6-12의 결과를 식 6-11에 대입하고, 식 6-4의 전압전류 관계식을 사용하면 유도할 수 있다. 이 식에서 $N = 2$, 즉 두 개 용량기가 직렬연결된 경우는 실제 회로에서 자주 등장하므로 정리하면 다음과 같다.

$$C_{ser} = \frac{C_1 C_2}{C_1 + C_2}$$

$$v_1(t) - v_1(t_0) = \frac{C_{ser}}{C_1} \left[v(t) - v(t_0) \right] \qquad (6-14)$$

$$v_2(t) - v_2(t_0) = \frac{C_{ser}}{C_2} \left[v(t) - v(t_0) \right]$$

식 6-14를 보면 각 용량기에서 충전전압의 크기는 전체 충전전압이 용량값에 반비례하여 배분되고 있다. 이 식과 더불어 2개의 용량기가 병렬연결되는 경우의 식 6-10을 살펴보면 2장에서 다룬 저항의 직렬 및 병렬연결의 경우 결과식과 정반대로 나타나는 것을 볼 수 있다.

예제 6-5

그림 6-14의 용량기 회로에서 $C_1 = C_2 = 2\,\text{mF}$, $C_3 = 1\,\text{mF}$일 때, 전원측에서 본 등가용량을 구하고, $t = t_1$ 이전과 이후 시점에서 각 용량기의 전압과 전하량을 구하시오. 단, 용량기의 초기전압은 $v_1(0) = 5\,\text{V}$, $v_2(0) = v_3(0) = 10\,\text{V}$ 이다.

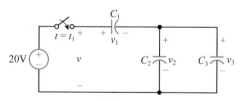

그림 6-14 예제 6-5의 대상 회로

풀이 그림 6-14의 회로에서 초기전압은 $v_1(0) = 5\,\text{V}$, $v_2(0) = v_3(0) = 10\,\text{V}$ 이므로 전하량은 다음과 같이 구할 수 있다.

$$q_1(0) = C_1 v_1(0) = 10\,\text{mC}$$

$$q_2(0) = C_2 v_2(0) = 20\,\text{mC}$$

$$q_3(0) = C_3 v_3(0) = 10\,\text{mC}$$

병렬연결 용량기 C_2와 C_3의 등가용량을 C_p라 하면 식 6-10에 의해 다음과 같이 구해진다.

$$C_p = C_2 + C_3 = 3\,\text{mF}$$

이 C_p와 C_1이 직렬연결되어 있으므로 식 6-14에 의해 전체 등가용량은 다음과 같다.

$$C_{eq} = \frac{C_1 C_p}{C_1 + C_p} = \frac{2 \times 3}{2 + 3} = 1.2\,\mathrm{mF}$$

여기에서 $v(0) = v_1(0) + v_2(0) = 15\,\mathrm{V}$이므로, 식 6-14를 적용하여 $t = t_1$ 시점에서 각 용량기의 전압을 구할 수 있다.

$$v_1(t_1) = v_1(0) + \frac{C_{eq}}{C_1}\left[v(t_1) - v(0)\right] = 5 + \frac{1.2}{2}(20 - 15) = 8\,\mathrm{V}$$

$$(6-15)$$

$$v_2(t_1) = v_2(0) + \frac{C_{eq}}{C_p}\left[v(t_1) - v(0)\right] = 10 + \frac{1.2}{3}(20 - 15) = 12\,\mathrm{V}$$

그리고 $v_3(t_1) = v_2(t_1) = 12\,[\mathrm{V}]$, $v(t_1) = v_1(t_1) + v_2(t_1) = 20\,\mathrm{V}$이다. 따라서 $t = t_1$ 시점에서 전하량은 다음과 같이 계산된다.

$$q_1(t_1) = C_1 v_1(t_1) = 16\,\mathrm{mC}$$

$$q_2(t_1) = C_2 v_2(t_1) = 24\,\mathrm{mC}$$

$$q_3(t_1) = C_3 v_3(t_1) = 12\,\mathrm{mC}$$

예제 6-5의 결과 중에 식 6-15를 살펴보면 C_1의 충전전압은 $v_1(t_1) - v_1(0) = 3\,\mathrm{V}$이고, C_2의 충전전압은 $v_2(t_1) - v_2(0) = 2\,\mathrm{V}$로서 전체 충전전압 $v(t_1) - v(0) = 5\,\mathrm{V}$가 용량값에 반비례하여 배분된 것을 확인할 수 있다.

6.3 유도기

유도기(inductor)는 코일에 흐르는 전류에 의해 형성되는 자계에 에너지를 저장하는 2단자 소자로서, 패러데이가 발견한 **전자유도**(electromagnetic induction) 작용에 의해 동작한다. 이 소자는 우리가 지금까지 다뤄온 저항과 용량기 다음으로 각종 회로에 두루 쓰이는 기본 회로소자이다. 이 절에서는 유도기의 기본구조, 유도용량의 정의 및 전압전류특성을 살펴보고, 유도기가 직병렬로 연결된 경우에 등가용량을 구하는 방법 등을 정리하기로 한다.

1. 기본구조 및 유도용량의 정의

유도기의 기본구조는 그림 6-15의 도선 코일과 같으며, 실제 유도기의 실물사진은 그림

6-16과 같다. 이 구조에서 유도기 코일 안에는 유도작용을 높이기 위해 자심(magnetic core)을 사용하는데, 유도기 두 단자에 외부전원이 연결되어 전류가 흐르면 코일 주변에 자계가 형성되어 자계에너지를 저장하게 된다. 패러데이는 코일에 전류가 흘러 자계가 형성될 때 이 자계의 변화를 억제하는 방향으로 전압이 유도되는 것을 발견하였는데, 이러한 현상을 **전자유도 작용**이라 하며, 전자유도에 의해 코일 양단에 유도되는 전압을 **유도전압(induced voltage)**이라고 한다. 유도기에서는 연결된 회로의 전위가 유도기 전위보다 낮아지면 유도기의 저장에너지가 연결회로에 공급되며, 연결회로의 전위가 유도기 전위보다 높아지면 유도기는 연결회로로부터 에너지를 흡수하게 된다.

유도기는 코일을 통해 흐르는 전류에 의해 만들어지는 자계 안에 에너지를 저장한다.

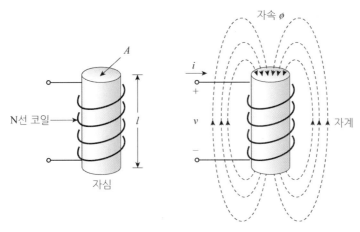

그림 6-15 유도기의 기본구조

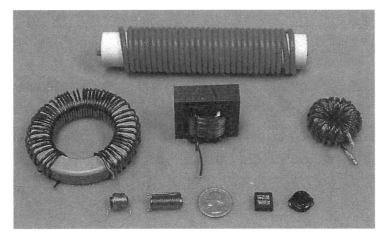

그림 6-16 유도기 실물사진

그림 6-15와 같은 코일에서 형성되는 자계의 세기는 자속(magnetic flux) ϕ와 코일 감은 수(turn) N에 의해 결정되며, $N\phi$를 **자속량(flux linkage)**이라고 한다. 이 자속량 $N\phi$는 유도기에 흐르는 전류 i에 비례한다는 것이 실험 및 이론에 의해 규명되었으므로, 이 관계를 다음의 비례식으로 나타낼 수 있으며,

$$N\phi \propto i \quad \Rightarrow \quad N\phi = Li \tag{6-16}$$

이 비례식의 비례상수를 **유도용량(inductance)**이라 하고, 다음과 같이 정의하며

$$L = \frac{N\phi}{i} \tag{6-17}$$

단위전류당 유도되는 자속량을 나타낸다. 유도용량의 단위는 코일의 성질을 규명한 헨리 (Henry)를 기리는 뜻으로 **헨리(henry)**를 사용하고, 단위약자는 [H]로 한다. 그림 6-15와 같은 N선 자심코일의 경우 유도용량은 다음과 같이 형상인수(shaping factor)에 의해 상수로 결정된다.

$$L = \mu_r \mu_0 N^2 A / l$$

여기서 A는 자심의 단면적 [m²]이고, l은 자심의 길이 [m]이며, μ_r는 자심 비투자율 (relative permeability), μ_0는 공기의 투자율로서 1.26 [μH/m]이다. 단위 [H]를 등가단위로 표시하면 식 6-17의 정의에 따라 [Wb/A]가 된다. 여기서 [Wb]는 자속의 단위이다. 그런데 1 [H]의 용량은 실제로 사용하기에는 매우 큰 단위이기 때문에 실용단위로는 [mH]를 사용한다.

2. 유도기 회로표시법과 전압전류특성

유도기에 흐르는 전류가 시간에 따라 변화하면 자속량도 시간에 따라 변화하게 되는데, 이 경우에 패러데이 법칙(Faraday's law)에 따라 자속량 변화를 억제하는 방향으로 전압이 유도된다. 이러한 특성을 그림 6-15에 표시된 전압전류를 기준으로 표현하면 다음과 같다.

$$N\phi = Li \quad \Rightarrow \quad v = N\frac{d\phi}{dt} = L\frac{di}{dt} \tag{6-18}$$

유도기의 회로표시법과 전압전류 기준방향은 그림 6-17과 같다. 유도기의 전압전류 특성에서 유의할 점은 전압 v가 유도전압(induced voltage)으로서 전류가 시간에 대해 변할 때 나타난다는 것이다. 따라서 식 6-18에서 알 수 있듯이 직류전류에 대해서는 i가 상수가

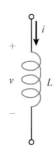

그림 6-17 유도기의 회로표시법

되어 미분값이 0이 되고, $v = 0$이 되기 때문에 유도기는 단락회로로 작용한다.

예제 6-6

$L = 1$ [mH]인 유도기에 그림 6-18과 같은 전류가 흐를 때 이 유도기에 나타나는 전압과 전력을 구하시오.

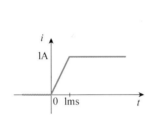

그림 6-18 예제 6-6의 전류파형

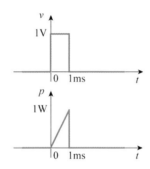

그림 6-19 예제 6-6의 전압파형

풀이 그림 6-18의 전류파형을 수식으로 나타내면 다음과 같다.

$$i = \begin{cases} 0, & t < 0 \\ 10^3 t, & 0 \leq t < 1\,\mathrm{ms} \quad [\mathrm{A}] \\ 1, & t \geq 1\,\mathrm{ms} \end{cases}$$

식 6-18의 유도기 전압전류특성에 따라 유도전압과 전력은 다음과 같이 구할 수 있으며,

$$v = L\frac{di}{dt} = \begin{cases} 0, & t < 0 \\ 1, & 0 \leq t < 1\,\mathrm{ms} \quad [\mathrm{V}] \\ 0, & t \geq 1\,\mathrm{ms} \end{cases}$$

$$p = vi = \begin{cases} 0, & t < 0 \\ 10^3 t, & 0 \leq t < 1\,\mathrm{ms} \quad [\mathrm{W}] \\ 0, & t \geq 1\,\mathrm{ms} \end{cases}$$

이것을 그림표로 나타내면 그림 6-19와 같다.

예제 6-7에서 다룬 유도기의 전류와 전압파형 그림 6-18과 그림 6-19를 대조해보면, 유도기에서 전압은 식 6-18과 같이 전류의 미분함수로 나타나기 때문에 전류가 연속적이더라도, 증감이 갑자기 바뀌어 미분이 불가능한 시점에서는 전압이 불연속적으로 나타날 수 있다. 즉 $t = 0$과 $t = 1\,\text{ms}$ 시점에서 전류는 연속적이지만, 미분이 불가능하여 전압은 불연속으로 나타나는 것이다.

식 6-18은 유도기의 전압전류특성을 미분관계식으로 나타낸 것인데, 이 특성은 필요에 따라 양변을 적분하여 다음과 같이 적분관계식으로 표현할 수 있다.

$$i(t) = i(t_0) + \frac{1}{L}\int_{t_0}^{t} v(\tau)\,d\tau, \quad t \geq t_0 \tag{6-19}$$

여기서 t_o는 초기시점, $i(t_0)$는 유도기의 초기전류(initial current)이다. 식 6-19의 우변 둘째항은 유도기 전압의 적분항으로 나타나는데, 적분연산의 성질로부터 유도기의 전압이 불연속적이더라도 유한한 크기로 변하는 한에는 항상 시간에 대해 연속적으로 변화한다는 것을 유추할 수 있다. 실제 회로에서 전압은 항상 유한하므로, 유도기에서는 전류가 항상 연속적인 파형으로 나타난다는 것을 알 수 있다. 이것을 유도기 전류의 연속성이라 하며, 다음과 같이 요약되는 성질을 일컫는다.

> **전압이 유한할 때 유도기를 통과하는 전류는 항상 연속적이다.**

앞절에서 다룬 용량기의 경우와 비교해 보면 용량기에서는 전압의 연속성, 즉 용량기에 흐르는 전류가 유한할 때, 용량기에 걸리는 전압은 항상 연속적인 성질과 서로 대응하는 관계가 있음을 알 수 있다.

예제 6-7

$L = 1$ [H]인 유도기에 그림 6-20과 같은 전압이 걸릴 때 이 유도기에 흐르는 전류를 구하시오.

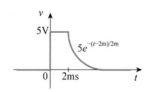

그림 6-20 예제 6-7의 전압파형

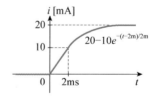

그림 6-21 예제 6-7의 전류파형

풀이 그림 6-20의 전압파형을 수식으로 나타내면 다음과 같다.

$$v = \begin{cases} 0, & t < 0 \\ 5, & 0 \leq t < 2\,\mathrm{ms} \quad [\mathrm{V}] \\ 5e^{-500(t-0.002)}, & t \geq 2\,\mathrm{ms} \end{cases}$$

식 6−19의 유도기 전압전류 적분식에 따라 전류를 구하면 다음과 같으며

$$i = \begin{cases} 0, & t < 0 \\ 5t, & 0 \leq t < 2\,\mathrm{ms} \quad [\mathrm{A}] \\ 0.02 - 0.01\,e^{-500(t-0.002)}, & t \geq 2\,\mathrm{ms} \end{cases}$$

이것을 그림표로 나타내면 그림 6−21과 같다.

3. 유도기 저장에너지

유도기도 앞서 다룬 용량기와 마찬가지로 에너지 저장소자라 하였는데, 이 절에서는 유도기에 저장되는 에너지가 어떻게 표현되는지 다루기로 한다. 회로에 연결된 유도기에 그림 6−22와 같은 기준방향으로 전압과 전류가 걸려있을 때, 이 유도기에 저장되는 에너지는 다음과 같이 구할 수 있다.

$$\begin{aligned} w_L(t) &= \int_{t_0}^{t} p\,d\tau = \int_{t_0}^{t} v\,i\,d\tau \\ &= \int_{t_0}^{t} i\,L\,\frac{di}{d\tau}\,d\tau = L \int_{i(t_0)}^{i(t)} i\,di = \left. \frac{1}{2}L\,i^2 \right|_{i(t_0)}^{i(t)} \quad (6-20) \\ &= \frac{1}{2}L\,i^2(t) - \frac{1}{2}L\,i^2(t_0) \end{aligned}$$

식 6−20에서도 용량기와 마찬가지로 주의할 점은 유도기 전력 $p = v\,i$ 는 소비전력이 아니고 저장전력이라는 것이며, 그림 6−22의 전압전류방향을 기준으로 계산하여 전력 $p > 0$ 인 경우에는 저장전력으로서, 연결회로로부터 유도기로 전력이 흡수되는 것이며, 전력 $p < 0$인 경우에는 방출전력으로서 유도기로부터 연결회로로 전력이 전달되는 것이다. 식

그림 6−22 유도기 기본회로

6-20에서 초기시점 t_0은 특별히 지정하거나 언급하지 않는 경우에는 보통 $t_0 = -\infty$로 간주하고 $i(t_0) = 0$으로 처리한다. 이 경우에 유도기 저장에너지는 다음과 같이 표시할 수 있다.

$$i(t_0) = 0 \implies w_L(t) = \frac{1}{2}Li^2(t) \qquad (6-21)$$

예제 6-8

$L = 1$ [mH]인 유도기에 그림 6-23과 같이 직류전원 $I_s = 1$ [A]가 연결되어 있을 때, 스위치를 열기 직전($t = 0^-$)과 직후($t = 0^+$)에 이 유도기에 흐르는 전류와 저장에너지를 구하시오.

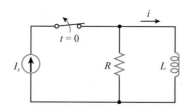

그림 6-23 예제 6-8의 대상 회로

풀이 스위치를 열기 직전 상태에서 대상회로의 전원은 직류전원이고, 직류에 대해 유도기는 단락회로로 작용하므로 $t = 0^-$에서의 유도기 전류는 전원전류와 같다. 유도기 전류의 연속성에 의해 $t = 0^+$에서의 유도기 전류도 이와 동일하다.

$$i(0^-) = i(0^+) = I_s = 1\,[\mathrm{A}]$$

그리고 이 시점에서 유도기 저장에너지는 식 6-21에 의해 다음과 같이 구할 수 있다.

$$w_L(0) = \frac{1}{2}L\,i(0)^2 = \frac{1}{2}\times 10^{-3}\times 1^2 = 0.5\,[\mathrm{mJ}]$$

예제 6-9

$L = 0.5$ [mH]인 유도기에 그림 6-24와 같은 전류가 흐를 때 이 유도기에 나타나는 전압과 전력 및 저장에너지를 구하시오.

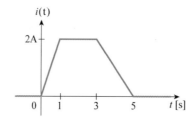

그림 6-24 예제 6-9의 대상 전류파형

풀이 그림 6-24의 전류파형을 수식으로 나타내면 다음과 같으므로,

$$i(t) = \begin{cases} 0, & t < 0 \\ 2t, & 0 \leq t < 1 \\ 2, & 1 \leq t < 3 \quad [\text{A}] \\ -(t-5), & 3 \leq t < 5 \\ 0, & 5 \leq t \end{cases}$$

식 6-18의 유도기 전압전류특성에 따라 유도기 전류는 다음과 같이 구할 수 있다.

$$v(t) = L\frac{di(t)}{dt} = \begin{cases} 0, & t < 0 \\ 1, & 0 \leq t < 1 \\ 0, & 1 \leq t < 3 \quad [\text{mV}] \\ -0.5, & 3 \leq t < 5 \\ 0, & 5 \leq t \end{cases}$$

따라서 용량기의 전력과 저장에너지는 다음과 같이 구해진다.

$$p(t) = v(t)\,i(t) = \begin{cases} 0, & t < 0 \\ 2t, & 0 \leq t < 1 \\ 0, & 1 \leq t < 3 \quad [\text{mW}] \\ 0.5(t-5), & 3 \leq t < 5 \\ 0, & 5 \leq t \end{cases}$$

$$w_L(t) = \int_{-\infty}^{t} p\,d\tau = \begin{cases} 0, & t < 0 \\ t^2, & 0 \leq t < 1 \\ 1, & 1 \leq t < 3 \quad [\text{mJ}] \\ 0.25(t-5)^2, & 3 \leq t < 5 \\ 0, & 5 \leq t \end{cases}$$

위의 결과를 파형으로 나타내면 그림 6-25와 같다. 그리고 위의 결과 중에 저장에너지는

식 6-21의 공식을 사용하여 $w_L(t) = \dfrac{1}{2}Li^2(t)$ 으로부터도 계산됨을 확인할 수 있다.

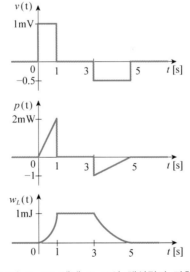

그림 6-25 예제 6-9의 해석결과 파형

예제 6-9의 결과로서 그림 6-25의 파형을 보면, [0, 1]초 구간 동안에는 전력이 양의 값으로서 유도기에 전력이 저장되면서 저장에너지가 증가하고, [3, 5]초 구간 동안에는 전력이 음의 값으로서 용량기로부터 전력이 연결회로로 전달되면서 저장에너지가 감소하는 것을 알 수 있다.

4. 직렬 및 병렬 등가유도용량

이 절에서는 두 개 이상의 유도기들이 직렬이나 병렬로 연결되어 있을 때 등가 유도용량을 구하는 방법을 익히기로 한다. 이 방법은 두 개 이상의 유도기들을 한 개의 등가용량으로 간략화해 주기 때문에 회로해석을 간편하게 할 수 있도록 만들어주는 기법이다. 먼저 직렬 등가 유도용량을 구하는 방법부터 살펴보기로 한다.

(1) 직렬등가 유도용량

그림 6-26에서 보는 바와 같이 L_1부터 L_N까지 N개의 유도기가 직렬로 연결되어 있을 때 기준단자에서 본 등가유도용량 L_{ser}는 다음과 같이 유도할 수 있다. 먼저 직렬연결 유도기에 흐르는 전류는 서로 같으므로, 식 6-18의 유도기 전압전류특성에 따라 다음 식이 성립한다.

$$v_k = L_k \frac{di}{dt}, \quad k = 1, 2, \cdots, N \tag{6-22}$$

직렬연결회로의 기준단자에서 본 전체 전류 i와 전체 전압 v간에는 다음과 같은 관계가 성립하므로

$$v = v_1 + v_2 + \cdots + v_N = L_1 \frac{di}{dt} + L_2 \frac{di}{dt} + \cdots + L_N \frac{di}{dt}$$

$$= (L_1 + L_2 + \cdots + L_N) \frac{di}{dt} = L_{ser} \frac{di}{dt}$$

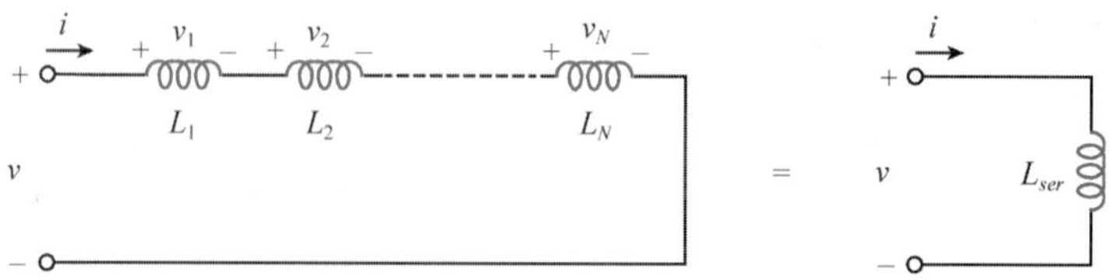

그림 6-26 유도기의 직렬연결과 등가용량

직렬연결 유도기의 등가유도용량은 다음과 같이 유도된다.

$$L_{ser} = L_1 + L_2 + \cdots + L_N$$

그리고 각 유도기에 걸리는 전압은 다음과 같은 **분압규칙**(voltage division rule)을 만족하면서 유도용량값에 비례하여 전압이 나타남을 알 수 있다.

$$v_n = \frac{L_n}{L_{ser}} v \, , \quad n = 1, 2, \cdots, N \tag{6-23}$$

이 식에서 $N = 2$, 즉 두 개 용량기가 직렬연결된 경우는 실제 회로에서 자주 등장하므로 요약하여 정리하면 다음과 같다.

$$L_{ser} = L_1 + L_2$$

$$v_1(t) = \frac{L_1}{L_{ser}} v(t)$$

$$v_2(t) = \frac{L_2}{L_{ser}} v(t) \tag{6-24}$$

(2) 병렬등가 유도용량

그림 6-27에서 보는 바와 같이 L_1부터 L_N까지 N개의 유도기가 병렬로 연결되어 있을 때에 기준단자에서 본 등가유도용량 L_{par}는 다음과 같이 유도할 수 있다. 먼저 병렬연결 유도기에 걸리는 전압은 서로 같으므로, 식 6-18의 유도기 전압전류특성에 따라 다음 식이 성립한다.

$$v = L_k \frac{di_k}{dt}, \quad k = 1, 2, \cdots, N \tag{6-25}$$

병렬연결회로의 기준단자에서 본 전체 전류 i와 전체 전압 v간에는 다음과 같은 관계가

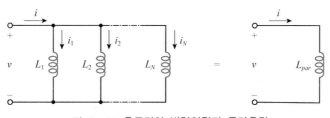

그림 6-27 유도기의 병렬연결과 등가용량

성립하므로

$$\frac{di}{dt} = \frac{di_1}{dt} + \frac{di_2}{dt} + \cdots + \frac{di_N}{dt}$$

$$= \left(\frac{1}{L_1} + \frac{1}{L_2} + \cdots + \frac{1}{L_N} \right) v$$

$$= \frac{1}{L_{par}} v$$

병렬등가 유도용량 L_{par} 는 다음과 같이 구해진다.

$$\frac{1}{L_{par}} = \frac{1}{L_1} + \frac{1}{L_2} + \cdots + \frac{1}{L_N}$$

그리고 각 유도기에 흐르는 전류는 다음과 같은 **분류규칙(current division rule)**을 만족하면서 유도용량값에 반비례하여 전류가 흐름을 알 수 있다.

$$i_n(t) = i_n(t_0) + \frac{1}{L_n} \int_{t_o}^{t} v(\tau) d\tau \quad \leftarrow \quad v(\tau) = L_{par} \frac{di}{d\tau}$$

$$\text{(6-26)}$$

$$= i_n(t_0) + \frac{L_{par}}{L_n} [i(t) - i(t_0)], \quad t \geq t_0$$

이 식에서 $N = 2$, 즉 두 개의 용량기가 병렬연결된 경우에 해당식을 요약하여 정리하면 다음과 같다.

$$L_{par} = \frac{L_1 L_2}{L_1 + L_2}$$

$$i_1(t) - i_1(t_0) = \frac{L_{par}}{L_1} [i(t) - i(t_0)] \qquad \text{(6-27)}$$

$$i_2(t) - i_2(t_0) = \frac{L_{par}}{L_2} [i(t) - i(t_0)]$$

예제 6-10

그림 6-28의 유도기 회로에서 $L_1 = 20$ [mH], $L_2 = 2$ [mH], $L_3 = 4$[mH], $L_4 = 12$ [mH]일 때, a-b단에서 본 등가유도용량을 구하고, 코일의 초기치 전류가 모두 0인 경우에 각 코일에 흐르는 전류를 구하시오.

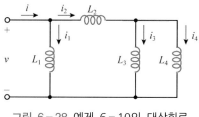

그림 6-28 예제 6-10의 대상회로

풀이 그림 6-28의 회로에서 등가유도용량은 ab단에서 가장 먼 쪽에서부터 계산하면 다음과 같이 구할 수 있다.

$$L_{2eq} = L_3 \parallel L_4 + L_2 = \frac{L_3 L_4}{L_3 + L_4} + L_2 = 3 + 2 = 5 \, [\text{mH}]$$

$$L_{eq} = L_1 \parallel L_{2eq} = \frac{L_1 L_{2eq}}{L_1 + L_{2eq}} = \frac{20 \times 5}{20 + 5} = 4 \, [\text{mH}]$$

그리고 전류는 유도용량값에 반비례하여 흐르므로 다음과 같이 결정된다.

$$i_1 = \frac{1}{5}i, \quad i_2 = \frac{4}{5}i, \quad i_3 = \frac{3}{4}i_2 = \frac{3}{5}i, \quad i_4 = \frac{1}{4}i_2 = \frac{1}{5}i$$

6.4 직류전원 스위치 회로의 초기조건

지금까지 이 장에서 다루었던 용량기와 유도기는 에너지 저장소자로서 전압전류특성이 미분 및 적분관계식으로 표현되는데, 그 특성을 요약하면 표 6-2와 같다. 이 표에서 알 수 있듯이 용량기와 유도기의 관계식에서 전압(v)과 전류(i), C와 L, 직렬과 병렬을 서로 바꾸면 해당식들이 일치하는 **쌍대성(duality)**을 보인다. 또한 용량기 전압식과 유도기 전류식은 적분관계식으로 표현되므로, 이에 따라 용량기에서는 전압이 연속적으로 변하고, 유도기에서 전류가 연속적으로 변하는 특성을 지니며, 이 소자들의 초기값이 회로응답특성에 영향을 미친다. 그러므로 C와 L이 포함된 회로에서는 이 소자의 초기값을 알고 있어야 완벽한 회로해석을 할 수 있는데, 이 초기값은 따로 주어지는 것이 아니라 대부분의 경우 대상회로에서 찾아내야 한다.

이 절에서는 C와 L이 포함된 회로에서 초기값을 찾아내는 방법을 익히기로 한다. 여기서 초기값이란 회로에 스위치가 달려있고, $t = 0$ 시점에서 스위치를 열거나 닫는 것으로 가정할 때, $t = 0$ 시점에서 C의 전압과 L의 전류를 뜻한다. C와 L이 포함된 회로에서 초기값을

표 6-2 에너지 저장소자의 특성

항 목	용량기 C	유도기 L
회로표시법	$\begin{array}{c}\overset{+}{\vphantom{.}}\overset{v}{\vphantom{.}}\overset{-}{\vphantom{.}}\\ \underset{i}{\longrightarrow}\ C\end{array}$	$\begin{array}{c}\overset{+}{\vphantom{.}}\overset{v}{\vphantom{.}}\overset{-}{\vphantom{.}}\\ \underset{i}{\longrightarrow}\ L\end{array}$
전압전류특성	$i = C\dfrac{dv}{dt}$ $v(t) = v(t_0) + \dfrac{1}{C}\displaystyle\int_{t_0}^{t} i(\tau)d\tau$	$v = L\dfrac{di}{dt}$ $i(t) = i(t_0) + \dfrac{1}{L}\displaystyle\int_{t_0}^{t} v(\tau)d\tau$
전 력	$p = vi = Cv\dfrac{dv}{dt}$	$p = vi = Li\dfrac{di}{dt}$
에너지	$w(t) = \dfrac{1}{2}Cv^2(t)$	$w(t) = \dfrac{1}{2}Li^2(t)$
연속성	전압 v	전류 i
직렬등가용량	$\dfrac{1}{C_T} = \dfrac{1}{C_1} + \dfrac{1}{C_2} + \cdots + \dfrac{1}{C_N}$	$L_T = L_1 + L_2 + \cdots + L_N$
병렬등가용량	$C_T = C_1 + C_2 + \cdots + C_N$	$\dfrac{1}{L_T} = \dfrac{1}{L_1} + \dfrac{1}{L_2} + \cdots + \dfrac{1}{L_N}$
직류 동작	개방(open) 상태	단락(short) 상태

계산하려면 이 두 소자의 특성을 알고 있어야 하는데, 이에 필요한 기본사항은 다음과 같이 세 가지로 요약할 수 있다.

① 직류에 대해 C는 개방, L은 단락회로로 작용한다.

② 전압전류관계식 : $i_C = C\dfrac{dv_C}{dt}$, $v_L = L\dfrac{di_L}{dt}$

③ C에서의 전압과 L에서의 전류는 연속적이다. 즉, $t = 0$에서 스위치를 여닫는 것으로 가정할 때,

$$v_C(0^+) = v_C(0^-), \quad i_L(0^+) = i_L(0^-)$$

여기서 0^+는 스위치 개폐직후를 뜻하며, 0^-는 스위치 개폐직전을 뜻한다.

이와 같은 기본사항을 기초로 하여 LC회로에서 초기값을 결정하는 방법을 정리하면 다음과 같이 요약할 수 있다. 아직 교류에 대해서는 다루지 않았으므로, 일단 직류전원 회로만 다루기로 한다.

■ **초기값 결정법** : 직류전원 회로

① $v_C(0^+)$, $i_L(0^+)$: 스위치 개폐 이전 시점에서 C 개방, L 단락상태로 놓고 초기전압 $v_C(0^-)$와 초기전류 $i_L(0^-)$를 계산

⇒ $v_C(0^+) = v_C(0^-)$, $i_L(0^+) = i_L(0^-)$로 결정

② $\dot{v}_C(0^+)$, $\dot{i}_L(0^+)$: C 달린 마디에 KCL, L 포함 망에 KVL을 적용하여 $i_C(0^+)$, $v_L(0^+)$을 구하고, $i_C = C\dfrac{dv_C}{dt}$, $v_L = L\dfrac{di_L}{dt}$의 관계로부터

⇒ $\dfrac{d}{dt}v_C(0^+) = \dfrac{i_C(0^+)}{C}$, $\dfrac{d}{dt}i_L(0^+) = \dfrac{v_L(0^+)}{L}$로 결정

예를 들어, 그림 6−29와 같은 RC회로에서 위의 초기값 결정법을 적용해보면, $t = 0$ 시점 이전에 직류전원에 대해 C는 개방상태이므로 C의 초기전압은 다음과 같이 결정된다.

$$v_C(0^+) = v_C(0^-) = \frac{R_2}{R_1 + R_2} V_s \ [\text{V}]$$

그리고 $t = 0$ 시점 직후에 a마디에 KCL을 적용하면 $i_C(0^+) + v_C(0^+)/R_2 = 0$ 이므로, $i_C(0^+)$는 다음과 같고,

$$i_C(0^+) = -\frac{v_C(0^+)}{R_2} = -\frac{V_s}{R_1 + R_2} \ [\text{A}]$$

따라서 1차도함수 초기값은 다음과 같이 결정된다.

$$\frac{dv_C(0^+)}{dt} = \frac{i_C(0^+)}{C} = -\frac{V_s}{(R_1 + R_2)C} \ [\text{V/s}]$$

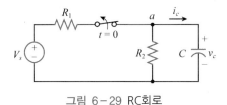

그림 6−29 RC회로

그림 6-30 유도기 회로에서 $L = 0.1$ H일 때 $i_L(0^+)$과 $di_L(0^+)/dt$을 구하시오.

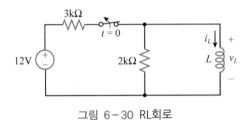

그림 6-30 RL회로

풀이 그림 6-30의 회로에서 $t = 0$ 시점 이전에 직류전원에 대해 L은 단락상태이므로 초기값은 다음과 같이 결정된다.

$$i_L(0^+) = i_L(0^-) = \frac{12\text{V}}{3\text{k}\Omega} = 4 \text{ mA}$$

그리고 $t = 0$ 시점 직후에 L 포함 망에 KVL을 적용하면 $v_L(0^+) = -2i_{L_2} = -8$ V이므로 1차 도함수 초기값은 다음과 같이 결정된다.

$$\frac{di_L(0^+)}{dt} = \frac{v_L(0^+)}{L} = \frac{-8}{0.1} = -80 \text{ [A/s]}$$

그림 6-31의 LC회로에서 $V_s = 10$ V, $I_s = 2$ mA, $R_1 = R_2 = 2$ kΩ, $L = 10$ mH, $C = 500 \, \mu$F일 때, $v_C(0^+)$, $i_L(0^+)$, $dv_C(0^+)/dt$, $di_L(0^+)/dt$를 구하시오.

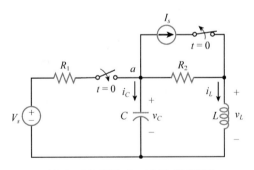

그림 6-31 예제 6-12의 대상회로

풀이 $t = 0$ 시점 이전에 직류전류원에 대해 C는 개방, L은 단락상태이므로 C의 초기전압과 L의 초기전류는 다음과 같이 결정된다.

$$v_C(0^+) = v_C(0^-) = -R_2 I_s = -4 \text{ V}$$

$$i_L(0^+) = i_L(0^-) = 0 \text{ A}$$

$t = 0$ 시점 이후에 a 마디에 KCL을 적용하면 다음과 같으므로

$$i_C + i_L + \frac{v_C - V_s}{R_1} = 0$$

$$\Rightarrow i_C(0^+) = -i_L(0^+) - \frac{v_C(0^+) - V_s}{R_1} = -\frac{-4 - 10}{2k} = 7\,\text{mA}$$

$dv_C(0^+)/dt$ 는 다음과 같이 결정된다.

$$\frac{dv_C(0^+)}{dt} = \frac{i_C(0^+)}{C} = \frac{7\,\text{mA}}{500\,\mu\text{F}} = 14\,[\text{V/s}]$$

또한 $t = 0$ 시점 이후에 L포함 망에 KVL을 적용하면 다음과 같으므로

$$v_L - v_C + R_2 i_L = 0 \Rightarrow v_L(0^+) = v_C(0^+) - R_2 i_L(0^+) = -4\,\text{V}$$

$di_L(0^+)/dt$ 는 다음과 같이 결정된다.

$$\frac{di_L(0^+)}{dt} = \frac{v_L(0^+)}{L} = \frac{-4\,\text{V}}{10\,\text{mH}} = -400\,[\text{A/s}]$$

6.5 OP앰프와 RC회로

5장에서 다루었던 OP앰프는 이름에서 알 수 있듯이, 개발 당시에 연산용으로 많이 쓰였던 소자로서, 증폭기, 덧셈기, 뺄셈기 등을 구현할 때 사용된다. 이와 같은 OP앰프를 이 장에서 다룬 용량기와 더불어 사용하면 미분과 적분 등의 수학적 연산을 처리하는 회로를 구현할 수 있다.

1. 적분기(Integrator)

OP앰프의 되먹임경로에 그림 6-32에서와 같이 용량기를 사용하면 입력신호를 적분하여 출력신호를 내주는 적분기를 구현할 수 있다. 적분기의 기본회로는 그림 6-32와 같다. 그림 6-32의 회로에서 가상단락특성에 의해 $v_n = v_p = 0$ 이므로 입력전류 i_i 는 다음과 같다.

$$i_i = \frac{v_i}{R}$$

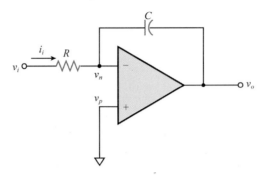

그림 6-32 적분기 기본회로

이 전류가 모두 C를 통해 출력으로 전달되므로 C의 초기치 전압을 0이라고 가정할 때, 출력전압은 다음과 같이 구해진다.

$$v_o(t) = -\frac{1}{C}\int_{t_0}^{t} i_i(\tau)\,d\tau = -\frac{1}{RC}\int_{t_0}^{t} v_i(\tau)\,d\tau \qquad (6-28)$$

따라서 식 6-28에서 알 수 있듯이 출력신호 $v_o(t)$는 입력신호 $v_i(t)$를 적분하여 나타낸다.

적분기 실제회로에서는 OP앰프 두 입력단의 대칭성을 유지하기 위해 동상입력단에도 외부저항 R을 연결하여 쓰며, C에 초기치 설정회로가 부착된다. 자세한 사항은 전자회로 강좌에서 다루며, 회로이론 강좌의 수준을 벗어나므로 생략하기로 한다.

2. 미분기(Differentiator)

그림 6-32의 OP앰프 적분기 회로에서 저항과 용량기를 서로 바꿔 사용하면 입력신호를 미분하여 출력신호를 내주는 미분기를 구현할 수 있다. 미분기의 기본회로는 그림 6-33과 같다. 그림 6-33의 회로에서 가상단락특성에 의해 $v_n = v_p = 0$이므로 입력전류 i_i는 다음과 같고

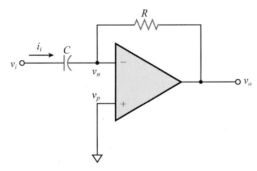

그림 6-33 미분기 기본회로

$$i_i = C\frac{dv_i}{dt}$$

이 전류가 모두 R을 통해 출력으로 전달되므로 출력전압은 다음과 같이 구해진다.

$$v_o(t) = -Ri_i = -RC\frac{dv_i}{dt} \qquad (6-29)$$

따라서 식 6-29에서 알 수 있듯이 출력신호 $v_o(t)$는 입력신호 $v_i(t)$를 미분하여 나타난다. 그림 6-33의 회로는 이론상으로는 미분기 동작을 하지만, 입력단 잡음의 영향이 미분과정을 통해 출력단에 크게 나타나므로 실제로는 거의 쓰이지 않는다는 점에 유의해야 한다.

01 어떤 용량기에 10 V 전압이 걸릴 때 충전전하량이 $200 \mu C$ 이라면 이 용량기의 용량값이 얼마인지 구하시오.

02 $5 \mu F$ 용량기가 10 V로 충전되어 있을 때, 이 용량기의 충전전하량을 계산하시오.

03 무충전 상태의 $10 \mu F$ 용량기에 1 mA의 직류전류가 흐를 때, 5초 동안에 이 용량기의 충전전압을 계산하시오.

04 $20 \mu F$ 용량기에 직류전류를 공급하여 10초 동안에 5 V까지 충전시켰다면, 이때 사용한 직류전류의 크기를 계산하시오.

05 예제 6−2에서 용량기 초기전압이 $v(-3) = 0$ [V]인 경우, $t = -3$ [s] 이후에 용량기의 전압을 구하시오.

06 초기전압이 − 10 V인 $25 \mu F$ 용량기에 10 μA 직류전류를 공급할 때, 2분 후에 이 용량기의 충전전압을 계산하시오.

07 $100 \mu F$ 용량기의 충전전압이 $v(t) = 50 \cos^2 377t$일 때,

1) 이 용량기에 흐르는 전류를 구하시오.
2) 이 용량기의 저장에너지를 구하시오.

08 $20 \mu F$ 용량기에 저장된 에너지가 $w(t) = 10 \sin^2 377t$ [J]일 때 이 용량기에 공급되는 전류를 계산하시오.

09 $C = 10$ mF인 용량기에 그림 p6.9와 같은 전압이 걸릴 때 이 용량기에 흐르는 전류와 전력과 저장에너지를 구하시오.

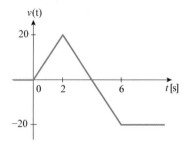

그림 p6.9 문제 9의 대상 전압파형

10 무충전상태의 $C = 100\,\mu$F인 용량기에 그림 p6.10과 같은 전류가 공급될 때 이 용량기의 전압과 저장에너지를 구하시오. 단 초기전압은 0이다.

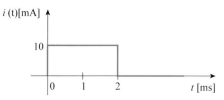

그림 p6.10 문제 10의 대상 전류파형

11 $C = 20\,\mu$F인 용량기에 그림 p6.11과 같은 전압이 걸릴 때 이 용량기에 흐르는 전류파형을 구하시오.

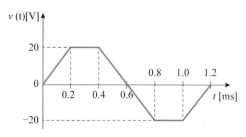

그림 p6.11 문제 11의 대상 전압파형

12 무충전상태의 $C = 5\,\mu$F인 용량기에 그림 p6.12와 같은 전류가 공급될 때, 이 용량기의 전압파형을 구하시오.

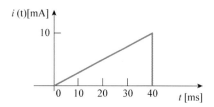

그림 p6.12 문제 12의 대상 전류파형

13 $C = 10\,\mu$F인 용량기에 그림 p6.13과 같은 전압이 걸릴 때 이 용량기에 흐르는 전류파형을 구하시오.

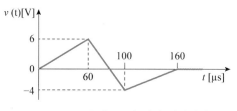

그림 p6.13 문제 13의 대상 전압파형

14 초기전압이 2 V인 $5\,\mu\text{F}$ 용량기에 그림 p6.14와 같은 전류가 공급될 때 이 용량기의 전압파형을 구하시오.

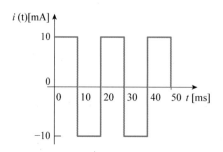

그림 p6.14 문제 14의 대상 전류파형

15 그림 p6.15 회로에서 $t = 1\,\text{s}$ 시점의 용량기 충전전압이 10 V라면, $t = 5\,\text{s}$ 시점에서 용량기의 전력과 저장에너지를 구하시오.

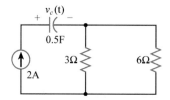

그림 p6.15 문제 15의 대상회로

16 예제 6 – 7에서 유도기의 저장전력과 에너지를 구하시오.

17 어떤 유도기에서 전류가 5 ms 동안에 0 mA에서 100 mA까지 변화할 동안 유도된 전압이 200 mV였다면, 이 유도기의 유도용량값은 얼마인지 계산하시오.

18 $L = 10\,\text{mH}$인 유도기에 흐르는 전류가 $i(t) = 10\sin 377t$일 때,

1) 이 유도기의 전압을 구하시오.
2) 전력과 저장에너지를 구하시오.

19 $L = 5\,\text{mH}$인 유도기에 흐르는 전류가 다음과 같을 때,

$$i(t) = \begin{cases} 0, & t < 0 \\ 5(1 - e^{-t/2}), & t \geq 0 \end{cases} \text{[mA]}$$

1) 이 유도기의 전압을 구하시오.
2) 전력과 저장에너지를 구하시오.

20 $L = 10$ mH인 유도기에 흐르는 전류가 그림 p6.20과 같을 때 이 유도기의 유도전압 파형을 구하시오.

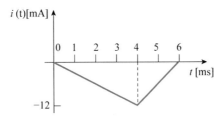

그림 p6.20 문제 20의 대상 전류파형

21 $L = 20$ mH인 유도기에 흐르는 전류가 그림 p6.21과 같을 때 이 유도기의 유도전압 파형을 구하시오.

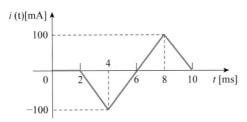

그림 p6.21 문제 21의 대상 전류파형

22 $L = 25$ mH인 유도기에 흐르는 전류가 그림 p6.22와 같을 때 이 유도기의 유도전압 파형을 구하시오.

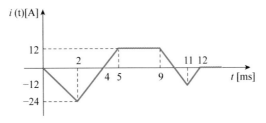

그림 p6.22 문제 22의 대상 전류파형

23 $L = 10$ mH인 유도기의 전압파형이 그림 p6.23과 같을 때 이 유도기 전류파형을 구하시오. 단 초기전류는 0이다.

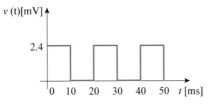

그림 p6.23 문제 23의 대상 전압파형

24 $L = 20$ mH인 유도기의 전압파형이 그림 p6.24와 같을 때 이 유도기 전류파형을 구하시오. 단 초기전류는 0이다.

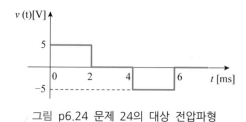

그림 p6.24 문제 24의 대상 전압파형

25 $L = 25$ mH인 유도기의 전압파형이 그림 p6.25와 같을 때 이 유도기 전류파형을 구하시오. 단 초기전류는 0이다.

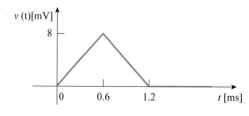

그림 p6.25 문제 25의 대상 전압파형

26 그림 p6.26의 RLC회로에서 총저장에너지가 100 mJ이라면, L값은 얼마일지 구하시오.

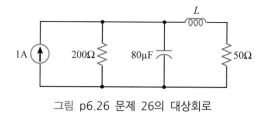

그림 p6.26 문제 26의 대상회로

27 그림 p6.27 회로에서 L과 C의 저장에너지가 서로 같다면 C값이 얼마일지 구하시오.

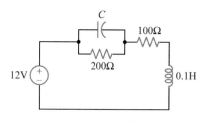

그림 p6.27 문제 27의 대상회로

28 그림 p6.28 회로에서 각 소자의 전력과 5초 동안의 에너지를 구하시오.

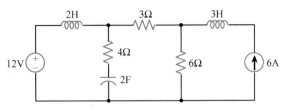

그림 p6.28 문제 28의 대상회로

29 용량이 각각 $2\,\mu\mathrm{F}$, $4\,\mu\mathrm{F}$, $8\,\mu\mathrm{F}$인 세 개의 용량기를 조합하여 만들 수 있는 용량값은 모두 몇 가지가 될지 제시하시오.

30 $6\,\mu\mathrm{F}$ 용량기 4개를 조합하여 만들 수 있는 최대용량과 최소용량을 구하시오.

31 각각 다른 값으로 충전된 용량기를 그림 p6.31과 같이 직렬결합을 시킬 때, 두 용량기의 등가용량과 초기전압 및 총저장에너지를 구하시오.

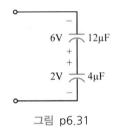

그림 p6.31

32 두 개의 용량기가 상당시간 동안 결합되어 그림 p6.32와 같은 상태가 되었다면 이 회로에서 V_o값을 구하시오.

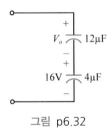

그림 p6.32

33 세 개의 용량기가 상당시간 동안 결합되어 그림 p6.33과 같은 상태가 되었다면 이 회로에서 V_1과 V_2값을 구하시오.

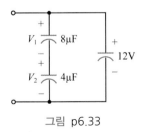

그림 p6.33

34 그림 p6.34와 같이 연결된 세 개 용량기의 등가용량 $C_T = 10\,\mu\text{F}$이 되기 위한 C값을 구하시오.

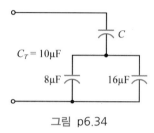

그림 p6.34

35 그림 p6.35과 같이 연결된 회로에서 등가용량 $C_T = 1\,\mu\text{F}$이 되기 위한 C값을 구하시오.

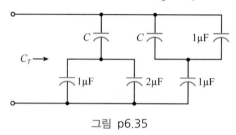

그림 p6.35

36 그림 p6.36 회로에서 등가용량 C_T를 구하시오.

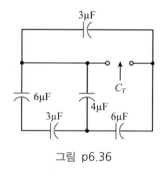

그림 p6.36

37 그림 p6.37 회로에서 등가용량 C_T를 구하시오.

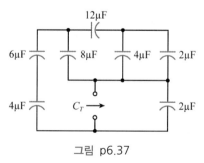

그림 p6.37

38 그림 p6.38 회로에서 전류 i를 구하시오.

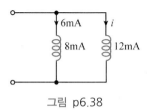

그림 p6.38

39 그림 p6.39 회로에서 등가유도용량 $L_T = 2$ mH가 되기 위한 L값을 구하시오.

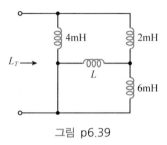

그림 p6.39

40 그림 p6.40 회로에서 AB단에서 본 등가유도용량을 구하시오.

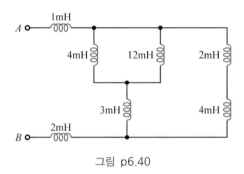

그림 p6.40

41 그림 p6.41 회로에서 다음 값을 구하시오.

1) CD 단을 단락한 상태에서 AB 단에서 본 등가유도용량

2) AB 단을 개방한 상태에서 CD 단에서 본 등가유도용량

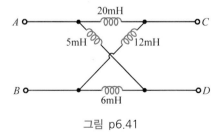

그림 p6.41

42 그림 p6.42 회로에서 등가유도용량 L_T를 구하시오.

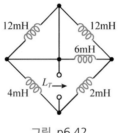

그림 p6.42

43 그림 p6.43 회로에서 $v_C(0^+)$, $i_L(0^+)$, $dv_C(0^+)/dt$, $di_L(0^+)/dt$를 구하시오.

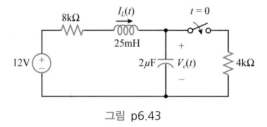

그림 p6.43

44 그림 p6.44 회로에서 $v_C(0^+)$, $i_L(0^+)$, $dv_C(0^+)/dt$, $di_L(0^+)/dt$를 구하시오.

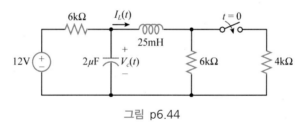

그림 p6.44

45 그림 p6.45 회로에서 $v_C(0^+)$, $i_L(0^+)$, $v_C(\infty)$, $i_L(\infty)$를 구하시오.

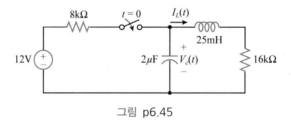

그림 p6.45

46 그림 p6.46 회로에서 $v_C(0^+)$, $dv_C(0^+)/dt$를 구하시오.

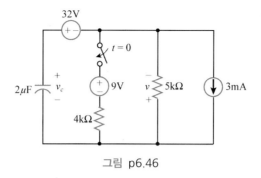

그림 p6.46

47 그림 p6.47 회로에서 $v_C(0^+)$, $i_L(0^+)$, $dv_C(0^+)/dt$, $di_L(0^+)/dt$ 와 $t = 0^-$ 와 $t = 0^+$ 시점의 v 와 i 값을 구하시오.

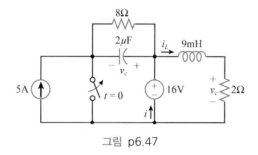

그림 p6.47

48 그림 p6.48 회로에서 $t = 0^-$ 와 $t = 0^+$ 시점의 수동소자 전압전류값을 각각 구하시오.

$$i_s = \begin{cases} 0, & t < 0 \\ 4, & 0 \le t \end{cases} \ [\text{A}]$$

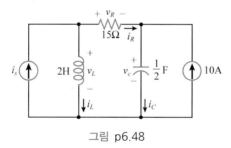

그림 p6.48

49 그림 p6.49 회로에서 출력전압 $v_o(t)$ 를 구하시오.

$$v_s(t) = \begin{cases} 0, & t < 0 \\ 10\cos 100t, & 0 \le t \end{cases} \ [\text{V}]$$

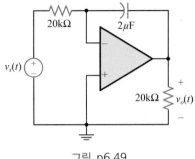

그림 p6.49

50 그림 p6.50 회로에서 출력전압 $v_o(t)$를 구하시오.

$$v_s(t) = \begin{cases} 0, & t < 0 \\ -4, & 0 \leq t < 3\,\text{ms} \quad [\text{V}] \\ 0, & t \geq 3\,\text{ms} \end{cases}$$

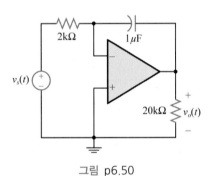

그림 p6.50

51 그림 p6.51 회로에서 R, C값을 결정하시오.

$$v_s(t) = \begin{cases} 0, & t < 0 \\ -4, & 0 \leq t < 10\,\text{ms} \quad [\text{V}] \\ 0, & t \geq 10\,\text{ms} \end{cases}$$

$$v_o(t) = \begin{cases} 0, & t < 0 \\ 200t, & 0 \leq t < 10\,\text{ms} \quad [\text{V}] \\ 2, & t \geq 10\,\text{ms} \end{cases}$$

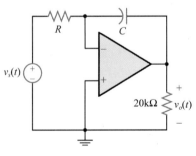

그림 p6.51

07 1차회로 응답

7.1 서론

6장에서 에너지 저장소자로서 C와 L 소자를 다루고, 전압전류특성이 미분 및 적분관계식으로 표시된다는 것을 알았다. 이 장에서는 에너지 저장소자인 C와 L이 포함되는 회로를 해석하는 방법을 다룰 것이다. 이 소자들은 전압전류특성이 미분관계식으로 표현되므로, 이것들이 포함된 회로의 방정식에는 필연적으로 도함수가 나타나기 때문에 회로방정식은 미분방정식으로 표시된다. 이처럼 동작특성이 미분방정식으로 표시되는 회로나 시스템을 **동적회로(dynamic circuit)** 또는 **동적시스템(dynamic system)**이라고 한다. 그리고 회로미분방정식에서 최고차 도함수가 1차이면 대상회로를 **1차회로(first order circuit)**, 2차인 경우에는 **2차회로(second order circuit)**라 하며, 3차 이상이면 **고차회로(high order circuit)**라 한다. 일반적으로 동적회로의 차수는 회로에 포함된 C와 L의 총개수와 일치한다.

동적회로는 회로방정식이 미분방정식으로 표시되기 때문에 회로해석을 하려면 미분방정식해법을 필요로 한다. 미분방정식해법을 적용하면 동적회로의 응답은 입력전원과 같은 형태로 나타나는 **강제응답(forced response)** 성분과 회로 자체의 고유한 특성에 의해 나타나는 **고유응답(natural response)** 성분으로 구분된다. C와 L 가운데 하나만 포함된 1차회로, 즉 RC회로나 RL회로로서 직류전원을 사용하는 경우에는 강제응답은 상수이고, 고유응답은 지수감쇠함수로 나타나기 때문에 회로응답의 꼴은 지수포화함수 형태로 정해진다. 따라서 1차회로의 응답은 몇 가지 상수들에 의해 해가 결정되기 때문에 대상회로로부터 이 상수들을 구해내는 방법만 익히면 회로응답을 쉽게 구할 수 있다.

동적회로의 전원이 직류전원이 아니고 일반전원인 경우에도 1차회로의 응답은 비교적 쉽게 구할 수 있다. 강제응답은 전원과 같은 꼴로 나타나고, 고유응답은 항상 지수감쇠함수 형태로 나타나기 때문에 이러한 성질을 이용하면 1차회로의 회로응답을 어렵지 않게 구할 수 있는 것이다. 이 장에서는 먼저 직류전원을 갖는 1차회로의 응답을 구하는 방법을 정리한 다음에 일반전원을 갖는 1차회로 해석법을 익힐 것이다.

7.2 상용 신호파형

회로에서 전원으로 사용하는 신호파형들은 다양하지만 자주 사용하는 상용 신호파형 (common signal waveforms)은 표 7-1에 보듯이 여섯 가지 정도이다. 이 절에서는 직류신호와 계단신호 및 펄스신호가 입력될 때 1차회로의 응답을 구하는 문제를 먼저 다룰 것이다. 이 세 개의 신호들은 서로 다른 것처럼 보이지만, 계단신호와 펄스신호는 그림 7-1에서 보는 바와 같이 직류신호에 스위치가 연결된 경우로 나타낼 수 있기 때문에 모두 직류전원의 일종으로 볼 수 있다.

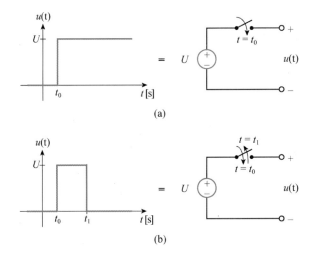

그림 7-1 계단신호와 펄스신호의 구성 (a) 계단신호, (b) 펄스신호

표 7-1 상용신호 파형

신호명	수식 표현	파 형
직 류 DC	$v(t) = V_0$	
계 단 Step	$v(t) = \begin{cases} 0, & t < 0 \\ V_0, & t \geq 0 \end{cases}$	
펄 스 Pulse	$v(t) = \begin{cases} V_0, & 0 \leq t \leq t_1 \\ 0, & t > t_1 \end{cases}$	
경 사 Ramp	$v(t) = \begin{cases} 0, & t < 0 \\ kt, & t \geq 0 \end{cases}$	
지수감소 Exponential decay	$v(t) = \begin{cases} 0, & t < 0 \\ V_0 e^{-at}, & t \geq 0 \end{cases}$	
정현파 Sinusoid	$v(t) = V_0 \sin(\omega t + \theta)$	

7.3 직류입력 1차회로 응답

회로소자 중에 L이나 C를 포함하는 회로는 L과 C의 전압전류특성이 미분관계식으로 표현되기 때문에 회로방정식에 도함수가 포함되어 필연적으로 미분방정식이 된다. 동작특성이 미분방정식으로 표현되는 시스템에서 출력은 입력을 즉시 따라가지 않고, 회로 자체의 특성에 의한 과도상태(transient state)를 거친 다음 어느 정도 시간이 지난 정상상태(steady state)에서 입력과 같은 형태로 나타나게 된다. 입력과 출력 간에 이와 같은 동작을 하는 시스템을 **동적시스템(dynamic system)**이라 하며, 회로의 경우 **동적회로(dynamic circuit)**라 한다. 이와는 달리 입출력 전달특성이 대수방정식으로 표현되는 시스템에서는 과도상태가 없이 출력이 입력의 형태를 즉시 따라가므로, 대상 시스템과 회로를 **정적시스템(static system)**, **정적회로(static circuit)**라 하며, 2장과 3장에서 다룬 저항회로가 대표적인 예이다.

동적회로 중에 L이나 C 하나와 저항으로 이루어지는 회로는 회로방정식이 1차 미분방정식으로 표현되기 때문에 **1차회로(first order circuit)**라 한다. 이 절에서는 1차회로에 직류가 입력되는 경우에 회로방정식이 어떻게 표현되며, 출력응답이 어떻게 나타나는가를 해석하기로 한다.

1. 1차회로 미분방정식

동적회로를 해석할 때 사용하는 규칙은 전압법칙(KVL), 전류법칙(KCL)과 회로소자 각각의 전압전류 관계식이다. 이 사용규칙은 저항회로에서도 같이 사용하지만 대상소자의 전압전류관계식이 미분식으로 표현되기 때문에 회로방정식이 미분방정식이 되는 것이다. 그러면 1차회로로서 가장 기본적인 RC직렬회로와 RL병렬회로에서 회로방정식이 어떻게 표현되는가를 다루기로 한다.

(1) RC 직렬회로

그림 7-2와 같은 RC직렬회로에 전압법칙을 적용하면 다음과 같은 관계를 얻을 수 있다.

$$R_{eq}i + v = V_{oc} \tag{7-1}$$

그런데 C에서 전압전류관계는 다음과 같으므로

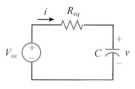

그림 7-2 RC 직렬회로

$$i = C\frac{dv}{dt}$$

이것을 식 7-1에 대입하면 회로방정식은 다음과 같은 1차 미분방정식이 된다.

$$R_{eq}C\frac{dv}{dt} + v = V_{oc} \qquad (7-2)$$

여기서 전압 초기치 $v(t_0)$가 주어지기만 하면 미분방정식해법에 의해 1차회로의 응답을 구할 수 있다. 그림 7-2의 RC 직렬회로는 C와 저항 하나와 직류전압원이 연결된 단순한 회로이지만, C에 연결된 회로망을 테브냉 등가회로로 표현하면 모든 회로를 나타낼 수 있기 때문에 RC회로의 회로방정식은 모두 식 7-2의 형태로 나타낼 수 있다.

(2) RL 병렬회로

그림 7-3의 RL 병렬회로에 전류법칙을 적용하면 다음과 같은 회로방정식을 얻을 수 있다.

$$\frac{v}{R_{eq}} + i = I_{sc}$$

여기서 L의 전압전류관계식을 적용하여 대입하면

$$v(t) = L\frac{di}{dt}$$

다음과 같이 RL 병렬회로의 방정식은 1차 미분방정식이 된다.

$$\frac{L}{R_{eq}}\frac{di}{dt} + i = I_{sc} \qquad (7-3)$$

여기서 전류 초기치 $i(t_0)$가 주어지면 미분방정식해법에 의해 1차회로의 응답을 구할 수 있다. 그림 7-3의 RL 병렬회로는 L과 저항 하나와 직류전류원이 연결된 단순한 회로이지만, L에 연결된 회로망을 노턴 등가회로로 표현하면 모두 이 회로로 나타낼 수 있기 때문에

그림 7-3 RL 병렬회로

RL회로의 회로방정식은 모두 식 7-3의 형태로 나타낼 수 있다.

(3) 1차 회로방정식의 일반형

1차회로란 동적소자를 하나 포함하는 회로이므로 RC회로나 RL회로를 말하는데, 이 회로 각각의 회로방정식은 식 7-2와 식 7-3과 같음을 알았다. 그런데 이 두 식을 비교해보면 1차회로의 미분방정식은 선형상계수 미분방정식이 되며, 이것을 종합하면 직류입력을 갖는 1차회로의 회로방정식은 다음과 같은 꼴로 나타낼 수 있다.

$$T_c \frac{dy}{dt} + y \;=\; Y_s, \quad y(t_0) \;=\; Y_0 \tag{7-4}$$

여기서 t_0와 Y_0는 초기시점 및 초기값을 나타내고, Y_s는 직류입력의 크기를 나타내는 상수이며, T_c는 **시상수(time constant)**라 하고 다음과 같이 정의된다.

$$T_c \;=\; \begin{cases} R_{eq}C \,, \ \mathrm{RC}\,회로 \\ L/R_{eq}, \mathrm{RL}\,회로 \end{cases} \tag{7-5}$$

2. 1차회로 응답

직류전원을 갖는 1차회로의 해석은 식 7-4의 1차회로 미분방정식해석 문제로 귀결되며, 선형상계수 미분방정식해법을 필요로 한다. 식 7-4에서 보듯이 1차회로 미분방정식에는 전원입력 Y_s와 초기상태 Y_0가 존재하므로 회로의 전체 응답은 중첩성에 의해 입력 $Y_s = 0$인 경우의 응답인 **영입력응답(zero-input response)**과 초기상태 $Y_0 = 0$인 경우의 응답인 **영상태응답(zero-state response)**의 합으로 표시된다. 그러면 영입력응답과 영상태응답을 각각 구하여 전체응답을 구하는 과정을 살펴보기로 한다.

(1) 영입력응답

먼저 입력 $Y_s = 0$인 경우의 응답인 영입력응답을 구하기로 한다. 영입력응답을 $y_0(t)$로 표기하면 정의에 의해 $y_0(t)$는 다음의 미분방정식을 만족한다.

$$T_c \frac{dy_0}{dt} + y_0 = 0, \quad y_0(t_0) = Y_0 \tag{7-6}$$

여기서 선형상계수 미분방정식의 해법을 적용하면 식 7-6의 해는 다음과 같이 구해진다.

$$y_0(t) = Y_0\, e^{-(t-t_0)/T_c}, \quad t \geq t_0 \tag{7-7}$$

영입력응답을 그림으로 나타내면 그림 7-4와 같다. 이 그림을 보면 시상수 T_c는 영입력응답이 초기값 크기의 $1/e \approx 37\%$ 정도가 될 때까지 걸리는 시간을 의미함을 알 수 있다. 시상수의 4배 정도 시간이 지나면 영입력응답은 초기값의 $1/e^4 \approx 1.83\%$ 정도가 되어 거의 0이 되기 때문에 초기시점부터 시상수의 4배 시점까지의 기간을 **과도상태**(transient state), 이 기간의 응답을 **과도응답**(transient response)이라 하고, 시상수의 4배 시점 이후의 기간을 **정상상태**(steady state), 이 기간의 응답을 **정상상태응답**(steady state response)이라고 한다. 이와 같이 시상수는 1차회로의 과도응답특성을 결정하는데, $T_c > 0$일 때, 즉 C나 L 양단에서 본 등가저항값이 0보다 큰 1차 동적회로에서 영입력응답의 크기는 다음과 같이 0으로 수렴한다.

$$y_0(t) \rightarrow 0 \quad \text{as} \quad t \rightarrow \infty$$

이처럼 영입력응답이 시간이 지남에 따라 0으로 수렴하는 회로나 시스템을 **안정**(stable)하다고 한다. 그리고 그림 7-4의 영입력응답곡선은 초기값이 불연속인 경우, 즉 $y(t_0^-) \neq Y_0$인 경우에 해당하며, 초기값이 연속인 경우에는 $Y_0 = y(t_0^+) = y(t_0^-)$가 되도록 그래프를 수정해야 한다(문제 7.65 참조).

(2) 영상태응답

이번에는 초기상태 $Y_0 = 0$인 경우에 해당하는 영상태응답을 구해보기로 한다. 영상태응

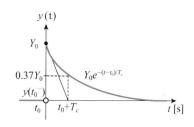

그림 7-4 1차회로의 영입력응답 곡선

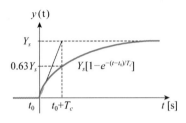

그림 7-5 1차회로의 영상태응답 곡선

답을 $y_s(t)$로 표기할 때 $y_s(t)$는 정의에 의해 다음의 미분방정식을 만족한다.

$$T_c \frac{dy_s}{dt} + y_s = Y_s , \quad y_s(t_0) = 0 \tag{7-8}$$

미분방정식해법에 따라 식 7-8의 해를 구하면 영상태응답은 다음과 같이 구해진다.

$$y_s(t) = Y_s \left[1 - e^{-(t-t_0)/T_c} \right], \quad t \geqq t_0 \tag{7-9}$$

그림 7-5는 영상태응답을 그림표로 나타낸 것이다. 영상태응답 그래프에서 시상수는 응답의 크기가 직류입력의 63% 정도에 도달할 때까지 걸리는 시간을 나타낸다.

(3) 전체응답

미분방정식의 전체응답은 영입력응답과 영상태응답의 합으로 표시된다. 따라서 식 7-4의 1차회로 미분방정식의 전체응답은 식 7-7의 영입력응답과 식 7-9의 영상태응답을 더하여 다음과 같이 구해진다.

$$\begin{aligned}
y(t) &= y_0(t) + y_s(t) \\
&= Y_0\, e^{-(t-t_0)/T_c} + Y_s \left[1 - e^{-(t-t_0)/T_c} \right]
\end{aligned} \tag{7-10}$$

이 전체응답은 필요에 따라 다음과 같이 입력과 같은 형태인 직류성분과 시간에 따라 지수적으로 감쇠하는 성분으로 구분할 수 있는데,

$$\begin{aligned}
y(t) &= Y_s + [Y_0 - Y_s]e^{-(t-t_0)/T_c} \\
&= y_f(t) + y_n(t) \\
y_f(t) &= Y_s \\
y_n(t) &= [Y_0 - Y_s]e^{-(t-t_0)/T_c}
\end{aligned} \tag{7-11}$$

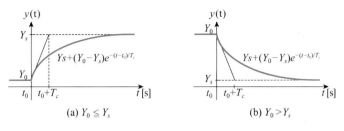

그림 7-6 1차회로 전체응답 곡선.

여기서 y_f 와 y_n 을 각각 **강제응답**(forced response)과 **고유응답**(natural response)이라고 한다. 강제응답은 입력에 의해 강제적으로 나타나는 응답으로서 입력과 같은 형태가 되며, 고유응답은 회로 자체의 고유한 특성에 의해 나타나는 것으로서 1차회로의 경우 항상 지수 감쇠파형으로 나타나고 시상수에 의해 특성이 결정된다.

전체응답을 그래프로 나타내면 그림 7-6과 같다. 이 그래프를 보면 1차회로 전체응답은 시상수의 4배 시점 이전까지의 과도상태를 거쳐 그 이후 시점에서 정상상태에 도달한다. 그리고 저항이 있는 동적회로에서 고유응답은 다음과 같은 성질이 만족되어

$$y_n(t) \rightarrow 0 \ \text{as} \ t \rightarrow \infty$$

항상 안정하다는 것을 알 수 있다. 또한 전체응답은 정상상태에서 다음과 같은 수렴특성을 보이는데

$$y(t) \rightarrow Y_s \ \text{as} \ t \rightarrow \infty$$

여기서 Y_s 는 전체응답의 **정상상태값**(steady state value) 또는 **최종값**(final value)이 됨을 알 수 있다.

$$Y_s = \lim_{t \rightarrow \infty} y(t) = y(\infty)$$

그림 7-6의 전체응답곡선에서 한 가지 더 유념할 사항은 이 그래프는 초기값이 연속인 경우, 즉 $Y_0 = y(t_0^+) = y(t_0^-)$ 인 경우에 해당하며, 초기값이 불연속인 경우에는 $t < t_0$ 구간에서의 출력을 $y(t) = y(t_0^-) \neq Y_0$ 로 처리해야 한다는 점이다(문제 7.66 참조).

3. 1차회로 해석법

식 7-4의 미분방정식으로 표시되는 1차회로 응답의 꼴은 식 7-10이나 식 7-11로

정해지므로, 대상회로로부터 초기값 Y_0, 최종값 Y_s, 시상수 T_c를 구하기만 하면 이것을 대입하여 해를 구할 수 있다. 식 7-10과 식 7-11 중에 어떤 것을 사용해도 무방하며 필요에 따라 해석자가 편리한 것을 선택하면 된다.

대상회로로부터 초기값 Y_0와 최종값 Y_s를 계산할 때에는 두 가지 모두가 직류 정상상태에서 나타나는 값들이므로, L은 단락, C는 개방상태에서 구한다. 그리고 시상수는 식 7-5에 의해 다음과 같이 계산하며

$$T_c = \begin{cases} R_{eq}C\,, & \text{RC회로} \\ L/R_{eq}\,, & \text{RL회로} \end{cases}$$

여기서 R_{eq}는 C나 L 양단에서 본 대상회로의 등가저항으로서 등가저항 산출법에 따라 구하면 된다.

위와 같은 기본해법에 근거하여 **1차회로 해석법**을 요약 정리하면 다음과 같다.

① 스위치 전환 이전 회로에서 C 개방, L 단락 상태로 놓고 초기전압 $v_C(t_0^-)$이나 초기전류 $i_L(t_0^-)$를 계산한다. 그러면 v_C와 i_L의 연속성에 의해 스위치 전환 직후의 초기값은 $v_C(0^+) = v_C(0^-)$, $i_L(0^+) = i_L(0^-)$로 결정되며, 이로부터 $y(t_0^-)$를 계산한다.

② 단계 ①에서 구한 초기값으로부터 스위치 전환 직후의 회로에서 L이 연결된 망에 전압법칙을 적용하거나, C가 연결된 마디에 전류법칙을 적용하여 출력 초기값 $Y_0 = y(t_0^+)$를 계산한다.

③ 스위치 전환 이후 회로에서 C 개방, L 단락상태로 놓고 직류해석을 통해 출력의 정상상태값 $Y_s = y(\infty)$를 계산한다.

④ 스위치 전환 이후 회로에서 C나 L 양단에서 본 등가저항 R_{eq}를 구하여 시상수 T_c를 계산한다.

⑤ 초기값 Y_0, 최종값 Y_s, 시상수 T_c를 식 7-11에 대입하여 전체응답을 구한다.

예제 7-1

그림 7-7의 RC회로에서 $v_C(t)$ kΩ, $C = 2\,\mu\text{F}$, $V_s = 10$ V, $V_0 = 2$ V일 때 C 양단의 전압 $v_C(t)$를 구하시오.

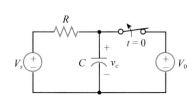

그림 7-7 예제 7-1 RC회로
그림 7-8 예제 7-1 출력파형 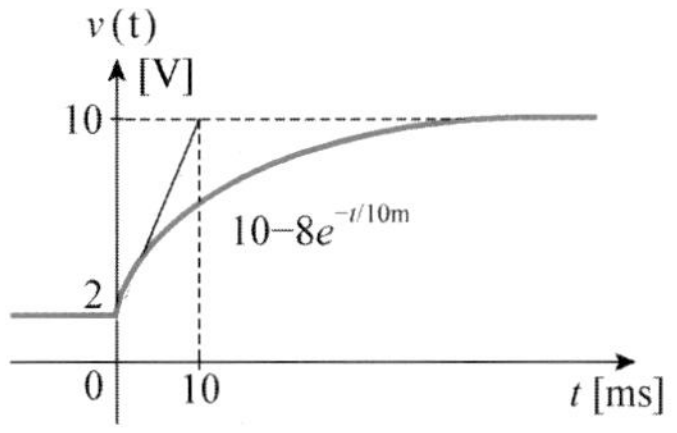

풀이 $t=0$ 이전 상태에서 $V_0 = v_c(0+) = v_c(0-) = 2 \text{ V}(V_0 = v_c(0+) = v_c(0-) = 2 \text{ V})$이고, $t=0$ 이후 정상상태에서 직류에 대해 C는 개방상태이므로 $V_s = v_c(\infty) = 10 \text{ V}(V_s = v_c(\infty) = 10 \text{V})$ 이며, $T_c = RC = \text{k} \times 2\mu = 10 \text{ ms}$이다. 따라서 출력전압 $v_C(t)$는 식 7-11에 의해 다음과 같이 구해지며,

$$v_C(t) = V_s + (V_0 - V_s)e^{-t/T_c} = 10 - 8e^{-t/0.01}[\text{V}], \quad t \geq 0$$

그래프로 나타내면 그림 7-8과 같다.

예제 7-2

그림 7-9의 RC회로에서 $v_o(t)$를 구하시오.

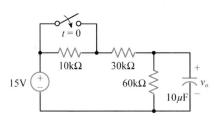

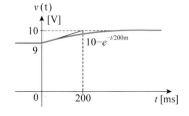

그림 7-9 예제 7-2 RC회로
그림 7-10 예제 7-2 출력파형

풀이 $t=0$ 이전 시점에서 직류전원에 대해 C는 개방상태이므로 초기전압 V_0는 다음과 같이 구해진다.

$$V_0 = v_o(0^-) = v_o(0^+) = \frac{60}{10+30+60} \times 15 = 9 \text{ V}$$

또한 $t=0$ 이후 시점 정상상태에서 직류전원에 대해 C는 개방상태이므로 최종전압 V_s는 다음과 같고,

$$V_s = v_o(\infty) = \frac{60}{30+60} \times 15 = 10 \text{ V}$$

시상수는 $T_c = R_{eq}C = (60 \parallel 30)\text{k} \times 10\mu = 0.2 \text{ s}$로 결정되므로 출력전압은 다음과 같고, 파형은 그림 7-10과 같다.

$$v_o(t) = 10 - e^{-t/0.2} [\text{V}], \quad t \geq 0$$

그림 7-11의 RL회로에서 $i(t)$를 구하시오.

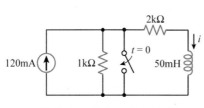

그림 7-11 예제 7-3 RL회로

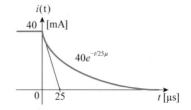

그림 7-12 예제 7-3 출력파형

풀이 $t=0$ 이전 시점에서 직류전원에 대해 L은 단락상태이므로 초기전류 I_0는 다음과 같이 구해진다.

$$I_0 = i(0^-) = i(0^+) = \frac{1}{1+2} \times 120 = 40\,\text{mA}$$

또한 $t=0$ 이후 시점 정상상태에서 직류전원에 대해 L은 단락상태이므로 최종전류는 $I_s = 0$ mA이고, 시상수는 $T_c = L/R_{eq} = 50\,\text{m}/2\,\text{k} = 25\,\mu s$로 결정되므로 출력전류는 다음과 같고, 파형은 그림 7-12와 같다.

$$i(t) = 40e^{-10^6 t/25}\,[\text{mA}], \quad t \geq 0$$

그림 7-13의 RC회로에서 $i(t)$를 구하시오.

풀이 $t=0$ 이전 시점에서 직류전원에 대해 C는 개방상태이므로 $2\,\mu F$ 용량기의 초기전압은 $V_0 = v_C(0^-) = v_C(0^+) = 2$ V 이고, 출력전류 $i(t)$의 초기값은 중첩성에 의해 다음과 같이 구해진다.

$$I_0 = i(0^-) = i(0^+) = \frac{8}{60+(60 \parallel 30)} \times \frac{30}{60+30} + \frac{2}{30+(60 \parallel 60)} \times \frac{1}{2} = \frac{1}{20}\ \text{mA}$$

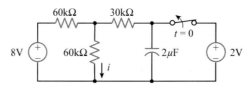

그림 7-13 예제 7-4 RC회로

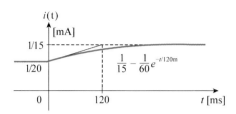

그림 7-14 예제 7-4 출력전류

또한 $t=0$ 이후 시점 정상상태에서 직류전원에 대해 C는 개방상태이므로 용량기 전압과 출력전류 최종값은 다음과 같다.

$$V_s = v_C(\infty) = \frac{60}{60+60} \times 8 = 4\,\mathrm{V}$$

$$I_s = i(\infty) = \frac{V_s}{60\mathrm{k}} = \frac{1}{15}\,\mathrm{mA}$$

시상수는 $T_c = R_{eq}C = [(60 \parallel 60)+30]\,\mathrm{k} \times 2\,\mu = 0.12\,\mathrm{s}$로 결정되므로 출력전류는 다음과 같고, 파형은 그림 7-14와 같다.

$$i(t) = \frac{1}{15} - \frac{1}{60}e^{-t/0.12}\,[\mathrm{mA}], \quad t \geq 0$$

예제 7-5

그림 7-15의 RL회로에서 $v(t)$를 구하시오.

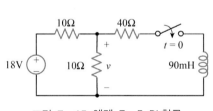

그림 7-15 예제 7-5 RL회로

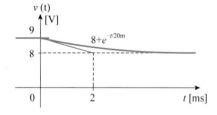

그림 7-16 예제 7-4 출력전압

풀이 $t=0$ 이전에 L에는 전류가 흐르지 않으므로 $I_0 = i_L(0^-) = i_L(0^+) = 0$이며, 초기전압은 다음과 같다.

$$V_0 = v(0^-) = v(0^+) = \frac{10}{10+10} \times 18 = 9\,\mathrm{V}$$

또한 $t=0$ 이후 시점 정상상태에서 직류전원에 대해 L은 단락상태이므로 최종전압은 다음과 같다.

$$V_s = \frac{10 \parallel 40}{10+(10 \parallel 40)} \times 18 = 8\,\mathrm{V}$$

시상수는 $T_c = L/R_{eq} = 90\,\text{m}/[40 + (10 \parallel 10)] = 2\,\text{ms}$로 결정되므로 출력전압은 다음과 같고, 파형은 그림 7-16과 같다.

$$v(t) = 8 + e^{-t/0.002}\,[\text{V}], \quad t \geqq 0$$

7.4 연동 스위칭

두 개 이상의 스위치가 있는 회로에서의 여닫기 동작이나 한 개의 스위치를 두 번 이상 여닫는 동작을 **연동스위칭**(sequential switching)이라 한다. 연동스위칭이 이루어지는 회로를 해석하기 위해서는 스위칭 시점에서의 초기값을 계산해야 하는데, 이 경우에도 C는 전압연속성을, L은 전류연속성을 갖는 것을 이용하여 스위칭 시점 직전의 C 양단 전압과 L에 흐르는 전류를 계산하여 이 값이 스위칭 직후에도 이어지는 것으로 처리한다. 그리고 스위칭 시점들에 의해 나뉘는 각 구간마다 최종값과 시상수를 계산하여 식 7-11에 대입하면 각 구간별 응답을 구할 수 있다.

예를 들어, 그림 7-17과 같은 RL회로에서 두 개의 스위치가 연동하는 경우 L에 흐르는 전류 $i(t)$를 구해보기로 한다. 이 회로에서 $t = 0$ 이전 시점에 직류전원에 대해 L은 단락상태이므로, $0 \leqq t < 1\,\text{ms}$ 구간의 초기값, 최종값, 시상수는 다음과 같이 구할 수 있다.

$$I_{01} = i(0^-) = i(0^+) = 1\,\text{A}, \quad I_{s1} = 0, \quad T_{c1} = \frac{L}{R_{eq1}} = \frac{2\,\text{m}}{2} = 1\,\text{ms}$$

여기서 최종값 I_{s1}은 $t = 1\,\text{ms}$에서 연동스위치가 동작하지 않는다는 회로조건하에 정상상태값을 구하는 것임에 유의해야 한다. 따라서 이 구간에서 전류는 다음과 같이 표시된다.

$$i(t) = e^{-t/0.001}\,\text{A}, \quad 0 \leqq t < 1\,\text{ms}$$

이어서 $1 \leqq t$ 구간에서는 초기값, 최종값, 시상수가 다음과 같이 구해지므로,

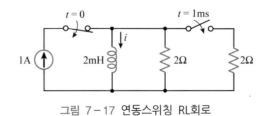

그림 7-17 연동스위칭 RL회로

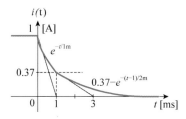

그림 7-18 연동스위칭 응답파형

$$I_{02} = i(0.001) = \frac{1}{e}\,\mathrm{A}, \quad I_{s2} = 0, \quad T_{c2} = \frac{L}{R_{eq2}} = \frac{2\,\mathrm{m}}{(2\,\|\,2)} = 2\,\mathrm{ms}$$

이 구간에서 전류는 다음과 같고, 파형은 그림 7-18과 같다.

$$i(t) = 0.37 e^{-(t-0.001)/0.002}\,\mathrm{A}, \quad \mathrm{t} \geq 1\,\mathrm{ms}$$

예제 7-6

그림 7-19의 RC회로에서 $v(t)$를 구하시오.

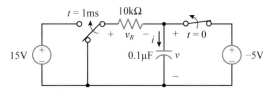

그림 7-19 예제 7-6 연동스위칭 RC회로

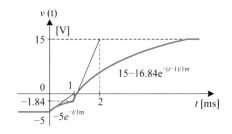

그림 7-20 예제 7-6 응답파형

풀이 직류전원에 대해 C는 개방상태이므로, $0 \leq t < 1\,\mathrm{ms}$에서 초기전압, 최종전압, 시상수는 다음과 같다.

$$V_{01} = v(0^-) = v(0^+) = -5\,\mathrm{V}, \quad V_{s1} = 0\,\mathrm{V}, \quad T_{c1} = 1\,\mathrm{ms}$$

따라서 이 구간에서 $v(t)$는 다음과 같다.

$$v(t) = -5 e^{-t/0.001}\,\mathrm{V}, \quad 0 \leq t < 1\,\mathrm{ms}$$

$t \geq 1\,\mathrm{ms}$에서 초기전압, 최종전압, 시상수는 다음과 같으므로

$$V_{02} = v(0.001) = -5/e = -1.84 \, \text{V}, \quad V_{s2} = 15 \, \text{V}, \quad T_{c2} = 1 \, \text{ms}$$

이 구간에서 $v(t)$는 다음과 같고, 파형은 그림 7-20과 같다.

$$v(t) = 15 - 16.84e^{-(t-0.001)/0.001} \, \text{V}, \quad t \geq 1 \, \text{ms}$$

예제 7-7

그림 7-21의 RL회로에서 $v(t)$를 구하시오.

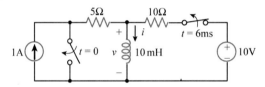

그림 7-21 예제 7-7 연동스위칭 RL회로

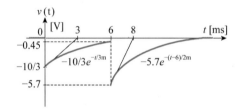

그림 7-22 예제 7-7 응답파형

풀이 직류전원에 대해 L은 단락상태이므로, $i(0^-) = i(0^+) = 2 \, \text{A}$, $v(0^-) = 0 \, \text{V}$ 이고, $v(0^+)$는 중첩정리에 의해 다음과 같이 구할 수 있다.

$$v(0^+) = \frac{10}{3} - (5 \parallel 10) \, i(0^+) = -\frac{10}{3} \, \text{V}$$

정상상태에서 직류에 대해 L은 단락상태이므로 최종값은 $I_{s1} = 1 \, \text{A}$, $V_{s1} = 0 \, \text{V}$ 이고, $0 \leq t < 6 \, \text{ms}$에서 시상수는 $T_{c1} = L/R_{eq1} = 10 \, \text{m}/(5 \parallel 10) = 3 \, \text{ms}$이므로 $v(t)$는 다음과 같다.

$$v(t) = -\frac{10}{3} \, e^{-t/0.003} \, \text{V}, \quad 0 \leq t < 6 \, \text{ms}$$

그리고 $i(t) = 1 + e^{-t/0.003} \, \text{A}$이므로, $t \geq 6 \, \text{ms}$에서 i의 초기값은 다음과 같다.

$$I_{02} = i(0.006) = 1 + e^{-2} = 1.14 \, \text{A}$$

따라서 v의 초기값, 최종값, 시상수는 다음과 같고,

$$V_{02} = -5I_{02} = -5.7 \, \text{V}, \quad V_{s2} = 0 \, \text{V}, \quad T_{c2} = 2 \, \text{ms}$$

이 구간에서 $v(t)$는 다음과 같고, 파형은 그림 7-22와 같다.

$$v(t) = -5.7e^{-(t-0.006)/0.002} \, \text{V}, \quad t \geq 6 \, \text{ms}$$

7.5 계단, 펄스입력과 1차회로 응답

이 절에서는 전원신호로 계단입력이나 펄스입력이 사용될 때 1차회로를 해석하는 문제를 다루기로 한다. 그림 7-1에서 다루었듯이 상용 신호파형 중에 계단신호와 펄스신호는 직류전원에 스위치가 연결된 것으로 볼 수 있기 때문에 이러한 형태의 전원이 사용된 회로 해석에는 7.3절에서 다룬 1차회로 해석법을 적용할 수 있다.

1. 계단입력과 응답

계단입력(step input)은 직류신호가 어떤 시점에서 다른 크기의 직류신호로 바뀌는 형태로 구성되는 입력을 말하며, 그림표로 나타낼 때 계단모양이 되기 때문에 이러한 이름으로 부른다. 이 신호는 회로나 시스템의 과도응답특성을 관찰할 때 많이 사용되는데, 이 신호 중에 기본형인 단위계단함수(unit step function)는 다음과 같이 정의되고, 그래프는 그림 7-23과 같다.

$$u(t) = \begin{cases} 0, & t < 0 \\ 1, & t \geq 0 \end{cases} \tag{7-12}$$

그림 7-23에서 보듯이 단위계단함수는 시점 $t = 0$에서 크기 1의 입력이 걸리는 경우를 묘사하기에 알맞은 신호이다. $t < t_0$에서는 크기가 0이었다가 시점 $t = t_0$에서 크기가 V_s인 신호로 바뀌는 일반적인 경우를 묘사하려면 단위계단함수의 크기와 시간축을 조절하여 다음과 같이 표시할 수 있다.

$$v(t) = V_s u(t - t_0) = \begin{cases} 0, & t < t_0 \\ V_s, & t \geq t_0 \end{cases}$$

계단응답(step response)이란 계단입력에 대한 회로나 시스템의 출력을 말한다. 1차회로

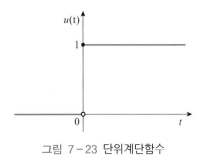

그림 7-23 단위계단함수

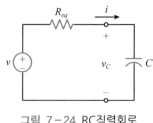

그림 7-24 RC직렬회로

중에 기본회로인 RC직렬회로와 RL병렬회로에서는 계단응답이 어떻게 나타나는지를 살펴보기로 한다.

(1) RC 직렬회로 계단응답

그림 7-24의 RC직렬회로에서 $v(t) = V_s u(t-t_0)$로 계단입력이 걸릴 때, 계단응답으로서 C 양단의 전압 $v_c(t)$를 구하기로 한다. $t < t_0$에서 입력은 0이고, C는 개방상태이므로 초기값은 $v_c(t_0^-) = 0 = v_c(t_0^+) = V_0$이다. 그리고 $t \geq t_0$에서 정상상태에 이르면 여기서도 C는 개방상태가 되므로 최종값은 V_s가 된다. 그리고 C 양단에서 본 등가저항은 R_{eq}이므로 시상수는 $T_c = R_{eq}C$이다. 따라서 식 7-11에 의해 계단응답 $v_C(t)$는 다음과 같이 구해진다.

$$v_C(t) = V_s \left[1 - e^{-(t-t_0)/T_c} \right] u(t-t_0) \tag{7-13}$$

여기서 C에 흐르는 전류의 계단응답 $i_C(t)$는 C의 전압전류특성에 의해 다음과 같이 구할 수 있다.

$$i_C(t) = C\frac{dv_C}{dt} = \frac{V_s}{R_{eq}} e^{-(t-t_0)/T_c} u(t-t_0) \tag{7-14}$$

식 7-14는 그림 7-24의 회로에서 초기값 $i_c(t_0^+) = [v(t_0^+) - v_C(t_0^+)]/R_{eq} = V_s/R_{eq}$, 최종값 $I_s = 0$, 시상수 T_c를 구하여 식 7-11에 직접 대입하여 구할 수도 있다. 식 7-13과

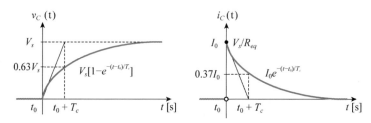

그림 7-25 RC회로 계단응답 전압전류 파형

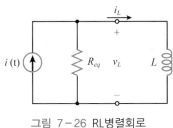

그림 7-26 RL병렬회로

식 7-14로 표시되는 C 양단 전압, 전류파형을 그래프로 나타내면 그림 7-25와 같다. 이 그림을 보면 C의 전류파형은 스위칭 시점에서 불연속이지만 전압은 연속임을 알 수 있다.

(2) RL 병렬회로 계단응답

이번에는 그림 7-26의 RL병렬회로에서 $i(t) = I_s \, u(t-t_0)$로 계단입력이 걸릴 때, 계단응답으로서 L에 흐르는 전류 $i_L(t)$를 구하기로 한다. $t < t_0$에서 입력은 0이고, L은 단락상태이므로 초기값은 $i_L(t_0^-) = 0 = i_L(t_0^+) = I_0$이다. 그리고 $t \geq t_0$에서 정상상태에 이르면 직류에 대해 L은 다시 단락상태가 되므로 최종값은 I_s가 된다. 그리고 L 양단에서 본 등가저항은 R_{eq}이므로 시상수는 $T_c = L/R_{eq}$이다. 따라서 식 7-11에 의해 계단응답 $i_L(t)$는 다음과 같이 구해진다.

$$i_L(t) = I_s \left[1 - e^{-(t-t_0)/T_c} \right] u(t-t_0) \tag{7-15}$$

여기서 L 양단의 전압응답 $v_L(t)$는 L의 전압전류특성에 의해 다음과 같이 구할 수 있다.

$$v_L(t) = L \frac{di_L}{dt} = R_{eq} I_s \, e^{-(t-t_0)/T_c} u(t-t_0) \tag{7-16}$$

식 7-16은 그림 7-26의 회로에서 초기값 $v_L(t_0^+) = R_{eq}[i(t_0^+) - i_L(t_0^+)] = R_{eq} I_s$, 최종값 $V_s = 0$, 시상수 T_c를 구하여 식 7-11에 직접 대입하여 구할 수도 있다. 식 7-15와 식 7-16으로 표시되는 L의 전압, 전류파형을 그래프로 나타내면 그림 7-27과 같다. 이 그림을 보면 L의 전압파형은 스위칭 시점에서 불연속이지만, 전류파형은 연속임을 알 수 있다.

이 절에서는 RC직렬회로와 RL병렬회로의 계단응답을 구해보았는데 결과를 정리하면, 두 회로 사이에서도 쌍을 이루면서 대응하는 성질, 즉 쌍대성(duality)이 나타나는 것을 알 수 있다. 대응관계를 정리해보면 3.4절에서 다룬 표 3-1의 쌍대성 외에 C와 L이 대응되고, 직렬연결과 병렬연결이 대응된다. 따라서 표 3-1의 쌍대성에 C와 L, 직렬과 병렬의 대응관계가 추가된다.

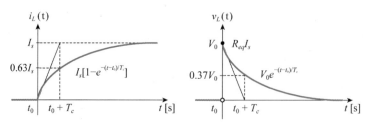

그림 7-27 RL회로 계단응답 전압전류 파형

2. 펄스입력과 응답

펄스신호(pulse signal)란 짧은 시간 동안 존재하다 사라지는 신호를 말하며, 그림 7-28과 같이 지속시간(duration) 동안의 신호값이 일정한 경우에 **사각펄스(rectangular pulse)**라고 하고, 펄스의 크기가 1인 경우에 **단위펄스(unit pulse)**라고 한다.

사각펄스는 항상 계단입력의 차로 표시할 수 있는데, 지속시간이 D인 단위펄스 $u_D(t)$는 다음과 같이 단위계단입력의 차로 표시할 수 있다.

$$u_D(t) = u(t) - u(t - D)$$

그리고 지속구간이 $[t_0, t_1]$이고, 크기가 V_s인 일반 펄스신호는 다음과 같이 표시할 수 있다.

$$v(t) = V_s [u(t - t_0) - u(t - t_1)]$$

따라서 단위펄스입력 $u_D(t)$에 대한 1차회로의 응답은 중첩원리에 의해 $u(t)$에 대한 단위계단응답과 $u(t - D)$에 대한 계단응답의 차로 표시된다.

대상 1차회로에서 시상수가 T_c, 정상상태값이 Y_s인 경우에 계단응답 $y_u(t)$는 식 7-13이나 식 7-15로부터 다음과 같이 결정되므로

$$y_u(t) = Y_s(1 - e^{-t/T_c}) u(t) \tag{7-17}$$

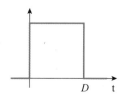

그림 7-28 사각펄스

$u(t-D)$에 대한 계단응답 $y_D(t)$는 식 7-17에서 시간이동을 D만큼 시켜서 구할 수 있다.

$$y_D(t) = Y_s\left[1 - e^{-(t-D)/T_c}\right]u(t-D) \tag{7-18}$$

따라서 1차회로의 펄스응답은 중첩성에 의해 식 7-17과 식 7-18의 차를 구함으로써 다음과 같이 결정된다.

$$y(t) = \begin{cases} Y_s(1 - e^{-t/T_c}), & 0 \le t < D \\ y(D)e^{-(t-D)/T_c}, & t \ge D \end{cases} \tag{7-19}$$

여기서 $y(D) = Y_s(1 - e^{-D/T_c})$이다. 이 펄스응답을 그래프로 나타내보면 그림 7-29와 같다. 식 7-19를 살펴보면 펄스응답은 스위칭 시점 $t=0$과 $t=D$에서 연동스위칭이 있는 경우에 7.3절의 1차회로 해석법을 적용한 결과와 동일함을 알 수 있다.

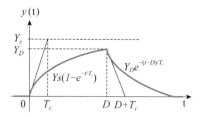

그림 7-29 1차회로 펄스응답 파형

그림 7-30의 회로에서 $t_1 = 100\,\mathrm{ms}$일 때 v를 구하시오.

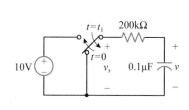

그림 7-30 예제 7-8 회로

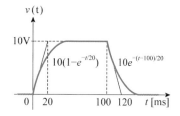

그림 7-31 예제 7-8 응답파형

풀이 위의 회로에서 v_s는 다음과 같이 표현되는 펄스입력으로서

$$v_s(t) = 10[u(t) - u(t-0.1)]$$

$V_s = 10\,\mathrm{V}$이고, 시상수는 $T_c = RC = 200\,\mathrm{k} \times 0.1\,\mu = 20\,\mathrm{ms}$이므로 식 7-19에 의해 v는 다음과 같고, 파형은 그림 7-31과 같다.

$$v(t) = \begin{cases} 10\left(1 - e^{-t/0.02}\right), & 0 \le t < 0.1\,\mathrm{s} \\ V_D e^{-(t-0.1)/0.02}, & t \ge 0.1\,\mathrm{s} \end{cases}$$

여기서 $V_D = 10 \times (1 - e^{-5}) \approx 10\,\mathrm{V}$ 이다.

예제 7-9

그림 7-32의 회로에서 i를 구하시오.

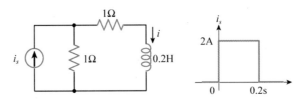

그림 7-32 예제 7-9 회로

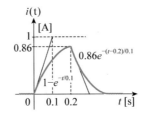

그림 7-33 예제 7-9 결과

풀이 그림 7-32의 회로의 L 양단에서 노턴 등가회로는 단락회로 전류 $\frac{1}{2} i_s$와 $R_t = 2\,\Omega$의 병렬 회로로 볼 수 있으므로

$$\frac{1}{2} i_s(t) = [u(t) - u(t-0.2)]$$

$I_s = 1\,\mathrm{A}$이고, 시상수는 $T_c = \dfrac{L}{R_t} = \dfrac{0.2}{2} = 0.1\,\mathrm{s}$이므로 식 7-19에 의해 i는 다음과 같고, 파형은 그림 7-33과 같다.

$$i(t) = \begin{cases} 1 - e^{-t/0.1}, & 0 \leq t < 0.2\,\mathrm{s} \\ (1 - e^{-2})\,e^{-(t-0.2)/0.1}, & t \geq 0.2\,\mathrm{s} \end{cases}$$

앞의 예제를 통해 식 7-19를 이용하여 펄스응답을 구하는 방법을 익혔는데, 이 예제에서와 같이 C의 전압이나 L의 전류처럼 펄스입력에 대해 응답이 연속인 경우에는 식 7-19를 적용할 수 있지만, 불연속인 경우에는 적용할 수 없다는 점에 주의해야 한다. 이 경우에는 7.4절에서 익힌 연동스위칭 해석법을 적용해야 한다(문제 7.45, 7.46 참조).

7.6 일반입력 1차회로 응답

이 절에서는 1차회로 해석법의 마지막 과제로서 직류가 아닌 일반입력이 전원으로 사용될 때 응답을 구하는 문제를 다루기로 한다. 이 장에서 지금까지 다루었던 1차회로 해석법은 전원입력이 직류인 경우를 전제로 한 것인데, 계단입력이나 펄스입력도 모두 직류전원에 스위치가 연결된 회로로 나타낼 수 있기 때문에 직류전원 1차회로 해석법을 적용할수 있다. 그러나 이 해석법은 전원이 직류가 아닌 일반적인 경우에는 적용할 수 없으며, 다른 방식의 해법을 필요로 한다.

일반입력을 갖는 1차회로의 미분방정식은 다음과 같은 꼴로 나타낼 수 있다.

$$T_c \frac{dy}{dt} + y = y_i, \quad y(t_0) = Y_0 \tag{7-20}$$

여기서 y_i는 전원에 의한 입력함수로서 상수뿐만 아니라 모든 형태의 신호를 취할 수 있는 것으로 가정하며 T_c, t_0, Y_0는 식 7-4에서와 같이 시상수, 초기시점 및 초기값을 나타낸다.

식 7-20의 1차회로 방정식을 풀려면 미분방정식해법을 적용하면 된다. 미분방정식해법에 의하면 동적회로나 시스템의 전체응답은 강제응답과 고유응답의 합으로 표시된다. 여기서 강제응답은 항상 입력함수와 같은 꼴로 나타나는데 상용 입력함수들에 대한 강제응답의 꼴을 정리하면 표 7-2와 같다. 이 표에서 알 수 있듯이 강제응답의 꼴은 정해져 있고 계수만 미정인데, 이 미정계수는 강제응답 함수를 대상회로의 미분방정식 7-20에 대입하여 계수비교법을 적용하면 결정할 수 있다.

반면에 1차회로의 고유응답은 입력함수에 관계없이 시상수 T_c에 의해 항상 다음과 같은 꼴로 나타난다.

$$y_n(t) = A_n e^{-(t-t_0)/T_c} u(t-t_0) \tag{7-21}$$

표 7-2 상용함수에 대한 강제응답

입력함수 $y_i(t)$	강제응답 $y_f(t)$
상수 k	상수 A
지수감쇠함수 $ke^{-\alpha t}$	지수감쇠함수 $Ae^{-\alpha t}$
정현파 $k\sin\omega t$ 또는 $k\cos\omega t$	정현파 $A\sin\omega t + B\cos\omega t$
경사함수 kt	경사함수 $At + B$

여기서 A_n은 고유응답의 미정계수이며, 전체응답의 초기값으로부터 결정할 수 있다. 예를 들어, 다음과 같은 1차미분방정식의 해를 구하는 방법을 살펴보기로 한다.

$$\frac{dy(t)}{dt} + 2y(t) = 3e^{-t}u(t), \quad y(0) = 4$$

이 미분방정식의 양변을 2로 나누어 식 7−20의 꼴로 만들면 다음과 같다.

$$0.5\frac{dy(t)}{dt} + y(t) = 1.5e^{-t}u(t), \quad y(0) = 4 \qquad (7-22)$$

여기에서 강제응답은 입력과 같은 꼴이므로 $y_f(t) = Ae^{-t}$로 놓고 식 7−22에 대입하면

$$-0.5Ae^{-t} + Ae^{-t} = 1.5e^{-t} \quad \Rightarrow \quad 0.5A = 1.5$$

미정계수는 $A = 3$이 되어 강제응답은 $y_f = 3e^{-t}u(t)$임을 알 수 있다. 그리고 식 7−22에서 시상수 $T_c = 0.5$이므로 고유응답은 $y_n(t) = A_n e^{-t/0.5}$이고, 전체응답은 다음과 같이 되어

$$y(t) = y_f(t) + y_n(t) = 3e^{-t} + A_n e^{-t/0.5}$$

이것을 식 7−22의 초기조건에 대입하면 $y(0) = 3 + A_n = 4 \Rightarrow A_n = 1$이므로, 전체응답은 다음과 같이 결정된다.

$$y(t) = y_f(t) + y_n(t) = \left(3e^{-t} + e^{-t/0.5}\right)u(t)$$

위에서 살펴본 일반입력에 대한 1차회로 해석의 기본해법을 요약하여 정리하면 다음과 같다.

① 강제응답 $y_f(t)$ 결정 : 표 7−2와 같이 입력함수와 같은 꼴로 놓고 식 7−20에 대입하여 계수비교법을 써서 미정계수를 정함으로써 강제응답을 결정한다.

② 고유응답 $y_n(t)$ 설정 : 대상회로에서 시상수 T_c를 구하여 고유응답의 꼴을 식 7−21과 같이 설정한다.

③ 전체응답 결정 : 전체응답을 $y(t) = y_f(t) + y_n(t) = y_f(t) + A_n e^{-(t-t_0)/T_c}$로 놓고, 여기에 초기조건 $y(t_0) = Y_0$을 적용하여 미정계수를 $A_n = Y_0 - y_f(t_0)$로 정함으로써 전체응답을 결정한다.

예제 7-10

그림 7-34의 회로에서 $v_s(t) = 5tu(t)$일 때 $i(t)$를 구하시오.

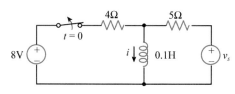

그림 7-34 예제 7-10 회로

풀이 $t < 0$에서 직류에 대해 L은 단락이므로 $i(0^-) = i(0^+) = \dfrac{8}{4} = 2\,\mathrm{A}$이고, $t \geq 0$에서 L이 포함된 망에 KVL을 적용하면 다음과 같은 미분방정식이 유도된다.

$$0.1\frac{di}{dt} + 5i = 5t \quad \Rightarrow \quad 0.02\frac{di}{dt} + i = t, \ i(0) = 2$$

여기서 강제응답은 입력과 같은 형태이므로 $i_f(t) = At + B$를 위의 미분방정식에 대입하여 계수비교를 하면

$$0.02A + At + B = t \quad \Rightarrow \quad A = 1, \ B = 0.02A = -0.02$$

$i_f(t) = t - 0.02$임을 알 수 있다. 그리고 시상수 $T_c = 0.02$이므로 고유응답을 포함한 전체응답은 다음과 같다.

$$i(t) = i_f(t) + i_n(t) = t - 0.02 + A_n e^{-t/0.02}$$

여기에서 초기값 $i(0) = -0.02 + A_n = 2$이므로 $A_n = 2.02$가 되어 전체응답은 다음과 같다.

$$i(t) = t - 0.02 + 2.02e^{-t/0.02}\,[\mathrm{A}], \quad t \geq 0$$

예제 7-11

그림 7-35 회로에서 $i_s(t) = 6.8\cos 2t\, u(t)$일 때 $v(t)$를 구하시오.

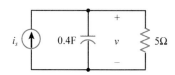

그림 7-35 예제 7-11 회로

풀이 $t < 0$에서 직류에 대해 C는 개방이므로 $v(0^-) = v(0^+) = 0\,\mathrm{V}$이고, $t \geq 0$에서 C가 연결된 마디에 KCL을 적용하면 다음과 같은 미분방정식이 유도된다.

$$0.4\frac{dv}{dt} + \frac{1}{5}v = i_s(t) \quad \Rightarrow \quad 2\frac{dv}{dt} + v = 34\cos 2t, \ v(0) = 0$$

여기서 강제응답은 입력과 같은 형태이므로 $v_f(t) = A\cos 2t + B\sin 2t$를 위의 미분방정식에

대입하여 계수비교를 하면

$$2(-2A\sin2t+2B\cos2t)+A\cos2t+B\sin2t=(A+4B)\cos2t-(4A-B)\sin2t$$

$$=34\cos2t \quad \Rightarrow \quad A=2,\ B=8$$

$v_f(t)=2\cos2t+8\sin2t$ 임을 알 수 있다. 그리고 시상수 $T_c=2\,\mathrm{s}$ 이므로 고유응답을 포함한 전체응답은 다음과 같다.

$$v(t)=v_f(t)+v_n(t)=2\cos2t+8\sin2t+A_ne^{-t/2}$$

여기에서 초기값 $v(0)=2+A_n=0$ 이므로 $A_n=-2$ 가 되어 전체응답은 다음과 같다.

$$v(t)=2\cos2t+8\sin2t-2e^{-t/2}[\mathrm{V}],\quad \mathrm{t}\geq0$$

이 절에서는 일반입력에 대한 1차회로의 응답을 구하기 위해 강제응답과 고유응답으로 나누어 전체응답을 구하는 방식으로 결정하는 해석법을 익혔다. 이 해석법은 선형 미분방정식을 풀어내는 전통적인 방법으로서, 모든 선형회로에 적용할 수는 있지만 응답성분을 구분하거나 초기값 처리 등에서 불편한 점이 있다. 여기서 익힌 해석법의 이러한 불편함을 해소하고 보다 더 쉽고 간편하게 선형회로의 전체응답을 구하는 방법으로 라플라스 변환을 이용한 통합해석법이 있는데, 이 방법에 대해서는 14장에서 익힐 것이다.

01 예제 7−6의 그림 7−19 회로에서 저항양단 전압 v_R를 구하고 연속성을 검토하시오.

02 예제 7−6의 그림 7−19 회로에서 C에 흐르는 전류 i를 구하고 연속성을 검토하시오.

03 그림 p7.3 회로에서 $t = 0$ 이전과 $t = \infty$ 에서 $v_c(t)$를 구하시오.

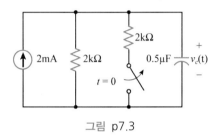

그림 p7.3

04 그림 p7.4 회로에서 $t = 0$ 이전과 $t = \infty$ 에서 $i_L(t)$를 구하시오.

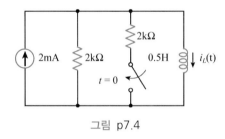

그림 p7.4

05 그림 p7.5 회로에서 $t = 0$ 이전과 $t = \infty$ 에서 $v_c(t)$를 구하시오.

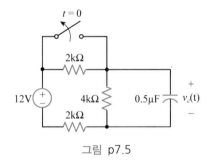

그림 p7.5

06 그림 p7.6 회로에서 $t = 0$ 이전과 $t = \infty$ 에서 $i_L(t)$를 구하시오.

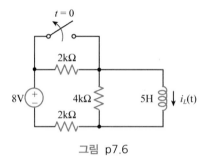

그림 p7.6

07 그림 p7.7 회로에서 $v(t)$를 구하시오.

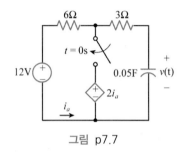

그림 p7.7

08 그림 p7.8 회로에서 $i(t)$를 구하시오.

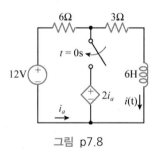

그림 p7.8

09 그림 p7.9 회로에서 $v_o(t)$를 구하시오.

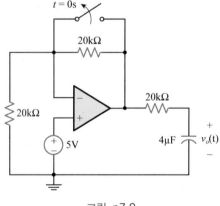

그림 p7.9

10 그림 p7.10 회로에서 $v_o(t)$를 구하시오.

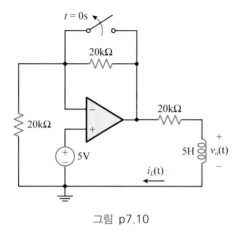

그림 p7.10

11 그림 p7.11 회로에서 $v_o(t)$를 구하시오.

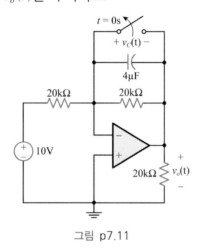

그림 p7.11

12 그림 p7.12 회로에서 $v_o(t)$를 구하시오.

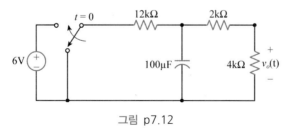

그림 p7.12

13 그림 p7.13 회로에서 $v_C(t)$를 구하시오.

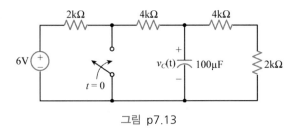

그림 p7.13

14 그림 p7.14 회로에서 $v_C(t)$를 구하시오.

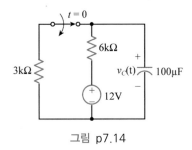

그림 p7.14

15 그림 p7.15 회로에서 $v_C(t)$를 구하시오.

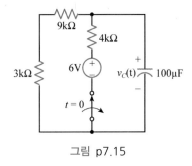

그림 p7.15

16 그림 p7.16 회로에서 $v_C(t)$를 구하시오.

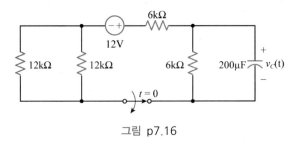

그림 p7.16

17 그림 p7.17 회로에서 $v_o(t)$를 구하시오.

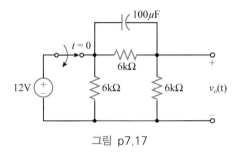

그림 p7.17

18 그림 p7.18 회로에서 $i_o(t)$를 구하시오.

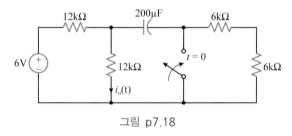

그림 p7.18

19 그림 p7.19 회로에서 $v_C(t)$를 구하시오.

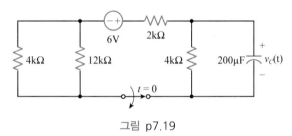

그림 p7.19

20 그림 p7.20 회로에서 $i_o(t)$를 구하시오.

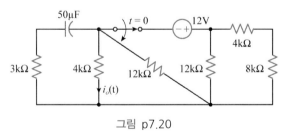

그림 p7.20

21 그림 p7.21 회로에서 $i_o(t)$를 구하시오.

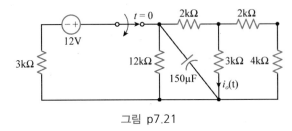

그림 p7.21

22 그림 p7.22 회로에서 $v_o(t)$를 구하시오.

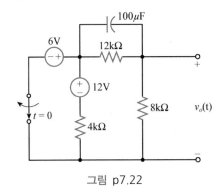

그림 p7.22

23 그림 p7.23 회로에서 $v_o(t)$를 구하시오.

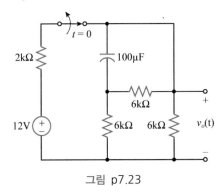

그림 p7.23

24 그림 p7.24 회로에서 $v_o(t)$를 구하시오.

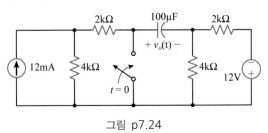

그림 p7.24

25 그림 p7.25 회로에서 $i(t)$를 구하시오.

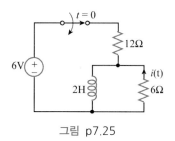

그림 p7.25

26 그림 p7.26 회로에서 $i(t)$를 구하시오.

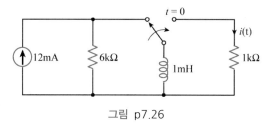

그림 p7.26

27 그림 p7.27 회로에서 $i_o(t)$를 구하시오.

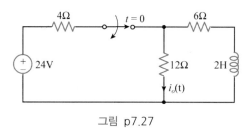

그림 p7.27

28 그림 p7.28 회로에서 $i(t)$를 구하시오.

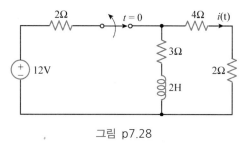

그림 p7.28

29 그림 p7.29 회로에서 $i_o(t)$를 구하시오.

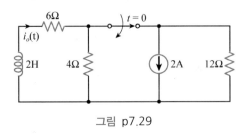

그림 p7.29

30 그림 p7.30 회로에서 $v_o(t)$를 구하시오.

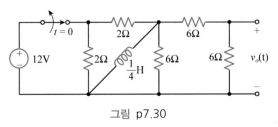

그림 p7.30

31 그림 p7.31 회로에서 $v_o(t)$를 구하시오.

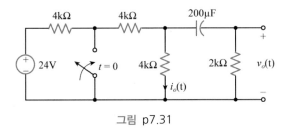

그림 p7.31

32 그림 p7.31 회로에서 $i_o(t)$를 구하시오.

33 그림 p7.33 회로에서 $v_o(t)$를 구하시오.

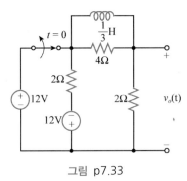

그림 p7.33

34 그림 p7.34 회로에서 $v_o(t)$를 구하시오.

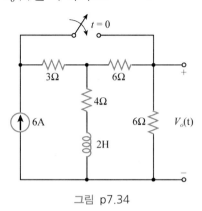

그림 p7.34

35 그림 p7.35 회로에서 $v_o(t)$를 구하시오.

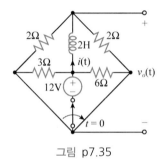

그림 p7.35

36 그림 p7.35 회로에서 $i(t)$를 구하시오.

37 그림 p7.37 회로에서 $v_o(t)$를 구하시오.

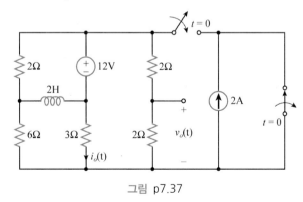

그림 p7.37

38 그림 p7.37 회로에서 $i_o(t)$를 구하시오.

39 그림 p7.39 회로에서 $v_o(t)$를 구하시오.

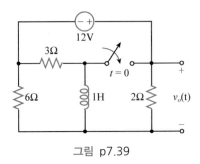

그림 p7.39

40 그림 p7.40 회로에서 $i_o(t)$를 구하시오.

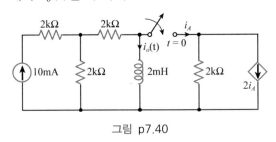

그림 p7.40

41 그림 p7.41 회로에서 $v_o(t)$를 구하시오.

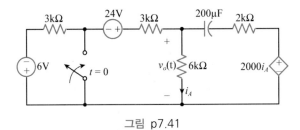

그림 p7.41

42 그림 p7.42 회로에서 $i_L(t)$를 구하시오.

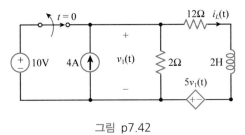

그림 p7.42

43 그림 p7.43 회로에서 $i_o(t)$를 구하시오.

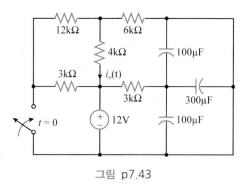

그림 p7.43

44 그림 p7.44 회로에서 $i_o(t)$를 구하시오.

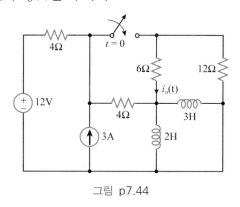

그림 p7.44

45 그림 p7.45 회로에서 $v_i(t) = 10[u(t) - u(t - 0.05)]$일 때 $v_o(t)$를 구하시오.

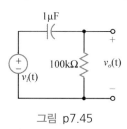

그림 p7.45

46 그림 p7.46 회로 오른쪽 그림과 같은 입력에 대해 $i_o(t)$를 구하시오.

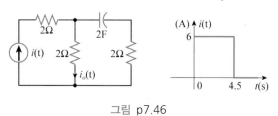

그림 p7.46

47 그림 p7.47 회로 오른쪽 그림과 같은 입력에 대해 $v_o(t)$를 구하시오.

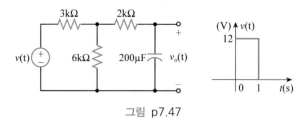

그림 p7.47

48 그림 p7.48 회로 오른쪽 그림과 같은 입력에 대해 $i_L(t)$를 구하시오.

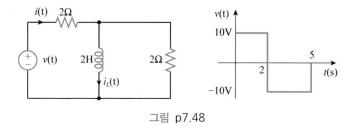

그림 p7.48

49 그림 p7.49의 회로가 $t = 0$ 이전에 정상상태에 있다가 그림과 같은 방식으로 스위칭이 될 경우에 $v(t)$를 구하시오.

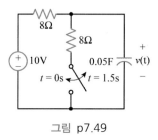

그림 p7.49

50 그림 p7.50의 회로가 $t = 0$ 이전에 정상상태에 있다가 그림과 같은 방식으로 스위칭될 경우에 $i(t)$를 구하시오.

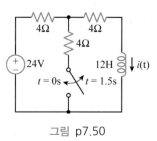

그림 p7.50

51 그림 p7.51의 회로가 $t = 0$ 이전에 정상상태에 있다가 그림과 같은 방식으로 스위칭될 경우에 $i_L(t)$를 구하시오.

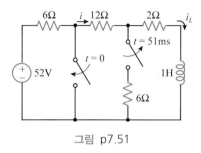

그림 p7.51

52 그림 p7.52 회로에서 i가 정상상태에 도달하는 데 걸리는 시간을 구하시오.

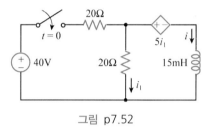

그림 p7.52

53 그림 p7.53 회로에서 용량기 충전전압이 $t = 0$ 이후에 초기전압의 반값에 도달하는 시간을 구하시오.

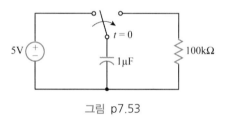

그림 p7.53

54 그림 p7.54 회로에서 $v(t)$를 구하시오.

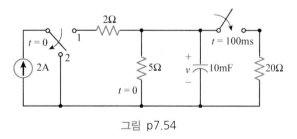

그림 p7.54

55 그림 p7.55 회로에서 $v_C(t)$를 구하시오.

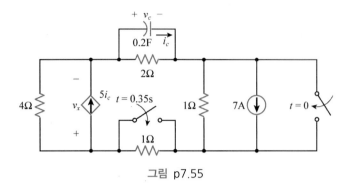

그림 p7.55

56 그림 p7.56 회로에서 $v_C(t)$를 구하시오. 여기서 $u(t)$는 단위계단함수임.

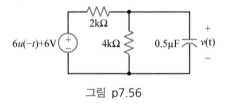

그림 p7.56

57 그림 p7.57 회로에서 $i(t)$를 구하시오. 여기서 $u(t)$는 단위계단함수임.

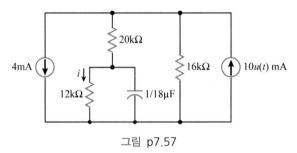

그림 p7.57

58 그림 p7.58 회로에서 $v_C(t)$를 구하시오. 여기서 $u(t)$는 단위계단함수임.

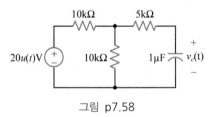

그림 p7.58

59 그림 p7.59 회로의 스위치가 $t < 0$에 닫힌 상태에서 $t = 0$에 열었다가 $t = 0.5\,\text{s}$에 다시 닫을 경우에 $v(t)$를 구하시오.

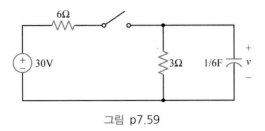

그림 p7.59

60 그림 p7.60 회로에서 $v_C(t)$를 구하시오. 여기서 $u(t)$는 단위계단함수임.

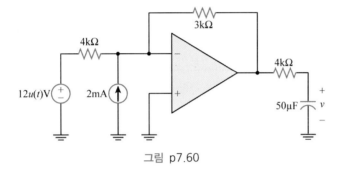

그림 p7.60

61 그림 p7.61 회로에서 $v_1 = 8e^{-5t}u(t)$일 때 $v_C(t)$를 구하시오.

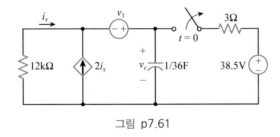

그림 p7.61

62 그림 p7.62 회로에서 $v_1 = (20\sin 4000t)u(t)$일 때 $v(t)$를 구하시오.

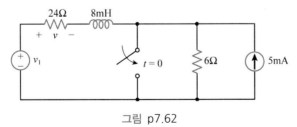

그림 p7.62

63 그림 p7.63 회로 오른쪽 그림과 같은 입력에 대해 $v(t)$를 구하시오.

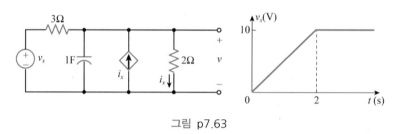

그림 p7.63

64 그림 p7.64 회로에서 $i(t)$를 구하고, $v_{C1}(0^-)=-10$ V일 때 $v_{C2}(0^-)$를 구하시오.

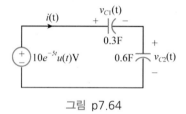

그림 p7.64

65 그림 7-4와 같은 1차회로의 영입력응답곡선은 초기값이 연속인 경우에 어떻게 바뀌는지 나타내시오.

66 그림 7-6과 같은 1차회로의 전체응답곡선은 초기값이 불연속인 경우에 어떻게 바뀌는지 나타내시오.

08 / 2차회로 응답

8.1 서론

7장에서 C나 L 소자를 하나 포함하고 있는 1차회로의 해석법을 익혔다. 이 장에서는 에너지 저장소자인 C나 L을 두 개 포함하는 회로를 다룰 것이다. 7장에서 언급하였듯이 C나 L을 두 개 포함하는 회로는 회로방정식이 2차미분방정식으로 표시되기 때문에 **2차회로**(second-order circuits)라고 한다.

전기회로의 목적은 신호원이 가지고 있는 전기적 신호나 전력을 사용자나 부하 쪽에 전달하기 위한 것이다. 이러한 전기회로의 대표적인 예로는 신호를 전달하는 통신시스템이나 전력을 전달하는 전력시스템을 들 수 있다. 통신 및 전력시스템의 구조는 그림 8-1과 같이 나타낼 수 있는데, 여기서 전송선의 등가회로는 C와 L을 포함하는 동적회로로 표시되기 때문에, 이 시스템을 해석하려면 2차회로 해석법을 필요로 한다. 2차회로는 이와 같은 통신 및 전력시스템 뿐만 아니라 C와 L과 저항의 조합에 따라 여러 가지 기능의 회로를 구성할 수 있으며, OP앰프와 함께 사용하면 훨씬 다양하게 활용할 수 있다.

2차회로 해석을 하기 위해서는 먼저 회로방정식을 세우는 과정이 필요하다. 1차회로의 경우에는 회로에 들어있는 C 양단 전압이나 L에 흐르는 전류를 미지변수로 놓고, C와 L의 전압전류 관계식과 전류법칙과 전압법칙을 적용하면 쉽게 회로방정식을 세울 수 있다.

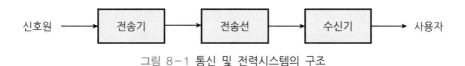

그림 8-1 통신 및 전력시스템의 구조

2차회로에서도 회로방정식을 세울 때 1차회로처럼 C 양단 전압과 L에 흐르는 전류를 미지변수로 놓고 세운다. 그러나 2차회로에서는 C와 L 각각에서 1차 미분방정식이 나타나서 전체 회로방정식의 원형은 두 개의 1차 연립미분방정식 형태가 된다. 이와 같은 연립미분방정식 형태는 컴퓨터를 써서 수치해를 구할 때에는 그대로 사용할 수도 있으나, 필산으로 해를 구할 경우에는 사용하기 어렵기 때문에 이것을 한 개의 2차 미분방정식으로 변형시키는 과정이 선행되어야 한다. 이처럼 2차회로는 1차회로와 달리 회로방정식을 세우는 과정이 조금 복잡해진다.

이렇게 회로 미분방정식이 세워지면 다음 단계에서는 이 미분방정식을 풀어야 한다. 7장에서 익혔듯이 1차회로의 응답에서 강제응답 성분은 입력과 같은 형태이고, 고유응답 성분은 항상 지수감쇠함수로 나타나므로 초기값, 최종값, 시상수 등의 세 가지 상수들만 대상회로로부터 구해내면 쉽게 회로응답을 구할 수 있었다. 2차회로의 경우에도 강제응답 성분은 입력전원과 같은 형태이기 때문에 이를 구하는 방법은 1차회로의 경우와 마찬가지로 미정계수법을 써서 구할 수 있다. 그러나 2차회로의 고유응답 성분은 1차회로의 경우에 나타나는 지수감쇠함수 형태의 한 가지가 아니라 대상회로의 특성에 따라 세 가지로 나타나기 때문에 회로해석법이 1차회로에 비해 조금 복잡해진다.

이 장에서는 먼저 2차회로의 회로방정식을 세우는 방법으로 두 개의 1차 연립미분방정식을 한 개의 2차 미분방정식으로 변형시키는 기법을 익힐 것이다. 그리고 이렇게 세운 2차회로 미분방정식에서 회로의 고유응답과 강제응답을 구하는 방법을 나누어서 다루고, 이어서 이를 통합하여 전체응답을 구하는 방법을 다룰 것이다.

8.2 2차회로의 미분방정식

2차회로란 동적소자인 L이나 C를 축소할 수 없는 상태로 두 개 포함하는 회로를 말한다. 회로방정식이 2차 미분방정식으로 표현되기 때문에 붙여진 이름이다. 여기서 '축소할 수 없는 상태'란 L이나 C 각각이 직렬이나 병렬로 연결되어 등가용량 하나로 축소할 수 있는 경우는 제외한다는 뜻이다. 이처럼 축소 불가능 상태로 연결되어 있으면 L만 둘이거나 C만 둘인 경우와 L 한 개와 C 한 개가 함께 들어있는 회로는 모두 2차회로가 된다.

2차회로에서 L에 흐르는 전류와 C에 걸린 전압을 미지변수로 잡고 회로방정식을 세우면 2차 미분방정식의 꼴로 회로특성이 표시된다. 그러면 2차회로의 기본적인 예로 RLC 직렬회로와 병렬회로를 대상으로 다루면서 회로방정식이 어떻게 유도되는가 살펴보기로 한다.

1. RLC 직렬회로

그림 8-2와 같은 RLC 직렬회로에서 L에 흐르는 전류를 i_L, C 양단의 전압을 v_C라 놓고, 각 소자의 전압전류를 그림과 같이 지정하면 회로 연결상태에 따라 전류법칙과 전압법칙에 의해 다음과 같은 회로방정식이 성립한다.

$$i_C = i_L$$
$$v_L = v_s - Ri_L - v_C \tag{8-1}$$

여기서 C와 L의 동적특성에 의해 $i_C = C dv_C/dt$, $v_L = L di_L/dt$이므로 이것을 식 8-1에 대입하면 다음과 같은 미분방정식이 성립한다.

$$C\frac{dv_C}{dt} = i_L \tag{8-2}$$

$$L\frac{di_L}{dt} = v_s - Ri_L - v_C \tag{8-3}$$

이 식은 회로변수 두 개에 관한 1차 연립 미분방정식의 형태인데, 이러한 형태를 **상태방정식(state equation)**이라 하며, 시스템이론이나 수치해석 분야에서는 이 형태를 시스템 표현법으로 자주 사용한다. 그러나 이 형태는 필산에는 적합하지 않기 때문에 필산으로 풀기 위해서는 회로변수 한 개에 관한 미분방정식으로 바꿔야 한다.

먼저 식 8-2에서 $i_L = C dv_C/dt$이므로 이 관계식을 식 8-3의 i_L에 대입하여 정리하면 다음과 같이 v_C에 관한 2차미분방정식을 얻을 수 있다.

$$\frac{d^2 v_C}{dt^2} + \frac{R}{L}\frac{dv_C}{dt} + \frac{1}{LC}v_C = \frac{1}{LC}v_s \tag{8-4}$$

다른 방법으로는 식 8-3의 양변을 한 번 미분한 다음, 우변에 나타나는 dv_C/dt 대신에 식 8-2로부터 i_L/C를 대입하면 다음과 같이 i_L에 관한 2차미분방정식을 구할 수 있다.

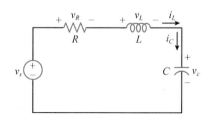

그림 8-2 RLC 직렬회로

$$\frac{d^2 i_L}{dt^2} + \frac{R}{L}\frac{di_L}{dt} + \frac{1}{LC}i_L = \frac{1}{L}\frac{dv_s}{dt} \tag{8-5}$$

앞에서 구한 두 개의 미분방정식 식 8-4와 식 8-5를 살펴보면 두 식의 회로변수가 서로 다르지만 미분방정식 좌변의 계수들은 서로 일치한다는 것을 알 수 있다. 이와 같은 경우에 미분방정식해법을 적용해보면 두 회로변수의 고유응답 성분의 형태가 같게 된다는 것을 알 수 있다.

2. RLC 병렬회로

이번에는 그림 8-3과 같은 RLC 병렬회로에서 회로방정식을 세워보기로 한다. RLC 직렬회로에서와 마찬가지로 L에 흐르는 전류를 i_L, C 양단의 전압을 v_C라 놓고 각 소자의 전압전류를 그림과 같이 지정하면 병렬 연결상태에 따라 전압법칙과 전류법칙에 의해 다음과 같은 회로방정식이 성립한다.

$$v_L = v_C$$

$$i_C = i_s - \frac{v_C}{R} - i_L \tag{8-6}$$

여기서 L과 C의 동적특성에 의해 $v_L = L di_L/dt$, $i_C = C dv_C/dt$이므로 이것을 식 8-6에 대입하면 다음과 같은 1차연립 미분방정식이 유도된다.

$$L\frac{di_L}{dt} = v_C \tag{8-7}$$

$$C\frac{dv_C}{dt} = i_s - \frac{v_C}{R} - i_L \tag{8-8}$$

두 변수에 관한 연립미분방정식을 한 변수에 대한 미분방정식으로 바꾸기 위해 식 8-7의 v_C를 식 8-8에 대입하면 다음과 같이 i_L에 관한 2차미분방정식을 구할 수 있다.

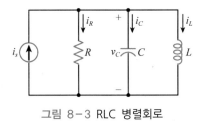

그림 8-3 RLC 병렬회로

$$\frac{d^2 i_L}{dt^2} + \frac{1}{RC}\frac{d i_L}{dt} + \frac{1}{LC}i_L = \frac{1}{LC}i_s \tag{8-9}$$

또는 식 8-8의 양변을 한 번 미분한 다음, 우변에 나타나는 $d i_L / dt$ 대신에 식 8-7로부터 v_C / L를 대입하여 정리하면 다음과 같이 v_C에 관한 2차미분방정식을 구할 수 있다.

$$\frac{d^2 v_C}{dt^2} + \frac{1}{RC}\frac{d v_C}{dt} + \frac{1}{LC}v_C = \frac{1}{C}\frac{d i_s}{dt} \tag{8-10}$$

위에서 유도하였듯이 그림 8-3의 RLC 병렬회로에 대한 회로방정식은 식 8-9나 식 8-10으로 나타난다. 이 두 식을 비교해보면 이 경우에도 미분방정식 좌변의 계수들이 서로 일치하며, 고유응답 성분이 같은 형태가 될 것임을 알 수 있다. 이와 같은 현상은 대상회로가 같은 경우에 회로 자체의 고유한 특성이 같기 때문에 나타나는 것이며, 회로변수로 어떤 것을 잡더라도 회로미분방정식의 계수들이 서로 일치하게 된다.

8.3 2차회로 방정식 설정법

이 절에서는 일반 2차회로망에서 회로방정식을 세우는 방법을 익히기로 한다. 앞절에서는 2차회로 중에 가장 기본적인 경우에 해당하는 RLC 직렬회로와 병렬회로를 대상으로 2차회로 방정식을 세우는 과정을 살펴보았다. 이 과정은 먼저 C 양단 전압과 L에 흐르는 전류를 회로변수로 지정하고, 각각에 대한 1차 미분방정식을 두 개 유도하여 연립미분방정식을 설정하는 것으로 시작된다. 두 회로변수에 대한 연립미분방정식에서 한 개의 변수를 소거하면 나머지 변수에 대한 2차 미분방정식을 구할 수 있다.

연립미분방정식에서 회로변수를 소거하는 방법으로는 두 가지가 있다. 첫 번째 방법은 연립미분방정식 관계식 하나를 적절히 변형하고, 이것을 다른 식에 직접 대입하여 회로변수 한 개를 소거하는 방식인데, 이것을 **직접법**(direct method)이라고 한다. 두 번째 방법은 연립미분방정식을 연산자에 의해 연립 대수방정식으로 바꿔서 처리하는 것으로, **연산자법** (operator method)이라 한다. 이 두 가지 방법 각각에 대해 정리하기로 한다.

1. 직접법

직접법은 먼저 C 양단 전압과 L에 흐르는 전류를 회로변수로 지정하고, 각각에 대한 1차 미분방정식을 두 개 유도한 다음, 여기서 한 개의 변수를 소거함으로써 2차 미분방정식을 얻는 방식으로 구성된다. 이와 같은 방식은 연립미분방정식 자체에서 직접 대입에 의해 한 개의 변수를 없애는 절차를 거치기 때문에 **직접법(direct method)**이라고 한다. 이 방법을 요약하면 다음과 같다.

■ 직접법 처리절차

① 옴의 법칙과 키르히호프의 법칙을 써서 i_C와 v_L을 v_C, i_L 및 전원의 함수로 나타낸다.

② $i_C = C dv_C/dt$, $v_L = L di_L/dt$의 관계를 이용하여 한쌍의 1차 연립미분방정식을 얻는다.

③ 연립미분방정식에서 v_C, i_L 가운데 하나를 없애고 2차미분방정식을 얻는다.

④ 필요하면 이 미분방정식으로부터 회로 내의 대상변수에 관한 방정식을 구한다.

이 방법을 적용하는 과정에서 ①, ②, ④의 단계는 쉽게 처리되지만, 단계 ③에서 회로변수 중에 하나를 없애고 2차미분방정식을 유도하는 과정이 회로에 따라 쉽게 처리되지 않고 어려울 수 있다. 몇 가지 예제를 통해 이 방법의 적용과정을 익히기로 한다.

예제 8-1

그림 8-4의 2개 코일로 구성된 회로에서 i_2에 관한 회로방정식을 유도하시오.

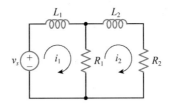

그림 8-4 예제 8-1의 회로

풀이 그림과 같이 망전류를 지정하였을 때 각 망에서 전압법칙에 따라 망방정식을 세우면 다음과 같다.

$$L_1 \frac{di_1}{dt} + R_1(i_1 - i_2) = v_s$$

$$L_2 \frac{di_2}{dt} + R_1(i_2 - i_1) + R_2 i_2 = 0$$

(8-11)

위의 두 식을 서로 더하면 다음과 같은 관계식을 얻는다.

$$L_1 \frac{di_1}{dt} = v_s - L_2 \frac{di_2}{dt} - R_2 i_2 \qquad (8-12)$$

여기서 식 8-11의 둘째 식의 양변을 한번 미분한 다음에 식 8-12를 대입하면 i_2에 관한 회로방정식을 다음과 같이 구할 수 있다.

$$L_2 \frac{d^2 i_2}{dt^2} + \left(R_1 + R_2 + \frac{L_2}{L_1} R_1 \right) \frac{di_2}{dt} + \frac{R_1 R_2}{L_1} i_2 = \frac{R_1}{L_1} v_s \qquad (8-13)$$

예제 8-2

그림 8-5와 같이 LC로 구성된 회로에서 i_2에 관한 회로방정식을 유도하시오.

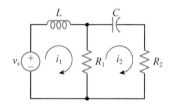

그림 8-5 예제 8-2의 회로

풀이 대상회로에서 망방정식을 세우면 다음과 같다.

$$L \frac{di_1}{dt} + R_1 (i_1 - i_2) = v_s$$

$$\qquad (8-14)$$

$$R_1 (i_2 - i_1) + \frac{1}{C} \int i_2 dt + R_2 i_2 = 0$$

위의 두 식을 서로 더하면 다음과 같은 관계식을 얻는다.

$$L_1 \frac{di_1}{dt} = v_s - \frac{1}{C} \int i_2 dt - R_2 i_2 \qquad (8-15)$$

여기서 식 8-14 둘째 식의 양변을 한 번 미분한 다음에 식 8-15를 대입하면 i_2에 관한 회로방정식을 다음과 같이 구할 수 있다.

$$(R_1 + R_2) \frac{di_2}{dt} + \frac{1}{C} i_2 - \frac{R_1}{L} \left(v_s - \frac{1}{C} \int i_2 dt - R_2 i_2 \right) = 0$$

$$\qquad (8-16)$$

$$(R_1 + R_2) \frac{d^2 i_2}{dt^2} + \left(\frac{1}{C} + \frac{R_1 R_2}{L} \right) \frac{di_2}{dt} + \frac{R_1}{LC} i_2 = \frac{R_1}{L} \frac{dv_s}{dt}$$

앞의 예제를 통해서 알 수 있듯이 직접법을 적용하는 경우에는 ③의 단계가 대상회로에 따라 복잡하기 때문에 세심한 주의를 필요로 한다. 직접법에서 이러한 문제점을 보완하는

방법이 다음에서 다룰 연산자법이다.

2. 연산자법

연산자법은 직접법에서 제일 복잡한 과정이라 할 수 있는 단계 ③의 과정을 연산자에 의해 쉽게 처리하는 방식이다. 이 방법의 핵심은 미분방정식에 나타나는 미분연산을 $s = d/dt$의 연산자로 대체하는 것인데, 이 과정을 거치면 미분방정식은 s에 관한 대수방정식으로 바뀌게 되어 후속 처리가 쉬워진다. 이 방법은 영국의 전기기술자인 헤비사이드 (Heaviside)가 제안한 것으로서, 13장에서 다룰 라플라스 변환에 의해 타당성이 입증된 기법이다. 그러면 연산자법에 의한 2차회로 미분방정식을 설정하는 과정을 요약하면 다음과 같다.

- **■ 연산자법 처리절차**
  ① 옴의 법칙과 키르히호프의 법칙을 써서 i_C와 v_L을 v_C, i_L 및 전원의 함수로 나타낸다.
  ② $i_C = C\dfrac{dv_C}{dt}$, $v_L = L\dfrac{di_L}{dt}$의 관계를 이용하여 한쌍의 1차 연립미분방정식을 얻는다.
  ③ $s = \dfrac{d}{dt}$, $\dfrac{1}{s} = \displaystyle\int dt$의 관계로 표시되는 연산자를 써서 1차 연립미분방정식을 1차 연립대수방정식으로 바꾼다. 단 회로변수는 변환상태를 구분하기 위해 대문자로 표시한다.
  ④ 연립 대수방정식에서 대수적 연산에 의해 한 변수를 소거하여 나머지 변수에 대한 한 개의 대수방정식을 구한다.
  ⑤ 연산자 관계식을 써서 대수방정식을 미분방정식으로 바꾼다. 여기서 회로변수는 시간함수로 환원되므로 소문자로 표시한다.

위의 과정에서 단계 ①과 ②는 직접법에서와 똑같은 과정이고, 나머지 단계가 바뀐 것인데, ③의 변환과정과 ⑤의 역변환과정을 거쳐서 직접법에 비해 단계가 하나 늘어나기 때문에 겉보기에는 복잡해 보인다. 그렇지만 이 과정의 처리내용이 단순한 대입이나 대수적 연산에 의해 이루어지기 때문에, 회로방정식 설정과정 전체가 직접법에 비해 쉽게 이루어진다. 다음의 몇 가지 예제를 통해 이를 확인해보기로 한다.

예제 8-3

예제 8-1에서 다룬 그림 8-4의 회로방정식을 연산자법을 써서 유도하시오.

풀이 연산자법에서 대상회로의 망방정식을 세우는 과정까지는 직접법과 동일하므로, 식 8-11의 1차 연립미분방정식에서 출발하기로 한다. 이 식에 연산자를 적용하면 다음과 같은 대수방정식을 구할 수 있다.

$$(L_1 s + R_1) I_1 - R_1 I_2 = V_s$$
$$- R_1 I_1 + (L_2 s + R_1 + R_2) I_2 = 0 \tag{8-17}$$

이 1차연립 대수방정식에서 I_1을 소거하면 다음과 같은 대수방정식을 얻을 수 있다.

$$\left[(L_1 s + R_1)(L_2 s + R_1 + R_2) - R_1^2 \right] I_2 = R_1 V_s$$

$$\Rightarrow \left\{ L_1 L_2 s^2 + [L_1(R_1 + R_2) + L_2 R_1] s + R_1 R_2 \right\} I_2 = R_1 V_s$$

이 식에서 연산자 s를 미분연산으로 바꾸면 다음과 같은 2차 미분방정식이 나오는데

$$L_1 L_2 \frac{d^2 i_2}{dt^2} + \left[L_1(R_1 + R_2) + L_2 R_1 \right] \frac{di_2}{dt} + R_1 R_2 i_2 = R_1 v_s \tag{8-18}$$

이 결과는 예제 8-1에서 구한 식 8-13과 같음을 알 수 있다.

예제 8-4

예제 8-2에서 다룬 그림 8-5의 회로방정식을 연산자법으로 구하시오.

풀이 대상회로의 망방정식은 식 8-14와 같으므로 이 식에 연산자를 적용하여 변환하면 다음의 연립 대수방정식을 얻을 수 있다.

$$(Ls + R_1) I_1 - R_1 I_2 = V_s$$
$$- R_1 I_1 + \left(\frac{1}{Cs} + R_1 + R_2 \right) I_2 = 0 \tag{8-19}$$

이 연립 대수방정식에서 I_1을 소거하면 다음과 같은 대수방정식을 얻을 수 있다.

$$\left[(Ls + R_1)\left(\frac{1}{Cs} + R_1 + R_2 \right) - R_1^2 \right] I_2 = R_1 V_s$$

$$\Rightarrow \left[L(R_1 + R_2) s^2 + \left(\frac{L}{C} + R_1 R_2 \right) s + \frac{R_1}{C} \right] I_2 = R_1 s V_s$$

이 식에서 연산자 s를 미분연산으로 바꾸면 다음과 같은 2차 미분방정식이 나오는데

$$L(R_1 + R_2) \frac{d^2 i_2}{dt^2} + \left(\frac{L}{C} + R_1 R_2 \right) \frac{di_2}{dt} + \frac{R_1}{C} i_2 = R_1 \frac{dv_s}{dt} \tag{8-20}$$

이 결과는 예제 8-2에서 구한 식 8-16과 같음을 알 수 있다.

그림 8-6의 회로에서 $R_1 = 1\,\text{k}\Omega$, $R_2 = 2\,\Omega$, $L = 0.1\,\text{H}$, $C = 1\,\text{mF}$일 때 전류 i에 대한 미분방정식을 구하시오.

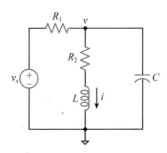

그림 8-6 예제 8-5의 회로

풀이 대상회로에서 기준마디와 마디전압을 그림 8-6에서와 같이 지정하면 다음과 같은 마디방정식을 얻을 수 있다.

$$\frac{v}{R_1} + i + C\frac{dv}{dt} = \frac{v_s}{R_1} \tag{8-21}$$

여기서 마디전압 v와 전류 i 사이에는 다음의 관계가 성립한다.

$$v = R_2 i + L\frac{di}{dt} \tag{8-22}$$

식 8-21과 식 8-22에 연산자를 적용하면 다음과 같은 연립 대수방정식을 구할 수 있다.

$$\left(Cs + \frac{1}{R_1}\right)V + I = \frac{V_s}{R_1}$$

$$V = (Ls + R_2)I$$

이 식을 I에 관하여 정리한 다음

$$\left[\left(Cs + \frac{1}{R_1}\right)(Ls + R_2) + 1\right]I = \frac{V_s}{R_1}$$

$$\Rightarrow \left[LCs^2 + \left(\frac{L}{R_1} + R_2 C\right)s + \left(\frac{R_2}{R_1} + 1\right)\right]I = \frac{V_s}{R_1} \tag{8-23}$$

식 8-23에 회로상수들을 대입하여 정리하면 대상회로 방정식은 다음과 같은 2차 미분방정식으로 표시된다.

$$\frac{d^2 i}{dt^2} + 21\frac{di}{dt} + 1.002 \times 10^4 i = 10 v_s \tag{8-24}$$

2차회로의 고유응답

8.3절에서 익힌 회로방정식 설정법을 적용하면 2차회로 미분방정식의 일반형은 다음과 같이 표시된다.

$$a_2 \frac{d^2 y}{dt^2} + a_1 \frac{dy}{dt} + a_0 y = r(t) \tag{8-25}$$

식 8-25의 양변을 최고차항 계수 a_2로 나눈 다음 정리하면 2차회로 미분방정식은 다음과 같은 표준형으로 나타낼 수 있다.

$$\frac{d^2 y}{dt^2} + 2\alpha \frac{dy}{dt} + \omega_n^2 y = f(t) \tag{8-26}$$

여기서 α를 **감쇠계수(damping coefficient)**, ω_n을 **고유주파수(natural frequency)**라 하는데, 이 용어의 의미는 뒤에서 설명할 것이다. 이 미분방정식을 풀어서 전체 해를 구하기 위해서는 회로변수의 초기값 $y(0)$와 $\dot{y}(0)$을 필요하며, 이 초기값들은 주어지거나 대상회로의 스위칭 조건으로부터 6.4절에서 다룬 기법을 적용하여 구할 수 있다.

식 8-26으로 표시되는 2차회로 미분방정식에서 전체 해는 다음과 같이 강제응답 $y_f(t)$와 고유응답 $y_n(t)$로 이루어지는데,

$$y(t) = y_f(t) + y_n(t)$$

이 중에 강제응답을 구하는 방법은 8.5절에서 다룰 것이며, 고유응답을 구하는 방법을 먼저 다루기로 한다.

강제입력이 없을 때, 즉 $f(t) = 0$일 때 고유응답은 다음의 2차미분방정식을 만족한다.

$$\frac{d^2 y_n}{dt^2} + 2\alpha \frac{dy_n}{dt} + \omega_n^2 y_n = 0 \tag{8-27}$$

여기서 양변에 연산자 변환을 하면 식 8-27은 다음과 같이 바뀌는데

$$\left(s^2 + 2\alpha s + \omega_n^2 \right) Y_n = 0$$

초기값이 모두 0인 경우 외에는 $Y_n \neq 0$이므로 연산자 s는 다음의 방정식을 만족하게 된다.

$$s^2 + 2\alpha s + \omega_n^2 = 0 \qquad (8-28)$$

이 식을 식 8-27의 2차미분방정식에 대응하는 **특성방정식(characteristic equation)**이라 하는데, 2차미분방정식 해의 특성을 결정짓는 역할을 하기 때문에 붙여진 이름이다.

특성방정식의 근을 **극점(pole)**이라 부르며, 미분방정식의 극점은 고유응답의 꼴을 결정하는 역할을 한다. 식 8-28의 특성방정식은 2차방정식이므로 근의 공식에 의해 2차회로의 극점은 다음과 같이 구해진다.

$$s = p_1 = -\alpha + \sqrt{\alpha^2 - \omega_n^2}$$
$$s = p_2 = -\alpha - \sqrt{\alpha^2 - \omega_n^2} \qquad (8-29)$$

여기서 $p_1 \neq p_2$인 경우에 고유응답은 다음과 같이 지수함수 합의 꼴로 표시되는데

$$y_n(t) = A_1 e^{p_1 t} + A_2 e^{p_2 t}, \quad p_1 \neq p_2 \qquad (8-30)$$

극점 실수부의 부호에 따라 수렴 및 발산 여부가 결정되고, 실수부의 크기에 의해 수렴 및 발산 속도가, 허수부의 크기에 의해 진동주파수가 결정된다.

식 8-30에 의하면 극점 실수부가 음수인 경우, 즉 $\alpha > 0$인 경우에 고유응답은 시간에 따라 감쇠하면서 0으로 수렴하는데, 이러한 경우에 대상회로나 시스템은 **안정(stable)**하다고 말한다. 이 경우에 감쇠속도는 α에 의해 결정되기 때문에 이 계수를 '감쇠계수'라고 하는 것이다. RLC회로에서 저항값이 0보다 큰 경우에 대상회로는 항상 안정한데, 이것은 저항에서 에너지를 소비하기 때문에 나타나는 현상이다. RLC 소자만으로 구성되는 회로에서 저항값은 0보다 크므로 항상 안정하다고 말할 수 있다. 한편 극점 실수부가 양수인 경우, 즉 $\alpha < 0$인 경우에 고유응답은 시간에 따라 발산하는데, 이 경우에 대상회로나 시스템은 **불안정(unstable)**하다고 한다. 저항값이 0보다 작은 경우, 즉 음저항을 갖는 회로에서만 불안정성이 나타날 수 있는데, 종속전원이나 증폭기가 포함되는 회로에서 등가저항이 음저항이 되는 경우가 이에 해당된다. 그렇지만 종속전원이나 증폭기가 포함되더라도 등가저항이 양저항인 경우에 대상회로는 안정하다.

극점 실수부가 음이면서 허수부가 0이 아닌 경우, 즉 $0 < \alpha < \omega_n$일 때 식 8-30에서 대상회로의 고유응답은 감쇠하면서 진동하게 된다. 그리고 $\alpha = 0$인 경우에는 극점이 순허수가 되면서 고유응답은 완전 정현파 진동을 하며, 진동주파수가 ω_n이 된다. 이러한 까닭에 ω_n을 '고유주파수'라고 하는 것이다. 이상과 같이 극점에 따라 고유응답의 꼴이 달라지는

표 8-1 극점위치와 고유응답의 형태

계수조건	극점의 형태	고유응답 형태	파 형
$\alpha > \omega_n$	서로 다른 두 음실근	과감쇠(overdamped)	단조 지수감쇠
$\alpha = \omega_n$	음중근	임계감쇠(critically damped)	지수감쇠
$0 < \alpha < \omega_n$	복소근	부족감쇠(underdamped)	지수감쇠 정현파
$\alpha = 0$	순허근	완전진동(complete oscillation)	정현파
$\alpha < 0$	우반평면 극점	불안정(unstable)	발산

데 지금까지 살펴본 내용을 정리하면 표 8-1과 같다. 이러한 고유응답의 꼴에 따라서 2차회로 미분방정식의 고유응답을 확정하는 방법을 익히기로 한다.

1. 과감쇠응답

식 8-28의 특성방정식에서 $\alpha > \omega_n$ 인 경우 극점은 식 8-29에 따라 서로 다른 음의 두 실근이 된다. 이 경우에 해당되는 2차회로의 응답은 다음과 같은 꼴로서

$$y_n(t) = A_1 e^{p_1 t} + A_2 e^{p_2 t} \tag{8-31}$$

극점 p_1 과 p_2 가 모두 음의 실수이므로 단조 지수감쇠함수가 되며, 전형적인 파형은 그림 8-7과 같다. 이 경우에 고유응답 파형에서 진동은 전혀 나타나지 않고 단조적으로 감소하기 때문에 이를 **과감쇠(overdamped)** 응답이라고 한다. 여기서 A_1 과 A_2 는 미정계수로서 대상회로의 초기값으로부터 결정할 수 있다. 그러면 식 8-31의 과감쇠 응답의 형태에서

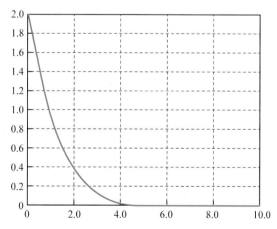

그림 8-7 단조 지수감쇠함수의 전형적 파형(과감쇠)

초기값을 결정하는 방법을 예제를 통해 익히기로 한다.

예제 8-6

그림 8-2의 RLC 직렬회로에서 회로상수가 $R = 3\ \Omega$, $L = 1\ \text{H}$, $C = 0.5\ \text{F}$일 때, 이 회로의 C 양단 전압의 고유응답 $v_n(t)$을 결정하시오. 단 초기값은 $v_n(0) = 2\ \text{V}$, $\dot{v}_n(0) = -1\ \text{V/s}$이다.

풀이 식 8-4로부터 대상회로의 고유응답 $v_n(t)$는 다음 미분방정식을 만족한다.

$$\frac{d^2 v_n}{dt^2} + \frac{R}{L}\frac{dv_n}{dt} + \frac{1}{LC}v_n = 0 \tag{8-32}$$

문제에서 주어진 회로상수로부터 $\alpha = R/2L = 1.5 > \omega_n = 1/\sqrt{LC} = 1.414$ 이므로 과감쇠 고유응답을 나타낸다. 극점은 식 8-29에 의해 $p_1 = -1$, $p_2 = -2$ 이고, 식 8-31의 과감쇠응답 식에 초기값 조건을 적용하면 다음 등식이 만족되므로

$$v_n(0) = A_1 + A_2 = 2$$

$$\frac{dv_n}{dt}(0) = p_1 A_1 + p_2 A_2 = -1$$

연립방정식을 풀면 지수감쇠응답 계수는 $A_1 = 3$, $A_2 = -1$ 이 되어 고유응답은 다음과 같이 결정된다.

$$v_n(t) = 3e^{-t} - e^{-2t}\ \text{V}, \quad t \geq 0$$

예제 8-7

그림 8-8의 2코일 회로에서 회로상수가 $R_1 = 2\ \Omega$, $R_2 = 3\ \Omega$, $L_1 = L_2 = 1\ \text{H}$일 때, 망전류 i_2의 고유응답 $i_{2n}(t)$을 결정하시오. 단 초기값은 $i_{2n}(0^+) = 0\ \text{A}$, $\dot{i}_{2n}(0^+) = 1\ \text{A/s}$이다.

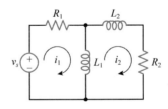

그림 8-8 예제 8-7의 회로

풀이 대상회로의 각 망에서 KVL을 적용하면 다음과 같은 회로방정식을 얻을 수 있다.

$$R_1 i_1 + L_1 \frac{d}{dt}(i_1 - i_2) = v_s$$

$$L_1 \frac{d}{dt}(i_2 - i_1) + L_2 \frac{d}{dt}i_2 + R_2 i_2 = 0$$

이 회로방정식을 다음과 같은 연산자 표현으로 바꾼 다음,

$$(sL_1 + R_1)I_1 - sL_1I_2 = V_s$$

$$-sL_1I_1 + [s(L_1 + L_2) + R_2]I_2 = 0$$

이 식을 I_2에 관한 식으로 축소하면 다음과 같으므로

$$\{(sL_1 + R_1)[s(L_1 + L_2) + R_2] - s^2L_1^2\}I_2 = sL_1V_s$$

i_2는 다음의 미분방정식을 만족함을 알 수 있다.

$$L_1L_2\frac{d^2i_2}{dt^2} + [R_2L_1 + R_1(L_1 + L_2)]\frac{di_2}{dt} + R_1R_2i_2 = L_1\frac{dv_s}{dt} \tag{8-33}$$

따라서 이 식에 회로상수들을 대입하면, i_2의 고유응답은 다음 미분방정식을 만족한다.

$$\frac{d^2i_{2n}}{dt^2} + 7\frac{di_{2n}}{dt} + 6i_{2n} = 0$$

여기서 $\alpha = 7/2 = 3.5 > \omega_n = \sqrt{6}$ 이므로 과감쇠 고유응답을 가짐을 알 수 있고, 특성방정식 $s^2 + 7s + 6 = (s+1)(s+6) = 0$에 의해 극점이 $p_1 = -1$, $p_2 = -6$이므로 고유응답은 다음과 같다.

$$i_{2n}(t) = A_1e^{-t} + A_2e^{-6t}$$

이 응답에 초기조건을 대입하여 미정계수를 구하면

$$i_{2n}(0) = A_1 + A_2 = 0$$

$$\dot{i}_{2n}(0) = -A_1 - 6A_2 = 1$$

$A_1 = 0.2$, $A_2 = -0.2$가 되어 고유응답은 다음과 같이 결정된다.

$$i_{2n}(t) = 0.2e^{-t} - 0.2e^{-6t}\text{A}, \ t \geqq 0$$

2. 임계감쇠응답

식 8-28의 특성방정식에서 $\alpha = \omega_n$인 경우에 극점은 식 8-29에 따라 음의 중근이 된다. 이 경우에 해당되는 2차회로의 응답은 다음과 같은 꼴로서

$$y_n(t) = (A_1 + A_2t)e^{pt} \tag{8-34}$$

극점 p가 음수이므로 지수감쇠함수가 되지만 단조감소는 아니고, 중극점에 의해 t항이 지수감쇠함수에 곱해짐으로써 일시적으로 증가하다가 감소하는 진동구간이 나타나며, 전형적인 파형은 그림 8-9와 같다. 이 경우는 고유응답 파형에서 진동이 나타나는 조건이 단조 지수감쇠 조건의 임계조건에 해당하므로 이를 **임계감쇠(critically damped)** 응답이라

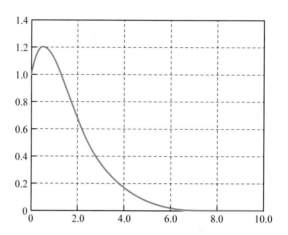

그림 8-9 중극점에 대한 고유응답의 전형적 파형(임계감쇠)

한다. 식 8-34에서 A_1과 A_2는 미정계수로서 과감쇠의 경우와 마찬가지로 대상회로의 초기값으로부터 결정할 수 있다. 그러면 임계감쇠 응답에서 초기값을 결정하는 방법을 예제를 통해 익히기로 한다.

예제 8-8

그림 8-2의 RLC 직렬회로에서 회로상수가 $R = 4\ \Omega$, $L = 1\ \mathrm{H}$, $C = 0.25\ \mathrm{F}$일 때 이 회로 C 양단 전압의 고유응답 $v_n(t)$을 결정하시오. 단 초기값은 $v_n(0) = 1\ \mathrm{V}$, $dv_n(0)/dt = 2\ \mathrm{V/s}$이다.

풀이 대상회로의 고유응답 $v_n(t)$은 식 8-32의 미분방정식을 만족하는데, 주어진 회로상수로부터 $\alpha = R/(2L) = 2 = \omega_n = 1/\sqrt{LC}$ 이므로 극점은 $p_1 = p_2 = p = -2$로서 중근을 가지며, 임계감쇠 고유응답을 나타낸다. 식 8-34의 임계감쇠 고유응답에 초기값을 대입하면

$$v_n(0) = A_1 = 1$$

$$\frac{d}{dt}v_n(0) = -2A_1 + A_2 = 2$$

임계감쇠응답 계수는 $A_1 = 1$, $A_2 = 4$가 되어 고유응답은 다음과 같이 결정된다.

$$v_n(t) = (1+4t)e^{-2t}\ \mathrm{V},\ t \geq 0$$

예제 8-9

어떤 회로의 전류방정식이 다음과 같은 미분방정식으로 나타날 때, 이 회로의 특성방정식, 감쇠계수, 고유주파수와 고유응답의 꼴을 구하시오.

$$0.5\frac{d^2i(t)}{dt^2}+3\frac{di(t)}{dt}+4.5i(t)=3$$

풀이 회로방정식을 표준형으로 표시하면 다음과 같으므로 특성방정식은 다음과 같다.

$$s^2+6s+9=0$$

따라서 감쇠계수는 $\alpha=6/2=3$, 고유주파수는 $\omega_n=\sqrt{9}=3$로 중극점 $p_1=p_2=-3$을 가지므로 고유응답의 꼴은 다음과 같다.

$$i_n(t)=(A_1+A_2t)e^{-3t}, \quad t \geqq 0$$

3. 부족감쇠응답

식 8−28의 특성방정식에서 $0<\alpha<\omega_n$인 경우에 극점은 켤레복소쌍을 이룬다.

$$p_1=-\alpha+j\omega_d, \ p_2=p_1^*=-\alpha-j\omega_d$$

여기서 $\omega_d=\sqrt{\omega_n^2-\alpha^2}$로 정의되며, **감쇠주파수(damped frequency)**라고 한다. 이 경우에 해당되는 2차회로의 고유응답은 식 8−30에 의해 다음과 같이 표시되는데

$$x_n(t)=A_1e^{p_1t}+A_2e^{p_2t}=e^{-\alpha t}\left(A_1e^{j\omega_dt}+A_2e^{-j\omega_dt}\right) \tag{8−35}$$

여기서 복소지수함수 $e^{j\omega_dt}$는 오일러의 공식에 의해 $e^{j\omega_dt}=\cos\omega_dt+j\sin\omega_dt$이므로 고유응답은 다음과 같은 꼴로 표현할 수 있다.

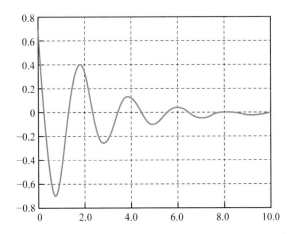

그림 8−10 복소극점에 대한 고유응답의 전형적 파형(부족감쇠)

$$x_n(t) = e^{-\alpha t}(B_1 \cos \omega_d t + B_2 \sin \omega_d t) \tag{8-36}$$

지수감쇠 정현파로 나타나면 전형적인 파형은 그림 8-10과 같다. 이 경우에 고유응답 파형은 크기가 지수적으로 감소하지만 감쇠가 덜 되어 진동성분이 나타나기 때문에 **부족감쇠(underdamped)** 응답이라고 한다. 식 8-36에서 미정계수 B_1과 B_2는 다른 경우와 마찬가지로 대상회로의 초기값으로부터 결정할 수 있다.

예제 8-10

그림 8-2의 RLC 직렬회로에서 회로상수가 $R = 2\ \Omega$, $L = 1$ H, $C = 0.2$ F일 때, 이 회로 C 양단 전압의 고유응답 $v_n(t)$을 결정하시오. 단 초기값은 $v_n(0) = 1$ V, $\dot{v}_n(0) = 2$ V/s이다.

풀이 대상회로의 고유응답 $v_n(t)$은 식 8-32의 미분방정식을 만족하며 주어진 회로상수로부터 $\alpha = R/(2L) = 1 < \omega_n = 1/\sqrt{LC} = \sqrt{5}$ 이므로 극점은 $p_1 = p_2^* = -1 + j2$ 로서 켤레복소근을 가지며, $\alpha = 1$, $\omega_d = 2$인 부족감쇠 고유응답을 나타낸다. 식 8-36의 부족감쇠 고유응답에 초기값을 대입하면

$$v_n(0) = B_1 = 1$$

$$\frac{dv_n}{dt}(0) = -B_1 + 2B_2 = 2$$

임계감쇠응답 계수는 $B_1 = 1$, $B_2 = 1.5$가 되며, 고유응답은 다음과 같이 결정된다.

$$v_n(t) = e^{-t}(\cos 2t + 1.5 \sin 2t)\ \text{V}, \quad t \geq 0$$

예제 8-11

그림 8-3의 RLC 병렬회로에서 회로상수가 $R = 2\ \Omega$, $L = 1$ H, $C = 0.2$ F일 때, 이 회로의 L에 흐르는 전류의 고유응답 $i_n(t)$을 결정하시오. 단 초기값은 $i_n(0) = 0.5$ A, $\dot{i}_n(0) = 1$ A/s이다.

풀이 대상회로의 고유응답 $i_n(t)$은 식 8-9에서 $i_s = 0$인 경우의 미분방정식을 만족하는데, 주어진 회로상수를 대입하면

$$\frac{d^2 i_n}{dt^2} + 2.5 \frac{di_n}{dt} + 5i_n = 0$$

$\alpha = 2.5/2 = 1.25 < \omega_n = \sqrt{5}$ 이므로 극점은 $p_1 = p_2^* = -1.25 + j1.85$로서 켤레복소근을 가지며, $\alpha = 1.25$, $\omega_d = 1.85$인 부족감쇠 고유응답을 나타낸다. 식 8-36의 부족감쇠 고유응답에 초기값을 대입하면

$$i_n(0) = B_1 = 0.5$$

$$\frac{di_n}{dt}(0) = -1.25B_1 + 1.85B_2 = 1$$

임계감쇠응답 계수는 $B_1 = 0.5$, $B_2 = 0.878$ 가 되며, 고유응답은 다음과 같이 결정된다.

$$i_n(t) = e^{-1.25t}(0.5\cos 1.85t + 0.878\sin 1.85t) \text{ A}, \quad t \geq 0$$

감쇠계수가 0인 경우에는 식 8−28의 특성방정식에서 극점은 $s = \pm j\omega_n$ 으로서 순허수가 되며, 고유응답은 진폭이 감쇠하지 않고 일정한 완전 정현파가 된다. 이 경우의 고유응답의 꼴은 식 8−36에서 $\alpha = 0$을 대입한 형태인 $y_n(t) = B_1\cos\omega_n t + B_2\sin\omega_n t$ 가 되며, 이 형태에서 미정계수 B_1과 B_2를 대상회로의 초기값으로부터 결정함으로써 고유응답을 구할 수 있다. 그리고 $\alpha < 0$인 경우는 불안정한 회로가 되는데, 이러한 회로는 실제의 경우에 사용하지 않으므로 다루지 않기로 한다.

8.5 2차회로 강제응답

이 절에서는 2차회로 미분방정식의 강제응답을 구하는 기법을 익힐 것이다. 2차회로 미분방정식에서 강제응답 $y_f(t)$는 다음과 같은 미분방정식을 만족하는 함수로 정의할 수 있다.

$$\frac{d^2 y_f}{dt^2} + a_1\frac{dy_f}{dt} + a_0 y_f = f(t), \quad \dot{y}_f(t_0) = y_f(t_0) = 0 \tag{8-37}$$

미분방정식해법에 의하면 선형상계수 미분방정식에서 강제응답의 꼴은 입력함수와 같으며, 상용함수들에 대한 강제응답의 꼴을 요약하면 표 7−2와 같다. 강제응답을 구하는 방법은 7장의 1차회로에서와 같이 입력함수의 형태에 맞추어 강제응답 함수를 미정계수를 써서 설정한 다음, 이 강제응답 함수를 대상 미분방정식 식 8−37에 대입하여 계수비교법에 의해 미정계수를 구함으로써 결정하는 절차로 이루어진다.

그림 8 – 2의 RLC 직렬회로에서 회로상수가 $R = 3\ \Omega$, $L = 1$ H, $C = 0.5$ F일 때, 이 회로의 C양단 전압의 강제응답 $v_f(t)$ 을 결정하시오. 단 $v_s(t) = 10\cos 2t$ V이다.

풀이 식 8 – 4로부터 대상회로의 강제응답 $v_f(t)$ 는 다음 미분방정식을 만족한다.

$$\frac{d^2 v_f}{dt^2} + \frac{R}{L}\frac{dv_f}{dt} + \frac{1}{LC}v_f = \frac{1}{LC}v_s(t)$$

$$\Rightarrow \frac{d^2 v_f}{dt^2} + 3\frac{dv_f}{dt} + 2v_f = 2v_s(t)$$

(8 – 38)

강제응답은 전원전압과 같은 꼴이므로 표 7 – 2에 따라 $v_f(t) = K_1\cos 2t + K_2\sin 2t$로 놓고 식 8 – 38에 대입하면 다음과 같다.

$$(-4K_1\cos 2t - 4K_2\sin 2t) + 3(-2K_1\sin 2t + 2K_2\cos 2t) + 2(K_1\cos 2t + K_2\sin 2t) = 20\cos 2t$$

$$\Rightarrow (-2K_1 + 6K_2)\cos 2t - (6K_1 + 2K_2)\sin 2t = 20\cos 2t$$

계수비교법을 적용하면 $K_1 = -1$, $K_2 = -3$이고, 강제응답은 다음과 같이 결정된다.

$$v_f(t) = -\cos 2t - 3\sin 2t \text{ V}$$

그림 8 – 3의 RLC 병렬회로에서 회로상수가 $R = 2\ \Omega$, $L = 1$ H, $C = 0.25$ F일 때, L에 흐르는 전류의 강제응답 $i_f(t)$을 결정하시오. 단 $i_s(t) = 2.5e^{-t/2}$ A이다.

풀이 식 8 – 9에 의하면 대상회로의 강제응답 $i_f(t)$는 다음 미분방정식을 만족한다.

$$\frac{d^2 i_L}{dt^2} + \frac{1}{RC}\frac{di_L}{dt} + \frac{1}{LC}i_L = \frac{1}{LC}i_s$$

$$\Rightarrow \frac{d^2 i_f}{dt^2} + 2\frac{di_f}{dt} + 4i_f = 4i_s(t)$$

(8 – 39)

강제응답은 전원전압과 같은 꼴이므로 표 7 – 2에 따라 $i_f(t) = Ke^{-t/2}$로 놓고 식 8 – 39에 대입하면 다음과 같다.

$$\left(\frac{K}{4} - 2 \times \frac{K}{2} + 4K\right)e^{-t/2} = 10e^{-t/2}$$

여기서 계수비교법을 적용하면 $K = 40/13$이고, 따라서 강제응답은 다음과 같다.

$$i_f(t) = \frac{40}{13}e^{-t/2} \text{ A}$$

8.6 2차회로의 전체응답

지금까지는 2차회로의 응답 구하는 방법을 설명 편의상 고유응답과 강제응답으로 나누어 살펴보았다. 이 절에서는 2차회로의 전체응답을 구하는 방법을 정리할 것이다. 전체응답은 중첩성에 의해 고유응답과 강제응답의 합으로 표시되므로, 고유응답과 강제응답을 따로 구한 다음에 이를 합치고, 여기서 초기값을 고려하여 미정계수를 정함으로써 전체응답을 구할 수 있다. 다음과 같이 표시되는 2차회로 미분방정식의 일반형에서

$$\frac{d^2 y}{dt^2} + a_1 \frac{dy}{dt} + a_0 y = f(t), \quad y(t_0) = Y_0, \quad \dot{y}(t_0) = Y_1 \tag{8-40}$$

전체응답을 구하는 절차는 다음과 같이 요약할 수 있다.

- **■ 전체응답 구하는 절차**
  - ① 초기값 결정 : 값이 주어지거나, 대상회로로부터 $y(t_0)$, $\dot{y}(t_0)$를 결정
  - ② 강제응답 $y_f(t)$ 결정 : 입력함수와 같은 꼴로 놓고 식 8-40에서 계수비교법으로 결정
  - ③ 고유응답 $y_n(t)$ 결정 : 특성방정식 극점으로부터 꼴을 선정하되 미정계수를 포함시킴
  - ④ 전체응답 결정 : 전체응답 $y(t) = y_f(t) + y_n(t)$에 초기값 $y(t_0)$, $\dot{y}(t_0)$를 대입하여 미정계수를 결정

미분방정식해법으로 라플라스 변환에 의한 통합회로해석법을 사용하면 위의 단계에서 ②-④의 과정을 통합하여 전체 해를 구할 수 있는데, 이 기법에 대해서는 14장에서 다룰 것이다. 위의 단계 중에 ①의 초기값은 C 양단전압이나 L에 흐르는 전류에 해당되는 것이며, 값이 주어지지 않은 경우에는 대상회로로부터 구해야 한다. 이 경우에는 6.4절에서 다룬 초기값 결정법을 사용해야 하며, 이 방법을 다시 요약하면 다음과 같다.

- **■ 초기값 결정법** : 직류전원 회로의 경우
  - ① $v_C(0^+)$, $i_L(0^+)$: 스위치 개폐 이전 시점에서 C 개방, L 단락상태로 놓고 초기전압 $v_C(0^-)$와 초기전류 $i_L(0^-)$를 계산 $\Rightarrow v_C(0^+) = v_C(0^-)$, $i_L(0^+) = i_L(0^-)$로 결정
  - ② $\dot{v}_C(0^+)$, $\dot{i}_L(0^+)$: C 달린 마디에 KCL, L 포함 망에 KVL을 적용하여 $i_c(0^+)$,

$v_L(0^+)$을 구하고, $i_C = C\dfrac{dv_C}{dt}$, $v_L = L\dfrac{di_L}{dt}$의 관계로부터

$$\Rightarrow \quad \frac{d}{dt}v_C(0^+) = \frac{i_C(0^+)}{C}, \quad \frac{d}{dt}i_L(0^+) = \frac{v_L(0^+)}{L} \text{로 결정}$$

위의 초기값 결정법은 스위치 전환 이전에 직류전원만 걸려있는 경우에 적용할 수 있다. 일반전원의 경우에는 초기값을 대상회로로부터 계산할 수 없기 때문에 별도로 초기값이 주어져야 전체응답을 확정할 수 있으며, 초기값을 모르면 초기값을 0으로 놓고 해석하는 영상태응답만을 구하거나, 고유응답이 0이 된 이후의 정상상태 응답만을 구할 수 있다.

예제 8-14

그림 8-8의 회로에서 회로상수가 $R_1 = 2\,\Omega$, $R_2 = 3\,\Omega$, $L_1 = L_2 = 1$ H일 때, $t \geq 0$ 구간의 망전류 응답 $i_2(t)$을 결정하시오. 단 전원전압은 $v_s(t) = (3t+2)u(t)$ V이다.

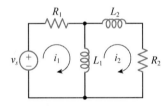

그림 8-11 예제 8-7의 회로

풀이 $t < 0$에 $v_s(t) = 0$이므로, 대상회로에서 초기값을 구하면 $i_1(0^+) = i_2(0^+) = 0$ A이며, 가장자리 망에 대해 KVL을 적용하면 $v_2(0^+) = v_s(0^+) - R_1 i_1(0^+) - R_2 i_2(0^+) = 2$ V이므로 $\dot{i}_2(0^+) = v_2(0^+)/L_2 = 2$ A/s이다. 이 회로의 i_2에 대한 회로방정식은 예제 8-11의 풀이과정에서 식 8-33과 같으므로 회로상수를 대입하면 다음과 같은 미분방정식을 얻을 수 있다.

$$\frac{d^2 i_2}{dt^2} + 7\frac{di_2}{dt} + 6i_2 = 3, \quad i_2(0) = 0, \ \dot{i}_2(0) = 2$$

i_2의 강제응답은 이 미분방정식 우변항과 같은 꼴의 상수이므로 $i_{2f} = A$로 놓고 대입하면 $6A = 3$이 되어 $i_{2f} = 0.5$이고, 특성방정식 극점이 $p_1 = -1$, $p_2 = -6$이므로 고유응답 포함 전체응답의 꼴은 다음과 같다.

$$i_2(t) = 0.5 + A_1 e^{-t} + A_2 e^{-6t}$$

이 응답에 초기값을 대입하여 정리하면

$$i_2(0) = 0.5 + A_1 + A_2 = 0$$

$$\dot{i}_2(0) = -A_1 - 6A_2 = 2$$

$A_1 = -0.2$, $A_2 = -0.3$ 이므로 전체응답은 다음과 같이 결정된다.

$$i_2(t) = 0.5 - 0.2e^{-t} - 0.3e^{-6t} \text{ A}, \ t \geq 0$$

예제 8-15

그림 8-3 RLC 병렬회로의 회로상수가 $R = 2 \ \Omega$, $L = 1 \text{ H}$, $C = 0.25 \text{ F}$일 때, $t \geq 0$ 구간에서 L의 전류 $i_L(t)$을 결정하시오. 단 $i_s(t) = 0.5tu(t) \text{ A}$, $v_C(0^-) = 1 \text{ V}$, $i_L(0^-) = 0 \text{ A}$이다.

풀이 대상 회로방정식 식 8-9에 회로상수를 대입하면 다음과 같고

$$\frac{d^2 i_L}{dt} + 2\frac{di_L}{dt} + 4i_L = 4i_s = 2t$$

초기값은 $i_L(0) = i_L(0^-) = 0$, $\dot{i}_L(0) = v_C(0)/L = 1 \text{ [A/s]}$와 같다. 여기서 i_L의 강제응답은 우변항과 같은 꼴이므로 $i_f = At + B$로 놓고 대입하면 미정계수가 다음과 같이 결정되므로

$$4At + 2A + 4B = 2t \Rightarrow A = \frac{1}{2}, \ B = -\frac{1}{4}$$

강제응답은 $i_f = t/2 - 1/4$로 구해지며, 특성방정식 근이 $p = -1 \pm j\sqrt{3}$이므로 전체응답의 꼴은 다음과 같다.

$$i_L(t) = \frac{1}{2}t - \frac{1}{4} + e^{-t}\left(A_1 \cos\sqrt{3}\,t + A_2 \sin\sqrt{3}\,t\right)$$

여기에 초기조건을 대입하면 다음과 같이 미정계수를 구할 수 있으므로

$$i_L(0) = -\frac{1}{4} + A_1 = 0 \ \Rightarrow \ A_1 = \frac{1}{4}$$

$$\dot{i}_L(0) = \frac{1}{2} - A_1 + \sqrt{3}\,A_2 = 1 \ \Rightarrow \ A_2 = \frac{\sqrt{3}}{4}$$

전체응답은 다음과 같이 결정된다.

$$i_L(t) = \frac{1}{2}t - \frac{1}{4} + \frac{e^{-t}}{4}(\cos\sqrt{3}\,t + \sqrt{3}\sin\sqrt{3}\,t) \text{ A}, \quad t \geq 0$$

익힘문제

01 그림 8−4의 2개 코일로 구성된 회로에서 i_1에 관한 회로방정식을 유도하려고 한다.

1) 직접법을 써서 유도하시오.

2) 연산자법을 써서 유도하고, 1)의 결과와 일치함을 보이시오.

02 그림 8−5의 LC로 구성된 회로에서 i_1에 관한 회로방정식을 유도하려고 한다.

1) 직접법을 써서 유도하시오.

2) 연산자법을 써서 유도하고, 1)의 결과와 일치함을 보이시오.

03 그림 8−6의 회로에서 마디전압 v에 대한 회로방정식을 구하시오.

04 식 8−35로부터 식 8−36의 형태가 유도되는 과정을 보이시오.

05 어떤 회로의 전압방정식이 다음과 같을 때 다음 사항을 구하시오.

$$\frac{d^2v(t)}{dt^2} + 4\frac{dv(t)}{dt} + 3v(t) = f(t)$$

1) 이 회로의 특성방정식

2) 이 회로의 감쇠계수와 고유주파수

3) 고유응답의 형태

06 어떤 회로의 전압방정식이 다음과 같을 때 다음 사항을 구하시오.

$$2\frac{d^2v(t)}{dt^2} + 16\frac{dv(t)}{dt} + 32v(t) = f(t)$$

1) 이 회로의 특성방정식

2) 이 회로의 감쇠계수와 고유주파수

3) 고유응답의 형태

07 어떤 회로의 전압방정식이 다음과 같을 때 다음 사항을 구하시오.

$$\frac{1}{3}\frac{d^2v(t)}{dt^2} + \frac{dv(t)}{dt} + 3v(t) = f(t)$$

1) 이 회로의 특성방정식

2) 이 회로의 감쇠계수와 고유주파수

3) 고유응답의 형태

08 그림 8–2의 RLC 직렬회로에서 $R = 2\ \Omega$, $C = 1/2$ F일 때 회로응답이 과감쇠, 임계감쇠, 부족감쇠가 되기 위한 L의 범위를 각각 구하시오.

09 그림 8–2의 RLC 직렬회로에서 $R = 2\ \Omega$, $L = 1/4$ H일 때 회로응답이 과감쇠, 임계감쇠, 부족감쇠가 되기 위한 C의 범위를 각각 구하시오.

10 그림 8–3의 RLC 병렬회로에서 $R = 2\ \Omega$, $C = 1/2$ F일 때 회로응답이 과감쇠, 임계감쇠, 부족감쇠가 되기 위한 L의 범위를 각각 구하시오.

11 그림 8–3의 RLC 병렬회로에서 $R = 2\ \Omega$, $L = 1/4$ F일 때 회로응답이 과감쇠, 임계감쇠, 부족감쇠가 되기 위한 C의 범위를 각각 구하시오.

12 그림 p8.12 회로에서 $v_c(0) = 5$ V, $i_L(0) = 0.5$ A일 때 $v(t)$ 를 구하시오.

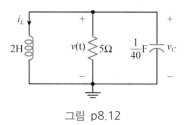

그림 p8.12

13 문제 12에서 $i_L(t)$ 를 구하시오.

14 그림 p8.14 회로에서 $v_c(0) = 5$ V, $i_L(0) = 1$ A일 때 $v(t)$ 를 구하시오.

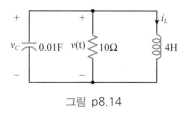

그림 p8.14

15 문제 14에서 $i_L(t)$ 를 구하시오.

16 그림 p8.16 회로에서 $t \geq 0$에 대한 $v_C(t)$를 구하시오.

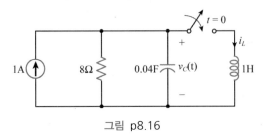

그림 p8.16

17 그림 p8.17 회로에서 $t \geq 0$에 대한 $v_C(t)$를 구하시오.

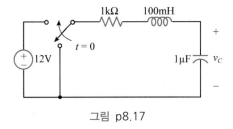

그림 p8.17

18 그림 p8.18 회로에서 $t \geq 0$에 대한 $v(t)$를 구하시오.

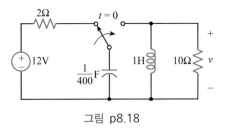

그림 p8.18

19 그림 p8.19 회로에서 $t \geq 0$에 대한 $v(t)$를 구하시오.

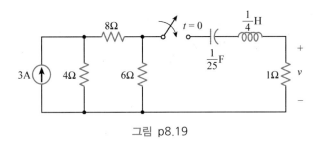

그림 p8.19

20 그림 p8.20 회로에서 $t \geq 0$에 대한 $i(t)$를 구하시오.

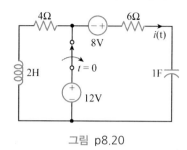

그림 p8.20

21 그림 p8.21 회로에서 $t \geq 0$에 대한 $i(t)$를 구하시오.

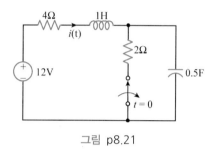

그림 p8.21

22 문제 05에서 $f(t) = 5$일 때 전체응답의 형태를 구하시오.

23 문제 06에서 $f(t) = 10 \sin t$일 때 전체응답의 형태를 구하시오.

24 문제 07에서 $f(t) = 2t$일 때 전체응답의 형태를 구하시오.

25 그림 p8.25 회로에서 $v_s(t) = 12t$ V일 때, $t \geq 0$ 구간의 $i(t)$를 구하시오.

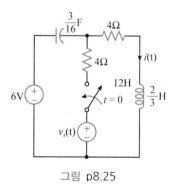

그림 p8.25

정현파 교류회로 해석법

혼자 쓰는 방안에서의 극히 단순한 '살림살이'조차도
바쁜 것을 핑계로 돌보지 않고 소홀히 하면 이내 지저분하게 되곤 한다.
그러나 눈에 보이는 나의 방을 치우고 정리하는 일 못지않게
눈에 보이지 않는 내 마음의 방을 깨끗이 하는 일도 매우 중요하다.
내 안에 가득찬 미움과 불평과 오만의 먼지, 분노와 이기심과 질투의 쓰레
기들을 쓸어내고
그 자리에 사랑과 기쁨과 겸손, 양보와 인내와 관용을 심어야겠다.
내 방 벽 위에 새로운 마음으로 새 달력을 걸듯이
내 마음의 벽 위에도 '기쁨'이란 달력을 걸어놓고 날마다 새롭게 태어나고
싶다.

− 내 마음의 방, 이해인 −

09 정현파 정상상태 해석

9.1 서론

우리는 지금까지 이 책을 통해 회로해석 기법을 익히면서 직류전원을 주로 다뤘다. 이 장에서는 교류전원의 표준이라 할 수 있는 정현파 전원을 다룰 것이다. 정현파 교류전원을 다루면서 누구나 품게 되는 궁금증은 "왜 다루기 편한 직류를 쓰지 않고 시간에 대해 계속 바뀌는 복잡한 정현파를 사용하는가?"일 것이다. 정현파를 다루기 전에 먼저 이 궁금증에 대한 답을 찾는 것이 중요하다. 무슨 문제든 궁금증이 생기면 먼저 궁금한 것을 풀고, 그 필요성을 알아야 대상을 좀 더 정확히 이해하고 파악할 수 있기 때문이다.

이 물음에 대한 첫 번째 답은 너무 당연한 것일 수도 있는데, 현재 전기를 만들어내는 발전소의 발전기에서 나오는 신호가 정현파 교류이며, 이것이 송전선로를 통해 공장이나 실험실, 사무실 및 가정 등 전기를 사용하는 수용가에 공급될 때의 신호도 바로 정현파 교류라는 것이다. 발전기는 회전기의 일종으로서 회전기가 정속으로 회전할 때의 동작원리 상 출력신호가 정현파로 나타나며, 전력계통을 통해 전달되는 신호도 정현파인 것은 당연하다. 그렇지만 이 정도의 답변으로는 궁금증이 풀리기보다는 오히려 의문이 더해질 텐데 "그렇다면 직류발전기를 써서 직류를 만들면 되지 왜 꼭 교류를 써야 하는가?"라는 의문이 생길 것이다. 이와 같은 의문은 전기가 일상생활에 도입되던 19세기에도 똑같이 등장했던 것으로서 전력계통의 변천사를 살펴보면 이 의문에 대한 답을 찾을 수 있다.

직류전원은 기전력의 크기와 극성이 일정한 전원으로서 1800년에 볼타(Volta)가 전지를 발명한 이래로 직류가 일상생활에 활용되면서, 유럽과 미국에서 19세기 전반에 걸쳐 전력계통의 주류를 형성하였다. 이에 맞추어 발전계통에서도 다이나모(dynamo)라 하는 직류발

전기를 사용해서 전기를 공급하였는데, 당시의 전기는 주로 조명용으로 전등에 사용되었기 때문에 직류계통으로 충분하였다. 그러나 전기사용량이 늘어남에 따라 대전력을 공급하게 되면서 직류의 한계가 드러났다. 당시에 각종 전기제품들의 정격전압은 110 V였는데, 전기 사용자가 증가하고 계통의 소요전력이 늘어남에 따라 직류계통에서 이 전력을 고정된 전압으로 공급하려면 계통의 전류 크기가 소요전력에 정비례하여 커질 수밖에 없었다. 예를 들어, 110 V 전압으로 1.1 kW를 공급하려면 10 A의 전류가 필요하고, 전력이 100배로 늘어나서 110 kW를 공급하려면 전류도 100배로 증가된 1 kA를 흘려야 한다. 이에 따라 송전선로에 대전류가 흐를 때 필연적으로 발생하는 문제들이 대두되었는데, 대전류에 의한 송전선로에서의 열손실에 의한 효율저하, 송전선로에 흐를 수 있는 전류 및 공급전력의 한계, 송전선로의 길이 제한에 의한 원거리 송전의 어려움 등과 같은 문제들이 발생한 것이다.

이와 같은 직류의 한계 및 문제점은 교류를 사용함으로써 해결할 수 있다. 10장에서 언급하겠지만, 직류와 달리 교류는 변압기에 의해 전압의 승압이나 감압 등의 변환이 가능하기 때문에 발전소에서 승압하여 고압송전을 하고, 수용가에서는 사용기기에 맞추어 감압하여 사용하면 송전선로에서는 저전류로 전력전송이 가능하고, 선로손실을 낮춤으로써 전송효율을 높이고, 원거리 송전도 가능하다는 큰 장점을 갖고 있다. 이러한 장점에 힘입어 교류 전력방식은 1891년에 독일 쾰른의 도시 전력계통에 처음으로 도입되었으나, 미국에서는 전기분야의 발명왕인 에디슨(T. Edison, 1847~1931)조차 직류계통을 옹호하면서 고압송전의 위험성을 들어 교류계통을 반대하였기 때문에 교류계통의 도입에 어려움을 겪고 있었다. 그러나 1892년에 미국의 Cataract Company가 나이아가라 폭포에 수력발전소를 건설하면서 뉴욕의 도시 전력계통에 교류계통을 채택함으로써 이 방식은 확산되기 시작한다.

이처럼 교류가 전력계통에 도입되면서 각종 회로의 전원으로 정현파 교류를 사용하게 되었는데, 직류회로해석에 익숙해있던 당시의 전기기술자들에게 정현파 교류는 회로해석의 입장에서는 직류에 비해 다루기가 어려워 큰 골칫거리로 등장하였다. 그러나 이러한 걱정은 교류전력계통이 도입된 직후인 1893년에 젊은 공학자인 Steinmetz(1865~1923)가 정현파 교류회로해석을 쉽게 처리할 수 있는 기법을 제시함으로써 말끔히 해소되었다. 그는 회로해석에 복소수를 도입한 **위상자법(phasor method)**이라는 기법을 창안하여 정현파 교류회로해석을 직류 저항회로 해석과 똑같이 처리할 수 있게 하였다. 또한 교류계통 반대론자들이 주장하는 고압송전의 위험성도 양질의 절연소자와 송전탑 등의 개발로 해소되었다. 이처럼 정현파 교류계통에 관련된 기법과 소자들이 개발되어 장애가 해소됨에 따라 교류계통은 더욱 확산되어 나갔으며, 이후부터 20세기를 거쳐 현재에 이르기까지 전력계통의 주류를 이루고 있다.

따라서 전기전자 분야에서 전원의 표준은 정현파 교류이며, 직류는 특수한 경우에 해당한다고 봐야 한다. 정현파 교류는 전력계통 뿐만 아니라 통신분야에서도 AM, FM 등의 신호방식에 사용된다. 그리고 전기전자 분야에서 사용하는 각종 신호는 푸리에 급수나 푸리에 변환에 의해 정현파의 합으로 표현되며, 주파수응답 해석에 활용된다. 이처럼 정현파는 전기전자 모든 분야에 걸쳐서 직류보다 더 널리 사용되기 때문에 이에 대한 처리 및 해석법을 익혀야 한다.

이 장에서는 정현파 전원의 정의와 표현법을 정리하고, 복소수를 도입한 위상자 개념과 이로부터 도출되는 RLC 소자의 임피던스 개념을 익힌다. 이어서 위상자와 임피던스를 사용하면 정상상태 정현파 교류회로해석에 직류 저항회로해석법을 그대로 적용할 수 있음을 보이고, 이에 근거한 정현파 교류회로해석법과 여러 활용에 대해 정리할 것이다.

9.2 정현파 전원

교류전압 및 전류로서 시간에 대한 크기 및 극성의 변화가 삼각함수로 표시되는 신호를 **정현파(sinusoidal)** 전압 및 전류라 하며, 이를 수식으로 표현하면 다음과 같다.

$$v(t) = V_m \cos(\omega t + \phi_v)$$
$$i(t) = I_m \cos(\omega t + \phi_i)$$

$$(9-1)$$

여기서 V_m, I_m을 **진폭(amplitude)**이라 하고, ω는 **각주파수(angular frequency)**, ϕ_v, ϕ_i는 **위상(phase)**이라고 한다. 식 9-1에서는 코사인함수를 써서 정현파를 표현하고 있는데, 사용자의 편의에 따라 사인함수를 사용할 수도 있다.

식 9-1의 정현파에서 **주기(period)**는 각주파수와 다음의 관계를 가지며

$$T = \frac{2\pi}{\omega}$$

$$(9-2)$$

주기의 역수로 정의되는 **주파수(frequency)**는 다음과 같이 표시된다.

$$f = \frac{1}{T} = \frac{\omega}{2\pi}$$

$$(9-3)$$

여기서 주파수가 상용전원 주파수인 $f = 60\,\mathrm{Hz}$일 때, 각주파수는 $\omega = 2\pi f = 377\,\mathrm{rad/s}$ 가

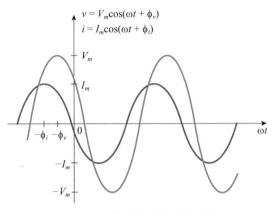

그림 9-1 정현파 전압전류 파형

된다. 각주파수는 식 9-3에 보듯이 주파수와 정비례 관계에 있는데, 문맥에 따라 혼동이 되지 않을 경우 종종 주파수라고 불리기도 하므로 유의할 필요가 있다.

식 9-1의 정현파 전압 및 전류에서 위상 ϕ_v, ϕ_i 의 표시에는 도[°]나 라디안을 사용한다. 전압과 전류가 모두 코사인함수로 표시되는 경우 전류위상 ϕ_i 에 대한 전압위상 ϕ_v 의 차이 $\phi = \phi_v - \phi_i$ 를 **위상차**(phase difference)라고 하며, $\phi < 0$ 일 경우 '전류위상이 앞선다(phase lead)'고 하고, 이때의 전류를 **앞섬 전류**(leading current)라 하고, $\phi > 0$ 일 경우에는 '전류위상이 뒤진다(phase lag)'고 하여 **뒤짐 전류**(lagging current)라 한다. 여기서 위상차를 계산할 때 주의할 사항은 전압과 전류 모두가 동일한 주파수이고, 같은 코사인함수로서 진폭부호가 양수로 표시된 상태에서 정의된다는 점이다. 따라서 위상차를 계산하려면 사인함수와 코사인함수 간에 변환공식이 필요한데, 이를 요약하면 다음과 같다.

$$\sin\theta = \cos(\theta - 90°) = -\cos(\theta + 90°)$$

$$-\sin\theta = \sin(\theta \pm 180°) = \cos(\theta + 90°)$$

$$-\cos\theta = \cos(\theta \pm 180°)$$

예제 9-1

어떤 회로의 전압, 전류가 $v(t) = 50\cos 377t$ [V], $i(t) = -2\sin(377t + 30°)$ [A]일 때 두 신호간의 위상차를 계산하시오.

풀이 위상차를 계산하기 위해 전류를 양수 진폭의 코사인함수로 바꾸면 다음과 같다.

$$i(t) = 2\cos(377t + 30° + 90°) = 2\cos(377t + 120°)$$

따라서 전류가 전압보다 위상이 앞서며 위상차는 $-120°$이다.

정현파를 다루다 보면 같은 주파수의 코사인함수와 사인함수의 합을 한 개의 함수로 처리해야 하는 경우가 자주 발생한다. 이 경우에 사용하는 것으로 정현파 합성 공식이 있는데, 이를 요약하면 다음과 같다.

$$A\cos\omega t + B\sin\omega t = V_m\cos(\omega t - \phi_c)$$
$$= V_m\sin(\omega t + \phi_s)$$

(9-4)

$$V_m = \sqrt{A^2 + B^2}$$

$$\phi_c = \begin{cases} \tan^{-1}B/A, & A > 0 \\ \tan^{-1}B/A + 180°, & A < 0 \end{cases}$$

$$\phi_s = \begin{cases} \tan^{-1}A/B, & B > 0 \\ \tan^{-1}A/B + 180°, & B < 0 \end{cases}$$

여기서 주의할 사항은 코사인함수로 합성할 때 위상 ϕ_c는 음의 부호는 취한다는 점과 코사인함수 계수 A나 사인함수 계수 B의 부호가 음수일 경우 위상에 180°를 더한다는 점이다. 그리고 계산기나 컴퓨터를 써서 계산할 때 각도 단위를 라디안이나 도 [°] 중에 하나로 통일하여 처리하는 것에도 주의해야 한다.

예제 9-2

어떤 회로에 전압 $v(t) = 10\cos5t$ [V]가 걸릴 때 이 회로의 응답으로 나타난 전류가 $i(t) = -2\cos5t + 2\sin5t$ [A]라면, 두 신호간의 위상차가 얼마인지 계산하시오.

풀이 위상차를 계산하기 위해 식 9-4의 삼각함수 합성공식을 적용하여 전류를 양수 진폭의 코사인함수로 바꾸면 다음과 같다.

$$i(t) = 2\sqrt{2}\cos\left[5t - \left(180° + \tan^{-1}\frac{2}{-2}\right)\right] = 2\sqrt{2}\cos(5t - 135°)$$

따라서 전류가 전압보다 위상이 뒤지며 위상차는 135°이다.

9.3 RL회로의 정현파 정상상태응답

이 절에서는 정현파 정상상태응답을 구하는 과정을 설명하기 위해 기본적인 1차회로인 RL 직렬회로를 다루기로 한다. 그림 9-2와 같은 RL 직렬회로에 다음과 같은 정현파 전압원이 걸렸을 때

$$v_s(t) = V_m \cos\omega t \qquad (9-5)$$

응답전류 $i(t)$는 KVL에 의해 다음의 회로방정식을 만족한다.

$$L\frac{di}{dt} + Ri = V_m \cos\omega t \qquad (9-6)$$

정상상태에서는 고유응답에 의한 과도응답 성분은 모두 사라지고 강제응답 성분만 남으므로, 정상상태 전류응답은 정현파 전압원과 같은 꼴이 되어 다음과 같은 형태가 된다.

$$i(t) = A\cos\omega t + B\sin\omega t \qquad (9-7)$$

식 9-7을 미분방정식 9-6에 대입한 다음

$$(RA + \omega LB)\cos\omega t + (-\omega LA + RB)\sin\omega t = V_m \cos\omega t$$

계수비교법을 써서 미정계수를 구하면 다음과 같다.

$$A = \frac{RV_m}{R^2 + \omega^2 L^2}, \quad B = \frac{\omega L V_m}{R^2 + \omega^2 L^2}$$

이것을 식 9-7에 대입하여 정현파 합성공식을 적용하면 정상상태 전류응답은 다음과 같다.

$$i(t) = I_m \cos(\omega t - \beta)[\text{A}] \qquad (9-8)$$

$$I_m = \frac{V_m}{\sqrt{R^2 + \omega^2 L^2}}, \quad \beta = \tan^{-1}\frac{\omega L}{R}$$

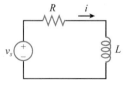

그림 9-2 RL 직렬회로

앞의 RL직렬회로에서 해석한 결과를 보면 정현파 정상상태 회로응답은 같은 주파수의 정현파로 나오며, 진폭과 위상만 바뀌는 것을 알 수 있다. Steinmetz는 이러한 점에 착안하여 정현파 정상상태응답을 구할 때 미분방정식을 푸는 대신에 진폭과 위상만을 계산하는 간단하고 편리한 방법을 제안하였는데, 이에 대해 익히기로 한다.

9.4 복소지수함수와 위상자

이 절에서는 Steinmetz가 제시한 위상자법을 익히기 위해 먼저 복소지수함수에 의한 정현파 표시법을 정리하고 이로부터 정현파의 진폭과 위상으로 정의되는 위상자의 도출과정과 관련 개념을 정리한다.

1. 복소지수함수

그림 9-2의 RL 직렬회로에서 정현파 정상상태응답을 구하기 위해 이 응답이 강제응답과 같다는 점에 착안하여 정현파 일반형으로 놓고 계수비교법을 적용하였는데, 이 방법은 대상회로가 복잡하여 회로방정식의 차수가 증가하는 경우에는 처리하기가 복잡하여 불편하다. 이 절에서는 정현파를 복소지수함수(complex exponential function)의 일부분으로 표현함으로써 후속 처리과정을 훨씬 쉽게 하는 방법을 익힐 것이다.

식 9-5의 정현파 전압은 다음과 같이 복소지수함수의 실수부로 표시할 수 있다.

$$v_s(t) = V_m \cos \omega t = \Re \left\{ V_m e^{j \omega t} \right\} = \Re \left\{ v_e \right\} \tag{9-9}$$

여기서 j는 허수단위 $j = \sqrt{-1}$이며, $\Re \{ \cdot \}$은 복소수의 실수부를 나타내는 연산자이다. 허수단위로는 i를 쓰기도 하지만, 회로분야에서 i는 주로 전류표시에 쓰이기 때문에 혼동을 피하기 위해 허수단위로 j를 사용한다. 대상회로에서 입력신호를 정현파 $v_s(t)$ 대신에 복소지수함수 v_e로 보면, 이에 대한 정상상태 전류응답 i_e는 v_e와 같은 꼴로서

$$i_e(t) = A e^{j \omega t} \tag{9-10}$$

위와 같은 형태로 놓을 수 있으며, 식 9-6에 대응하는 미분방정식은 다음과 같이 표현된다.

$$L \frac{d i_e}{d t} + R i_e = V_m e^{j \omega t} \tag{9-11}$$

식 9-10의 미정계수는 이것을 식 9-11에 대입하면 결정할 수 있다.

$$(j\omega L + R)A e^{j\omega t} = V_m e^{j\omega t}$$

$$\Rightarrow \quad A = \frac{V_m}{j\omega L + R} = \frac{V_m}{Z} e^{-j\beta}$$

$$Z = \sqrt{R^2 + \omega^2 L^2}, \quad \beta = \tan^{-1} \frac{\omega L}{R}$$

따라서 복소지수함수에 대한 정상상태 전류응답은 다음과 같으며,

$$i_e(t) = \frac{V_m}{Z} e^{-j\beta} e^{j\omega t} = \frac{V_m}{Z} e^{j(\omega t - \beta)} \tag{9-12}$$

이로부터 정현파 정상상태 전류응답을 다음과 같이 구할 수 있다.

$$i(t) = \Re\{i_e\} = \Re\left\{ \frac{V_m}{Z} e^{j(\omega t - \beta)} \right\} = \frac{V_m}{Z} cos(\omega t - \beta)[\text{A}] \tag{9-13}$$

식 9-13의 결과는 앞절에서 정현파 일반형을 써서 구한 결과인 식 9-8과 일치한다. 그런데 이 두 가지 해석법을 비교해보면 여기서 사용한 복소지수함수를 이용한 해석법이 정현파를 사용한 해법보다 훨씬 처리하기 쉽다는 것을 알 수 있다. 그 이유는 정현파 일반형을 사용한 해석법에서는 식 9-7에서 보듯이 미정계수가 두 개이지만, 복소지수함수 해석법에서는 식 9-10에서 보듯이 미정계수 하나만으로 응답을 표현할 수 있기 때문이다. 그러면 복소지수함수를 이용한 해석법으로부터 도출되는 위상자(phasor)의 개념을 살펴보기로 한다.

2. 위상자 개념

앞에서 살펴본 그림 9-2의 RL 직렬회로에서 정현파 정상상태응답은 강제응답과 같으며, 전원과 동일한 주파수의 정현파로 나타난다는 것을 알았다. 이 성질은 RL 직렬회로뿐만 아니라 선형회로망 모두에서 성립하며 다음과 같이 정리할 수 있다.

> **선형회로에서 정현파** $x(t) = X_m cos(\omega t + \phi_x)$**가 입력되면 강제응답은 동일 주파수 정현파로서 다음과 같은 꼴을 갖는다.** $y(t) = Y_m cos(\omega t + \phi_y)$

이 성질은 그림 9-3과 같이 요약할 수도 있는데, 입출력 신호 간에 주파수는 동일하고,

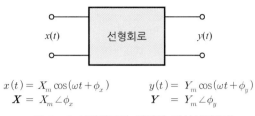

$$x(t) = X_m \cos(\omega t + \phi_x) \qquad y(t) = Y_m \cos(\omega t + \phi_y)$$
$$\boldsymbol{X} = X_m \angle \phi_x \qquad\qquad \boldsymbol{Y} = Y_m \angle \phi_y$$

그림 9-3 선형회로의 정현파 정상상태응답

진폭과 위상만 바뀌는 것이므로, 정상상태해석을 할 때에는 진폭과 위상만 계산하면 된다. 이러한 점에 착안하여 정현파를 표시하는 단계에서 주파수 부분 ωt 는 생략하고, 진폭과 위상만으로 나타내는 방식을 사용하면 편리하다. 이와 같은 용도로 정현파를 다음과 같이 진폭과 위상의 극좌표 형식으로 나타낸 표현을 **위상자**(phasor)라 한다.

$$y(t) = Y_m \cos(\omega t + \phi_y) \;\Rightarrow\; \boldsymbol{Y} = Y_m e^{j\phi_y} = Y_m \angle \phi_y \qquad (9-14)$$

식 9-14의 위상자 표현법에서 주파수 ω 는 대상회로에서 알고 있는 것으로 보고 생략한다. 그리고 대상 시간함수는 코사인함수를 전제로 정의하고 있는데, 필요하면 사인함수를 기준으로도 똑같이 적용할 수 있다. 식 9-14는 시간함수를 위상자로 나타내는 변환을 정의한 것인데, 역으로 위상자로부터 시간함수를 구하는 역변환은 간단히 표현할 수 있다.

$$\boldsymbol{Y} = Y_m e^{j\phi_y} = Y_m \angle \phi_y \;\Rightarrow\; y(t) = Y_m \cos(\omega t + \phi_y) \qquad (9-15)$$

그러면 간단한 예제를 통해 위상자를 이용한 정현파 정상상태 회로해석법을 익히기로 한다.

예제 9-3

그림 9-4의 RC 병렬회로에서 $i_s = 10\cos\omega t$, $R = 1\ \Omega$, $C = 100$ mF일 때, 정상상태에서 C 양단 전압 v를 구하시오. 단 전원주파수는 $\omega = 10$ rad/s이다.

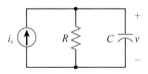

그림 9-4 RC 병렬회로

풀이 식 9-14를 이용하여 전원전압 i_s를 위상자로 나타내면 다음과 같다.

$$i_s(t) = 10\cos 10t \;\Rightarrow\; \boldsymbol{I_s} = 10 e^{j0} = 10 \angle 0° \qquad (9-16)$$

그림 9-4의 회로에 KCL을 적용하면 다음과 같은 미분방정식이 성립하는데

$$C\frac{dv}{dt} + \frac{v}{R} = i_s \tag{9-17}$$

여기서 $i_s = \Re\left\{10\,e^{j\omega t}\right\}$ 이므로 $v = \Re\left\{V_m e^{j(\omega t + \phi)}\right\}$ 로 놓고 식 9-17에 대입하면

$$\Re\left\{\left(j\omega C + \frac{1}{R}\right)V_m e^{j(\omega t + \phi)}\right\} = \Re\left\{10\,e^{j\omega t}\right\} \tag{9-18}$$

$$\left(j\omega C + \frac{1}{R}\right)V_m e^{j\phi} = 10e^{j0^\circ} \quad \Rightarrow \quad \left(\frac{1}{R} + j\omega C\right)V = I_s$$

전압 위상자는 다음과 같이 구해진다.

$$V = \frac{I_s}{1/R + j\omega C} = \frac{10}{1 + j1} = \frac{10}{\sqrt{2}\angle 45^\circ} = 5\sqrt{2}\angle -45^\circ \tag{9-19}$$

따라서 식 9-17에 의해 위상자를 시간함수로 역변환하면 정상상태응답은 다음과 같다.

$$v = 5\sqrt{2}\cos(\omega t - 45^\circ)[\mathrm{V}]$$

이 예제에서 볼 수 있듯이 위상자의 개념을 도입하면 정현파 정상상태 회로해석을 쉽게 처리할 수 있음을 알 수 있다. 그렇지만 위상자를 도입하더라도 예제 9-3과 같은 방식으로 처리하는 것은 대상회로가 복잡할 경우에는 후속 처리과정이 상당히 복잡해져서 큰 이득이 없다. 그런데 예제의 풀이과정에서 식 9-18을 살펴보면, 양변에서 복소지수함수 $e^{j\omega t}$ 성분이 공통적으로 나타나기 때문에 항상 상쇄된다는 것을 알 수 있다. 따라서 식 9-19와 같이 전류 위상자를 어떤 복소수로 나눔으로써 전압 위상자가 구해지는 것을 볼 수 있는데, 이것은 마치 직류회로에서 전류를 전도(conductance)로 나눔으로써 전압을 구하는 과정과 비슷하다. 이러한 점에 착안하면 예제 9-3에서 다룬 위상자를 이용한 정현파 회로해석 과정을 훨씬 간략화할 수 있는데, 이 기법에 대한 자세한 내용을 다음 절에서 다룰 것이다.

9.5 임피던스와 어드미턴스

이 절에서는 위상자의 개념을 도입하되 정현파 정상상태 회로해석을 직류 회로해석과 똑같이 대수적 연산에 의해서 처리할 수 있도록 해주는 기법을 다룰 것이다. 이것은 직류회로의 저항과 전도에 대응하는 개념인 임피던스와 어드미턴스를 위상자로부터 정의함으로써 가능해진다.

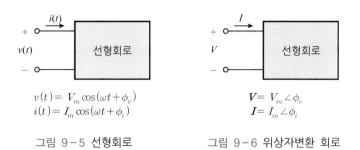

$$v(t) = V_m \cos(\omega t + \phi_v)$$
$$i(t) = I_m \cos(\omega t + \phi_i)$$

그림 9-5 선형회로

$$\mathbf{V} = V_m \angle \phi_v$$
$$\mathbf{I} = I_m \angle \phi_i$$

그림 9-6 위상자변환 회로

1. 정의 및 RLC 소자 적용

임의의 선형회로에서 정현파가 입력될 때 정상상태응답은 동일주파수의 정현파로 나타난다. 따라서 그림 9-5에서와 같이 선형회로의 어떤 두 단자에 정현파 전압이 걸리면 정상상태에서 이 단자를 통해 드나드는 전류도 동일주파수의 정현파가 된다.

그림 9-5의 선형회로에 지정된 극성과 방향을 갖는 정현파 전압전류를 각각 위상자로 변환하여 나타내면 그림 9-6과 같다. 이 위상자변환 회로에서 다음과 같이 전류위상자에 대한 전압위상자의 비로 정의되는 복소수를 **임피던스(impedance)**라고 한다.

$$Z = \frac{V}{I} \tag{9-20}$$

이 정의에서 전압위상자의 극성과 전류위상자의 방향은 그림 9-6과 같이 지정되며, 단위는 옴(Ohm, Ω)을 사용한다. 식 9-20의 임피던스를 사용하면 전압위상자와 전류위상자 간에 옴의 법칙이 성립하게 되어 대수적 연산에 의해 회로를 해석할 수 있는 길이 열리게 된다. 그러면 먼저 선형회로의 기본소자인 RLC 소자 각각에서 임피던스는 어떻게 표시되는지 정리하기로 한다.

(1) R의 임피던스

저항 R에 그림 9-7과 같이 정현파 전압 $v(t) = V_m \cos(\omega t + \phi_v)$가 걸릴 때 저항에 흐르는 전류는 옴의 법칙에 따라 결정되므로 다음과 같이 구해진다.

$$i(t) = \frac{v(t)}{R} = \frac{V_m}{R} cos(\omega t + \phi_v)$$

이것을 위상자로 나타내면 $\mathbf{V} = V_m \angle \phi_v$, $\mathbf{I} = \frac{V_m}{R} \angle \phi_v$ 이므로 식 9-20의 정의에 따라 저항 R에서의 임피던스는 다음과 같다.

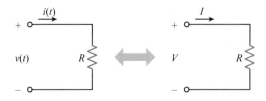

그림 9-7 저항과 위상자변환 회로

$$Z_R = \frac{V}{I} = R \tag{9-21}$$

저항에서는 정현파 전압과 전류의 위상이 똑같으므로 위상차는 없다. 그림 9-7에는 식 9-21에 따라 저항에 대한 위상자변환 회로를 보여 주고 있다.

(2) L의 임피던스

유도용량 L에 그림 9-8과 같이 정현파 전류 $i(t) = I_m \cos(\omega t + \phi_i)$가 흐를 때 L 양단에 걸리는 전압은 L의 전압전류특성에 따라 다음과 같이 결정된다.

$$v(t) = L\frac{di(t)}{dt} = -\omega L I_m \sin(\omega t + \phi_i)$$

$$= \omega L I_m \cos(\omega t + \phi_i + 90°)$$

이것을 위상자로 나타내면 $V = \omega L I_m \angle (\phi_i + 90°)$, $I = I_m \angle \phi_i$이므로 식 9-20의 정의에 따라 유도용량 L의 임피던스를 구하면 다음과 같다.

$$Z_L = \frac{V}{I} = \omega L \angle 90° = j\omega L \tag{9-22}$$

L에서 정현파 전류의 위상은 전압보다 90° 뒤지며, 임피던스는 양부호의 순허수로서 크기는 전원주파수와 유도용량의 곱으로 나타난다. 식 9-22의 임피던스를 사용하여 L에 대한 위상자변환 회로를 구성하면 그림 9-8과 같다.

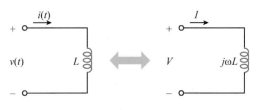

그림 9-8 L과 위상자변환 회로

(3) C의 임피던스

정전용량 C에 그림 9-9에서와 같이 정현파 전압 $v(t) = V_m \cos(\omega t + \phi_v)$가 걸릴 때 C에 흐르는 전류는 C의 전압전류특성에 따라 다음과 같이 결정된다.

$$i(t) = C\frac{dv(t)}{dt} = -\omega C V_m \sin(\omega t + \phi_v)$$

$$= \omega C V_m \cos(\omega t + \phi_v + 90°)$$

이것을 위상자로 나타내면 $V = V_m \angle \phi_v$, $I = \omega L V_m \angle (\phi_v + 90°)$이므로, 식 9-20의 정의에 따라 정전용량 C의 임피던스를 구하면 다음과 같다.

$$Z_C = \frac{V}{I} = \frac{1}{\omega C} \angle -90° = -j\frac{1}{\omega C} \tag{9-23}$$

C에서 정현파 전류의 위상은 전압보다 90° 앞서며, 임피던스는 음부호의 순허수로서 크기는 전원주파수와 정전용량 곱의 역수로 나타난다. 식 9-23의 임피던스를 사용하여 C에 대한 위상자변환 회로를 구성하면 그림 9-9와 같다.

이상으로 RLC 소자에서 식 9-20으로 정의되는 임피던스가 어떻게 표시되는지 유도하여 식 9-21~9-23의 결과를 유도하였다. 이와 같은 임피던스를 사용하면 위상자 전압전류 사이에 다음과 같이 옴의 법칙이 성립함을 알 수 있다.

$$I = \frac{V}{Z} \tag{9-24}$$

이 식을 이용하면 위상자변환 회로에서 임피던스를 알고 있을 때 전압위상자나 전류위상자 중에 하나만 알면 나머지를 결정할 수 있다. 여기서 특기할 사항은 시간영역에서 전압전류 특성이 미분관계식으로 표시되는 L과 C에서도 위상자 전압전류특성은 식 9-22와 식 9-23에서 보듯이 옴의 법칙에 따르는 대수관계식으로 표현되어 회로해석을 직류회로처럼 할 수 있다는 것이다. 이처럼 임피던스는 위상자변환 회로에서 주파수를 고려한 저항처럼 작용하며, 정현파 교류회로의 해석도 직류회로 해석처럼 할 수 있도록 만들어 준다.

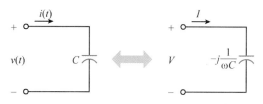

그림 9-9 C와 위상자변환 회로

표 9-1 RLC소자의 임피던스와 어드미턴스

소 자	임피던스	어드미턴스
R	R	$1/R$
L	$j\omega L$	$-j/\omega L$
C	$1/j\omega C$	$j\omega C$

저항의 역수를 전도로 정의하여 회로해석에 사용하듯이, 다음과 같이 임피던스의 역수를 **어드미턴스(admittance)**로 정의하여 사용하며, 단위는 지멘스(Siemens, S)를 사용한다.

$$Y = \frac{1}{Z} = \frac{I}{V} \qquad (9-25)$$

따라서 이 정의에 따르면 RLC 소자의 어드미턴스는 각각 $1/R$, $-j/\omega L$, $j\omega C$로 나타나며, 이를 요약하면 표 9-1과 같다.

예제 9-4

그림 9-10의 회로에서 $v_s = 5\sin 10t$, $R = 4\,\Omega$, $C = 1/20$ F, $L_1 = 1$, H, $L_2 = 2$ H일 때, 각 소자들의 임피던스를 계산하고 위상자변환 회로를 구하시오.

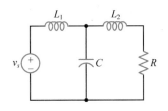
그림 9-10 예제 9-4의 회로

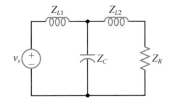
그림 9-11 위상자변환 회로

풀이 그림 9-10의 회로에서 $v_s = 5\sin 10t = 5\cos(10t - 90°)$이므로 전압위상자는 다음과 같이 표현되고

$$V_s = 5 \angle -90°$$

전원주파수 $\omega = 10$ rad/s이므로 각 소자의 임피던스는 다음과 같이 계산된다.

$$Z_R = 4\,\Omega, \quad Z_C = -j\frac{1}{\omega C} = -j2\,\Omega,$$

$$Z_{L1} = j\omega L_1 = j10\,\Omega, \quad Z_{L2} = j\omega L_2 = j20\,\Omega$$

위상자변환 회로는 그림 9-11과 같이 구해진다.

그림 9-10의 회로에서 각 소자들의 어드미턴스를 구하시오.

풀이 그림 9-10의 회로에서 전원주파수 $\omega = 10\,\text{rad/s}$이므로 각 소자의 어드미턴스는 다음과
같이 구해진다.

$$Y_R = \frac{1}{R} = 0.25\,\text{S}, \quad Y_C = j\omega C = j0.5\,\text{S}$$

$$Y_{L1} = -j\frac{1}{\omega L_1} = -j0.1\,\text{S}, \quad Y_{L2} = -j\frac{1}{\omega L_2} = -j0.05\,\text{S}$$

2. 임피던스 표현법

앞절에서 정의한 임피던스는 복소수로 표시된다. 복소수 표현법에는 직교좌표형식, 극좌
표형식, 복소지수형식 등 세 가지가 있는데, 사용자가 필요에 따라 이 표현법 가운데 적절한
것을 선택하여 쓴다. 이 절에서는 세 가지 복소수 표현법과 이들 간의 관계에 대하여 정리할
것이다.

그림 9-12에서 보듯이 모든 복소수는 복소평면(complex plane) 위에 점으로 나타낼
수 있는데, 이를 수식으로 표현하는 방법으로는 세 가지가 있다.

$$
\begin{aligned}
\boldsymbol{Z} &= R + jX : \text{직교좌표형식} \\
&= |\boldsymbol{Z}| \angle \theta \ : \text{극좌표형식} \\
&= |\boldsymbol{Z}| e^{j\theta} \ : \text{복소지수형식}
\end{aligned}
\tag{9-26}
$$

이 표현법 가운데 직교좌표형식은 복소수를 실수부 R과 허수부 X로 나누어 표현하는
방식이며, 극좌표형식은 복소평면 원점으로부터의 거리로 정의되는 크기 Z와 양의 실수축
을 기준으로 반시계방향으로 정의되는 위상각 θ로써 나타내는 방식이다. 두 표현형식 사이
의 관계는 다음과 같으며, 필요에 따라 적절한 형식으로 바꿔서 사용할 수 있다.

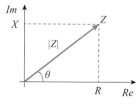

그림 9-12 복소수 표현

$$Z = |\mathbf{Z}| = \sqrt{R^2 + X^2}, \quad \theta = \tan^{-1}\frac{X}{R} \tag{9-27}$$

그리고 나머지 표현방식인 복소지수형식은 극좌표형식과 유사한 것으로서, 복소지수함수와 삼각함수 간의 관계를 나타내는 다음의 오일러의 공식에 의해 성립하는 것이다.

$$e^{\pm j\alpha} = \cos\alpha \pm j\sin\alpha \tag{9-28}$$

위의 세 가지 표현방식은 서로 등가이며 어떤 것을 써도 되지만, 직교좌표형식은 복소수 간의 덧셈과 뺄셈에 유리하고, 극좌표형식과 복수지수형식은 복소수 간의 곱셈과 나눗셈 처리에 유리하기 때문에 수행할 대수연산의 종류에 맞추어 유리한 꼴로 바꾸어 사용한다.

예제 9-6

다음과 같은 등식을 만족하는 실상수 a와 b를 구하시오.

$$\frac{5 - j5}{a + jb} = 2e^{j45°} \tag{9-29}$$

풀이 식 9-29의 우변에 식 9-28의 오일러공식을 적용하면 다음과 같다.

$$\frac{5 - j5}{a + jb} = 2(\cos 45° + j\sin 45°) = \sqrt{2}(1 + j)$$

$$a + jb = \frac{5 - j5}{\sqrt{2}(1 + j)} = \frac{5}{2\sqrt{2}}(1 - j)^2 = -j\frac{5}{\sqrt{2}}$$

따라서 식 9-29의 등식을 만족하는 해는 $a = 0$, $b = -5/\sqrt{2} = -3.535$이다.

---

3. 등가 임피던스 및 어드미턴스

앞에서 임피던스와 어드미턴스를 정의하고 RLC 소자 각각의 경우에 이 값들이 표 9-1과 같이 표시된다는 것을 알았다. 여기서는 이 소자들이 두 개 이상 조합되는 경우에 전체 회로의 등가 임피던스가 어떻게 결정되는지 살펴보기로 한다. 등가 임피던스가 결정되면 이것의 역수를 취함으로써 등가 어드미턴스를 산출할 수 있다.

(1) 직렬회로 등가임피던스

그림 9-13과 같이 N개의 임피던스가 직렬로 연결된 위상자 회로의 등가임피던스를 구해보기로 한다. 이 회로에서 소자들이 직렬로 연결되어 있으므로 모든 소자에 흐르는

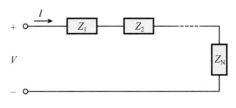

그림 9-13 직렬 등가임피던스

위상자전류는 I이고, 각 소자 양단의 위상자전압은 $V_i = Z_i I$, $i = 1, 2, \cdots, N$이다. 따라서 기준단자 양단에서 본 전체 위상자전압은 다음과 같이 표시된다.

$$V = V_1 + V_2 + \cdots + V_N = (Z_1 + Z_2 + \cdots + Z_N)I$$

따라서 임피던스의 정의에 따라 식 9-20에 의해서 직렬회로의 등가임피던스는 다음과 같이 결정된다.

$$Z_{ser} = Z_1 + Z_2 + \cdots + Z_N \tag{9-30}$$

예제 9-7

그림 9-14의 RLC 직렬회로에서 전압원 주파수가 $f = 60$ Hz이고, 회로소자의 값들이 $R = 30\ \Omega$, $L = 20$ mH, $C = 100$ F일 경우에 전원측에서 본 등가임피던스를 구하시오.

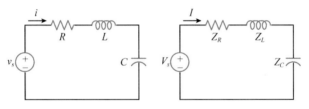

그림 9-14 RLC 직렬회로

풀이 대상회로에서 $\omega = 2\pi f = 2\pi \times 60 = 377$ rad/s이므로 각 소자의 임피던스는 다음과 같다.

$$Z_R = 30\ \Omega, \quad Z_L = j\omega L = j377 \times 20 \times 10^{-3} = j7.54\ \Omega$$

$$Z_C = -j\frac{1}{\omega C} = -j\frac{1}{377 \times 100 \times 10^{-6}} = -j26.53\ \Omega$$

이 임피던스들이 그림 9-14 오른쪽과 같이 직렬로 연결되어 있으므로 전원측에서 본 등가임피던스는 식 9-30에 의해 다음과 같이 구할 수 있다.

$$Z_{ser} = Z_R + Z_L + Z_C = R + j\left(\omega L - \frac{1}{\omega C}\right) = 30 - j18.99\ \Omega$$

(2) 병렬회로 등가임피던스

이번에는 그림 9-15와 같이 N개의 임피던스가 병렬로 연결된 위상자회로의 등가임피던스를 구해본다. 병렬연결이 되어 있으므로 각 소자에서의 위상자전압은 똑같이 V이고, 각 소자에 흐르는 위상자전류는 $I_i = V_i/Z_i$, $i = 1, 2, \cdots, N$이다. 따라서 기준단자에서 흘러들어가는 전체 전류위상자는 다음과 같이 표시된다.

$$I = I_1 + I_2 + \cdots + I_N = \left(\frac{1}{Z_1} + \frac{1}{Z_2} + \cdots + \frac{1}{Z_N} \right) V$$

따라서 임피던스의 정의에 따라 식 9-20에 의해서 병렬회로의 등가임피던스는 다음과 같이 결정된다.

$$\frac{1}{Z_{par}} = \frac{1}{Z_1} + \frac{1}{Z_2} + \cdots + \frac{1}{Z_N} \tag{9-31}$$

이 식을 어드미턴스로 표시하면 다음과 같이 간단한 식으로 나타낼 수 있다.

$$Y_{par} = Y_1 + Y_2 + \cdots + Y_N \tag{9-32}$$

식 9-31은 N개 소자가 병렬로 연결된 회로망에서의 등가임피던스인데, 실제의 경우 두 개 소자의 병렬회로가 자주 등장하므로 두 개 임피던스의 병렬 등가임피던스 공식을 익혀두는 것이 편리하다.

$$Z_1 \| Z_2 = \frac{Z_1 Z_2}{Z_1 + Z_2} \tag{9-33}$$

위에서 살펴본 직병렬회로의 등가임피던스 공식을 보면 저항의 직병렬회로에서 등가저항 공식과 똑같은 꼴이며, 후속 회로해석 과정도 저항회로처럼 해석할 수 있음을 알 수 있다. 이처럼 위상자와 임피던스를 사용하면 RLC 교류회로를 저항회로처럼 처리할 수 있다.

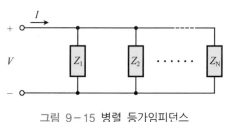

그림 9-15 병렬 등가임피던스

9-8

그림 9-16의 RLC 병렬회로에서 전원주파수가 $\omega = 400$ rad/s, $R = 10\ \Omega$, $L = 25$ mH, $C = 50$ F일 경우에 전원측에서 본 등가임피던스를 구하시오.

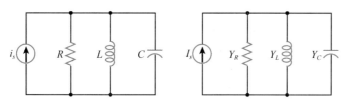

그림 9-16 RLC 병렬회로

풀이 대상회로에서 각 소자의 어드미턴스는 다음과 같다.

$$Y_R = 1/R = 0.1\ \text{S}, \quad Y_L = 1/j\omega L = -j/(400 \times 25 \times 10^{-3}) = -j0.1\ \text{S}$$

$$Y_C = j\omega C = j400 \times 50 \times 10^{-6} = j0.02\ \text{S}$$

이 어드미턴스들이 그림 9-16 오른쪽과 같이 병렬로 연결되어 있으므로, 전원측에서 본 등가어드미턴스는 식 9-32에 의해 다음과 같이 구해진다.

$$Y_{par} = Y_R + Y_L + Y_C = \frac{1}{R} + j\left(\omega C - \frac{1}{\omega L}\right) = 0.1 - j0.08\ \text{S}$$

따라서 등가임피던스는 다음과 같이 결정된다.

$$Z_{par} = \frac{1}{Y_{par}} = \frac{1}{0.1 - j0.08} = 6.10 + j4.88\ \Omega$$

(3) 사다리회로의 등가임피던스

위상자회로에서 임피던스들이 직렬이나 병렬의 조합으로 연결된 회로를 **사다리 위상자 회로(Ladder phasor circuit)**라 한다. 사다리회로의 등가임피던스는 기준단자로부터 가장 먼 가지에서부터 시작하여 기준단자 쪽으로 진행하면서, 직렬의 경우에는 임피던스를 서로 더하고 병렬의 경우에는 어드미턴스를 더하는 방식으로 단계적으로 등가임피던스를 구할 수 있다. 다음의 간단한 예제를 통해 이 방법을 정리하기로 한다.

9-9

그림 9-17의 회로에서 전압원 주파수가 $\omega = 200$ rad/s, $R_1 = 20\ \Omega$, $R_2 = 10\ \Omega$, $L = 10$ mH, $C = 500$ F일 경우에 전원측에서 본 등가임피던스를 구하시오.

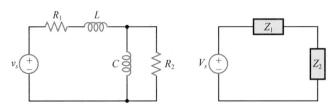

그림 9−17 사다리회로와 위상자회로

(풀이) 대상회로는 RC병렬회로와 RL직렬회로가 서로 직렬로 연결되어 있는 형태의 사다리회로이므로 직병렬조합에 의해 등가임피던스를 구할 수 있다. 먼저 기준단자에서 가장 멀리 있는 RC병렬회로의 등가임피던스 Z_2를 식 9−33을 이용하여 구하면 다음과 같다.

$$Z_2 = \frac{-j\dfrac{R_2}{\omega C}}{R_2 - j\dfrac{1}{\omega C}} = \frac{-j10 \times 10}{10 - j10} = 5 - j5 \ \Omega$$

이어서 RL직렬회로의 등가임피던스 Z_1을 구하면 $Z_1 = R_1 + j\omega L = 20 + j2 \ \Omega$이고, 이것과 Z_2가 그림 9−17과 같이 서로 직렬로 연결되어 있으므로 전체 임피던스 Z_{eq}는 다음과 같이 구해진다.

$$Z_{eq} = Z_1 + Z_2 = 25 - j3 \ \Omega$$

(4) 일반회로 등가임피던스

위상자회로에서 임피던스들이 직렬이나 병렬이 아닌 임의로 연결된 일반회로망의 경우에 등가임피던스를 구하는 방법을 다루기로 한다. 이 경우에는 임피던스의 정의에 따라 식 9−20에 의해 구하면 된다. 그림 9−18에서 설명하자면 일반 선형회로망의 위상자변환 회로에서 기준단자 양단에 위상자전압 V를 걸었을 때, 대상회로에 흘러들어가는 위상자전류가 I라면 등가임피던스는 다음과 같이 결정된다.

$$Z_{eq} = \frac{V}{I} \tag{9−34}$$

식 9−34는 기준단자 상단에 위상자전류 I를 흘렸을 때, 기준단자 양단에 나타나는 위상자전

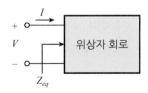

그림 9−18 등가임피던스

압 V를 산출하여 적용할 수도 있으며, 해석하는 사람의 편의에 따라 선택하여 사용한다.

예제 9-10

그림 9-19의 위상자회로에서 등가임피던스를 구하시오. 단 $Z_1 = 10\ \Omega$, $Z_2 = -j10\ \Omega$, $Z_3 = j10$ Ω, $Z_4 = 5\ \Omega$, $Z_5 = 2\ \Omega$이다.

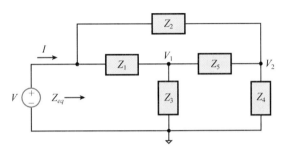

그림 9-19 일반회로 등가임피던스

풀이 대상회로는 브리지회로로서 사다리회로처럼 직병렬조합으로 분해하여 등가임피던스를 구할 수는 없으므로, 마디해석법을 사용하여 해석하기로 한다. 그림 9-19와 같이 마디전압 V_1, V_2를 지정한 다음, 이 마디를 기준으로 마디방정식을 세우면 다음과 같다.

$$\begin{bmatrix} Y_1 + Y_3 + Y_5 & -Y_5 \\ -Y_5 & Y_2 + Y_4 + Y_5 \end{bmatrix} \begin{bmatrix} V_1 \\ V_2 \end{bmatrix} = \begin{bmatrix} Y_1 V \\ Y_2 V \end{bmatrix}$$

여기서 $Y_n = 1/Z_n$, $n = 1, 2, \cdots 5$ 이다. 이 마디방정식에 크래머의 공식을 적용하여 해를 구하면 다음과 같다.

$$V_1 = \frac{V}{\Delta_Y} \begin{vmatrix} Y_1 & -Y_5 \\ Y_2 & Y_2 + Y_4 + Y_5 \end{vmatrix} = \frac{7 + j6}{18 - j} V$$

$$V_2 = \frac{V}{\Delta_Y} \begin{vmatrix} Y_1 + Y_3 + Y_5 & Y_1 \\ -Y_5 & Y_2 \end{vmatrix} = \frac{6 + j6}{18 - j} V$$

그림 9-19 대상회로에서 전압원에서 흘러나오는 전류 I는 Z_3와 Z_4 가지에 흐르는 전류의 합과 같으므로 $I = Y_3 V_1 + Y_4 V_2 = -j0.1 V_1 + 0.2 V_2 = 0.1(18 + j5)/(18 - j) V$로 구해지며, 등가임피던스는 다음과 같다.

$$Z_{eq} = \frac{V}{I} = 10 \frac{18 - j}{18 + j5} = 9.14 - j3.09\ \Omega$$

(5) 임피던스와 어드미턴스의 성분

우리가 다루고 있는 임피던스와 어드미턴스는 전원주파수 ω의 함수로 표시되는 복소수이다. 따라서 이것들은 실수부와 허수부를 갖고 있는데, 이 성분들에 대해 다음과 같은

정의를 내려 구분한다. 먼저 임피던스에서 실수부와 허수부를 다음과 같이 표시할 때

$$Z = Z(j\omega) = R(\omega) + j\,X(\omega) \tag{9-35}$$

실수부 $R(\omega) = \Re\,[Z]$ 를 (교류)저항, 허수부 $X(\omega) = \Im\,[Z]$ 를 **리액턴스(reactance)**라 하고, 단위는 옴(Ohm, Ω)을 쓴다. 여기서 리액턴스는 유도용량 L에서는 양수로, 정전용량 C에서는 음수로 나타나기 때문에 리액턴스 $X(\omega)$ 의 부호가 양일 때에는 **유도성 리액턴스 (inductive reactance)**, 음일 때에는 **용량성 리액턴스(capacitive reactance)**라고 구분한다. 저항은 전류가 흐를 때 전력을 소모하는 성분이며, 리액턴스는 전력을 소모하지 않고 저장하거나 내주는 성분으로 작용한다(이에 대한 자세한 사항은 10장에서 다룰 것이다).

어드미턴스의 실수부와 허수부가 다음과 같이 표시될 때

$$Y = Y(j\omega) = G(\omega) + j\,B(\omega) \tag{9-36}$$

실수부 $G(\omega) = \Re\,[Y]$ 를 (교류)전도, 허수부 $B(\omega) = \Im\,[Y]$ 를 **서셉턴스(susceptance)**라 하며, 단위로는 지멘스(Siemens, S)를 사용한다.

예제 9-11

그림 9-17 회로에서 교류저항과 리액턴스 및 교류전도와 서셉턴스를 구하시오.

풀이 예제 9-9의 결과에서 등가임피던스는 $Z_{eq} = 25 - j3\ \Omega$이므로, 교류저항은 $R = 25\ \Omega$, 리액턴스는 $X = -3\ \Omega$로서 용량성 리액턴스로 나타나고, 등가어드미턴스는 다음과 같으므로

$$Y_{eq} = \frac{1}{Z_{eq}} = \frac{1}{25 - j3} = 39.4 + j4.7\ \text{mS}$$

교류전도는 $G = 39.4$ mS, 서셉턴스는 $B = 4.7$ mS가 된다.

9.6 위상자변환 회로해석법

앞에서 위상자를 도입하고 이로부터 식 9-20과 같이 전류위상자에 대한 전압위상자의 비로 임피던스를 정의하였다. 이러한 임피던스의 정의에 따라 어떤 소자의 전압, 전류 위상자 간에는 식 9-24와 같은 꼴의 옴의 법칙이 성립한다는 것을 알았다. 따라서 임피던스를 사용하는 경우에는 동적소자인 LC에서도 전압전류 관계식이 미분관계식이 아닌 옴의 법칙

에 따른 1차 정비례식으로 표현되기 때문에, 동적회로 해석에 저항회로 해석법을 적용할 수 있는 길이 열린다. 이를 요약하면 다음과 같다.

> **전압과 전류를 위상자로 바꾸고, RLC소자를 임피던스로 나타내어 구성되는 변환 회로에서는 저항회로의 모든 해석법이 성립한다.**

어떤 회로에서 전압, 전류를 위상자로 바꾸고, RLC소자를 임피던스로 바꾸어 구성되는 회로를 **위상자변환(phasor transform)** 회로 또는 **주파수영역(frequency domain)** 회로라 한다. 대상회로를 위상자변환 회로로 바꾸어서 해석하는 위상자 변환법을 요약하면 다음과 같다.

■ **위상자변환법(phasor transform method)**
　① 대상회로의 변수를 위상자로, RLC소자를 임피던스나 어드미턴스로 표시한다.
　② 변환회로에 적절한 (저항)회로해석법을 적용하여 관심대상 변수의 위상자 해를 구한다.
　③ 위상자 해를 정현파로 바꾸어 시간영역 해를 구한다.

여기서 주의할 점은 위에 요약한 위상자변환법이 대상회로에 전원이 두 개 이상일 경우에는 전원주파수가 똑같아야 적용할 수 있다는 것이다. 전원주파수가 서로 다른 경우에는 이 방법을 그대로 사용할 수 없고 중첩정리를 적용하는데, 이에 대한 자세한 사항은 뒤에서 다룰 것이다. 먼저 전원주파수가 동일한 경우에 기본적인 회로망 해석법인 마디해석법과 망해석법이 위상자변환 회로에서는 어떻게 처리되는지 익히기로 한다.

1. 위상자 마디해석법

3장에서 익힌 저항회로 해석법 중 마디해석법을 요약하면, 직류 저항회로에서 마디해석법에 따라 기준 마디를 제외한 미지마디에 마디전압을 지정한 다음, 각 마디에 KCL을 적용하여 연립방정식을 세우면 마디방정식은 다음과 같은 꼴로 유도된다.

$$[G][v] = [i_s] \tag{9-37}$$

여기서 $[G]$ 는 전도행렬, $[v]$ 는 마디전압 벡터, $[i_s]$ 는 전원전류 벡터이고, 좌변은 마디전압에 의해 각 마디에서 흘러나가는 전류 성분들의 합을 나타내며, 우변은 전원에 의해 각 마디에 흘러들어오는 전류성분의 합을 나타낸 것이다.

이제 대상회로의 전원이 정현파 교류전원이고, 회로소자에 RLC가 모두 포함되는 경우에 위상자변환법에 따라 회로를 변환한 다음, 이 변환회로에 마디해석법을 적용하여 정상상태 응답을 구하는 방법에 대해 정리하기로 한다.

■ 위상자 마디해석법(phasor node analysis)

① 변환회로 구성 : 대상회로에서 마디전압을 지정하고, 회로 내의 전압전류는 위상자로, RLC 회로소자는 어드미턴스로 바꾼다.

② 마디해석 적용 : 변환회로에서 각각의 미지마디에 KCL을 적용하여 마디전압 방정식을 세우면 위상자 마디방정식은 다음과 같이 구해진다.

$$[Y][V] = [I_s] \tag{9-38}$$

여기서 $[Y]$ 는 어드미턴스행렬이고, $[V]$ 와 $[I_s]$ 는 각각 위상자 마디전압 벡터, 위상자 전원전류 벡터로서, 구체적인 정의는 식 9-37과 같다. 어드미턴스 행렬 $[Y]$ 는 대상회로에 종속전원이 없는 경우에는 대칭행렬이지만, 종속전원이 포함된 회로에서는 일반적으로 비대칭이 된다.

③ 시간영역 변환 : 식 9-38 행렬방정식을 풀어서 미지의 위상자 마디전압 $[V]$ 를 구하고, 이 위상자를 시간함수로 바꿈으로써 시간영역 해를 구한다.

여기서 구체적인 회로를 예로 들어 위상자 마디해석법을 적용하여 정상상태 해를 구하는 방법을 익히기로 한다. 그림 9-20의 대상회로에서 전원전류는 $i_s = 2\cos\omega t$ 이고, 회로상수가 $\omega = 1000\,\text{rad/s}$, $R_1 = 10\,\Omega$, $R_2 = 5\,\Omega$, $L = 5\,\text{mH}$, $C = 100\,\mu\text{F}$일 때, 정상상태에서 마디전압 v_1을 구하기 위해, 대상회로를 위상자변환 회로로 바꾸면 전원전류는 $I_s = 2$로 표시되고, L과 C는 각각 $j\omega L = j1000 \times 5 \times 10^{-3} = j5$, $1/j\omega C = -j10$ 로, 저항은 $R_1 = 10\,\Omega$, $R_2 = 5\,\Omega$으로 표시되어 그림 9-21과 같은 변환회로를 구할 수 있다. 그림 9-21의 위상자 변환 회로에서 미지마디전압 V_1, V_2에 대해 마디방정식을 세우면 다음과 같으므로,

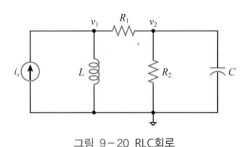

그림 9-20 RLC회로

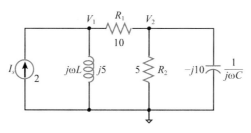

그림 9-21 위상자변환 회로

$$[\boldsymbol{Y}][\boldsymbol{V}] = [\boldsymbol{I_s}]$$

$$[\boldsymbol{Y}] = \begin{bmatrix} \dfrac{1}{10} + \dfrac{1}{j5} & -\dfrac{1}{10} \\ -\dfrac{1}{10} & \dfrac{1}{10} + \dfrac{1}{5} + j\dfrac{1}{10} \end{bmatrix}, \quad [\boldsymbol{I_s}] = \begin{bmatrix} 2 \\ 0 \end{bmatrix} \qquad (9-39)$$

여기서 Cramer의 공식을 써서 마디전압 위상자 V_1을 구하면 다음과 같다.

$$V_1 = \frac{\begin{vmatrix} 2 & -0.1 \\ 0 & 0.3 + j0.1 \end{vmatrix}}{\begin{vmatrix} 0.1 - j0.2 & -0.1 \\ -0.1 & 0.3 + j0.1 \end{vmatrix}} = \frac{0.2(3+j)}{0.01(4-j5)} = 9.88 \angle 69.78°$$

따라서 정상상태응답은 다음과 같이 구해진다.

$$v_1 = 9.88\cos(1000t + 69.78°)\,\text{V}$$

앞의 예에서 위상자 마디방정식을 살펴보면, 식 9-39와 같이 어드미턴스 행렬 $[\boldsymbol{Y}]$는 대칭행렬로서 m번째 주대각성분은 m번째 마디에 연결된 가지들의 어드미턴스 합이고, $m \times n$성분은 m번째 마디와 n번째 마디 사이에 연결된 가지들의 어드미턴스 합에 부호를 바꾼 것으로 나타남으로써, 저항회로 해석에서의 전도행렬 $[\boldsymbol{G}]$와 유사한 성질을 지님을 알 수 있다. 그러면 종속전원이 있는 경우에는 어떻게 처리되는지 예제를 통해 살펴보기로 한다.

예제 9-12

그림 9-22의 회로에서 $v_s = 10\cos10t$, $R_1 = R_2 = 10\ \Omega$, $R_3 = 5\ \Omega$, $L = 0.5\ \text{H}$, $C = 10\ \text{mF}$일 때, 정상상태 마디전압 v를 구하시오.

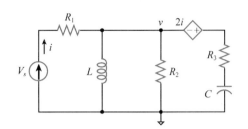
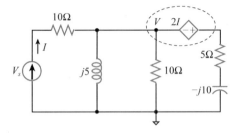

그림 9-22 예제 9-12 대상회로   그림 9-23 위상자변환 회로

풀이 주어진 회로에서 전원주파수는 $\omega = 10$ rad/s이므로 대상회로를 위상자변환 회로로 바꾸면 그림 9-23과 같다. 이 변환회로에서 종속전압원을 포함하는 초마디를 설정하고, 이 초마디를 기준으로 마디방정식을 세우면 다음과 같다.

$$\left(\frac{1}{10} + \frac{1}{10} + \frac{1}{j5} + \frac{1}{5-j10}\right)V = \frac{V_s}{10} - \frac{2I}{5-j10}$$

여기서 위상자 전압 $V_s = 10$ V이고, $I = (V_s - V)/10$이므로 이것을 대입하여 정리하면

$$\left(0.2 - j0.2 + \frac{1+j2}{25}\right)V = 1 - \frac{1+j2}{25}(2 - 0.2V)$$

$$[5 - j5 + 0.8(1+j2)]V = 23 - j4 \quad\Rightarrow\quad V = \frac{23 - j4}{5.8 - j3.4} = 3.42\angle 22.0°$$

정상상태 마디전압은 다음과 같이 결정된다.

$$v = 3.42\cos(10t + 22.0°) \text{ V}$$

2. 위상자 망해석법

앞에서 다룬 마디해석법 외에 3장에서 익힌 저항회로 해석법 중 망해석법을 다루기로 한다. 직류 저항회로에서 망해석법에 따라 미지망을 설정하고 망전류를 지정한 다음, 각 망에 KVL을 적용하여 연립방정식을 세우면 망방정식은 다음과 같은 꼴로 유도된다.

$$[R][i] = [v_s] \tag{9-40}$$

여기서 $[R]$는 저항행렬, $[i]$는 망전류 벡터, $[v_s]$는 전원전압 벡터이고, 좌변은 망전류에 의해 각 마디에서 나타나는 전압하강 성분들의 합을 나타낸다. 우변은 전원에 의해 각 망에서 나타나는 전압상승분의 합을 나타낸 것이다.

이제 대상회로가 RLC소자를 모두 포함하면서 전원이 정현파 교류전원일 경우에 위상자변환법에 따라 회로를 변환한 다음, 이 변환회로에 망해석법을 적용하여 정상상태응답을 구하는 방법을 정리하기로 한다.

■ **위상자 망해석법(phasor mesh analysis)**

① 변환회로 구성 : 대상회로에서 망전류를 지정하고, 전압전류는 위상자로, RLC회로
   소자는 임피던스로 바꾼다.

② 망해석법 적용 : 변환회로에서 각각의 미지망에 KVL을 적용하여 망전류 방정식을
   세우면 위상자 망방정식은 다음과 같이 구해진다.

$$[Z][I] = [V_s] \tag{9-41}$$

여기서 $[Z]$는 임피던스행렬이고, $[I]$와 $[V_s]$는 각각 위상자 망전류 벡터, 위상자
전원전압 벡터로서 구체적인 정의는 식 9−40과 같다. 임피던스행렬$[Z]$는 대상회로
에 종속전원이 없으면 대칭이며, 종속전원이 있는 경우에는 비대칭이 된다.

③ 시간영역 변환 : 망전류 위상자를 시간함수로 바꾼다.

예제 9−13

그림 9−24의 회로에서 $v_s = 5\sqrt{2}\cos(100t+45°)$, $R=2\Omega$, $L=30\text{ mH}$, $C=5\text{ mF}$일 때, 정상상
태 망전류 i_2를 구하시오.

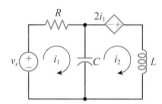
그림 9−24 예제 9−13 대상회로

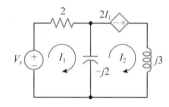
그림 9−25 위상자변환 회로

풀이 주어진 회로에서 전원주파수는 $\omega = 100\text{ rad/s}$이므로 대상회로를 위상자변환 회로로 바꾸면
그림 9−25와 같다. 이 변환회로에서 망방정식을 세우면 다음과 같다.

$$\begin{bmatrix} 2-j2 & j2 \\ j2 & j1 \end{bmatrix}\begin{bmatrix} I_1 \\ I_2 \end{bmatrix} = \begin{bmatrix} V_s \\ -2I_1 \end{bmatrix}$$

여기서 위상자 전압은 $V_s = 5\sqrt{2}\angle 45° = 5+j5$이므로 이 식을 정리하면 다음과 같다.

$$\begin{bmatrix} 2-j2 & j2 \\ 2+j2 & j1 \end{bmatrix}\begin{bmatrix} I_1 \\ I_2 \end{bmatrix} = \begin{bmatrix} 5+j5 \\ 0 \end{bmatrix} \tag{9-42}$$

여기서 망전류 위상자 I_1을 구하면 다음과 같으므로

$$I_1 = \frac{\begin{vmatrix} 5+j5 & j2 \\ 0 & j1 \end{vmatrix}}{\begin{vmatrix} 2-j2 & j2 \\ 2+j2 & j1 \end{vmatrix}} = \frac{-5+j5}{2(3-j)} = 1.12\angle 153.4°$$

정상상태 망전류는 다음과 같이 구해진다.

$$i_1(t) = 1.12\cos(100t + 153.4°)\,\text{A}$$

그림 9-21의 회로에서 위상자 마디방정식인 식 9-39를 보면 어드미턴스 행렬이 대칭으로 나타나는 것을 볼 수 있다. 반면에 예제 9-13에서 최종 위상자 망방정식인 식 9-42를 보면 임피던스 행렬이 비대칭으로 나타나는데 이것은 대상회로에 종속전원이 포함되어 있기 때문이다.

3. 회로정리

앞에서 익혔듯이 위상자변환 회로에서는 직류저항회로 해석법인 마디와 망해석법이 그대로 성립하는 것을 알 수 있다. 이뿐만 아니라 위상자변환 회로에서는 모든 회로정리들이 다 성립함을 쉽게 유추할 수 있다. 그러면 회로정리 중에 회로해석에 자주 이용되는 중첩성, 전원변환, 테브냉과 노턴 정리가 위상자변환 회로에서는 어떻게 처리되는지 익히기로 한다.

(1) 중첩성

대상회로에 두 개 이상의 독립전원이 존재하는 경우 대상회로를 위상자변환 회로로 바꾼 다음에 중첩성을 이용하여 해석할 수 있다. 여기서 한 가지 유의할 사항은 독립전원 주파수의 일치 여부에 따라 해석법이 조금 달라진다는 점이다. 먼저 독립전원의 주파수가 서로 같은 경우에는 이 주파수를 기준으로 대상회로를 위상자변환 회로로 바꿔 놓고, 이 회로에 중첩성을 적용하여 위상자 전압이나 전류를 구하고, 이를 해당 주파수를 기준으로 다시 시간영역 신호로 바꾸면 된다. 다음 예제를 통해 이에 대해 살펴보기로 한다.

예제 9-14

그림 9-26의 회로에서 $v_s = 10\cos100t\,[\text{V}]$, $i_s = 0.5\sin100t\,[\text{A}]$, $R_1 = 10\ \Omega$, $R_2 = 20\ \Omega$, $L = 20$ mH, $C = 1$ mF인 경우 정상상태 망전류 i_o를 구하시오.

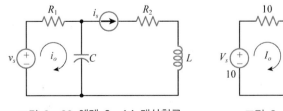

그림 9-26 예제 9-14 대상회로   그림 9-27 위상자변환 회로

풀이 대상회로에서 $i_s = 0.5\cos(100t - 90°)$ 이고, 전원주파수가 $\omega = 100$ rad/s이므로, 이를 기준으로 위상자변환 회로를 구하면 그림 9-27과 같으며, $V_s = 10$, $I_s = -j0.5$ 이다. 그림 9-27 위상자 회로에 중첩정리를 적용하면 I_o는 다음과 같이 구해진다.

$$I_o = \frac{V_s}{10 - j10} + \frac{-j10}{10 - j10}\,I_s = \frac{10}{10 - j10} + \frac{-5}{10 - j10}$$

$$= \frac{1}{2 - j2} = 0.35 \angle 45°$$

여기서 전류위상자 I_o의 둘째 항은 전류원 I_s에 의한 전류성분을 분류규칙을 적용하여 계산한 것이다. 따라서 전류위상자 I_o에 대응하는 정상상태 정현파는 다음과 같이 결정된다.

$$i_o = 0.35\cos(100t + 45°)\ \text{A}$$

위의 예제에서 살펴보았듯이 독립전원이 두 개 이상인 회로에서 전원주파수가 서로 같은 경우에는 이 주파수를 기준으로 대상회로를 위상자변환 회로로 바꾼 다음, 변환회로에 중첩성을 적용하여 해석하고, 해석결과를 다시 시간영역으로 바꾸는 방식으로 처리하였다. 이제 독립전원이 두 개 이상인 회로에서 전원주파수가 서로 다른 경우에는 어떻게 처리할 지 살펴보기로 한다. 이 경우에는 위상자변환 회로가 전원주파수에 따라 달라지므로, 각 전원별로 위상자변환 회로를 구성하여 해석하고, 전원별 시간응답을 구한 다음에 이 시간 응답을 합쳐서 전체응답을 구하는 방식으로 처리하면 된다. 다음 예제를 통해 이에 대해 살펴보기로 한다.

예제 9-15

그림 9-28 회로에서 $v_s = 10\cos100t$ V, $i_s = 0.2$ A일 때, 정상상태 전압 v_c를 구하시오.

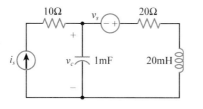

그림 9-28 예제 9-15 회로

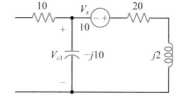

그림 9-29 예제 9-15 회로

풀이 대상회로에 독립전원이 두 개이고 서로 주파수가 다르므로 각각의 전원에 대해 위상자변환 회로를 구해서 중첩원리를 적용해야 한다. 먼저 전압원 v_s에 대한 위상자변환 회로는 $\omega = 10$rad/s이므로 그림 9-29와 같고, 여기서 분압규칙을 적용하여 V_{c1}을 구하면

$$V_{c1} = \frac{-(-j10)}{20+j2-j10} V_s = \frac{j25}{5-j2} = 4.64 \angle 111.8°$$

이것을 시간영역 정현파로 바꾸면 $v_{c1} = 4.64\cos(100t + 111.8°)\,\mathrm{V}$이다. 이어서 직류전류원 i_s에 대한 위상자 회로는 주파수가 0이므로 L은 단락, C는 개방회로로 바뀌어 두 저항의 직렬회로만 남게 되어 $v_{c2} = 20\,i_s = 4\,\mathrm{V}$로 나타난다. 따라서 중첩성에 의해 정상상태에서 v_c는 다음과 같이 구해진다.

$$v_c = v_{c1} + v_{c2} = 4.64\cos(100t + 111.8°) + 4\ \mathrm{V}$$

(2) 전원변환

시간영역 회로에서 전압(전류)원과 저항의 직렬(병렬)회로는 필요에 따라 언제든지 전류(전압)원과 저항의 병렬(직렬)회로로 바꿀 수 있다. 이러한 전원변환 기법은 위상자변환 회로에서도 그대로 성립하여, 그림 9-30과 같이 전압(전류)위상자 $V_s(I_s)$와 임피던스 Z_s의 직렬(병렬)회로를 전류(전압)위상자 $I_s(V_s)$와 임피던스의 병렬(직렬)회로로 바꿀 수 있으며, 두 회로가 등가가 되기 위한 필요충분조건은 다음과 같다.

$$I_s = \frac{V_s}{Z_s} \tag{9-43}$$

그림 9-30으로 표시되는 전원변환법에서 유의할 점은 전압원 극성과 전류원 방향에 주의해서 처리하는 것이다. 전원변환법은 종속전원에 대해서도 적용할 수 있으며, 이 경우에는 제어변수가 바뀌지 않도록 주의해야 한다.

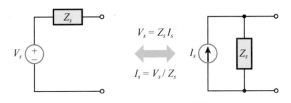

그림 9-30 등가전원 변환법

예제 9-16

그림 9-31의 정현파 전압원 회로에서 $v_s = 10\cos(100t + 45°)\,\mathrm{V}$, $R = 1\,\Omega$, $L = 10\ \mathrm{mH}$일 때, 이 회로의 위상자변환 회로와 전원변환 등가회로를 구하시오.

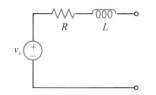
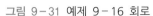

그림 9-31 예제 9-16 회로

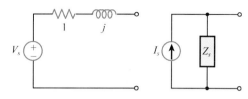

그림 9-32 위상자변환 회로 및 등가전원변환

풀이 전압위상자는 $V_s = 10 \angle 45°$이고, 전원주파수가 $\omega = 100 \text{ rad/s}$이므로 이를 기준으로 위상자변환회로를 구하고 등가전원변환을 적용하면 그림 9-32와 같다. 여기서 $Z_s = 1+j$이고, 전류위상자는 식 9-43에 의해 다음과 같이 결정된다.

$$I_s = \frac{V_s}{1+j} = \frac{10(\cos 45° + j\sin 45°)}{1+j} = 7.07 \text{ A}$$

(3) 테브냉 등가회로

4장에서 익힌 테브냉 정리에 의하면 직류전원을 갖는 저항회로는 기준단자에 대해 개방회로 전압과 등가저항의 직렬 등가회로로 나타낼 수 있다. 이러한 테브냉 정리는 정현파전원과 RLC소자로 구성된 회로의 위상자변환 회로에도 그대로 적용할 수 있는데, 위상자변환 회로에서 테브냉 정리는 다음과 같이 요약할 수 있다.

- **테브냉 정리** : 정현파전원 회로의 위상자변환 회로는 그림 9-33과 같이 기준단자에 대한 개방회로 전압위상자 V_{oc}와 기준단자에서 본 등가임피던스 Z_t의 직렬 등가회로로 나타낼 수 있다.

이러한 테브냉 정리에 따라 어떤 회로의 위상자변환 회로에서 테브냉 등가회로를 구하는 절차를 정리하면 다음과 같다.

- **테브냉 등가회로 유도법** : 대상회로의 위상자변환 회로에서
  ① 대상회로 부분과 기준단자를 선정한다.

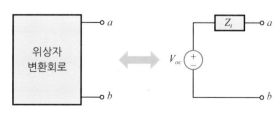

그림 9-33 테브냉 등가회로

② 기준단자에서 개방회로 전압위상자 V_{oc}를 구한다.

③ 기준단자에서 본 등가임피던스 Z_t를 아래 방법 중에 적절한 것을 적용하여 구한다.

- **직관법**(종속전원 없을 때) : 독립전원을 없애고, 직병렬조합으로 등가임피던스 계산
- **개방단락법**(종속전원 있을 때) : 대상회로에서 단락회로 전류 I_{sc}를 구하여 계산

$$Z_t = V_{oc}/I_{sc}$$

- **시험전원법**(종속전원 있을 때) : 독립전원만 없애고, 시험전류(압)원 $I_t(V_t)$를 기준단자에 연결할 때 나타나는 전압(류) $V_t(I_t)$를 구하여 계산

$$Z_t = V_t/I_t$$

예제 9-17

그림 9-34 회로에서 $v_s = 5\cos 200t$ V, $R_1 = 20\ \Omega$, $R_2 = 10\ \Omega$, $L = 0.1$ H, $C = 500$ F일 때 이 회로의 ab단에서 본 테브냉 등가회로를 구하시오.

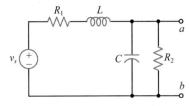

그림 9-34 예제 9-17 회로

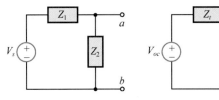

그림 9-35 위상자변환 회로 및 테브냉 등가회로

풀이 전압위상자는 $V_s = 5$이고, 전원주파수가 $\omega = 200\,\mathrm{rad/s}$이므로 이를 기준으로 위상자변환 회로를 구하면 그림 9-35 왼쪽과 같고, 여기서 임피던스 Z_1, Z_2는 다음과 같다.

$$Z_1 = R_1 + j\omega L = 20 + j20, \quad Z_2 = R_2 \parallel (-j10) = \frac{-j10}{1-j} = 5 - j5$$

이 위상자변환 회로에서 테브냉 등가회로를 구하면 그림 9-35의 오른쪽과 같고, 개방회로 전압 V_{oc}와 등가 임피던스 Z_t는 다음과 같다.

$$V_{oc} = \frac{Z_2}{Z_1 + Z_2}\,V_s = \frac{1-j}{5+j3}\times 5 = 1.21\angle -76.0°\ \mathrm{V}$$

$$Z_t = Z_1 \parallel Z_2 = \frac{Z_1 Z_2}{Z_1 + Z_2} = \frac{40}{5+j3} = 6.86\angle -31.0°\ \Omega$$

그림 9-36의 위상자회로에서 $I_s = 1\angle 45°\,A$, $Z_1 = 10 - j10$, $Z_2 = 20 + j10$일 때, 이 회로의 테브냉 등가회로를 구하시오.

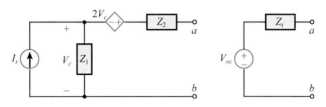

그림 9-36 예제 9-18 회로 및 테브냉 등가회로

풀이 대상회로에서 $V_c = Z_1 I_s = 10\sqrt{2}\,V$이므로 기준단자 a-b에서 본 개방회로 전압은 다음과 같다.

$$V_{oc} = V_c - 2V_c = -V_c = 10\sqrt{2}\angle 180°\,V$$

등가임피던스를 구하기 위해 전류원 I_s를 개방하고, 기준단자 a-b에 시험전류원 I_t를 걸었을 때 $V_c = Z_1 I_t$이고, a-b 양단전압 V_t는 다음과 같으므로

$$V_t = Z_2 I_t - V_c = (Z_2 - Z_1) I_t$$

등가임피던스는 다음과 같이 결정된다.

$$Z_t = \frac{V_t}{I_t} = Z_2 - Z_1 = 10 + j20 = 22.36\angle 63.4°\,\Omega$$

(4) 노턴 등가회로

테브냉 정리가 정현파전원과 RLC소자로 구성된 회로의 위상자변환 회로에도 그대로 적용되는 것과 마찬가지로 노턴 정리도 위상자변환 회로에 적용되는데, 위상자변환 회로에서 노턴 정리를 요약하면 다음과 같다.

■ **노턴 정리** : 정현파전원 회로의 위상자변환 회로는 그림 9-37과 같이 기준단자에 대한 단락회로 전류위상자 I_{sc}와 기준단자에서 본 등가임피던스 Z_t의 병렬로 구성되는 등가회로에 나타낼 수 있다.

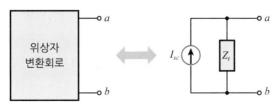

그림 9-37 노턴 등가회로

위에 요약한 노턴 정리에 따라 어떤 회로의 위상자변환 회로에서 노턴 등가회로를 구하는 절차를 정리하면 다음과 같다.

- **노턴 등가회로 유도법** : 대상회로의 위상자변환 회로에서
  ① 대상회로 부분과 기준단자를 선정한다.
  ② 기준단자에서 단락회로 전류위상자 I_{sc}를 구한다.
  ③ 기준단자에서 본 등가임피던스 Z_t를 아래 방법 중에 적절한 것을 적용하여 구한다.
    - 직관법(종속전원 없을 때) : 독립전원을 없애고, 직병렬조합으로 등가임피던스 계산
    - 개방단락법(종속전원 있을 때) : 대상회로에서 단락회로 전류 I_{sc}를 구하여 계산
      $$Z_t = V_{oc}/I_{sc}$$
    - 시험전원법(종속전원 있을 때) : 독립전원만 없애고, 시험전류(압)원 $I_t(V_t)$를 기준단자에 연결할 때 나타나는 전압(류) $V_t(I_t)$를 구하여 계산
      $$Z_t = V_t/I_t$$

예제 9-19

그림 9-34 회로에서 이 회로의 노턴 등가회로를 구하시오.

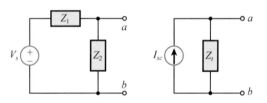

그림 9-38 위상자변환 회로 및 노턴 등가회로

풀이 그림 9-34 회로의 위상자변환 회로는 예제 9-17의 풀이에서 보듯이 그림 9-38의 왼쪽과 같으며, $V_s = 5$, $Z_1 = 20 + j20$, $Z_2 = 5 - j5$이다. 이 위상자 회로의 노턴 등가회로는 그림 9-38의 오른쪽과 같으며, 여기서 기준단자 a-b를 단락시킬 때 단락회로 전류위상자 I_{sc}와 등가 임피던스를 구하면 다음과 같다.

$$I_{sc} = V_s/Z_1 = \frac{1}{4+j4} = 0.18\angle -45° \text{ A}$$

$$Z_t = Z_1 \parallel Z_2 = \frac{Z_1 Z_2}{Z_1 + Z_2} = \frac{40}{5+j3} = 6.86\angle -31.0° \ \Omega$$

어떤 동일한 회로에 대해 테브냉 등가회로와 노턴 등가회로를 구해보면 등가임피던스는 서로 같고, 두 등가회로는 서로 전원변환 관계에 있는데, 이러한 관계는 예제 9-17과 예제 9-19의 결과를 비교해보면 확인할 수 있다.

9.7 OP앰프 위상자 회로

이 장에서 익힌 위상자변환에 의한 정현파 교류회로해석법은 OP앰프가 포함된 RLC회로에도 적용할 수 있다. OP앰프 회로에 정현파전원이 사용될 때 위상자변환법을 적용하여 해석하려면, 먼저 전압전류를 위상자로, RLC소자는 임피던스로 변환하여 위상자회로를 구한 다음, 변환회로에 OP앰프 해석법을 적용하는 방식으로 처리하면 된다. 그러면 OP앰프 기본응용회로 중 몇 가지에 대해 위상자변환법을 적용하는 예를 살펴보기로 한다.

먼저 OP앰프 반전증폭기에 정현파 교류전압원이 걸릴 때 정상상태에서 출력전압을 구하는 문제를 다루기로 한다. OP앰프 회로의 위상자변환 회로가 그림 9-39와 같다고 할 때 이 회로의 반전입력단에 KCL을 적용하면 다음과 같은 등식이 성립한다.

$$\frac{V_- - V_s}{Z_1} + \frac{V_- - V_o}{Z_2} = 0 \tag{9-44}$$

OP앰프의 가상단락특성에 의해 $V_- = V_+ = 0$이므로 식 9-44에서 V_o는 다음과 같다.

$$V_o = -\frac{Z_2}{Z_1} V_s \tag{9-45}$$

이 출력전압 위상자 V_o는 전원주파수를 알면 정현파로 바꿔 시간영역 함수 $v_o(t)$로 나타낼 수 있다. 식 9-45를 보면 저항으로 구성된 OP앰프 반전증폭기의 식 5-12와 비교해볼 때, 저항 대신에 임피던스가 사용되었을 뿐 해석결과가 같은 형태임을 알 수 있다.

이어서 OP앰프 동상증폭기에 정현파 교류전압원이 걸릴 때 정상상태에서 출력전압을 구하는 문제를 다루기로 한다. OP앰프 동상증폭기의 위상자변환 회로가 그림 9-40과 같다고 할 때, 이 회로의 반전입력단에 KCL을 적용하면 다음과 같은 등식이 성립한다.

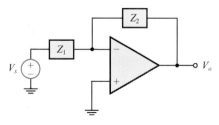

그림 9-39 OP앰프 반전증폭기 위상자변환 회로

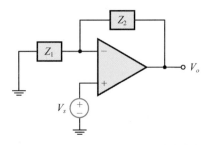

그림 9-40 OP앰프 동상증폭기 위상자변환 회로

$$\frac{V_-}{Z_1} + \frac{V_- - V_o}{Z_2} = 0 \tag{9-46}$$

여기서 OP앰프의 가상단락특성에 의해 $V_- = V_+ = V_s$이므로 식 9-46에서 V_o는 다음과 같이 구해지며,

$$V_o = \left(1 + \frac{Z_2}{Z_1}\right)V_s \tag{9-47}$$

이 출력전압 위상자 V_o는 전원주파수를 알면 정현파로 바꿔 시간영역 함수 $v_o(t)$로 나타낼 수 있다. 식 9-47의 결과를 보면 저항으로 구성된 OP앰프 반전증폭기의 식 5-16과 비교해볼 때, 저항 대신에 임피던스가 사용되었을 뿐 해석결과가 같은 형태임을 알 수 있다.

예제 9-20

그림 9-41의 OP앰프 회로에서 전원전압 $v_s = 10\cos 1000t$, $R_1 = 1\ \mathrm{k\Omega}$, $R_2 = 10\ \mathrm{k\Omega}$, $C_1 = 3\ \mathrm{F}$, $C_2 = 0.1\ \mathrm{F}$일 때, 정상상태에서 출력전압 v_o를 구하시오.

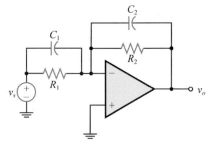

그림 9-41 예제 9-20 회로

풀이 그림 9-41 회로의 위상자변환 회로를 구하면 그림 9-39의 반전증폭기 위상자회로와 같으며 $V_s = 10$이고, Z_1, Z_2는 다음과 같다.

$$Z_1 = \frac{R_1 \dfrac{1}{j\omega C_1}}{R_1 + \dfrac{1}{j\omega C_1}} = \frac{R_1}{1 + j\omega R_1 C_1} = 100(1 - j3)$$

$$Z_2 = \frac{R_2}{1 + j\omega R_2 C_2} = 5000(1 - j)$$

따라서 출력전압은 다음과 같이 결정된다.

$$V_o = -\frac{Z_2}{Z_1} V_s = -50 \frac{1 - j}{1 - j3} \times 10 = 223.6 \angle -153.4°$$

$$\Rightarrow v_o(t) = 223.6\cos(1000t - 153.4°) \, \text{V}$$

9.8 셈툴 활용 정현파 정상상태 해석

지금까지 이 장에서 익힌 위상자변환에 의한 회로해석법은 회로 내의 전압전류를 위상자로 나타내고, RLC소자는 임피던스로 표시하여 회로를 해석하는 방법인데, 위상자나 임피던스는 모두 복소수이므로 이 해석법은 필연적으로 복소수 연산을 사용하게 된다. 이러한 복소수 연산에는 복소연산을 지원하는 계산기(Calculator)나 과학계산용 소프트웨어를 사용하면 편리하다. 이 절에서는 과학계산용 소프트웨어 중에 하나인 '셈툴(Cem Tool)'을 활용하는 방법을 간략히 소개하고자 한다.

셈툴은 우리기술로 개발된 과학계산용 무른모인데, 홈페이지(cemware.com)에 사용자 등록을 하면 누구나 사용할 수 있는 교육용버전을 제공하고 있으며, 각종 과학계산은 물론이고, 그래프 처리기능이 뛰어나 회로해석 결과를 파형으로 확인하는 과정까지도 쉽게 처리할 수 있다.

예를 들어, 그림 9-42와 같은 회로를 해석하는 과정에서 셈툴을 활용하는 방법을 정리해 보기로 한다. 이 회로에서 전압원 $v_s = V_m \cos(\omega t + \theta)\,\text{V}$ 일 때, 위상자변환 회로를 구하면 그림 9-42의 오른쪽과 같고, 여기서 전압위상자와 임피던스는 다음과 같이 표시된다.

$$V_s = V_m e^{j\theta} \tag{9-48}$$

$$Z_1 = R_1, \quad Z_2 = \frac{1}{Y_2}, \quad Y_2 = j\omega C + \frac{1}{R_2 + j\omega L} \tag{9-49}$$

따라서 출력전류 위상자 I_o는 다음과 같이 표시된다.

$$I_o = \frac{V_s}{Z_1 + Z_2} \qquad (9-50)$$

여기서 $v_s = 10\cos(100t + 30°)$ V, $R_1 = 5\ \Omega$, $R_2 = 10\ \Omega$, $C = 100\ \mu\text{F}$, $L = 10\ \text{mH}$일 때, 출력전류 위상자 I_o를 계산하고, 이로부터 출력전류 i_o를 구하여 전원전압 v_s와 함께 그래프로 나타내는 과정을 셈툴 프로그램으로 처리하면 그림 9-43과 같으며, 결과 그래프는 그림 9-44와 같다. 여기서 유의할 점은 셈툴 프로그램에서 정현파함수 계산에 사용하는 각도 단위는 라디안(radian)이기 때문에 위상 표시를 라디안으로 환산해야 한다는 것이며, 복소수를 표시할 때 허수단위로 영문 소문자 j로 표시되는 내장상수를 사용하는 것이다. 그리고 그래프를 그릴 때 시간범위를 미세시간 단위로 쪼개어 $t = 0 : d_t : T_f$(시점 : 증분 : 종점)으로 표시하여 열벡터 형태로 정하는 점도 유의할 사항이다.

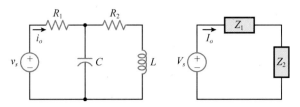

그림 9-42 대상회로 및 위상자변환 회로

그림 9-43 셈툴 프로그램

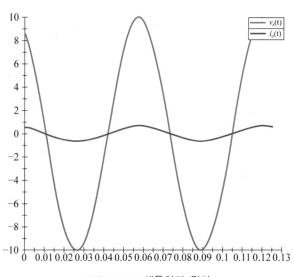

그림 9-44 셈툴처리 결과

01 어떤 회로의 전압이 $v(t) = 10\cos 400t$ V일 때 이 전압의 진폭과 주기, 주파수를 계산하시오.

02 어떤 회로의 전압, 전류가 $v(t) = 10\cos 377t$ V, $i(t) = -2\sin(377t + 30°)$ A일 때, 두 신호간의 위상차를 계산하시오.

03 전압, 전류가 $v(t) = 5\sin 377t$ V, $i(t) = 10\cos(377t - 45°)$ mA일 때, 이 전압전류간의 위상관계를 구하시오.

04 다음과 같은 전압, 전류가 있을 때 $v(t)$를 기준으로 $i_1(t)$와 $i_2(t)$의 위상이 얼마나 앞서는지 계산하시오.

$$v(t) = 5\cos(377t + 30°) \text{ V}$$
$$i_1(t) = 0.1\cos(377t - 15°) \text{ A}$$
$$i_2(t) = -0.5\sin(377t + 60°) \text{ A}$$

05 $R = 5\ \Omega$ 저항에 전압 $v(t) = 10\sin(200t - 30°)$ V가 걸릴 때, 이 저항에 흐르는 전류를 계산하고, 전압전류 간의 위상관계를 확인하시오.

06 $L = 10$ mH 코일에 전류 $i(t) = 2\cos(100t + 30°)$ mA가 흐를 때, 이 코일에 유도되는 전압을 계산하고, 전압전류 간의 위상관계를 확인하시오.

07 $C = 50\ \mu$F 용량기에 전압 $v(t) = 10\cos(1000t + 60°)$ V 가 걸릴 때, 이 용량기에 흐르는 전류를 계산하고, 전압전류 간의 위상관계를 확인하시오.

08 그림 p9.8 회로에서 전원주파수가 $f = 60$ Hz일 때, 등가임피던스 Z를 구하시오.

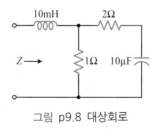

그림 p9.8 대상회로

09 그림 p9.8 회로에서 전원주파수가 $f = 100$ Hz일 때, 등가임피던스 Z를 구하시오.

10 그림 p9.10 회로에서 전원주파수가 $f = 60$ Hz일 때, 등가임피던스 Z를 구하시오.

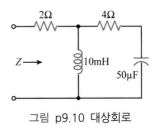

그림 p9.10 대상회로

11 그림 p9.10 회로에서 전원주파수가 $f = 1$ kHz일 때, 등가임피던스 Z를 구하시오.

12 그림 p9.12 위상자 회로에서 등가임피던스 Z를 구하시오.

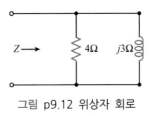

그림 p9.12 위상자 회로

13 그림 p9.13 위상자 회로에서 등가임피던스 Z를 구하시오.

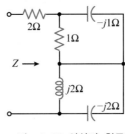

그림 p9.13 위상자 회로

14 그림 p9.14 위상자 회로에서 등가임피던스 Z를 구하시오.

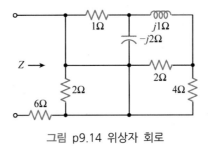

그림 p9.14 위상자 회로

15 그림 p9.15 RL직렬회로에서 $v_s = 10\cos 377t$ V, $R = 5$ Ω, $L = 10$ mH일 때, 이 회로의 위상자변환 회로를 구하고, $i(t)$를 계산하시오.

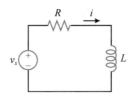

그림 p9.15 RL직렬회로

16 그림 p9.16 RC병렬회로에서 $i_s = 10\sin(377t + 30°)$ mA, $R = 10\ \Omega$, $C = 1$ mF일 때, 이 회로의 위상자변환 회로를 구하고, $v(t)$를 계산하시오.

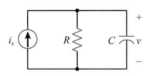

그림 p9.16 RC병렬회로

17 그림 p9.17 RLC병렬회로에서 $i_s = 20\cos(500t + 120°)$ mA, $R = 10\ \Omega$, $L = 10$ mH, $C = 100\ \mu$F일 때, 이 회로의 위상자변환 회로를 구하고, $v(t)$를 계산하시오.

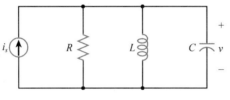

그림 p9.17 RLC병렬회로

18 그림 p9.18 RLC회로에서 $v_s = 5\cos(1000t + 30°)$ V, $i_s = \sin 1000t$ A, $R = 10\ \Omega$, $L = 20$ mH, $C = 500\ \mu$F일 때, 이 회로의 위상자변환 회로를 구하고, v_1, v_2를 계산하시오.

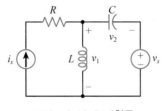

그림 p9.18 RLC회로

19 어떤 회로의 기준단자에서 본 등가임피던스가 전원주파수 1000 rad/s에 대해 $3 + j4\ \Omega$이라면, 전원주파수 1500 rad/s에 대해서 등가임피던스는 얼마인지 계산하시오.

20 어떤 회로의 등가어드미턴스가 전원주파수 200 rad/s에 대해 $0.5 + j0.2$ S라면, 전원주파수 100 rad/s에 대해서 등가임피던스는 얼마인지 계산하시오.

21 그림 p9.21 회로에서 $R = 30\ \Omega$, $L = 10\ \text{mH}$일 때, 주파수 $f = 100\ \text{Hz}$에 대해 ab단에서 본 임피던스 Z가 실수값을 가진다면, 이 경우에 해당하는 용량 C값을 구하시오.

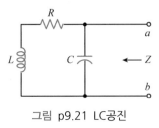

그림 p9.21 LC공진

22 그림 p9.22 RLC 직렬회로에서 $v_s = 50\cos(1000t + 135°)$ V, $R = 20\ \Omega$, $C = 100\ \text{F}$일 때, 전류 i가 v_s와 동일한 위상을 갖기 위한 유도용량 L값을 구하시오.

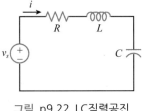

그림 p9.22 LC직렬공진

23 그림 p9.23 RLC병렬회로에서 등가임피던스 Z가 순저항(purely resistive)으로 나타나기 위한 주파수를 구하시오.

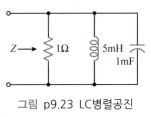

그림 p9.23 LC병렬공진

24 그림 p9.24 회로에서 전류 i가 $v_s(t) = V_m\cos(\omega t + \phi_v)$와 동상(same phase)이 되기 위한 주파수 ω를 계산하시오.

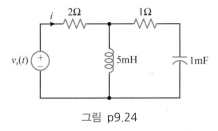

그림 p9.24

25 그림 p9.25 회로에서 정현파전원 i_s의 주파수 $\omega = 377\ \text{rad/s}$이고, $R = 10\ \Omega$, $C = 20\ \text{F}$일 때, v가 i_s와 동상(same phase)이 되기 위한 유도용량 L값을 계산하시오.

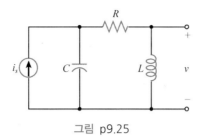

그림 p9.25

26 그림 p9.26 위상자회로에서 I를 구하시오.

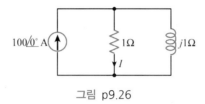

그림 p9.26

27 그림 p9.27 위상자회로에서 V_o를 구하시오.

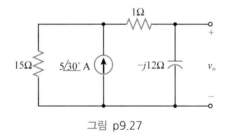

그림 p9.27

28 그림 p9.28 위상자회로에서 $V_s = 20 \angle 30°$ V일 때 V_1, V_2를 구하시오.

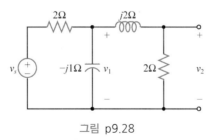

그림 p9.28

29 그림 p9.29 위상자회로에서 $V_1 = 5 \angle -30°$ V로 나타날 때 전원전압 V_s를 구하시오.

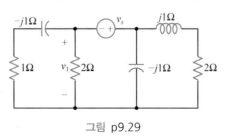

그림 p9.29

30 그림 p9.30 회로에서 $V_1 = 4\angle 0°$ V일 때 I_o를 구하시오.

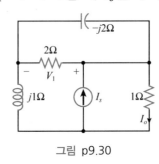

그림 p9.30

31 그림 p9.31 회로에서 $I_o = 4\angle 0°$ A일 때 I_x를 구하시오.

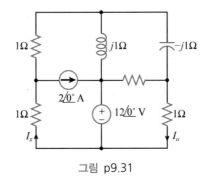

그림 p9.31

32 그림 p9.32 회로에서 $I_o = 4\angle 0°$ A일 때 I_x를 구하시오.

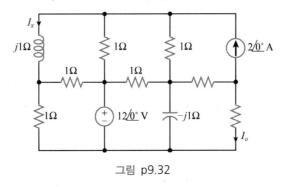

그림 p9.32

33 그림 p9.33 회로에서 $V_o = 4\angle 45°$ V일 때 임피던스 Z를 구하시오.

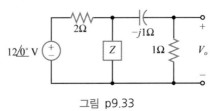

그림 p9.33

34 그림 p9.34 회로에서 $V_1 = 2 \angle 45°$ V일 때 임피던스 Z를 구하시오.

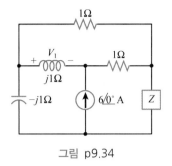

그림 p9.34

35 그림 p9.35 회로에서 마디해석법을 사용하여 V_1, V_2, I_o를 구하시오.

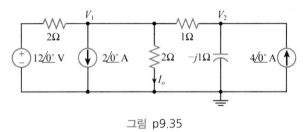

그림 p9.35

36 그림 p9.36 회로에서 V_o를 구하시오.

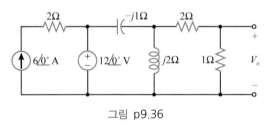

그림 p9.36

37 그림 p9.37 회로에서 마디해석법을 사용하여 V_1, V_2, I_o를 구하시오.

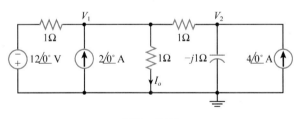

그림 p9.37

38 그림 p9.38 회로에서 V_o를 구하시오.

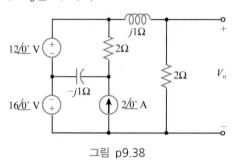

그림 p9.38

39 그림 p9.39 회로에서 마디해석법을 사용하여 V_o를 구하시오.

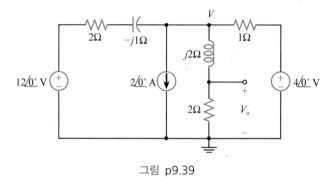

그림 p9.39

40 그림 p9.40 회로에서 마디해석법을 사용하여 I_o를 구하시오.

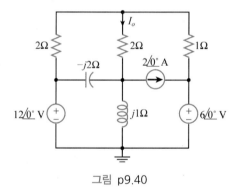

그림 p9.40

41 그림 p9.41 회로에서 마디해석법을 사용하여 I_o를 구하시오(힌트 : 초마디 사용).

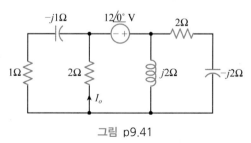

그림 p9.41

42 그림 p9.42 회로에서 마디해석법을 사용하여 I_o를 구하시오.

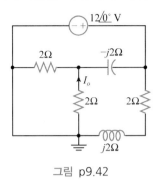

그림 p9.42

43 그림 p9.43 회로에서 마디해석법을 사용하여 V_o를 구하시오.

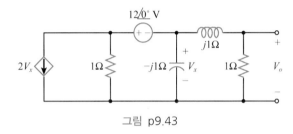

그림 p9.43

44 그림 p9.44 회로에서 마디해석법을 사용하여 V_1, V_2를 구하시오.

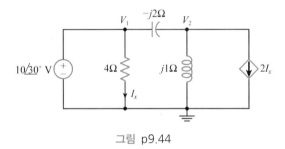

그림 p9.44

45 그림 p9.45 회로에서 망해석법을 사용하여 V_o를 구하시오.

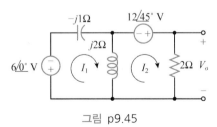

그림 p9.45

46 그림 p9.46 회로에서 망해석법을 사용하여 V_o를 구하시오.

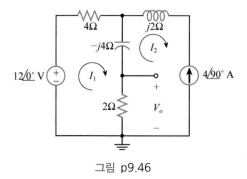

그림 p9.46

47 그림 p9.47 회로에서 망해석법을 사용하여 V_o를 구하시오.

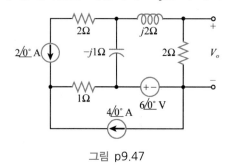

그림 p9.47

48 그림 p9.48 회로에서 망해석법을 사용하여 I_o를 구하시오.

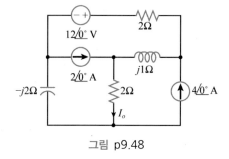

그림 p9.48

49 그림 p9.49 회로에서 망해석법을 사용하여 V_o를 구하시오.

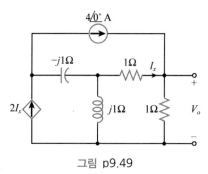

그림 p9.49

50 그림 p9.50 회로에서 망해석법을 사용하여 V_o를 구하시오.

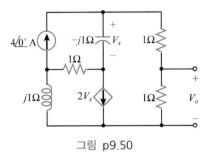

그림 p9.50

51 그림 p9.51 회로에서 중첩성을 이용하여 V_o를 구하시오.

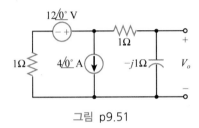

그림 p9.51

52 그림 p9.52 회로에서 중첩성을 이용하여 V_o를 구하시오.

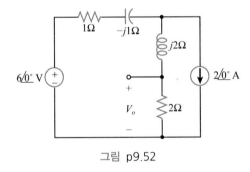

그림 p9.52

53 그림 p9.53 회로에서 중첩성을 이용하여 V_o를 구하시오.

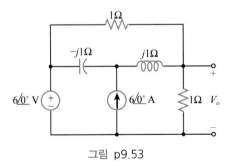

그림 p9.53

54 그림 p9.54 회로에서 중첩성을 이용하여 V_o를 구하시오.

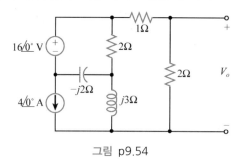

그림 p9.54

55 그림 p9.55 회로에서 전원변환법을 이용하여 V_o를 구하시오.

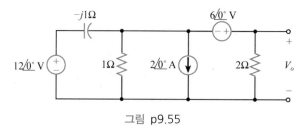

그림 p9.55

56 그림 p9.56 회로에서 전원변환법을 이용하여 I_o를 구하시오.

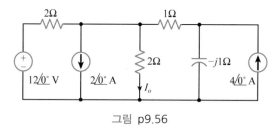

그림 p9.56

57 그림 p9.57 회로에서 전원변환법을 이용하여 I_o를 구하시오.

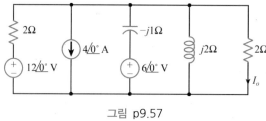

그림 p9.57

58 문제 37의 그림 p9.37 회로에서 전원변환법을 사용하여 I_o를 구하시오.

59 그림 p9.59 회로에서 테브냉정리를 이용하여 V_o를 구하시오.

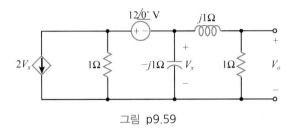

그림 p9.59

60 그림 p9.60 회로에서 AB단에서 본 테브냉 등가회로를 구하시오.

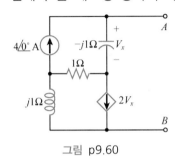

그림 p9.60

61 문제 36의 회로에서 테브냉정리를 이용하여 V_o를 구하시오.

62 문제 38의 회로에서 테브냉정리를 이용하여 V_o를 구하시오.

63 문제 45의 회로에서 테브냉정리를 이용하여 V_o를 구하시오.

64 문제 46의 회로에서 테브냉정리를 이용하여 V_o를 구하시오.

65 그림 p9.65 회로에서 노턴 정리를 이용하여 I_o를 구하시오.

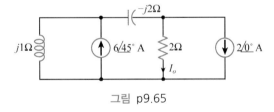

그림 p9.65

66 그림 p9.66 회로에서 노턴 정리를 이용하여 V_o를 구하시오.

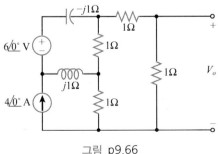

그림 p9.66

67 그림 p9.67 회로에서 노턴 정리를 이용하여 V_o를 구하시오.

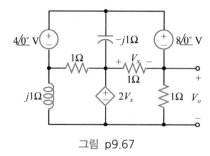

그림 p9.67

68 그림 p9.68 회로에서 노턴 정리를 이용하여 V_o를 구하시오.

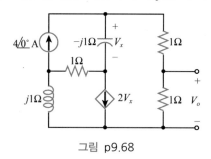

그림 p9.68

69 예제 9-18의 그림 9-36 회로에 대한 노턴 등가회로를 구하시오.

70 그림 p9.70 회로에서 셈툴을 활용하여 I_o를 구하시오.

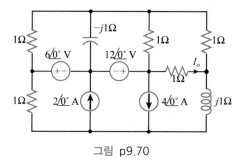

그림 p9.70

71 그림 p9.71 회로에서 셈툴을 활용하여 I_o를 구하시오.

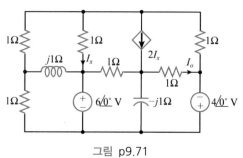

그림 p9.71

72 예제 9-20의 그림 9-41 회로에서 $C_1 = 1$ F일 때 전압이득과 출력전압 v_o를 구하시오.

73 그림 p9.73 회로에서 $v_s = 5\sqrt{2}\cos 1000t$ V일 때 정상상태 출력전압 v_o를 구하시오.

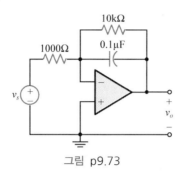

그림 p9.73

74 그림 p9.74 회로에서 전압이득 V_o/V_s를 구하시오.

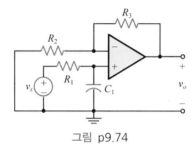

그림 p9.74

75 그림 p9.75 회로에서 전압이득 V_o/V_s를 구하시오.

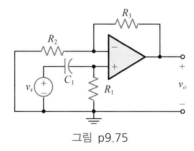

그림 p9.75

76 그림 p9.76 회로에서 $v_s = 10\sin\omega t$ V, 전원주파수 $f = 20$ kHz일 때 정상상태 출력전압 v_o를 구하시오.

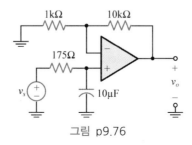

그림 p9.76

교류 정상상태 전력

10.1 서론

전기회로는 전원이나 신호원으로부터 전력이나 신호를 받아서 이것을 부하에 전달해주는 전력전달이나 신호처리용으로 사용된다. 4.6절에서는 회로의 주요 용도 가운데 하나인 전력전달과 관련하여 직류회로에서의 최대전력전달 문제를 다루었으며, 부하저항값을 전원측 내부저항과 같은 값으로 정합시킬 때 부하에 전달되는 전력이 최대가 된다는 점을 익혔다. 9장에서 언급하였듯이 직류전력시스템에서는 전기사용자가 늘어나는, 즉 부하가 증가하는 경우에 소요전류가 커지고, 전력계통에 대전류가 흘러야 하기 때문에 계통에서의 선로손실이 커져서 대전력의 공급이나 원거리 전송이 어려워지는 한계 및 문제점이 생긴다. 이러한 직류의 문제점은 교류를 사용함으로써 해결할 수 있다. 직류와 달리 교류는 변압기에 의해 전압의 승압이나 감압 등의 변환이 가능하기 때문에 발전소에서 승압하여 고압송전을 하고, 수용가에서는 사용기기에 맞추어 감압하여 사용하면 송전선로에서는 저전류로 전력전송이 가능하여 선로손실을 낮춤으로써 전송효율을 높이고, 원거리 송전도 가능하다는 큰 장점을 갖고 있다.

이러한 장점에 힘입어 교류 전력방식은 1891년에 독일 쾰른의 도시 전력계통에 처음으로 도입되었으며, 미국에서도 직류옹호론자였던 에디슨(T. Edison, 1847~1931)의 반대를 극복하고, 이듬해인 1892년에 미국의 Cataract Company가 나이아가라 폭포에 수력발전소를 건설하면서 뉴욕의 도시 전력계통에 교류계통을 채택함으로써 이 교류전력시스템이 확산되기 시작하였다. 그림 10-1은 우리나라의 전기에너지 수요를 나타낸 도표로서 2010년 현재 76,078 MW의 설비용량을 갖춤으로써 세계에서 10번째 정도의 설비를 갖추고 있다.

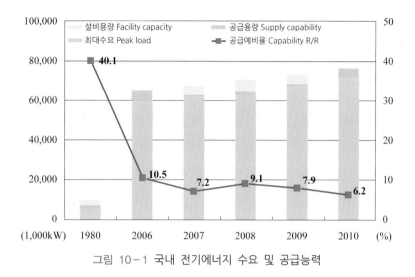

그림 10-1 국내 전기에너지 수요 및 공급능력

이를 에너지원별로 보면 그림 10-2와 같은데, 화력발전이 67.1%로 가장 높고, 원자력이 23.3%, 수력이 7.3% 정도를 차지하고 있다.

이 장에서는 정현파 교류회로에서의 최대전력전달 문제를 다룰 것이다. 즉, 정현파교류 전원을 사용하는 회로에서 RLC 부하에 전력을 전달할 때 어떤 조건 하에서 부하에 전달되는 전력이 최대가 되는가 하는 문제를 살펴볼 것이다. 그런데 이와 같이 교류회로의 전력전달 문제를 다루려면 먼저 정현파 교류회로에서 전력의 정의를 살펴봐야 한다. 직류회로나 교류회로에 관계없이 전력의 정의는 '전력 = 전압 × 전류'로서 동일하게 정의된다. 그런데 직류의 경우에는 전압이나 전류가 모두 상수이므로 전력도 상수로 나타나기 때문에 전력문

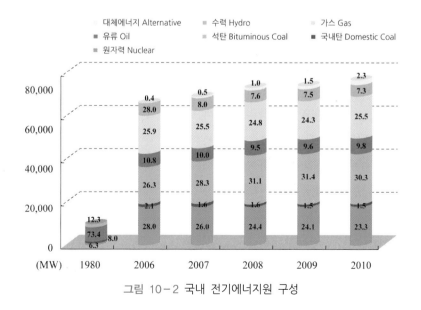

그림 10-2 국내 전기에너지원 구성

제를 처리하기가 어렵지 않다. 따라서 4장에서 최대전력전달 정리도 간단하게 정리하여 익힐 수 있었다. 그러나 정현파 교류회로의 경우에는 전압과 전류가 모두 시변함수인 정현파이고, 일반적으로 서로 위상이 달라서 전력이 정현파의 곱으로 표시되는 시변함수로 나타나기 때문에, 이를 표시하거나 처리하는 문제가 조금 어려워진다.

이 장에서는 정현파 교류회로에서 정현파함수 곱의 꼴로 나타나는 교류전력에 대한 정의를 살펴보고, 이 교류전력을 평균값이나 실효값으로 나타내는 방법과 유효전력과 무효전력 및 역률에 대해 익힐 것이다. 그리고 정현파를 위상자로 표시하는 위상자법을 적용하여 전압위상자와 전류위상자의 곱으로 정의되는 복소전력 개념을 도입하고, 정현파 교류회로에서의 최대전력전달 정리를 유도할 것이다. 아울러 정현파 교류전압을 승압시키거나 감압시키는 변압기의 특성과 활용법에 대해 익힐 것이다.

10.2 순시전력과 평균전력

9장에서 언급하였듯이 거의 모든 전력시스템에서는 정현파전원을 사용하며, 이 시스템 내에서의 모든 전압과 전류는 정현파들로 나타난다. 교류전원을 사용하는 회로에서 어느 순간 부하에 전달되는 전력은 그림 10-3과 같이 전압과 전류를 수동표시법으로 표시할 때 다음과 같이 정의된다.

$$p(t) = v(t)i(t) \tag{10-1}$$

이렇게 정의되는 전력은 어느 순간에 부하에 전달되는 전력이라는 뜻으로, **순시전력 (instantaneous power)**이라 하며, 단위는 와트[W]를 사용한다.

식 10-1로 정의되는 순시전력은 어떤 순간시점에서의 값으로서, 교류의 경우 시간에 따라 변화하며, 정현파의 경우 삼각함수의 곱이 되므로 복잡한 꼴로 표시된다. 그런데 실제로 전력을 다룰 때에는 어떤 시간구간 동안에 전달된 전력의 평균값을 사용하는 경우가 많으므로, 이처럼 순시전력을 평균하여 나타내는 평균전력(average power)을 어떻게 정의하여 사용하는지 정리하기로 한다.

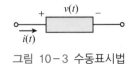

그림 10-3 수동표시법

어떤 회로에서 $[t_0, t_1]$ 시간동안 순시전력이 $p(t)$인 부하에 전달되는 에너지는 다음과 같이 나타낼 수 있다.

$$w = \int_{t_0}^{t_1} p(t)dt \tag{10-2}$$

평균전력(average power)은 $[t_0, t_1]$ 시간동안 부하에 전달되는 에너지의 평균변화율로 정의되며, 에너지는 식 10-2로 표시되므로 이것을 시간으로 나누어 다음과 같이 나타낸다.

$$P \triangleq \frac{w}{t_1 - t_0} = \frac{1}{t_1 - t_0} \int_{t_0}^{t_1} p(t)dt \tag{10-3}$$

여기서 순시전력 $p(t)$가 주기 T인 주기함수인 경우에는 $t_1 = t_0 + T$로 잡고 평균전력을 다음과 같이 표시한다.

$$P = \frac{w}{T} = \frac{1}{T} \int_{t_0}^{t_0 + T} p(t)dt \tag{10-4}$$

식 10-4로 표시되는 주기함수의 평균전력은 시점 t_0에 무관한 상수값을 지니며, 직류저항회로와 같이 순시전력 자체가 상수인 경우에 $p(t) = P_o$(상수)이면 평균전력은 $P = P_o$로서 상수전력과 동일한 값이 된다. 그리고 순시전력이 정현파일 경우에는 정현파의 한주기 적분값이 0이 되므로 평균전력은 $P = 0$이 된다. 또한 순시전력이 두 가지 이상의 성분의 합으로 표시되는 경우에 평균전력은 식 10-3이나 식 10-4에서 적분식의 성질에 따라 각 성분의 평균전력의 합으로 표시된다. 예를 들어, 순시전력이 $p(t) = P_o + P_m \cos(n\omega t + \phi)$로서 상수성분과 정현파성분의 합으로 표시되는 경우에 평균전력은 상수전력의 평균값 P_0와 정현파 순시전력의 평균값 0의 합이 되어 $P = P_o$로 표시된다.

그림 10-3의 회로에서 전압과 전류가 모두 정현파인 경우에 평균전력이 어떻게 표시되는지 살펴보기로 한다. 9장에서 익혔듯이 부하에 따라 전압과 전류는 서로 위상이 다를 수 있으므로 어떤 부하에서의 전압과 전류는 일반적으로 다음과 같이 나타낼 수 있다.

$$v(t) = V_m \cos(\omega t + \phi_v)$$
$$i(t) = I_m \cos(\omega t + \phi_i) \tag{10-5}$$

식 10-1에 따라 순시전력은 다음과 같이 표시되는데,

$$p(t) = v(t)i(t) = V_m I_m \cos(\omega t + \phi_v)\cos(\omega t + \phi_i)$$

$$= \frac{V_m I_m}{2}\left[\cos(\phi_v - \phi_i) + \cos(2\omega t + \phi_v + \phi_i)\right] \tag{10-6}$$

식 10-6의 순시전력 우변항은 상수성분과 정현파성분의 합으로 나타나므로 평균전력은 다음과 같이 표시된다.

$$P = \frac{1}{T}\int_0^T p(t)dt = \frac{V_m I_m}{2}\cos(\phi_v - \phi_i) \tag{10-7}$$

식 10-7의 결과를 보면 정현파회로에서 어떤 부하에 전달되는 평균전력은 전압과 전류 위상차의 코사인함수 $\cos(\phi_i - \phi_v)$로 표시된다. 그런데 부하가 저항 R만으로 이루어진 경우에는 옴의 법칙에 따라 전압은 $v(t) = Ri(t)$로서, 전압전류 위상차가 없고, $V_m = RI_m$의 관계가 성립하므로 저항에서의 평균전력은 다음과 같이 표시된다.

$$P_R = \frac{1}{2}V_m I_m = \frac{1}{2}RI_m^2 = \frac{V_m^2}{2R} \tag{10-8}$$

저항에서는 전압전류 위상차가 0이어서 평균전력이 식 10-8로 표시되지만, 이와는 달리 부하가 용량기 C나 코일 L만으로 구성된 경우에는 전압전류 위상차가 $\pm 90°$가 되어 C나 L에서의 평균전력은 식 10-7에 의하면 $P_C = P_L = 0$이 된다는 것을 알 수 있다. 이 경우에 식 10-6을 보면 순시전력의 상수성분은 0이 되고, 코사인항만 남아서 반주기 동안 각각 양의 값과 음의 값을 대칭으로 가지면서 변화하기 때문에 한 주기 평균전력이 0이 되는 것이다. 여기서 L과 C는 순시전력이 양인 반주기 동안에는 흡수전력으로서 전력을 저장하고, 순시전력이 음인 반주기 동안에는 공급전력으로서 연결회로에 전력을 내주는 동작을 반복한다.

예제 10-1

그림 10-4와 같은 RLC직렬회로에 C에 걸리는 전압이 다음과 같을 때

$$v_C(t) = 100\cos(377t + 45°)\ \text{V}$$

각 소자에 전달되는 평균전력을 계산하시오. 단 $R = 20\ \Omega$, $L = 100\ \text{mH}$, $C = 500\ \text{F}$이다.

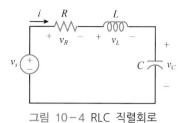

그림 10-4 RLC 직렬회로

풀이 C에서의 전압전류특성에 의해 전류 $i(t)$는 다음과 같이 결정되며,

$$i(t) = C\frac{dv_c}{dt} = -500 \times 10^{-4} \times 377 \sin(377t + 45°) = 18.85 \cos(377t + 135°) \text{ A}$$

대상회로는 직렬회로이므로 회로 내의 모든 소자에 흐르는 전류는 동일하다. 따라서 저항 R과 코일 L에 걸리는 전압은 다음과 같다.

$$v_R(t) = Ri(t) = 20 \times 18.85 \cos(377t + 135°) = 377 \cos(377t + 135°) \text{ V}$$

$$v_L(t) = L\frac{di(t)}{dt} = -0.1 \times 18.85 \times 377 \sin(377t + 135°) = 710.6 \cos(377t - 135°) \text{ V}$$

그러므로 저항에서의 평균전력은 식 10-8에 의해 다음과 같이 구해지며,

$$P_R = \frac{1}{2}V_m I_m = \frac{1}{2} \times 377 \times 18.85 = 3.55 \text{ kW}$$

용량 C와 코일 L에서의 평균전력은 식 10-7에 의해 계산하면 다음과 같다.

$$P_C = \frac{1}{2}V_{Cm}I_m \cos(\phi_{vC} - \phi_i) = \frac{1}{2}V_{Cm}I_m \cos(-90°) = 0 \text{ W}$$

$$P_L = \frac{1}{2}V_{Lm}I_m \cos(\phi_{vL} - \phi_i) = \frac{1}{2}V_{Lm}I_m \cos(90°) = 0 \text{ W}$$

C나 L에서는 전류의 위상이 전압보다 각각 90° 앞서거나 뒤지므로 위상차가 ±90°가 되어 식 10-7에 의해 평균전력이 0이 된다는 점을 언급하였는데, 예제 10-1의 결과를 보면 확인할 수 있다. 평균전력 계산을 위해 식 10-7을 사용할 때 주의할 점은 이 식이 정현파 전압전류에 대해서만 성립한다는 것이다. 정현파가 아닌 일반 신호의 경우에는 식 10-3을 적용해야 하며, 일반 주기신호의 경우에는 식 10-4를 적용한다.

예제 10-2

저항 $R = 10 \text{ W}$에 그림 10-5와 같은 톱니파(sawtooth wave) 전류가 흐를 때 이 저항에 전달되는 평균전력을 구하시오.

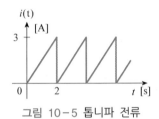

그림 10-5 톱니파 전류

(풀이) 저항에서는 옴의 법칙에 의해 전압이 $v(t) = Ri(t)$ 이므로 순시전력은 다음과 같다.

$$p_R(t) = v(t)i(t) = Ri^2(t)$$

그림 10-5에서 $i(t) = 1.5t$, $0 \leq t \leq 2$로서 주기 $T = 2\,\mathrm{s}$인 주기함수이므로, 식 10-4에 의해 평균전력은 다음과 같이 구할 수 있다.

$$P_R = \frac{1}{T}\int_0^T p_R(t)dt = \frac{1}{2}\int_0^2 10 \times (1.5t)^2 dt = 11.25 \times \left[\frac{1}{3}t^3\right]_0^2 = 30 \text{ W}$$

10.3 주기파형의 실효값

앞에서 평균전력의 정의를 살펴보고, 정현파의 경우 평균전력은 식 10-7로 표시되며, 저항 부하에서는 식 10-8로 정리된다는 것을 익혔다. 이 중에 식 10-8을 살펴보면 정현파 전압전류에 의한 평균전력은 전압과 전류의 진폭인 V_m과 I_m의 곱에 1/2이 곱해진 꼴로 나타나며, 직류전압 V와 직류전류 I에 의한 전력 관계식인 $P = VI$와 비슷하지만, 상계수가 서로 다른 꼴임을 알 수 있다. 이처럼 상계수가 다르게 나타나는 원인은 정현파의 평균전력 계산에 정현파 전압과 전류의 진폭, 즉 최대값을 사용하기 때문인데, 이러한 진폭이나 최대값 대신에 적절한 값을 정의하면 직류나 교류에서의 평균전력 관계식을 동일한 형태로 만들 수 있다. 이처럼 교류의 평균전력을 직류전력과 같은 꼴로 나타낼 수 있도록 만들어주는 방법에 대해 살펴보기로 한다.

교류는 시간에 대해 변화하는 신호이므로 적당한 대표값을 이용하여 나타낸다. 교류를 대표하는 값으로 쉽게 평균값을 사용하는 것을 생각할 수 있으나, 정현파의 경우에는 가로 축을 기준으로 양과 음의 값이 대칭이어서 평균값이 항상 0이 되기 때문에 대표값으로 사용하기가 마땅하지 않다. 이러한 까닭에 교류를 대표하는 값으로는 평균값 대신에 **실효 값(effective value)**을 정의하여 사용한다. 교류의 실효값이란 '해당 교류전압(전류)에 의해 부하저항에 전달되는 평균전력과 등가가 되는 직류전압(전류)의 크기'로 정의된다. 이것을

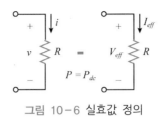

그림 10−6 실효값 정의

그림으로 나타내면 그림 10−6과 같다. 즉, 교류에 의해 저항에 전달되는 평균전력과 같은 크기의 전력을 갖게 만드는 직류값을 실효값이라 하는 것이다.

이 정의에 따라 주기 T인 교류전류 $i(t)$의 실효값이 어떻게 표시되는지 정리해보기로 한다. 교류전류 $i(t)$의 실효값을 I_{eff}라 하면 정의에 따라 교류전류 $i(t)$가 저항 R에 흐를 때, 평균전력이 실효값 크기의 직류전류에 의한 직류전력과 같아야 하므로 다음과 같은 등식이 성립하고

$$P = \frac{1}{T} \int_0^T i^2(t)R\,dt = I_{eff}^2\,R \qquad (10-9)$$

이 식으로부터 교류전류 $i(t)$의 실효값은 다음과 같이 표시된다.

$$I_{eff} = \left(\frac{1}{T} \int_0^T i^2(t)\,dt \right)^{1/2} \qquad (10-10)$$

위의 유도과정을 교류전압 $v(t)$에 적용하면 전압 실효값은 다음과 같이 표시된다.

$$V_{eff} = \left(\frac{1}{T} \int_0^T v^2(t)\,dt \right)^{1/2} \qquad (10-11)$$

실효값은 식 10−9나 식 10−10에서 볼 수 있듯이 대상 교류신호 제곱(square)의 평균값 (mean)의 제곱근(root)으로 계산되기 때문에 RMS(Root-Mean-Square) 값이라고도 하며 I_r, V_r로 표기하고, 교류신호의 대표값으로 쓰인다. 식 10−9와 식 10−10의 실효값은 교류 일반에 대한 정의식이다. 대상신호가 정현파인 경우, 예를 들어 $i(t) = I_m \cos \omega t$이면 실효값 은 다음과 같이 계산할 수 있다.

$$I_r = \left(\frac{1}{T} \int_0^T I_m^2 \cos^2 \omega t\,dt \right)^{1/2} = \frac{I_m}{\sqrt{2}} = 0.707 I_m \qquad (10-12)$$

즉, 정현파의 실효값은 진폭(최대값)의 $1/\sqrt{2} = 0.707$ 배이며, 진폭이 V_m인 정현파 전압의 실효값 V_r은 다음과 같다.

$$V_r = \frac{V_m}{\sqrt{2}} = 0.707\,V_m \qquad\qquad (10-13)$$

예제 10 − 3

그림 10 − 7과 같은 톱니파 전류의 실효값 I_r을 계산하시오.

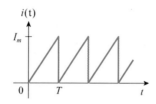

그림 10 − 7 **톱니파 전류**

풀이 그림 10 − 7에서 $i(t) = \dfrac{I_m}{T}t$, $0 \leq t \leq T$이므로 식 10 − 10에 의해 실효값을 구할 수 있다.

$$I_r = \left(\frac{1}{T} \int_0^T i^2(t)\,dt \right)^{1/2} = \left(\frac{1}{T} \int_0^T \frac{I_m^2}{T^2} t^2 dt \right)^{1/2} = \left(\frac{I_m^2}{T^3} \left[\frac{1}{3} t^3 \right]_0^T \right)^{1/2} = \frac{I_m}{\sqrt{3}} \qquad (10-14)$$

위의 예제 결과를 보면 톱니파의 실효값은 최대값의 $1/\sqrt{3}$ 배가 되는데, 이 결과를 예제 10 − 2에 적용하면 그림 10 − 5의 톱니파 전류 실효값은 $I_r = \sqrt{3}\,\mathrm{A}$가 되고, 평균전력은 $P_R = I_r^2 R = 3 \times 10 = 30\,\mathrm{W}$로 같은 결과가 나옴을 확인할 수 있다. 식 10 − 14의 실효값은 톱니파에 대한 것이지만 최대값이 I_m인 삼각파(triangular wave)에 대해서도 성립한다(문제 10.14).

예제 10 − 4

그림 10 − 8과 같은 사각파(square wave) 전류의 실효값 I_r을 계산하시오.

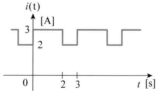

그림 10 − 8 **사각파 전류**

풀이 그림 10 − 8에서 전류는 다음과 같이 표시되므로

$$i(t) = \begin{cases} 3, & 0 \leq t < 2 \\ 2, & 2 \leq t < 3 \end{cases}$$

식 10-10에 의해 실효값을 구할 수 있다.

$$I_r = \left(\frac{1}{T} \int_0^T i^2(t)dt \right)^{1/2} = \left[\frac{1}{3} \left(\int_0^2 3^2 dt + \int_2^3 2^2 dt \right) \right]^{1/2} = \left(\frac{22}{3} \right)^{1/2} = 2.71 \text{ A}$$

예제 10-5

다음과 같이 두 정현파의 합으로 표시되는 전압의 실효값 V_r 을 계산하시오.

$$V(t) = \sqrt{2}\, V_{1r}\cos(\omega_1 t + \phi_1) + \sqrt{2}\, V_{2r}\cos(\omega_2 + \phi_2) \tag{10-15}$$

풀이 식 10-11의 정의를 적용하여 계산하면 다음과 같이 전개할 수 있으므로

$$V_r^2 = \frac{1}{T} \int_0^T v^2(t)dt$$

$$= \frac{1}{T} \int_0^T \left[\left(2 V_{1r}^2 \cos^2(\omega_1 t + \phi_1) + 2 V_{2r}^2 \cos^2(\omega_2 t + \phi_2) + 4 V_{1r} V_{2r}\cos(\omega_1 t + \phi_1)\cos(\omega_2 t + \phi_2) \right) \right] dt$$

$$= V_{1r}^2 + V_{2r}^2 + 2 V_{1r} V_{2r} \frac{1}{T} \int_0^T \left\{ \cos\left[(\omega_1 + \omega_2)t + \phi_1 + \phi_2 \right] + \cos\left[(\omega_1 - \omega_2)t + \phi_1 - \phi_2 \right] \right\} dt$$

$$= \begin{cases} V_{1r}^2 + V_{2r}^2 + 2 V_r V_{2r}\cos(\phi_1 - \phi_2), & \omega_1 = \omega_2 \\ V_{1r}^2 + V_{2r}^2, & \omega_1 \neq \omega_2 \end{cases}$$

전압의 실효값은 다음과 같이 구할 수 있다:

$$V_r = \begin{cases} \sqrt{V_{1r}^2 + V_{2r}^2 + 2 V_r V_{2r}\cos(\phi_1 - \phi_2)}, & \omega_1 = \omega_2 \\ \sqrt{V_{1r}^2 + V_{2r}^2}, & \omega_1 \neq \omega_2 \end{cases} \tag{10-16}$$

예제 10-5의 결과를 보면 식 10-15와 같이 두 개의 정현파 합으로 표시되는 신호에서 두 정현파의 주파수와 위상이 같은 경우에는 $V_r = V_{1r} + V_{2r}$ 이 되고, 주파수가 서로 다른 경우에는 $V_r^2 = V_{1r}^2 + V_{2r}^2$ 의 관계가 성립한다. 이와 같은 실효값의 성질은 10.6절에서 다룰 전력의 중첩성과 관련되어 활용될 것이다.

10.4 복소전력

9장에서 정현파 정상상태 회로해석을 위해 위상자 변환기법을 써서 전압과 전류를 계산

하는 기법을 익혔는데, 이 절에서는 위상자 변환회로에서 전력을 어떻게 나타내고 계산하는지 익히기로 한다. 9장에서는 정현파 전압과 전류의 위상자표현에 진폭과 위상으로 구성되는 복소지수함수를 사용하였는데, 여기서는 전압과 전류의 크기를 진폭 대신에 실효값으로 나타내는 **실효값 위상자(RMS phasor)**를 사용할 것이다. 즉 정현파 전압과 전류의 위상자 변환에 대해 다음과 같이 실효값을 사용하여 정의한다.

$$v(t) = V_m \cos(\omega t + \phi_v) \;\Rightarrow\; \boldsymbol{V}(\omega) = V_r \angle \phi_v, \; V_r = V_m / \sqrt{2}$$
$$i(t) = I_m \cos(\omega t + \phi_i) \;\;\Rightarrow\; \boldsymbol{I}(\omega) = I_r \angle \phi_v, \;\;\; I_r = I_m / \sqrt{2}$$

$$(10 - 17)$$

1. 복소전력의 정의

그림 10-9와 같이 어떤 부하에 정현파 전압과 전류가 걸릴 때, 이 회로에 위상자변환을 적용하여 전압전류를 $\boldsymbol{V}(\omega) = V_r \angle \phi_v$, $\boldsymbol{I}(\omega) = I_r \angle \phi_i$로 표시할 경우에 전력은 다음과 같이 정의된다.

$$\boldsymbol{S} = \boldsymbol{V}(\omega)\,\boldsymbol{I}^*(\omega) = V_r I_r \angle (\phi_v - \phi_i) \qquad (10 - 18)$$

여기서 $\boldsymbol{I}^*$는 전류위상자의 켤레복소수(conjugate complex)이며, 전력 $\boldsymbol{S}$는 복소수로 나타나기 때문에 **복소전력(complex power)**이라고 한다.

식 10-18로 정의되는 복소전력은 다음과 같이 나타낼 수 있는데

$$\boldsymbol{S} = V_r I_r \angle (\phi_v - \phi_i) = P_a \angle (\phi_v - \phi_i) = P + jQ \qquad (10 - 19)$$

여기서 P_a는 **피상전력(apparent power)**이라 하며 다음과 같이 정의된다.

$$P_a = |S| = V_r I_r \qquad (10 - 20)$$

피상전력은 복소전력 $\boldsymbol{S}$의 크기를 나타내는데, 전압전류 위상차가 없는 경우에 피상전력과

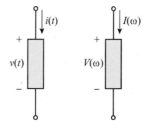

그림 10-9 위상자 변환회로

복소전력은 서로 같은 값을 갖게 되며, 피상전력이나 복소전력 단위표시에는 모두 볼트암페어(VA, Volt-Amperes)를 사용한다.

식 10-19에서 P는 복소전력의 실수부로서 **유효전력(real power)**이라 하며, 다음과 같이 정의된다.

$$P = \Re\{\boldsymbol{S}\} = V_r I_r \cos(\phi_v - \phi_i) \qquad (10-21)$$

유효전력은 부하에 전달되어 실제로 소비되는 전력으로서 식 10-7로 표시되는 평균전력과 동일하기 때문에 용어를 구분없이 사용하기도 하며, 단위로는 와트 [W]를 사용한다.

식 10-19에서 복소전력의 허수부 Q는 **무효전력(reactive power)**이라 하며, 다음과 같이 정의된다.

$$Q = \Im\{\boldsymbol{S}\} = V_r I_r \sin(\phi_v - \phi_i) \qquad (10-22)$$

단위로는 (VAR, Volt-Amperes Reactive)를 사용한다. 이 전력은 부하에 전달되기는 하지만 소비되지는 않고, 잠시 저장되었다가 다시 전원측으로 환원되기 때문에 무효전력이라 하며, 부하에 리액턴스 성분에 의해 나타나기 때문에 리액턴스전력이라고도 한다.

위에서 정의한 피상전력과 유효전력 및 무효전력은 다음과 같은 관계를 갖는데,

$$P_a = \sqrt{P^2 + Q^2} \qquad (10-23)$$

지금까지 다룬 복소전력이나 피상전력, 유효전력, 무효전력의 등가단위는 모두 전력의 단위인 와트 [W]와 같지만, 편의상 구분을 위해 다른 단위표시를 사용함에 유의해야 한다.

2. 부하 임피던스와의 관계

앞에서는 그림 10-9의 위상자 변환회로를 기준으로 복소전력 및 성분을 정의하였다. 이 절에서는 부하임피던스가 $\boldsymbol{Z}$로 주어지는 경우 복소전력과 임피던스와의 관계가 어떻게 표시되는지 살펴보기로 한다.

그림 10-10 회로에서 정현파에 대한 위상자가 각각 $\boldsymbol{V}(\omega) = V_r \angle \phi_v$, $\boldsymbol{I}(\omega) = I_r \angle \phi_i$이고, 부하 임피던스가 $\boldsymbol{Z} = R + jX$로 주어진다고 가정하면, 임피던스 정의에 따라 다음 관계가 성립하므로

$$\boldsymbol{Z} = \frac{\boldsymbol{V}(\omega)}{\boldsymbol{I}(\omega)} = \frac{V_r}{I_r} \angle (\phi_v - \phi_i) = R + jX \qquad (10-24)$$

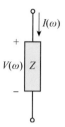

그림 10-10 위상자 변환회로

저항 R과 리액턴스 X는 다음과 같이 표시된다.

$$R = \frac{V_r}{I_r} \cos(\phi_v - \phi_i), \quad X = \frac{V_r}{I_r} \sin(\phi_v - \phi_i) \qquad (10-25)$$

식 10-23에서 $\boldsymbol{V}(\omega) = \boldsymbol{Z}\boldsymbol{I}(\omega)$이므로 이 관계를 식 10-18의 복소전력 정의식에 대입하면 다음과 같으므로

$$\boldsymbol{S} = \boldsymbol{V}(\omega)\boldsymbol{I}^*(\omega) = \boldsymbol{Z}\boldsymbol{I}(\omega)\boldsymbol{I}^*(\omega) = I_r^2 \boldsymbol{Z} = I_r^2(R+jX) \qquad (10-26)$$

식 10-21에 식 10-25를 대입하여 정리하면 유효전력은 다음과 같이 표시되며,

$$P = V_r I_r \cos(\phi_v - \phi_i) = I_r^2 R = I_r^2 \Re\{\boldsymbol{Z}\} \qquad (10-27)$$

유효전력은 부하의 저항성분에 의해 나타난다는 것을 알 수 있다. 그리고 식 10-22에 식 10-26을 대입하면 무효전력은 다음과 같이 표시되므로

$$Q = V_r I_r \sin(\phi_v - \phi_i) = I_r^2 X = I_r^2 \Im\{\boldsymbol{Z}\} \qquad (10-28)$$

무효전력은 부하의 리액턴스성분에 의해 나타남을 알 수 있고, 이러한 까닭에 무효전력 명칭을 **리액턴스전력**(reactive power)이라 한다. 식 10-28에 의하면 부하가 L과 C만으로 구성된 경우에 무효전력은 다음과 같이 나타낼 수 있다.

$$Q_L = \omega L I_r^2 = \frac{V_r^2}{\omega L}$$

$$\qquad (10-29)$$

$$Q_C = -\frac{I_r^2}{\omega C} = -\omega C V_r^2$$

식 10-26에 의하면 $\boldsymbol{S} = I_r^2 \boldsymbol{Z}$로서 복소전력과 임피던스는 전류실효값의 제곱 I_r^2을 크기 인수로 하며, 서로 비례관계에 있다. 이러한 성질을 복소평면 위에 나타내면 그림 10-11과

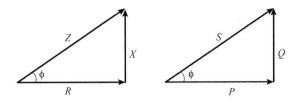

그림 10-11 임피던스 및 전력 삼각형

같이 서로 닮은 꼴의 임피던스 삼각형과 **복소전력 삼각형(complex power triangle)**으로 표시할 수 있다.

3. 복소전력 보존원리

어떤 회로에서든 에너지 보존원리에 의해 전원 공급전력의 총합과 부하 흡수전력의 총합은 서로 같다. 따라서 위상자 변환회로에서 식 10-18로 정의되는 복소전력도 보존되는 성질을 지니고 있다. 이러한 성질을 **복소전력 보존원리(Power conservation principle)**라 하며, 다음과 같이 정리할 수 있다.

어떤 위상자 변환회로에서든 복소전력의 총합은 0이다.

⇔ 유효전력의 총합과 무효전력의 총합은 각각 0이다.

⇔ 전원공급 복소전력의 총합과 부하흡수 복소전력의 총합은 서로 같다.

예제 10-6

그림 10-12 회로에서 $v_s = 220\sqrt{2}\cos 500t$ V, $R = 10\ \Omega$, $L = 10$ mH, $C = 100$ F일 때, 전원공급 복소전력과 부하흡수 복소전력을 계산하고, 복소전력이 보존됨을 보이시오.

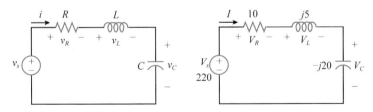

그림 10-12 예제 10-6 회로

풀이 대상회로에서 전원전압을 실효값 위상자로 나타내면 $V_s = 220$ V이고, 위상자변환회로는 그림 10-12와 같다. 따라서 위상자 전류 I는 다음과 같이 구할 수 있으며,

$$I = \frac{220}{10-j15} = \frac{44}{2-j3} = 12.20\angle 56.31^\circ \text{ A}$$

전류실효값은 $I_r = 12.20$ A이다. 전압원에 의한 공급복소전력은 다음과 같이 구할 수 있고,

$$\boldsymbol{S_V} = \boldsymbol{V_s}\boldsymbol{I}^* = 220 \times 12.20\angle -56.31° = 2684\angle -56.31° \text{ VA}$$

RLC소자에 의해 흡수되는 복소전력은 각각 다음과 같이 계산된다.

$$\boldsymbol{S_R} = (R\boldsymbol{I})\boldsymbol{I}^* = R\,I_r^2 = 10 \times 12.2^2 = 1488.4\angle 0° \text{ VA}$$

$$\boldsymbol{S_L} = (j5\,\boldsymbol{I})\boldsymbol{I}^* = j5\,I_r^2 = j5 \times 12.2^2 = 744.2\angle 90° \text{ VA}$$

$$\boldsymbol{S_C} = (-j20\,\boldsymbol{I})\boldsymbol{I}^* = -j20\,I_r^2 = -j20 \times 12.2^2 = 2976.8\angle -90° \text{ VA}$$

여기서 흡수복소전력의 합을 다음과 같이 계산해보면

$$\boldsymbol{S_R} + \boldsymbol{S_L} + \boldsymbol{S_C} = 1488.4 + j744.2 - j2976.8 = 1488.4 - j2232.6 = 2684\angle -56.31° \text{ VA}$$

공급복소전력 $\boldsymbol{S_s}$와 일치하여 복소전력이 보존됨을 알 수 있다.

예제 10-7

그림 10-12의 회로에서 전원과 부하의 평균전력을 계산하고 평균전력이 보존됨을 보이시오.

풀이 예제 10-6에서 계산하였듯이 대상회로에 흐르는 전류의 실효값은 $I_r = 12.20$ A이다. RLC 직렬회로 임피던스를 $\boldsymbol{Z}$라 할 때, 식 10-27에 따라 부하 평균전력(유효전력)을 계산하면 다음과 같다.

$$P = I_r^2\Re\{\boldsymbol{Z}\} = I_r^2 R = 12.20^2 \times 10 = 1488.4 \text{ W}$$

전원공급 평균전력은 복소전력의 실수부이므로 이를 계산해보면

$$P_V = \Re\{\boldsymbol{S_V}\} = \Re\{2684\angle -56.31°\} = 2684\cos(56.31°) = 1488.4 \text{ W}$$

부하 평균전력과 일치하여 평균전력이 보존됨을 보일 수 있다.

10.5 역률

앞절에서 정의한 복소전력에서 피상전력과 유효전력 및 무효전력 간의 관계는 그림 10-11의 복소전력 삼각형으로 나타낼 수 있다. 이 그림과 더불어 식 10-20과 식 10-21에서 알 수 있듯이 유효전력 P와 피상전력 P_a간에는 다음 관계가 성립한다.

$$P = V_r I_r \cos(\phi_v - \phi_i) = P_a \cos(\phi_v - \phi_i) \tag{10-30}$$

이 관계식을 보면 유효전력 또는 평균전력 P는 항상 피상전력 P_a보다 작거나 같게 되는

$P \leq P_a$의 관계를 지니는데, 피상전력에 대한 유효전력의 비를 **역률(power factor)**이라 하며, 수식으로 나타내면 다음과 같다.

$$pf \triangleq \frac{P}{P_a} = \cos(\phi_v - \phi_i) = \cos\phi, \quad \phi := \phi_v - \phi_i \qquad (10-31)$$

이 식에서 역률은 부하 전압전류 위상차의 코사인값으로 정의되는데, 부하 위상차의 범위는 $-90° \leq \phi \leq 90°$이므로 역률값의 범위는 $0 \leq pf \leq 1$이 된다. 그리고 위상차가 $\phi > 0$인 경우 전류위상이 전압위상보다 뒤지므로 **뒤짐(lagging) 역률**이라 하며, 이와 반대로 $\phi < 0$인 경우에는 **앞섬(leading) 역률**이라 한다.

역률이 1보다 작으면 부하전류의 실효값 I_r은 다음과 같다.

$$I_r = \frac{P_a}{V_r} = \frac{P}{V_r \, pf} > \frac{P}{V_r} \qquad (10-32)$$

원하는 유효전력 P를 얻기 위해서는 P/V_r보다 더 큰 전류를 공급해야 하므로 전류공급 선로에서의 열손실이 커져서 전체 전력계통에서 볼 때 손해이다. 여기서 전류공급 선로 임피던스를 $Z_{LN} = R_1 + jX_1$라 할 때, 식 10-32의 부하전류가 선로에도 흐르므로 선로에서의 전력손실은 다음과 같이 나타낼 수 있다.

$$P_{LN} = I_r^2 R_1 = \left(\frac{P}{V_r \, pf}\right)^2 R_1 \geq \frac{P^2}{V_r^2} R_1 \qquad (10-33)$$

이 식을 보면 선로 전력손실은 부하 역률이 1일 때 최소이며, 1보다 작을수록 더 커짐을 알 수 있다. 실제 현장에서는 역률이 0.95 이상이 되도록 계통을 운용한다.

위에서 살펴본 바와 같이 부하 역률이 1보다 작은 경우에는 선로손실이 크므로 역률을 1에 가깝게 만드는 과정인 **역률보정(PF correction)**이 필요하다. 실제 대부분의 산업용 부하들은 유도전동기와 같은 유도성 부하가 많아서 뒤짐역률을 가지므로, 역률보정을 할 경우 유도성 부하에 용량기를 병렬연결하여 보정하는 방식을 많이 사용한다. 이러한 역률보정 방식을 그림으로 요약하면 그림 10-13과 같다.

역률보정회로에서 선로 임피던스를 $Z_{LN} = R_1 + jX_1$, 부하 임피던스를 $Z = R + jX$라 하고, 역률보상회로는 부하단에 병렬로 용량기를 연결하는 것으로 가정하면 보정 임피던스는 $Z_C = jX_C$로 표현할 수 있다. 여기서 보정 임피던스를 포함하는 병렬등가 임피던스 Z_P는 다음과 같으므로

$$Z_P = Z \parallel Z_C = \frac{ZZ_C}{Z + Z_C} = R_P + jX_P = Z_P \angle \phi_P \tag{10-34}$$

$$R_P = \frac{RX_C^2}{R^2 + (X + X_C)^2}, \quad X_P = X_C \frac{R^2 + (X + X_C)X}{R^2 + (X + X_C)^2} \tag{10-35}$$

보정역률 pf_c은 다음과 같이 표시되며,

$$pf_c = \cos \phi_P = \cos\left(\tan^{-1}\frac{X_P}{R_P}\right)$$

$$\Rightarrow \frac{X_P}{R_P} = \tan(\cos^{-1}pf_c) = \frac{R^2 + (X_C + X)X}{RX_C} \tag{10-36}$$

이 식을 X_C에 대해 정리한 다음

$$X_C = \frac{R^2 + X^2}{R\tan(\cos^{-1}pf_c) - X} \tag{10-37}$$

여기서 보정 리액턴스는 $X_C = -1/(\omega C)$이고, 부하 위상차는 $\phi = \tan^{-1}(X/R)$의 관계를 대입하여 정리하면 역률보정 용량값은 다음과 같이 결정할 수 있다.

$$C = \frac{R}{\omega(R^2 + X^2)}(\tan\phi - \tan\phi_c)$$

$$\phi = \cos^{-1}pf$$

$$\phi_c = \cos^{-1}pf_c \tag{10-38}$$

이 결과에서 보정역률을 $pf_c = 1$로 만들고자 할 경우에는 $\phi_c = 0°$이므로 $\tan\phi_c = 0$으로 처리하면 된다.

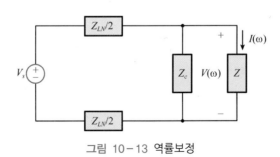

그림 10-13 역률보정

예제 10-8 역률계산

실효값 $V_r = 6,600$ V의 전압이 공급되는 어떤 공장에 그림 10-14와 같이 두 개의 병렬부하를 연결하여 사용하고 있다. 첫 번째 부하는 역률이 $pf_1 = 1$에 유효전력이 $P_1 = 100$ kW이고, 두 번째 부하는 피상전력 $S_2 = 200$ kVA에 $pf_2 = 0.9$ 지상역률이라면, 이 병렬부하 전체의 역률과 전체전류의 실효값이 얼마인지 구하시오.

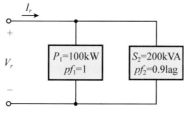

그림 10-14 병렬부하 역률계산

풀이 첫 번째 부하에서 복소전력을 계산하면 다음과 같다.

$$\boldsymbol{S_1} = P_1 = 100 \text{ kVA}$$

두 번째 부하에서는 위상이 $\phi_2 = \cos^{-1}0.9 = 25.84°$이므로 복소전력은 다음과 같다.

$$\boldsymbol{S_2} = S_2 \angle \phi_2 = 200 \angle 25.84° \text{ kVA}$$

따라서 병렬부하 전체의 복소전력은 두 복소전력의 합과 같으므로

$$\boldsymbol{S} = \boldsymbol{S_1} + \boldsymbol{S} = 100 + 200 \angle 25.84° = 280.00 + j87.17$$

$$= 293.26 \angle 17.29° \text{ kVA}$$

전체역률은 $pf = \cos 17.29° = 0.95$ 지상역률이고, 전체전류 실효값은 다음과 같다.

$$I_r = \frac{S_r}{V_r} = \frac{293.26 \times 10^3}{6,600} = 44.43 \text{ A}$$

예제 10-9 역률보정

그림 10-15 회로에서 부하 임피던스가 $\boldsymbol{Z_L} = 100 + j80$ Ω인 경우 역률을 개선하기 위해 역률보정용 용량기를 병렬로 연결하고자 한다. 보정역률을 0.95와 1로 하고자 할 때 각각 필요한 C값을 계산하시오. 단 전원주파수는 $\omega = 377$ rad/s임.

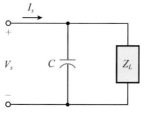

그림 10-15 역률보정 용량기

풀이 대상부하에서 $R = 100~\Omega$, $X = 80~\Omega$이고, $\phi = \tan^{-1}(X/R) = \tan^{-1}0.8 = 38.66°$이므로 부하 역률은 $pf = \cos\phi = \cos 38.66° = 0.78$이다. 보정역률을 $pf_c = 0.95$로 할 때 보정위상은 $\phi_c = \cos^{-1}pf_c = \cos^{-1}0.95 = 18.19°$이므로 역률보정 용량값은 식 10−38에 의해 결정되며,

$$C = \frac{R}{\omega(R^2 + X^2)}(\tan\phi - \tan\phi_c)$$

$$= \frac{100}{377 \times (100^2 + 80^2)}(\tan 38.66° - \tan 18.19°) = 7.62$$

보정역률을 $pf_c = 1$로 할 경우에는 $\phi_c = 0°$이므로 식 10−38에 의해 다음과 같이 결정된다.

$$C = \frac{R}{\omega(R^2 + X^2)}\tan\phi = \frac{100}{377 \times (100^2 + 80^2)}\tan 38.66° = 12.94$$

10.6 전력 중첩원리

독립전원이 두 개 이상인 선형회로에서 중첩성이 성립한다는 것을 익힌 바 있다. 그런데 중첩성은 전압과 전류응답에서만 성립하며, 전력응답에서는 성립하지 않는다는 점에 주의해야 한다. 이러한 성질은 그림 10−16과 같이 저항 하나와 독립전압원 두 개로 이루어진 단순한 회로를 해석해보면 간단히 확인할 수 있다. 이 회로에서 전압원 v_1과 v_2에 의한 전류응답을 각각 i_1, i_2라 하면 전체전류 i는 중첩성에 의해 다음과 같이 구해지며,

$$i = i_1 + i_2 \tag{10-39}$$

저항 R에서의 순시전력은 다음과 같이 표시되는데

$$p = Ri^2 = R(i_1 + i_2)^2 = R(i_1^2 + i_2^2 + 2i_1i_2) \tag{10-40}$$

전원이 v_1, v_2 하나씩만 존재할 때의 순시전력을 각각 p_1, p_2라 할 때 $p_1 = Ri_1^2$, $p_2 = Ri_2^2$이므로 이것을 식 10−40에 대입하면 다음과 같이

$$p = p_1 + p_2 + 2Ri_1i_2 \neq p_1 + p_2 \tag{10-41}$$

순시전력에서는 중첩성이 성립하지 않는다는 것을 확인할 수 있다.

이처럼 전력응답에서는 일반적으로 중첩성이 성립하지 않지만, 특수한 조건하에서는

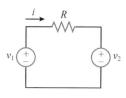

그림 10-16 저항회로

성립할 수도 있다. 대상전원이 정현파인 경우에 식 10-40의 순시전력으로부터 평균전력을 계산하면 다음과 같다.

$$P = \frac{1}{T}\int_0^T p\,dt = \frac{1}{T}\int_0^T R(i_1^2 + i_2^2 + 2\,i_1 i_2)dt$$

$$= \frac{1}{T}\int_0^T Ri_1^2\,dt + \frac{1}{T}\int_0^T Ri_1^2\,dt + \frac{1}{T}\int_0^T 2\,Ri_1 i_2\,dt \qquad (10-42)$$

$$= P_1 + P_2 + \frac{2R}{T}\int_0^T i_1 i_2\,dt$$

식 10-41로 표시되는 순시전력 관계식에서는 $i_1 i_2 \neq 0$이므로 $p \neq p_1 + p_2$로 중첩성이 성립하지 않지만, 식 10-42에서는 다음과 같은 조건이 성립하면

$$\int_0^T i_1 i_2\,dt = 0 \qquad (10-43)$$

식 10-42에서 $P = P_1 + P_2$의 관계가 만족되므로 이 경우에는 전력의 중첩성이 성립한다.

정현파 전류성분 i_1과 i_2가 식 10-43의 등식을 만족하기 위한 필요충분조건은 주파수가 서로 다르다는 조건인데, 두 응답전류 성분은 전원에 의해 결정되는 것이므로 전원주파수가 서로 다르면 평균전력의 중첩성이 성립하게 된다. 지금까지는 전원이 두 개인 경우를 예를 들어 설명하였는데, 이러한 성질을 확장하여 정리하면 다음과 같이 요약할 수 있다.

■ **전력중첩원리(power superposition principle)**

어느 두 전원도 같은 주파수가 아닌 다수의 전원을 갖는 회로망에 전달되는 전체 평균전력은 각각의 전원이 하나씩만 존재할 때 전달되는 평균전력들의 합과 같다.

전력중첩원리는 회로전원들 중에 어느 한쌍이라도 주파수가 같은 전원이 있는 경우에는 식 10-43에 해당하는 조건이 만족되지 않기 때문에 성립하지 않는다는 점에 주의해야 한다.

그림 10-17 회로에서 $R_1 = 10\,\Omega$, $R_2 = 5\,\Omega$, $C = 10\,\text{mF}$일 때, 다음 각 경우의 전원에 대해 저항 R_1에 전달되는 평균전력을 계산하시오.

(1) $i_s(t) = 2\sqrt{2}\cos 5t\,\text{A}$, $v_s(t) = 10\sqrt{2}\cos 10t\,\text{V}$

(2) $i_s(t) = 2\sqrt{2}\cos 10t\,\text{A}$, $v_s(t) = 10\sqrt{2}\cos 10t\,\text{V}$

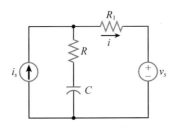

그림 10-17 RC회로

풀이 (1) 전류원 i_s에 의한 전류응답 i_1을 구하기 위해 전압원 v_s를 단락시킨 다음 i_s를 실효값 위상자 $\boldsymbol{I_s} = 2\,\text{A}$로 바꾸고, 임피던스변환 후에 전류위상자 $\boldsymbol{I_1}$을 구하면 다음과 같다.

$$\boldsymbol{I_1} = \frac{R_2 - j\dfrac{1}{\omega_1 C}}{R_1 + R_2 - j\dfrac{1}{\omega_1 C}}\boldsymbol{I_s} = \frac{5 - j20}{10 + 5 - j20} \times 2 = \frac{2(1 - j4)}{3 - j4} = 1.65\angle -22.83°\,\text{A}$$

따라서 $i_1(t) = 1.65\sqrt{2}\cos(5t - 22.83°)\,\text{A}$이고, 실효값이 $I_{1r} = 1.65\,\text{A}$이므로 i_1에 의한 평균전력 P_1은 다음과 같다.

$$P_1 = I_{1r}^2 R_1 = 1.65^2 \times 10 = 27.2\,\text{W}$$

전압원 v_s에 의한 전류응답 i_2를 구하기 위해 전류원 i_s를 개방시킨 다음, v_s를 실효값 위상자 $\boldsymbol{V_s} = 10\,\text{V}$로 바꾸고 임피던스변환 후에 전류위상자 $\boldsymbol{I_2}$를 구하면 다음과 같다.

$$\boldsymbol{I_2} = \frac{-\boldsymbol{V_s}}{R_1 + R_2 - j/(\omega_2 C)} = \frac{-10}{10 + 5 - j10} = \frac{-2}{3 - j2} = 0.55\angle -146.31°\,\text{A}$$

따라서 $i_2(t) = 0.55\sqrt{2}\cos(10t - 146.31°)\,\text{A}$이고, 실효값이 $I_{2r} = 0.55\,\text{A}$이므로 i_2에 의한 평균전력 P_2는 다음과 같다.

$$P_2 = I_{2r}^2 R_1 = 0.55^2 \times 10 = 3.03\,\text{W}$$

따라서 R_1에서 소비되는 전체 평균전력은 전력중첩성에 의해 다음과 같이 결정된다.

$$P = P_1 + P_2 = 27.2 + 3.03 = 30.23\,\text{W}$$

(2) 전원주파수가 서로 같으므로 전체를 위상자변환회로로 바꿔서 해석할 수 있다. 전압원 을 단락시킨 다음 전류원에 의한 전류응답 위상자 $\boldsymbol{I_1}$을 구하면 다음과 같다.

$$I_1 = \cfrac{R_2 - j\cfrac{1}{\omega C}}{R_1 + R_2 - j\cfrac{1}{\omega C}} = \frac{5 - j10}{10 + 5 - j10} \times 2 = \frac{2(1 - j2)}{3 - j2} = 1.24\angle -29.74° \text{ A} \tag{10-44}$$

전압원에 의한 전류응답 위상자 I_2는 (1)의 경우와 동일하므로 다음과 같고,

$$I_2 = \frac{-2}{3 - j2} = 0.55\angle -146.31° \text{ A} \tag{10-45}$$

저항 R_1에 흐르는 전류 위상자는 다음과 같이 결정된다.

$$I = I_1 + I_2 = \frac{2(1 - j2)}{3 - j2} + \frac{-2}{3 - j2} = \frac{4}{13}(2 - j3) = 1.11\angle -56.31° \text{ A}$$

여기서 전류 i의 실효값이 $I_r = 1.11\text{A}$이므로 평균전력은 다음과 같이 구해진다.

$$P = I_r^2 R = 1.11^2 \times 10 = 12.32 \text{ W} \tag{10-46}$$

(1)의 경우와 달리 전원주파수가 서로 같기 때문에 전력중첩성이 성립하지 않는데, 이것은 다음과 같이 확인해볼 수 있다. 식 10-44에 의해 $i_1(t) = 1.24\sqrt{2}\cos(5t - 29.74°)$ A 이고, 실효값은 $I_{1r} = 1.24\text{A}$이므로 i_1 성분에 의한 평균전력 P_1은 다음과 같다.

$$P_1 = I_{1r}^2 R_1 = 1.24^2 \times 10 = 15.38 \text{ W} \tag{10-47}$$

그리고 식 10-45에 의해 $i_2(t) = 0.55\sqrt{2}\cos(10t - 146.31°)$A이고, 실효값이 $I_{2r} = 0.55\text{A}$ 이므로 i_2 성분에 의한 평균전력 P_2는 다음과 같다.

$$P_2 = I_{2r}^2 R_1 = 0.55^2 \times 10 = 3.03 \text{ W} \tag{10-48}$$

여기서 식 10-47과 식 10-48을 더하여 식 10-46과 비교해보면 다음과 같이 되어

$$P \neq P_1 + P_2$$

전원주파수가 서로 같은 경우에는 전력중첩성이 성립하지 않는다는 것을 확인할 수 있다.

10.7 최대전력전달 정리

이 절에서는 정현파 교류회로에서 **최대전력전달** 문제를 다루기로 한다. 직류저항회로의 경우 최대전력전달 문제의 해는 4.6절에서 언급했듯이 부하저항의 크기를 전원내부저항과 일치하도록 정합조건을 만족시키는 부하를 사용하면 부하에 전달되는 전력이 최대가 된다. 그러면 전원이 정현파이고 부하가 RLC소자로 구성되어 있는 회로에서 부하에 전달되는 평균전력이 최대가 되기 위한 조건은 어떻게 되는 것인지 살펴보기로 한다.

정현파 교류회로에서 최대전력전달 문제는 그림 10-18과 같은 위상자변환 회로에서 전원측이 주어질 때, 즉 전압위상자 V_s 와 전원임피던스 Z_s 가 고정되어 있을 때 부하 임피던스 Z_L 에 전달되는 평균전력을 최대로 만들기 위한 조건을 찾는 것이다. 이 문제 설정에서 전원측은 전압위상자와 임피던스의 직렬회로로 표시하였는데, 전원측 회로를 부하양단에서 본 테브냉 등가회로로 표현하면 항상 그림 10-18과 같이 설정할 수 있다.

그림 10-18의 회로에서 전원 임피던스 $Z_s = R_s + jX_s$, 부하 임피던스 $Z_L = R + jX$ 로 표시할 때 전류위상자는 $I = V_s/(Z_s + Z_L)$ 이므로, 전원전압 실효값이 V_{sr} 인 경우 부하전류 실효값은 $I_r = V_{sr}/|Z_s + Z_L|$ 이 되어 부하에 전달되는 평균전력은 다음과 같이 표시된다.

$$P = I_r^2 R = \frac{R V_{sr}^2}{|Z_s + Z|^2} = \frac{R V_{sr}^2}{(R_s + R)^2 + (X_s + X)^2} \tag{10-49}$$

여기서 Z_s 가 고정되어 있고 부하조정이 자유로운 경우에 P 가 최대가 되려면 식 10-49의 분모가 X 에 대해 최소가 되고

$$X = -X_s \tag{10-50}$$

이 조건 하에서 P 가 R 에 대해 최대가 되어야 하므로 다음 조건이 성립한다.

$$\frac{dP}{dR} = V_{sr}^2 \frac{R_s - R}{(R_s + R)^3} = 0 \implies R = R_s \tag{10-51}$$

따라서 최대전력전달 조건은 식 10-50과 식 10-51을 결합하여 다음과 같이 정리된다.

$$Z = R + jX = R_s - jX_s = Z_s^* \tag{10-52}$$

즉, 부하 임피던스가 전원 임피던스의 켤레복소수가 되도록 조정하면 부하에 전달되는 평균전력이 최대가 되는 것이다. 식 10-52를 정현파 교류회로에서의 최대전력전달을 위한 **정합조건(matching condition)**이라 한다.

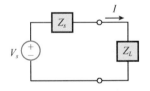

그림 10-18 최대전력전달 문제

정합조건을 만족할 경우 부하에 전달되는 최대전력 및 전력전달효율은 다음과 같다.

$$P_{\max} = \frac{V_{sr}^2}{4R_s} \tag{10-53}$$

$$\eta = \frac{P}{P_s + P} = \frac{R}{R_s + R} = 50\% \tag{10-54}$$

여기서 $P_s = I_r^2 R_s$ 로서 전원측 저항에서 소비하는 평균전력을 나타낸다.

식 10-52의 정합조건은 부하를 자유롭게 조정할 수 있을 경우에 적용하는 최대전력전달 조건이며, 부하조정이 자유롭지 못할 경우에는 적용할 수 없다. 예를 들어, X/R이 고정되어 있는 부하의 경우 위상이 고정되어 있으므로 Z의 위상은 고정시키고, 크기만 Z_s와 일치시키는 방식으로 하여 최대전력전달 조건을 다음과 같이 처리한다.

$$|Z| = |Z_s| \tag{10-55}$$

그리고 부하도 고정되어 있는 경우에는 정합조건을 만족시킬 수 없지만, 이 경우에는 변압기를 활용하여 정합조건을 만족할 수 있도록 최대전력전달 문제를 해결할 수 있는데, 이에 대해서는 다음 절에서 변압기를 익힌 다음에 다룰 것이다.

예제 10-11

그림 10-19와 같은 위상자회로에서 최대전력전달 조건을 구하고, 이 경우에 해당하는 부하전류 위상자와 최대전력을 계산하시오. 단 $V_s = 20\angle 30°$ V(rms)이다.

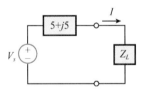

그림 10-19 예제 10-11 회로

풀이 식 10-52의 최대전력전달 정합조건에 의해 부하 임피던스는 다음과 같이 결정된다.

$$Z_L = Z_s^* = (5 + j5)^* = 5 - j5 \ \Omega$$

이 경우에 부하전류 위상자는 다음과 같고

$$I = \frac{V_s}{Z_s + Z_L} = \frac{20\angle 30°}{5 + 5} = 2\angle 30° \ \text{A(rms)}$$

부하에 전달되는 최대평균전력은 다음과 같다.

$$P = I_r^2 R_L = 2^2 \times 5 = 20 \ \text{W}$$

그림 10 - 20의 회로에서 $v_s = 10\sqrt{2}\cos100t$ V, $R = 10\ \Omega$, $L = 50$ mH일 때, 최대전력전달 조건을 구하시오.

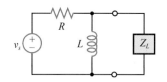

그림 10 - 20 예제 10 - 12 회로

풀이 대상회로를 위상자 변환회로로 바꾼 다음 부하 양단에서 본 테브냉 등가회로를 그리면 그림 10 - 18과 같고, 여기서 전원측 등가임피던스를 구하면 다음과 같으므로

$$\boldsymbol{Z}_s = 10\,\|\,j5 = \frac{10 \times j5}{10 + j5} = 2 + j4\ \Omega$$

최대전력전달 정합조건은 다음과 같다.

$$\boldsymbol{Z}_L = \boldsymbol{Z}_s^* = 2 - j4\ \Omega$$

10.8 결합 유도기

7장에서 유도기를 다루면서 코일에서는 전류의 변화율에 비례하는 전압이 유도된다는 성질과 유도용량에 대해 익혔다. 코일의 이러한 전압전류특성은 코일에 흐르는 전류가 변할 때 이 전류에 의해 코일 주변에 형성된 자계가 변화하는 것을 억제하는 방향으로 전압이 유도되는 성질에 기인하는 것이다. 7장에서 다룬 코일은 단독으로 사용되는 경우에 한정하였는데, 이 절에서는 코일 두 개가 서로 근접해 있을 때 어떤 특성이 나타나는지를 다룰 것이다.

1. 자기유도용량과 상호유도용량

두 개의 코일이 그림 10 - 21과 같이 자심(magnetic core)을 공유하면 자기적으로 결합되어 있는 경우에 전압전류특성이 어떻게 나타나는지 살펴보기로 한다. 편의상 왼쪽 코일을 1차측, 오른쪽 코일을 2차측이라 하고, 각 단에 나타나는 전압과 전류를 아래첨자로 구분하여 표기한다. 1차측에 전류 i_1이 흐를 때 발생하는 자속(magnetic flux)은 다음과 같이 표시할 수 있다.

$$\phi_1 = c_1 N_1 i_1 \tag{10-56}$$

여기서 N_1은 1차측 권선수(number of turns)이고, c_1은 자심의 재질과 형상에 관련된 상수이다. i_1에 의해 발생된 자속 ϕ_1은 1차측 코일뿐만 아니라 자심에 의해 구성된 자기회로를 통해 2차측 코일도 관통하므로 각 단에 다음과 같은 전압이 유도된다.

$$v_1 = N_1 \frac{d\phi}{dt} = c_1 N_1^2 \frac{di_1}{dt} = L_1 \frac{di_1}{dt}$$

$$v_2 = N_2 \frac{d\phi}{dt} = c_M N_1 N_2 \frac{di_1}{dt} = M \frac{di_1}{dt} \tag{10-57}$$

여기서 c_M은 자심 재질과 형상에 관련된 교차형상계수이며, $L_1 = c_1 N_1^2$은 1차측 전류에 의해 1차측에 유도되는 전압을 맺어주는 유도용량이므로 **자기유도용량(self inductance)**이라 하고, $M = c_M N_1 N_2$은 1차측 전류에 의해 2차측에 유도되는 전압을 맺어주는 유도용량이므로 **상호유도용량(mutual inductance)**이라 한다.

식 10−57은 1차측 전류 i_1에 의해 유도되는 1차측과 2차측 전압을 나타낸 것인데, 2차측에도 전류 i_2가 흐른다면, 2차측 코일의 감은 방향이 그림 10−21(a)와 같을 경우 식 10−57과 유사하게 유도전압이 각각 $v_1 = M di_2/dt$, $v_2 = L_2 di_2/dt$로 나타날 것이므로, i_1과 i_2가 공존하는 경우 유도되는 전압은 다음과 같이 표시할 수 있다.

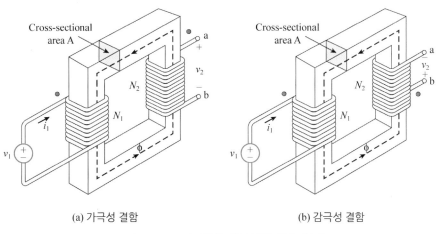

(a) 가극성 결함

(b) 감극성 결함

그림 10−21 자기결합 유도기의 구조 얼개

$$v_1 = L_1 \frac{di_1}{dt} + M \frac{di_2}{dt}$$

$$v_2 = M \frac{di_1}{dt} + L_2 \frac{di_2}{dt}$$

$$(10-58)$$

이 식은 그림 10-21(a)와 같이 1차측과 2차측 코일의 감은 방향이 전류 i_1, i_2에 의해 발생하는 자속이 서로 더해지는 경우에 해당하며, 이러한 결합을 **가극성**(additive polarity) 결합이라 한다. 이와 반대로 그림 10-21(b)와 같은 방향으로 코일이 감겨있는 경우에는 상호유도용량에 의해 유도되는 전압의 극성이 반대가 되어 전압전류 관계가 다음과 같이 표시되며, 이러한 경우를 **감극성**(subtractive polarity) 결합이라고 부른다.

$$v_1 = L_1 \frac{di_1}{dt} - M \frac{di_2}{dt}$$

$$v_2 = -M \frac{di_1}{dt} + L_2 \frac{di_2}{dt}$$

$$(10-59)$$

그림 10-21에서 보듯이 자기결합 유도기에서 1차측을 기준으로 2차측 코일을 감는 방향은 두 가지가 있다. 이에 따라 전압전류특성이 가극성과 감극성으로 다르게 표시되는데, 이러한 결합특성을 구분하기 위한 회로표시법으로 그림 10-22와 같은 **점표시법**(dot convention)을 사용한다. 표시된 점을 기준으로 1차측과 2차측의 전압전류 방향이 서로 같으면 가극성으로서 식 10-58의 전압전류특성을 사용하며, 점표시를 기준으로 전압전류 방향이 반대이면 결합극성이 반대인 감극성으로서 상호유도용량의 부호가 바뀌므로 식 10-59의 전압전류특성을 사용한다.

식 10-58이나 식 10-59로 표시되는 자기결합회로의 전압전류특성은 교류에 대해서만 성립하며, 직류에 대해서는 전류변화율이 0이 되어 전압이 모두 0이 되므로 단락회로처럼 동작한다는 점에 주의해야 한다. 그리고 2차측이 개방된 경우에는 $di_2/dt = 0$이므로 다음

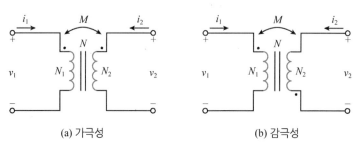

(a) 가극성   (b) 감극성

그림 10-22 자기결합회로 점표시법

과 같이 표시되고,

$$v_1 = L_1 \frac{di_1}{dt}, \quad v_2 = \pm M \frac{di_1}{dt} \tag{10-60}$$

반대로 1차측이 개방된 경우에는 $di_1/dt = 0$ 이므로 다음과 같이 표시된다.

$$v_1 = \pm M \frac{di_2}{dt}, \quad v_2 = L_2 \frac{di_2}{dt} \tag{10-61}$$

식 10-60과 식 10-61에 복호($\pm$)표시는 가극성($+$)과 감극성($-$)에 해당하는 표시이다. 그리고 상호유도용량과 자기유도용량 간에는 다음과 같은 관계가 성립하는데,

$$M = k \sqrt{L_1 L_2} \tag{10-62}$$

여기서 k를 **결합계수(coupling coefficient)**라 하며, 이상적 결합 유도기(이상적 변압기)의 결합계수는 $k = 1$ 이다.

2. 주파수영역 등가회로

앞에서 다룬 자기결합 유도기의 전압전류특성을 요약하면 식 10-61과 같고, 이 식에 나타나는 상호유도작용에 의한 유도전압을 종속전원으로 표시하면 자기결합 유도기의 등가회로를 그림 10-23과 같이 나타낼 수 있다. 여기서 상호유도용량의 $+$ 부호는 가극성, $-$ 부호는 감극성 결합을 나타낸다.

$$v_1 = L_1 \frac{di_1}{dt} \pm M \frac{di_2}{dt}, \quad v_2 = \pm M \frac{di_1}{dt} + L_2 \frac{di_2}{dt} \tag{10-63}$$

그리고 정현파 교류회로에 사용할 경우 위상자 및 임피던스로 변환한 주파수영역 전압전류 특성은 식 10-64와 같고 등가회로는 그림 10-24와 같다.

$$V_1 = j\omega L_1 I_1 \pm j\omega M I_2, \quad V_2 = \pm j\omega M I_1 + j\omega L_2 I_2 \tag{10-64}$$

이 등가회로를 이용하면 결합유도기에 정현파전원이 연결될 때 정상상태 회로해석을 주파수영역에서 처리할 수 있다. 예를 들어, 가극성 결합유도기의 1차측에 정현파전원이 연결되고, 2차측에 부하가 연결된 경우 그림 10-24의 등가회로를 이용하여 주파수영역 회로를 구성하면 그림 10-25와 같다. 여기서 2차측 전류의 방향이 그림 10-24와 반대로 지정되었기 때문에 등가회로 및 전압전류특성 표시에 $-I_2$를 사용함에 주의해야 한다.

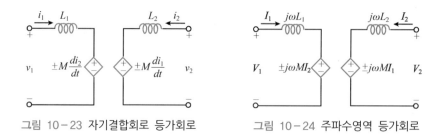

그림 10-23 자기결합회로 등가회로   그림 10-24 주파수영역 등가회로

그림 10-25의 주파수영역 회로에서 1차측 전압전류특성은 다음과 같이 표시된다.

$$V_1 = j\omega L_1 I_1 - j\omega M I_2 \qquad (10-65)$$

그리고 2차측의 전압전류특성은 2차측 연결부하에 의해 다음과 같이 표시되므로

$$V_2 = j\omega M I_1 - j\omega L_2 I_2 = Z_2 I_2$$
$$\Rightarrow -j\omega M I_1 + (j\omega L_2 + Z_2) I_2 = 0 \qquad (10-66)$$

2차측 전류위상자 I_2 를 구하고자 할 경우 식 10-65와 식 10-66을 연립하여 풀면 다음과 같이 구할 수 있다.

$$I_2 = \frac{j\omega M}{-\omega^2(L_1 L_2 - M^2) + j\omega L_1 Z_2} V_1 \qquad (10-67)$$

여기서 결합유도기의 결합계수가 $k=1$ 일 때, 즉 $M = \sqrt{L_1 L_2}$ 인 경우에는 식 10-67은 다음과 같이 표시되는데,

$$I_2 = \frac{j\omega M}{j\omega L_1 Z_2} V_1 = \frac{\sqrt{L_2}}{Z_2 \sqrt{L_1}} V_1 \qquad (10-68)$$

2차측 연결부하에 의해 $V_2 = Z_2 I_2$ 이므로 1, 2차측 전압 사이에는 다음과 같은 관계가 성립한다.

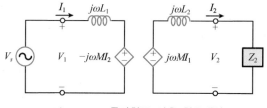

그림 10-25 등가회로 이용 회로해석

$$V_2 = Z_2 I_2 = \sqrt{\frac{L_2}{L_1}} \, V_1 \qquad (10-69)$$

여기서 양측의 권선이 같은 재질과 형상으로 만든 대칭권선일 경우에는 양측 자기유도용량의 형상계수가 서로 같아 $c_1 = c_2$가 되어 다음과 같은 성질이 성립하므로

$$\frac{L_2}{L_1} = \frac{c_2 N_2^2}{c_1 N_1^2} = n^2 \ , \quad n = \frac{N_2}{N_1} \ : 권선비(\text{turn ratio})$$

식 10-69의 전압관계식은 다음과 같이 간략화 된다.

$$V_2 = n V_1 \qquad (10-70)$$

그리고 $\omega L_2 \gg |Z_2|$인 경우에는 식 10-66의 등식에서 다음의 관계가 성립한다.

$$I_1 = \frac{L_2}{M} I_2 = n I_2 \qquad (10-71)$$

결합유도기에서 식 10-70, 식 10-71과 같은 특성을 **이상적 변압기**(**ideal transformer**) 특성이라 하며, 이에 대해서는 10.9절에서 다시 상세하게 다룰 것이다.

예제 10-13

그림 10-26의 유도결합회로에서 $v_2(t)$를 구하시오. 단 $R_s = 5\ \Omega$, $R_2 = 10\ \Omega$, $L_1 = 4\ \text{H}$, $L_2 = 3\ \text{H}$, $M = 2\ \text{H}$, $v_s(t) = 5\cos(5t+30°)$ V이다.

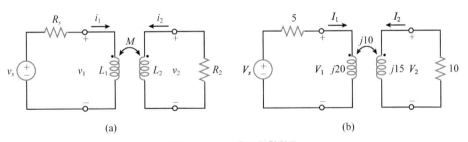

그림 10-26 유도결합회로

풀이 대상회로를 위상자 변환회로로 바꾸면 그림 10-26(b)와 같다. 이 회로에서 전원전압 위상자는 $V_s = 5\angle 30°$ V이며, 식 10-64의 전압전류특성을 적용하면 다음과 같다.

$$\begin{aligned} V_1 &= j20 I_1 + j10 I_2 \\ V_2 &= j10 I_1 + j15 I_2 \end{aligned} \qquad (10-72)$$

1차측 전원연결회로와 2차측 부하연결회로에 전압법칙을 적용하면 다음과 같다.

$$5\pmb{I}_1 + \pmb{V}_1 = 5\angle 30°$$

$$\pmb{V}_2 = -10\pmb{I}_2$$

이 식에 식 10−72를 대입하면 다음과 같이 위상자 전류 $\pmb{I}_1$과 $\pmb{I}_2$에 관한 연립방정식을 얻을 수 있으며,

$$(5+j20)\pmb{I}_1 + j10\pmb{I}_2 = 5\angle 30°$$

$$j10\pmb{I}_1 + (10+j15)\pmb{I}_2 = 0 \tag{10-73}$$

여기서 $\pmb{I}_2$와 $\pmb{V}_2$를 구하면

$$\pmb{I}_2 = \frac{-2(11-j6)}{157}\angle 30° = 0.16\angle -178.6°\ \text{A},$$

$$\pmb{V}_2 = -10\pmb{I}_2 = 1.60\angle 1.4°\ \text{V}$$

따라서 $v_2(t)$는 다음과 같이 결정된다.

$$v_2(t) = 1.6\cos(5t+1.4°)\ \text{V}$$

위의 예제 풀이과정에 나타나는 식 10−73은 설명 편의상 유도결합회로의 전압전류특성을 세우고 전원과 부하연결회로의 특성과 연립하여 유도하였지만, 그림 10−26(b)의 주파수영역회로에서 1차측과 2차측 폐로에서 망방정식을 세우면 바로 유도할 수도 있다.

예제 10−14

그림 10−27의 유도결합회로에서 $v_2(t)$를 구하시오. 단 $L_1 = 6\,\text{H}$, $L_2 = 8\,\text{H}$, $M = 4\,\text{H}$, $v_s(t) = 12\cos 5t$ V이다.

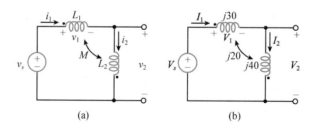

그림 10−27 예제 10−14 유도결합회로

풀이 대상회로를 위상자 변환회로로 바꾸면 그림 10−27(b)와 같다. 이 회로에서 전원전압 위상자는 $\pmb{V}_s = 12\angle 0°$ V이며, 식 10−64의 전압전류특성을 적용하면 다음과 같다.

$$\pmb{V}_1 = j30\pmb{I}_1 - j20\pmb{I}_2$$

$$\pmb{V}_2 = -j20\pmb{I}_1 + j40\pmb{I}_2 \tag{10-74}$$

그림 10-27(b) 회로에 전압법칙과 전류법칙을 적용하면 다음과 같다.

$$V_1 + V_2 = 12 \angle 0°$$

$$I_1 = I_2$$
(10-75)

이 식을 식 10-74에 대입하면 다음과 같이 위상자 전류 I_2를 구할 수 있으며,

$$j30I_2 = 12 \quad \Rightarrow \quad I_2 = -j0.4$$

V_2는 다음과 같으므로

$$V_2 = j20I_2 = 8 \angle 0° \text{ V}$$

$v_2(t)$는 다음과 같이 결정된다.

$$v_2(t) = 8\cos5t \text{ V}$$

10.9 이상적 변압기

결합유도기의 대표적인 장치인 **변압기(transformer)**의 주용도는 전압을 높이거나(승압, step up) 낮추는(감압, step down) 것으로서, 교류전압의 송전 및 배전계통에 필수적인 장치이다. 변압기 중에 결합계수가 $k=1$이고, 흡수전력이 0인 경우를 **이상적 변압기(ideal transformer)**라 하는데, 실제 변압기는 이상적 특성에 못 미치지만 회로해석 편의상 필요한 경우에 이상적 특성을 가정하여 사용한다. 이 절에서는 이상적 변압기의 특성을 정리하고, 변압기의 임피던스 변환특성 및 활용법을 살펴볼 것이다.

1. 이상적 변압기의 특성

변압기의 회로표시법은 그림 10-28과 같은데, (a)는 시간영역 표시법이고, (b)는 정현파 전압전류를 위상자로 나타낸 주파수영역 표시법이다. 여기서 N_1은 1차측 권선수(number of turn), N_2는 2차측 권선수이며, $n = N_2/N_1$은 **권선비(turn ratio)**이다. 변압기에서도 점표시법을 사용하여 1차측과 2차측의 극성관계를 나타내는데, 표시된 점을 기준으로 전압은 같은 극성, 전류는 같은 방향으로 나타나는 것으로 본다.

식 10-70에서 보듯이 결합계수가 $k=1$인 경우 변압기의 전압특성은 시간영역에서 다음과 같이 표시되는데,

$$v_2(t) = nv_1(t)$$
(10-76)

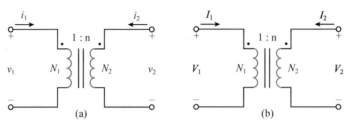

그림 10-28 변압기 회로표시법

이상적 변압기에서는 순시 흡수전력이 0이므로 전류특성은 다음과 같이 표시되며,

$$p(t) = v_1(t)i_1(t) + v_2(t)i_2(t) = 0$$

$$\Rightarrow i_1(t) = -\frac{v_2(t)}{v_1(t)}\, i_2(t) = -n\, i_2(t) \qquad (10-77)$$

정현파의 경우 이상적 변압기의 특성은 다음과 같이 위상자 관계식으로 표시된다.

$$V_2 = n V_1$$

$$I_1 = -n I_2 \qquad (10-78)$$

이 특성에서 유념해야할 사항은 변압기는 결합유도기이므로 교류신호만 변환되고, 직류 신호는 변환이 안 된다는 점이다. 식 10-76의 특성으로부터 $n > 1$ 인 경우에 변압기의 2차측 전압 크기가 1차측보다 커지게 되므로 **승압용(step-up) 변압기**라 하며, $n < 1$ 인 경우 에는 2차측 전압 크기가 1차측보다 작게 되므로 **감압용(step-down) 변압기**라 한다. 권선비 를 $n = 1$ 로 하여 사용하는 경우도 있는데, 1차측과 2차측 사이에 직류성분을 분리시키고자 할 때 사용하는 방식이며, **분리용(isolation) 변압기**라 한다. 이상적 변압기에서는 전력소모 가 없는 것으로 가정하지만, 실제의 변압기에서는 1, 2차 권선의 저항성분, 자심의 철손 등에 의해 약간의 전력소모가 있다. 그렇지만 회로이론 기초과정에서는 회로해석 편의상 이를 무시하고 이상적 특성을 가정하여 해석한다.

이상적 변압기는 식 10-76, 식 10-77의 전압전류특성을 종속전원을 이용하여 묘사할 수 있으므로, 그림 10-29와 같은 두 가지 등가모델로 나타낼 수 있다. 두 모델 가운데

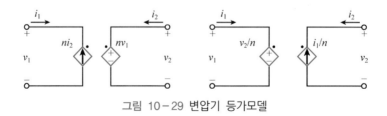

그림 10-29 변압기 등가모델

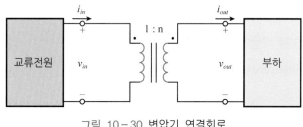

그림 10 – 30 변압기 연결회로

필요에 따라 편리한 것을 사용면 된다.

2. 임피던스 변환과 참조회로망

변압기는 식 10–76이나 식 10–77에서 알 수 있듯이 전압이나 전류의 크기를 변환하는 동작을 한다. 이러한 전압전류특성을 활용하면 변압기는 임피던스 변환에 사용할 수 있는데, 이 절에서는 변압기의 임피던스 변환특성과 이를 활용한 회로해석법에 대해 익힐 것이다.

변압기 연결회로는 그림 10–30과 같이 변압기 1차측에 교류전원이 연결되고, 2차측에 부하가 걸리는 일반적인 경우로 나타낼 수 있다. 이 변압기 연결회로에 정현파 전압원과 부하가 걸린 경우 전압전류 위상자와 전원 및 부하 임피던스를 사용하여 주파수영역 회로로 표시하면 그림 10–31과 같다.

그림 10–31 회로의 변압기 1차측에서 본 부하 임피던스는 다음과 같이 구할 수 있으며,

$$Z_{in} = \frac{V_{in}}{I_{in}} = \frac{Z}{n^2} \tag{10-79}$$

이를 **부하참조**(referred load) 임피던스라고 한다. 변압기에서는 2차측 전압이 1차측으로 전달될 때 $1/n$로 작아지고, 전류는 n배로 크게 변환되기 때문에 2차측의 부하임피던스는 1차측에서 볼 때 $1/n^2$로 변환되어 식 10–79의 변환식이 유도되는 것이다. 만약 2차측에 연결된 부하가 R과 L인 경우에는 1차측에서 볼 때 저항이나 유도용량값이 $1/n^2$로 작아진

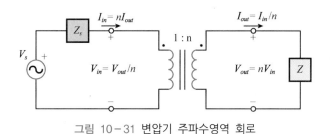

그림 10 – 31 변압기 주파수영역 회로

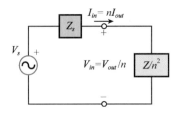

그림 10-32 부하참조 회로망

다. 그러나 2차측 연결부하가 C인 경우에는 부하임피던스가 $Z = -j/\omega C$이므로 1차측에서 본 임피던스는 $Z_{in} = Z/n^2 = -j/(\omega n^2 C)$가 되어 임피던스 크기는 $1/n^2$로 작아지지만 정전용량값은 반대로 n^2배로 커진다는 점에 주의해야 한다.

부하참조 임피던스를 사용하여 변압기 연결회로를 변압기 1차측에서 본 등가회로로 나타내면 그림 10-32와 같은데, 이 회로를 **부하참조(referred load network) 회로망**이라 한다. 이 회로망은 변압기 연결회로의 1차측에서 해석할 때 사용하며, 다음과 같은 결과를 얻을 수 있다.

$$I_{in} = \frac{V_s}{Z_s + Z/n^2}, \qquad V_{in} = I_{in}Z/n^2 = \frac{Z/n^2}{Z_s + Z/n^2}V_s \qquad (10-80)$$

그림 10-31 회로의 변압기 2차측에서 전원측을 본 **전원참조(referred source) 임피던스**는 다음과 같이 구할 수 있다.

$$Z_{out} = \frac{V_{out}}{-I_{out}} = n^2 Z_s \qquad (10-81)$$

변압기에서는 1차측 전압이 2차측으로 전달될 때 n배로 커지고, 전류는 $1/n$로 작게 변환되기 때문에 1차측 전원임피던스는 2차측에서 볼 때 n^2배로 변환되어 식 10-81의 변환식이 유도되는 것이다. 만약 2차측에 연결된 부하가 R과 L인 경우에는 1차측에서 볼 때 저항이나 유도용량값이 n^2배로 커진다. 그러나 1차측 연결소자가 C인 경우에는 전원임피던스가

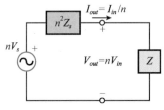

그림 10-33 전원참조 회로망

$Z_s = -j/\omega C$ 이므로 2차측에서 본 임피던스는 $Z_{out} = n^2 Z_s = -j/(\omega C/n^2)$ 가 되어 임피던스 크기는 n^2 로 커지지만, 정전용량값은 반대로 $1/n^2$ 로 작아진다.

식 10−81의 전원참조 임피던스를 고려하여 그림 10−31의 변압기 회로 2차측에서 본 **전원참조 회로망**을 유도하면 그림 10−33과 같다. 전원참조 회로망은 변압기 연결회로를 2차측에서 해석할 때 사용하며, 다음과 같은 결과를 얻을 수 있다.

$$I_{out} = \frac{nV_s}{n^2 Z_s + Z}, \qquad V_{out} = I_{out} Z = \frac{Z}{n^2 Z_s + Z} nV_s \qquad (10-82)$$

예제 10−15   변압기활용 최대전력전달

그림 10−34 회로와 같이 전원과 부하가 고정되어 있는 경우 부하 R_L에 최대전력전달을 하기 위한 변압기 권선비를 결정하시오.

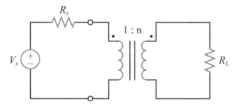

그림 10−34 변압기활용 최대전력전달

풀이 대상회로의 1차측에서 본 부하참조회로망의 부하저항은 식 10−79에 의해 다음과 같이 유도된다.

$$R_1 = \frac{R_L}{n^2}$$

최대전력전달 정리에 따라 $R_1 = R_s$ 일 때 최대전력이 전달되므로 변압기 권선비는 다음과 같이 결정된다.

$$R_1 = \frac{R_L}{n^2} = R_s \quad \Rightarrow \quad n = \sqrt{\frac{R_L}{R_s}}$$

예제 10−16   변압기 회로해석

그림 10−35의 회로에서 $V_s = 6600 \angle 0°$ V, $Z_s = 10 + j10$ Ω, $Z_L = 100 - j20$, $n = 1/30$일 때, 2차측 전압전류 위상자 V_2와 I_2를 구하시오.

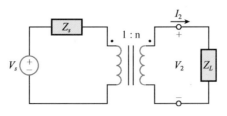

그림 10-35 변압기 회로해석

풀이 변압기 2차측에서 본 전원참조회로망을 그림 10-33과 같이 구성하면 2차측 전류 전압 I_2와 V_2는 식 10-82에 의해 다음과 같이 구할 수 있다.

$$I_2 = \frac{nV_s}{n^2 Z_s + Z_L} = \frac{6600/30}{(10+j10)/900 + 100 - j20} \approx \frac{220}{100-j20} = 2.16\angle 11.31° \text{ A}$$

$$V_2 = I_2 Z_L \approx \frac{nV_s}{Z_L} Z_L = nV_s = 220\angle 0° \text{ V}$$

3. 변압기활용 최대전력전달

10.7절에서 다루었듯이 그림 10-18과 같은 기본회로에서 부하 임피던스 Z_L에 최대전력을 전달하기 위한 조건은 식 10-52의 정합조건으로 요약된다.

$$Z_L = Z_s^*$$

그런데 이 정합조건은 부하 Z_L이 고정되어 있지 않고, 사용자가 자유롭게 조정할 수 있는 경우에는 만족시킬 수 있지만, 전원 임피던스뿐만 아니라 부하도 고정되어 있는 경우에는 만족시킬 수 없다는 한계가 있다. 이러한 한계는 그림 10-36과 같이 변압기를 활용하면 해결할 수 있다.

먼저 그림 10-36의 회로에서 전원임피던스 $Z_s = R_s + jX_s$는 고정되어 있다고 가정하고, 부하임피던스 $Z_L = R + jX$에서 저항성분 R만 고정되어 있으며, $R \neq R_s$인 경우의 최대전력전달문제를 다루기로 한다. 이 경우에는 변압기 1차측에서 본 부하참조 임피던스

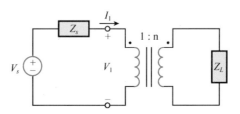

그림 10-36 변압기 활용 최대전력전달

를 정합조건에 맞춤으로써

$$Z/n^2 = Z_s^* \quad \Rightarrow \quad R/n^2 = R_s, \quad X/n^2 = -X_s \tag{10-83}$$

다음과 같은 변압기 권선비를 사용하고, 리액턴스를 조정하면 된다.

$$n = \sqrt{\frac{R}{R_s}}, \quad X = -n^2 X_s = -\frac{R}{R_s} X_s \tag{10-84}$$

여기서 전원 리액턴스가 $X_s > 0$로 유도성이면 부하 리액턴스를 $X < 0$로 하여 용량성으로 조정하고, 반대로 용량성 전원리액턴스에 대해서는 유도성 부하리액턴스로 조정한다는 점에 유의한다.

이어서 부하임피던스 Z_L이 고정되어 있는 경우, 즉 부하의 저항성분 R과 리액턴스 X가 모두 고정되어 있는 경우의 최대전력전달문제를 다루기로 한다. 이 경우에 해결책은 두 가지인데, 먼저 차선책으로 최대전력전달은 아니지만 다음과 같이 변압기의 권선비를 조절하여 임피던스 크기를 맞추는 방법을 생각할 수 있다.

$$|Z|/n^2 = |Z_s| \quad \Rightarrow \quad n = \sqrt{\frac{|Z|}{|Z_s|}} \tag{10-85}$$

그러나 이 방법은 최대전력전달은 달성할 수 없다는 점에 유의해야 한다. 다른 한 가지 해결책은 보상용 리액턴스 X_c를 부하에 직렬로 추가하여 다음과 같이 부하리액턴스를 조정함으로써 부하임피던스를 정합조건에 맞추는 것이다.

$$X \quad \Rightarrow \quad X \pm X_c \tag{10-86}$$

이 경우 부하저항은 고정이고, 리액턴스는 가변으로 바뀌어 식 10-84의 조건이 만족되도록 권선비와 보상리액턴스를 조정하면 정합조건을 만족시킬 수 있다.

예제 10-17 변압기활용 임피던스 정합

그림 10-37의 회로에서 전원주파수는 $\omega = 377$ rad/s, $V_s = 220 \angle 0°$ V, Z_s는 1 Ω 저항과 1 mH 코일 직렬회로이고, 부하 Z_L은 10 Ω과 5 mH 코일 직렬회로로 구성되어 있다. 이 회로에서 부하저항에 최대전력전달을 이루기 위한 변압기 권선비와 임피던스정합용 보상기의 종류 및 해당 소자 값을 구하시오.

풀이 대상회로에서 전원임피던스와 보상기 X_c를 포함하는 부하임피던스는 다음과 같다.

$$Z_s = R_s + j\omega L_s = 1 + j377 \times 10^{-3} = 1 + j0.377 \ \Omega$$

$$Z_L = 10 + j\left(377 \times 5 \times 10^{-3} + X_c\right) = 10 + j\left(1.885 + X_c\right) \ \Omega$$

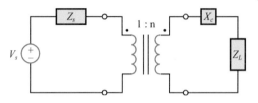

그림 10-37 변압기활용 임피던스 정합

따라서 정합조건을 만족하려면 식 10-84에 의해 변압기 권선비 n은 다음과 같다.

$$n = \sqrt{\frac{R}{R_s}} = \sqrt{\frac{10}{1}} = 3.16$$

이 조건하에서 보정리액턴스는 음수가 되므로 용량기로 구성하여 다음과 같이 결정된다.

$$X = 1.885 + X_c = -n^2 X_s = -3.77 \quad \Rightarrow \quad X_c = -5.655 = \frac{-1}{\omega C}$$

$$\Rightarrow \quad C = \frac{1}{5.655 \times 377} = 0.469 \ \text{mF}$$

익힘문제

01 그림 p10.1 회로에서 정상상태 전류 $i(t)$와 각 소자에서의 순시전력을 계산하시오. 단 $\omega = 377$ rad/s이며, 진폭위상자임.

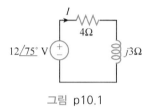

그림 p10.1

02 그림 p10.2 회로에서 정상상태 전압 $v(t)$와 각 소자에서의 순시전력을 계산하시오. 단 $\omega = 377$ rad/s이며, 진폭위상자임.

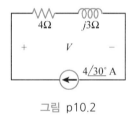

그림 p10.2

03 그림 p10.3 회로의 저항에 흡수되는 평균전력과 각 전원에서 공급하는 평균전력을 계산하시오.

$$i_1(t) = 3\cos 100t \text{ A}, \quad i_2(t) = 4\cos(200t + 45°) \text{ A},$$

$$i_3(t) = 35\cos(100t - 60°) \text{ A임.}$$

그림 p10.3

04 그림 p10.4 회로에서 RLC소자 각각에 흡수되는 평균전력과 전원에서 공급하는 평균전력을 계산하시오(이후 문제에서는 실효값 위상자를 사용함).

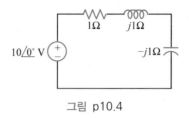

그림 p10.4

05 그림 p10.5 회로에서 각 소자에 흡수되는 평균전력과 전원에서 공급하는 평균전력을
계산하시오.

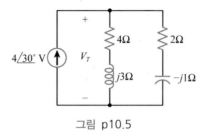

그림 p10.5

06 그림 p10.6 회로에서 각 소자에 흡수되는 평균전력과 전원에서 공급하는 평균전력을
계산하시오.

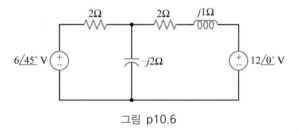

그림 p10.6

07 그림 p10.7 회로에서 각 소자에 흡수되는 평균전력과 전원에서 공급하는 평균전력을
계산하시오.

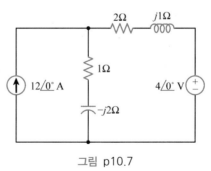

그림 p10.7

08 그림 p10.8 회로에서 2 Ω 저항에 흡수되는 평균전력과 전압원에서 공급하는 평균전력을 계산하시오.

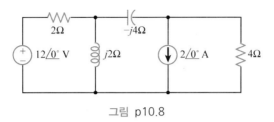

그림 p10.8

09 그림 p10.8 회로에서 4 Ω 저항에 흡수되는 평균전력과 전류원에서 공급하는 평균전력을 계산하시오.

10 그림 p10.10 회로에서 2 Ω 저항에 흡수되는 평균전력과 전원에서 공급하는 평균전력을 계산하시오.

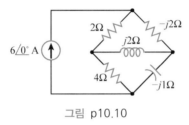

그림 p10.10

11 그림 p10.11 회로 전원에서 공급하는 평균전력을 계산하시오.

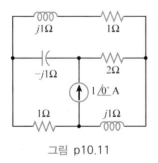

그림 p10.11

12 그림 p10.12 회로에서 저항과 종속전원에 흡수되는 평균전력을 계산하시오.

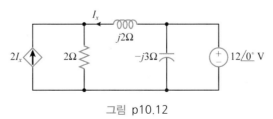

그림 p10.12

13 $2\,\Omega$ 저항회로에 $i(t) = 5 + 4\cos100t + 3\sin100t$ A의 전류가 흐를 때 이 저항 양단에 나타나는 전압의 실효값을 구하시오.

14 그림 p10.14의 삼각파 전류에 대한 실효값을 구하시오.

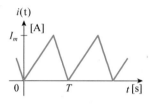

그림 p10.14 삼각파 전류

15 그림 p10.15의 사각파 전압에 대한 실효값을 구하시오.

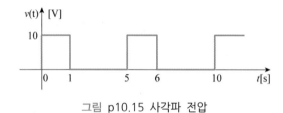

그림 p10.15 사각파 전압

16 그림 p10.16과 같은 파형의 전압에 대한 실효값을 구하시오.

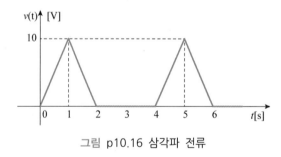

그림 p10.16 삼각파 전류

17 그림 p10.17과 같은 파형의 전류에 대한 실효값을 구하시오.

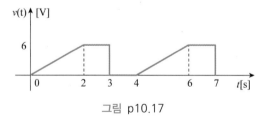

그림 p10.17

18 그림 p10.18과 같은 파형의 전류에 대한 실효값을 구하시오.

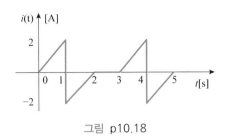

그림 p10.18

19 다음과 같이 정의되는 정현파 반파정류 전류 $i(t)$의 실효값을 구하시오.

$$i(t) = \begin{cases} I_m \sin\omega t, & 0 \leq t < \pi/\omega \\ 0, & \pi/\omega \leq t \leq 2\pi/\omega \end{cases}$$

20 문제 05에서 각 소자의 복소전력을 계산하시오.

21 문제 06에서 각 소자의 복소전력을 계산하시오.

22 문제 07에서 각 소자의 복소전력을 계산하시오.

23 문제 08에서 각 소자의 복소전력을 계산하시오.

24 문제 09에서 각 소자의 복소전력을 계산하시오.

25 문제 10에서 각 소자의 복소전력을 계산하시오.

26 문제 11에서 각 소자의 복소전력을 계산하시오.

27 문제 12에서 각 소자의 복소전력을 계산하시오.

28 220 V 전원을 사용하는 부하에서 250 A의 전류가 흐르고, 50 kW 전력을 소모하고 있다면 이 부하의 역률은 얼마인지 계산하시오.

29 어떤 공장에서 사용하는 부하가 0.9 지상역률로서 400 A의 전류에 100 kW 전력을 소모하고 있다면 부하전압은 얼마인지 계산하시오.

30 220 V 전원을 사용하는 공장에서 부하가 0.95 지상역률에 30 kW를 소비하고 있다면 전압위상이 전류보다 얼마나 앞서는지와 전류 실효값은 얼마인지 계산하시오.

31 전력회사에서 산업용 부하에 전송선로를 통해 60 kW를 공급하고 있는데, 부하에서는 220 V 전압에 300 A의 전류 사용하고 있다면 전송선로에서의 손실이 얼마인지 계산하시오. 단 부하역률은 0.8 지상이다.

32 $0.1\,\Omega$의 전송선로에 50 kW가 공급되고 있는데, 이 선로에 연결된 부하에서는 220 V 전압에 45 kW를 소비하고 있다면 이 부하의 역률은 얼마인지 계산하시오.

33 임피던스가 $0.08 + j0.25\,\Omega$인 전송선로에 유도성 부하가 연결되어 있다. 이 부하가 220 V전압에 15 kW를 소비하고 있으며, 선로전력손실은 560 W였다면 이 부하의 역률각은 얼마인지 계산하시오.

34 어떤 산업용부하가 0.8 지상역률로서 220 V에서 30 kW를 소비하고 있다. 이 부하에 연결된 전송선로에서는 유효전력과 무효전력이 1.8 kW, 2.4 kVAR 발생한다고 할 때, 이 전송선로의 임피던스와 입력전압을 계산하시오.

35 그림 p10.35 회로에서 각 소자에서의 유효전력과 무효전력을 계산하시오.

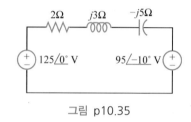

그림 p10.35

36 그림 p10.34 회로에서 전원전압 위상자 V_s를 구하시오.

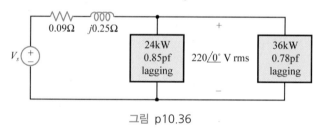

그림 p10.36

37 그림 p10.37의 회로에서 전원전압 V_s와 전원측의 역률을 구하시오.

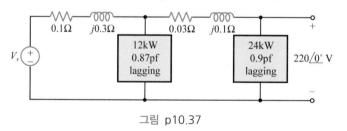

그림 p10.37

38 그림 p10.38의 회로에서 전원 V_2의 흡수 복소전력이 $0 + j1.6$ kVA일 때, 미지저항 R과 미지소자의 종류 및 해당 소자값을 구하시오. 단 전원주파수는 60 Hz이다.

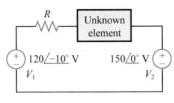

그림 p10.38

39 0.8 지상역률 부하가 60 Hz, 220 V 전압에서 40 kW를 소비하고 있을 때, 이 부하의 역률을 0.9 지상역률로 보정하기 위한 병렬 용량값을 구하시오.

40 60 Hz, 220 V 전원으로부터 30 kW를 소비하는 0.85 지상역률부하에 병렬로 600 μF 용량기를 병렬로 연결하면 개선 역률은 얼마인지 계산하시오.

41 임피던스 $0.1 + j0.2\ \Omega$인 전송선로로부터 60 Hz, 440 V 전압을 공급받아 120 kW를 소비하는 0.75 지상역률 부하가 있다. 이 부하의 역률을 0.9로 개선하기 위한 병렬 보정 용량값을 구하시오.

42 (전력중첩성 확인) 그림 p10.42 회로에서 $R = 10\ \Omega$, $C = 10$ mF일 때, 다음 각 경우에 저항 R에 전달되는 평균전력을 계산하고, 전력중첩성의 성립 여부를 확인하시오.

(1) $i_s(t) = 2\sqrt{2}\cos 5t$ A, $v_s(t) = 10\sqrt{2}\cos 10t$ V

(2) $i_s(t) = 2\sqrt{2}\cos 10t$ A, $v_s(t) = 10\sqrt{2}\cos 10t$ V

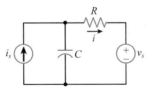

그림 p10.42 RC회로

43 그림 p10.43 회로에서 v_R과 v_C의 실효값을 구하고, 저항에 전달되는 평균전력을 구하시오. 단 $v_1 = 8\cos 10t$ V, $v_2 = 6\sin 5t$ V이다.

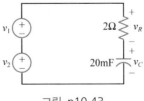

그림 p10.43

44 그림 p10.44 회로에서 2 Ω 저항에 전달되는 평균전력을 구하시오.

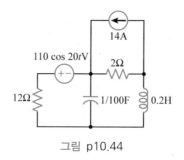

그림 p10.44

45 그림 p10.45 회로에서 $v_s = 20 + 10\cos(10t + 45°)$ V, $i_s = 2\cos(10t + 30°)$ A일 때, 저항 R_1과 R_2에서 각각 소모하는 평균전력을 구하시오.

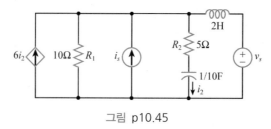

그림 p10.45

46 그림 10-18의 최대전력전달 문제에서 부하 임피던스 중에 저항 R은 가변이고, 리액턴스 X는 고정되어 있는 경우에 최대전력전달 조건을 유도하시오.

47 그림 p10.47 회로에서 최대전력전달이 되는 경우의 부하임피던스 Z_L과 최대전력을 구하시오.

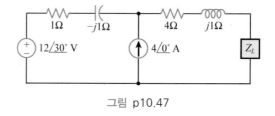

그림 p10.47

48 그림 p10.48 회로에서 최대전력전달이 되는 경우의 부하임피던스 Z_L과 최대전력을 구하시오.

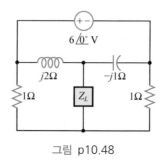

그림 p10.48

49 그림 p10.49 회로에서 최대전력전달이 되는 경우의 부하임피던스 Z_L과 최대전력을 구하시오.

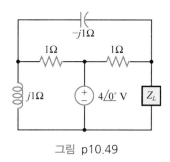

그림 p10.49

50 그림 p10.50 회로에서 최대전력전달이 되는 경우의 부하임피던스 Z_L과 최대전력을 구하시오.

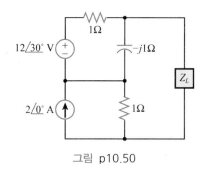

그림 p10.50

51 그림 p10.51 회로에서 최대전력전달이 되는 경우의 부하임피던스 Z_L과 최대전력을 구하시오.

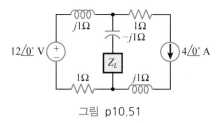

그림 p10.51

52 그림 p10.52 회로에서 최대전력전달이 되는 경우의 부하임피던스 Z_L과 최대전력을 구하시오.

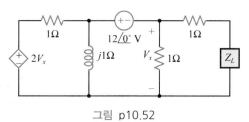

그림 p10.52

53 그림 p10.53 회로에서 최대전력전달이 되는 경우의 부하임피던스 Z_L과 최대전력을 구하시오.

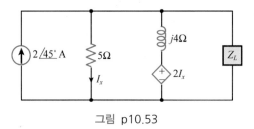

그림 p10.53

54 다음과 같은 유도결합의 경우에 해당하는 전압전류 관계식을 표시하시오.

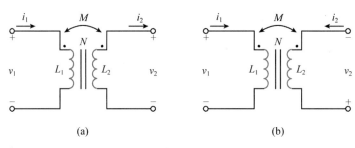

(a)   (b)

그림 p10.54

55 다음과 같은 유도결합의 경우에 해당하는 전압전류 관계식을 표시하시오.

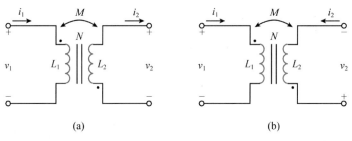

(a)   (b)

그림 p10.55

56 다음과 같은 유도결합의 경우에 해당하는 전압전류 관계식을 표시하시오.

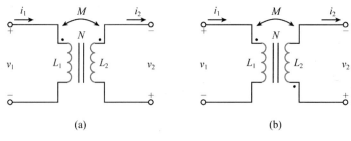

(a)   (b)

그림 p10.56

57 그림 p10.57 회로에서 $V_s = 10 \angle 0°$ V일 때 I_1, I_2, V_o를 구하시오.

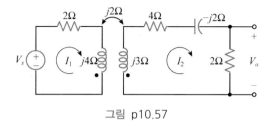

그림 p10.57

58 그림 p10.58과 같은 유도결합 회로에서 ab단에서 본 등가 유도용량을 구하시오.

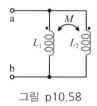

그림 p10.58

59 그림 p10.59 회로에서 I_1과 V_o를 구하시오.

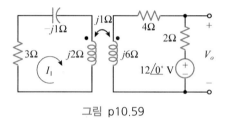

그림 p10.59

60 그림 p10.60 회로에서 I_1과 V_o를 구하시오.

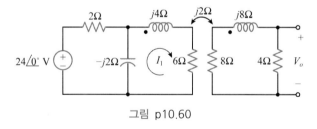

그림 p10.60

61 그림 p10.61 회로에서 I_o를 구하시오.

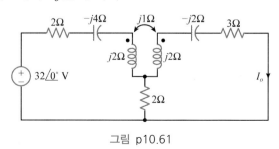

그림 p10.61

62 그림 p10.62 회로에서 I_1과 I_2에 대한 망방정식을 세우시오.

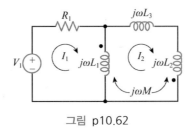

그림 p10.62

63 그림 p10.63 회로에서 I_1, I_2, I_3에 대한 망방정식을 세우시오.

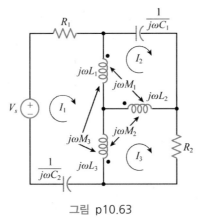

그림 p10.63

64 그림 p10.64 회로에서 V_o를 구하시오.

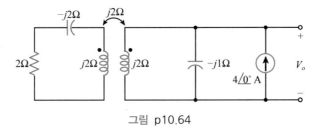

그림 p10.64

65 그림 p10.65 회로에서 V_o를 구하시오.

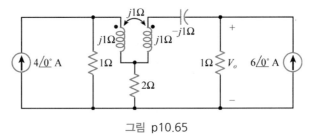

그림 p10.65

66 그림 p10.66 회로의 전원쪽에서 본 등가임피던스를 구하시오.

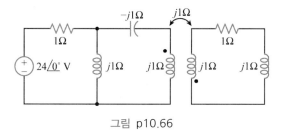

그림 p10.66

67 그림 p10.67 회로에서 등가임피던스 Z_{in}을 구하시오.

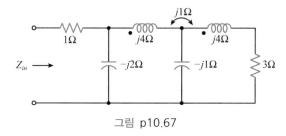

그림 p10.67

68 그림 p10.68 회로에서 $V_o = 2V_s$ 가 되기 위한 리액턴스 X_C값을 구하시오.

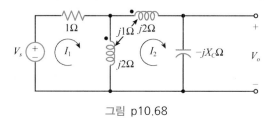

그림 p10.68

69 그림 p10.69 변압기 회로에서 I_1, I_2, V_1, V_2를 구하시오.

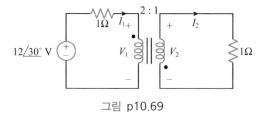

그림 p10.69

70 그림 p10.70 변압기 회로에서 V_o를 구하시오.

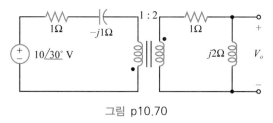

그림 p10.70

71 그림 p10.71 변압기 회로에서 I_1, I_2, V_1, V_2를 구하시오.

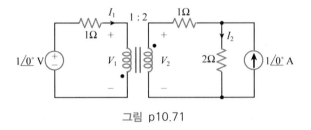

그림 p10.71

72 그림 10−31의 변압기 회로에서

1) 1차측에 전압법칙을 적용하여 V_s를 V_{in}과 I_{in}의 함수로 표시하시오.

2) 변압기의 특성과 1)의 관계를 적용하여 2차측 전압 V_{out}를 V_s와 I_{in}의 함수로 표시하시오.

3) 2)의 관계로부터 전원참조 회로망 그림 10−33을 유도하시오.

73 그림 p10.73 변압기 회로에서 I_1, I_2, V_1, V_2를 구하시오.

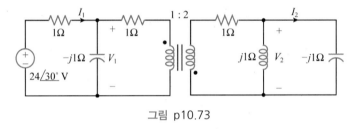

그림 p10.73

74 그림 p10.74 변압기 회로에서 V_1, V_2, V_o를 구하시오.

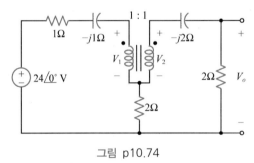

그림 p10.74

75 그림 p10.75 변압기 회로에서 V_o를 구하시오.

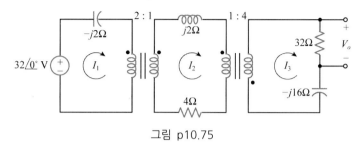

그림 p10.75

76 그림 p10.76 변압기 회로에서 V_o를 구하시오.

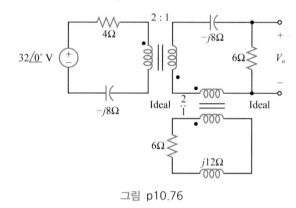

그림 p10.76

77 그림 p10.77 변압기 회로에서 전원 쪽에서 본 등가임피던스를 구하시오.

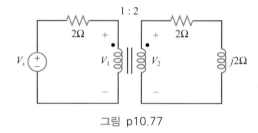

그림 p10.77

78 그림 p10.78 변압기 회로의 전원 쪽에서 본 등가임피던스를 구하시오.

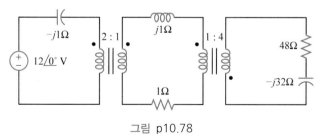

그림 p10.78

79 오디오앰프의 출력단에 5 Ω짜리 스피커를 연결하기 위해 그림 p10.79와 같이 변압기를 사용할 때, 오디오앰프에서 필요로 하는 부하저항이 2 kΩ이라면 변압기 권선수 N_1을 얼마로 해야 할지 구하시오.

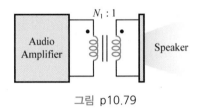

그림 p10.79

80 내부저항이 50 Ω으로 고정된 전원에 그림 p10.80과 같이 증폭 이득이 −10인 OP앰프 반전증폭기를 연결하고, 앰프 쪽에 최대전력을 전달하려고 한다. OP앰프에 사용하는 저항을 1 kΩ~200 kΩ 범위에서 사용할 때 이 조건을 만족하는 R_1, R_2값을 구하시오.

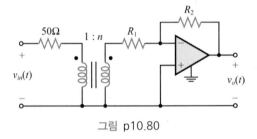

그림 p10.80

81 그림 p10.81에서 $v = 10\cos 5t$ V 일 때 ab단에서 본 테브냉 등가회로를 구하시오.

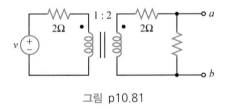

그림 p10.81

82 그림 p10.82 변압기 회로에서 등가임피던스 Z를 구하시오.

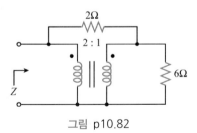

그림 p10.82

83 그림 p10.83 변압기 회로에서 $n=4$일 때, a, b의 마디전압을 구하시오.

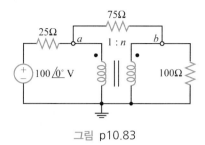

그림 p10.83

84 그림 p10.84 변압기 회로에서 전원주파수가 $\omega = 10^3$ rad/s이고, $L = 40$ mH, $C = 100$ μF일 때, 부하에 최대전력전달을 하기 위한 권선비 n_1, n_2를 결정하시오.

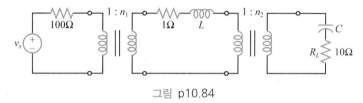

그림 p10.84

85 그림 p10.85와 같은 변압기 회로에서 전원주파수가 $\omega = 10^3$ rad/s일 때,

1) 부하에 최대전력전달을 하기 위한 L값을 구하시오.

2) $L = 100$ mH로 고정되어 있는 경우 최대전력전달을 달성하기 위해 부하에 직렬로 보상용량기를 연결한다면 용량값을 얼마로 할지 결정하시오.

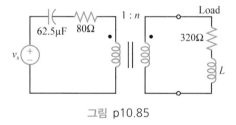

그림 p10.85

11

3상회로

11.1 서론

9장과 10장에 걸쳐서 정현파 교류회로의 정상상태 해석법과 교류전력에 대해 익혔으며, 정현파가 전원의 표준으로서 실생활 및 산업 전분야에서 폭넓게 사용되고 있다는 것을 알았다. 그런데 앞에서 다룬 정현파 교류회로는 전원의 위상이 하나인 단상회로(single phase circuits)였으며, 정현파교류와 관련하여 익혀야할 부분이 아직 하나 더 남아있는데, 그것은 바로 3상회로(three-phase circiut)에 관한 것이다.

대도시의 전력 배전계통은 도시미관을 위해 지하에 전송선을 매설한 지중선 방식으로

그림 11-1 3상 송전탑과 송전선

되어 있다. 도시에서는 우리 눈으로 직접 보기가 어렵지만 도심을 벗어나 외곽지역으로 나가보면 그림 11-1과 같은 송전탑에 3개의 전송선이 양쪽으로 가설되어 있는 것을 쉽게 볼 수 있다. 이것은 각 전송선을 통해 위상이 서로 다른 3개의 전압을 전송하는 방식으로서 **3상계통**(three-phase system)이라 한다. 정확히 표현하자면 크기는 같고, 위상이 서로 120°씩 차이가 나는 3가지 전압을 전송하는 방식인데, 왜 이처럼 3상전압을 만들어 전송하는 것인지 그 까닭이 궁금해질 것이다. 특히 가정에서 사용하는 전기는 거의 모두 단상인데, 왜 이렇게 복잡하게 3상을 만들어 보내는 것인 지 그리고 누가 이것을 쓰는 것인지 따위의 의문이 이어서 생각날 것이다.

이러한 질문에 대한 답은 우선 누가 왜 3상전압을 사용하는지 살펴보면 풀어나갈 수 있다. 3상전압은 대부분의 산업 및 제조업 현장에서 사용하는데, 현장에서 이 3상을 사용하는 이유는 현장의 필수기기라 할 수 있는 교류전동기와 밀접한 관련이 있다. 단상교류를 사용하는 단상전동기의 경우 순시전력이 시변함수이기 때문에 전동기 회전력도 시변함수로서 일정하지 않게 발휘된다. 따라서 단상전동기는 물펌프나 선풍기 등 단순작업용으로는 쓸 수 있지만, 미세가공이나 정밀제조 분야에는 사용하기 곤란하다는 문제점이 있다. 이러한 단상전동기의 문제점은 3상을 사용하게 되면 해결할 수 있는데, 3상전력을 사용할 경우 각 상의 순시전력은 시변이지만 3상 순시전력의 합은 항상 상수로 나오기 때문이다. 따라서 3상전동기를 사용하면 이 전동기는 상수전력을 공급받아 일정하고, 안정한 회전력을 발휘하게 되어 미세가공이나 정밀제조의 동력원으로 사용할 수 있다. 이와 같은 이유로 대부분의 산업현장에서 3상전동기를 사용하고 있으며, 이 전동기를 사용하기 위해 3상전원을 필요로 하기 때문에 3상계통을 운영하는 것이다.

이 장에서는 3상계통에서 공급하는 3상전원에 대해 정리하고, 3상부하를 연결할 때 회로 결선법으로 Y, Δ 결선을 다룬 다음 각 방식에서의 회로해석법을 익힐 것이다. 그리고 이러한 기법을 바탕으로 3상회로에서의 역률보정 문제를 설정하고 정리할 것이다.

11.2 3상회로

19세기 후반 미국에서 교류전력계통 도입에 앞장섰던 **테슬라**(Nikola Tesla, 1856~1943)는 교류 유도전동기 발명가로서, 다상전력계통의 유용성을 입증함으로써 교류전력 실용화에 큰 공헌을 하였다. 이러한 공헌을 기리기 위해 국제단위계에서 자기장의 단위에 테슬라(T)를 사용한다. 테슬라가 찾아낸 다상전력계통의 유용성을 요약하면 다음과 같다.

① 단상에 비해 발전(Generation) 및 송전(Transmission)에 효과적이다.

② 3상 이상일 경우 전력이 시간에 관계없이 항상 일정하다.

③ 3상 전동기의 경우 기동(start)과 운전(run) 특성이 단상에 비해 훨씬 우수하다.

이러한 다상회로의 유용성은 3상 이상이면 모두 공통으로 나타나는데, 실제로는 원거리 송전에서의 경제성을 고려하여 3상을 채택하여 사용하는 것이다.

1. 3상전압

3상전압(three-phase voltage)이란 120° 위상차를 갖는 같은 크기의 세 가지 정현파교류 전압의 집합을 말한다. 이러한 3상전압은 전력계통 내의 발전소에 설치된 3상발전기에 의해 만들어지는데, 3상발전기는 그림 11-2와 같이 120° 간격으로 설치된 3개의 고정권선 (stationary winding)과 이 권선들의 중심축에 위치한 회전자석으로 구성되며, 회전자석이 일정한 속도로 회전하면 전자유도작용에 의해 3개의 고정권선 양단에 크기는 같고, 위상차 가 120°씩 나는 전압이 발생되는 것이다. 이렇게 발생되는 삼상전압을 수식으로 나타내면 다음과 같다.

$$v_a(t) = \sqrt{2}\, V_p \cos \omega t$$
$$v_b(t) = \sqrt{2}\, V_p \cos(\omega t - 120°) \qquad (11-1)$$
$$v_c(t) = \sqrt{2}\, V_p \cos(\omega t + 120°)$$

여기서 V_p는 3상전압의 실효값이며, 각속도 ω는 3상발전기 회전속도에 의해 결정되는데, 회전속도가 60 Hz인 경우 $\omega = 2\pi \times 60 = 377$ rad/s이다. 식 11-2의 3상전압을 그래프로

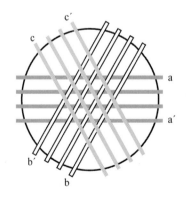

그림 11-2 3상발전기 고정권선 배치

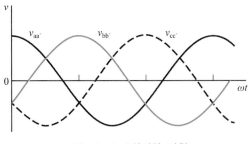

그림 11-3 3상전압 파형

나타내면 그림 11-3과 같다. 이 그래프를 통해서 알 수 있듯이 3상전압의 합은 항상 0이 되는 성질을 지니고 있다.

$$v_a(t) + v_b(t) + v_c(t) = 0 \tag{11-2}$$

식 11-1의 3상전압은 다음과 같이 실효값 위상자로 표시할 수도 있으며,

$$\boldsymbol{V_a} = V_p \angle 0°$$

$$\boldsymbol{V_b} = V_p \angle -120° \tag{11-3}$$

$$\boldsymbol{V_c} = V_p \angle 120°$$

3상 위상자의 합을 구해보면 다음과 같이 0이 되어 식 11-2에 대응하는 식이 성립한다.

$$\boldsymbol{V_a} + \boldsymbol{V_b} + \boldsymbol{V_c} = 0 \tag{11-4}$$

식 11-1이나 식 11-3과 같이 N개의 전압들이 동일한 진폭과 주파수를 가지며, 각각의 위상차가 12°/N일 경우에 **평형전압**(balanced voltages)이라 한다.

2. 3상전원

3상발전기에서 생성된 3상전압을 연결하여 3상전원을 구성하는 방식으로는 그림 11-4(a)와 (b)에서 보듯이 Y결선과 $\varDelta$결선 방식의 두 가지가 있다.

그림 11-4(a)와 같은 방식으로 이루어지는 Y결선 전원의 경우 중성점 n에 연결된 가지들의 위상자 전압 V_a, V_b, V_c를 **상전압**(phase voltage)이라 하며, a상을 기준으로 상전압은 각각 다음과 같이 표시된다.

$$\boldsymbol{V_a} = V_p \angle 0°, \quad \boldsymbol{V_b} = V_p \angle -120°, \quad \boldsymbol{V_c} = V_p \angle 120° \tag{11-5}$$

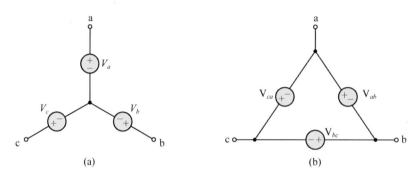

그림 11-4 3상전원 결선방식

그리고 abc 마디간의 선간전압 위상자 V_{ab}, V_{bc}, V_{ca}를 **선전압(Line voltage)**이라 하는데,
Y결선 전원에서 상전압과 선전압의 관계는 다음과 같다.

$$V_{ab} = V_a - V_b = V_p - V_p(-0.5 - j\sqrt{3}/2) = \sqrt{3}\,V_p \angle 30°$$

$$V_{bc} = V_b - V_c = \sqrt{3}\,V_p \angle -90° \tag{11-6}$$

$$V_{ca} = V_c - V_a = \sqrt{3}\,V_p \angle 150°$$

상전압과 선전압의 실효치를 각각 V_p, V_l이라 할 때 다음 관계가 성립한다.

$$V_l = \sqrt{3}\,V_p \tag{11-7}$$

따라서 상전압이 $V_p = 220$ V인 경우 선전압은 $V_l = 381$ V로 나타난다.

그림 11-4(b)와 같은 방식의 Δ결선 전원에서는 중성점이 없고, 각 마디 사이에 상전압
전원이 배치되어 연결되기 때문에 전원 상전압과 선전압은 서로 일치하게 된다.

$$V_{ab} = V_a, \quad V_{bc} = V_b, \quad V_{ca} = V_c \tag{11-8}$$

3상전원 결선방식은 두 가지이지만, Y결선의 경우 사용자가 필요에 따라 상전압 V_p나
선전압 V_l 등 두 가지 크기의 전압을 선택하여 사용할 수 있는 장점이 있기 때문에 Y결선
전원을 주로 사용한다.

3. 3상전력

그림 11-5와 같이 순저항 평형부하로만 이루어지는 단순 3상회로에서 각 상에 흐르는
전류는 다음과 같이 구할 수 있다.

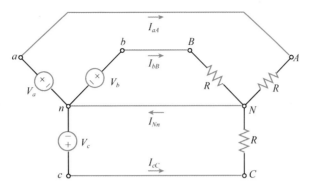

그림 11-5 단순 3상회로

$$i_{aA}(t) = \frac{v_a}{R}, \quad i_{bB}(t) = \frac{v_b}{R}, \quad i_{cC}(t) = \frac{v_c}{R} \tag{11-9}$$

여기서 3상부하 각 상에 전달되는 순시전력을 구해보면 다음과 같다.

$$p_a(t) = \frac{v_a^2}{R}, \quad p_b(t) = \frac{v_b^2}{R}, \quad p_c(t) = \frac{v_c^2}{R} \tag{11-10}$$

따라서 3상부하 전체에 전달되는 순시전력을 구해보면 다음과 같이 되어

$$p(t) = p_a(t) + p_b(t) + p_c(t) = \frac{3V_p^2}{R} \tag{11-11}$$

3상회로에서 전체 순시전력은 상수라는 것을 확인할 수 있다. 이 성질은 그림 11-5와 같은 저항부하 뿐만 아니라 평형 3상부하에서는 항상 성립하며, 3상전원을 사용하는 이유가 바로 이러한 장점 때문이라 할 수 있다. 또한 3상회로는 단상회로 세 개를 연결하여 사용하는 방식에 비해 전송선수가 줄어들어 더 경제적이기 때문에 3상계통을 현장에서 채택하고 있는 것이다.

11.3 Y-Y 회로

3상전원의 결선방식이 Y결선과 Δ결선의 두 가지인 것처럼, 3상부하의 결선방식도 Y, Δ의 두 가지가 가능하다. 이 중에 그림 11-6과 같이 Y결선 전원에 Y결선 부하가 연결된 회로를 Y-Y 회로라 한다. Y-Y 회로 중에서 전원측 중성점과 부하측 중성점을 연결하는

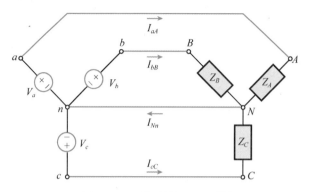

그림 11-6 3상4선식 Y-Y 회로

중선선(neutral line)을 사용하는 방식을 **4선식(four wire)** Y-Y 회로라 하고, 중성선을 사용하지 않는 방식은 **3선식(three wire)** Y-Y 회로라 한다. 참고로 우리나라에서는 송배전계통에 3상4선식을 사용하고 있으며, 일본은 3상3선식을 채택하고 있다.

그림 11-6에서 보듯이 3상4선식 Y-Y 회로에서는 중성점이 연결되어 있어 각 상별로 회로를 해석할 수 있으므로 각 상에 흐르는 상전류는 다음과 같이 계산할 수 있다.

$$I_{aA} = \frac{V_a}{Z_A}, \quad I_{bB} = \frac{V_b}{Z_B}, \quad I_{cC} = \frac{V_c}{Z_C} \tag{11-12}$$

여기서 중성선에 흐르는 전류는 전류법칙에 따라 다음과 같이 구할 수 있다.

$$I_{Nn} = I_{aA} + I_{bB} + I_{cC} \tag{11-13}$$

식 11-12에 의해 Y결선 부하의 상전류를 구하고, 실효치가 각각 I_{Ar}, I_{Br}, I_{Cr}로 나오면 부하 각상의 저항성분이 R_A, R_B, R_C일 때 부하 각상 평균전력은 다음과 같다.

$$P_A = I_{Ar}^2 R_A, \quad P_B = I_{Br}^2 R_B, \quad P_C = I_{Cr}^2 R_C \tag{11-14}$$

전체 평균전력은 다음과 같이 구할 수 있다.

$$P = P_A + P_B + P_C \tag{11-15}$$

그림 11-6의 Y-Y 회로에서 부하 임피던스가 서로 같은 경우, 즉 $Z_A = Z_B = Z_C = Z_Y$ 인 경우에는 **평형 Y결선 부하(balanced Y-connected load)**라고 하며, 그림 11-7과 같이 평형 Y결선 전원에 평형 Y결선부하가 연결된 회로를 **평형 Y-Y 회로(balanced Y-Y circuit)** 라 한다. 평형 Y결선 부하에서 부하 임피던스가 다음과 같을 때

$$Z_Y = |Z_Y| \angle \theta \qquad (11-16)$$

부하 각 상의 상전류는 선전류와 같으므로 식 11-12에 의해 다음과 같이 구할 수 있는데,

$$I_A = I_{aA} = V_a / Z_Y, \quad I_B = I_{bB} = V_b / Z_Y, \quad I_C = I_{cC} = V_c / Z_Y \qquad (11-17)$$

여기서 상전압 V_a, V_b, V_c는 같은 크기에 위상차 120°의 평형전압으로서 합이 0이 되므로, 상전류도 같은 크기에 120° 위상차의 평형전류가 되며, 상전류 합도 $I_A + I_B + I_C = 0$이 되어 중성선에는 전류가 흐르지 않는다. 따라서 평형 Y-Y 회로에서는 한 상의 단상회로만 해석한 다음, 이 해석결과에 120° 위상차를 주는 방식으로 처리하면 나머지 상의 응답을 구할 수 있다.

평형 Y부하를 갖는 삼상회로는 단상 등가회로를 써서 해석할 수 있다.

이러한 요령에 따라 평형 Y-Y 회로를 해석하면 선전류 실효값은 다음과 같고

$$I_l = \frac{V_p}{|Z_Y|} = \frac{V_l}{\sqrt{3}\,|Z_Y|} \qquad (11-18)$$

부하 상전류는 다음과 같이 결정된다.

$$I_A = I_l \angle -\theta, \quad I_B = I_l \angle (-\theta - 120°), \quad I_C = I_l \angle (-\theta + 120°) \qquad (11-19)$$

여기서 θ는 부하 임피던스 위상각이며, 부하 각 상에 전달되는 상전력 및 전체전력을 구하면 다음과 같다.

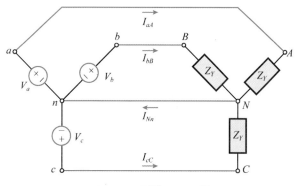

그림 11-7 평형 Y-Y 회로

$$P_p = \Re\{\boldsymbol{Z_Y}\}\,I_l^2 = V_p\,I_l\cos\theta$$

$$Q_p = \Im\{\boldsymbol{Z_Y}\}\,I_l^2 = V_p\,I_l\sin\theta \tag{11-20}$$

$$P = 3P_p = 3V_p\,I_l\cos\theta = \sqrt{3}\,V_l\,I_l\cos\theta$$

$$Q = 3Q_p = 3V_p\,I_l\sin\theta = \sqrt{3}\,V_l\,I_l\sin\theta \tag{11-21}$$

$$|S| = \sqrt{P^2 + Q^2} = \sqrt{3}\,V_l\,I_l$$

예제 11-1 평형 Y-Y 회로해석

그림 11-7의 평형 Y-Y 회로에서 $\boldsymbol{V_a} = 220\angle 0°$ V(rms), $\boldsymbol{Z_Y} = 50 + j10$ Ω일 때, 각 상의 전류 및 복소전력과 3상부하 전체의 복소전력을 구하시오.

풀이 평형회로이므로 한 상의 응답만 구하고 위상차를 두는 방식으로 해석할 수 있다. 따라서 상전류는 식 11-19에 의해 다음과 같이 구할 수 있다.

$$\boldsymbol{I_a} = \frac{\boldsymbol{V_a}}{\boldsymbol{Z_Y}} = \frac{220}{50 + j10} = 4.31\angle -11.3°\ \text{A}$$

$$\boldsymbol{I_b} = \frac{\boldsymbol{V_b}}{\boldsymbol{Z_Y}} = 4.31\angle -131.3°\ \text{A}$$

$$\boldsymbol{I_c} = \frac{\boldsymbol{V_c}}{\boldsymbol{Z_Y}} = 4.31\angle 108.7°\ \text{A}$$

이에 따라 각상의 복소전력과 전체 복소전력은 다음과 같이 구할 수 있다.

$$\boldsymbol{S_a} = \boldsymbol{S_b} = \boldsymbol{S_c} = \boldsymbol{V_a}\boldsymbol{I_a^*} = I_{ar}^2\,\boldsymbol{Z_Y} = 949.2\angle 11.3°\ \text{VA}$$

$$\boldsymbol{S} = \boldsymbol{S_a} + \boldsymbol{S_b} + \boldsymbol{S_c} = 3\boldsymbol{S_a} = 2.85\angle 11.3°\ \text{kVA}$$

11.4 Y-△ 회로

3상부하의 결선방식으로는 △결선 방식도 필요에 따라 사용되는데, 그림 11-8과 같이 Y결선 전원에 △결선부하가 연결된 회로를 Y-△ 회로라 한다. 그림 11-8의 Y-△ 회로에서 각 상전류는 다음과 같이 구할 수 있다.

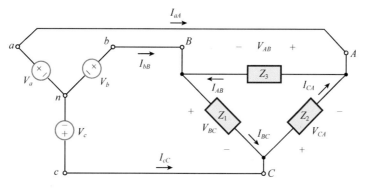

그림 11-8 Y-Δ 회로

$$I_{AB} = \frac{V_{AB}}{Z_3}, \quad I_{BC} = \frac{V_{BC}}{Z_1}, \quad I_{CA} = \frac{V_{CA}}{Z_2} \tag{11-22}$$

선전류는 전류법칙에 의해 다음과 같이 계산할 수 있다.

$$I_{aA} = I_{AB} - I_{CA}, \quad I_{bB} = I_{BC} - I_{AB}, \quad I_{cC} = I_{CA} - I_{BC} \tag{11-23}$$

식 11-22에 의해 Δ결선 부하의 상전류를 구했을 때 실효치가 각각 I_{ABr}, I_{BCr}, I_{CAr}로 나오면, 부하 각상의 저항성분이 R_3, R_2, R_1일 때 부하 각상 평균전력은 다음과 같고,

$$P_1 = I_{BCr}^2 R_1, \quad P_2 = I_{CAr}^2 R_2, \quad P_3 = I_{ABr}^2 R_3 \tag{11-24}$$

전체 평균전력은 다음과 같이 구할 수 있다.

$$P = P_1 + P_2 + P_3 \tag{11-25}$$

그리고 부하 각 상의 복소전력은 전류실효값에 부하 임피던스를 곱하여 구하고, 이를 합치면 전체 복소전력을 계산할 수 있다.

1. 평형 Y-Δ 회로

그림 11-8의 Y-Δ 회로에서 부하 임피던스가 서로 같은 경우, 즉 $Z_1 = Z_2 = Z_3 = Z_\Delta$인 경우에는 **평형 Δ결선 부하**(balanced Δ-connected load)라고 하며, 이 평형부하가 평형 Y결선 전원에 연결된 회로를 **평형 Y-Δ 회로**(balanced Y-Δ circuit)라 한다. 평형 Δ결선 부하의 각 상 임피던스가 다음과 같을 때

$$Z_\Delta = |Z_\Delta| \angle \theta \tag{11-26}$$

각 상에 흐르는 상전류는 다음과 같이 구할 수 있는데,

$$I_{AB} = V_{AB}/Z_\Delta, \quad I_{BC} = V_{BC}/Z_\Delta, \quad I_{CA} = V_{CA}/Z_\Delta \tag{11-27}$$

여기서 부하 상전압 V_{AB}, V_{BC}, V_{CA} 는 전원 선전압 V_{ab}, V_{bc}, V_{ca} 와 같고, 식 11-5의 전원 상전압에 대해

$$V_{AB} = V_{ab} = V_a - V_b = \sqrt{3}\, V_p \angle 30° \text{ V}$$

$$V_{BC} = V_{bc} = V_b - V_c = \sqrt{3}\, V_p \angle -90° \text{ V} \tag{11-28}$$

$$V_{CA} = V_{ca} = V_c - V_a = \sqrt{3}\, V_p \angle 150° \text{ V}$$

위와 같이 동일한 크기에 위상차 120°의 평형전압이 되어 합이 0이 되므로, 상전류도 같은 크기에 위상차 120°의 평형전류이고, 합도 $I_{AB} + I_{BC} + I_{CA} = 0$이 된다. 따라서 평형 Y-$\Delta$ 회로도 한 상의 회로만 해석하고 나머지는 다음과 같이 해석결과에 120° 위상차를 주는 방식으로 상전류를 구할 수 있다.

$$I_{AB} = V_{ab}/Z_\Delta = \sqrt{3}\,\frac{V_p}{Z_\Delta} \angle (-\theta + 30°)$$

$$I_{BC} = V_{bc}/Z_\Delta = \sqrt{3}\,\frac{V_p}{Z_\Delta} \angle (-\theta - 90°) \tag{11-29}$$

$$I_{CA} = V_{ca}/Z_\Delta = \sqrt{3}\,\frac{V_p}{Z_\Delta} \angle (-\theta + 150°)$$

이 해석결과로부터 선전류는 다음과 같이 계산할 수 있으며,

$$I_{aA} = I_{AB} - I_{CA} = \frac{V_{AB} - V_{CA}}{Z_\Delta} = \frac{3V_a}{Z_\Delta} = \frac{3V_p}{Z_\Delta} \angle -\theta$$

$$I_{bB} = I_{BC} - I_{AB} = \frac{3V_p}{Z_\Delta} \angle (-\theta - 120°) \tag{11-30}$$

$$I_{cC} = I_{CA} - I_{BC} = \frac{3V_p}{Z_\Delta} \angle (-\theta + 120°)$$

부하 상전류와 선전류 실효값 I_p, I_l은 다음과 같이 결정된다.

$$I_p = \sqrt{3}\,\frac{V_p}{Z_\Delta}, \quad I_l = \sqrt{3}\, I_p = \frac{3V_p}{Z_\Delta} \tag{11-31}$$

그리고 상전류 실효값을 이용하여 각상의 복소전력을 $S_p = I_p^2 Z_\Delta$ 로 계산할 수 있으며, 전체 복소전력은 $S = 3S_p$로 구할 수 있다.

예제 11-2   평형 Y-△ 회로해석

그림 11-8의 평형 Y-△ 회로에서 $V_a = 220\angle 0°$ V, $Z_\Delta = 30 + j6\ \Omega$일 때, 상전류와 선전류, 복소전력 및 3상부하 전체의 복소전력을 구하시오.

풀이 평형회로이므로 한 상의 응답만 구하고 위상차를 두는 방식으로 해석할 수 있다. 따라서 상전류는 식 11-29에 의해 다음과 같이 구할 수 있으며

$$I_{AB} = \frac{V_{AB}}{Z_\Delta} = \frac{\sqrt{3}\ V_p\angle 30°}{30 + j6} = 12.46\angle 18.7°\ \text{A}$$

$$I_{BC} = \frac{V_{BC}}{Z_\Delta} = 12.46\angle -101.3°\ \text{A}$$

$$I_{CA} = \frac{V_{CA}}{Z_\Delta} = 12.46\angle 138.7°\ \text{A}$$

상전류 실효값은 $I_p = 12.46$ A이고, 선전류는 식 11-30에 의해 다음과 같이 구해진다.

$$I_{aA} = \frac{3V_a}{Z_\Delta} = \frac{3\times 220}{30 + j6} = 21.57\angle -11.3°\ \text{A}$$

$$I_{bB} = 21.57\angle -131.3°\ \text{A}$$

$$I_{cC} = 21.57\angle 108.7°\ \text{A}$$

여기서 각 상의 복소전력과 전체 복소전력은 다음과 같다.

$$S_p = V_{AB}I_{AB}^* = I_p^2 Z_\Delta = 12.46^2 \times (30 + j6) = 381.20\angle 11.3°\ \text{VA}$$

$$S = 3S_p = 1.14\angle 11.3°\ \text{kVA}$$

---

2. Y-△ 변환

3상회로를 해석할 때에 필요에 따라 Y결선부하를 △로 변환하거나, 반대로 △결선 부하를 Y결선 부하로 변환하는 경우가 발생한다. 이 절에서는 Y결선 △결선 부하 간에 등가로 변환하는 방법에 대해 익히기로 한다.

그림 11-9와 같이 A, B, C 3단자에 연결된 Y결선 부하 Z_A, Z_B, Z_C와 △결선 부하 Z_1, Z_2, Z_3가 서로 등가가 되려면 두 회로의 AB, BC, CA 각 단자에서 본 등가임피던스가 서로 같아야 하므로 다음의 등식이 성립해야 한다.

$$Z_{AB} = Z_A + Z_B = Z_3 \| (Z_1 + Z_2) = \frac{Z_3 Z_1 + Z_2 Z_3}{Z_1 + Z_2 + Z_3}$$

$$Z_{BC} = Z_B + Z_C = Z_1 \| (Z_2 + Z_3) = \frac{Z_1 Z_2 + Z_3 Z_1}{Z_1 + Z_2 + Z_3} \tag{11-32}$$

$$Z_{CA} = Z_C + Z_A = Z_2 \| (Z_3 + Z_1) = \frac{Z_2 Z_3 + Z_1 Z_2}{Z_1 + Z_2 + Z_3}$$

위의 3개 등식의 양변을 각각 더하면 다음의 식이 성립하므로

$$Z_A + Z_B + Z_C = \frac{Z_1 Z_2 + Z_2 Z_3 + Z_3 Z_1}{Z_1 + Z_2 + Z_3} \tag{11-33}$$

이 식의 양변을 식 11-32의 양변으로 빼면 다음과 같은 등식을 얻을 수 있는데,

$$Z_A = \frac{Z_2 Z_3}{Z_1 + Z_2 + Z_3}$$

$$Z_B = \frac{Z_3 Z_1}{Z_1 + Z_2 + Z_3} \tag{11-34}$$

$$Z_C = \frac{Z_1 Z_2}{Z_1 + Z_2 + Z_3}$$

이것은 Δ결선 부하임피던스를 Y결선 부하로 변환시키는 공식이다. 식 11-34로부터 다음과 같은 등식을 얻을 수 있는데,

$$Z_A Z_B + Z_B Z_C + Z_C Z_A = \frac{Z_1 Z_2 Z_3}{Z_1 + Z_2 + Z_3} \tag{11-35}$$

이 식에 식 11-34를 대입하면 다음과 같이 Y결선 부하임피던스를 Δ결선 부하로 변환시키는 공식을 얻을 수 있다.

$$Z_1 = \frac{Z_A Z_B + Z_B Z_C + Z_C Z_A}{Z_A}$$

$$Z_2 = \frac{Z_A Z_B + Z_B Z_C + Z_C Z_A}{Z_B} \tag{11-36}$$

$$Z_3 = \frac{Z_A Z_B + Z_B Z_C + Z_C Z_A}{Z_C}$$

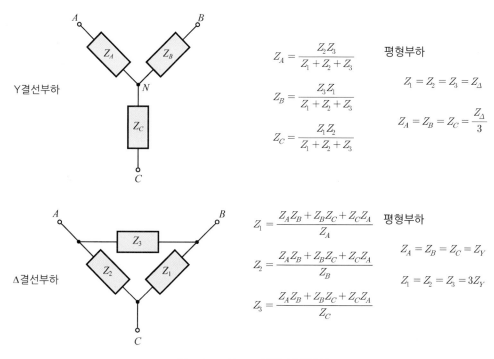

$$Z_A = \frac{Z_2 Z_3}{Z_1 + Z_2 + Z_3}$$ 평형부하

$$Z_B = \frac{Z_3 Z_1}{Z_1 + Z_2 + Z_3}$$ $Z_1 = Z_2 = Z_3 = Z_\Delta$

$$Z_C = \frac{Z_1 Z_2}{Z_1 + Z_2 + Z_3}$$ $Z_A = Z_B = Z_C = \dfrac{Z_\Delta}{3}$

Y결선부하

$$Z_1 = \frac{Z_A Z_B + Z_B Z_C + Z_C Z_A}{Z_A}$$ 평형부하

$$Z_2 = \frac{Z_A Z_B + Z_B Z_C + Z_C Z_A}{Z_B}$$ $Z_A = Z_B = Z_C = Z_Y$

$$Z_3 = \frac{Z_A Z_B + Z_B Z_C + Z_C Z_A}{Z_C}$$ $Z_1 = Z_2 = Z_3 = 3Z_Y$

△결선부하

그림 11-9 Y-△ 부하 변환공식

그리고 3상평형 Y부하 Z_Y와 3상평형 △부하 Z_Δ의 경우에 식 11-34와 식 11-36의 변환 공식은 다음과 같이 간략화된다.

$$Z_Y = \frac{Z_\Delta}{3}, \qquad Z_\Delta = 3Z_Y \tag{11-37}$$

위에서 살펴본 Y-△ 부하 간의 변환공식을 요약하면 그림 11-9와 같다.

그러면 Y-△ 부하 간의 변환공식을 활용하는 방법 및 사례에 대해 몇 가지 예제를 통해 익히기로 한다.

예제 11-3   평형 Y-△ 회로

그림 11-10과 같은 평형 Y-△ 회로에서 $V_a = 220\angle 0°$ V이고, 선로 및 부하 임피던스가 각각 $Z_l = 5 + j3\ \Omega$, $Z_\Delta = 30 + j6\ \Omega$일 때 상전류와 선전류 실효값 및 3상부하 전체의 평균전력을 구하시오.

풀이   대상 3상회로에는 선로 임피던스 Z_l이 포함되어 부하 상전압이 전원 선전압과 일치하기 않기 때문에 식 11-29의 공식을 적용할 수 없다. 이 문제는 평형 △ 부하를 Y 부하로 변환한 다음 평형 Y-Y 회로 해석법을 적용하면 풀 수 있다. 이를 위해 대상 평형△ 부하에

식 11-37의 $\Delta - Y$ 변환공식을 적용하여

$$Z_Y = \frac{Z_\Delta}{3} = 10 + j2 \ \Omega$$

대상회로를 등가의 평형 $Y-Y$ 회로로 바꾼 다음 대상회로의 선전류를 다음과 같이 구할 수 있다.

$$I_{aA} = \frac{V_a}{Z_l + Z_Y} = \frac{220}{15 + j5} = 13.91 \angle -18.4° \ \text{A}, \quad I_{bB} = 13.91 \angle -138.4° \ \text{A}$$

이 선전류로부터 평형 Δ부하의 상전류를 다음과 같이 구할 수 있으며,

$$I_{aA} - I_{bB} = (I_{AB} - I_{CA}) - (I_{BC} - I_{AB}) = 2I_{AB} - (I_{BC} + I_{CA}) = 3I_{AB}$$

$$\Rightarrow I_{AB} = \frac{1}{3}(I_{aA} - I_{bB}) = \frac{1}{\sqrt{3}} \times 13.91 \angle (-18.4° + 30°) = 8.03 \angle 11.6° \ \text{A}$$

따라서 선전류 및 상전류 실효값은 $I_l = 13.91$ A, $I_p = 8.03$ A이고, 3상부하 전체 평균전력은 다음과 같다.

$$P = 3I_p^2 R_\Delta = 3 \times 8.03^2 \times 30 = 5.79 \ \text{kW}$$

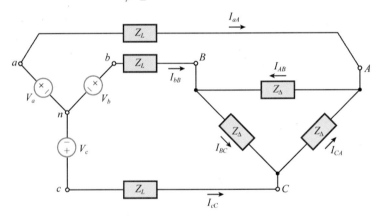

그림 11-10 평형 $Y-\Delta$ 회로 : 선로임피던스 포함

예제 11-4 (Y-Δ 연결회로)

그림 11-11(a)와 같은 $Y-\Delta$ 연결 부하회로를 등가 Δ 부하회로로 변환하고, 이로부터 등가 Y부하회로를 구하시오.

풀이 먼저 오른쪽의 Y부하회로를 식 11-36의 공식을 사용하여 Δ 부하회로로 변환하면 해당 임피던스는 다음과 같고, 대상회로는 그림 11-11(b)와 같이 $\Delta - \Delta$ 병렬회로로 바뀐다.

$$Z_1 = \frac{(40 + j40)(30 + j40) + (30 + j40)(30 + j30) + (30 + j30)(40 + j40)}{40 + j40} = 82.5 + j100 \ [\Omega]$$

$$Z_2 = \frac{(40+j40)(30+j40)+(30+j40)(30+j30)+(30+j30)(40+j40)}{30+j40} = 108+j99\,[\Omega]$$

$$Z_3 = \frac{(40+j40)(30+j40)+(30+j40)(30+j30)+(30+j30)(40+j40)}{30+j30} = 110+j133\,[\Omega]$$

$\Delta - \Delta$병렬회로에서 병렬임피던스를 등가임피던스로 바꾸면 그림 11 − 11(c)와 같은 Δ부하 회로가 구해지며, 여기에 식 11 − 34의 $\Delta - Y$ 변환공식을 적용하면 그림 11 − 11(d)와 같은 Y부하회로가 구해진다.

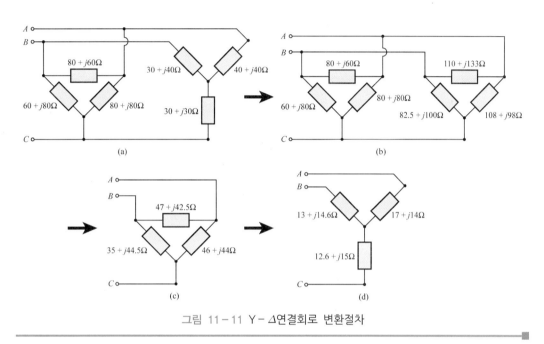

그림 11 − 11 Y − Δ연결회로 변환절차

11.5 3상회로 역률보정 문제

3상회로에서도 부하의 역률이 만족스럽지 못한 경우 역률을 보정해야 하는데, 이 문제를 3상회로에서는 어떻게 해결하는지 살펴보기로 한다. 이를 위해 3상회로에서 가장 일반적인 경우라 할 수 있는 평형 Y − Y 회로를 대상으로 역률보정 문제를 처리하는 방법에 정리해본다. 평형 Y − Y 회로에서는 중성점의 전위가 영전위가 되고, 중성선에 전류가 흐르지 않으므로 중성선을 제외하고 그림 11 − 12와 같이 간략히 표시할 수 있다. 여기에서 부하의 L성분에 의해 지상역률이 생기는 것을 보정하기 위해 그림 11 − 12에서와 같이 보정용량기를 3상부하 선간에 연결할 때 원하는 역률 pf_c를 얻으려면 용량값 C를 어떻게 결정하면

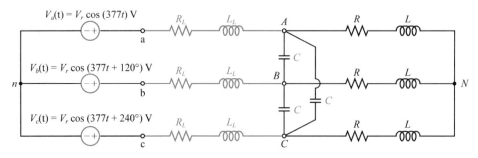

그림 11-12 평형 Y-Y 회로 역률보정 문제

되는지 찾아내면 역률보정 문제를 해결할 수 있다. 여기서 보정용량기를 각상 단자 A, B, C와 중성점 N 사이에 연결할 수 있다면 용량기와 부하가 병렬로 되어 10.5절에서 다룬 단상회로에서의 역률보정문제와 동일하기 때문에 식 10-38의 공식을 이용하여 보정용량기값을 결정할 수 있지만, 많은 경우에 3상부하의 중성점은 사용하기가 어렵거나 불편하기 때문에 중성점을 사용하지 않고 각 상 선간에 보정용량기를 연결하는 간편한 방식을 택한다.

그림 11-12에서와 같은 방식으로 보정용량기를 연결하면 Δ결선이 되는데, C의 임피던스가 $Z_{\Delta C} = 1/j\omega C$이므로 이것을 식 11-33에 의해 등가 Y결선으로 변환하면 Y결선 등가 임피던스는 다음과 같다.

$$Z_{CY} = \frac{Z_{\Delta C}}{3} = \frac{1}{j3\omega C} \tag{11-38}$$

따라서 Δ결선 보정용량기 C를 Y결선으로 등가변환할 경우 보정용량값은 $3C$로 커지는 것을 알 수 있다. Y결선 보정용량기인 경우에는 단상회로 역률보정 공식인 식 10-38을 그대로 사용할 수 있으므로, 원하는 역률을 pf_c라 할 때 3상회로 역률보정 용량값은 다음과 같이 유도된다.

$$C = \frac{R}{3\omega(R^2 + X^2)}\left(\frac{\omega L}{R} - \tan\phi_c\right), \quad \phi_c = \cos^{-1}pf_c \tag{11-39}$$

예제 11-5   Y-Δ 연결회로

그림 11-12의 3상회로 역률보정 문제에서 $R = 10\ \Omega$, $L = 0.1$ H일 때, 부하역률을 계산하고 이 역률을 0.95 지상역률로 보정하기 위한 보정용량값을 결정하시오. 단 전원주파수는 $\omega = 377$ rad/s이다.

풀이 부하 임피던스를 구하면 $Z = R + j\omega L = 10 + j37.7 = 39.0 \angle 75.1°\,\Omega$이므로 역률은 다음과 같다.

$$pf = \cos\phi = \cos 75.1° = 0.26 \, \text{lag}$$

그리고 보정역률 0.95에 대응하는 위상각은 $\phi_c = \cos^{-1}pf_c = \cos^{-1}0.95 = 18.2°$이므로 보정용량값은 식 11-39에 의해 다음과 같이 구해진다.

$$C = \frac{10}{3\times 377\,(10^2 + 37.7^2)}\left(\frac{37.7}{10} - \tan 18.2°\right) = 20 \, \mu\text{F}$$

01 그림 11 – 4(a)의 Y결선 3상전원에서 a상 전압이 $V_a = 220 \angle 60°$ Vrms일 때,

    1) b상과 c상 전압 V_b, V_c를 구하시오.

    2) 선간전압 V_{ab}, V_{bc}, V_{ca}를 구하시오.

02 그림 11 – 4(a)의 Y결선 3상전원에서 선간전압이 $V_{ab} = 381 \angle 30°$ Vrms일 때,

    1) 선간전압 V_{bc}, V_{ca}를 구하시오.

    2) 상전압 V_a, V_b, V_c를 구하시오.

03 그림 p11.3의 Y결선 부하에 대응하는 Δ결선 등가임피던스 Z_A, Z_B, Z_C를 구하시오.

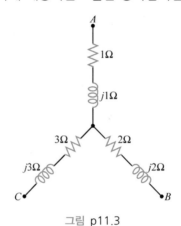

그림 p11.3

04 그림 p11.4의 회로에서 등가임피던스 Z을 구하시오.

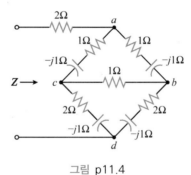

그림 p11.4

05 그림 p11.5의 Y−Y 회로에서 선전류 $i_a(t)$와 부하평균전력을 구하시오.

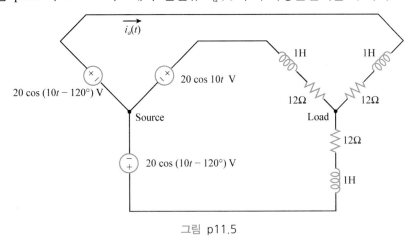

그림 p11.5

06 그림 p11.6의 Y−Y 회로에서 전원주파수가 $f = 60$ Hz일 때, 부하에 흐르는 상전류와 평균전력을 구하시오.

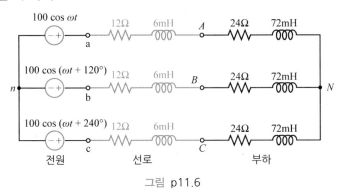

그림 p11.6

07 그림 p11.6의 3상회로에서

1) 부하의 역률을 구하시오.

2) 이 부하의 역률을 0.98로 보정하기 위해 선간에 용량기 C를 어떻게 연결하는지 표시하고, 역률보정 용량 C값을 계산하시오.

08 그림 p11.8의 Δ−Y 회로에서 $V_{ab} = 220 \angle 30°$ Vrms, $Z = 4 + j3$ Ω일 때, 부하 상전류 와 평균전력을 구하시오.

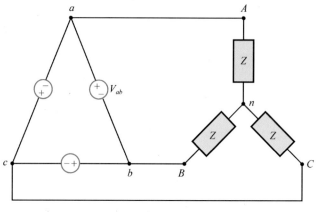

그림 p11.8

12

회로의 주파수응답과 필터[*]

12.1 서론

9장부터 11장까지 정현파교류를 다루면서 선형회로에 정현파 신호가 입력될 경우 정상 상태에서 출력신호는 입력과 똑같은 주파수의 정현파로 나타나며, 출력신호의 진폭과 위상은 입력주파수에 따라 달라진다는 성질을 익혔다. 이러한 성질을 기반으로 정현파 회로해석법에 사용하는 위상자법이 정립된 것이며, 이 방법을 적용하면 입력주파수에 따른 입출력신호 사이의 진폭비와 위상차를 계산하여 회로를 해석할 수 있다. 그런데 입력신호의 주파수가 2개 이상으로 이루어진 경우에는 어떻게 처리할 수 있을까? 이미 익혔듯이 선형회로에서는 중첩성이 성립하므로, 2개 이상의 여러 주파수로 이루어진 신호가 회로에 입력될 경우에는 각각의 입력주파수 성분에 대한 입출력 사이의 진폭비와 위상차를 계산하여 성분별 출력을 계산한 다음에, 이 주파수 성분별 출력들을 더하면 전체응답을 구할 수 있다.

그렇다면 높은 주파수와 낮은 주파수 두 개의 성분으로 이루어진 입력신호가 걸리는 회로에서 입출력 사이의 진폭비가 높은 주파수에 대해서는 작고, 낮은 주파수에 대해서는 크게 나타나는 경우를 생각해 보자. 이러한 경우에 회로의 출력신호는 주로 낮은 주파수 성분만 나타날 것이고, 반대의 경우, 즉 진폭비가 높은 주파수에 대해서는 크고, 낮은 주파수에 대해서는 작게 나오는 경우 회로의 출력신호에는 주로 높은 주파수 성분만 나타나며, 대상회로는 입력신호의 주파수 성분 중에 특정성분을 선택하거나 걸러내는(filtering) 역할을 하게 된다. 이와 같이 회로가 주파수 선택(frequency selective) 기능을 발휘할 때 대상회로를 **필터**(**filter**)라 하는데, 이 용어는 LC가 포함된 회로에서 입력주파수에 따라 임피던스가 바뀜으로써 출력응답의 주파수성분이 걸러지는 성질을 나타내는 표현이다.

이 장에서는 선형회로의 주파수선택 특성을 살펴보기 위해 먼저 선형회로의 입력주파수에 따른 응답특성을 표현하는 방법을 다룰 것이다. 그리고 선형회로의 주파수 응답특성 형태에 따라 대상회로의 주파수선택 특성을 구분하여 필터의 이름을 붙이는 구분법을 정리할 것이며, 이러한 필터의 주파수선택 특성을 회로로 구현하는 방법도 익힐 것이다. 그리고 회로의 주파수응답 특성을 로그눈금 그래프로 나타내는 방법과 활용법에 대해 공부할 것이다.

12.2 주파수응답

이 절에서는 선형회로에서 입력신호의 주파수가 변화할 때 나타나는 회로응답 특성을 살펴보고, 이를 표현하는 방법을 다룰 것이다. 9장에서 익혔듯이 선형회로에 정현파가 입력될 때 정상상태에서 출력신호는 똑같은 주파수의 정현파로 나타난다. 이때 입력신호의 주파수에 따라 대상회로 출력신호의 진폭과 위상이 바뀌는 특성이 나타나는데, 이러한 입력주파수 변화에 따른 응답특성을 다시 한 번 정리하고, 이 특성을 수식이나 그래프로 표현하는 방법에 대해 살펴보기로 한다.

1. 이득과 위상차

[정의 12.1]

선형회로에 주파수가 ω인 정현파가 입력되는 경우, 입력위상자 $X(j\omega)$에 대한 출력위상자 $Y(j\omega)$의 비 $H(j\omega) = \dfrac{Y(j\omega)}{X(j\omega)}$ 를 **회로망함수(network function)**라 한다. 회로망함수를 다음과 같이 크기와 위상의 극좌표형식으로 나타내면

$$H(j\omega) = \frac{Y(j\omega)}{X(j\omega)} = |H(j\omega)| \angle H(j\omega) \tag{12-1}$$

회로망함수의 크기 $|H(j\omega)|$와 위상 $\angle H(j\omega)$은 각각 다음과 같이 표시되는데,

$$|H(j\omega)| = \frac{|Y(j\omega)|}{|X(j\omega)|}$$

$$\angle H(j\omega) = \angle Y(j\omega) - \angle X(j\omega) \tag{12-2}$$

여기서 $|H(j\omega)|$는 입출력신호 진폭의 비를 나타내므로 **진폭비(amplitude ratio)** 또는 **이득 (gain)**이라 하며, $\angle H(j\omega)$는 입력신호를 기준으로 한 출력신호 위상의 차이를 나타내므로 **위상차(phase difference)**라고 한다.

선형회로에서 회로망함수는 임의의 입력신호 위상자에 대한 임의의 출력신호 위상자 사이의 비로 정의되는데, 입력이 전류위상자이고, 출력이 전압위상자인 경우에 정의되는 임피던스 함수, 입출력이 모두 전압인 경우에 정의되는 전압이득 함수 그리고 입출력이 모두 전류인 경우에 정의되는 전류이득 함수 등은 모두 회로망함수의 일종에 해당한다.

위의 정의 12.1에서 입력주파수 ω가 상수일 경우, 즉 특정주파수 $\omega = \omega_0$에서 회로망함수 는 복소상수 $H(j\omega_0) = |H(j\omega_0)|\angle H(j\omega_0)$으로 표시되고, 이득 $|H(j\omega_0)|$는 0보다 크거나 같은 실수값으로 나타나며, 위상차 $\angle H(j\omega_0)$ 표시에는 각도단위 도[°]를 사용하여 $\pm 180°$ 이내의 각으로 표시한다. 대상회로에서 이와 같은 회로망함수를 알고 있는 경우에, 입력위상자가 $X(j\omega_0) = A_x \angle \phi_x$로 주어지면, 식 12−1과 식 12−2로부터 출력위상자는 다음과 같이 계산할 수 있다.

$$Y(j\omega_0) = H(j\omega_0)X(j\omega_0) = A_y \angle \phi_y \qquad (12-3)$$

여기서 $A_y = |H(j\omega_0)|A_x$, $\phi_y = \angle \phi_x + \angle H(j\omega_0)$이다. 이것을 시간영역에서 정현파로 나타내면, 입력신호가 $x(t) = A_x\cos(\omega_0 t + \phi_x)$일 때 출력신호는 다음과 같이 표시된다.

$$y(t) = A_y\cos(\omega_0 t + \phi_y) = |H(j\omega_0)|A_x\cos(\omega_0 t + \phi_x + \angle H(j\omega_0)) \qquad (12-4)$$

예제 12−1

그림 12−1 회로에서 $R = 10\ \Omega$, $C = 100\ \mu\text{F}$일 때 회로망함수 $H(j\omega) = V_o/V_s$를 구하고, 입력 신호 $v_s(t) = 10\cos 1000t$ [V]에 대한 정상상태 출력신호 $v_o(t)$를 구하시오.

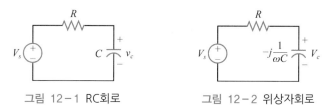

그림 12−1 RC회로   그림 12−2 위상자회로

풀이 그림 12−1을 위상자변환회로로 나타내면 그림 12−2와 같으며, 여기에서 회로망함수는 다음과 같이 구할 수 있다.

$$H(j\omega) = \frac{V_c}{V_s} = \frac{-j\dfrac{1}{\omega C}}{R - j\dfrac{1}{\omega C}} = \frac{1}{1 + j\omega RC} \tag{12-5}$$

입력신호가 $v_s = 10\cos 1000t$일 경우에 $V_s = 10$, $\omega = \omega_o = 1000$이므로 대응하는 회로망함수는 다음과 같으며,

$$H(j\omega_o) = \frac{V_c}{V_s} = \frac{1}{1 + j\omega_o RC} = \frac{1}{1 + j10^3 \times 10 \times 10^2 \times 10^{-6}} = \frac{1}{1 + j}$$

출력위상자와 대응하는 출력신호는 다음과 같이 구할 수 있다:

$$V_c = H(j\omega_o)\, V_s = \frac{10}{1 + j} = 5\sqrt{2} \angle -45° \Rightarrow v_c(t) = 5\sqrt{2}\cos(1000t - 45°)\ [\text{V}]$$

예제에서 알 수 있듯이 입력주파수 ω가 상수일 경우에는 식 12-1의 회로망함수가 복소 상수로 표시되며, 복소상수의 크기가 입출력신호 간의 진폭비를, 위상이 입출력신호 간의 위상차를 나타낸다. 그런데 여기서 입력주파수 ω가 변수일 경우에는 식 12-1의 회로망함수 $H(j\omega)$는 복소함수로 나타나게 되어 상수값으로 표현할 수는 없는데, 이제 복소함수를 그래프로 표현하는 방법을 다음 절에서 살펴볼 것이다.

2. 주파수응답과 보데선도

앞에서 살펴보았듯이 선형회로에서 입력주파수에 따라 회로 출력응답의 진폭과 위상이 바뀌게 된다. 그런데 이와 같은 진폭과 위상의 변화는 대상회로 회로망함수의 크기와 위상으로 나타나므로, 회로망함수로부터 대상회로의 입력주파수에 따른 응답특성변화를 표현할 수 있다.

[정의 12.2]

식 12-1의 선형회로 회로망함수 $H(j\omega)$에서 주파수가 $\omega \in [0, \infty]$ 변수인 경우, 입력주파수 ω에 대한 이득 $|H(j\omega)|$과 위상차 $\angle H(j\omega)$의 그래프를 각각 **이득응답**(gain response), **위상(차)응답**(phase response)이라 하며, 이 두 가지 응답을 함께 묶어 **주파수응답**(frequency response)이라고 한다.

주파수응답을 그래프로 표현할 때에는 거의 대부분 **보데선도**(Bode diagram)를 사용한다. 이 선도는 1942년 **보데**(H.W. Bode)에 의해 개발된 주파수응답 그래프 표현기법으로서, 이득응답과 위상응답 두 개 응답선도 모두 가로축은 주파수에 대한 대수눈금(log scale)을

쓰고, 세로축은 이득응답에서는 크기를 데시벨 [dB]로 나타내는 대수눈금을, 위상응답에서는 위상각을 각도단위 [°]로 나타내는 균등눈금을 사용한다. 이 선도를 다루기에 앞서 이득표시에 사용하는 데시벨 표현법에 대해 살펴보기로 한다.

(1) 데시벨 표현법

회로망함수의 이득을 나타낼 때에는 대부분의 경우 절대크기보다는 **데시벨(decibel, dB)** 을 사용하는데, 회로망함수 $H(j\omega)$의 이득에 대한 데시벨 표현은 다음과 같이 정의된다.

$$H_{dB}(\omega) = 10\log|H(j\omega)|^2 = 20\log|H(j\omega)| \ [\text{dB}] \tag{12-6}$$

데시벨은 '1/10 벨'을 뜻하는 단위이며, 벨 [B] 단위는 식 12−6의 우변에서 10을 곱하지 않을 때의 단위로 정의된다. 그리고 식 12−6의 정의에서 회로망함수 제곱을 사용한 이유는 입출력신호 간의 전력이득을 나타내기 위해서이며, 회로망함수가 전압이득이나 전류이득일 경우 전력이득은 회로망함수의 제곱으로 표시된다는 점에 착안한 것이다.

식12−6은 회로망함수의 데시벨 표현을 정의한 것으로서 주파수의 함수로 표시되지만, 회로망함수가 상수인 경우에도 그대로 적용된다. 이득이 상수인 경우에 대응하는 데시벨 표현 가운데 자주 사용하는 값들을 정리하면 표 12−1과 같다.

표 12−1 대표적 이득의 데시벨 값

절대크기 H	1	2	3	10	100
데시벨[dB] H_{dB}	0	6	9.5	20	40

예제 12−2

이득값 $H_1 = \sqrt{2}$, $H_2 = 40$, $H_3 = 120$, $H_4 = 500$을 데시벨로 나타내시오.

풀이 식 12−6의 데시벨 정의와 표 12−1의 값들을 활용하면 데시벨 값을 다음과 같이 구할 수 있다.

$$H_{1dB} = 20\log\sqrt{2} = \frac{1}{2} \times 20\log 2 = \frac{1}{2} \times 2_{dB} = \frac{1}{2} \times 6 = 3 \ [\text{dB}]$$

$$H_{2dB} = 20\log 40 = 20\log(2^2 \times 10) = 2 \times 2_{dB} + 10_{dB} = 2 \times 6 + 20 = 32 \ [\text{dB}]$$

$$H_{3dB} = 20\log 120 = 20\log(2^2 \times 3 \times 10) = 2 \times 2_{dB} + 3_{dB} + 10_{dB} = 2 \times 6 + 9.5 + 20 = 41.5 \ [\text{dB}]$$

$$H_{4dB} = 20\log 500 = 20\log(10^3/2) = 3 \times 10_{dB} - 2_{dB} = 3 \times 20 - 6 = 54 \ [\text{dB}]$$

그림 12-1의 회로에서 $R = 10\ \Omega$, $C = 100\ \mu$F일 때, 주파수응답을 보데선도로 나타내시오. 단 주파수 범위는 $0.1 \le \omega \le 10^4$ [rad/s]로 한다.

풀이 그림 12-1에 대한 위상자변환회로 그림 12-2에서 회로망함수는 식 12-5와 같으므로 이득과 위상차를 함수로 표시하면 다음과 같으며,

$$|H(j\omega)| = \frac{1}{\sqrt{1+\omega^2 R^2 C^2}} = \frac{1}{\sqrt{1+(\omega/10^3)^2}}$$

$$\angle\, H(j\omega) = -\tan^{-1}\omega RC = -\tan^{-1}(\omega/10^3)$$

여기서 이득함수를 데시벨로 나타내면 다음과 같고,

$$|H(\omega)|_{dB} = 10\log\frac{1}{1+\omega^2 R^2 C^2} = -10\log\left(1+\omega^2/10^6\right) \text{ [dB]}$$

이것을 그래프로 표시하면 주파수응답특성은 그림 12-3과 같다.

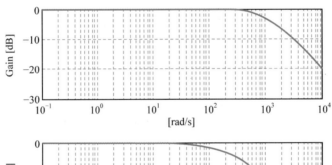

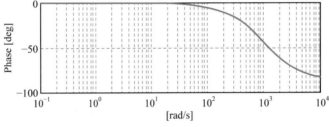

그림 12-3 RC회로 주파수응답

그림 12-4의 회로에서 주파수함수 $H(j\omega) = V_o/V_s$를 유도하고, $R_1 = 10\ \Omega$, $R_2 = 5\ \Omega$, $C_1 = C_2 = 100\ \mu\text{F}$일 때, $0.1 \leq \omega \leq 10^4\ [\text{rad/s}]$ 범위에서 주파수응답을 구하시오.

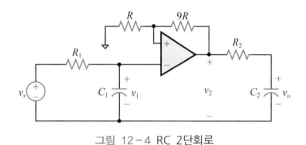

그림 12-4 RC 2단회로

풀이 그림 12-4의 위상자 변환회로를 구한 다음 이 변환회로에서 대응하는 회로망함수를 구하면 다음과 같다.

$$H(j\omega) = \frac{V_o}{V_s} = \frac{V_1}{V_s} \cdot \frac{V_2}{V_1} \cdot \frac{V_o}{V_2}$$

$$= \frac{1}{1+j\omega R_1 C_1} \cdot \left(1 + \frac{9R_1}{R_1}\right) \cdot \frac{1}{1+j\omega R_2 C_2} \quad (12-7)$$

$$= \frac{10}{(1+j\omega R_1 C_1)(1+j\omega R_2 C_2)}$$

이 회로망함수를 구하는 과정에서 V_2/V_1 부분은 대상회로가 동상증폭기이므로 식 5-17의 동상증폭기 이득을 사용한 것이다. 식 12-7에 문제에서 주어진 회로상수를 대입하면 이득응답과 위상응답 함수는 다음과 같으므로

$$|H(j\omega)| = \frac{10}{\sqrt{1+\omega^2 R_1^2 C_1^2}\ \sqrt{1+\omega^2 R_2^2 C_2^2}} = \frac{10}{\sqrt{\left[1+\left(\dfrac{\omega}{10^3}\right)^2\right]\left[1+\left(\dfrac{\omega}{2\times 10^3}\right)^2\right]}} \quad (12-8)$$

$$\angle H(j\omega) = -\left(\tan^{-1}\omega R_1 C_1 + \tan^{-1}\omega R_2 C_2\right) = -\left(\tan^{-1}\frac{\omega}{10^3} + \tan^{-1}\frac{\omega}{2\times 10^3}\right)$$

이득의 데시벨 표현은 다음과 같으며,

$$|H(\omega)|_{dB} = 20 - 10\log\left[1+\left(\frac{\omega}{10^3}\right)^2\right] - 10\log\left[1+\left(\frac{\omega}{2\times 10^3}\right)^2\right]\ [\text{dB}] \quad (12-9)$$

이것을 그래프로 표현한 주파수응답특성은 그림 12-5와 같다. 이 그래프에서 특성지표를 찾아보면 대역이득 $H_B = 1$, 차단주파수 $\omega_c \approx 850\ [\text{rad/s}]$, 대역폭 $\omega_B = \omega_c \approx 860\ [\text{rad/s}]$이고, 공진은 나타나지 않음을 알 수 있다.

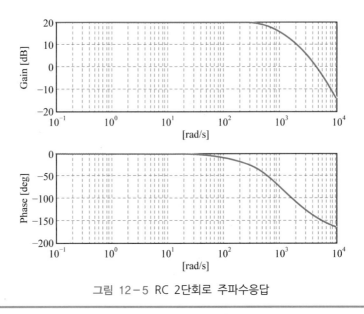

그림 12-5 RC 2단회로 주파수응답

이 절에서 풀어본 예제 12-4에서 회로망함수는 두 개의 1차 회로망함수들의 곱의 꼴로 나타나는데, 전체 회로의 위상응답은 식 12-8에서 보듯이 1차 회로망함수 각각의 위상응답의 합으로 표시되어 필산으로도 어렵지 않게 유추할 수 있으며, 전체 회로의 이득응답은 데시벨 표현을 사용하면 식 12-9에서 보듯이 1차 회로망함수 이득응답의 합으로 표시되어, 이로부터 전체 회로망함수의 이득응답도 어렵지 않게 유추할 수 있다. 아울러 주파수응답 특성 표시에서 가로축인 주파수의 눈금을 대수눈금으로 표시하면 아주 넓은 범위에 걸쳐서 주파수응답을 표현할 수 있게 된다.

(2) 보데선도의 특징과 장점

보데선도에서는 이득응답에 데시벨 표현을 쓰는데, 데시벨은 대수표현의 일종이기 때문에 회로망함수가 곱의 꼴인 경우, 예를 들어 회로망함수 $H(j\omega) = H_1(j\omega)H_2(j\omega)$의 이득응답은 다음에서 알 수 있듯이 각 회로망함수의 이득응답을 더한 것과 같다.

$$
\begin{aligned}
H_{dB}(\omega) = 20\log|H(j\omega)| &= 20\log|H_1(j\omega)H_2(j\omega)| \\
&= 20\log|H_1(j\omega)| + 20\log|H_2(j\omega)| = H_{1dB}(\omega) + H_{2dB}(\omega)
\end{aligned}
\tag{12-10}
$$

또한 회로망함수가 곱의 꼴인 경우 위상응답은 선형회로의 일반적인 성질로부터 다음과 같이 각 부분 회로망함수의 위상응답의 합과 같다.

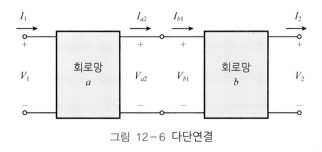

그림 12-6 다단연결

$$\angle H(j\omega) = \angle H_1(j\omega)H_2(j\omega) = \angle H_1(j\omega) + \angle H_2(j\omega) \qquad (12-11)$$

따라서 곱의 꼴로 표시되는 회로망함수의 보데선도는 부분 회로망함수의 보데선도를 더한 것과 같다. 이처럼 회로망함수가 두 함수 곱의 꼴로 나타나는 경우는 그림 12-6에서와 같이 한 회로망의 출력이 바로 다음 회로망의 입력으로 들어가도록 연결되는 방식인 **다단 연결**(cascade connection)에서 볼 수 있다.

보데선도를 써서 주파수응답을 나타낼 때의 장점은 다음과 같이 요약할 수 있다.

1) 다단연결 회로망의 보데선도는 각 부분 회로망의 보데선도를 더하는 꼴로 구해지기 때문에 주파수응답을 나타내기 쉬우며, 간단한 경우에는 대해서는 필산으로 계산하여 손으로 그릴 수도 있다.

2) 보데선도에서는 대수눈금을 써서 주파수를 나타내기 때문에 아주 넓은 주파수범위에 걸쳐서 주파수응답을 나타낼 수 있다.

3) 보데선도를 사용하여 주파수영역에서 회로를 해석하거나 설계하면 직관적인 처리가 가능하며, 원하는 특성에 맞는 회로를 보다 쉽게 설계할 수 있다.

이제 이러한 특징과 장점을 지닌 보데선도를 그리는 방법에 대해 알아보기로 한다. 우선 기본인수들에 대한 보데선도를 작성하고, 이 인수들로 구성되는 일반 회로망함수에 대한 보데선도 작성법을 정리한다. 그리고 컴퓨터 소프트웨어인 셈툴 꾸러미를 활용하여 보데선도를 그리는 방법을 다루기로 한다.

3. 보데선도 작성법

보데선도의 성질에 의하면 어떤 인수들의 곱의 꼴로 이루어지는 회로망함수에 대한 보데선도는 각 인수들의 보데선도들의 합으로 구할 수 있다. 따라서 기본적인 인수들의 보데선도를 알면 이로부터 일반적인 회로망함수의 보데선도를 작성할 수 있다. 회로망함수의 기본적인 인수로는 '상수항', '1차인수', '2차인수' 따위가 있으므로, 이 인수들에 대한 보데

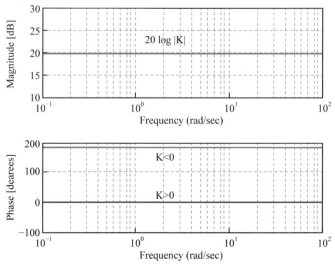

그림 12-7 상수인수의 보데선도

선도를 구해보기로 한다.

(1) 상수항 $H(j\omega)=K$의 경우

크기는 $20\log|K|$ [dB], 위상은 $K>0$ 일 때 $0[^\circ]$, $K<0$일 때 $180[^\circ]$이므로 보데선도는 그림 12-7과 같다.

(2) 1차인수 $H(j\omega)=1/(j\omega T)$의 경우

이득은 $H_{dB}(\omega)=-20\log\omega T$ [dB]이므로, 주파수 ω가 10배씩 증가할 때 -20 [dB]의 비율로 감소하며, $\omega T=1$일 때 $H_{dB}=0$ [dB]을 알 수 있다. 그리고 $H(j\omega)=-j/(\omega T)$이므로 위상은 $\phi(\omega)=-90[^\circ]$이다. 따라서 이 경우에 보데선도는 그림 12-8과 같다.

$H(j\omega)=j\omega T$의 경우에는 크기가 $H_{dB}=20\log\omega T$ [dB]이므로 주파수 ω가 10 배가 될 때마다 20[dB]의 비율로 증가하며, 위상은 $\phi(\omega)=90[^\circ]$이므로 대응하는 보데선도는 그림 12-8을 가로축에 대해 대칭이동한 것과 같다.

(3) 1차인수 $H(j\omega)=1/(j\omega T+1)$의 경우

식 12-6의 정의에 따라 이 1차인수의 이득은 $H_{dB}=-10\log(\omega^2 T^2+1)$ [dB]이므로, 차단주파수와 대역폭은 $\omega_c=\omega_B=1/T$, 대역이득은 $G_B=1=0$[dB]이고, $\omega T\geq 10$ 일 때 $H_{dB}\approx-20\log\omega T$ [dB]로 근사화되어 주파수 ω가 10 배가 될 때마다 -20 [dB]의 비율로

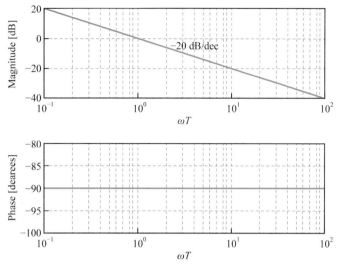

그림 12-8 1차인수 보데선도. $H(j\omega) = 1/j\omega T$

감소한다. 그리고 위상은 $\phi(\omega) = -\tan^{-1}\omega T$이므로, 차단주파수에서 $\phi(\omega_0) = -45\,[\,°\,]$, $\omega T \leq 0.1$일 때 $\phi(\omega) \approx 0\,[\,°\,]$, $\omega T \geq 10$일 때 $\phi(\omega) \approx -90\,[\,°\,]$로 근사화된다. 따라서 1차인수에 대한 보데선도는 그림 12-9와 같으며, $H(j\omega) = j\omega T + 1$의 경우에는 $j\omega T + 1$ $= 1/\dfrac{1}{j\omega T + 1}$이므로, 이 경우의 보데선도는 그림 12-9를 가로축에 대해 대칭이동시키면 구해진다.

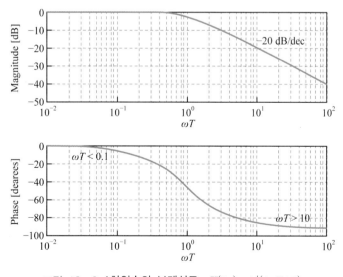

그림 12-9 1차인수의 보데선도. $H(j\omega) = 1/(j\omega T + 1)$

(4) 2차인수 $H(j\omega) = \omega_n^2/[(j\omega)^2 + 2\zeta\omega_n(j\omega) + \omega_n^2] = 1/[(j\omega/\omega_n)^2 + 2\zeta(j\omega/\omega_n) + 1]$**의 경우**

이 경우의 크기를 구하면 $|H(j\omega)| = 1/\sqrt{[1-(\omega/\omega_n)^2]^2 + [2\zeta(\omega/\omega_n)]^2}$ 이고, $|H(j\omega)|$의 분모를 최소로 만드는 주파수에서 크기가 최대가 되는 공진이 나타나므로, 공진주파수와 공진최대값은 다음과 같이 표시된다.

$$\omega_r = \omega_n\sqrt{1-2\zeta^2}, \quad 0 \leq \zeta \leq 0.707$$

$$M_r = |H(j\omega_r)| = \frac{1}{2\zeta\sqrt{1-\zeta^2}} \tag{12-12}$$

따라서 2차인수에서는 감쇠비가 $\zeta < 0.707$ 인 경우에 공진이 생기며, 감쇠비 ζ가 작을수록 공진주파수 ω_r는 고유주파수 ω_n에 수렴하며, 공진최대값 M_r의 크기는 더 커진다. 그리고 이득이 $1/\sqrt{2}$이 되는 차단주파수 ω_c와 대역폭 ω_B을 구하면 다음과 같다.

$$\omega_c = \omega_B = \omega_n\left(1 - 2\zeta^2 + \sqrt{4\zeta^4 - 4\zeta^2 + 2}\right)^{1/2} \tag{12-13}$$

위상은 $\phi(\omega) = -\tan^{-1}\dfrac{2\zeta\omega/\omega_n}{1-(\omega/\omega_n)^2}$ 이므로 $\omega = \omega_n$ 일 때 $\phi(\omega) = -90[°]$이고, $\omega = 0.1\omega_n$ 으로 아주 작을 때 $\phi(\omega) \approx 0[°]$, $\omega = 10\omega_n$ 으로 아주 클 때 $\phi(\omega) \approx -180[°]$가 된다. 따라서 2차인수의 보데선도는 그림 12-10과 같으며, $H(j\omega) = (j\omega/\omega_n)^2 + 2\zeta(j\omega/\omega_n) + 1$ 의 경우

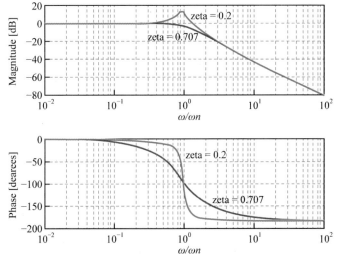

그림 12-10 2차인수의 보데선도. $H(j\omega) = 1/[(j\omega/\omega_n)^2 + 2\zeta(j\omega/\omega_n) + 1]$

에 대한 보데선도는 그림 12-10을 가로축에 대해 대칭이동시킨 것과 같다.

(5) 주파수응답 특성지표

회로망함수 $H(j\omega)$의 주파수응답 중 이득특성의 전형적인 형태는 그림 12-11과 같은 곡선으로 나타난다. 이 응답그래프에서 회로망함수의 주파수영역 특성을 나타내는 지표들을 다음과 같이 정의한다.

- **대역이득(band-pass gain)** H_B : 회로망함수의 크기가 일정하게 나타나는 통과대역 주파수범위에서의 이득으로서 데시벨[dB]로 나타냄

- **차단주파수(cutoff frequency)** ω_c : 이득이 대역이득보다 3[dB] 감소하는(크기가 대역 이득의 $1/\sqrt{2} \approx 0.7$ 이 되는) 주파수. 통과대역의 위와 아래 두 곳에서 나타나는 경우 에는 고역(higher) 차단주파수 ω_{cH}와 저역(lower) 차단주파수 ω_{cL}로 구분함

- **주파수대역폭(bandwidth)** ω_B : 회로망을 통과하는 신호의 주파수범위. 고역 차단주파 수와 저역 차단주파수의 차이로 정의되며, $\omega_B = \omega_{cH} - \omega_{cL}$, 저역 차단주파수가 $\omega_{cL} = 0$인 경우에는 $\omega_B = \omega_{cH} = \omega_c$가 됨

- **공진(resonance)** : 주파수 대역폭 안의 어떤 특정주파수에서 이득이 다른 주파수에서 보다 눈에 띄게 더 커지는 현상. 2차 회로망인수 $(j\omega)^2 + 2\zeta\omega_n(j\omega) + \omega_n^2$의 1차항 계수 a_1과 고유주파수 ω_n의 비인 감쇠비(damping ratio) $\zeta = a_1/(2\omega_n) < 0.707$인 경 우에 나타나며, 1차 회로망에서는 나타나지 않음

- **공진주파수(resonant frequency)** ω_r : 주파수응답에서 공진이 일어나는 주파수. 2차 회로망의 감쇠비 $\zeta < 0.707$인 경우에 생기며, 감쇠비 ζ가 0에 가까워질수록 공진주

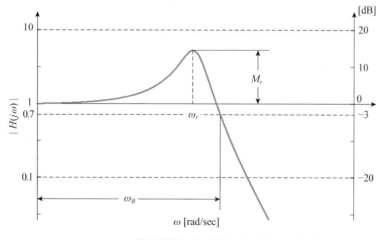

그림 12-11 회로망함수의 전형적 주파수응답 특성

파수 ω_r는 고유주파수 ω_n에 수렴함

- **공진최대값(resonant peak)** M_r : 2차 회로망의 공진주파수에서 이득의 최대값으로 정의되며, 절대크기나 데시벨로 나타냄

모든 회로망함수는 위에서 살펴본 기본인수들의 곱의 꼴로 분해할 수 있으므로, 일반 회로망함수의 보데선도는 기본인수들의 보데선도를 이용하면 쉽게 구할 수 있다. 이 방법을 써서 몇 가지 예제를 풀어보기로 한다.

예제 12 - 5

다음 회로망함수의 보데선도를 구하시오.

$$H(j\omega) = \frac{20}{j\omega(j\omega+10)}$$

풀이 먼저 $H(j\omega)$를 기본형으로 나타내기 위해 분자·분모를 10으로 나눈다.

$$H(j\omega) = \frac{2}{j\omega(j\omega/10+1)}$$

$H(j\omega)$는 상수항 2와 두 개의 1차인수 $1/(j\omega)$, $1/(j\omega/10+1)$로 분해할 수 있으므로, $H(j\omega)$의 보데선도는 이들 3개 항의 보데선도를 더함으로써 구할 수 있다. 따라서 구하려는 보데선도는 그림 12 - 12와 같다.

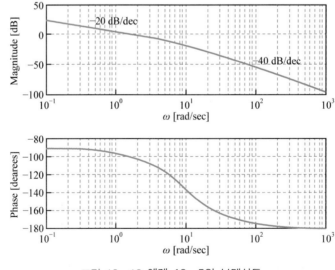

그림 12 - 12 예제 12 - 5의 보데선도

다음 회로망함수의 보데선도를 구하시오.

$$H(j\omega) = \frac{20}{j\omega[(j\omega)^2 + 0.8j\omega + 4]}$$

풀이 먼저 $H(j\omega)$를 기본형으로 나타내기 위해 분자·분모를 4로 나눈다.

$$H(j\omega) = \frac{5}{j\omega[(j\omega/2)^2 + 2 \times 0.2(j\omega/2) + 1]}$$

$H(j\omega)$는 상수항 5와 1차인수 $1/(j\omega)$ 그리고 고유주파수 $\omega_n = 2$, 감쇠비 $\zeta = 0.2$인 2차인수 $1/[(j\omega/2)^2 + 2 \times 0.2(j\omega/2) + 1]$로 분해되므로, $H(j\omega)$의 보데선도는 이들 3개 항의 보데선도를 더함으로써 구할 수 있다. 따라서 구하려는 보데선도는 그림 12-13과 같다.

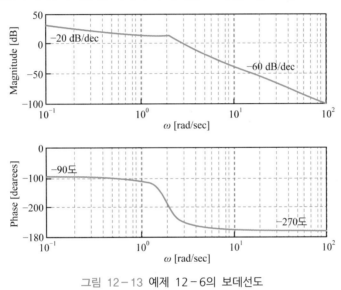

그림 12-13 예제 12-6의 보데선도

이 절에서 다룬 보데선도 작성법은 필산으로 처리할 수 있는 방법이며, 복잡하지 않은 시스템의 경우에는 이 방법을 써서 손으로도 쉽게 그릴 수 있다. 그러나 시스템이 복잡한 경우에는 이 방법을 적용하기가 번거로울 뿐만 아니라, 회로망함수의 극점이나 영점이 서로 가까이 있는 경우에는 계산오차가 커지기 때문에 정확한 그림을 얻을 수 없다. 따라서 이 경우에는 컴퓨터를 활용하는 것이 좋은데, 셈툴 꾸러미에는 일반적인 회로망함수에 대해서 보데선도를 쉽게 그릴 수 있는 명령어가 제공된다. 다음 절에서 셈툴 꾸러미를 이용하여 보데선도를 그리는 방법을 다루기로 한다.

4. 셈툴 활용 작성법

셈툴에는 보데선도를 그리기 위한 명령어로서 'bode'라는 함수가 제공되는데, 대상 시스템이 전달함수로 표시되는 경우에 이 명령을 사용하는 방법은 다음과 같다.

$$[mag, phase] = bode(num, den, w); \qquad (12-14)$$

여기에서 우변의 입력변수 가운데 'num'과 'den'은 시스템 전달함수의 분자와 분모 다항식의 계수를 내림차순으로 나열한 행벡터이다. 세 번째 입력변수 'w'는 주파수응답이 계산되는 주파수 값들을 저장하는 벡터로서, 보통 'logspace'라는 함수를 이용하여 만든다. 예를 들어, 다음과 같이 입력하면

$$w = logspace(-2, 3, 100); \qquad (12-15)$$

10^{-2}부터 10^3[rad/sec]까지의 범위 안에 있는 100 개의 주파수 값에 대하여 주파수응답을 계산한다는 뜻이다. 따라서 w라는 변수는 0.01[rad/sec]에서 1000[rad/sec]까지 대수눈금으로 등간격인 100개의 값으로 이루어지는 행벡터가 된다. 만일 bode 명령을 사용하면서 주파수 범위를 지정하지 않으면 이 경우에는 w=logspace(-1,1,50)이 자동지정 주파수범위로 쓰인다. 이와 같이 'bode' 명령어를 실행하면 실행 결과로서 변수 'mag'에는 이득응답이, 'phase'에는 위상응답이 행벡터로 저장된다. 따라서 이 값들을 'plot'명령으로 그리면 보데선도를 얻을 수 있다. 여기에서 유의할 점은 위상값은 [°]단위로 출력되지만, 크기 'mag'는 절대값으로 나오기 때문에 [dB]로 나타내려면 '20*log(mag)'를 써야한다는 것이다.

셈툴에서는 이와 같이 사용자가 주파수 범위와 결과를 저장할 변수를 지정하는 방식으로 보데선도를 그릴 수도 있지만, 다음과 같은 형식을 사용하면 셈툴 안에서 자동으로 지정되는 주파수범위 logspace(-1,1,50)에서 크기와 위상을 계산하여 보데선도를 자동으로 그려준다.

bode(num,den);

이 방식은 어떤 시스템의 보데선도만을 보고자 할 경우에 간단하게 사용할 수 있다. 이 방식으로 우선 보데선도를 개략적으로 본 다음에, 자세한 선도가 필요하면 관심 주파수범위를 식 12-15와 같이 지정하여 다음과 같은 명령으로 보데선도를 구할 수 있다.

bode(num,den,w);

이 방식의 명령을 사용할 때 주의할 점은 이 명령은 보데선도만을 그려주고 크기와 위상값

을 저장하지 않는다는 점이다. 그러므로 이 방식은 대상 회로망함수의 주파수응답에 대해 대략의 선도만을 알고 싶은 경우에 사용하며, 크기와 위상값을 써서 어떤 후속처리를 해야 할 때에는 식 12-14의 형식을 써야 한다. 또한 이 방식에서 그림제목과 단위표시를 특별히 지정하고자 할 때에는 그래프 유지명령인 'holdon'명령을 실행하고서, 그래프 지정 명령인 'subplot'과 제목지정 명령인 'title', 'xtitle', 'ytitle' 따위를 사용해야 한다. 그러면 몇 가지 예제를 통하여 셈툴에서 보데선도를 그리는 방법을 익히기로 한다.

예제 12-7

셈툴 명령어를 이용하여 다음과 같은 회로망함수를 갖는 회로의 보데선도를 구하시오.

$$H(s) = \frac{25}{(j\omega)^2 + 4j\omega + 25}$$

단 주파수 범위는 0.01 ~ 100 [rad/sec]를 사용하고, 그림제목과 가로세로축의 변수표시에 한글을 사용한다.

풀이 대상 시스템이 회로망함수로 표시되고, 주파수범위가 지정되어 있으며, 그림에 제목표시 따위의 후속처리를 해야 하므로 식 12-14와 같은 형식의 명령을 사용하면 된다. 다음은 보데선도와 제목 및 변수표기를 위한 묶음파일이다.

```
num = 25;
den = [1  4  25];
w = logspace( - 2,2,100);
[mag,pha] = bode(num,den,w);
subplot(2,1,1);
semilogx(w,20*log10(mag));
title("H(jw)의  보데선도");
xtitle("주파수  w  [rad/sec]");
ytitle("크기  [dB]");
subplot(2,1,2);
semilogx(w,pha);
xtitle("주파수  w  [rad/sec]");
ytitle("위상  [degree]");
```

위와 같이 프로그램을 편집기에서 작성한 후에 셈툴 작업창에서 실행시키면 그림 12-14와 같은 보데선도를 그림창에서 볼 수 있다.

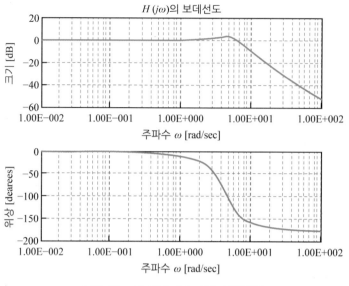

$H(j\omega)$의 보데선도

크기 [dB]

주파수 ω [rad/sec]

위상 [dearees]

주파수 ω [rad/sec]

그림 12-14 예제 12-7의 보데선도

앞의 예제 12-7에서는 보데선도를 그릴 때 그림의 위치와 제목 따위의 선택사항을 모두 지정하는 방식을 사용하고 있는데, 이 방식은 사용자가 그림에 어떤 특별한 사항을 붙이고자 할 때 쓰는 것이며, 그렇지 않을 때에는 보데선도를 다음과 같이 자동지정 방식으로 간단하게 구할 수 있다.

```
M>num=25;  den=[1  4  25];
M>w=logspace(-2,2,100);
M>bode(num,den,w);
```

위와 같은 명령을 실행시키면 보데선도 자체는 그림 12-14와 같은 결과를 얻을 수 있다. 달라지는 점은 자동방식으로 구성되는 그림에서는 그림제목이 나타나지 않으며, 가로축과 세로축의 표시가 모두 영문으로 표시된다는 것이다. 이렇게 자동지정방식으로 얻어진 그림에 제목을 붙이려면 'holdon' 명령을 실행한 다음에 제목지정 명령들을 사용하면 된다.

12.3 필터의 종류

앞에서 살펴보았듯이 선형회로의 주파수응답 특성은 회로망함수에 의해 결정되는데, 특히 출력신호의 크기(진폭)는 입력신호의 크기에 회로망함수의 이득을 곱한 값으로 결정되므로, 회로망함수의 이득특성을 알면 대상회로의 주파수선택 특성을 파악할 수 있다. 만약 회로망함수의 이득이 낮은 주파수에서는 크고, 높은 주파수에서는 작다면, 대상회로는 입력신호 중에 낮은 주파수 성분은 출력에 전달해주고(passing), 높은 주파수 성분은 걸러내는(filtering) 역할을 하게 된다. 그리고 반대의 이득특성을 지닌 회로는 낮은 주파수 성분은 걸러내고, 높은 주파수 성분을 전달해줄 것이다. 이와 같이 회로망함수의 이득특성이 어떤 전형적 패턴을 보이면, 회로망함수를 갖는 대상회로는 입력주파수 성분 중에 특정 성분을 걸러내는 역할을 하게 되는데, 이러한 역할을 수행하는 회로를 **필터(filter)**라고 한다. 이 절에서는 회로망함수의 이득특성에 따라 구분하는 필터의 종류 및 특성을 다루기로 한다.

1. 저역필터

이득특성이 다음과 같이 표시되는 필터가 있다면

$$|\boldsymbol{H}_L(j\omega)| = \begin{cases} 1, & \omega \leq \omega_c \\ 0, & \omega > \omega_c \end{cases} \qquad (12-16)$$

이 필터의 이득특성 그래프는 그림 12-15와 같으며, 이러한 특성을 지닌 필터는 그림 12-16에서 보듯이 입력신호 중에 차단주파수보다 낮은 주파수 성분은 출력측에 전달하고, 높은 주파수 성분을 걸러내는 동작을 하게 된다. 따라서 이러한 특성을 지닌 필터를 **저역통과필터(low-pass filter)**라 하며, 간략히 **저역필터(LPF)**라 한다.

그림 12-15의 저역필터 특성은 이상적인 경우로서 차단주파수를 경계로 입력신호의

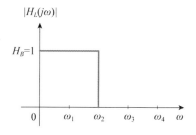

그림 12-15 저역필터의 이상적 특성

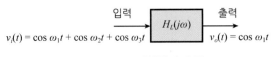

그림 12-16 저역필터 응답

통과 및 차단이 명확히 구분되며 불연속적으로 변화하지만, 실제 저역필터에서는 이득특성이 그림 12-17과 같이 차단주파수를 경계로 연속적으로 바뀌며, 편의상 대역이득보다 3 [dB] 감소하는 주파수를 차단주파수로 잡는 것이다.

대역이득이 H_B이고, 차단주파수가 ω_c인 1차 저역필터의 전달함수는 다음과 같은 꼴로 표시되며

$$H_L(j\omega) = \frac{H_B}{j\omega/\omega_c + 1} \tag{12-17}$$

그림 12-17은 $H_B = 10$(즉, 20 [dB]), $\omega_c = 10^3$ [rad/s]인 1차 저역필터의 이득응답을 나타낸 것이다. 또한 대역이득이 H_B이고, 고유주파수가 ω_n인 2차 저역필터는 다음과 같은 꼴로 표시되는데,

$$H_L(j\omega) = \frac{H_B}{(j\omega/\omega_n)^2 + 2\zeta(j\omega/\omega_n) + 1} \tag{12-18}$$

이와 같은 2차 저역필터의 차단주파수는 식 12-13과 같은 공식으로 표시된다.

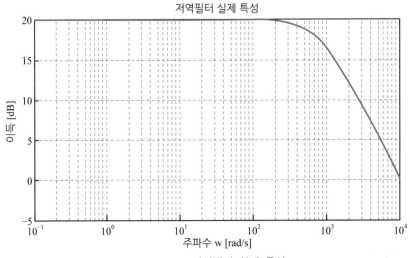

그림 12-17 저역필터 실제 특성

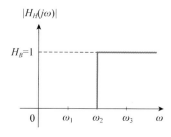

그림 12-18 고역필터 이상적 특성

2. 고역필터

이득특성이 다음과 같이 표시되는 필터가 있다면

$$|H_H(j\omega)| = \begin{cases} 0, & \omega < \dot{\omega}_c \\ 1, & \omega \geqq \omega_c \end{cases} \qquad (12-19)$$

이 필터의 이득특성 그래프는 그림 12-18과 같으며, 이러한 특성을 지닌 필터는 그림 12-19에서 보듯이 입력신호 중에 차단주파수보다 높은 주파수 성분은 출력측에 전달하고 낮은 주파수 성분을 걸러내는 동작을 하게 된다. 따라서 이러한 특성을 지닌 필터를 **고역통과필터(high-pass filter)**라 하며, 간략히 **고역필터(HPF)**라 한다. 그림 12-18의 고역필터 특성은 이상적인 경우를 나타낸 것이며, 실제 고역필터의 이득특성은 그림 12-20과 같다.

대역이득이 H_B이고, 차단주파수가 ω_c인 1차 고역필터의 전달함수는 다음과 같은 꼴로 표시되며

$$H_H(j\omega) = \frac{H_B \cdot j\omega/\omega_c}{j\omega/\omega_c + 1} \qquad (12-20)$$

그림 12-20은 $H_B = 10$(즉, 20 [dB]), $\omega_c = 10^3$ [rad/s]인 1차 고역필터의 이득응답을 나타낸 것이다. 또한 대역이득이 H_B이고, 고유주파수가 ω_n인 2차 고역필터는 다음과 같은 꼴로 표시되는데,

$$H_H(j\omega) = \frac{H_B(j\omega/\omega_n)^2}{(j\omega/\omega_n)^2 + 2\zeta(j\omega/\omega_n) + 1} \qquad (12-21)$$

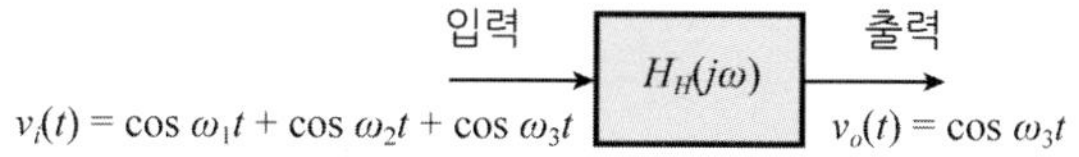

입력 → $H_H(j\omega)$ → 출력

$v_i(t) = \cos \omega_1 t + \cos \omega_2 t + \cos \omega_3 t$ → $v_o(t) = \cos \omega_3 t$

그림 12-19 고역필터 응답

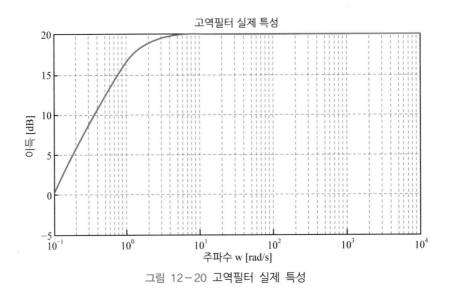

그림 12-20 고역필터 실제 특성

이와 같은 2차 고역필터의 차단주파수도 역시 식 12-13과 같은 공식으로 표시된다.

3. 대역필터와 대역정지필터

다음과 같은 이득특성을 갖는 필터가 있다면

$$|H_B(j\omega)| = \begin{cases} 1, & \omega_{c1} \leq \omega \leq \omega_{c2} \\ 0, & \text{otherwise} \end{cases} \tag{12-22}$$

이 필터의 이득특성 그래프는 그림 12-21과 같으며, 이러한 특성을 지닌 필터는 그림 12-22에서 보듯이 입력신호 중에 대역 범위 내에 있는 주파수성분은 출력측에 전달하고 그밖의 주파수 성분을 걸러내는 동작을 하게 된다. 따라서 이러한 특성을 지닌 필터를 **대역통과필터(band-pass filter)** 또는 간략히 **대역필터(BPF)**라 하며, 주파수 대역 $[\omega_{c1}, \omega_{c2}]$를 **통과대역(pass band)**이라 한다.

그림 12-21의 대역필터 특성은 이상적인 경우이며, 실제 특성은 그림 12-23과 같은데,

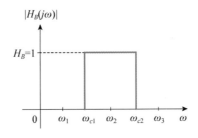

그림 12-21 대역필터의 이상적 특성

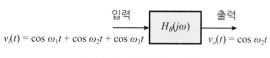

그림 12-22 대역필터 응답

이 그림은 대역이득이 $H_B = 10$(즉, 20[dB]), 차단주파수가 $\omega_{c1} = 10^3$, $\omega_{c2} = 10^5$[rad/s]인 대역필터의 이득특성을 나타낸 것이다.

대역필터는 1차필터 하나만으로는 구현할 수 없으며, 다음과 같이 고역차단주파수가 ω_{c2}인 1차 저역필터와 저역차단주파수가 ω_{c1}인 1차 고역필터 두 개를 $\omega_{c1} \ll \omega_{c2}$가 되도록 조정하고 다단(cascade)으로 연결하여 구현할 수 있다.

$$H_B(j\omega) = \frac{H_B}{j\omega/\omega_{c2} + 1} \cdot \frac{j\omega/\omega_{c1}}{j\omega/\omega_{c1} + 1}, \quad \omega_{c1} \ll \omega_{c2} \tag{12-23}$$

또한 대역필터는 다음과 같이 대역이득이 H_B이고, 고유주파수가 ω_n인 2차 필터로써 구현할 수도 있다.

$$H_B(j\omega) = \frac{H_B \cdot j\omega/\omega_n}{(j\omega/\omega_n)^2 + 2\zeta(j\omega/\omega_n) + 1} \tag{12-24}$$

이번에는 대역필터와는 정반대의 동작을 하는 대역정지필터를 다루기로 한다. 만약에 다음과 같은 이득특성을 갖는 필터가 있다면

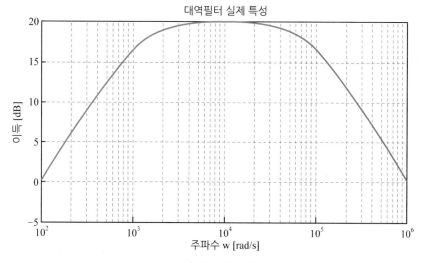

그림 12-23 대역필터 실제 특성

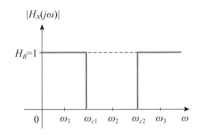

그림 12-24 대역정지필터 이상적 특성

$$|H_N(j\omega)| = \begin{cases} 0, & \omega_{c1} \leqq \omega \leqq \omega_{c2} \\ 1, & otherwise \end{cases} \qquad (12-25)$$

이 필터의 이득특성 그래프는 그림 12-24와 같으며, 이러한 필터는 그림 12-25에서 보듯이 입력신호 중에 어떤 주파수 범위 밖에 있는 주파수성분을 출력측에 전달하고, 그 범위 내의 주파수성분은 걸러내는 동작을 하게 된다. 따라서 이러한 특성을 지닌 필터를 **대역정지필터(band-stop filter, BSF)**라 하고, 주파수가 걸러지는 범위인 $[\omega_{c1}, \omega_{c2}]$를 **정지대역(stop band)**이라 한다. 대역정지필터 중에 특정주파수성분을 집중적으로 제거하는 용도로 쓰이는 경우에는 **노치필터(Notch Filter)**라고도 한다.

그림 12-24의 대역필터 특성은 이상적인 경우이며, 실제 특성은 그림 12-26과 같은데, 이 그림은 대역이득이 $H_B = 10$(즉, 20 [dB]), 차단주파수가 $\omega_{c1} = 10^3$, $\omega_{c2} = 10^5$ [rad/s]인 대역정지필터의 이득특성을 나타낸 것이다.

대역정지필터도 1차필터 하나만으로는 구현할 수 없으며, 다음과 같이 고역차단주파수가 ω_{c1}인 1차 저역필터와 저역차단주파수가 ω_{c2}인 1차 고역필터 두 개를 $\omega_{c1} \ll \omega_{c2}$가 되도록 조정하고 병렬(parallel)로 연결하여 더함으로써 구현할 수 있다:

$$\begin{aligned} H_N(j\omega) &= H_B\left(\frac{1}{j\omega/\omega_{c1}+1} + \frac{j\omega/\omega_{c2}}{j\omega/\omega_{c2}+1} \right) \\ &= H_B \frac{(j\omega/\omega_{c1})(j\omega/\omega_{c2}) + 2j\omega/\omega_{c2} + 1}{(j\omega/\omega_{c1}+1)(j\omega/\omega_{c2}+1)}, \quad \omega_{c1} \ll \omega_{c2} \end{aligned} \qquad (12-26)$$

또한 대역정지필터 중 하나인 노치필터는 대역이득이 H_B이고, 정지주파수(stop frequency)가 ω_N인 경우에 다음과 같이 2차 필터로써 구현할 수 있다.

입력   출력

$$H_N(j\omega)$$

$$v_i(t) = \cos \omega_1 t + \cos \omega_2 t + \cos \omega_3 t \qquad v_o(t) = \cos \omega_1 t + \cos \omega_3 t$$

그림 12-25 대역정지필터 응답

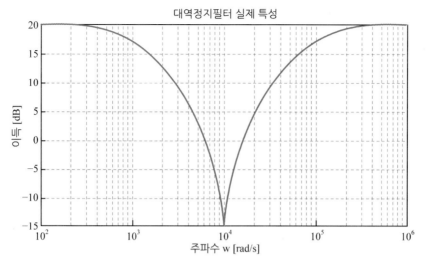

그림 12-26 대역정지필터 실제 특성

$$H_N(j\omega) = \frac{H_B \cdot [(j\omega/\omega_N)^2 + 1]}{(j\omega/\omega_N)^2 + 2\zeta(j\omega/\omega_N) + 1} \qquad (12-27)$$

12.4 필터회로

이 절에서는 앞에서 다룬 필터들을 회로로 구현하는 방법을 익히기로 한다. 앞에서 다뤄서 알고 있듯이 모든 회로망함수들은 1차나 2차인수들의 곱의 꼴로 분해되므로 1차나 2차인수에 대응하는 기본필터를 구현하는 방법만 알면, 필요한 경우에 이 기본필터들을 다단으로 연결하여 대응하는 회로망함수로 표현되는 필터를 설계할 수 있다. 이와 같은 1차나 2차의 기본필터들은 RC회로와 OP앰프를 조합하면 간단하게 구현할 수 있다.

1. 저역필터 회로

이 절에서는 저역필터를 RC 및 OP앰프를 사용하여 구현하는 기본회로를 다루기로 한다. 먼저 RLC 소자들로 구성되는 기본회로들을 다룬 다음, OP앰프와 RC회로로 구현하는 방법을 익히기로 한다.

(1) 1차 저역필터 회로

저역필터 회로를 구현하는 가장 간단한 방법은 그림 12-27에서 보는 바와 같이 RC 1차회로를 사용하는 것이다. 이 회로의 전압이득 회로망함수는 다음과 같으며,

$$H_L(j\omega) = \frac{1}{1 + j\omega RC} = \frac{1}{1 + j\omega/\omega_c}, \quad \omega_c = \frac{1}{RC} \tag{12-28}$$

식 12-17의 1차 저역필터 회로망함수 표준형에 대응시키면 차단주파수가 $\omega_c = \dfrac{1}{RC}$ [rad/s]에 대역이득이 $H_B = 1 = 0$ [dB]임을 알 수 있다.

그림 12-27의 1차 필터회로는 RC 수동소자만으로 이루어져 있기 때문에 이득의 크기가 1을 초과할 수 없다. 대역이득이 1보다 큰 필터회로를 구성하려면 그림 12-28에서와 같이 OP앰프를 사용하여 구현할 수 있다. 이 1차 필터회로의 회로망함수는 다음과 같다.

$$H_L(j\omega) = \frac{-H_B}{1 + j\omega/\omega_c}, \quad \omega_c = \frac{1}{R_2 C}, \quad H_B = \frac{R_2}{R_1} \tag{12-29}$$

그림 12-28의 경우 OP앰프를 반전증폭기로 사용하여 위상이 반전되는 특성이 나타나는데, 동상증폭이 필요한 경우에는 그림 12-27의 회로에 동상증폭기를 연결하여 동상증폭 1차필터 회로를 구현할 수도 있다(문제 12.8 참조).

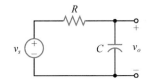

그림 12-27 RC 1차 저역필터 회로

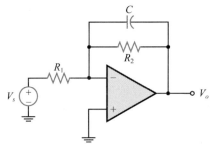

그림 12-28 OP앰프 1차 저역필터 회로

(2) 2차 저역필터 회로

저역필터 회로는 그림 12−29에서 보듯이 RLC 2차회로로써 구현할 수도 있다. 이 회로의 전압이득 회로망함수는 다음과 같으며,

$$H_L(j\omega) = \frac{\dfrac{1}{LC}}{(j\omega)^2 + \dfrac{R}{L}(j\omega) + \dfrac{1}{LC}} \tag{12−30}$$

식 12−18의 2차 저역필터 회로망함수 표준형에 대응시키면 이 필터의 고유주파수는 $\omega_o = \dfrac{1}{\sqrt{LC}}$ [rad/s], 대역이득은 $H_B = 1 = 0$ [dB], 감쇠비는 $\zeta = \dfrac{R}{2}\sqrt{\dfrac{C}{L}}$ 임을 알 수 있다.

그림 12−27의 1차 필터회로는 RLC 수동소자만으로 이루어져 있기 때문에 이득의 크기가 1을 초과할 수 없다. 만약 대역이득이 1보다 큰 필터회로를 구성하려면 그림 12−30에서와 같이 OP앰프를 사용하여 구현할 수 있다. OP앰프 2차필터회로에서는 L을 사용하지 않고 RC 소자만으로 구성할 수 있으며, 이 필터회로의 회로망함수는 다음과 같다:

$$H_L(j\omega) = \frac{A}{(j\omega/RC)^2 + (3-A)j\omega/RC + 1} \tag{12−31}$$

OP앰프 2차 저역필터의 회로망함수를 식 12−18의 2차 저역필터 회로망함수 표준형에

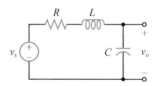

그림 12−29 RLC 2차 저역필터 회로

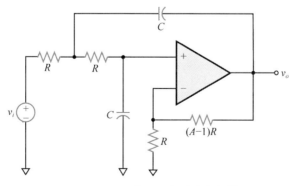

그림 12−30 OP앰프 2차 저역필터 회로

대응시키면 이 필터의 고유주파수는 $\omega_o = \dfrac{1}{RC}$ [rad/s], 대역이득은 $H_B = A$, 감쇠비는 $\zeta = \dfrac{3-A}{2}$ 임을 알 수 있다.

필터회로를 구현할 때 L소자는 비교적 사이즈가 크고, IC화가 어렵기 때문에 잘 사용하지 않는데, OP앰프를 활용한 필터회로에서는 그림 12-30에서 보는 바와 같이 RC 소자만으로도 2차회로를 쉽게 구현할 수 있다.

2. 고역필터 회로

이 절에서는 고역필터를 RC 및 OP앰프로 구현하는 기본회로들을 다루기로 한다.

(1) 1차 고역필터 회로

고역필터 회로를 구현하는 가장 간단한 방법도 역시 그림 12-31에서 보는 바와 같이 RC 1차회로를 사용하는 것이다. 이 회로의 전압이득 회로망함수는 다음과 같으며,

$$H_H(j\omega) = \frac{j\omega RC}{1+j\omega RC} = \frac{j\omega/\omega_c}{1+j\omega/\omega_c}, \quad \omega_c = \frac{1}{RC} \tag{12-32}$$

식 12-20의 1차 고역필터 회로망함수 표준형에 대응시키면 차단주파수가 $\omega_c = \dfrac{1}{RC}$ [rad/s]에 대역이득이 $H_B = 1 = 0$ [dB]임을 알 수 있다.

그림 12-31의 1차 필터회로는 RC 수동소자만으로 이루어져 있기 때문에 이득의 크기가 1을 초과할 수 없다. 대역이득이 1보다 큰 필터회로를 구성하려면 그림 12-32에서와 같이 OP앰프를 사용하여 구현할 수 있다. 1차 필터회로의 회로망함수는 다음과 같다.

$$H_H(j\omega) = \frac{-H_B \cdot j\omega/\omega_c}{1+j\omega/\omega_c}, \quad \omega_c = \frac{1}{R_2 C}, \quad H_B = \frac{R_2}{R_1} \tag{12-33}$$

그림 12-32의 경우 OP앰프를 반전증폭기로 사용하여 위상이 반전되는 특성이 나타나는데, 동상증폭이 필요한 경우에는 그림 12-31의 회로에 동상증폭기를 연결하여 동상증폭

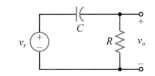

그림 12-31 RC 1차 고역필터 회로

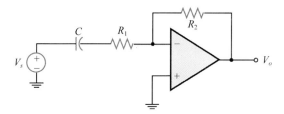

그림 12-32 OP앰프 1차 고역필터 회로

1차필터 회로를 구현할 수도 있다(문제 12.9 참조).

(2) 2차 고역필터 회로

고역필터 회로는 그림 12-33과 같이 RLC 2차회로로써 구현할 수도 있다. 이 회로의 전압이득 회로망함수는 다음과 같으며,

$$H_H(j\omega) = \frac{(j\omega)^2}{(j\omega)^2 + \frac{R}{L}(j\omega) + \frac{1}{LC}} \qquad (12-34)$$

식 12-33의 2차 저역필터 회로망함수 표준형에 대응시키면 이 필터의 고유주파수는 $\omega_o = \frac{1}{\sqrt{LC}}$ [rad/s], 대역이득은 $H_B = 1 = 0$[dB], 감쇠비는 $\zeta = \frac{R}{2}\sqrt{\frac{C}{L}}$ 임을 알 수 있다.

그림 12-33의 1차 필터회로는 RLC 수동소자만으로 이루어져 있기 때문에 이득의 크기가 1을 초과할 수 없다. 만약 대역이득이 1보다 큰 필터회로를 구성하려면 그림 12-34에서와 같이 OP앰프를 사용하여 구현할 수 있다. OP앰프 2차필터회로에서는 L을 사용하지 않고, RC 소자만으로 구성할 수 있으며, 이 필터회로의 회로망함수는 다음과 같다.

$$H_H(j\omega) = \frac{A(j\omega)^2}{(j\omega/RC)^2 + (3-A)j\omega/RC + 1} \qquad (12-35)$$

OP앰프 2차 고역필터의 회로망함수를 식 12-21의 2차 고역필터 회로망함수 표준형에 대응시키면 이 필터의 고유주파수는 $\omega_o = \frac{1}{RC}$ [rad/s], 대역이득은 $H_B = A$, 감쇠비는

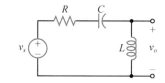

그림 12-33 RLC 2차 고역필터 회로

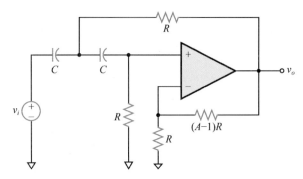

그림 12-34 OP앰프 2차 고역필터 회로

$\zeta = \dfrac{3-A}{2}$ 임을 알 수 있다.

그림 12-34의 OP앰프를 활용한 고역필터 회로는 그림 12-30의 저역필터 회로와 비교해 볼 때 RC 소자의 위치만 맞바뀌어져 있으며, 전체구성은 동일하다는 것을 알 수 있다. 이처럼 OP앰프를 활용하면 2차 고역필터회로를 RC소자만으로 간단하게 구현할 수 있다.

3. 대역필터 및 노치필터 회로

대역필터 및 노치필터는 앞서 언급하였듯이 1차회로로서는 구현할 수가 없으며, 2차 이상의 회로를 사용해야 구현이 가능하다. 여기서도 먼저 이 필터들을 2차필터로 구현하는 방법을 다루고, 이어서 OP앰프를 사용하여 구현하는 회로를 다루기로 한다.

(1) 2차 대역필터 회로

대역필터 회로를 구현하는 가장 간단한 회로는 그림 12-35에서와 같이 RLC 2차회로이다. 이 회로의 전압이득 회로망함수는 다음과 같으며,

$$H_B(j\omega) = \frac{\dfrac{R}{L} \cdot j\omega}{(j\omega)^2 + \dfrac{R}{L}(j\omega) + \dfrac{1}{LC}} \tag{12-36}$$

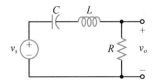

그림 12-35 RLC 2차 대역필터 회로

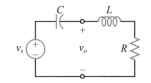

그림 12-36 RLC 노치필터 회로

이것을 식 12-24의 2차 대역필터 회로망함수 표준형에 대응시키면 이 필터의 고유주파수는 $\omega_o = \dfrac{1}{\sqrt{LC}}$ [rad/s], 대역이득은 $H_B = 1 = 0$ [dB], 감쇠비는 $\zeta = \dfrac{R}{2}\sqrt{\dfrac{C}{L}}$ 임을 알 수 있다.

노치필터 회로는 그림 12-36과 같이 RLC 2차회로로써 구현할 수 있다. 이 회로의 전압이득 회로망함수는 다음과 같으며,

$$H_N(j\omega) = \frac{(j\omega)^2 + \dfrac{1}{LC}}{(j\omega)^2 + \dfrac{R}{L}(j\omega) + \dfrac{1}{LC}} \tag{12-37}$$

식 12-27의 2차 노치필터 회로망함수 표준형에 대응시키면 이 필터의 정지주파수는 $\omega_N = \dfrac{1}{\sqrt{LC}}$ [rad/s], 대역이득은 $H_B = 1 = 0$ [dB], 감쇠비는 $\zeta = \dfrac{R}{2}\sqrt{\dfrac{C}{L}}$ 임을 알 수 있다.

(2) OP앰프 대역필터 및 노치필터 회로

앞에서 다룬 대역필터 회로와 노치필터 회로들은 RLC 수동소자들로만 구성되어 있어서 이득의 크기가 모두 1보다 작은 값을 지니고 있으며, L 소자를 포함하고 있다. 이러한 제약은 OP앰프를 사용하면 모두 해결할 수 있는데, 먼저 OP앰프를 활용한 대역필터는 그림 12-37과 같이 구현할 수 있다. 이와 같은 OP앰프 대역필터회로는 L을 사용하지 않고 RC 소자만으로 구성되어 있으며, 이 필터회로의 회로망함수는 다음과 같다:

$$H_B(j\omega) = \frac{A\,j\omega RC}{(j\omega RC)^2 + (3-A)j\omega RC + 1} \tag{12-38}$$

이것을 식 12-24의 2차 대역필터 회로망함수 표준형에 대응시키면 이 필터의 고유주파수

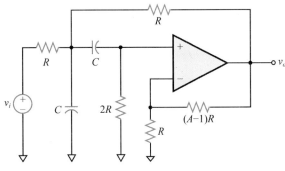

그림 12-37 OP앰프 대역필터 회로

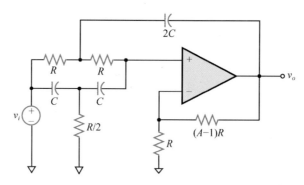

그림 12-38 OP앰프 노치필터 회로

는 $\omega_o = \dfrac{1}{RC}$ [rad/s], 대역이득은 $H_B = \dfrac{A}{3-A}$, 감쇠비는 $\zeta = \dfrac{3-A}{2}$임을 알 수 있다.

이어서 OP앰프를 활용한 노치필터는 그림 12-38과 같이 구현할 수 있다. 이와 같은 OP앰프 노치필터회로도 역시 L을 사용하지 않고 RC 소자만으로 구성되어 있으며, 회로망 함수는 다음과 같다.

$$H_N(j\omega) = \frac{A\left[(j\omega RC)^2 + 1\right]}{(j\omega RC)^2 + 2(2-A)j\omega RC + 1} \tag{12-39}$$

이것을 식 12-27의 2차 대역필터 회로망함수 표준형에 대응시키면 이 필터의 정지주파수 는 $\omega_N = \dfrac{1}{RC}$ [rad/s], 대역이득은 $H_B = A$, 감쇠비는 $\zeta = 2 - A$임을 알 수 있다.

익힘문제

01 이득값 $H_1 = 1/\sqrt{2}$, $H_2 = 32$, $H_3 = 50$, $H_3 = 240$을 데시벨로 나타내시오.

02 그림 p12.2의 회로에서

1) 회로망함수 $H(j\omega) = V_o/V_s$를 구하시오.

2) $\omega = 100$ kHz에서 이득이 -3dB이 되기 위한 L, C값을 선정하시오. 단 $R = 1$ kΩ임

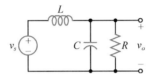

그림 p12.2 RLC 2차 저역필터 회로

03 다음과 같은 회로망함수를 갖는 회로를 설계하시오(도움말 : 두 개 1차인수의 곱으로 분해하여 1차회로 설계 후 다단연결로 처리).

$$H(j\omega) = 10 \frac{j\omega}{(1 + j\omega/200)(1 + j\omega/500)}$$

04 다음의 2차 회로망함수의 표준형에서

$$H(j\omega) = \frac{\omega_n^2}{(j\omega)^2 + 2\zeta\omega_n(j\omega) + \omega_n^2} = \frac{1}{(j\omega/\omega_n)^2 + 2\zeta(j\omega/\omega_n) + 1}$$

1) 공진주파수와 최대공진값이 식 12 − 12와 같이 표시됨을 보이시오.
2) 차단주파수와 대역폭이 식 12 − 13과 같이 표시됨을 보이시오.

05 문제 04의 2차 회로망함수 표준형에서 이득함수 $H(\omega)$와 위상함수 $\phi(\omega)$를 구하시오.

06 문제 04의 2차 회로망함수 표준형에서 $\omega_n = 1$[rad/s]로 놓고, $\zeta = \dfrac{1}{\sqrt{2}} = 0.707$, $\zeta = 0.2$, $\zeta = 1$일 때 각 경우의 이득특성을 셈툴 프로그램을 활용하여 그리시오.

07 식 12 − 27로 표시되는 노치필터에서 $H_B = 10$, $\omega_N = 10^4$ [rad/s], $\zeta = 0.5$일 때의 이득특성을 셈툴 프로그램을 활용하여 그리시오.

08 OP앰프와 RC를 사용하여 다음과 같은 회로망함수로 표현되는 1차 저역필터회로를 구현하시오.

$$H_L(j\omega) = \frac{H_B}{1 + j\omega/\omega_c}, \quad \omega_c = \frac{1}{RC}, \quad H_B = 1 + \frac{R_2}{R_1}$$

09 OP앰프와 RC를 사용하여 다음과 같은 회로망함수로 표현되는 1차 고역필터회로를 구현하시오.

$$H_L(j\omega) = \frac{H_B \cdot j\omega/\omega_c}{1 + j\omega/\omega_c}, \quad \omega_c = \frac{1}{RC}, \quad H_B = 1 + \frac{R_2}{R_1}$$

10 그림 12−29의 RLC 2차 저역필터회로에서 $R = 1\ \Omega$, $L = 1$ H, $C = 1$ F일 때의 이득특성을 셈툴 프로그램을 활용하여 그리시오.

11 그림 12−30의 OP앰프 2차 저역필터회로에서 회로망함수 $H_L(j\omega) = V_o/V_i$를 구하시오.

12 그림 12−34의 OP앰프 2차 고역필터회로에서 회로망함수 $H_H(j\omega) = V_o/V_i$를 구하시오.

13 그림 12−37의 OP앰프 대역필터회로에서 회로망함수 $H_B(j\omega) = V_o/V_i$를 구하시오.

14 그림 12−38의 OP앰프 노치필터회로에서 회로망함수 $H_N(j\omega) = V_o/V_i$를 구하시오.

PART

04

통합회로 해석법

CIRCUIT THEORY

세상을 더 나은 곳으로 만드는 사람들이 있다. 그들은 친절과 용기와 인간
적인 기품을 지닌 사람들이다.
그들이 운전대를 잡고 있든, 사업을 하고 있든, 또는 가족을 돌보고 있든
그들이 어디서 무슨 일을 하는가는 중요하지 않다.
그들은 자신들의 삶을 통해 진리를 가르친다.

— James F. Gafield —

13

라플라스 변환 회로해석법

13.1 서론

9장부터 11장까지 정현파교류를 다루면서 정현파교류 회로해석법으로 위상자법이 편리하다는 것을 익혔다. 그런데 위상자법은 정현파 정상상태에서만 적용할 수 있는 제한적인 방법이며, 전원신호가 정현파가 아니거나, 정현파라 하더라도 과도상태에서 응답을 구하는 문제에는 적용할 수 없다는 점을 유념해야 한다. 따라서 정현파가 아닌 임의의 전원신호에 대해서도 적용할 수 있는 방법이 필요한데, 이에 해당하는 기법이 라플라스 변환(Laplace transformation)을 활용하는 통합회로 해석법이다.

라플라스 변환은 프랑스의 수학자 라플라스(Laplace, 1749~1827)에 의해 기초가 마련되고, 영국의 전기기사인 헤비사이드(Oliver Heaviside, 1850~1925)에 의해 실용화된 기법이다. 이 기법은 미분방정식을 쉽게 풀 수 있는 도구이기 때문에 회로해석 뿐만 아니라 공학의

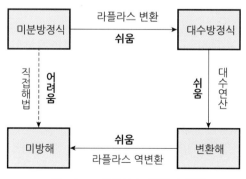

그림 13-1 라플라스 변환의 장점

거의 모든 분야에서 활용되고 있다. 라플라스 변환의 장점은 다음과 같이 요약할 수 있다.

- 미분방정식의 양변에 라플라스 변환을 적용하면 대수방정식으로 바뀌게 되어 덧셈, 뺄셈, 곱셈, 나눗셈의 대수 사칙연산에 의해 미분방정식의 해를 쉽게 구할 수 있다.
- 라플라스 변환을 쓰면 미분방정식의 전체 해를 한 번에 구할 수 있다. 따라서 이를 회로해석에 활용하면 전체 해를 한 번에 구하는 통합회로 해석법이 가능하다.
- 라플라스 변환은 적분 및 중합적분(convolution integral) 연산도 간단한 대수곱 연산으로 바꿔주기 때문에 입출력 신호들 사이의 관계가 중합적분으로 표시되는 선형시스템의 해석을 쉽게 처리할 수 있게 해준다.

전달함수는 회로나 어떤 시스템의 입력신호 라플라스 변환함수에 대한 출력함수 라플라스 변환함수의 비로 정의된다. 이 함수는 대상 시스템의 입출력 신호들 사이의 관계를 표현해주는 미분방정식이나 중합적분식의 양변에 라플라스 변환을 적용하여 구해지게 되는데, 일반적으로 분수함수(rational function) 형태로 되기 때문에 미분방정식이나 중합적분식 표현에 비해 간결하며, 특히 미분방정식을 풀지 않고서도 이 함수의 이득값으로부터 회로나 시스템의 전달특성을 알아낼 수 있기 때문에 회로 및 시스템 해석과 설계에 많이 쓰이고 있다.

이 장에서는 선형상계수 미분방정식 해법으로 많이 이용되는 라플라스 변환(Laplace transformation)에 대해 익히고 이 변환을 회로해석에 활용하는 통합회로 해석법에 대해 공부할 것이다. 아울러 임피던스 개념을 일반화한 전달함수(transfer function)에 대해서도 익히고 이를 회로해석에 활용하는 방법도 다룰 것이다.

13.2 라플라스 변환

라플라스 변환(Laplace transformation)은 선형 상미분방정식의 해를 구하거나 시스템의 전달함수를 구하는 데 쓰이는 수학적 방법이다. 이 방법을 쓰면 미분방정식이 대수방정식으로 바뀌어 쉽게 풀릴 뿐만 아니라, 시스템의 특성을 분수함수(rational function) 형태의 전달함수로 나타낼 수 있어서 수학적으로 처리하기가 쉬워지기 때문에 회로 및 시스템의 해석과 설계에 매우 많이 쓰이는 방법이다. 이 장에서는 라플라스 변환을 수학적으로 엄밀하게 다루기보다는 이 변환의 몇 가지 기본성질들만을 정리한 뒤에 이 변환을 회로해석에 활용하는 방법에 초점을 맞추어 정리할 것이다.

$$F(s) = \mathcal{L}\{f(t)\} \triangleq \int_0^\infty f(t)e^{-st}dt, \quad \Re\{s\} > R_c \tag{13-1}$$

여기서 s는 복소변수, $\mathcal{L}$는 라플라스 변환, $F(s)$는 라플라스 변환함수를 나타낸 것이다. $\Re\{s\}$는 s의 실수부를 뜻하며, R_c는 라플라스 적분이 존재하는 수렴경계(boundary of convergence)이다. 그리고 시간함수 $f(t)$는 시점 $t = 0$ 이후에만 정의되는 조각연속 (piecewise continuous)함수로서, $t < 0$에서는 값이 0인 것으로 가정한다.

위의 정의에서 시간함수에 대한 조건 가운데 **조각연속함수**란 불연속점의 수가 유한한 함수를 뜻하며, 모든 연속함수들은 여기에 속한다. 그리고 식 13-1에서 시간함수 $f(t)$에 대한 라플라스 변환은 적분핵(kernel) e^{-st}의 두 변수 s와 t 가운데 시간 t에 대한 정적분으로 정의되어 s의 함수가 되기 때문에 $F(s)$로 표기한 것이다. 변환변수 s의 단위는 시간의 역수가 되어 주파수 단위와 같기 때문에 s 영역을 **주파수영역**(frequency domain)이라고도 한다.

라플라스 변환은 임의의 시간함수에 대해서 모두 존재하는 것은 아니며 식 13-1의 라플라스 적분이 수렴하는 경우에만 존재한다. 즉, 수렴영역(region of convergence) $\Re\{s\} > R_c$에서 수렴경계 R_c가 유한한 경우에만 존재한다고 할 수 있다. 시간함수 $f(t)$가 $0 \leq t \leq \infty$ 구간에서 유한한 경우와 t^n 항들로 이루어지는 정함수의 경우에는 $R_c = 0$이 되고, e^{at}의 지수함수 항을 포함하는 경우에는 $R_c = a$가 되어 수렴경계가 항상 존재하기 때문에 라플라스 변환을 구할 수 있다. 따라서 공학분야에서 자주 다루는 거의 모든 함수들에 대해서는 라플라스 변환이 존재한다. 그러나 e^{t^2} 항을 포함하는 특수한 함수의 경우에는 $R_c = \infty$가 되어 수렴영역이 존재하지 않으므로 라플라스 변환은 존재하지 않는다. 그렇지만 이처럼 특수한 함수는 회로나 일반 시스템에서는 나타나지 않으므로 회로에서 다루는 모든 함수는 라플라스 변환이 존재한다고 볼 수 있다.

그러면 앞으로 자주 쓰게 될 몇 가지 대표적인 시간함수들에 대한 라플라스 변환함수들을 식 13-1의 정의에 따라 구해보기로 한다.

예제 13-1

다음 시간함수의 라플라스 변환함수를 구하시오.

$$u_s(t) = \begin{cases} 0, & t < 0 \\ 1, & t \geq 0 \end{cases} \tag{13-2}$$

풀이 라플라스 변환의 정의 식 13-1을 적용하면 다음과 같다.

$$U_s(s) = \mathcal{L}\{u_s(t)\} = \int_0^\infty u_s(t)e^{-st}dt = \int_0^\infty 1e^{-st}dt$$

$$= \left[-\frac{1}{s}e^{-st}\right]_0^\infty = -\frac{1}{s}\left[e^{-\infty} - e^0\right] \qquad (13-3)$$

$$= \frac{1}{s}, \quad \Re\{s\} > 0$$

그림 13-2는 식 13-2의 시간함수를 그래프로 나타낸 것이다. 이 그림에서 보듯이 함수 형태가 계단 모양인 함수를 **계단함수**(step function)라 하고, 특히 크기가 1인 계단함수를 **단위계단함수**(unit step function)라 한다. 이 함수는 시점 $t = 0$에서 회로 및 시스템에 일정한 크기의 입력신호가 걸리는 경우를 묘사하기 알맞기 때문에 회로 및 시스템 분야에서 자주 사용된다.

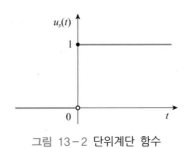

그림 13-2 단위계단 함수

예제 13-2

다음 지수함수의 라플라스 변환함수를 구하시오. 여기서 a와 c는 상수이다.

$$f(t) = \begin{cases} 0, & t < 0 \\ ce^{-at}, & t \geq 0 \end{cases}$$

풀이 라플라스 변환의 정의 식 13-1을 $f(t)$에 적용하면 다음의 결과를 얻을 수 있다.

$$F(s) = \mathcal{L}\{f(t)\} = \int_0^\infty f(t)e^{-st}dt = \int_0^\infty ce^{-at}e^{-st}dt$$

$$= \int_0^\infty ce^{-(s+a)t}dt = \left[-\frac{c}{s+a}e^{-(s+a)t}\right]_0^\infty \qquad (13-4)$$

$$= \frac{c}{s+a}, \quad \Re\{s\} > -a$$

앞의 두 예제에서 볼 수 있듯이 라플라스 변환함수의 수렴영역은 쉽게 구할 수 있기 때문에 이 영역은 필요한 경우에만 표시해도 된다. 따라서 앞으로는 이 책에서 라플라스 변환함수를 구할 때 필요한 경우 외에는 수렴영역의 표시를 생략하기로 한다.

1. 라플라스 변환의 성질

식 13-1로 정의한 라플라스 변환은 지수함수 e^{-st}를 핵(kernel)으로 하는 적분연산이기 때문에 다음과 같은 성질들을 지닌다. 이 절에서 다루는 식들에서 $f(t)$, $g(t)$는 $t \geq 0$에서 정의되는 시간함수들이고, 각각에 대응되는 라플라스 변환함수들은 $F(s)$, $G(s)$로 나타내기로 한다.

[성질 13.1] 함수의 상수곱

어떤 시간함수에 상수 k를 곱한 함수의 라플라스 변환함수는 그 함수의 라플라스 변환함수에 상수 k를 곱한 것과 같다.

$$\mathcal{L}\{kf(t)\} = kF(s) \tag{13-5}$$

[성질 13.2] 함수간의 덧뺄셈

두 시간함수의 덧셈이나 뺄셈의 라플라스 변환함수는 각각의 라플라스 변환함수의 덧셈이나 뺄셈과 같다.

$$\mathcal{L}\{f(t) \pm g(t)\} = F(s) \pm G(s) \tag{13-6}$$

식 13-5, 식 13-6의 성질은 라플라스 변환이 식 13-1에서 보듯이 적분연산으로 정의되기 때문에 적분연산의 성질로부터 쉽게 유도된다. 이 두 식을 통합하여 다음과 같이 한 식으로 나타낼 수 있다.

$$\mathcal{L}\{af(t) + bg(t)\} = aF(s) + bG(s) \tag{13-7}$$

여기서 a와 b는 임의의 상수들이다. 식 13-7과 같은 성질을 **선형성(linearity)**이라 하며, 이러한 성질을 갖는 변환이나 연산을 **선형변환(linear transformation)** 또는 **선형연산(linear operation)**이라고 한다. 미분, 적분연산과 라플라스 변환은 이러한 선형변환의 대표적인 예들이다. 또한 입출력신호들 사이의 전달특성이 이러한 선형연산들의 합으로 표시되는 회로 및 시스템을 **선형시스템(linear system)**이라 한다. 선형시스템이 가지는 성질로서 식 13-5의 특성을 **동질성(homogeneity)**이라 하고, 식 13-6의 특성을 **중첩성**

(superpositin property) 또는 중첩의 원리(principle of superposition)라고 한다.

[성질 13.3] 미분

시간함수의 1차도함수에 대한 라플라스 변환함수는 다음과 같다.

$$\mathcal{L}\left\{\frac{d}{dt}f(t)\right\} = sF(s) - f(0) \tag{13-8}$$

여기서 $f(0)$는 함수 $f(t)$의 초기시점 $t = 0$에서 함수값으로서, 흔히 초기값(initial value)이라 한다.

> ★ **증명** : 위의 성질은 라플라스 변환의 정의와 부분적분법을 이용하면 유도할 수 있다.
>
> $$\int_0^\infty \left\{\frac{d}{dt}f(t)\right\}e^{-st}dt = \left[f(t)e^{-st}\right]_0^\infty - \int_0^\infty f(t)\frac{d}{dt}e^{-st}dt$$
>
> $$= -f(0) - \int_0^\infty f(t)(-s)e^{-st}dt$$
>
> $$= s\int_0^\infty f(t)e^{-st}dt - f(0)$$
>
> $$= sF(s) - f(0)$$

이 성질은 시간영역 t에서의 미분연산이 라플라스 변환영역에서는 s를 곱하고, 초기값을 빼는 대수연산으로 바뀐다는 것을 뜻한다. 초기조건이 0이면, 즉 $f(0) = 0$이면 식 13−8은 다음과 같이 더 간단하게 표시된다.

$$\mathcal{L}\left\{\frac{d}{dt}f(t)\right\} = sF(s)$$

이 경우에는 시간영역 t에서의 시간함수에 대한 미분연산이 라플라스 변환영역에서는 변환함수에 s를 곱하는 간단한 대수연산으로 바뀌게 된다.

시간함수의 2차도함수에 대한 라플라스 변환함수는 다음과 같다.

$$\mathcal{L}\left\{\frac{d^2}{dt^2}f(t)\right\} = s^2F(s) - sf(0) - f'(0) \tag{13-9}$$

여기서 $f(0)$, $f'(0)$는 각각 함수 $f(t)$와 1차도함수 $f'(t)$의 시점 $t = 0$에서의 초기값이다. 2차도함수는 1차도함수를 한 번 더 미분한 함수이므로 1차도함수에 대한 라플라스 변환의 성질인 식 13-8을 반복 적용하면 식 13-9의 성질을 다음과 같이 쉽게 유도할 수 있다.

$$\mathcal{L}\left\{\frac{d^2}{dt^2}f(t)\right\} = \mathcal{L}\left\{\frac{d}{dt}f'(t)\right\}$$

$$= s\,\mathcal{L}\{f(t)\} - f'(0)$$

$$= s\,[sF(s) - f(0)] - f'(0)$$

$$= s^2F(s) - sf(0) - f'(0)$$

여기서도 초기값이 $f(0) = f'(0) = 0$이면 다음과 같은 성질이 성립한다.

$$\mathcal{L}\left\{\frac{d^2}{dt^2}f(t)\right\} = s^2F(s)$$

3차 이상의 고차도함수에 대해서도 필요하면 식 13-8, 식 13-9의 라플라스 변환의 성질들을 활용하여 다음과 같이 대응되는 결과들을 구할 수 있다.

$$\mathcal{L}\left\{\frac{d^n}{dt^n}f(t)\right\} = s^nF(s) - \sum_{k=1}^{n} s^{n-k}f^{(k-1)}(0) \tag{13-10}$$

여기서 $f^{(k)}(0)$는 $f(t)$의 k차도함수의 초기값이다.

도함수에 대한 라플라스 변환의 성질을 다시 요약하면, 시간영역 t에서 함수의 미분연산이 라플라스 변환영역에서는 s를 곱하고, 초기값을 빼는 간단한 연산으로 바뀐다는 것이다. 이러한 성질은 라플라스 변환의 큰 장점으로서, 이 성질을 이용하면 복잡한 미분방정식을 간단한 대수연산으로 풀 수 있기 때문에 제어시스템이나 회로이론 분야 및 대부분의 공학 분야에서 매우 유용하게 활용되고 있다.

[성질 13.4] **적분**

시간함수의 1차 적분함수에 대한 라플라스 변환함수는 다음과 같다.

$$\mathcal{L}\left\{\int_0^t f(\tau)d\tau\right\} = \frac{1}{s}F(s) \tag{13-11}$$

★ 증명 : 이 성질은 라플라스 변환의 정의와 그림 13-3과 같이 이중적분에서 적분경로를 바꾸는 방법을 써서 다음과 같이 유도할 수 있다.

$$\mathcal{L}\left\{\int_0^t f(\tau)d\tau\right\} = \int_0^\infty \int_0^t f(\tau)d\tau\ e^{-st}dt = \int_0^\infty f(\tau)\int_\tau^\infty e^{-st}dt\ d\tau$$

$$= \int_0^\infty f(\tau)\left[-\frac{1}{s}e^{-st}\right]_\tau^\infty d\tau = \frac{1}{s}\int_0^\infty f(\tau)e^{-s\tau}d\tau$$

$$= \frac{1}{s}F(s)$$

이 성질은 시간영역에서의 적분연산이 라플라스 변환영역에서는 변환변수 s로 나누는 간단한 연산으로 바뀐다는 것을 뜻한다. 식 13－8과 식 13－11을 비교해보면 라플라스 변환의 성질에 재미있는 규칙이 나타남을 알 수 있다. 시간영역에서 미분연산과 적분연산이 서로 역관계의 연산인데, 이에 대한 라플라스 변환도 각각 s를 곱하는 연산과 s로 나누는 연산으로서 서로 역의 연산관계를 유지하고 있는 것이다.

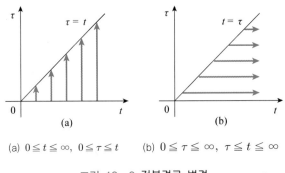

(a) $0 \leq t \leq \infty,\ 0 \leq \tau \leq t$ (b) $0 \leq \tau \leq \infty,\ \tau \leq t \leq \infty$

그림 13－3 적분경로 변경

[성질 13.5] 중합적분, Convolution integral

두 개의 시간함수들 사이의 중합적분에 대한 라플라스 변환함수는 각 시간함수의 라플라스 변환함수의 곱과 같다.

$$\mathcal{L}\left\{\int_0^t f(t-\tau)g(\tau)d\tau\right\} = F(s)G(s) \tag{13-12}$$

* **증명** : 이 성질은 이중적분에서 적분경로를 바꾸고 적분변수 치환을 하면 다음과 같이 유도된다.

$$\mathcal{L}\left\{\int_0^t f(t-\tau)g(\tau)d\tau\right\} = \int_0^\infty \int_0^t f(t-\tau)g(\tau)d\tau e^{-st}dt$$

$$= \int_0^\infty \int_\tau^\infty f(t-\tau)e^{-st}dt\ g(\tau)d\tau$$

$$= \int_0^\infty \int_0^\infty f(\rho)e^{-s(t+\rho)}d\rho g(\tau)d\tau$$

$$= \int_0^\infty f(\rho)e^{-s\rho}d\rho \int_0^\infty g(\tau)e^{-s\tau}d\tau$$

$$= F(s)G(s)$$

식 13-12의 좌변에 나오는 적분을 **중합적분**이라 한다. 이 적분은 선형시스템의 입력신호와 출력신호 사이의 전달 특성을 나타낼 때 자주 쓰이는 표현으로서 비교적 복잡한 연산에 속한다. 그런데 이러한 시간함수들 사이의 복잡한 연산인 중합적분이 라플라스 변환에 의해 주파수영역에서는 두 함수들 사이의 간단한 곱연산으로 바뀌게 된다. 이 성질은 라플라스 변환의 주요 장점 가운데 하나로서, 이러한 장점 때문에 라플라스 변환이 제어시스템 해석 및 설계뿐만 아니라 회로망, 전력계통, 통신, 유도제어 등의 공학분야 다방면에서 편리하게 활용되고 있다.

[성질 13.6] 지수가중, Exponential weighting

시간함수에 지수함수가 곱해진 꼴의 함수에 대한 라플라스 변환함수는 주파수 영역에서 평행이동한 함수가 된다.

$$\mathcal{L}\left\{e^{at}f(t)\right\} = F(s-a) \tag{13-13}$$

* **증명** : 문제 13.2

[성질 13.7] 시간지연, Time delay

시간지연이 있는 시간함수에 대한 라플라스 변환함수는 주파수 영역에서 지수가중 함수가 곱해진 꼴로 바뀐다.

$$\mathcal{L}\left\{f(t-d)\right\} = e^{-ds}F(s) \tag{13-14}$$

* **증명** : 문제 13.3

식 13-13, 식 13-14의 두 성질은 라플라스 변환의 정의와 적분의 성질을 이용하여 쉽게 유도할 수 있다. 시간지연도 평행이동의 한 가지로 볼 수 있으므로 위의 두 성질은 시간영역과 주파수영역에서 지수가중 연산이 평행이동 연산으로 바뀐다는 점에서 서로 대응되는 성질들이다. 다만 두 식에서 평행이동의 부호와 지수가중 함수 지수의 부호에 대해서는 혼동이 되지 않도록 주의해야 한다.

[성질 13.8] 복소미분, Complex differentiation

시간함수에 t^n을 곱한 함수에 대한 라플라스 변환함수는 복수변수 s에 대한 미분과 같다.

$$\mathcal{L}\{t^n f(t)\} = (-1)^n \frac{d^n}{ds^n} F(s) \tag{13-15}$$

여기서 n은 자연수이다.

★ 증명 : 위의 성질은 라플라스 변환의 정의와 귀납법을 이용하여 유도할 수 있다. 우선 $n=1$일 때 다음이 성립한다.

$$\mathcal{L}\{tf(t)\} = \int_0^\infty tf(t)e^{-st}dt = -\int_0^\infty f(t)\frac{d}{ds}\{e^{-st}\}dt$$

$$= -\frac{d}{ds}\left\{\int_0^\infty f(t)e^{-st}dt\right\} = -\frac{d}{ds}F(s)$$

$n=k(k\geqq 2$인 자연수)일 경우가 성립한다고 가정하면 다음 식이 성립하며,

$$\mathcal{L}\{t^k f(t)\} = (-1)^k \frac{d^k}{ds^k}F(s)$$

이 식을 사용하면 $n=k+1$일 때에도 성립하는 것을 보일 수 있다.

$$\mathcal{L}\{t^{k+1}f(t)\} = \int_0^\infty t^{k+1}f(t)e^{-st}dt = -\int_0^\infty t^k f(t)\frac{d}{ds}\{e^{-st}\}dt$$

$$= -\frac{d}{ds}\left\{\int_0^\infty t^k f(t)e^{-st}dt\right\} = -\frac{d}{ds}\left[\mathcal{L}\{t^k f(t)\}\right]$$

$$= (-1)^{k+1}\frac{d^{k+1}}{ds^{k+1}}F(s)$$

따라서 귀납법에 의해 식 13-15는 모든 자연수 n에 대해서 성립한다.

식 13-15로 표시되는 라플라스 변환의 복소미분에 대한 성질은 주파수영역에서 s에 대한 미분연산이 시간영역에서는 시간변수 t를 곱하는 연산으로 바뀐다는 것을 보여주고 있다. 이 성질은 식 13-10으로 표시되는 미분함수에 대한 라플라스 변환과 대응되는 성질이다. 식 13-10에서는 시간영역에서의 미분연산이 주파수영역에서는 주파수변수 s를 곱하는 연산으로 바뀌기 때문이다. 즉, 시간영역이나 주파수영역 어느 한 영역에서의 미분연산이 다른 영역에서는 변수를 곱하는 연산으로 바뀐다는 점에서 식 13-10과 식 13-15의 두 성질은 대응되는 것이다. 단, 주의할 점은 식 13-10에서는 초기값 항들이 추가되고, 식 13-15에서는 부호인수가 곱해진다는 것이다. 지금까지 이 절에서 살펴본 라플라스 변환의 성질들을 요약하면 표 13-1과 같다.

표13-1 라플라스 변환의 성질

성 질	관 련 식
선형성	$\mathcal{L}\{af(t)+bg(t)\}=aF(s)+bG(s)$
미 분	$\mathcal{L}\left\{\dfrac{d}{dt}f(t)\right\}=sF(s)-f(0)$
	$\mathcal{L}\left\{\dfrac{d^n}{dt^n}f(t)\right\}=s^nF(s)-\displaystyle\sum_{k=1}^{n}s^{n-k}f^{(k-1)}(0)$
적 분	$\mathcal{L}\left\{\displaystyle\int_0^t f(\tau)d\tau\right\}=\dfrac{1}{s}F(s)$
중합적분	$\mathcal{L}\left\{\displaystyle\int_0^t f(t-\tau)g(\tau)d\tau\right\}=F(s)G(s)$
지수가중	$\mathcal{L}\{e^{at}f(t)\}=F(s-a)$
시간지연	$\mathcal{L}\{f(t-d)\}=e^{-ds}F(s)$
복소미분	$\mathcal{L}\{tf(t)\}=-\dfrac{d}{ds}F(s)$
	$\mathcal{L}\{t^nf(t)\}=(-1)^n\dfrac{d^n}{ds^n}F(s)$
초기값 정리	$f(0^+)=\lim\limits_{s\to\infty}sF(s)$
최종값 정리	$\lim\limits_{t\to\infty}f(t)=\lim\limits_{s\to0}sF(s)$

2. 라플라스 변환의 예

이 절에서는 라플라스 변환의 정의와 성질들을 이용하여 공학에서 자주 사용하는 대표적인 시간함수들의 라플라스 변환을 구해보기로 한다.

예제 13 − 3

다음과 같은 삼각함수의 라플라스 변환함수를 구하시오.

$$f(t) = \begin{cases} 0, & t < 0 \\ A\sin\omega t, & t \geq 0 \end{cases} \tag{13 − 16}$$

여기서 A는 삼각함수의 진폭, ω는 각속도를 나타내는 상수이다.

풀이 오일러(Euler)의 정리에 의하면 삼각함수와 복소 지수함수 사이에는 다음의 등식이 성립한다.

$$e^{j\omega t} = \cos\omega t + j\sin\omega t$$

$$e^{-j\omega t} = \cos\omega t - j\sin\omega t$$

여기서 $j = \sqrt{-1}$ 이다. 위의 두 식으로부터 $\sin\omega t$는 다음과 같이 표시된다.

$$\sin\omega t = \frac{1}{2j}(e^{j\omega t} - e^{-j\omega t}) \tag{13 − 17}$$

이제 예제 13−2의 결과와 라플라스 변환의 선형성 식 13−7을 이용하면 $\sin\omega t$의 라플라스 변환함수는 다음과 같다.

$$F(s) = \mathcal{L}\{f(t)\} = \mathcal{L}\{A\sin\omega t\} = \mathcal{L}\left\{\frac{A}{2j}(e^{j\omega t} - e^{-j\omega t})\right\}$$

$$= \frac{A}{2j}\left[\frac{1}{s - j\omega} - \frac{1}{s + j\omega}\right] \tag{13 − 18}$$

$$= A\frac{\omega}{s^2 + \omega^2}$$

예제 13 − 4

다음과 같은 삼각함수의 라플라스 변환함수를 구하시오.

$$g(t) = \begin{cases} 0, & t < 0 \\ A\cos\omega t, & t \geq 0 \end{cases}$$

여기서 A는 삼각함수의 진폭, ω는 각속도를 나타내는 상수이다.

풀이 이 함수는 다음과 같이 예제 13−3의 식 13−16으로 정의되는 함수 $f(t)$를 미분한 함수로 볼 수 있다.

$$g(t) = \frac{1}{\omega}\frac{d}{dt}f(t)$$

따라서 라플라스 변환의 선형성 식 13-5와 미분함수의 라플라스 변환에 대한 성질인 식 13-8을 적용하면 다음과 같이 라플라스 변환함수를 구할 수 있다.

$$G(s) = \mathcal{L}\{g(t)\} = \frac{1}{\omega}\mathcal{L}\left\{\frac{d}{dt}f(t)\right\}$$

$$= \frac{1}{\omega}[sF(s) - f(0)] = A\frac{s}{s^2 + \omega^2} \qquad (13-19)$$

예제 13-5

다음 함수의 라플라스 변환함수를 구하시오.

$$f(t) = \begin{cases} 0, & t < 0 \\ mt, & t \geq 0 \end{cases} \qquad (13-20)$$

여기서 m은 기울기를 나타내는 상수이다.

풀이 이 예제에서 식 13-20으로 정의된 시간함수는 다음과 같이 식 13-2에서 계단의 크기가 m인 계단함수를 적분한 함수로 나타낼 수 있다.

$$f(t) = \int_0^t m\,u_s(\tau)d\tau$$

따라서 적분함수의 라플라스 변환에 대한 성질인 식 13-11을 적용하면 다음과 같이 라플라스 변환함수를 구할 수 있다.

$$F(s) = \mathcal{L}\{f(t)\} = \frac{1}{s}\mathcal{L}\{m\,u_s(t)\}$$

$$= \frac{1}{s}\left[\frac{m}{s}\right] = \frac{m}{s^2} \qquad (13-21)$$

그림 13-4는 예제 13-5의 식 13-20의 함수관계를 그림표로 나타낸 것이다. 이 그림에

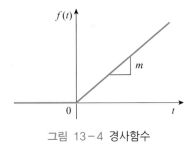

그림 13-4 경사함수

서 보듯이 이 함수의 꼴이 초기시점 $t = 0$ 이후에 일정한 기울기를 갖는 모양이기 때문에 이 함수를 **경사함수(ramp function)**라고 한다. 이 함수는 초기시점 $t = 0$ 이후에 일정한 비율로 증가하는 기준입력 함수를 묘사하는 데 쓰인다.

예제 13 − 6

다음과 같은 지수가중 삼각함수의 라플라스 변환함수를 구하시오.

$$f(t) = \begin{cases} 0, & t < 0 \\ e^{-at}\cos\omega t, & t \geq 0 \end{cases}$$

풀이 이 함수는 다음과 같이 예제 13−4의 함수 $g(t)$에 지수가중 함수를 곱한 꼴로 나타낼 수 있다.

$$f(t) = e^{-at}g(t), \quad A = 1$$

따라서 지수가중 함수에 대한 라플라스 변환의 성질인 식 13−13과 식 13−19로부터 다음과 같이 라플라스 변환함수를 구할 수 있다.

$$F(s) = \mathcal{L}\{e^{-at}g(t)\} = G(s+a)$$

$$= \frac{s+a}{(s+a)^2 + \omega^2} \tag{13−22}$$

예제 13 − 7

다음과 같은 신호의 라플라스 변환함수를 구하시오.

$$u_\Delta(t) = \begin{cases} 0, & t < 0 \\ \dfrac{1}{\Delta}, & 0 \leq t \leq \Delta \\ 0, & t > \Delta \end{cases} \tag{13−23}$$

여기서 Δ는 지속시간(duration)을 나타내는 상수이다.

풀이 이 함수는 다음과 같이 식 13−2로 정의되는 단위계단함수 $u_s(t)$의 조합으로 나타낼 수 있다.

$$u_\Delta(t) = \frac{1}{\Delta}[u_s(t) - u_s(t-\Delta)]$$

따라서 라플라스 변환의 선형성 식 13−7과 시간지연 함수에 대한 성질인 식 13−14를 적용하여 다음과 같이 라플라스 변환함수를 구할 수 있다.

$$U_\Delta(s) = \frac{1}{\Delta}\mathcal{L}\{u_s(t)\} - \frac{1}{\Delta}\mathcal{L}\{u_s(t-\Delta)\}$$

$$= \frac{1}{\Delta}\left[\frac{1}{s} - e^{-\Delta s}\frac{1}{s}\right] = \frac{1}{\Delta s}[1 - e^{-\Delta s}] \tag{13−24}$$

이 예제에서 다룬 식 13−23의 파형은 그림 13−5와 같다. 이 파형에서 지속시간이 점점 작아져서 0으로 수렴해갈 때, 즉 $\Delta \to 0$일 때의 신호를 **임펄스**(impulse)라 하고, 이렇게 정의되는 함수를 **델타함수**(delta function)라 하며, $\delta(t)$로 표기한다.

$$\delta(t) \triangleq \lim_{\Delta \to 0} u_\Delta(t) \tag{13-25}$$

이 함수의 라플라스 변환은 식 13−23으로부터 다음과 같이 구할 수 있다.

$$\mathcal{L}\{\delta(t)\} = \lim_{\Delta \to 0} \frac{1}{\Delta s}\left[1 - e^{-\Delta s}\right] = 1 \tag{13-26}$$

이 함수의 대표적인 성질은 식 13−26에서 확인할 수 있듯이 라플라스 변환함수가 1이 된다는 것이다. 이 델타함수의 정의는 수학적으로는 엄밀성이 부족하기는 하지만 공학분야에서는 편리한 점이 많기 때문에 자주 쓰이고 있다.

지금까지 예제에서 다룬 함수들을 비롯하여 자주 다루게 될 기본적인 라플라스 변환함수들을 정리하면 표 13−2와 같다. 이 표는 앞으로 라플라스 변환과 역변환 함수를 구하는 데 활용하게 될 것이다. 좀 더 자세한 라플라스 변환표는 부록 C에 정리되어 있다.

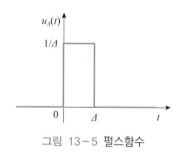

그림 13−5 펄스함수

13.3 라플라스 역변환

라플라스 역변환은 앞절에서 다룬 라플라스 변환의 역연산으로, 라플라스 변환함수 $F(s)$로부터 시간함수 $f(t)$를 구하는 과정이다. 라플라스 변환을 이용하여 미분방정식이나 중합적분식을 대수방정식으로 바꿔서 변환해를 구한 다음, 이 변환해로부터 시간함수를 구하려면 필수적으로 역변환 과정을 거쳐야 한다. 이 절에서는 라플라스 변환함수로부터 시간함수를 구하는 방법을 익히기 위해 먼저 라플라스 역변환의 정의를 살펴보고, 라플라스 역변환을 쉽게 구할 수 있는 방법인 부분분수 전개법에 대해 정리하기로 한다.

1. 라플라스 역변환의 정의

[정의 13.1] 어떤 주파수함수 $F(s)$에 대한 라플라스 역변환은 다음과 같다.

$$f(t) = \mathcal{L}^{-1}\{F(s)\} = \frac{1}{2\pi j} \int_{c-j\infty}^{c+j\infty} F(s)e^{st}ds, \quad c > R_c \tag{13-27}$$

여기서 $\mathcal{L}^{-1}\{\cdot\}$는 라플라스 역변환, j는 허수단위, R_c는 $F(s)$의 수렴영역 경계이며, $c > R_c$ 조건은 라플라스 역변환을 정의하는 적분이 존재하는 범위인 수렴영역을 나타낸다.

라플라스 역변환은 식 13-27과 같이 복소적분으로 정의되기 때문에 이 연산을 정의에 따라 직접 계산할 경우 복소함수 적분법을 써야 하는데, 간단한 함수인 경우에는 쉽게 처리할 수 있지만, 대부분의 경우는 그렇지 못하다. 그러나 라플라스 변환과 역변환 쌍은 서로 1 : 1 대응을 이루고 있으므로 표 13-2에 나오는 변환쌍을 이용하고, 라플라스 변환의 성질들을 활용하면 복소함수 적분과정을 거치지 않고서도 비교적 쉽게 역변환 함수를 구할 수 있다. 그러면 변환표를 이용하여 라플라스 역변환을 구하는 방법을 살펴보기로 한다.

표 13-2 라플라스 변환 및 역변환

함수이름	시간함수 $f(t),\ t \geq 0$	변환함수 $F(s)$
단위계단함수	$u_s(t)$	$\dfrac{1}{s}$
경사함수	t	$\dfrac{1}{s^2}$
지수함수	e^{at}	$\dfrac{1}{s-a}$
삼각함수	$\sin\omega t$	$\dfrac{\omega}{s^2+\omega^2}$
	$\cos\omega t$	$\dfrac{s}{s^2+\omega^2}$
지수가중 삼각함수	$e^{-at}\sin\omega t$	$\dfrac{\omega}{(s+a)^2+\omega^2}$
	$e^{-at}\cos\omega t$	$\dfrac{s+a}{(s+a)^2+\omega^2}$
델타함수	$\delta(t)$	1

(주) 좀 더 자세한 라플라스 변환표는 부록 C 참조

2. 라플라스 역변환의 계산 : 부분분수 전개법

앞서 언급하였듯이 라플라스 변환과 역변환은 1 : 1쌍을 이루므로 역변환을 구할 때 변환 쌍을 활용할 수 있다. 그런데 표 13−2에 제시된 변환쌍은 자주 등장하는 몇 가지 기본적인 함수들만 다루고 있기 때문에 이 표에 나타나지 않는 일반함수들에 대한 역변환을 구하기 위해서는 대상함수를 기본함수의 꼴로 짜맞추는 분해과정이 필요하다. 표 13−2에 나오는 라플라스 변환함수들의 꼴을 살펴보면 분모부가 일차나 이차인수들로 이루어진 분수함수 형태를 갖고 있다는 것을 알 수 있다. 따라서 기본형에 속하지 않는 어떤 변환함수의 라플라 스 역변환을 구하기 위해서는 주어진 변환함수를 일차나 이차인수의 분모를 갖는 부분분수 함수들의 합으로 분해해야 한다. 이러한 분해과정을 **부분분수 전개(partial fraction expansion)**라 하는데, 여기서 이 전개법에 대해 정리해보고 이것을 라플라스 역변환에 활용 하는 예를 살펴보기로 한다.

먼저 부분분수 전개에 관한 이론을 정리하기로 한다. 라플라스 역변환을 적용할 변환함 수들은 다음과 같은 형태를 갖는 분수함수로 볼 수 있다.

$$F(s) = \frac{N(s)}{D(s)}$$

여기서 $N(s)$, $D(s)$는 각각 s에 관한 m, n차 다항식이며, 분모다항식 $D(s)$의 차수 n이 분자다항식 $N(s)$의 차수 m보다 더 크다고 가정한다.

[정리 13.1] 1차인수 부분분수 전개

분수함수 $F(s)$의 분모가 다음과 같이 서로 다른 실계수 $\{p_i\}_1^n$들로 이루어지는 1차인수 들로 분해될 때,

$$F(s) = \frac{N(s)}{D(s)} = \frac{N(s)}{(s+p_1)(s+p_2)\cdots(s+p_n)}, \quad p_i \neq p_j \qquad (13-28)$$

이 함수를 부분분수로 전개하면 다음과 같다.

$$F(s) = \frac{N(s)}{D(s)} = \frac{a_1}{s+p_1} + \frac{a_2}{s+p_2} + \cdots + \frac{a_n}{s+p_n} \qquad (13-29)$$

$$a_i = \left[(s+p_i)F(s)\right]_{s=-p_i}, \quad i = 1, 2, \cdots, n \qquad (13-30)$$

＊ 증명 : 식 13−29의 우변을 통분하면 분모부는 식 13−28의 분모부와 같고, 분자부는 $n-1$
차 다항식의 일반형이 되어 n차 분모다항식 $D(s)$보다 차수가 낮은 분자다항식인
$N(s)$를 항상 표시할 수 있으므로 식 13−28은 항상 식 13−29로 나타낼 수 있다.
따라서 식 13−30만 유도하면 증명은 완료된다.

식 13−28의 양변에 $s+p_i$를 곱하면 다음과 같이 전개된다.

$$(s+p_i)F(s) = (s+p_i)\frac{a_1}{s+p_1}+(s+p_i)\frac{a_2}{s+p_2}+\cdots$$
$$+\ a_i +\ \cdots+(s+p_i)\frac{a_n}{s+p_n}$$

이 식의 양변에 $s=-p_i$를 대입하면 우변에서 a_i만 남고, 다른 항들은 모두 0이
되므로 다음과 같은 결과를 얻게 된다.

$$\left[(s+p_i)F(s)\right]_{s=-p_i} =\ a_i$$

즉, 식 13−30이 유도되므로 증명은 완료된다.

식 13−30의 계수 a_i는 부분분수의 i번째 계수로서 함수 $F(s)$에서 i번째 분모인수
$s+p_i$를 제외한 나머지 부분에 $s=-p_i$를 대입하여 계산되기 때문에, 인수 $s+p_i$에 대응하
는 **나머지수(residue)**라고 한다. 이 정리 13.1을 활용하면 분모다항식이 1차인수들로 이루어
지는 분수함수 $F(s)$의 라플라스 역변환을 쉽게 계산할 수 있게 된다. 즉, $F(s)$가 식 13−30
으로 계산되는 나머지수를 계수로 갖는 식 13−29의 부분분수로 전개되면 이 전개식에
라플라스 역변환을 적용하여 $F(s)$의 역변환 함수를 쉽게 구할 수 있다. 그 까닭은 식 13−
29 우변의 각 항은 앞에서 이미 다루었던 지수함수에 대응하는 변환함수들로서 다음과
같이 역변환되기 때문이다.

$$\mathcal{L}^{-1}\left\{\frac{a_i}{s+p_i}\right\} =\ a_i e^{-p_i t}$$

따라서 성질 13.2의 중첩 원리로부터 $F(s)$의 역변환 $f(t)$는 다음과 같이 나타낼 수 있다.

$$f(t) =\ \mathcal{L}^{-1}\{F(s)\} = \sum_{i=1}^{n} a_i e^{-p_i t}$$

다음의 라플라스 변환함수 $F(s)$의 역변환 $f(t)$를 구하시오.

$$F(s) = \frac{s+4}{(s+2)(s+5)}$$

풀이 $F(s)$를 부분분수로 전개하면 다음과 같다.

$$F(s) = \frac{a_1}{s+2} + \frac{a_2}{s+5}$$

여기서 나머지수 a_1, a_2는 식 13-30으로부터 간단히 계산된다.

$$a_1 = [(s+2)F(s)]_{s=-2} = \left[\frac{s+4}{s+5}\right]_{s=-2} = \frac{2}{3}$$

$$a_2 = [(s+5)F(s)]_{s=-5} = \left[\frac{s+4}{s+2}\right]_{s=-5} = \frac{1}{3}$$

따라서 $f(t)$는 다음과 같이 구해진다.

$$f(t) = \mathcal{L}^{-1}\{F(s)\} = \mathcal{L}^{-1}\left\{\frac{2/3}{s+2} + \frac{1/3}{s+5}\right\}$$

$$= \frac{1}{3}(2e^{-2t} + e^{-5t}), \quad t \geq 0$$

이제는 $F(s)$의 분모부에 2차인수 $(s+\alpha)^2 + \omega^2$가 있는 경우, 즉 복소인수를 갖는 경우를 생각해 보자. 이 2차인수를 1차로 분해하면 $(s+\alpha+j\omega)$와 $(s+\alpha-j\omega)$로 나눌 수 있다. 정리 13.1에서는 $F(s)$의 분모다항식이 실계수 1차인수로 분해되는 것을 전제로 하고 있지만, 이와 같이 복소계수 1차인수로 분해되는 경우에도 적용할 수는 있다. 그러나 라플라스 역변환을 할 때 이러한 2차인수들은 표 13-2에서 보듯이 지수가중 삼각함수에 대응되므로 1차인수로 분해하여 전개하는 것보다는 다음과 같이 2차인수 표준형으로 전개하여 처리하는 것이 훨씬 더 편리하다.

[정리 13.2] 2차인수 부분분수 전개

다음과 같이 분수함수 $F(s)$의 분모다항식의 인수 가운데 2차인수 $(s+\alpha)^2 + \omega^2$이 있을 때,

$$F(s) = \frac{N(s)}{D(s)}$$

$$= \frac{N(s)}{(s+p_1)(s+p_2)\cdots[(s+\alpha)^2+\omega^2]\cdots(s+p_{n-2})}, \quad p_i \neq p_j \tag{13-31}$$

이 함수를 부분분수로 전개하면 다음과 같다.

$$F(s) = \frac{N(s)}{D(s)} = \frac{a_1}{s+p_1} + \frac{a_2}{s+p_2} + $$

$$\cdots + \frac{a_{n-2}}{s+p_{n-2}} + \frac{c_1\omega}{(s+\alpha)^2+\omega^2} + \frac{c_2(s+\alpha)}{(s+\alpha)^2+\omega^2} \tag{13-32}$$

여기서 2차인수의 나머지수 c_1, c_2 는 다음과 같이 계산된다.

$$c_1 = \frac{1}{2\omega}(F_r + F_r^*) = \frac{1}{\omega}\Re\{F_r\}$$

$$c_2 = \frac{1}{j2\omega}(F_r - F_r^*) = \frac{1}{\omega}\Im\{F_r\} \tag{13-33}$$

$$F_r = \{[(s+\alpha)^2+\omega^2]F(s)\}_{s=-\alpha+j\omega}$$

여기서 $\Re$, $\Im$ 는 각각 실수부와 허수부를, 윗첨자 *는 켤레복소수를 나타낸다. $F(s)$의 1차인수들의 나머지수 $a_i, i = 1,2,\cdots,n-2$ 들은 식 13-30과 같이 구해진다.

> **＊증명** : 식 13-32의 우변을 통분하면 식 13-31과 같은 꼴이 되므로 2차인수를 갖는 식 13-31은 식 13-32와 같이 전개될 수 있다. 이 전개식에서 1차인수들에 대한 나머지수는 정리 13.1에서와 같은 방법으로 구할 수 있음은 자명한 것이므로, 2차인수의 나머지수를 정하는 식 13-33만 유도하면 된다. 식 13-32 양변에 $(s+\alpha)^2+\omega^2$을 곱하고, $s=-\alpha+j\omega$를 대입하면 다음과 같은 관계식을 얻을 수 있다.
>
> $$F_r = \omega c_1 + j\omega c_2$$
>
> $$F_r^* = \omega c_1 - j\omega c_2$$
>
> 이 식을 정리하면 식 13-33이 유도된다.

$F(s)$에 대한 부분분수 전개식 13-32에서 2차인수 부분의 라플라스 역변환은 표 13-2에서 보듯이 지수가중 삼각함수에 대응된다.

$$\mathcal{L}^{-1}\left\{\frac{c_1\omega}{(s+\alpha)^2+\omega^2} + \frac{c_2(s+\alpha)}{(s+\alpha)^2+\omega^2}\right\} = e^{-\alpha t}(c_1\sin\omega t + c_2\cos\omega t)$$

따라서 전개식 13-32에 라플라스 역변환을 적용하면 $F(s)$의 역변환을 쉽게 구할 수 있다.

다음 변환함수 $F(s)$의 역변환 $f(t)$를 구하시오.

$$F(s) = \frac{s+2}{(s+1)(s^2+4s+5)}$$

풀이 $F(s)$의 분모부 2차인수를 표준형으로 바꾸면 $s^2+4s+5=(s+2)^2+1$ 이므로 $F(s)$의 부분분수 전개식은 다음과 같다.

$$F(s) = \frac{a}{s+1} + \frac{c_1 \cdot 1}{(s+2)^2+1} + \frac{c_2(s+2)}{(s+2)^2+1}$$

여기서 나머지수들은 다음과 같이 계산된다.

$$a = [(s+1)F(s)]_{s=-1} = 0.5$$

$$F_r = \{[(s+2)^2+1]F(s)\}_{s=-2+j} = \frac{1-j}{2}$$

$$c_1 = \frac{1}{1}\Re\{F_r\} = 0.5$$

$$c_2 = \frac{1}{1}\Im\{F_r\} = -0.5$$

따라서 역변환함수 $f(t)$는 다음과 같이 구해진다.

$$f(t) = \mathcal{L}^{-1}\{F(s)\} = 0.5e^{-t} + 0.5e^{-2t}(\sin t - \cos t), \quad t \geq 0.$$

이번에는 $F(s)$에 다중인수가 포함되는 경우를 생각해보기로 한다. 이 경우에는 1차인수 전개가 불가능하기 때문에 정리 13.1을 적용할 수가 없고, 다중인수 부분을 처리하는 방법이 필요하다. 이 방법을 정리하면 다음과 같다.

[정리 13.3] 다중인수 부분분수 전개

다음과 같이 분수함수 $F(s)$의 분모다항식의 인수 가운데 i번째 인수가 M중인수인 다음의 분수함수를 고려하자.

$$F(s) = \frac{N(s)}{D(s)}$$

$$= \frac{N(s)}{(s+p_1)(s+p_2)\cdots(s+p_i)^M\cdots(s+p_{n-M})}, \quad p_i \neq p_j$$

(13-34)

이 함수를 부분분수로 전개하면 다음과 같다.

$$F(s) = \frac{N(s)}{D(s)} = \frac{a_1}{s+p_1} + \frac{a_2}{s+p_2} + \cdots + \frac{a_{n-M}}{s+p_{n-M}}$$

$$\text{(13-35)}$$

$$+ \frac{b_1}{(s+p_i)^M} + \frac{b_2}{(s+p_i)^{M-1}} + \cdots + \frac{b_M}{s+p_i}$$

여기서 M차인수의 나머지수 $b_k, k=1,2,\cdots,M$는 다음과 같이 계산된다.

$$b_k = \frac{1}{(k-1)!} \left[\frac{d^{k-1}}{ds^{k-1}} (s+p_i)^M F(s) \right]_{s=-p_i}, \qquad k=1,2,\cdots,M \qquad \text{(13-36)}$$

그리고 1차인수들의 나머지수 $a_j,\ j \neq i$들은 식 13-30과 같이 구해진다.

★ 증명 : 식 13-34가 식 13-35와 같이 전개되고, 이 가운데 1차인수 부분들의 나머지수가 정리 13.1에서와 같은 방법으로 구할 수 있음은 쉽게 증명할 수 있으므로, 다중인수의 나머지수를 정하는 식 13-36만을 유도하기로 한다. 식 13-35의 양변에 $(s+p_i)^M$을 곱하면 다음과 같은 관계식을 얻을 수 있다.

$$(s+p_i)^M F(s) = (s+p_i)^M \left[\frac{a_1}{s+p_1} + \frac{a_2}{s+p_2} + \cdots + \frac{a_{n-M}}{s+p_{n-M}} \right]$$
$$+ b_1 + \cdots + b_k (s+p_i)^{k-1} + \cdots + b_M (s+p_i)^{M-1}$$

이 식의 양변을 $k-1$번$(k=1,2,\cdots,M)$ 미분하고, $s=-p_i$를 대입하면 우변에서 $k-2$차 이하의 항들은 미분과정을 통해 없어지고, k차 이상의 항들은 $s=-p_i$ 대입과정을 통해 없어지기 때문에 $(k-1)! b_k$만 남게 되어 식 13-36이 유도된다.

다중인수에 대한 부분분수 전개식 13-35에서 다중인수에 대한 라플라스 역변환은 복소미분 성질 식 13-15를 이용하면 다음과 같이 구할 수 있다.

$$\mathcal{L}^{-1} \left\{ \frac{1}{(s+p_i)^k} \right\} = \mathcal{L}^{-1} \left\{ \frac{-1}{k-1} \frac{d}{ds} \frac{1}{(s+p_i)^{k-1}} \right\}$$

$$= \mathcal{L}^{-1} \left\{ \frac{(-1)^{k-1}}{(k-1)!} \frac{d^{k-1}}{ds^{k-1}} \frac{1}{s+p_i} \right\}$$

$$= \frac{1}{(k-1)!} t^{k-1} e^{-p_i t}$$

따라서 다중인수를 포함하는 전개식 13-35에서도 라플라스 역변환은 쉽게 구할 수 있다.

다음 변환함수 $F(s)$의 역변환 $f(t)$를 구하시오.

$$F(s) = \frac{s+2}{(s+1)(s+3)^2}$$

풀이 $F(s)$의 부분분수 전개식은 다음과 같다.

$$F(s) = \frac{a}{s+1} + \frac{b_1}{(s+3)^2} + \frac{b_2}{s+3}$$

여기서 나머지수들은 식 13 - 30, 식 13 - 36으로부터 다음과 같이 계산된다.

$$a = \left[(s+1)F(s)\right]_{s=-1} = \left[\frac{s+2}{(s+3)^2}\right]_{s=-1} = 0.25$$

$$b_1 = \left[(s+3)^2 F(s)\right]_{s=-3} = \left[\frac{s+2}{s+1}\right]_{s=-3} = 0.5$$

$$b_2 = \left[\frac{d}{ds}(s+3)^2 F(s)\right]_{s=-3} = \left[\frac{-1}{(s+1)^2}\right]_{s=-3} = -0.25$$

따라서 역변환함수 $f(t)$는 다음과 같이 구해진다.

$$f(t) = \mathcal{L}^{-1}\{F(s)\} = 0.25e^{-t} + (0.5t - 0.25)e^{-3t}, \quad t \geq 0.$$

13.4 초기값 및 최종값 정리

변환함수 $F(s)$를 알고 있을 때 라플라스 역변환을 사용하면 시간함수 $f(t)$를 구할 수 있다. 그런데 시간함수 $f(t)$ 전체가 아니라 $t = 0$에서의 초기값이나 $t = \infty$에서의 최종값만 필요한 경우에는 굳이 라플라스 역변환 과정을 거치지 않고, 아주 간단한 계산으로 이 값들을 찾아낼 수가 있다. 이 절에서는 이와 관련된 성질을 정리하기로 한다.

[성질 13.9] 초기값 정리, initial value theorem

시간함수 $f(t)$의 초기값과 변환함수 $F(s)$는 다음과 같은 관계를 갖는다.

$$f(0^+) = \lim_{s \to \infty} sF(s) \tag{13-37}$$

여기서 $f(0^+) = \lim\limits_{t \to 0^+} f(t)$ 이다.

* **증명** : 식 13 - 8에서 다음과 같은 관계를 얻을 수 있다.

$$\int_{0^+}^{\infty} f'(t)e^{-st}dt = sF(s) - f(0^+)$$

여기서 $s \to \infty$이면 $e^{-st} \to 0$이므로, $\lim_{s \to \infty}[sF(s) - f(0^+)] = \lim_{s \to \infty} sF(s) - f(0^+) = 0$이 되어 식 13 - 37이 성립한다.

식 13 - 37은 라플라스 변환이 존재하는 함수에서 항상 성립하는 성질이다. 여기서 유의할 점은 초기값으로서 $f(0)$ 대신에 $f(0^+)$를 쓴다는 점이다. 연속함수에서는 $f(0) = f(0^+)$이므로 이를 구분할 필요가 없지만, 불연속함수에서는 $f(0) \neq f(0^+)$일 수 있기 때문에 주의해야 한다. 성질 13.9는 시간함수의 초기값과 라플라스 변환함수와의 관계를 나타내주는 이론이기 때문에 흔히 **초기값 정리**라고 한다.

예제 13 - 11

다음 변환함수 $F(s)$에 대응하는 시간함수 $f(t)$의 초기값 $f(0^+)$를 구하시오.

$$F(s) = \frac{2s^3 + 3s^2 - 4s + 5}{(s+1)(s-2)(s+3)(s+4)} \tag{13-38}$$

풀이 초기값 정리에 의해 식 13 - 37을 적용하여 다음과 같이 초기값을 구할 수 있다.

$$f(0^+) = \lim_{s \to \infty} sF(s) = \lim_{s \to \infty} s\frac{2s^3}{s^4} = 2$$

이 예제에서 식 13 - 38의 변환함수를 역변환하여 시간함수 $f(t)$를 구한 다음 이로부터 초기값을 구할 수도 있지만, 이 방식은 역변환과정을 거쳐야 하므로 조금 복잡하다(익힘문제 13.10 참조). 그러나 초기값 정리를 사용하면 아주 간단하게 처리할 수 있다.

위에서 초기값 정리에 대응하는 성질로서 시간함수의 최종값을 변환함수로부터 계산할 수 있는 성질도 있는데, 이를 **최종값 정리(final value theorem)**라 하며, 다음과 같이 요약할 수 있다.

[성질 13.10] 최종값 정리

시간함수 $f(t)$의 최종값 $f(\infty)$이 존재할 때, 이 최종값과 변환함수 $F(s)$는 다음과 같은 관계를 갖는다.

$$\lim_{t \to \infty} f(t) = \lim_{s \to 0} s F(s) \qquad (13-39)$$

★ **증명** : 문제 13.6

　초기값 정리는 모든 변환함수에 대해 성립하지만, 식 13-39로 표시되는 최종값 정리는 극한값 $f(\infty)$의 존재조건이 전제로 붙어있다는 점에 주의해야 한다. 따라서 시간함수 $f(t)$가 발산하거나 삼각함수처럼 계속 진동하는 경우에는 극한값이 존재하지 않으므로 최종값 정리는 성립하지 않는다. 최종값 $f(\infty)$의 존재조건은 변환함수 $F(s)$의 분모를 0으로 만드는 s값인 **극점(poles)**이 모두 복소평면 허수축 왼쪽(좌반평면)에 있거나 원점에 단근으로 존재하는 것이다. 이러한 존재조건은 변환함수 $F(s)$의 극점에 따라 시간함수 $f(t)$가 지수함수나 지수가중 정현파로 나타나는 것으로 유추할 수 있는데, 극점이 허수축 오른쪽(우반평면)에 있거나 원점에 중근으로 존재하면 시간함수가 발산하며, 허수축 상에 있는 경우에는 완전진동하기 때문에 최종값 정리를 적용할 수 없다. 따라서 예제 13-11의 식 13-38로 표시되는 변환함수의 경우에는 극점 중에 $s = 2$가 우반평면에 있으므로 최종값 정리를 적용할 수 없다.

예제 13-12

　다음 변환함수 $F(s)$에 대응하는 시간함수 $f(t)$의 최종값 $f(\infty)$를 구하시오.

$$F(s) = \frac{2s^2 - 4s + 6}{s(s+1)(s+2)} \qquad (13-40)$$

풀이　$F(s)$의 극점이 $s = 0, -1, -2$로서 원점 단근과 좌반평면에 있으므로 최종값 정리를 적용할 수 있으며, 식 13-39로부터 다음과 같이 최종값을 구할 수 있다:

$$f(\infty) = \lim_{s \to 0} s F(s) = \lim_{s \to 0} s \frac{6}{2s} = 3$$

　이 예제에서도 식 13-40의 변환함수를 역변환하여 시간함수 $f(t)$를 구한 다음, 이로부터 최종값을 구할 수도 있지만 역변환과정을 거쳐야 하므로 조금 복잡하다. 그러나 최종값 정리를 사용하면 위에서 보듯이 간단하게 처리할 수 있다. 이처럼 초기값 정리와 최종값 정리는 시간함수를 구하지 않고도 변환함수로부터 초기값과 최종값을 간단히 구할 수 있게 해주는 성질이다. 이 성질은 초기값과 최종값을 구하는 용도 외에 라플라스 역변환으로 구한 시간함수가 제대로 유도됐는지 검토하는 용도로도 활용될 수 있다(문제 13.11 참조).

13.5 전달함수와 임피던스

라플라스 변환은 선형상계수 미분방정식으로 표시되는 선형회로나 선형시스템의 입출력변수간의 전달 특성을 대수방정식 형태로 바꿔줌으로써, 회로나 시스템의 해석과정을 쉽고 편리하게 처리할 수 있도록 만드는 도구이다. 따라서 회로 및 시스템 분야에서는 입출력단에서 시스템을 분석하거나 입출력 변수들 간의 전달특성을 해석할 때 대부분 라플라스 변환을 활용한다.

그림 13-6과 같은 선형시스템을 해석할 때 시스템 내의 모든 초기값을 0으로 가정한 조건 하에서 다음과 같이 입력함수의 라플라스 변환에 대한 출력함수의 라플라스 변환의 비로 정의되는 **전달함수(transfer function)**를 사용한다.

$$H(s) = \frac{\mathcal{L}\{y(t)\}}{\mathcal{L}\{x(t)\}}\bigg|_{\text{초기값}=0} = \frac{Y(s)}{X(s)} \tag{13-41}$$

식 13-41로 표시되는 전달함수를 회로해석분야에서는 **회로망함수(Network function)**라고도 하는데, 이 함수를 사용하면 선형시스템의 입출력 전달특성이 다음과 같은 비례식으로 표현된다.

$$Y(s) = H(s)X(s) \tag{13-42}$$

여기서 전달함수는 초기상태를 0으로 가정한 조건하에 정의되기 때문에 식 13-42로 표시되는 출력변환함수 $Y(s)$는 **영상태응답(zero-state response)**에 대한 라플라스 변환이며, 식 13-42의 $Y(s)$에 대응하는 시간함수 $y(t)$는 영상태응답을 나타낸다.

영상태응답 중에 특별히 자주 사용되는 응답으로 **단위계단응답(unit step resopnse)**이 있다. 이것은 식 13-21 및 그림 13-2의 단위계단신호(unit step signal) $u_s(t)$가 입력으로 걸릴 때 나타나는 출력응답을 말하는데, 회로 및 시스템의 동적 특성을 파악하기에 적합한

그림 13-6 선형시스템 표현

응답이기 때문에 회로 및 시스템 해석에 많이 사용되는 응답이다. 단위계단 입력의 라플라스 변환함수는 $X(s) = 1/s$이므로 식 13-42에 의해 출력변환함수는 다음과 같이 표시된다.

$$Y(s) = H(s)X(s) = \frac{H(s)}{s} \tag{13-43}$$

따라서 단위계단응답은 전달함수를 알고 있을 경우 다음과 같이 구할 수 있다.

$$y(t) = \mathcal{L}^{-1}\left\{\frac{H(s)}{s}\right\} \tag{13-44}$$

단위계단응답과 더불어 자주 활용되는 영상태응답으로 임펄스응답(impulse response)이 있다. 이것은 식 13-25로 정의되는 임펄스신호가 입력될 때 대응하는 출력응답을 말하는데, 임펄스신호는 델타함수 $\delta(t)$로서 라플라스 변환이 $\mathcal{L}\{\delta(t)\} = 1$이므로 $X(s) = 1$이 되므로 임펄스응답의 변환함수는 식 13-42로부터 다음과 같이 표시된다.

$$Y(s) = H(s)X(s) = H(s) \tag{13-45}$$

따라서 임펄스응답은 전달함수의 라플라스 역변환함수가 되므로 다음과 같이 표시한다.

$$h(t) = \mathcal{L}^{-1}\{H(s)\} \tag{13-46}$$

단위계단응답이나 임펄스응답은 전달함수가 주어진 경우에는 식 13-44와 식 13-46에 의해 각각 구할 수 있다. 만일 전달함수가 주어지지 않고 대상회로만 주어진 경우에는 대상회로로부터 전달함수를 계산한 다음 이 식들을 적용하여 구하거나, 대상회로의 모든 초기값은 0으로 놓고 단위계단신호나 임펄스신호를 입력으로 하여 회로해석을 통해 해당 출력응답을 구해야 한다.

9장에서 다룬 정현파 교류회로 해석 중에 회로 내의 전류위상자에 대한 전압위상자의 비를 임피던스로 정의하여 사용하였는데, 위상자 임피던스 개념을 확대하여 임피던스를 다음과 같이 전류의 라플라스 변환함수에 대한 전압 라플라스 변환함수의 비로 정의할 수 있다.

$$Z(s) = \frac{V(s)}{I(s)} \tag{13-47}$$

따라서 임피던스도 전달함수의 일종이며, 위상자 임피던스는 식 13-45로 정의되는 일반 임피던스를 정현파에 한정시켜 $s = j\omega$를 사용하는 특수한 경우로 볼 수 있다. 이밖에도 어떤 회로의 입력전압의 라플라스 변환에 대한 출력전압의 라플라스 변환의 비인 전압이득함수나 입력전류의 라플라스 변환에 대한 출력전류의 라플라스 변환의 비인 전류이득함수도 대표적인 전달함수의 예들이다.

13-13

다음 미분방정식으로 표현되는 시스템의 전달함수 $A_v(s) = V_o(s)/V_i(s)$를 구하시오.

$$\frac{d^2v_o(t)}{dt^2} + a_1\frac{dv_o(t)}{dt} + a_0v_o(t) = b_1\frac{dv_i(t)}{dt} + b_0v_i(t) \tag{13-48}$$

풀이 전달함수는 모든 초기값을 0으로 가정하고 구하므로, 이 가정 하에 식 13-48의 양변에 라플라스 변환을 적용하면 다음과 같이 전달함수를 구할 수 있다:

$$(s^2 + a_1s + a_0)V_o(s) = (b_1s + b_0)V_i(s) \implies A_v(s) = \frac{V_o(s)}{V_i(s)} = \frac{b_1s + b_0}{s^2 + a_1s + a_0}$$

예제 13-13의 결과를 보면 미분방정식으로 표시되는 시스템의 특성다항식이 전달함수의 분모에 나타나며, 미분방정식 우변항의 계수들로 이루어진 다항식이 전달함수 분자에 나타나는 것을 알 수 있다. 따라서 전달함수를 알고 있는 경우에는 이 함수의 분모로부터 특성방정식과 극점을 계산하여 대상시스템의 응답특성을 파악할 수 있으며, 입력이 주어지면 전달함수로부터 영상태응답을 간단히 계산할 수 있다.

13.6 라플라스 변환 활용 통합회로 해석법

이 절에서는 라플라스 변환을 활용하여 회로를 해석하는 방법을 정리할 것이다. 그림 13-7에서 보듯이 선형회로 및 시스템이 어떤 초기상태에서 시작하여 입력신호 $x(t)$에 의해 동작할 경우 출력응답 $y(t)$는 입력만에 의한 영상태응답 성분 $y_{zs}(t)$와 초기상태만에 의한 영입력응답 성분 $y_{zi}(t)$의 합으로 나타난다. 이 절에서는 먼저 시스템의 전달함수로부터 영상태응답을 구하는 과정을 익히고, 이어서 영입력응답을 구하는 방법을 따로 익힌 다음, 이 두 가지 응답을 함께 구함으로써 대상회로 전체응답을 구해내는 통합회로해석법을 정리할 것이다. 이 통합회로해석법은 모든 선형회로에 적용할 수 있는 일반적 해석법으로서 회로해석법의 최고 수준에 해당하는 방법이며, 이 방법에 통달해야 회로해석기법을

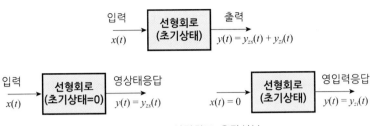

그림 13-7 선형회로 응답성분

제대로 익힌 것이라 할 수 있다.

1. 영상태응답 해석법

어떤 선형회로에서 입력변환함수가 $X(s)$이고, 회로망함수가 $H(s)$일 때 출력변환함수는 다음과 같이 표시된다.

$$Y(s) = H(s)X(s) \tag{13-49}$$

앞절에서 익혔듯이 회로망함수나 전달함수는 회로의 초기상태를 0으로 가정하여 구하기 때문에 식 13-49로 표시되는 출력변환함수 $Y(s)$는 영상태응답의 라플라스 변환이며, 영상태응답 $y(t)$는 다음과 같이 라플라스 역변환에 의해 구할 수 있다.

$$y(t) = \mathcal{L}^{-1}\{Y(s)\} = \mathcal{L}^{-1}\{H(s)X(s)\} \tag{13-50}$$

여기서 회로망함수와 입력변환함수가 각각 다음과 같은 분수함수라 할 때,

$$H(s) = \frac{N(s)}{D(s)}, \quad X(s) = \frac{N_x(s)}{D_x(s)} \tag{13-51}$$

식 13-49의 출력변환함수 $Y(s)$는 부분분수 전개에 의해 다음과 같이 표시할 수 있다.

$$Y(s) = H(s)X(s) = \frac{N(s)N_x(s)}{D(s)D_x(s)} = \frac{N_n(s)}{D(s)} + \frac{N_f(s)}{D_x(s)} \tag{13-52}$$

여기서 식 13-52 우변의 첫 번째와 두 번째 항을 각각 $Y_n(s)$, $Y_f(s)$라 놓고

$$Y_n(s) = \frac{N_n(s)}{D(s)}, \quad Y_f(s) = \frac{N_f(s)}{D_x(s)} \tag{13-53}$$

라플라스 역변환에 의해 $y_n(t) = \mathcal{L}^{-1}\{Y_n(s)\}$을 구하면 회로망함수의 특성다항식 $D(s)$

에 의해 결정되는 고유응답을 구할 수 있고, $y_f(t) = \mathcal{L}^{-1}\{Y_f(s)\}$에 의해 입력변환함수 극점 $D_x(s)$에 의해 결정되는 강제응답을 구할 수 있다.

예제 13-14

다음과 같은 회로망함수로 표시되는 시스템의 단위계단응답을 구하시오.

$$H(s) = \frac{2s+8}{(s+1)(s+2)} \tag{13-54}$$

풀이 단위계단응답이란 식 13-2로 정의되는 단위계단신호가 입력일 때, 즉 $x(t) = u_s(t)$일 때에 대응하는 출력응답이므로 출력변환함수는 식 13-49에 의해 다음과 같이 표시된다.

$$Y(s) = H(s)X(s) = \frac{2s+8}{(s+1)(s+2)} \cdot \frac{1}{s}$$

$$= \left\{\frac{-6}{s+1} + \frac{2}{s+2}\right\} + \frac{4}{s} \tag{13-55}$$

따라서 단위계단응답은 라플라스 역변환에 의해 다음과 같이 구해진다.

$$y(t) = -6e^{-t} + 2e^{-2t} + 4. \quad t \geq 0 \tag{13-56}$$

예제 13-14의 출력응답 식 13-56에서 첫 번째와 두 번째 항은 식 13-54의 회로망함수 극점인 $s = -1, -2$에 대응하는 고유응답 성분이며, 세 번째 항은 입력함수의 극점 $s = 0$에 대응하는 강제응답 성분이다. 영상태응답에 나타나는 고유응답 성분은 예제 13-14에서 보듯이 대상시스템이 안정한 경우, 즉 모든 극점이 복소평면 좌반평면에 있는 경우에는 지수감쇠함수로 나타나기 때문에, 시간이 충분히 지나면 0으로 수렴하고 정상상태에서 영상태응답에는 강제응답 성분만 남게 되는 성질이 있다. 따라서 안정한 회로나 시스템에서 정상상태 해석을 할 경우에는 강제응답만 구하는 것이며, 이러한 성질에 근거하여 9장에서 정현파 정상상태 해석을 할 때 강제응답만 구했던 것이다.

■ 강제응답 성분 계산법

영상태응답의 강제응답 성분을 구할 때 앞에서는 출력 변환함수 전체를 부분분수로 전개한 다음, 라플라스 역변환을 적용하여 계산하였는데, 강제응답만 구할 경우에는 고유응답 부분을 계산할 필요가 없기 때문에 전달함수로부터 바로 계산할 수 있는 간편한 방법이 있다. 이 방법은 다름 아닌 **위상자법**(phasor method)으로서 9장에서 익혔던 방법이다.

입력신호가 $x(t) = A_x e^{s_0 t}$일 때 입력변환함수는 $X(s) = A_x/(s-s_0)$로 표시되고, $X(s)$

의 극점(주파수) s_0가 회로망함수 $H(s)$의 극점과 다를 경우에 강제응답은 입력과 같은 형태가 되므로, 부분분수전개에 의해 강제응답 성분의 라플라스 변환은 $Y_f(s) = A_y/(s-s_0)$로 표시할 수 있다. 여기서 $Y_f(s)$의 분자계수 A_y는 부분분수 전개에서 나머지수를 구하는 공식인 식 13-30에 의해 다음과 같이 구할 수 있다.

$$
\begin{aligned}
A_y &= \big[(s-s_0)Y(s)\big]_{s=s_0} \\
&= \big[(s-s_0)H(s)X(s)\big]_{s=s_0} \\
&= H(s_0)A_x
\end{aligned}
\tag{13-57}
$$

따라서 회로망함수 $H(s)$에서 $H(s_0)$만 계산하면 강제응답 변환함수의 분자계수를 식 13-57에 의해 계산할 수 있으므로, 정상상태 강제응답은 다음과 같이 간단히 구할 수 있다.

$$
y_f(t) = A_y e^{s_0 t}
\tag{13-58}
$$

식 13-57은 $e^{s_0 t}$로 같은 꼴을 지닌 입출력신호의 진폭계수인 A_x와 A_y의 관계를 표시하고 있다. 그런데 이렇게 진폭계수만으로 입출력신호를 대신 나타낸다면 이것이 바로 입출력의 위상자 표현이며, 위상자 간의 관계가 식 13-57로 표시되는 것이다. 예를 들어, 예제 13-14의 경우에 식 13-57을 적용하면 입력 극점 주파수는 $s_0 = 0$이며, 입력위상자는 $A_x = 1$이므로, 출력위상자 $A_y = H(s_0)A_x = 4 \times 1 = 4$가 되어 강제응답 성분이 계산된다.

예제 13-15

다음과 같은 회로망함수로 표시되는 시스템에서 입력신호 $x(t) = 10e^{-3t}$에 대한 강제응답을 구하시오.

$$
H(s) = \frac{1}{(s+1)(s+2)}
\tag{13-59}
$$

풀이 입력신호의 라플라스 변환은 $X(s) = 10/(s+3)$으로 입력 극점주파수가 $s = -3$으로 회로망함수 식 13-59의 극점과 다르므로 강제응답 출력위상자 A_y는 식 13-57을 적용하여 다음과 같이 구할 수 있다.

$$
A_y = H(s_0)A_x = \frac{1}{(-3+1)(-3+2)} \times 10 = 5
$$

따라서 강제응답은 식 13-58에 의해 다음과 같이 결정된다.

$$
y_f(t) = 5e^{-3t}
$$

예제 13-15에서 식 13-59의 회로망함수에 대한 영상태응답은 다음과 같은데,

$$Y(s) = H(s)X(s) = \frac{10}{(s+1)(s+2)(s+3)} = \frac{5}{s+1} + \frac{-10}{s+2} + \frac{5}{s+3}$$

$$\Rightarrow \quad y(t) = 5e^{-t} - 10e^{-2t} + 5e^{-3t}$$

여기서 강제응답 성분은 우변 셋째 항 $5e^{-3t}$로서 식 13-57과 식 13-58의 위상자법을 사용한 결과와 동일하다. 따라서 위상자법 계산과정이 더 간편함을 확인할 수 있으며, 이러한 위상자법의 장점은 정현파입력의 경우에 더욱 드러난다.

입력이 $x(t) = X_m\cos(\omega t + \phi_x)u(t)$일 때 $\boldsymbol{A}_x = X_m \angle \phi_x$라 놓으면 $X(s)$는 다음과 같이 표시되며,

$$X(s) = \frac{\boldsymbol{A}_x/2}{s - j\omega} + \frac{\boldsymbol{A}_x^*/2}{s + j\omega} \qquad (13-60)$$

강제응답도 같은 꼴인 $y_f(t) = Y_m\cos(\omega t + \phi_y)$로 볼 수 있으므로, $\boldsymbol{A}_y = Y_m \angle \phi_y$라 할 때 출력변환함수가 다음과 같이 전개되고

$$Y(s) = H(s)X(s) = \frac{N(s)N_x(s)}{D(s)(s^2 + \omega^2)} = Y_n(s) + \frac{\boldsymbol{A}_y/2}{s - j\omega} + \frac{\boldsymbol{A}_y^*/2}{s + j\omega}$$

여기서 출력위상자 $\boldsymbol{A}_y$는 식 13-57과 유사하게 결정된다.

$$\boldsymbol{A}_y = [(s - j\omega)Y(s)]_{s = j\omega} = [(s - j\omega)H(s)X(s)]_{s = j\omega}$$

$$= H(j\omega)\boldsymbol{A}_x \qquad (13-61)$$

식 13-61에 의해 $\boldsymbol{A}_y$가 구해지면 이를 극좌표형식으로 $\boldsymbol{A}_y = Y_m \angle \phi_y$로 표시한 다음, 강제응답 성분을 위상자 역변환에 의해 $y_f(t) = Y_m\cos(\omega t + \phi_y)$로 계산할 수 있다.

<hr>

예제 13-16

다음과 같은 회로망함수에서 입력신호 $x(t) = 5\cos(10t + 30°)$에 대한 강제응답을 구하시오.

$$H(s) = \frac{100}{(s+1)(s+2)}$$

풀이 입력위상자는 $\boldsymbol{A}_x = 5 \angle 30°$이고, 입력주파수는 $\omega = 10$ rad/s이므로 출력위상자 $\boldsymbol{A}_y$는 식 13-61을 적용하여 다음과 같이 구할 수 있다.

$$\boldsymbol{A}_y = H(j10)\boldsymbol{A}_x = \frac{100}{(j10+1)(j10+2)} \times 5\angle 30°$$

$$= \frac{250\angle 30°}{-49+j15} = 4.88\angle -133.0°$$

따라서 강제응답은 다음과 같이 결정된다.

$$y_f(t) = 4.88\cos(10t-133.0°)$$

지금까지 익힌 강제응답 계산법은 매우 편리하지만 모든 경우에 적용할 수는 없으며, 입력 극점주파수가 회로망함수 극점과 서로 다른 경우에만 적용된다. 이 조건이 성립하지 않는 경우, 즉 입력주파수가 회로망함수 극점과 같은 경우에는 식 13-57이나 식 13-61에서 $H(s_0)$나 $H(j\omega)$가 무한대가 되어 적용이 불가능해지기 때문이다. 따라서 이 경우에는 위상자법을 사용할 수 없으며, 식 13-49에 부분분수 전개법을 적용하여 계산해야 한다.

예제 13-17

예제 13-15의 식 13-59 회로망함수에서 입력신호가 $x(t) = 10e^{-2t}$일 때, 영상태응답을 구하시오.

풀이   입력주파수가 $s_0 = -2$로서 회로망함수의 극점 중에 하나와 일치하므로 위상자법을 적용할 수는 없다. 이 경우에는 식 13-49로부터 출력변환함수를 구한 다음 부분분수 전개법에 의해 영상태응답을 다음과 같이 구할 수 있다.

$$Y(s) = H(s)X(s) = \frac{10}{(s+1)(s+2)^2} = \frac{10}{s+1} + \frac{-10}{s+2} + \frac{-10}{(s+2)^2}$$

$$\Rightarrow y(t) = 10e^{-t} - 10e^{-2t} - 10te^{-2t} = 10[e^{-t} - (1+t)e^{-2t}], \quad t \geq 0$$

2. 영입력응답 해석법

이 절에서는 대상회로에 입력을 0으로 가정하고, 초기값에만 대응하여 나타나는 출력응답인 영입력응답을 라플라스 변환을 활용하여 구하는 방법을 다룰 것이다. 영입력응답은 회로 내의 초기값에만 의존하여 시스템의 고유한 특성에 의해 나타나기 때문에 고유응답성분으로만 이루어진다.

라플라스 변환을 활용하여 회로의 영입력응답을 구하려면 먼저 회로 내의 초기값을 어떻게 처리하는지 알아야 한다. 선형회로에서 초기값은 회로 내에 용량기나 유도기가 존재할 때에만 나타나므로, 초기시점을 $t = 0$라 할 때 용량기 C의 초기전압 $v_C(0)$와 유도기 L의 초기전류 $i_L(0)$을 어떻게 처리하는지 차례로 살펴보기로 한다.

(1) C의 s영역 등가모델

그림 13-8(a)의 정전용량이 C인 용량기에서 전압전류특성은 미분관계식으로 표현되며, 용량기 초기전압이 $v_C(0)$인 경우 이 특성을 라플라스 변환 s영역에서 나타내면 다음과 같다.

$$i_C(t) = C\frac{dv_C(t)}{dt} \Rightarrow I_C(s) = C[sV_C(s) - v_C(0)] \qquad (13-62)$$

이 식을 $V_C(s)$에 대하여 정리하면 s영역에서의 전압전류특성이 다음과 같이 표시되는데,

$$V_C(s) = \frac{1}{sC}I_C(s) + \frac{v_C(0)}{s} \qquad (13-63)$$

이 식을 살펴보면 용량기전압 변환함수 $V_C(s)$는 용량기 임피던스 $1/sC$에 의한 전압하강 분과 초기전압에 의한 성분 $v_C(0)/s$의 합으로 표시되므로, 그림 11-8(b)와 같이 임피던스 $1/sC$와 초기값 전압원의 직렬등가회로로 나타낼 수 있다. 이 모델은 용량기의 초기값을 고려한 테브냉 등가모델이며, 필요한 경우에는 전원변환에 의해 초기값을 고려한 노턴 등가모델로 바꾸어 사용할 수도 있다. 그림 13-8의 등가모델에서 용량기 C에 대응하는 s영역 임피던스는 $1/sC$가 되는데, 이것을 정현파 위상자변환에서 정의되는 C의 임피던스 $1/(j\omega C)$와 비교해보면 $j\omega$ 대신에 s가 사용되고 있다는 점이 주목할 부분이다. 그리고 이 등가모델에서 변환전압 $V_C(s)$는 초기값 전압원 $v_C(0)/s$까지 포함하는 전체 가지의 전압인 점에 유의해야 한다.

(2) L의 s영역 등가모델

그림 13-9(a)의 유도용량이 L인 유도기에서 전압전류특성은 미분관계식으로 표현되며,

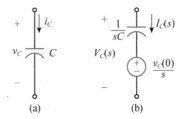

그림 13-8 C의 s영역 등가모델

유도기 초기전류가 $i_L(0)$인 경우 이 특성을 라플라스 변환 s영역에서 나타내면 다음과 같다.

$$v_L(t) = L\frac{di_L(t)}{dt} \Rightarrow V_L(s) = L[sI_L(s) - i_L(0)]$$
$$= sLI_L(s) - Li_L(0) \tag{13-64}$$

유도기의 s영역에서 전압전류특성인 식 13-64의 오른쪽 관계식을 회로로 나타내면 그림 13-9(b)와 같이 임피던스 sL과 초기값 전압원이 직렬로 연결되는 테브냉 등가모델을 구할 수 있다. 식 13-64의 관계식은 필요한 경우에 다음과 같이 변형한 다음

$$I_L(s) = \frac{i_L(0)}{s} + \frac{1}{sL}V_L(s) \tag{13-65}$$

그림 13-9(c)처럼 임피던스 sL과 초기값 전류원의 병렬로 구성되는 노턴 등가모델로 바꿀 수도 있다. 그림 13-9의 등가모델에서 유도기 L에 대응하는 s영역 임피던스는 sL로 표시되는데, 이것을 정현파 위상자 변환에서 정의되는 L의 임피던스인 $j\omega L$과 비교해보면 용량기 임피던스에서처럼 $j\omega$ 대신에 s가 사용되고 있음을 확인할 수 있다. 그리고 이 등가모델에서 변환전압 $V_L(s)$는 초기값 전압원 $Li_L(0)$까지 포함하는 전체 가지의 전압인 점에 유의해야 한다.

(3) s영역 변환회로 구성법

라플라스 변환을 활용한 선형회로 해석을 위해 먼저 용량기나 유도기의 초기전압과 초기전류를 s영역에서 어떻게 처리하는지 알아보았는데, 그 결과 C와 L을 각각 그림 13-8(b)와 그림 13-9(b)와 같이 초기값을 고려한 테브냉 등가모델로 나타낼 수 있다는 것을 익혔다. 이 모델을 보면 C와 L의 s영역 임피던스가 각각 $1/sC$, sL로 표시되는 것을 알 수 있다. 저항에 대해서는 따로 다루지 않았지만 저항 R의 s영역 임피던스는 위상자

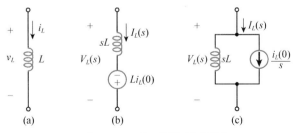

그림 13-9 L의 s영역 등가모델

표 13-3 회로소자 및 신호의 s영역 표시

소자 및 신호	시간영역 표시	s영역 표시
전압, 전류	$v(t), \ i(t)$	$V(s), \ I(s)$
종속전원	$kv_c(t), \ mi_c(t)$	$kV_c(s), \ mI_c(s)$
저 항	R	R
용량기	C	그림 13-8(b)
유도기	L	그림 13-9(b)

변환회로에서처럼 그대로 R로 나타내면 된다. 이 밖의 회로소자로서 독립전원이나 종속전원, 증폭기 등이 있는데, 이 소자들을 s영역에서 표시할 때에는 해당 시간함수들을 라플라스 변환함수로만 나타내주고, 관련 상수들은 그대로 대응시켜 표시하면 된다. 이와 같이 회로소자를 s영역에서 표시하는 요령을 요약하면 표 13-3과 같으며, 이러한 요령에 따라 대상회로의 소자들을 s영역 표시로 바꿔주면 s영역 회로망을 구성할 수 있다.

(4) 영입력응답 계산법

이제 선형회로에서 라플라스 변환을 활용하여 영입력응답을 어떻게 구하는지 익히기로 한다. 그 방법의 핵심은 대상회로의 각 소자를 s영역 모델로 바꿔 s영역 변환 회로망을 구성한 다음에 저항회로해석법을 적용하는 것인데, 이러한 방식으로 영입력응답을 구하는 절차는 다음과 같다.

■ 영입력응답 계산절차

① 초기값 계산 : 대상회로에서 $t < 0$ 시점의 회로해석에 의해 $v_C(0^-)$와 $i_L(0^-)$를 구한다.

② s영역 변환회로망 구성 : 영입력응답을 구하기 위해 독립전원을 없애고, $t \geq 0$에서 초기값을 고려한 s영역 회로망을 그린다.

③ 회로해석법 적용 : s영역 회로망에 마디나 망해석법을 적용하여 출력 $Y(s)$를 구한다.

④ 라플라스 역변환 : $Y(s)$에 라플라스 역변환을 적용하여 영입력응답 $y(t)$를 구한다.

그림 13-10의 회로에서 s영역 회로망해석법을 적용하여 영입력응답 $v_C(t)$를 구하시오.

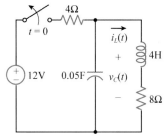
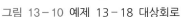

그림 13-10 예제 13-18 대상회로

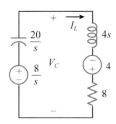

그림 13-11 s영역 변환회로

풀이 $t < 0$ 시점에서 직류에 대해 C는 개방, L은 단락회로로 동작하므로 $v_C(0) = 8$ V, $i_L(0) = 1$ A이다. 따라서 이 초기값을 반영하여 대상회로의 s영역 변환회로망을 구하면 그림 13-11 과 같다. 이 변환회로망에서 $V_C(s)$를 다음과 같이 구할 수 있으며,

$$V_C(s) = \frac{4s+8}{20/s + 4s + 8} \cdot \frac{8}{s} - \frac{20/s}{20/s + 4s + 8} \cdot 4 = \frac{8(s+1) - 12}{(s+1)^2 + 2^2}$$

라플라스 역변환에 의해 영입력응답은 다음과 같이 결정된다.

$$v_C(t) = e^{-t}(8\cos 2t - 6\sin 2t) \text{ V}, \ t \geq 0$$

3. 통합 회로해석법

이 절에서 지금까지 선형회로의 출력을 라플라스 변환을 활용하여 구하는 방법을 다루면 서 출력응답 성분을 영상태응답과 영입력응답으로 구분하여 성분별로 응답을 구하는 기법 을 익혔다. 이처럼 출력응답 성분을 구분하는 이유는 단위계단응답이나 임펄스응답과 같이 영상태응답만을 구하는 경우나, 회로 및 시스템 자체의 고유한 응답특성을 파악하기 위해 영입력응답을 구하는 경우가 자주 발생하기 때문이다.

이제 대상회로에서 입력신호와 초기값이 공존하는 경우에 회로의 출력 전체응답을 구하 는 방법을 정리해보기로 한다. 전체응답은 영상태응답과 영입력응답의 합이므로 영상태응 답과 영입력응답을 따로 구한 다음, 이를 합치는 방식으로 전체응답을 구할 수는 있을 것이다. 그러나 영상태응답은 전달함수가 주어지는 경우에는 쉽게 구할 수 있지만, 그렇지 않은 경우에는 대상회로로부터 영상태응답을 구분하여 따로 구하는 것은 번거롭기 때문에, 출력응답을 구분하여 구한 다음 합치는 방식보다는 다음과 같이 전체응답을 한꺼번에 구하 는 통합 회로해석법을 사용한다.

- **■ 전체응답 계산절차 : 통합 회로해석법**

① 초기값 계산 : 대상회로에서 $t < 0$ 시점의 회로해석에 의해 $v_C(0^-)$와 $i_L(0^-)$를 구한다.

② 입력 라플라스 변환 : 입력함수 $x(t)$의 라플라스 변환 $X(s)$를 구한다.

③ s영역 변환회로망 구성 : $t \geq 0$에서 초기값을 고려한 s영역 회로망을 그린다.

④ 회로해석법 적용 : s영역 회로망에 마디나 망해석법을 적용하여 출력 $Y(s)$를 구한다.

⑤ 라플라스 역변환 : $Y(s)$에 라플라스 역변환을 적용하여 전체응답 $y(t)$를 구한다.

위에 정리한 통합 회로해석법을 앞절에서 다룬 영입력응답 해석법과 비교하면 회로해석 과정에 입력신호를 반영하기 위해 단계 ②만 추가되어 있을 뿐 나머지 단계는 거의 비슷하다는 점을 알 수 있다.

예제 13 – 19 전체응답 계산

그림 13 – 12의 회로에서 전원전압이 다음과 같을 때에 s영역 회로망해석법을 적용하여 $t \geq 0$ 구간의 전체응답 $i_2(t)$를 구하시오.

$$v_s(t) = \begin{cases} 8\,\text{V}, & t < 0 \\ 12\,\text{V}, & t \geq 0 \end{cases}$$

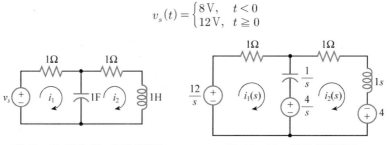

그림 13 – 12 예제 13 – 9 대상회로 　　　그림 13 – 13 s영역 변환회로

풀이 $t < 0$ 시점에서 직류 $v_s(t) = 8$ V에 대해 C는 개방, L은 단락회로로 동작하므로 $v_C(0) = 4$ V, $i_2(0) = 4$ A이다. 따라서 이 초기값을 반영하여 대상회로의 s영역 변환회로망을 구하면 그림 13 – 13과 같다. 이 변환회로망에서 망방정식을 세우면 다음과 같으며,

$$\begin{bmatrix} 1+1/s & -1/s \\ -1/s & s+1+1/s \end{bmatrix} \begin{bmatrix} I_1(s) \\ I_2(s) \end{bmatrix} = \begin{bmatrix} 8/s \\ 4+4/s \end{bmatrix}$$

$$\Rightarrow \begin{bmatrix} s+1 & -1 \\ -1 & s^2+s+1 \end{bmatrix} \begin{bmatrix} I_1(s) \\ I_2(s) \end{bmatrix} = \begin{bmatrix} 8 \\ 4s+4 \end{bmatrix}$$

여기에서 $I_2(s)$를 구한 다음 부분분수 전개하면

$$I_2(s) = \frac{4(s+1)^2+8}{s(s^2+2s+2)} = \frac{A}{s} + \frac{B_1+B_2(s+1)}{(s+1)^2+1}$$

미정계수는 다음과 같이 결정되므로

$$A = sI_2(s)|_{s=0} = 6$$

$$I_{2r} = \left\{ [(s+1)^2 + 1]I_2(s) \right\}_{s=-1+j} = -2 - j2$$

$$B_1 = \frac{1}{1}\Re\{I_{2r}\} = -2, \quad B_2 = \frac{1}{1}\Im\{I_{2r}\} = -2$$

라플라스 역변환에 의해 전체응답은 다음과 같이 결정된다.

$$i_2(t) = 6 - 2e^{-t}(\cos t + \sin t)\,\text{A}, \ t \geq 0$$

예제 13-20 전체응답 계산

그림 13-14의 회로에서 s영역 회로망해석법을 적용하여 $t \geq 0$ 구간의 전체응답 $v(t)$를 구하시오.

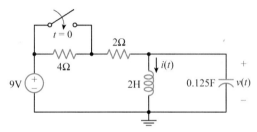

그림 13-14 예제 13-10 대상회로

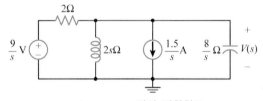

그림 13-15 s영역 변환회로

풀이 $t < 0$ 시점에서 직류에 대해 C는 개방, L은 단락회로로 동작하므로 $i(0) = 1.5$ A, $v(0) = 0$

V이다. 따라서 이 초기값을 반영하여 $t \geq 0$에서 대상회로의 s영역 변환회로망을 구하면

그림 13-15와 같다. 이 변환회로망에서 $V(s)$를 다음과 같이 구할 수 있으며,

$$\left(\frac{1}{2} + \frac{1}{2s} + \frac{s}{8} \right) V(s) = \frac{9/2}{s} - \frac{1.5}{s} \quad \Rightarrow \quad V(s) = \frac{24}{(s+2)^2}$$

라플라스 역변환에 의해 전체응답은 다음과 같이 결정된다.

$$v(t) = 24te^{-2t}\,\text{V}, \ t \geq 0$$

---

01 다음 시간함수들의 라플라스 변환함수들을 구하시오.

1) $f(t) = \alpha + \beta t^2 + \delta(t)$

2) $f(t) = \alpha\sin\omega t + \beta\cos\omega t + e^{-at}\sin\omega t$

3) $f(t) = te^{-at} + 3t\cos t$

4) $f(t) = \alpha\sin^2 t + \beta\cos^2 t$

02 지수가중 함수에 대한 라플라스 변환에서 다음과 같은 성질이 성립함을 보이시오.

$$\mathcal{L}\{e^{at}f(t)\} = F(s-a)$$

여기서 $\mathcal{L}\{f(t)\} = F(s)$ 이다.

03 시간지연 함수에 대한 라플라스 변환에서 다음과 같은 성질이 성립함을 보이시오.

$$\mathcal{L}\{f(t-d)\} = e^{-ds}F(s)$$

04 다음 시간함수들의 라플라스 변환함수들을 구하시오.

1) $f(t) = t\cos t$ 2) $f(t) = t\sin at$

3) $f(t) = t^2 + e^{-at}\cos bt$ 4) $f(t) = \sin t \sin 2t$

5) $f(t) = (t+2)^2$ 6) $f(t) = \sinh t$

05 다음과 같은 시간함수 $f(t)$에서,

1) 라플라스 변환함수 $F(s)$를 구하시오.

2) 이 함수에서 초기값 정리가 성립함을 보이시오.

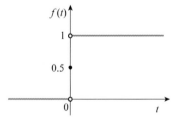

그림 p13.5 시간함수

06 식 $13-39$로 표시되는 최종값 정리를 증명하시오.

07 다음 그림과 같은 함수 $f(t)$의 표현식을 구하고 라플라스 변환함수 $F(s)$를 구하시오.

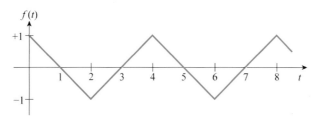

그림 p13.7

08 다음 함수들에 대한 라플라스 변환들을 구하시오.

1) $f(t) = \begin{cases} 0, & \text{for } t < 0 \\ e^{-0.4t}\cos 12t, & \text{for } t \geq 0 \end{cases}$

2) $f(t) = \begin{cases} 0, & \text{for } t < 0 \\ \sin\left(4t + \dfrac{\pi}{3}\right), & \text{for } t \geq 0 \end{cases}$

09 다음 라플라스 변환함수들에 대한 각각의 시간함수들을 구하시오.

1) $F(s) = \dfrac{3}{s^2 + 9}$
2) $F(s) = \dfrac{2}{s(s+1)}$

3) $F(s) = \dfrac{e^{-Ts}}{s^2 + 1}$
4) $F(s) = \dfrac{10}{s(s+2)(s+5)}$

5) $F(s) = \dfrac{s+1}{(s+2)(s+6)}$
6) $F(s) = \dfrac{s+2}{s^2}$

10 라플라스 변환을 이용하여 다음 미분방정식들에 대한 해를 구하시오.

1) $\ddot{y}(t) + 2\dot{y}(t) + 3y(t) = 0$; $y(0) = 1$, $\dot{y}(0) = 1$

2) $\ddot{y}(t) + \dot{y}(t) = \cos t$; $y(0) = \alpha$, $\dot{y}(0) = \beta$

3) $\ddot{y}(t) + \dot{y}(t) = t + e^t$; $y(0) = 1$, $\dot{y}(0) = -1$

11 문제 01의 변환함수에 대한 극점 및 영점을 구하시오.

12 문제 08의 변환함수에 대한 극점 및 영점을 구하시오.

13 다음의 표준형 2차시스템에서

$$G(s) = \frac{Y(s)}{U(s)} = \frac{\omega_n^2}{s^2 + 2\zeta\omega_n s + \omega_n^2}$$

1) 단위계단입력 $u(t) = u_s(t)$에 대한 출력 $y(t)$의 최종값을 구하시오.

2) $\zeta = 0.5$, $\omega_n = 1$일 때 그림 p13.13의 입력에 대한 출력 $y(t)$를 구하시오.

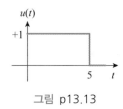

그림 p13.13

14 다음 라플라스 변환함수들에 대해 각각 역변환을 구하시오.

1) $F(s) = \dfrac{1}{(s+5)^3}$ 2) $F(s) = \dfrac{1}{s^3(s+1)}$

3) $F(s) = \dfrac{10}{s(s+5)^2}$ 4) $F(s) = \dfrac{5}{s(s^2+2)}$

5) $F(s) = \dfrac{s+8}{s^2(s+4)}$ 6) $F(s) = \dfrac{(s+1)e^{-2s}}{s(s+2)^2}$

15 다음의 라플라스 변환에 대해 각각 역변환을 구하시오.

1) $F(s) = \dfrac{1}{s(s+3)^2}$ 2) $F(s) = \dfrac{s^2-2}{(s^2+2)^2}$

3) $F(s) = \dfrac{s+2}{(s+1)(s^2+2)}$ 4) $F(s) = \dfrac{2(s+1)}{s(s^2+s+2)}$

5)* $F(s) = \tan^{-1}\dfrac{1}{s}$ (힌트 : $\mathcal{L}\left\{\dfrac{f(t)}{t}\right\} = \displaystyle\int_s^\infty F(\alpha)d\alpha$ 이용)

16 다음의 라플라스 변환함수에 대해서,

$$F(s) = \dfrac{10}{s(s+1)}$$

1) 최종값 정리를 적용하여 대응하는 시간함수 $f(t)$의 최종값을 구하시오.

2) $F(s)$의 라플라스 역변환을 구한 다음, $t \to \infty$일 때의 값을 구하여 앞에서 구한 값과 일치하는지 확인하시오.

17 다음의 표준형 1차시스템에서

$$G(s) = \dfrac{Y(s)}{U(s)} = \dfrac{K}{Ts+1}$$

1) 정현파 입력 $u(t) = A\sin\omega t$에 대한 출력 변환함수 $Y(s)$를 구하시오.

2) $Y(s)$로부터 $y(t)$를 구하고 최종값 정리가 성립하는지 확인하시오.

3) 만일 최종값 정리가 성립하지 않는다면 그 까닭은 무엇인지 설명하시오.

18 다음 미분방정식의 해를 구하시오.

$$\ddot{x} + 2\zeta\omega_n\dot{x} + \omega_n^2 x = 0, \quad x(0) = a, \quad \dot{x}(0) = b$$

여기서 a, b, ζ, ω_n 는 상수이며, $\zeta < 1$ 이다.

19 다음의 라플라스 변환함수에서

$$Y(s) = \frac{4s + 1}{s(s^2 + 2s + 1)}$$

1) 라플라스 역변환을 하여 시간함수 $y(t)$를 구하시오.
2) $y(t)$의 초기값을 구하고 초기값 정리가 성립하는지 확인하시오.

20 예제 13-11의 식 13-38로 표시되는 변환함수의 라플라스 역변환 $f(t)$를 구하고, 이로부터 초기값 $f(0)$를 구하여 초기값 정리가 성립하는지 확인하시오.

21 예제 13-12의 식 13-40으로 표시되는 변환함수의 라플라스 역변환 $f(t)$를 구하고, 이로부터 최종값 $f(\infty)$를 구한 다음 최종값이 서로 일치하는지 확인하시오.

22 예제 13-19에서 $t \geq 0$ 구간의 전체응답 $i_1(t)$를 구하시오.

23 예제 13-20에서 $t \geq 0$ 구간의 전체응답 $i(t)$를 구하시오.

24 그림 p13.24 회로에서 $i(t)$를 구하시오.

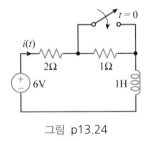

그림 p13.24

25 그림 p13.25 회로에서 $v(t)$를 구하시오.

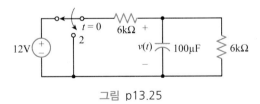

그림 p13.25

26 그림 p13.26 회로에서 $v_C(t)$를 구하시오.

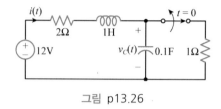

그림 p13.26

27 그림 p13.27 회로에서 $i(t)$를 구하시오.

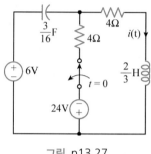

그림 p13.27

28 그림 p13.28 회로에서 $v_o(t)$를 구하시오.

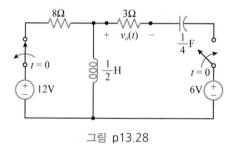

그림 p13.28

29 그림 p13.29 회로에서 $i(t)$를 구하시오.

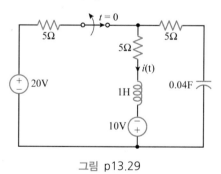

그림 p13.29

30 그림 p13.30 회로에서 $i(t)$를 구하시오.

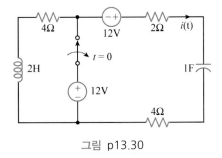

그림 p13.30

31 그림 p13.31 회로에서 임피던스 $Z(s)$를 구하시오.

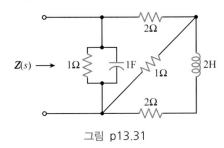

그림 p13.31

32 그림 p13.32 회로에서 $i(t)$를 구하시오. 여기서 $u(t)$는 단위계단함수이다.

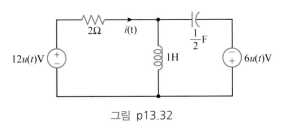

그림 p13.32

33 그림 p13.33 회로에서 $v_o(t)$를 구하시오. 여기서 $u(t)$는 단위계단함수이다.

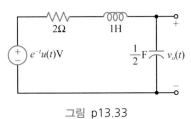

그림 p13.33

34 그림 p13.34 회로에서 $i_o(t)$를 구하시오. 여기서 $u(t)$는 단위계단함수이다.

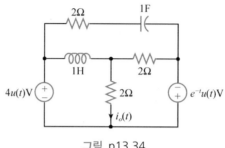

그림 p13.34

35 그림 p13.35 회로에서 $v_o(t)$를 구하시오. 여기서 $u(t)$는 단위계단함수이다.

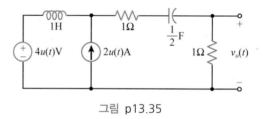

그림 p13.35

36 그림 p13.36 회로에서 $v_o(t)$를 구하시오. 여기서 $u(t)$는 단위계단함수이다.

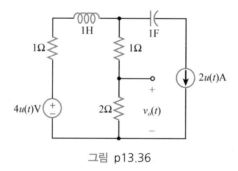

그림 p13.36

37 그림 p13.37 회로에서 $v_o(t)$를 구하시오. 여기서 $u(t)$는 단위계단함수이다.

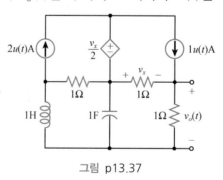

그림 p13.37

38 그림 p13.38 회로에서 $i_o(t)$를 구하시오. 여기서 $u(t)$는 단위계단함수이다.

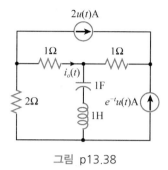

그림 p13.38

39 그림 p13.39 회로에서 $v_o(t)$를 구하시오. 여기서 $u(t)$는 단위계단함수이다.

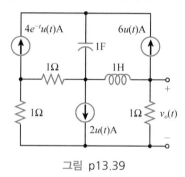

그림 p13.39

40 그림 p13.40 회로에서 $v_o(t)$를 구하시오. 여기서 $u(t)$는 단위계단함수이다.

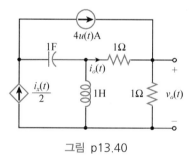

그림 p13.40

41 그림 p13.41 회로에서 $v_o(t)$를 구하시오. 여기서 $u(t)$는 단위계단함수이다.

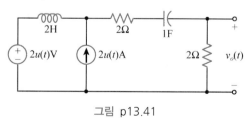

그림 p13.41

42 그림 p13.42 회로에서 $i_o(t)$를 구하시오. 여기서 $u(t)$는 단위계단함수이다.

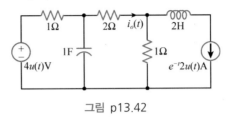

그림 p13.42

43 그림 p13.43 회로에서 $i_o(t)$를 구하시오. 여기서 $u(t)$는 단위계단함수이다.

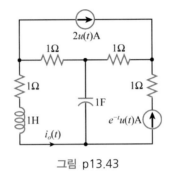

그림 p13.43

44 그림 p13.44 회로에서 $v_o(t)$를 구하시오. 여기서 $u(t)$는 단위계단함수이다.

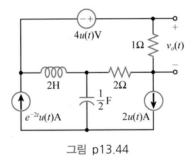

그림 p13.44

45 그림 p13.45 회로에서 $v_o(t)$를 구하시오. 여기서 $u(t)$는 단위계단함수이다.

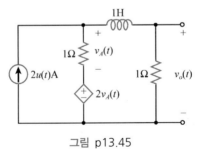

그림 p13.45

46 그림 p13.46 회로에서 $i_o(t)$를 구하시오. 여기서 $u(t)$는 단위계단함수이다.

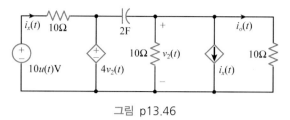

그림 p13.46

47 그림 p13.47 회로에서 $i_o(t)$를 구하시오.

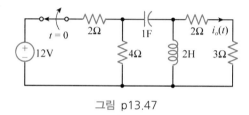

그림 p13.47

48 그림 p13.48 회로에서 $v_o(t)$를 구하시오.

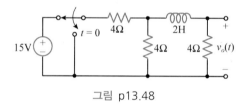

그림 p13.48

49 그림 p13.49 회로에서 $v_o(t)$를 구하시오.

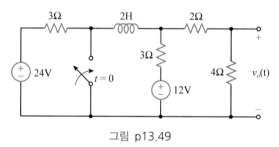

그림 p13.49

50 그림 p13.50 회로에서 $v_o(t)$를 구하시오.

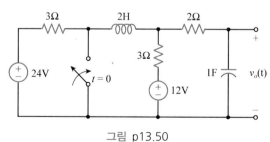

그림 p13.50

51 그림 p13.51 회로에서 $i_o(t)$를 구하시오.

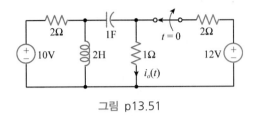

그림 p13.51

52 그림 p13.52 회로에서 $v_o(t)$를 구하시오.

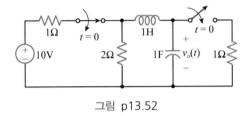

그림 p13.52

53 그림 p13.53 회로에서 $i_o(t)$를 구하시오.

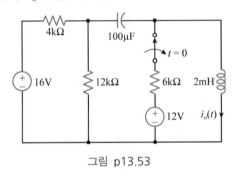

그림 p13.53

54 그림 p13.54 회로에서 $v_o(t)$를 구하시오.

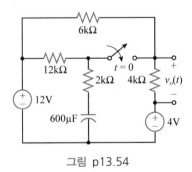

그림 p13.54

55 그림 p13.55 회로에서 $v_o(t)$를 구하시오. 여기서 $u(t)$는 단위계단함수이다.

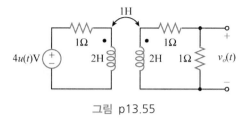

그림 p13.55

56 그림 p13.56 회로에서 $v_o(t)$를 구하시오. 여기서 $u(t)$는 단위계단함수이다.

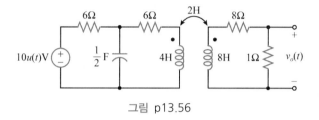

그림 p13.56

57 그림 p13.57 회로에서 $v_o(t)$를 구하시오. 여기서 $u(t)$는 단위계단함수이다.

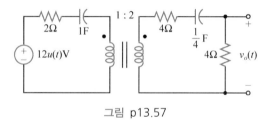

그림 p13.57

58 그림 p13.58 회로에서 $v_o(t)$를 구하시오. 여기서 $u(t)$는 단위계단함수이다.

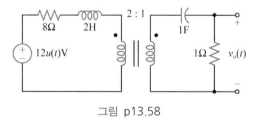

그림 p13.58

59 그림 p13.59 회로에서 $v_o(t)$를 구하시오. 여기서 $u(t)$는 단위계단함수이다.

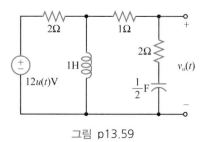

그림 p13.59

60 그림 p13.60 회로에서 $v_o(t)$를 구하시오. 여기서 $u(t)$는 단위계단함수이다.

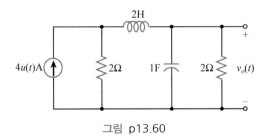

그림 p13.60

61 그림 p13.61 회로에서 $i_o(t)$를 구하시오.

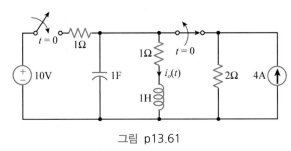

그림 p13.61

62 그림 p13.62 회로에서 $v_o(t)$를 구하시오.

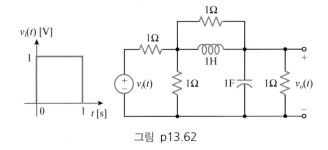

그림 p13.62

63 그림 p13.63 회로에서 $i_o(t)$를 구하시오.

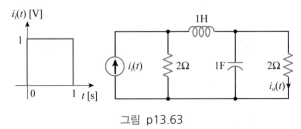

그림 p13.63

64 그림 p13.64 회로에서 입력 $v_s(t)$와 출력 $v_o(t)$간의 전달함수 $A_v(s) = V_o(s)/V_s(s)$를 구하시오.

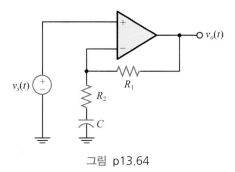

그림 p13.64

65 그림 p13.65 회로에서 입력 $v_s(t)$와 출력 $v_o(t)$간의 전달함수 $A_v(s) = V_o(s)/V_s(s)$를 구하시오.

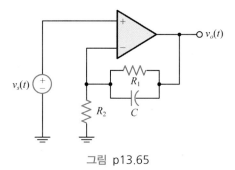

그림 p13.65

66 그림 p13.66 회로에서 입력 $v_s(t)$와 출력 $v_o(t)$간의 전달함수 $A_v(s) = V_o(s)/V_s(s)$를 구하시오.

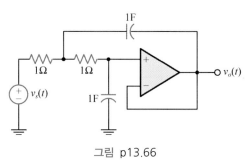

그림 p13.66

67 그림 p13.67 회로에서 입력 $v_s(t)$와 출력 $v_o(t)$간의 전달함수 $A_v(s) = V_o(s)/V_s(s)$를 구하시오.

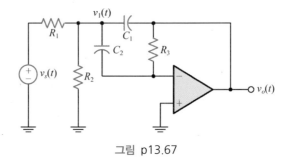

그림 p13.67

68 그림 p13.68 회로에서 입력 $v_s(t)$와 출력 $v_o(t)$간의 전달함수 $A_v(s) = V_o(s)/V_s(s)$를 구하시오.

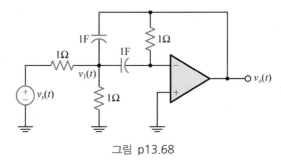

그림 p13.68

69 그림 p13.69 회로에서 입력 $v_s(t)$와 출력 $v_o(t)$간의 전달함수의 극점이 -2와 -5가 되기 위한 C_1, C_2값을 구하시오.

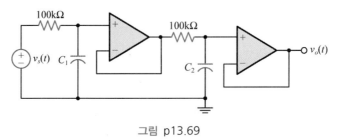

그림 p13.69

70 그림 p13.70 회로에서

1) 입력 $v_i(t)$와 출력 $v_o(t)$간의 전달함수 $H(s) = V_o(s)/V_i(s)$를 구하시오.

2) $v_i(t) = 10\cos 10t$ V, $t \geq 0$일 때 정상상태 출력전압 $v_o(t)$를 구하시오.

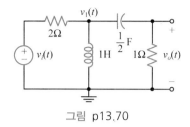

그림 p13.70

71 그림 p13.71 회로에서

1) 입력 $v_i(t)$와 출력 $v_o(t)$간의 전달함수 $H(s) = V_o(s)/V_i(s)$를 구하시오.

2) $v_i(t) = 10\cos 5t\,\text{V}$, $t \geq 0$일 때, 정상상태 출력전압 $v_o(t)$를 구하시오.

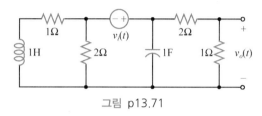

그림 p13.71

72 그림 p13.72 회로에서

1) 입력 $v_i(t)$와 출력 $v_o(t)$간의 전달함수 $H(s) = V_o(s)/V_i(s)$를 구하시오.

2) $v_i(t) = 4\sin 2t\,\text{V}$, $t \geq 0$일 때, 정상상태 출력전압 $v_o(t)$를 구하시오.

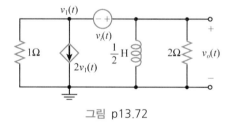

그림 p13.72

73 그림 p13.73 회로에서

1) 입력 $i_i(t)$와 출력 $v_o(t)$간의 전달함수 $H(s) = V_o(s)/I_i(s)$를 구하시오.

2) $i_i(t) = 5\cos t\,\text{V}$, $t \geq 0$일 때, 정상상태 출력전압 $v_o(t)$를 구하시오.

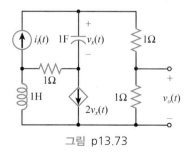

그림 p13.73

74 그림 p13.74 회로에서

1) 입력 $v_1(t)$, $v_2(t)$와 출력 $v_o(t)$간의 전달특성 $V_o(s) = H_1(s)V_1(s) + H_2(s)V_2(s)$ 를 구하시오.

2) $v_1(t) = 4\cos 2t$ V, $v_2(t) = 8\cos 2t$ V 일 때, 정상상태 출력전압 $v_o(t)$를 구하시오.

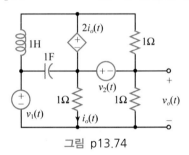

그림 p13.74

75 그림 p13.75 회로에서 $i_C(t)$를 구하시오.

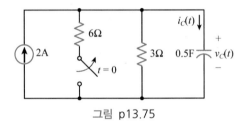

그림 p13.75

76 그림 p13.75 회로에서 $v_C(t)$를 구하시오.

77 그림 p13.77 회로에서 $v_C(t)$를 구하시오.

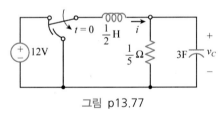

그림 p13.77

78 그림 p13.78 회로에서 $i_1(t)$를 구하시오.

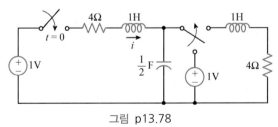

그림 p13.78

79 그림 p13.79 회로에서 $v_C(t)$를 구하시오. 단 $i_i(t) = 4 - 2u(t)\,\mathrm{A}$ 이다.

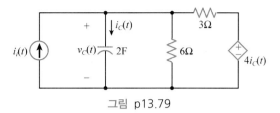

그림 p13.79

80 그림 p13.79 회로에서 종속전압원 전압을 구하시오.

Chapter

14 푸리에 급수 및 변환

14.1 서론

우리는 9장부터 12장까지 정현파교류를 다루면서 정현파 회로해석법으로는 위상자법이 편리하다는 것을 알았다. 정현파 신호의 경우에는 13장에서 다룬 통합 회로해석법인 라플라스 변환법을 적용하여 회로해석을 할 수도 있다. 그러나 13장에서 언급하였듯이 정현파 회로에서 정상상태 해석을 할 경우에는 라플라스 변환법보다는 위상자법을 사용하는 것이 계산상 더 간소하고 편리하다.

회로 중에는 여러 가지 형태의 파형을 발생시키거나 모양을 바꿔주는 회로들이 있는데, 이러한 회로에서는 대부분 주기적인 신호들이 나타난다. 예를 들어, 삼각파라든지, 사각파, 톱니파, 반파 및 전파 정류신호 등이 있는데, 앞에서 다루었던 정현파는 주기적 신호 중에 아주 특수한 경우에 해당한다. 이와 같은 주기적 신호들은 필요에 따라 정현파들의 합의 꼴로 표현할 수 있는데, 이러한 표현을 구할 수 있다면 주기적 신호를 처리하는 회로를 해석할 때 이 주기적 신호의 정현파 성분 각각에 대해 위상자법을 적용한 다음, 중첩정리를 써서 그 결과들을 더함으로써 전체 해를 구할 수 있게 된다.

이 장에서는 주기적 신호를 삼각함수들의 합의 꼴인 급수로 표현하는 푸리에(Fourier) 급수 표현법에 대해 공부하고, 이 급수에 의해 대상신호의 주파수 성분을 분석하는 방법을 익힐 것이다. 그리고 이 급수를 활용하여 주기적 신호를 전원으로 갖는 회로의 정상상태 해석에 위상자법을 적용하여 처리하는 방법을 다룰 것이다. 또한 비주기적 신호에도 이와 같은 삼각함수 급수로 표현하는 기법을 확장하여 적용할 수 있는 푸리에 변환법에 대해서도 익힐 것이다.

14.2 푸리에 급수

푸리에 급수(**Fourier series**)는 프랑스의 과학자 푸리에(J.J. Fourier, 1768~1830)에 의해 1807년에 제시된 것으로서, 어떤 주기함수를 기저함수(basis function)들의 선형결합으로 나타내는 무한급수를 말한다. 푸리에 급수를 적용할 수 있는 대상함수는 다음과 같이 함수값이 일정한 시간간격으로 반복되는 주기함수(periodic function)이다.

$$f(t) = f(t+nT), \quad n = 1,2,3,\cdots \tag{14-1}$$

여기서 T를 **기본주기**(**fundamental period**) 또는 줄여서 **주기**(**period**)라 한다. 주기의 배수도 식 14-1을 만족하기 때문에 주기가 되므로 주기 중에 최소 단위를 기본주기라 부르는 것이다.

이 장에서는 앞으로 주기함수에 대해 한주기 적분을 자주 사용하기 때문에 다음과 같은 표시법을 약속하기로 한다.

$$\int_T f(t)dt = \int_{t_i}^{t_i+T} f(t)\,dt \tag{14-2}$$

푸리에 급수에서 사용하는 기저함수로는 몇 가지 성질만 만족하면 어떤 함수든 쓸 수 있는데, 대표적으로 많이 사용하는 기저함수는 삼각함수와 복소지수함수이다. 그러면 이에 대해 하나씩 살펴보기로 한다.

1. 삼각 푸리에 급수

기저함수로서 사인과 코사인 삼각함수를 사용하는 푸리에 급수를 **삼각**(**trigonometric**) **푸리에 급수**라고 한다. 대상 주기함수의 기본주기 T에 대응하는 주파수는 다음과 같이 정의할 수 있는데,

$$\omega_0 = \frac{2\pi}{T} \tag{14-3}$$

이것을 **기본주파수**(**fundamental frequency**)라 한다. 주기 T인 함수 $f(t)$에 대한 삼각푸리에 급수는 다음과 같이 표시된다.

$$f(t) = a_0 + \sum_{n=1}^{\infty} (a_n \cos n\omega_0 t + b_n \sin n\omega_0 t) \tag{14-4}$$

여기서 우변에 나타나는 계수 a_0, a_n, b_n 들은 모두 실수값을 가지며, 이를 **삼각 푸리에 계수(trigonometric Fourier coefficient)**라고 한다.

어떤 함수가 주기함수라고 해서 모두 푸리에 급수가 존재하는 것은 아니며, 다음과 같은 존재조건이 필요한데, 이를 Dirichlet 조건이라고 부른다.

① 함수값이 단일하다.
② 한 주기 안에서 유한개의 최대점, 최소점, 불연속점을 갖는다.
③ 한 주기 절대적분값 $\int_T |f(t)| dt$ 가 유한하다.

푸리에는 어떤 주기함수가 Dirichlet의 조건을 만족하면 식 14-4의 삼각 푸리에 급수로 전개할 수 있다는 사실을 증명하였다.

식 14-4에서 사용되는 삼각 기저함수는 다음과 같은 관계식을 만족한다.

$$\int_T \cos n\omega_0 t \, dt = \int_T \sin n\omega_0 t \, dt = \int_T \cos n\omega_0 t \, \sin m\omega_0 t \, dt = 0$$

$$\int_T \cos n\omega_0 t \, \cos m\omega_0 t \, dt = \int_T \sin n\omega_0 t \, \sin m\omega_0 t \, dt = \begin{cases} 0, & n \neq m \\ T/2, & n = m \end{cases} \tag{14-5}$$

위의 식에서 보는 바와 같이 삼각 기저함수는 한주기 적분값이 항상 0이며, 사인함수와 코사인 함수의 곱의 한주기 적분값도 0이다. 그리고 같은 사인함수와 코사인함수끼리의 곱의 경우에도 주파수가 서로 다른 경우에는 한주기 적분값이 0이고, 주파수가 동일한 경우에만 한주기 적분값이 0이 아닌 성질을 지니고 있다. 이와 같은 성질을 **직교성 (orthogonality)**이라고 하는데, 식 14-5로 표시되는 직교성을 이용하면 식 14-4에서 나타나는 삼각 푸리에 계수는 다음과 같이 결정할 수 있다.

$$a_0 = \frac{1}{T} \int_T f(t) \, dt$$

$$a_n = \frac{2}{T} \int_T f(t) \cos n\omega_0 t \, dt \tag{14-6}$$

$$b_n = \frac{2}{T} \int_T f(t) \sin n\omega_0 t \, dt$$

앞의 공식은 식 14-4의 등식 양변에 한주기 적분연산을 적용하고, 식 14-5의 직교성을 활용하면 쉽게 유도할 수 있으며, 삼각 푸리에 계수를 계산하는 공식으로 쓰인다. 여기서 주의할 사항은 코사인 및 사인계수 a_n, b_n 을 구할 때 한주기 적분값에 2/T가 곱해지지만, 상수항 계수 a_0를 구할 때에는 1/T가 곱해진다는 점이다. 그리고 a_0는 대상함수의 평균값 (mean)으로서 직류성분을 나타내는데, 파형으로부터 직관적으로 계산할 수도 있다.

예제 14-1

그림 14-1과 같은 꼴의 사각파(rectangular wave) 함수 $f(t)$에 대한 삼각 푸리에 계수를 구하시오.

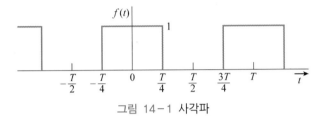

그림 14-1 사각파

풀이 대상함수의 기본주파수는 $\omega_0 = 2\pi/T$이며, 삼각 푸리에 계수 중에 a_0는 평균값으로서 다음과 같이 결정된다.

$$a_0 = \frac{1}{T}\int_{-T/2}^{T/2} f(t)\,dt = \frac{1}{T}\int_{-T/4}^{T/4} 1\,dt = \frac{1}{2}$$

대상함수는 세로축 대칭의 우함수(even function)로서 $f(-t) = f(t)$의 성질을 지니므로 사인계수는 0이 되며,

$$b_n = \frac{2}{T}\int_{-T/2}^{T/2} f(t)\sin n\omega_0 t\,dt = \frac{2}{T}\int_{-T/2}^{T/2}\sin n\omega_0 t\,dt = 0$$

코사인계수는 다음과 같이 구할 수 있다.

$$a_n = \frac{2}{T}\int_{-T/2}^{T/2} f(t)\cos n\omega_0 t\,dt = \frac{4}{T}\int_{0}^{T/4}\cos n\omega_0 t\,dt$$

$$= \frac{4}{Tn\omega_0}\sin n\omega_0 t\Big|_0^{T/4} = \frac{2}{n\pi}\sin\frac{n\pi}{2} = \begin{cases} 0 & , \; n = 2,4,6,\cdots \\ \dfrac{2}{n\pi}(-1)^{(n-1)/2} & , \; n = 1,3,5,\cdots \end{cases}$$

예제 14-1에서 다룬 사각파의 푸리에 급수는 무한급수이지만, 예제 풀이의 마지막 식에서 보듯이 n이 커짐에 따라 a_n은 작아지므로 적절한 항까지의 합으로 근사화하여 나타낼 수 있다. 실제로 $n = 7$까지 택하여 푸리에 급수를 구하고, 이것을 그래프로 표시하면 그림 14-2와 같으면 사각파에 근사한 꼴로 나타나는 것을 확인할 수 있다.

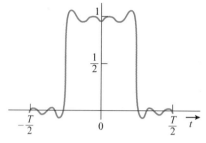

그림 14-2 근사 푸리에 급수

2. 지수 푸리에 급수

앞절에서 삼각 푸리에 급수를 익혔는데, 이 급수는 성분이 상수항, 코사인항, 사인항 등 세 가지로 구분되며, 해당 계수를 구하는 공식도 식 14-6에서 보듯이 서로 조금씩 차이가 있다. 그런데 식 14-4에서 기저함수인 삼각함수를 오일러의 공식을 적용하여 복소 지수함수로 바꾸면 다음과 같이 통일된 꼴로 나타낼 수 있다.

$$f(t) = C_0 + \sum_{n=1}^{\infty} \left(C_n e^{jn\omega_0 t} + C_{-n} e^{-jn\omega_0 t} \right) = \sum_{n=-\infty}^{\infty} C_n e^{jn\omega_0 t} \tag{14-7}$$

이와 같이 복소지수함수를 기저함수로 사용하여 표시되는 푸리에 급수를 **지수 푸리에 급수** (**exponential Fourier series**)라 하며, 이 급수에 사용되는 계수 C_n을 **지수 푸리에 계수** (**exponential Fourier coefficient**)라고 한다. 지수 푸리에 계수는 일반적으로 복소수값을 갖기 때문에 **복소 푸리에 계수(complex Fourier coefficient)**라고도 한다. 지수 푸리에 급수에서 사용하는 기저함수는 모두 $e^{jn\omega_0 t}$ 꼴 하나로 나타나기 때문에 푸리에 계수 계산공식도 하나로 나타난다. 반면에 삼각 푸리에 급수에서는 푸리에 계수가 식 14-6에서 보듯이 세 가지 종류로 구성되어 있다. 그러면 지수 푸리에 계수를 구하는 방법을 살펴보기로 한다. 식 14-7에 기저함수로 쓰이는 복소지수함수는 다음과 같은 직교성을 지니고 있다.

$$\int_T e^{jn\omega_0 t} e^{-jm\omega_0 t} dt = \begin{cases} 0, & n \neq m \\ T, & n = m \end{cases} \tag{14-8}$$

이 직교성을 이용하면 식 14-7의 지수 푸리에 계수 C_n을 다음과 같이 구할 수 있다.

$$C_n = \frac{1}{T} \int_T f(t) e^{-jn\omega_0 t} dt \tag{14-9}$$

대상함수 $f(t)$가 Dirichlet의 조건을 만족하면 이 함수에 대응하는 지수 푸리에 계수가

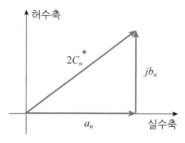

그림 14-3 푸리에 계수들 간의 관계

유일하게 존재한다. $n=0$일 때 지수 푸리에 계수 C_0는 식 14-9에서 알 수 있듯이 대상함수의 평균값, 즉 직류성분을 나타낸다.

주기함수의 푸리에 급수는 사용자가 필요에 따라 삼각 푸리에 급수나 지수 푸리에 급수 중 어떤 것으로도 사용할 수 있으며, 이 두 급수의 해당 계수들 간에는 간단한 변환관계가 성립하기 때문에 한 계수를 알면 다른 계수를 쉽게 구할 수 있다. 식 14-6의 삼각 푸리에 계수 계산식과 식 14-9의 지수 푸리에 계수 계산식을 비교해보면 두 계수들 사이에 다음과 같은 관계가 성립하는 것을 유도할 수 있다(문제 14.3).

$$a_0 = C_0, \ a_n = 2\Re\{C_n\}, \ b_n = -2\Im\{C_n\}, \ n \geq 1 \tag{14-10}$$

$$C_0 = a_0, \ C_n = \frac{1}{2}(a_n - jb_n), \ n \geq 1 \tag{14-11}$$

여기서 $\Re\{\cdot\}$와 $\Im\{\cdot\}$는 각각 복소수의 실수부와 허수부를 나타낸다. 위의 관계식 중에 식 14-10을 이용하면 지수 푸리에 계수를 알 경우에 이로부터 삼각 푸리에 계수를 계산할 수 있으며, 반대로 삼각 푸리에 계수로부터 지수 푸리에 계수를 구하려면 식 14-11을 이용하면 된다. 식 14-11의 관계를 복소평면 위에 그림으로 나타내면 그림 14-3과 같다.

예제 14-2

그림 14-4와 같은 대칭사각파(square wave)의 지수 푸리에 계수를 구하시오.

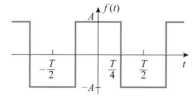

그림 14-4 대칭사각파

풀이 대상함수는 대칭사각파로서 평균값이 0이므로 $C_0 = 0$이다. 주기가 T이므로 기본주파수는 $\omega_0 = 2\pi/T$이다. 이 파형에 대한 지수 푸리에 계수는 식 14-9에 따라 계산하면 다음과 같이 구할 수 있다.

$$C_n = \frac{1}{T}\int_T f(t)e^{-jn\omega_0 t}\,dt$$

$$= \frac{1}{T}\left\{\int_{-T/2}^{-T/4} -Ae^{-jn\omega_0 t}\,dt + \int_{-T/4}^{T/4} Ae^{-jn\omega_0 t}\,dt + \int_{T/4}^{T/2} -Ae^{-jn\omega_0 t}\,dt\right\}$$

$$= \frac{A}{jn\omega_0 T}\left\{e^{-jn\omega_0 t}\Big|_{-T/2}^{-T/4} - e^{-jn\omega_0 t}\Big|_{-T/4}^{T/4} + e^{-jn\omega_0 t}\Big|_{T/4}^{T/2}\right\}$$

$$= \frac{A}{j2\pi n}\left(2e^{jn\pi/2} - 2e^{-jn\pi/2} + e^{-jn\pi} - e^{jn\pi}\right)$$

$$= \frac{A}{2\pi n}4\sin\frac{n\pi}{2} = A\frac{\sin n\pi/2}{n\pi/2}, \; n \neq 0$$

예제 14-3

그림 14-5와 같이 지속시간(duration)이 δ인 사각펄스의 지수 푸리에 계수를 구하시오.

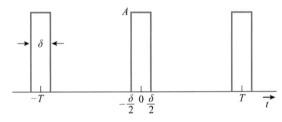

그림 14-5 펄스파

풀이 대상함수의 주기가 T이므로 기본주파수는 $\omega_0 = 2\pi/T$이다. 그리고 우함수대칭(even symmetry)이므로 지수 푸리에 계수는 식 14-9에 따라 계산하면 다음과 같다.

$$C_n = \frac{1}{T}\int_T f(t)e^{-jn\omega_0 t}\,dt = \frac{1}{T}\int_{-\delta/2}^{\delta/2} Ae^{-jn\omega_0 t}\,dt$$

$$= \frac{A}{-jn\omega_0 T}\left[e^{-jn\omega_0 t}\right]_{-\delta/2}^{\delta/2} = \frac{A}{j2n\pi}\left(e^{jn\omega_0\delta/2} - e^{-jn\omega_0\delta/2}\right)$$

$$= \frac{A}{n\pi}\sin(n\pi\delta/T)$$

$$= A\frac{\delta}{T}\frac{\sin(n\pi\delta/T)}{n\pi\delta/T}$$

표 14-1 기본파형들의 지수 푸리에 계수

구 분	파 형	지수 푸리에 계수 C_n
사각파		$\begin{cases} A\dfrac{\sin n\pi/2}{n\pi/2}, & n\ \text{odd} \\ 0, & n=0,\ \text{even} \end{cases}$
사각펄스		$A\dfrac{\delta}{T}\dfrac{\sin(n\pi\delta/T)}{n\pi\delta/T}$
삼각파		$\begin{cases} A\dfrac{\sin^2(n\pi/2)}{(n\pi/2)^2}, & n\neq0 \\ 0, & n=0 \end{cases}$
톱니파		$\begin{cases} Aj(-1)^n/n\pi, & n\neq0 \\ 0, & n=0 \end{cases}$
반파정류 정현파		$\begin{cases} 1/\pi(1-n^2), & n\ \text{even} \\ -j/4, & n=\pm1 \\ 0, & \text{otherwise} \end{cases}$
전파정류 정현파		$\begin{cases} 2/\pi(1-n^2), & n\ \text{even} \\ 0, & \text{otherwise} \end{cases}$

앞의 두 예제에서 다룬 기본적인 함수들을 포함하는 대표적 파형들의 지수 푸리에 계수를 정리하면 표 14-1과 같다.

3. 푸리에 계수의 성질

지금까지는 푸리에 급수를 정의하고, 일반적인 주기함수들에 대해 푸리에 계수를 계산 공식에 따라 구하는 방법을 익혔다. 즉, 일반적인 함수들의 경우에 식 14-6의 삼각 푸리에 계수 계산공식이나 식 14-9의 지수 푸리에 계수의 계산공식을 적용하여 푸리에 계수를 구하는 것이다. 이처럼 대상함수의 푸리에 계수는 계산공식을 적용하면 모두 구할 수 있지만, 이 계산과정은 복소함수 적분연산을 거쳐야 하는 쉽지 않은 과정이다.

이 절에서는 푸리에 계수의 성질을 익히기로 한다. 이 성질을 파악하여 적용하면 계산공식에 따라 적분연산을 거쳐 직접 구하는 방법보다 훨씬 쉽게 푸리에 계수를 구할 수 있다.

(1) 일반적 성질

푸리에 계수는 식 14-6이나 식 14-9와 같은 한주기 적분연산에 의해 구해지기 때문에 다음과 같은 성질들을 갖는다. 여기서는 편의상 지수 푸리에 계수를 기준으로 설명을 할 것인데, 삼각 푸리에 계수도 이에 준하는 성질을 가진다.

① 선형성(linearity) : 임의 상수 a, b에 대해 푸리에 계수는 다음과 같은 선형성을 지닌다.

$$z(t) = a f(t) + b g(t) \quad \Rightarrow \quad C_n^z = a\, C_n^f + b\, C_n^g \tag{14-12}$$

이러한 성질은 적분연산의 선형성에서 기인한다.

② 시간이동(time shift) : 시간이동 함수에 대한 푸리에 계수는 다음과 같이 지수가중함수로 나타난다.

$$z(t) = f(t - t_0) \quad \Rightarrow \quad C_n^z = C_n^f\, e^{-jn\omega_0 t_0} \tag{14-13}$$

여기서 $\omega_0 = 2\pi/T$는 기본주파수를 말한다. 이 관계식을 크기와 위상으로 나타내면 시간이동함수의 푸리에 계수는 다음과 같이 원함수 푸리에 계수와 크기는 똑같고 위상만 이동하는 것임을 알 수 있다.

$$|C_n^z| = |C_n^f|, \quad \angle C_n^z = \angle C_n^f - n\omega_0 t_0 \tag{14-14}$$

③ 원점이동(origin shift) : 대상함수를 가로축으로 t_0, 세로축으로 A_0 만큼 평행 이동하여 원점을 (t_0, A_0)로 옮긴 함수에 대한 푸리에 계수는 다음과 같이 구해진다.

$$z(t) = A_0 + f(t - t_0) \quad \Rightarrow \quad C_n^z = \begin{cases} A_0 + C_0^f, & n = 0 \\ C_n^f\, e^{-j2\pi n t_0/T}, & n \neq 0 \end{cases} \tag{14-15}$$

이 결과를 보면 평균값만 A_0 만큼 바뀌고 나머지 푸리에 계수는 시간이동함수의 경우와 같은 꼴로 바뀌는 것을 알 수 있다.

④ 미분 : 대상함수 $f(t)$의 1차도함수 $f'(t) = df(t)/dt$ 에 대한 푸리에 계수는 식 14-7의 양변을 미분하면 다음과 같이 전개되므로

$$\frac{d}{dt}f(t) = \sum_{n=-\infty}^{\infty} C_n^f\, \frac{d}{dt}e^{jn\omega_0 t} = \sum_{n=-\infty}^{\infty} \left[C_n^f\, jn\omega_0 \right] e^{jn\omega_0 t}$$

미분함수의 푸리에 계수는 다음과 같이 구해진다.

$$C_n^{f\,'} = \ jn\omega_0\,C_n^f = \frac{j2\pi n}{T}C_n^f \tag{14-16}$$

이 결과를 확장하면 n 차 도함수의 푸리에 계수는 원함수 푸리에 계수에 $(jn\omega_0)^n$을 곱함으로써 구해진다.

⑤ 적분 : 대상함수 $f'(t)$의 적분으로 정의되는 함수 $f(t) = \displaystyle\int_0^t f'(\tau)d\tau$ 의 푸리에 계수는 식 14-16으로부터 다음과 같이 구할 수 있다.

$$C_n^f = \frac{C_n^{f\,'}}{jn\omega_0} = \ \frac{T}{j2\pi n}C_n^{f\,'}, \quad n \ne 0$$

$$\tag{14-17}$$

$$C_0^f = \frac{1}{T}\int_T f(t)\,dt$$

(2) 대칭함수의 푸리에 계수

먼저 대상 주기함수가 대칭함수인 경우에 나타나는 성질을 살펴보기로 한다. 대칭의 종류로는 세로축대칭, 원점대칭, 반파대칭 등이 있는데, 각 경우에 대응하는 함수를 각각 **우함수(even function)**, **기함수(odd function)**, **반파대칭함수(half-wave symmetric function)** 라 한다. 각 경우별로 나누어 푸리에 계수의 성질을 정리하면 다음과 같다.

① 우함수(even function) : 모든 시점에서 $f(-t) = f(t)$ 인, 즉 세로축 대칭인 함수를 말하는데, 이러한 대칭성에 의해 우함수의 푸리에 계수는 다음과 같이 구해진다.

• 지수 푸리에 계수

$$
\begin{aligned}
C_n &= \frac{1}{T}\int_{-T/2}^{T/2} f(t)e^{-jn\omega_0 t}\,dt \\[2mm]
&= \frac{1}{T}\int_{-T/2}^{T/2} f(t)[\cos n\omega_0 t - j\sin n\omega_0 t]\,dt \\[2mm]
&= \frac{2}{T}\int_0^{T/2} f(t)\cos n\omega_0 t\,dt
\end{aligned}
\tag{14-18}
$$

• 삼각 푸리에 계수

$$a_0 = c_0$$

$$a_n = 2\,C_n = \frac{4}{T}\int_0^{T/2} f(t)\cos n\omega_0 t\, dt$$

$$b_n = 0$$

(14-19)

식 14-18에서 보듯이 우함수에 대한 지수푸리에 계수는 항상 실수값을 취하며 코사인변환에 의해 구해진다. 그리고 식 14-19에서 알 수 있듯이 삼각 푸리에 계수에서 사인계수는 항상 0이고 직류와 코사인계수만 나타나며, 역시 코사인변환에 의해 구해진다.

② 기함수(odd function) : 모든 시점에서 $f(-t) = -f(t)$인 성질, 즉 원점 대칭성을 지닌 함수이다. 기함수의 푸리에 계수는 대칭성에 의해 다음과 같이 구할 수 있다.

• 지수 푸리에 계수

$$C_0 = 0$$

$$C_n = -\frac{j2}{T}\int_0^{T/2} f(t)\sin n\omega_0 t\, dt$$

(14-20)

• 삼각 푸리에 계수

$$a_n = 0, \ \forall\, n$$

$$b_n = j2\,C_n = \frac{4}{T}\int_0^{T/2} f(t)\sin n\omega_0 t\, dt$$

(14-21)

기함수는 원점대칭성에 의해 한주기 적분값이 0 이므로 직류성분은 없다. 그리고 식 14-20에서 보듯이 기함수의 지수푸리에 계수는 항상 순허수로 나타나고, 삼각 푸리에 계수는 사인파 성분만 나타나며, 모두 사인변환에 의해 구해진다.

③ 반파 대칭함수(half-wave symmetric function) : 주기함수로서 반주기점을 기준으로 대칭인 함수를 말하는데, 이러한 성질을 수식으로 나타내면 다음과 같다.

$$f(t \pm T/2) = -f(t)$$

(14-22)

반파대칭함수는 항상 다음과 같이 분해할 수 있으므로

$$f(t) = f^+(t) - f^+(t - T/2), \ f^+(t) : f(t) \text{의 양수부분 함수}$$

- 지수 푸리에 계수

$f(t)$와 $f^+(t)$의 지수 푸리에 계수를 각각 C_n^f, $C_n^{f^+}$라 할 때, 선형성과 시간이동성에 의해 지수 푸리에 계수는 다음과 같이 구할 수 있다.

$$C_n^f = C_n^{f^+} - C_n^{f^+} e^{-jn\omega_0 T/2}$$

$$= C_n^{f^+}[1 - e^{-jn\pi}] = \begin{cases} 2\,C_n^{f^+}, & n = \pm 1, \pm 3, \cdots \\ 0, & n = 0, \pm 2, \pm 4, \cdots \end{cases} \quad (14-23)$$

- 삼각 푸리에 계수

$$a_0 = a_n = b_n = 0, \quad \forall \text{ even } n = 0, +2, +4, \cdots$$

$$a_n = 2\,\Re\{C_n\} = \frac{4}{T}\int_0^{T/2} f(t)\cos n\omega_0 t\,d, \quad \forall \text{ odd } n \quad (14-24)$$

$$b_n = -2\,\Im\{C_n\} = \frac{4}{T}\int_0^{T/2} f(t)\sin n\omega_0 t\,dt, \quad \forall \text{ odd } n = +1, +3, \cdots$$

예제 14-4

그림 14-6의 반파대칭 파형에서 $T = \pi/2$일 때 삼각 푸리에 계수를 구하시오.

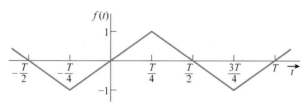

그림 14-6 반파대칭 파형

풀이 기본주파수는 $\omega_0 = 2\pi/T = 4$ rad/s이며, 기함수대칭이므로 $a_0 = a_n = 0$ $\forall n$이다. 그리고 반파대칭이므로 삼각 푸리에 계수 중 사인계수를 식 14-24에 의해 구할 수 있다.

$$b_n = \frac{4}{T}\int_0^{T/2} f(t)e^{\sin n\omega_0 t}dt = \frac{8}{T}\int_0^{T/4} \frac{4}{T}t\sin 4nt\,dt$$

$$= \frac{128}{\pi^2}\int_0^{\pi/8} t\sin 4nt\,dt = \frac{128}{\pi^2}\left[\frac{-t}{4n}\cos 4nt + \frac{1}{16n^2}\sin 4nt\right]_0^{\pi/8}$$

$$= \frac{8}{\pi^2 n^2}\sin\frac{n\pi}{2} \quad \forall \text{ odd } n = +1, +3, \cdots$$

14.3 푸리에 스펙트럼(Fourier Spectrum)

　　지금까지 이 장에서 익힌 푸리에 급수는 주기적인 대상함수를 기본주파수와 배수주파수들로 이루어지는 정현파들의 합으로 표시해주므로, 이 급수의 계수인 푸리에 계수는 대상함수의 주파수 성분을 나타내주는 지표가 된다. 즉, 삼각 푸리에 계수 a_n과 b_n, 복소 푸리에 계수 C_n은 주파수가 $n\omega_0$인 정현파의 계수로서 이 값이 0인 경우에는 해당주파수 성분이 없는 것이며, 이 계수의 크기가 클수록 해당 주파수 성분이 크다고 할 수 있다. 이와 같이 어떤 함수의 주파수영역에서의 성분표시를 그래프로 나타낸 것을 **스펙트럼(spectrum)**이라 하며, 복소 푸리에 계수의 주파수 성분별 크기 및 위상으로 표시한 것을 **푸리에 스펙트럼**이라 한다. 구체적으로 설명하면 어떤 주기함수의 복소 푸리에 계수 C_n을 극좌표형식으로 표시할 경우

$$C_n = |C_n| \angle C_n$$

가로축을 주파수로 하고 세로축을 각각 $|C_n|$과 $\angle C_n$으로 하여 그래프로 나타낼 수 있는데, 각각을 크기 스펙트럼, 위상 스펙트럼이라 한다.

　　예를 들어, 그림 14-7과 같은 사각펄스열의 푸리에 스펙트럼을 구해보기로 한다. 이 함수의 복소 푸리에 계수는 예제 14-4의 결과로부터 다음과 같이 정리된다.

$$C_n = \frac{A}{n\pi}\sin(n\pi\delta/T) = \frac{A\delta}{T}\frac{\sin(n\omega_0\delta/2)}{n\omega_0\delta/2} = \frac{A\delta}{T}\frac{\sin x}{x}, \quad x = n\omega_0\delta/2$$

여기서 $\delta = T/5$인 경우에 대응하는 스펙트럼을 구해보면 그림 14-8과 같다. 크기 스펙트럼을 보면 $C_0 = A\delta/T = A/5$이고, $x = n\omega_0\delta/2 = n\pi/5 = m\pi$, $m = \pm 1, 2, \cdots$일 경우에 $C_n = 0$이 되어

$$|C_n| = 0, \quad n = \pm 5, 10, 15, \cdots$$

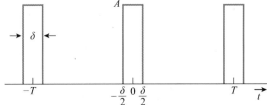

그림 14-7 사각펄스열

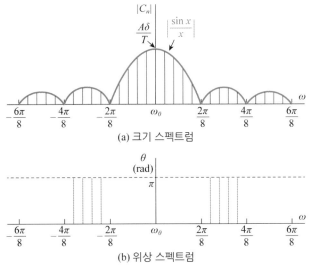

(a) 크기 스펙트럼

(b) 위상 스펙트럼

그림 14-8 사각펄스열의 스펙트럼

기본주파수의 5배수 주파수마다 크기가 0이 되고, 나머지 주파수에서는 크기가 $(\sin x)/x$가 되면서 그림 14-8(a)와 같은 스펙트럼을 구할 수 있다. 이 스펙트럼을 보면 기본주파수의 배수성분에서만 0이 아닌 선모양의 열로 구성되는데, 이러한 모양의 스펙트럼을 **선스펙트럼**(line spectrum)이라 한다. 이 선스펙트럼에서 대상함수인 펄스의 지속시간 δ가 짧을수록 스펙트럼의 폭은 더 넓어지며 고주파 성분이 증가하는 현상을 볼 수 있는데, 이러한 현상을 **역전개효과**(reciprocal spreading effect)라 한다.

14.4 푸리에 급수에 의한 회로해석

이 절에서는 푸리에 급수를 회로해석에 활용하는 방법을 익히기로 한다. 어떤 회로의 전원이 주기적인 신호이고 이 회로에서 정상상태응답만을 찾고자 한다면 전원함수를 푸리에 급수로 전개하여 기본주파수와 배수주파수의 정현파 합으로 표시한 다음, 각 주파수 성분별 정상상태응답을 위상자법을 적용하여 구하고, 중첩 정리에 의해 이 응답들을 더하여 전체 정상상태응답을 구할 수 있다. 그런데 푸리에 급수 자체는 무한급수로서 이대로 회로해석에 사용할 수는 없으므로 적절한 성분까지만 취한 유한급수로 근사화한 다음에 활용할 수 있다. 그러면 이에 대해 좀 더 자세히 정리하기로 한다.

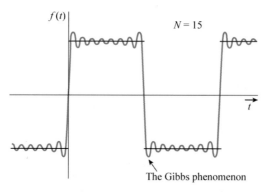

그림 14-9 Gibbs 현상

1. 근사 푸리에 급수

푸리에 급수 자체는 식 14-3이나 식 14-7에서 보듯이 무한급수이지만 푸리에 계수는 많은 경우에 $\lim_{n \to \infty} a_n = \lim_{n \to \infty} b_n = \lim_{n \to \infty} C_n = 0$의 성질을 지니고 있기 때문에 유한급수로 근사화할 수 있으며, 이렇게 구성한 것을 **근사 푸리에 급수(truncated Fourier series)**라 한다. 이 급수는 주기함수의 근사화에 자주 사용하며, 이 절에서는 회로해석에 활용할 것이다. 주기함수 $f(t)$를 복소 푸리에 급수로 나타낼 경우, N항까지만 사용한 근사 푸리에 급수는 다음과 같이 나타낼 수 있다.

$$f(t) \approx \sum_{n=-N}^{N} C_n e^{jn\omega_0 t} \tag{14-25}$$

근사 푸리에 급수를 사용할 경우에 주의할 사항은 근사항수에 관계없이 대상함수의 불연속점에서 10% 정도의 초과(overshoot)가 생기는 현상이 나타난다는 점이며, 이를 Gibbs 현상(Gibbs phenomenon)이라 한다.

2. 회로와 푸리에 급수

이 절에서는 앞에서 다룬 근사 푸리에 급수를 회로해석에 활용하는 방법을 다루기로 한다. 어떤 회로의 입력신호 $x(t)$가 주기함수로서 다음과 같이 근사 푸리에 급수로 표시되고

$$x(t) = C_0^x + \sum_{n=1}^{N} A_n^x \cos(n\omega_0 t + \phi_n^x), \quad A_n^x \angle \phi_n^n = 2C_n^x \tag{14-26}$$

입출력 전달함수가 $H(s) = Y(s)/X(s)$일 때, 출력신호 $y(t)$의 정상상태응답은 중첩 정리에 의해 다음과 같이 구할 수 있다.

$$y(t) = C_0^y + \sum_{n=1}^{N} A_n^y \cos(n\omega_0 t + \phi_n^y) \tag{14-27}$$

$$C_0^y = H(0)C_0^x, \qquad A_n^y \angle \phi_n^y = H(jn\omega_0)A_n^x \angle \phi_n^x = 2H(jn\omega_0)C_n^x \tag{14-28}$$

예제 14-5

그림 14-10과 같은 RC직렬회로에서 전압원 $v_s(t)$의 파형이 그림 14-9의 사각파일 때 $v_s(t)$를 $N=5$까지의 근사 푸리에 급수로 나타내고, 이에 대한 정상상태 응답 $v_o(t)$를 구하시오. 단, $R=1\ \Omega$, $C=1\ \text{F}$, $T=\pi/2\ \text{sec}$임.

풀이 기본주파수는 $\omega_0 = 2\pi/T = 4\ \text{rad/s}$이고, 예제 14-1의 결과를 이용하면 사각파 전압원 $v_s(t)$를 다음과 같이 근사 푸리에 급수로 나타낼 수 있다.

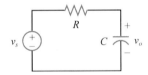

그림 14-10 RC직렬회로

$$v_s(t) = \frac{1}{2} + \sum_{n=1,\,odd}^{5} \frac{2(-1)^{(n-1)/2}}{n\pi} \cos n\omega_0 t$$

$$= \frac{1}{2} + \frac{2}{\pi}\cos 4t - \frac{2}{3\pi}\cos 12t + \frac{2}{5\pi}\cos 20t$$

여기서 입출력 전달함수를 구하면 다음과 같으므로

$$H(s) = \frac{1/sC}{R+1/sC} = \frac{1}{1+sRC} = \frac{1}{s+1}$$

식 14-27, 식 14-28로부터 정상상태 출력전압은 다음과 같이 구할 수 있다.

$$v_o(t) = C_0^o + A_1^o \cos(4t+\phi_1^o) + A_3^o \cos(12t+\phi_3^o) + A_5^o \cos(20t+\phi_5^o)$$

$$C_0^o = H(0) \times \frac{1}{2} = \frac{1}{2}$$

$$A_1^o \angle \phi_1^o = H(j4) \times \frac{2}{\pi} = \frac{1}{1+j4} \times \frac{2}{\pi} = 0.1544 \angle -76.0°$$

$$A_3^o \angle \phi_3^o = H(j12) \times \frac{-2}{3\pi} = \frac{1}{1+j12} \times \frac{-2}{3\pi} = 0.0176 \angle 94.8°$$

$$A_5^o \angle \phi_5^o = H(j20) \times \frac{2}{5\pi} = \frac{1}{1+j20} \times \frac{2}{5\pi} = 0.0064 \angle -87.1°$$

14.5 푸리에 변환

앞절에서 푸리에 급수를 다루면서 주기함수를 삼각 푸리에 급수나 지수 푸리에 급수로 전개하는 방법을 익혔다. 그런데 이 급수들은 모두 주기함수에 대해서만 적용하는 것이며, 비주기함수의 경우에는 적용할 수 없는 기법이다. 그렇다면 비주기함수에 대해서는 어떻게 적용할 수 있을까? 이에 대한 답이 **푸리에 변환**(Fourier transform)이다. 비주기함수는 주기가 무한대인 주기함수로 볼 수 있으며, 지수 푸리에 계수에서 주기를 무한대로 할 때 나타나는 극한 형태가 바로 푸리에 변환이라고 할 수 있다. 이 절에서는 푸리에 변환에 대한 정의를 살펴보고, 이 변환의 성질과 비주기함수의 스펙트럼에 대해 익히기로 한다.

1. 정의

실수 전구간에 대해 정의되는 시간함수 $f(t)$ 에 대해 푸리에 변환은 다음과 같이 정의된다.

$$F(j\omega) = \mathcal{F}\{f(t)\} = \int_{-\infty}^{\infty} f(t)e^{-j\omega t}dt \qquad (14-29)$$

여기서 $\mathcal{F}$ 는 푸리에 변환 연산자이고, 대상함수 $f(t)$ 는 $(-\infty,\infty)$ 구간에서 조각연속이며, 수렴하는 함수여야 한다. 푸리에 변환은 복소값을 취하는 복소함수로 나타나기 때문에 $F(j\omega)$ 로 표기한 것이다. 식 14-29의 푸리에 변환에 대한 역변환은 다음과 같이 정의된다.

$$f(t) = \mathcal{F}^{-1}\{F(j\omega)\} = \frac{1}{2\pi}\int_{-\infty}^{\infty} F(j\omega)e^{j\omega t}d\omega \qquad (14-30)$$

위의 식 14-29로 정의되는 푸리에 변환을 적용하여 몇 가지 기본 시간함수들의 푸리에 변환을 구해보기로 한다.

예제 14-6

다음과 같이 정의되는 지수감소함수의 푸리에 변환을 구하시오.

$$f(t) = e^{-at},\ a>0,\ t \geq 0$$

풀이 수렴하는 함수이므로 푸리에 변환은 존재하며, 식 14-29의 정의로부터 이 함수의 푸리에 변환은 다음과 같이 구할 수 있다.

$$F(j\omega) = \int_0^\infty e^{-at} e^{-j\omega t} dt = \left[\frac{-1}{j\omega+a} e^{-(j\omega+a)t} \right]_0^\infty$$

$$= \frac{1}{j\omega+a}$$

(14-31)

예제 14-7

그림 14-11과 같이 지속시간이 Δ인 사각펄스의 푸리에 변환을 구하시오.

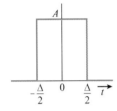

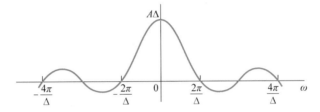

그림 14-11 사각펄스   그림 14-12 사각펄스의 푸리에 변환

풀이 대상함수에 대해 식 14-29의 정의를 적용하면 푸리에 변환은 다음과 같이 구할 수 있으며,

$$F(j\omega) = \int_{-\Delta/2}^{\Delta/2} A e^{-j\omega t} dt = \left[\frac{A}{-j\omega} e^{-j\omega t} \right]_{-\Delta/2}^{\Delta/2}$$

$$= \frac{A}{-j\omega} \left[e^{-j\omega\Delta/2} - e^{j\omega\Delta/2} \right]$$

(14-32)

$$= A\Delta \frac{\sin(\omega\Delta/2)}{\omega\Delta/2} = A\Delta \mathrm{sinc}(\omega\Delta/2)$$

그림 표로 나타내면 그림 14-12와 같다. 여기서 $\mathrm{sinc}\, x = \dfrac{\sin x}{x}$로 정의되는 함수이다.

위의 예제에서 구한 사각펄스에서 $A = 1/\Delta$ 이고, 지속시간 Δ 가 0으로 수렴하는 경우에 이 함수는 임펄스함수 $\delta(t)$ 가 된다. 따라서 임펄스함수의 푸리에 변환은 사각펄스의 푸리에 변환으로부터 다음과 같이 구할 수 있다.

$$F(j\omega) = \mathscr{F}\{\delta(t)\} = \lim_{\Delta \to 0} A\Delta \frac{\sin\omega\Delta/2}{\omega\Delta/2} = 1$$

(14-33)

2. 푸리에 변환의 성질

푸리에 변환은 식 14-29와 같은 적분변환으로 정의되는데, 이 변환은 14장에서 다룬 라플라스 변환과 유사한 형태이기 때문에 비슷한 성질들이 성립한다. 이 성질들을 정리하면 다음과 같다.

① 선형성(linearity)

$$\mathscr{F}\{af(t)+bg(t)\}=\ aF(j\omega)+b\,G(j\omega) \tag{14-34}$$

② 시간이동(time shift)

$$\mathscr{F}\{f(t-t_0)\}=\ e^{-j\omega t_0}F(j\omega) \tag{14-35}$$

③ 시간 크기조절(time scaling)

$$\mathscr{F}\{f(at)\}=\ \frac{1}{a}F(j\frac{\omega}{a}) \tag{14-36}$$

④ 변조(modulation)

$$\mathscr{F}\left\{e^{j\omega_0 t}f(t)\right\}=\ F(j(\omega-\omega_0)) \tag{14-37}$$

⑤ 미분

$$\mathscr{F}\left\{\frac{d^n f(t)}{dt^n}\right\}=\ (j\omega)^n F(j\omega) \tag{14-38}$$

⑥ 중합적분

$$\mathscr{F}\left\{\int_{-\infty}^{\infty}f(\tau)g(t-\tau)d\tau\right\}=\ F(j\omega)\,G(j\omega) \tag{14-39}$$

⑦ 시간곱

$$\mathscr{F}\{t^n f(t)\}=\ (j)^n\frac{d^n}{d\omega^n}F(j\omega) \tag{14-40}$$

⑧ 적분

$$\mathscr{F}\left\{\int_{-\infty}^{t}f(\tau)d\tau\right\}=\ \frac{F(j\omega)}{j\omega}+\pi F(0)\delta(\omega) \tag{14-41}$$

⑨ 역시간(time reversal)

$$\mathcal{F}\{f(-t)\} = F(-j\omega) \qquad (14-42)$$

이상의 아홉 가지 성질 중에 여덟 번째 성질까지는 라플라스 변환의 성질과 거의 유사한 성질로서, 라플라스 변환에 s 대신에 $j\omega$를 대입하면 유도할 수 있다. 나머지 하나인 아홉 번째 성질은 시간축 대칭이동에 대한 것으로서 이것은 라플라스 변환에서는 대상함수가 될 수 없기 때문에 찾아볼 수 없는 성질이다.

예제 14-8

역시간함수의 푸리에 변환은 식 14-42와 같은 성질을 만족함을 증명하시오.

풀이 역시간함수에 대한 푸리에 변환은 식 14-29의 정의를 적용한 다음 적분변수 치환에 의해 다음과 같이 유도할 수 있다.

$$\mathcal{F}\{f(-t)\} = \int_{-\infty}^{\infty} f(-t)e^{-j\omega t}dt = \int_{\infty}^{-\infty} -f(\tau)e^{j\omega\tau}d\tau$$

$$= \int_{-\infty}^{\infty} f(t)e^{-(-j\omega)t}dt$$

$$= F(-j\omega)$$

예제 14-9

다음과 같은 대칭지수감소함수의 푸리에 변환을 선형성과 역시간성을 이용하여 유도하시오.

$$f(t) = Ae^{-a|t|} = \begin{cases} Ae^{-at}, t \geq 0 \\ Ae^{at}, \ t < 0 \end{cases}, \ a > 0$$

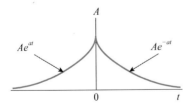

그림 14-13 대칭지수감소함수

그림 14-14 대칭지수감소함수의 푸리에 변환

풀이 대상 시간함수는 실수 전구간에서 정의되는데, 이것을 다음과 같이 두 개의 함수성분으로 구분할 수 있다.

$$f(t) = f_1(t) + f_2(t) = Ae^{-at}u(t) + Ae^{at}u(-t)$$

위와 같이 구분한 상태에서 $f_1(t)$의 라플라스 변환은 예제 14-6의 결과와 선형성으로부터 다음과 같이 구할 수 있다.

$$F_1(j\omega) = \frac{A}{j\omega + a}$$

그리고 $f_2(t) = f_1(-t)$ 이므로 $f_2(t)$ 의 푸리에 변환은 역시간성에 의해 다음과 같이 구할 수 있다.

$$F_2(j\omega) = F_1(-j\omega) = \frac{A}{-j\omega + a}$$

따라서 선형성에 의해 $f(t)$ 의 푸리에 변환은 다음과 같이 유도되며, 이것을 그래프로 나타내면 그림 14-14와 같다.

$$F(j\omega) = F_1(j\omega) + F_2(j\omega) = \frac{A}{j\omega + a} + \frac{A}{-j\omega + a} = \frac{2Aa}{\omega^2 + a^2}$$

앞의 예제에서 다룬 함수들을 포함하여 자주 사용하는 기본함수들의 푸리에 변환을 정리하면 표 14-2와 같다.

표 14-2 기본함수들의 푸리에 변환

시간함수 $f(t)$	푸리에 변환 $F(j\omega)$
1) 사각펄스 $f_1(t) = \begin{cases} 1, |t| < \Delta/2 \\ 0, |t| > \Delta/2 \end{cases}$	$\Delta \, \text{sinc}\left(\dfrac{\Delta \omega}{2}\right)$
2) 임펄스 $\delta(t - t_0)$	$e^{-j\omega t_0}$
3) 상수함수 A	$2\pi A \delta(\omega)$
4) 지수감쇠 $e^{-at}u(t), \ a > 0$	$\dfrac{1}{j\omega + a}$
5) 대칭지수감쇠 $e^{-a|t|}, \ a > 0$	$\dfrac{2a}{\omega^2 + a^2}$
6) 삼각펄스 $-\dfrac{2}{\Delta}|t| + 1, \ |t| < \dfrac{\Delta}{2}$	$\dfrac{\Delta}{2}\text{sinc}^2\left(\dfrac{\omega\Delta}{4}\right)$
7) $\cos\omega_0 t$	$\pi[\delta(\omega + \omega_0) + \delta(\omega - \omega_0)]$
8) $f_1(t)\cos\omega_0 t$	$\dfrac{\Delta}{2}\left[\text{sinc}\dfrac{(\omega + \omega_0)\Delta}{2} + \text{sinc}\dfrac{(\omega - \omega_0)\Delta}{2}\right]$
9) $\text{sinc}(\beta t) = \dfrac{\sin\beta t}{\beta t}$	$\begin{cases} \dfrac{\pi}{\beta}, |\omega| < \beta \\ 0, \ |\omega| > \beta \end{cases}$
10) 부호함수 $\begin{cases} 1, \ \ t > 0 \\ -1, t < 0 \end{cases}$	$\dfrac{2}{j\omega}$
11) 단위계단함수 $u(t)$	$\pi\delta(\omega) + \dfrac{1}{j\omega}$

3. 연속 스펙트럼

주기함수에 대한 지수 푸리에 급수에서 푸리에 계수의 크기와 위상으로 스펙트럼을 나타내듯이 비주기함수에 대해서도 스펙트럼을 정의할 수 있다. 즉, 주파수영역에서 복소함수로 나타나는 푸리에 변환의 크기 및 위상을 주파수 성분별로 나타낼 수 있다.

주기함수의 스펙트럼은 푸리에 급수에서 주파수 성분이 기본주파수의 정수배들로만 구성되므로 선스펙트럼으로 나타나는데, 비주기함수의 스펙트럼은 주파수 성분이 일반적으로 전주파수영역에 걸쳐 나타나므로 주파수에 대한 연속함수 형태가 되어 **연속스펙트럼** **(continuous spectrum)**으로 나타난다. 예를 들어, 임펄스함수 $\delta(t)$의 푸리에 변환은 $F(j\omega) = 1$이므로 스펙트럼은 그림 14-15와 같으며, 지수감쇠함수 $f(t) = A e^{-at} u(t)$의 푸리에 변환은 $F(j\omega) = \dfrac{A}{j\omega + a}$ 이고, $|F(j\omega)| = \dfrac{A}{\omega^2 + a^2}$, $\phi(j\omega) = -\tan^{-1}\omega/a$ 이므로 이것을 그림표로 나타내면 그림 14-16과 같은 꼴의 스펙트럼이 된다.

그림 14-15와 그림 14-16의 스펙트럼을 살펴보면 푸리에 변환이 모두 주파수에 대한 연속함수이기 때문에 연속스펙트럼으로 나타나는 것을 확인할 수 있다. 위의 두 가지 함수 외에 표 14-2에 열거되어 있는 나머지 기본함수들의 스펙트럼은 해당 푸리에 변환의 크기와 위상을 그래프로 나타냄으로써 구할 수 있다.

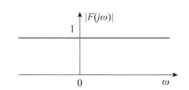

그림 14-15 임펄스함수의 스펙트럼

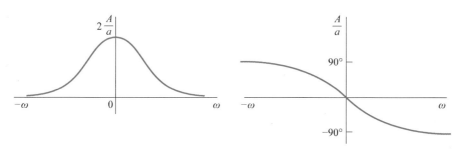

그림 14-16 지수감쇠함수의 스펙트럼

14.6 푸리에 변환과 라플라스 변환의 관계

우리는 이 장에서 푸리에 변환을 정의하고 성질을 정리해보았다. 이 과정에서 푸리에 변환은 14장에서 익혔던 라플라스 변환과 유사한 성질을 지니고 있다는 것을 알았고, 따라서 두 변환 사이에 어떤 관계가 존재한다는 것을 어렴풋이 느꼈을 것이다. 이 절에서는 두 변환 사이의 관계를 살펴보기로 한다. 먼저 두 변환의 정의와 대상함수의 정의역을 정리하면 표 14-3과 같다.

표 14-3 푸리에 변환과 라플라스 변환

변환		푸리에 변환	라플라스 변환
정 의		$F(j\omega) = \mathscr{F}\{f(t)\} = \displaystyle\int_{-\infty}^{\infty} f(t)e^{-j\omega t}dt$	$F(s) = \mathscr{L}\{f(t)\} = \displaystyle\int_{0}^{\infty} f(t)e^{-st}dt$
대상 함수	정의역	전구간 $(-\infty, \infty)$, 양방향	반구간 $[0, \infty)$, 일방향
	조 건	조각연속 및 수렴	조각연속

표 14-3을 살펴보면 두 변환의 정의로부터 차이점을 알 수 있는데, 두 변환의 정의역으로서 푸리에 변환은 시간영역 전구간에 걸쳐 정의된 시간함수에 대해 적용되지만, 라플라스 변환은 시점 0 이후에 정의된 함수에 대해서만 적용된다는 점이다. 그리고 라플라스 변환은 적분핵이 e^{-st}로서 지수감소함수가 곱해지므로 발산하는 시간함수에 대해서도 적용할 수 있지만, 푸리에 변환에서는 적분핵이 $e^{-j\omega t}$로서 절대크기가 1인 함수가 곱해지므로 시간축의 +나 - 양방향으로 모두 수렴하는 시간함수에 대해서만 적용할 수 있다.
두 변환의 대상함수 정의역이 서로 다르므로, 두 변환 사이의 관계는 시간함수의 정의역에 따라 다음과 같이 구분하여 살펴볼 수 있다.

1. 양시간함수에서의 관계

양시간 영역에서 존재하는 함수, 즉 $f(t) = 0$, $t < 0$의 조건을 만족하는 함수를 **양시간함수(positive time function)**라 한다. 양시간함수에 대해서는 푸리에 변환과 라플라스 변환을 모두 적용할 수 있는데, 푸리에 변환이 존재하는 경우에 두 변환함수 간에는 다음과 같은 관계가 성립한다.

$$F(j\omega) = \mathscr{L}\{f(t)\}|_{s=j\omega} \tag{14-43}$$

이 관계는 표 14-3에 정리된 두 변환의 정의로부터 쉽게 유도할 수 있으며, 다음의 간단한 예제를 통해 확인할 수 있다.

예제 14-10

다음의 시간함수에 대한 푸리에 변환과 라플라스 변환을 각각 구하고, 식 14-43의 관계가 성립함을 보이시오.

$$f(t) = Ae^{-at}, \ a > 0, \ t \geq 0$$

풀이 대상함수는 양시간함수로서 라플라스 변환과 푸리에 변환이 모두 존재한다. 먼저 대상함수의 라플라스 변환을 구하면 다음과 같다.

$$F(s) = \frac{A}{s+a}$$

이어서 이 함수의 푸리에 변환을 구하면 다음과 같다.

$$F(j\omega) = \frac{A}{j\omega + a}$$

따라서 위의 두 식을 비교해보면, 두 변환함수 간에 식 14-43의 관계가 성립하는 것을 확인할 수 있다.

2. 음시간함수에서의 관계

음시간영역에서 정의되는 함수, 즉 $f(t) = 0, \ t > 0$의 조건을 만족하는 시간함수를 **음시간함수(negative time function)**라고 한다. 음시간함수 자체에 대해서는 라플라스 변환이 존재하지 않지만, 시간축을 대칭이동한 함수인 $f(-t)$는 양시간함수로서 라플라스 변환이 존재하며, 푸리에 변환과 다음과 같은 관계를 지니고 있다.

$$F(j\omega) = \ \mathcal{L}\{f(-t)\}|_{s=-j\omega} \tag{14-44}$$

이 관계식도 표 14-3에 정리된 두 변환의 정의식으로부터 쉽게 유도할 수 있다. 예제를 통해 두 변환의 관계를 확인해보기로 한다.

예제 14-11

다음의 음시간함수에 대해 식 14-44의 관계가 성립함을 보이시오.

$$f(t) = Ae^{at}, \ a > 0, \ t \leq 0$$

풀이 대상함수는 음시간함수이므로 푸리에 변환은 존재하지만 라플라스 변환은 존재하지 않는다. 먼저 대상함수의 푸리에 변환을 구하면 다음과 같다.

$$F(j\omega) = \frac{A}{-j\omega + a}$$

대상함수를 시간축 대칭이동을 하면 $f(-t) = Ae^{-at}$ 는 양시간함수가 되므로 이에 대해서는 라플라스 변환이 다음과 같이 존재한다.

$$\mathcal{L}\{f(-t)\} = \mathcal{L}\{Ae^{-at}\} = \frac{A}{s+a}$$

따라서 위의 두 변환함수 식을 비교해보면, 두 변환 간에 식 14-44의 관계가 성립하는 것을 확인할 수 있다.

3. 전시간함수에서의 관계

실수축 전구간에 걸쳐 정의되는 시간함수를 **전시간함수(all time function)**라고 한다. 라플라스 변환의 정의역을 벗어나므로 전시간함수 자체에 대해서는 라플라스 변환이 존재하지 않지만, 이 시간함수를 양시간함수와 음시간함수의 합으로 분해할 수 있으므로, 앞에서 정리한 식 14-43과 식 14-44의 관계식을 확장하여 적용하면 전시간함수에 대한 푸리에 변환과 라플라스 변환 사이의 관계는 다음과 같이 유도할 수 있다.

$$F(j\omega) = F^+(j\omega) + F^-(-j\omega)$$
$$F^+(j\omega) = \mathcal{L}\{f^+(t)\}\big|_{s=j\omega}, \quad F^-(-j\omega) = \mathcal{L}\{f^-(-t)\}\big|_{s=-j\omega}$$

(14-45)

여기서 $f(t) = f^+(t) + f^-(t)$, $f^+(t) = f(t)u(t)$, $f^-(t) = f(t)u(-t)$ 로서 전시간함수의 양시간과 음시간 성분을 표시한 것이다. 간단한 예제를 통해 이 관계식을 확인해보기로 한다.

예제 14-12

다음의 시간함수에 대해 식 14-45의 관계가 성립함을 보이시오.

$$f(t) = Ae^{-a|t|}, \ a > 0$$

풀이 대상함수는 전시간함수로서 다음과 같이 분해해서 표현할 수 있다.

$$f(t) = f^+(t) + f^-(t),$$
$$f^+(t) = f(t)u(t) = Ae^{-at}$$

$$f^-(t) = f(t)\,u(-t) = A\,e^{at}$$

먼저 대상함수의 푸리에 변환을 구해보면 다음과 같다.

$$F(j\omega) = \frac{2A}{\omega^2 + a}$$

이어서 양시간성분과 음시간의 대칭성분에 대한 라플라스 변환을 구하면 다음과 같다.

$$F^+(s) = \frac{A}{s+a}, \ \ F^-(s) = \mathcal{L}\left\{f^-(-t)\right\} = \frac{A}{s+a}$$

여기서 $F^+(j\omega) + F^-(-j\omega)$ 를 계산하면 다음과 같으므로

$$F^+(j\omega) + F^-(-j\omega) = \frac{A}{j\omega + a} + \frac{A}{-j\omega + a} = \frac{2aA}{\omega^2 + a^2}$$

따라서 두 변환함수를 비교해보면 식 14-43의 관계가 성립하는 것을 확인할 수 있다.

익힘문제

01 삼각함수는 식 14-5와 같은 직교성을 지니고 있음을 증명하시오.

02 복소지수함수는 식 14-8과 같은 직교성을 지니고 있음을 증명하시오.

03 삼각 푸리에 계수와 지수 푸리에 계수 사이에 식 14-10의 관계가 성립함을 증명하고, 이 식으로부터 식 14-11이 성립함을 보이시오.

04 다음 파형에 대해 삼각 푸리에 계수와 지수 푸리에 계수를 구하시오.

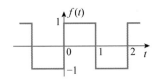

그림 P14.4 사각파

05 다음 파형에 대해 삼각 푸리에 계수와 지수 푸리에 계수를 구하시오.

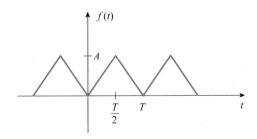

그림 P14.5 삼각파

06 4분파 대칭(Quarter-wave symmetry) 함수는 반파대칭성을 지니면서 4분주기를 중심으로 반주기씩 좌우대칭인 성질을 지니는 함수이다. 이 함수의 푸리에 계수가 다음과 같음을 보이시오.

- 기함수 : $a_0 = 0,\ a_n = 0\ \forall n$

$b_n = 0\ for\ even\ n$

$$b_n = \frac{8}{T}\int_0^{T/4} f(t)\sin n\omega_0 t\, dt \quad for\ odd\ n$$

－ 우함수 : $a_0 = 0,\ b_n = 0\ \ \forall\ n$

$$a_n = 0\ \ \text{for}\ even\ \ n$$

$$a_n = \frac{8}{T}\int_0^{T/4} f(t)\cos n\omega_0 t\, dt \quad \text{for}\ odd\ \ n$$

07 $f(t) = A\,e^{-at}\,u(t)$ 의 푸리에 변환을 구하시오.

08 $f(t) = \sin\omega_0 t$ 의 푸리에 변환을 구하시오.

09 델타함수 $f(t) = \delta(t)$ 의 푸리에 변환이 상수함수 $F(j\omega) = 1$ 로 정의되는 조건을 이용하여 다음의 관계식을 유도하시오.

$$\int_{-\infty}^{\infty} e^{\pm j\omega t}\, dt\ =\ 2\pi\delta(\omega)$$

10 시간함수 $f(t) = t\,e^{-a|t|},\ a > 0$ 에 대해 식 14–45의 관계를 적용하여 푸리에 변환을 구하시오.

15

4단자 회로망

15.1 서론

회로이론 과정을 익히면서 지금까지 다룬 회로해석법은 대부분 회로 내의 단자 2개를 기준으로 처리하는 기법들이었다. 즉, 기준단자 2개를 중심으로 전압전류 특성을 해석하는 것인데, 이러한 회로해석 과정을 **2단자 회로망해석**이라고 한다. 3장과 4장에서 다룬 테브냉 등가회로나 노턴 등가회로를 구하는 과정이라든지, 9장이나 10장에서 다룬 정현파 정상상태 해석이나 임피던스 해석법 등이 여기에 속한다.

회로해석 과정에는 이와 같은 2단자 회로망해석 외에 전원이 연결되는 입력단의 2단자에서 부하가 연결되는 출력단의 2단자로 전압전류가 어떻게 전달되는가를 파악하는 데 중점을 두는 경우도 많이 발생한다. 이 경우에는 입출력단의 전압전류를 직접 계산 하기 보다는 입출력단 간의 전압이나 전류의 전달비와 같은 전달특성을 해석하는 작업에 더 관심을 기울이게 된다. 전원과 부하 사이에 연결되는 증폭기 회로나 전력전달 회로를 해석하는 경우가 이에 해당되는데, 이 경우에는 입력단의 2단자와 출력단의 2단자 등 모두 4개의 단자를 기준으로 회로해석을 하게 되며, 이러한 회로해석 과정을 **4단자 회로망해석**이라고 한다.

이 장에서는 입력단 2개 단자와 출력단 2개 단자 등 모두 4개 단자로 구성되는 4단자 회로망의 표현법과 해석법에 대해 익힐 것이다. 전원으로부터 부하까지 신호전달이나 전력 전달을 위해 전원과 부하 사이에 연결되는 회로는 모두 4단자 회로망으로 볼 수 있다. 4단자 회로망해석에서는 회로망 내부의 구성보다는 입출력 단자 간의 신호전달 특성 파악 이 우선시 되며, 이러한 용도에 알맞은 특성표시법으로서 4단자 계수 표현법을 사용하는데,

이 표현법의 유용성은 다음과 같이 요약할 수 있다.

① 입출력 단자 사이에 이루어지는 신호전달 특성을 묘사하기에 적합하다.
② 트랜지스터와 같은 3단자 소자들도 처리할 수 있다.
③ 4단자 회로망 두 개 이상이 연결되는 복잡회로망의 처리에 적합하다. 따라서 여러 단으로 구성되는 전송선로나 다단증폭기 해석에 유용하다.

4단자 회로망에서 입력전압과 전류, 출력전압과 전류 등 모두 4개의 변수 가운데 어떤 2개를 독립변수로 보고, 나머지 2개를 종속변수로 잡는가에 따라 이론상으로는 모두 6가지의 4단자 계수가 존재한다. 그러나 이 가운데 실제 회로해석에서 주로 사용하는 것들은 4가지이다. 이 4단자 계수들 간에는 등가변환이 가능하기 때문에 대상 4단자 회로망에서 한 벌의 계수만 알면 나머지 종류의 계수들은 변환공식을 사용하여 모두 구할 수 있다. 이 장에서는 4단자 계수의 종류와 정의 및 계산법을 다룬 다음에 이 계수들을 사용하여 표시되는 4단자 회로망의 해석법을 익힐 것이다.

15.2 4단자 회로망

그림 15-1(a)에서 보듯이 입력단 2개 단자, 출력단 2개 단자 등 모두 4개의 단자를 기준으로 선형소자들이 연결되어 이루어지면서 내부에 독립전원을 포함하지 않는 회로망을 **4단자 회로망(Two-port networks)**이라 한다. 4단자 회로망에는 저항이나 증폭기뿐만 아니라 L, C 등의 동적소자도 포함되기 때문에 그림 15-1(b)에서와 같이 입출력 전압전류는 위상자로 표시하고, 대상회로의 소자들은 임피던스로 변환하여 s 영역 회로망으로 나타낸다.

4단자 회로망에서 주의할 점은 내부에 독립전원을 포함하지 않는다는 것인데, 이것은

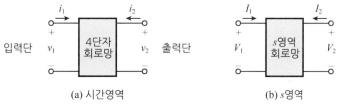

(a) 시간영역　　　　　(b) s영역

그림 15-1 4단자 회로망

4단자 회로망에 대응하는 s영역 회로망에도 해당하는 것이기 때문에 대상회로에 LC 동적 소자가 있는 경우에 모든 초기값은 0으로 간주한다. 그 이유는 초기값이 있는 경우에 초기값에 해당하는 독립전원이 s영역 회로망에 나타나는데, 이것은 4단자 회로망의 정의에 어긋나기 때문이다. 4단자 회로망은 입출력 단자들 간의 신호전달 특성을 묘사하기 위해 도입하는 개념이므로 초기값에 의한 응답은 고려대상에서 제외하는 것이다.

독립전원을 포함하지 않는 선형 회로망은 모두 4단자 회로망으로 나타낼 수 있다. 트랜지스터와 같은 3단자 소자의 경우에는 한 단자를 공통단자로 삼으면 4단자 회로망으로 나타낼 수 있다. 2단자 회로망해석법으로는 다루기 곤란한 3단자 소자를 처리할 수 있다는 것이 4단자 회로망해석법의 장점 가운데 하나이다.

1. 4단자 계수의 종류

입력신호(독립변수)와 출력신호(종속변수)를 어떻게 설정하는가에 따라 여섯 가지의 4단자 계수가 있으며, 종류 및 명칭을 정리하면 표 15−1과 같다.

표 15−1 4단자 계수의 종류

종류	독립변수(입력)	종속변수(출력)
임피던스 계수 Z	I_1, I_2	V_1, V_2
어드미턴스 계수 Y	V_1, V_2	I_1, I_2
혼합형 계수 h	I_1, V_2	V_1, I_2
역혼합형 계수 g	V_1, I_2	I_1, V_2
전송 계수 T	$V_2, I_2(V_1, I_1)$	$V_1, I_1(V_2, I_2)$
역전송 계수 T'	$V_1, I_1(V_2, I_2)$	$V_2, I_2(V_1, I_1)$

위의 여섯 가지 4단자 계수 중 역혼합형 계수와 역전송 계수는 쓰임새가 낮으며, 나머지 4종류의 계수들이 주로 사용된다. 따라서 이 책에서는 이 4종류의 계수만 다룰 것이다.

2. 4단자 회로망 방정식

4단자 계수 중에 주로 사용되는 4종류의 계수들에서 입출력전달 특성을 표현하는 회로망 방정식을 요약하면 표 15−2와 같다. 이 중에 유의할 사항은 전송계수에서는 출력전류로 I_2가 아닌 $-I_2$를 사용하며, 독립변수는 V_2, I_2이지만 입력은 V_1, I_1을 사용한다는 것이다.

표 15-2 4단자 계수 회로망 방정식

종 류	4단자 회로망 방정식
임피던스 계수	$V_1 = Z_{11}I_1 + Z_{12}I_2$ $V_2 = Z_{21}I_1 + Z_{22}I_2$
어드미턴스 계수	$I_1 = Y_{11}V_1 + Y_{12}V_2$ $I_2 = Y_{21}V_1 + Y_{22}V_2$
혼합형 계수	$V_1 = h_{11}I_1 + h_{12}V_2$ $I_2 = h_{21}I_1 + h_{22}V_2$
전송 계수	$V_1 = AV_2 - BI_2$ $I_1 = CV_2 - DI_2$

15.3 임피던스 및 어드미턴스 계수

1. 임피던스 계수

4단자 회로망에서 입출력 전류를 독립변수, 입출력 전압을 종속변수로 하여 다음과 같은 선형결합 형태의 회로방정식으로 전달특성을 나타낼 때 사용하는 4단자 계수를 **임피던스 계수(impedance parameters)** 또는 Z계수라 한다.

$$V_1 = Z_{11}I_1 + Z_{12}I_2$$
$$V_2 = Z_{21}I_1 + Z_{22}I_2$$

(15-1)

여기서 4단자 계수는 다음과 같이 전류위상자에 대한 전압위상자의 비로 정의되기 때문에 임피던스로 이루어지며, 단위는 옴(ohm, Ω)을 사용한다.

$$Z_{11} = \left.\frac{V_1}{I_1}\right|_{I_2=0}$$: 개방회로 입력임피던스(open-circuit input impedance)

$$Z_{12} = \left.\frac{V_1}{I_2}\right|_{I_1=0}$$: 개방회로 역전달임피던스(open-circuit reverse transfer impedance)

$$Z_{21} = \frac{V_2}{I_1}\bigg|_{I_2=0} \quad : \text{개방회로 전달임피던스(open-circuit transfer impedance)}$$

$$Z_{22} = \frac{V_2}{I_2}\bigg|_{I_1=0} \quad : \text{개방회로 출력임피던스(open-circuit output impedance)}$$

그러면 4단자 회로망에서 임피던스 계수를 구하는 방법을 정리해보자. Z계수 산출법으로는 대상회로가 간단한 경우에 정의에 따라 직접 계산하는 방법과 대상회로가 복잡한 경우에 마디방정식을 세워서 간접적으로 계산하는 방법 등 두 가지 산출법이 있는데 각각에 대해 살펴보기로 한다.

(1) Z계수 직접계산법

대상회로에서 정의에 따라 Z계수를 직접 계산하는 방법이며, 간단한 회로의 경우에 적용할 수 있다. 계산절차는 다음과 같다.

① 출력단 개방회로에서 V_1, V_2와 I_1 사이의 관계를 구하여 Z_{11}, Z_{21}을 계산한다.
② 입력단 개방회로에서 V_1, V_2와 I_2 사이의 관계를 구하여 Z_{12}, Z_{22}를 계산한다.

예제 15-1

그림 15-2에 표시된 회로망에서

1) (a)의 T 회로망에서 Z계수를 구하시오.

2) (b)의 Ⅱ 회로망에서 Z계수를 구하시오.

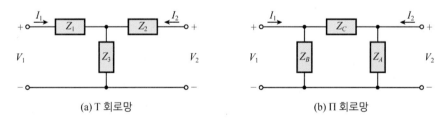

(a) T 회로망   (b) Π 회로망

그림 15-2 (a) T 회로망, (b) Ⅱ 회로망

풀이 1) 그림 15-2(a)의 T 회로망에서 $I_2 = 0$으로 놓고, 출력단 개방회로를 구성한 다음 V_1, V_2와 I_1 사이의 관계를 구하면 다음과 같으므로

$$V_1 = (Z_1 + Z_3) I_1$$

$$V_2 = Z_3 I_1$$

정의에 따라 Z_{11}, Z_{21} 계수는 다음과 같이 구해진다.

$$Z_{11} = Z_1 + Z_3$$

$$Z_{21} = Z_3$$

(15 − 2)

T 회로망에서 $I_1 = 0$ 으로 놓고 입력단 개방회로를 구성한 다음 V_1, V_2와 I_2 사이의 관계를 구하면

$$V_1 = Z_3\, I_2$$

$$V_2 = (Z_2 + Z_3)\, I_2$$

위와 같으므로 Z_{12}, Z_{22}는 정의에 따라 다음과 같이 구해지며

$$Z_{12} = Z_3$$

$$Z_{22} = Z_2 + Z_3$$

(15 − 3)

식 15 − 2와 식 15 − 3을 모으면 Z계수 행렬은 다음과 같다.

$$Z = \begin{bmatrix} Z_{11} & Z_{12} \\ Z_{21} & Z_{22} \end{bmatrix} = \begin{bmatrix} Z_1 + Z_3 & Z_3 \\ Z_3 & Z_2 + Z_3 \end{bmatrix}$$

(15 − 4)

2) 그림 15 − 2(b)의 ∏ 회로망에서 $I_2 = 0$ 으로 놓고, 출력단 개방회로를 구성하고 V_1, V_2와 I_1 사이의 관계를 구하면 다음과 같다.

$$V_1 = (Z_A + Z_C) \parallel Z_B\, I_1 = \frac{Z_B(Z_A + Z_C)}{Z_A + Z_B + Z_C} I_1$$

$$V_2 = \frac{Z_A Z_B}{Z_A + Z_B + Z_C} I_1$$

따라서 정의에 의해 Z_{11}, Z_{21}는 다음과 같이 구해진다.

$$Z_{11} = \frac{Z_B(Z_A + Z_C)}{Z_A + Z_B + Z_C}$$

$$Z_{21} = \frac{Z_A Z_B}{Z_A + Z_B + Z_C}$$

(15 − 5)

∏ 회로망에서 $I_1 = 0$ 으로 놓고 입력단 개방회로를 구성한 다음 V_1, V_2와 I_2 사이의 관계를 구하면 다음과 같으므로

$$V_1 = \frac{Z_A Z_B}{Z_A + Z_B + Z_C} I_2$$

$$V_2 = (Z_B + Z_C) \parallel Z_A\, I_2 = \frac{Z_A(Z_B + Z_C)}{Z_A + Z_B + Z_C} I_2$$

Z_{12}, Z_{22}는 정의에 따라 다음과 같이 구해진다.

$$Z_{12} = \frac{Z_A Z_B}{Z_A + Z_B + Z_C}$$

$$Z_{22} = \frac{Z_A(Z_B + Z_C)}{Z_A + Z_B + Z_C}$$

(15 − 6)

따라서 식 15-3과 식 15-6을 정리하여 행렬로 표시하면 다음과 같다.

$$Z = \begin{bmatrix} Z_{11} & Z_{12} \\ Z_{21} & Z_{22} \end{bmatrix} = \begin{bmatrix} \dfrac{Z_B(Z_C + Z_A)}{Z_A + Z_B + Z_C} & \dfrac{Z_A Z_B}{Z_A + Z_B + Z_C} \\ \dfrac{Z_A Z_B}{Z_A + Z_B + Z_C} & \dfrac{Z_A(Z_B + Z_C)}{Z_A + Z_B + Z_C} \end{bmatrix} \tag{15-7}$$

그림 15-2의 T, Ⅱ 회로망에서 두 회로망이 등가라면 두 회로의 Z계수가 서로 같아야 하므로, 예제 15-1의 풀이 결과인 식 15-4와 식 15-7을 서로 같다고 놓으면 다음과 같이 Ⅱ 회로망을 T 회로망으로 바꿔주는 Ⅱ-T 변환공식을 유도할 수 있다.

$$Z_1 = \frac{Z_B Z_C}{Z_A + Z_B + Z_C}$$

$$Z_2 = \frac{Z_C Z_A}{Z_A + Z_B + Z_C} \tag{15-8}$$

$$Z_3 = \frac{Z_A Z_B}{Z_A + Z_B + Z_C}$$

이 변환공식은 11장에서 다룬 식 11-34의 Δ-Y 변환공식과 같음을 확인할 수 있다.

(2) Z계수 간접계산법

대상회로가 복잡하여 대상회로에서 전압전류 관계식을 직접 유도하기 어려울 경우에는 Z계수를 앞에서 다룬 직접계산법을 써서 계산하기는 곤란하다. 이 경우에는 입출력 전압을 마디전압으로 설정하여 마디방정식을 세운 다음 이로부터 Z계수를 산출할 수 있다.

대상회로에서 입출력단 전압 V_1, V_2를 마디전압에 포함하면서 마디수가 N개인 경우에 마디방정식을 세우면 다음과 같은 꼴이 된다.

$$[Y] \begin{bmatrix} V_1 \\ V_2 \\ V_3 \\ \vdots \\ V_N \end{bmatrix} = \begin{bmatrix} I_1 \\ I_2 \\ 0 \\ \vdots \\ 0 \end{bmatrix} \tag{15-9}$$

여기서 $[Y]$는 어드미턴스 행렬이고, V_n은 마디전압, I_1, I_2는 입출력단 전류를 나타낸다. 정의에 의하면 4단자 회로망의 내부에는 전원이 없고, Z계수 표현에서는 입출력 전류를 독립변수로 보기 때문에 식 15-7의 마디방정식 우변의 전류원 벡터에는 I_1, I_2만 존재하고 나머지 성분들은 모두 0이 된다.

식 15-9의 행렬방정식에서 부록A에 나오는 크래머의 공식을 적용하면 다음과 같이 입출력전압 V_1, V_2를 입출력전류 I_1, I_2의 함수로 표시할 수 있다.

$$V_1 = \frac{\Delta_{11}}{\Delta_Y}I_1 + \frac{\Delta_{21}}{\Delta_Y}I_2$$

$$(15-10)$$

$$V_2 = \frac{\Delta_{12}}{\Delta_Y}I_1 + \frac{\Delta_{22}}{\Delta_Y}I_2$$

여기서 Δ_Y는 어드미턴스 행렬 $[Y]$의 행렬식값이며, Δ_{ij}는 Δ_Y의 i행 j열 상호인수 (cofactor)이다. 이 식과 Z계수 방정식 15-1을 대응시키면 Z계수는 다음과 같이 결정할 수 있다.

$$Z_{11} = \frac{\Delta_{11}}{\Delta_Y}, \quad Z_{12} = \frac{\Delta_{21}}{\Delta_Y}$$

$$(15-11)$$

$$Z_{21} = \frac{\Delta_{12}}{\Delta_Y}, \quad Z_{22} = \frac{\Delta_{22}}{\Delta_Y}$$

이 공식을 적용할 때 주의할 점은 비대각선 행렬 성분지수와 상호인수 성분지수가 서로 어긋난다는 점이다. 대상회로에 종속전원이 포함되어 있는 경우에는 행렬 $[Y]$의 대칭성이 성립하지 않기 때문에 이 지수를 잘못 잡으면 Z계수 계산이 틀리므로 주의해야 한다.

예제 15-2

그림 15-3의 회로망에서 간접계산법을 적용하여 Z계수를 구하시오.

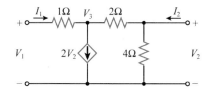

그림 15-3 예제 15-2 회로

풀이 그림 15-3에서와 같이 종속전류원 상단 마디전압을 V_3로 지정한 다음 하단 마디를 기준마디로 잡고서 마디방정식을 세우면 다음과 같다.

$$\begin{bmatrix} 1 & 0 & -1 \\ 0 & \frac{1}{2}+\frac{1}{4} & -\frac{1}{2} \\ -1 & -\frac{1}{2} & 1+\frac{1}{2} \end{bmatrix} \begin{bmatrix} V_1 \\ V_2 \\ V_3 \end{bmatrix} = \begin{bmatrix} I_1 \\ I_2 \\ -2V_2 \end{bmatrix}$$

우변에 있는 $-2V_2$ 항을 좌변으로 옮겨서 정리하면 다음과 같고

$$\begin{bmatrix} 1 & 0 & -1 \\ 0 & \dfrac{3}{4} & -\dfrac{1}{2} \\ -1 & \dfrac{3}{2} & \dfrac{3}{2} \end{bmatrix} \begin{bmatrix} V_1 \\ V_2 \\ V_3 \end{bmatrix} = \begin{bmatrix} I_1 \\ I_2 \\ 0 \end{bmatrix}$$

식 15−11에 의해 Z계수를 계산하면 다음과 같다.

$$Z = \begin{bmatrix} \dfrac{5}{3} & -\dfrac{4}{3} \\ \dfrac{4}{9} & \dfrac{4}{9} \end{bmatrix}$$

(3) Z계수 등가모델

식 15−1로 표시되는 Z계수 회로방정식을 등가회로로 나타내면 그림 15−4와 같다. 이 등가회로는 대상 4단자 회로망의 Z계수가 존재하고 이를 아는 경우에 대상회로 대신에 사용하여 회로해석에 활용할 수 있다. 식 15−1에서 보듯이 Z계수는 입출력전류를 독립변수로 잡고서 정의되므로 입출력단에서 KCL을 유지하면서 독립전류원이 연결될 수 있는 경우, 즉 $I_{1oc} = I_1|_{I_2 = 0} \neq 0$, $I_{2oc} = I_2|_{I_1 = 0} \neq 0$ 인 경우에만 존재하며, 이렇게 Z계수가 존재하는 경우에 그림 15−4의 등가모델을 사용할 수 있다.

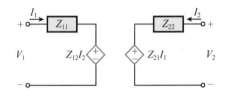

그림 15−4 Z계수 등가회로

예제 15−3

다음 두 개의 4단자 회로망에서 Z계수가 존재하는지 판단하고 존재할 경우에 Z계수를 구하시오.

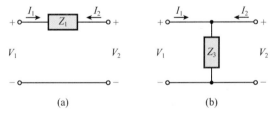

(a) (b)

그림 15−5 단순 4단자 회로망

풀이 1) 그림 15−5(a) 회로 : $I_2 = 0$ 으로 놓고 출력단 개방회로를 구성하면 항상 $I_1 = 0$ 이 되어

입력단에 독립전류원을 연결할 수 없어서 Z_{11}, Z_{21} 을 구할 수 없으므로 Z계수가 존재하지 않는다. 같은 이유로 Z_{12}, Z_{22} 도 구할 수 없다.

2) 그림 15-5(b) 회로 : $I_2 = 0$ 으로 놓고 출력단 개방회로를 구성하면 $V_1 = V_2 = Z_3 I_1$ 이므로 $Z_{11} = Z_{21} = Z_3$ 이다. $I_1 = 0$ 으로 놓고 입력단 개방회로를 구성하면 $V_1 = V_2 = Z_3 I_2$ 이므로 $Z_{12} = Z_{22} = Z_3$ 이고, 따라서 Z계수를 행렬로 표시하면 다음과 같다.

$$Z = \begin{bmatrix} Z_3 & Z_3 \\ Z_3 & Z_3 \end{bmatrix}$$

2. 어드미턴스 계수

4단자 회로망에서 입출력전압을 독립변수, 입출력전류를 종속변수로 하여 다음과 같은 선형결합 형태의 회로방정식으로 전달특성을 나타낼 때 사용하는 4단자 계수를 **어드미턴스 계수(admittance parameters)** 또는 줄임말로 Y계수라 한다.

$$I_1 = Y_{11} V_1 + Y_{12} V_2$$
$$I_2 = Y_{21} V_1 + Y_{22} V_2$$

$$(15-12)$$

여기서 Y계수는 다음과 같이 전압위상자에 대한 전류위상자의 비로 정의되기 때문에 어드미턴스로 이루어지며, 단위는 모두 지멘스(siemens, S)를 사용한다.

$$Y_{11} = \left. \frac{I_1}{V_1} \right|_{V_2 = 0} \quad : \text{단락회로 입력어드미턴스}$$

$$Y_{12} = \left. \frac{I_1}{V_2} \right|_{V_1 = 0} \quad : \text{단락회로 역전달어드미턴스}$$

$$Y_{21} = \left. \frac{I_2}{V_1} \right|_{V_2 = 0} \quad : \text{단락회로 전달어드미턴스}$$

$$Y_{22} = \left. \frac{I_2}{V_2} \right|_{V_1 = 0} \quad : \text{단락회로 출력어드미턴스}$$

Y계수는 대상회로가 간단한 경우에는 위의 정의에 따라 직접계산법에 의해 출력단 단락회로에서 I_1, I_2 와 V_1 의 관계를 구하여 Y_{11}, Y_{21} 을, 입력단 단락회로에서 I_1, I_2 와 V_2 의 관계를 구하여 Y_{12}, Y_{22} 를 구할 수 있다. 반면에 회로가 복잡한 경우에는 다음에 정리하는 간접계산법을 사용한다.

(1) Y계수 간접계산법

대상회로가 복잡하여 직접계산법을 적용하기 어려울 경우에는 망해석법을 써서 간접적으로 Y계수를 계산할 수 있다. 이 경우에는 입출력전류를 망전류로 설정하여 망방정식을 세운 다음 이로부터 Y계수를 산출한다.

대상회로에서 망수가 N개인 경우에 입출력전류 I_1, I_2를 망전류로 포함하여 망방정식을 세우면 다음과 같은 꼴이 된다.

$$[Z] \begin{bmatrix} I_1 \\ I_2 \\ \vdots \\ I_N \end{bmatrix} = \begin{bmatrix} V_1 \\ V_2 \\ \vdots \\ 0 \end{bmatrix} \tag{15-13}$$

여기서 $[Z]$는 임피던스 행렬이고, I_n은 망전류, V_1, V_2는 입출력단 전압을 나타낸다. 정의에 의하면 4단자 회로망의 내부에는 전원이 없고, Y계수 표현에서는 입출력전압을 독립변수로 보기 때문에 식 15-13의 망방정식 우변의 전압원 벡터에는 V_1, V_2만 존재하고, 나머지 성분들은 모두 0이 된다.

식 15-13의 행렬방정식에서 크래머의 공식을 적용하면 다음과 같이 입출력전류 I_1, I_2를 입출력전압 V_1, V_2의 함수로 표시할 수 있다.

$$I_1 = \frac{\Delta_{11}}{\Delta_Z} V_1 + \frac{\Delta_{21}}{\Delta_Z} V_2$$

$$\tag{15-14}$$

$$I_2 = \frac{\Delta_{12}}{\Delta_Z} V_1 + \frac{\Delta_{22}}{\Delta_Z} V_2$$

여기서 Δ_Z는 임피던스 행렬 $[Z]$의 행렬식값이며, Δ_{ij}는 Δ_z의 i행 j열 상호인수이다. 이 식과 Y계수 방정식 15-12를 대응시키면 Y계수는 다음과 같이 결정할 수 있다.

$$Y_{11} = \frac{\Delta_{11}}{\Delta_Z}, \quad Y_{12} = \frac{\Delta_{21}}{\Delta_Z}$$

$$\tag{15-15}$$

$$Y_{21} = \frac{\Delta_{12}}{\Delta_Z}, \quad Y_{22} = \frac{\Delta_{22}}{\Delta_Z}$$

이 공식을 적용할 때에도 역시 주의할 점은 비대각선 행렬 성분지수와 상호인수 성분지수가 서로 어긋난다는 점이다. 대상회로에 종속전원이 포함되어 있는 경우에는 행렬 $[Z]$의 대칭성이 성립하지 않기 때문에 이 지수를 잘못 잡으면 Y계수 계산이 틀리므로 주의해야 한다.

그림 15 - 2에 표시된 회로망에서 직접계산법을 써서

1) (a)의 T 회로망에서 Y계수를 구하시오.

2) (b)의 Ⅱ 회로망에서 Y계수를 구하시오.

풀이 1) 그림 15 - 2(a)의 T 회로망에서 $V_2 = 0$ 으로 놓고 출력단 단락회로를 구성한 다음 I_1, I_2와 V_1 사이의 관계를 구하면

$$I_1 = \frac{V_1}{Z_1 + Z_2 \parallel Z_3}$$

$$I_2 = -\frac{V_1}{Z_1 + Z_2 \parallel Z_3} \frac{Z_3}{Z_2 + Z_3}$$

정의에 따라 Y_{11}, Y_{21} 계수는 다음과 같이 구해진다.

$$Y_{11} = \frac{Z_2 + Z_3}{Z_1 Z_2 + Z_2 Z_3 + Z_3 Z_1}$$

$$Y_{21} = -\frac{Z_3}{Z_1 Z_2 + Z_2 Z_3 + Z_3 Z_1}$$

(15 - 16)

T 회로망에서 $V_1 = 0$ 으로 놓고 입력단 단락회로를 구성한 다음 I_1, I_2와 V_2 사이의 관계를 구하면

$$I_1 = -\frac{V_2}{Z_2 + Z_1 \parallel Z_3} \frac{Z_3}{Z_1 + Z_3}$$

$$I_2 = \frac{V_2}{Z_2 + Z_1 \parallel Z_3}$$

위와 같으므로 Y_{12}, Y_{22} 는 정의에 따라 다음과 같이 구해지며

$$Y_{12} = -\frac{Z_3}{Z_1 Z_2 + Z_2 Z_3 + Z_3 Z_1}$$

$$Y_{22} = \frac{Z_1 + Z_3}{Z_1 Z_2 + Z_2 Z_3 + Z_3 Z_1}$$

(15 - 17)

식 15 - 16과 식 15 - 17로부터 Y계수행렬은 다음과 같다.

$$Y = \begin{bmatrix} Y_{11} & Y_{12} \\ Y_{21} & Y_{22} \end{bmatrix} = \frac{1}{Z_1 Z_2 + Z_2 Z_3 + Z_3 Z_1} \begin{bmatrix} Z_2 + Z_3 & -Z_3 \\ -Z_3 & Z_1 + Z_3 \end{bmatrix}$$

(15 - 18)

2) 그림 15 - 2(b)의 Ⅱ 회로망에서 $V_2 = 0$ 으로 놓고 출력단 단락회로를 구성한 다음 I_1, I_2와 V_1 사이의 관계를 구하면 다음과 같다.

$$I_1 = \frac{V_1}{Z_B \parallel Z_C}$$

$$I_2 = -\frac{V_1}{Z_C}$$

정의에 따라 Y_{11}, Y_{21} 계수는 다음과 같이 구해진다.

$$Y_{11} = \frac{1}{Z_B} + \frac{1}{Z_C}$$

$$Y_{21} = -\frac{1}{Z_C}$$

(15 – 19)

Ⅱ 회로망에서 $V_1 = 0$ 으로 놓고 입력단 단락회로를 구성한 다음 I_1, I_2와 V_2 사이의 관계를 구하면

$$I_1 = -\frac{V_2}{Z_C}$$

$$I_2 = \frac{V_2}{Z_C \parallel Z_A}$$

위와 같으므로 Y_{12}, Y_{22}는 정의에 따라 다음과 같이 구해지며

$$Y_{12} = -\frac{1}{Z_C}$$

$$Y_{22} = \frac{1}{Z_A} + \frac{1}{Z_C}$$

(15 – 20)

식 15 – 19와 식 15 – 20으로부터 Y계수행렬은 다음과 같다.

$$Y = \begin{bmatrix} Y_{11} & Y_{12} \\ Y_{21} & Y_{22} \end{bmatrix} = \begin{bmatrix} \dfrac{1}{Z_B} + \dfrac{1}{Z_C} & -\dfrac{1}{Z_C} \\ -\dfrac{1}{Z_C} & \dfrac{1}{Z_A} + \dfrac{1}{Z_C} \end{bmatrix}$$

(15 – 21)

예제 15 – 5

그림 15 – 6의 회로에서 간접계산법을 써서 Y계수를 구하시오.

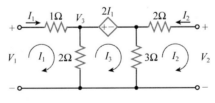

그림 15 – 6 예제 15 – 5 회로

풀이 그림 15 – 6에서와 같이 망전류를 지정한 다음 망방정식을 세우면 다음과 같다.

$$\begin{bmatrix} 1+2 & 0 & -2 \\ 0 & 2+3 & 3 \\ -2 & 3 & 2+3 \end{bmatrix} \begin{bmatrix} I_1 \\ I_2 \\ I_3 \end{bmatrix} = \begin{bmatrix} V_1 \\ V_2 \\ -2I_1 \end{bmatrix}$$

우변에 있는 $-2I_1$ 항을 좌변으로 옮겨서 정리하면 다음과 같고

$$\begin{bmatrix} 3 & 0 & -2 \\ 0 & 5 & 3 \\ 0 & 3 & 5 \end{bmatrix} \begin{bmatrix} I_1 \\ I_2 \\ I_3 \end{bmatrix} = \begin{bmatrix} V_1 \\ V_2 \\ 0 \end{bmatrix}$$

식 15-15에 의해 Y계수를 계산하면 다음과 같다.

$$Y = \begin{bmatrix} \dfrac{1}{3} & -\dfrac{1}{8} \\ 0 & \dfrac{5}{16} \end{bmatrix}$$

(2) Y계수 등가모델

식 15-12로 표시되는 Y계수 회로방정식을 등가회로로 나타내면 그림 15-7과 같다. 이 등가회로는 4단자 회로망의 Y계수가 존재하는 경우 대상회로 대신에 사용하여 회로해석에 활용할 수 있다. 식 15-12에서 Y계수는 입출력전압을 독립변수로 하여 정의되므로, 입출력단에서 KVL을 유지하면서 독립전압원이 연결될 수 있는 경우, 즉 $V_{1sc} = V_1|_{V_2=0} \neq 0$, $V_{2sc} = V_2|_{V_1=0} \neq 0$ 인 두 가지 조건이 만족되는 경우에만 존재하며, 이 경우에 그림 15-7의 등가모델을 사용할 수 있다.

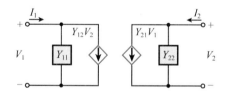

그림 15-7 Y계수 등가회로

예제 15-6

예제 15-3에서 다룬 그림 15-5(a), (b)의 두 개 4단자 회로망에서 Y계수가 존재하는지 판단하고 존재할 경우에 Y계수를 구하시오.

풀이 1) 그림 15-5(a) 회로 : $V_2=0$ 으로 놓고 출력단 단락회로를 구성하면 $I_1 = -I_2 = V_1/Z_1$ 이므로 $Y_{11} = -Y_{21} = 1/Z_1$ 이다. $V_1=0$ 으로 놓고 입력단 단락회로를 구성하면 $-I_1 = I_2 = V_2/Z_1$ 이므로 $-Y_{12} = Y_{22} = 1/Z_1$ 이다. 따라서 Y계수를 행렬로 표시하면 다음과 같다.

$$Y = \begin{bmatrix} 1/Z_1 & -1/Z_1 \\ -1/Z_1 & 1/Z_1 \end{bmatrix}$$

2) 그림 15-5(b) 회로 : $V_2 = 0$으로 놓고 출력단 단락회로를 구성하면 항상 $V_1 = 0$이 되어, 입력단에 독립전압원을 연결할 수 없어서 Y_{11}, Y_{21}을 구할 수 없으므로 Y계수가 존재하지 않는다.

3. 가역회로망

4단자 회로망에서 독립전류원과 개방회로를 맞바꾸어도 개방회로 전압이 바뀌지 않고, 독립전압원과 단락회로를 맞바꾸어도 단락회로 전류가 바뀌지 않을 경우 이 성질을 **가역성 (reciprocity)**이라 하며, 이러한 성질이 성립하는 4단자 회로망을 **가역회로망(reciprocal network)**이라고 한다. 가역성 조건을 정의에 따라 그림으로 나타내면 그림 15-8과 같은데, 이 조건을 4단자 계수로 나타내면 두 개의 조건 $Z_{12} = Z_{21}$, $Y_{12} = Y_{21}$이 함께 성립하는 것임을 알 수 있다.

종속전원을 포함하지 않는 선형회로망은 항상 가역적이다. 그 이유는 종속전원을 포함하지 않는 선형회로망에서는 어드미턴스 행렬 $[Y]$와 임피던스 행렬 $[Z]$가 대칭이기 때문인데, 이 대칭성에 의해 식 15-11과 식 15-15에서 상호인수가 $\Delta_{12} = \Delta_{21}$이 되어 Z계수행렬과 Y계수행렬도 대칭성을 만족하여 $Z_{12} = Z_{21}$, $Y_{12} = Y_{21}$ 조건이 함께 성립하므로 가역성을 지니는 것이다. 반면에 종속전원을 포함하는 선형회로망은 어드미턴스 행렬 $[Y]$과 임피던스 행렬 $[Z]$가 대칭이 아니기 때문에 가역성이 보장되지는 않는다. 이러한 성질은 앞에서 다룬 예제를 통해 예시할 수 있는데, 대상회로에 종속전원이 없는 경우 예제 15-1과 예제 15-4의 결과를 보면 계수행렬이 대칭이 되면서 가역성이 성립하며, 종속전원을 포함하는 예제 15-2와 예제 15-5의 결과를 보면 계수행렬이 비대칭이 되면서 가역성이 성립하지 않음을 확인할 수 있다.

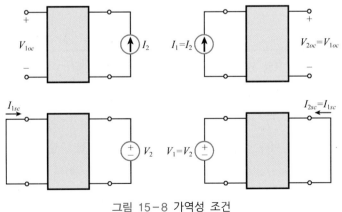

그림 15-8 가역성 조건

15.4 혼합형 및 전송 계수

1. 혼합형 계수

4단자 회로망에서 입력전류와 출력전압을 독립변수, 입력전압과 출력전류를 종속변수로 하여 다음과 같은 선형결합 형태의 회로방정식으로 전달특성을 나타낼 때 사용하는 4단자 계수를 **혼합형 계수(hybrid parameters)** 또는 줄임말로 h계수라고 한다.

$$V_1 = h_{11}I_1 + h_{12}V_2$$
$$I_2 = h_{21}I_1 + h_{22}V_2$$

$$(15-22)$$

여기서 h계수들은 다음과 같이 정의되는데, 임피던스, 어드미턴스, 전압비, 전류비 등에 단락회로와 개방회로가 어우러지면서 모든 계수들이 서로 다른 단위들로 혼합되어 있다.

$$h_{11} = \left.\frac{V_1}{I_1}\right|_{V_2=0} \quad : \text{단락회로 입력임피던스 } [\Omega]$$

$$h_{12} = \left.\frac{V_1}{V_2}\right|_{I_1=0} \quad : \text{개방회로 역전압비(이득) } [\text{V/V}]$$

$$h_{21} = \left.\frac{I_2}{I_1}\right|_{V_2=0} \quad : \text{단락회로 전류비(이득) } [\text{A/A}]$$

$$h_{22} = \left.\frac{I_2}{V_2}\right|_{I_1=0} \quad : \text{개방회로 출력어드미턴스 } [\text{S}]$$

위의 정의를 Z계수 및 Y계수와 비교하여 살펴보면 $h_{11} = 1/Y_{11} \neq Z_{11}$, $h_{22} = 1/Z_{22} \neq Y_{22}$의 관계가 있음을 알 수 있다. 이러한 h계수를 산출하려면 대상회로가 간단한 경우에는 직접법을 사용하여 출력단 단락회로에서 I_1에 대한 V_1, I_2의 관계를 구하여 h_{11}, h_{21}을 계산하고, 입력단 개방회로에서 V_2에 대한 V_1, I_2의 관계를 구하여 h_{12}, h_{22}를 구하면 된다. 대상회로가 복잡하여 직접계산법을 적용하기 어려운 경우에는 먼저 간접계산법으로 Z계수나 Y계수를 구한 다음 앞으로 다룰 4단자 계수 변환공식을 사용하여 h계수를 구할 수 있다.

(1) h계수 등가모델

식 15-22로 표시되는 h계수 회로방정식을 등가회로로 나타내면 그림 15-9와 같다. 이 등가회로는 h계수가 존재하는 경우 대상회로 대신에 사용하여 회로해석에 활용할 수 있다. 식 15-22에서 h계수는 입력전류와 출력전압을 독립변수로 하여 정의되므로 KCL을 유지하면서 입력단에 독립전류원을 그리고 KVL을 유지하면서 출력단에 독립전압원을 연결할 수 있는 경우에만 존재한다. 즉, h계수의 존재조건은 $I_{1sc} = I_1|_{V_2=0} \neq 0$, $V_{2oc} = V_2|_{I_1=0} \neq 0$인 두 가지 조건이 함께 만족되는 것이며, 이 경우에 그림 15-9의 등가모델이 유효하다.

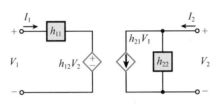

그림 15-9 h계수 등가회로

예제 15-7

그림 15-2에 표시된 회로망에서 직접계산법을 써서
1) (a)의 T회로망에서 h계수를 구하시오.
2) (b)의 Ⅱ회로망에서 h계수를 구하시오.

풀이 1) 그림 15-2(a)의 T회로망에서 $V_2 = 0$으로 놓고 출력단 단락회로를 구성하고, V_1, I_2와 I_1 사이의 관계를 구하면 다음과 같으므로

$$V_1 = (Z_1 + Z_2 \| Z_3) I_1$$

$$I_2 = -\frac{Z_3}{Z_2 + Z_3} I_1$$

정의에 따라 h_{11}, h_{21} 계수는 다음과 같이 구해진다.

$$h_{11} = Z_1 + \frac{Z_2 Z_3}{Z_2 + Z_3}$$

$$h_{21} = -\frac{Z_3}{Z_2 + Z_3}$$

(15-23)

T회로망에서 $I_1 = 0$으로 놓고 입력단 개방회로를 구성한 다음 V_1, I_2와 V_2 사이의 관계를 구하면

$$V_1 = \frac{Z_3}{Z_2 + Z_3} V_2$$

$$I_2 = \frac{V_2}{Z_2 + Z_3}$$

위와 같으므로 h_{12}, h_{22}는 정의에 따라 다음과 같이 구해지며

$$h_{12} = \frac{Z_3}{Z_2 + Z_3}$$

$$h_{22} = \frac{1}{Z_2 + Z_3}$$

(15 – 24)

식 15 – 23과 식 15 – 24로부터 T회로망의 h계수행렬은 다음과 같다.

$$H = \begin{bmatrix} h_{11} & h_{12} \\ h_{21} & h_{22} \end{bmatrix} = \begin{bmatrix} Z_1 + \dfrac{Z_2 Z_3}{Z_2 + Z_3} & \dfrac{Z_3}{Z_2 + Z_3} \\ -\dfrac{Z_3}{Z_2 + Z_3} & \dfrac{1}{Z_2 + Z_3} \end{bmatrix}$$

(15 – 25)

2) 그림 15 – 2(b)의 ∏회로망에서 $V_2 = 0$으로 놓고 출력단 단락회로를 구성하고, V_1, I_2와 I_1 사이의 관계를 구하면 다음과 같으므로

$$V_1 = (Z_B \parallel Z_C) I_1$$

$$I_2 = -\frac{Z_B}{Z_B + Z_C} I_1$$

정의에 따라 h_{11}, h_{21} 계수는 다음과 같이 구해진다.

$$h_{11} = \frac{Z_B Z_C}{Z_B + Z_C}$$

$$h_{21} = -\frac{Z_B}{Z_B + Z_C}$$

(15 – 26)

∏회로망에서 $I_1 = 0$으로 놓고 입력단 개방회로를 구성하여 V_1, I_2와 V_2 간의 관계를 구하면

$$V_1 = \frac{Z_B}{Z_B + Z_C} V_2$$

$$I_2 = \frac{V_2}{Z_A \parallel (Z_B + Z_3)}$$

위와 같으므로 h_{12}, h_{22}는 정의에 따라 다음과 같이 구해지며

$$h_{12} = \frac{Z_B}{Z_B + Z_C}$$

$$h_{22} = \frac{1}{Z_A} + \frac{1}{Z_2 + Z_3}$$

(15 – 27)

식 15-26과 식 15-27로부터 Ⅱ회로망의 h계수행렬은 다음과 같다.

$$H = \begin{bmatrix} h_{11} & h_{12} \\ h_{21} & h_{22} \end{bmatrix} = \begin{bmatrix} \dfrac{Z_B Z_C}{Z_B + Z_C} & \dfrac{Z_B}{Z_B + Z_C} \\ -\dfrac{Z_B}{Z_B + Z_C} & \dfrac{1}{Z_A} + \dfrac{1}{Z_2 + Z_3} \end{bmatrix} \tag{15-28}$$

예제 15-8

그림 15-5(a), (b)의 두 개 4단자 회로망에서 h계수가 존재하는지 판단하고 존재할 경우에 h계수를 구하시오.

풀이 1) 그림 15-5(a) 회로 : $V_2 = 0$으로 놓고 출력단 단락회로를 구성하면 $V_1 = Z_1 I_1$, $I_2 = -I_1$이므로 $h_{11} = Z_1$, $h_{21} = -1$이다. $I_1 = 0$으로 놓고 입력단 개방회로를 구성하면 $V_1 = V_2$, $I_2 = 0$이므로 $h_{12} = 1$, $h_{22} = 0$이며, h계수를 행렬로 표시하면 다음과 같다.

$$H = \begin{bmatrix} Z_1 & 1 \\ -1 & 0 \end{bmatrix}$$

2) 그림 15-5(b) 회로 : $V_2 = 0$으로 놓고 출력단 단락회로를 구성하면 $V_1 = 0$, $I_2 = -I_1$이므로 $h_{11} = 0$, $h_{21} = -1$이다. $I_1 = 0$으로 놓고 입력단 개방회로를 구성하면 $V_1 = V_2$, $I_2 = V_2/Z_3$이므로 $h_{12} = 1$, $h_{22} = 1/Z_3$이며, h계수를 행렬로 표시하면 다음과 같다.

$$H = \begin{bmatrix} 0 & 1 \\ -1 & \dfrac{1}{Z_3} \end{bmatrix}$$

---

(2) 역혼합형 계수

4단자 회로망에서 입력전압과 출력전류을 독립변수, 입력전류와 출력전압을 종속변수로 하여 다음과 같은 회로방정식으로 전달특성을 나타낼 수도 있는데, 이 경우에 사용하는 4단자 계수를 **역혼합형 계수(inverse hybrid parameters)** 또는 **g계수**라고 한다.

$$\begin{aligned} I_1 &= g_{11} V_1 + g_{12} I_2 \\ V_2 &= g_{21} V_1 + g_{22} I_2 \end{aligned} \tag{15-29}$$

여기서 g계수들은 h계수의 정의와 유사하게 정의할 수 있다. 앞에서 다룬 h계수는 트랜지스터의 등가모델 표시에 사용되는 등 전자회로 해석에 많이 사용되지만, g계수는 활용도가 아주 낮기 때문에 여기서는 더 이상 다루지 않기로 한다.

2. 전송 계수

입력전압이나 전류가 걸려있는 상태에서 출력전압과 전류의 함수로써 입력전압과 전류를 표시하는 방식으로, 4단자 회로망의 신호전달 특성을 나타낼 때 사용하는 계수를 **전송계수(transmission parameters)** 또는 **T계수**라고 한다. 계수 표시에 사용하는 문자로 A, B, C, D를 사용하기 때문에 흔히 **ABCD계수**라고도 한다. T계수에서 입출력 변수들 간의 관계식은 다음과 같이 표시되고

$$V_1 = A V_2 - B I_2$$

$$I_1 = C V_2 - D I_2$$

$$(15-30)$$

여기서 전송계수 $\{A, B, C, D\}$는 다음과 같이 정의된다.

$$A = \frac{1}{V_2/V_1}\bigg|_{I_2=0} = \frac{V_1}{V_2}\bigg|_{I_2=0} \quad : \text{개방회로 역전압비 [V/V]}$$

$$B = \frac{1}{-I_2/V_1}\bigg|_{V_2=0} = \frac{V_1}{-I_2}\bigg|_{V_2=0} \quad : \text{단락회로 역전달임피던스 [Ω]}$$

$$C = \frac{1}{V_2/I_1}\bigg|_{I_2=0} = \frac{I_1}{V_2}\bigg|_{I_2=0} \quad : \text{개방회로 역전달어드미턴스 [S]}$$

$$D = \frac{1}{-I_2/I_1}\bigg|_{V_2=0} = \frac{I_1}{-I_2}\bigg|_{V_2=0} \quad : \text{단락회로 역전류비 [A/A]}$$

위의 정의에 따라 전송계수를 계산할 때 주의할 점이 두 가지 있는데, 하나는 출력전류로서 I_2가 아니라 $-I_2$를 사용한다는 점이고, 다른 하나는 출력전압과 전류가 독립변수이지만 입력단에 전원을 걸어서 계수를 계산한다는 점이다. 구체적으로 설명하자면 A 계수를 계산할 때 출력단을 개방한 상태에서 입력전압 V_1을 걸고 출력전압 V_2에 V_1의 역전달비를 계산하여 A 계수로 취하는 것이다. 다른 4단자 회로망 계수들은 4단자 회로망방정식 우변에 나타나는 변수들이 독립변수로서, 이것을 전원으로 처리하여 4단자 계수를 구하지만, T계수에서는 그렇지 않다는 점에 각별히 유의해야 한다.

T계수는 대상회로가 간단한 경우에는 직접계산법에 의해 구할 수 있는데, 먼저 출력단 개방회로를 구성하여 입력전압, 전류와 출력전압 간의 관계를 구하여 이로부터 A, C 계수를 계산하고, 이어서 출력단 단락회로에서 입력전압, 전류와 출력전류 간의 관계로부터

B, D 계수를 계산한다. 대상회로가 복잡한 경우에는 간접계산법으로 Z계수나 Y계수를 구한 다음, 다음 절에서 다룰 계수변환 공식을 써서 T계수로 바꾸는 방식으로 처리할 수 있다.

앞의 정의에서 T계수 존재조건을 구해보면 $V_{2oc} = V_2|_{I_2=0} \neq 0$와 $I_{2sc} = I_2|_{V_2=0} \neq 0$의 두 개 조건이 함께 만족되는 것이다. 이 조건이 만족되면 대상회로의 전달특성이 식 15-30의 T계수방정식으로 표시되는데, 이것을 T계수 등가회로를 써서 대상회로를 나타낼 수는 있지만, 이 등가회로는 모두 종속전원들로만 표시되기 때문에 T계수 등가회로는 실제 회로해석에 거의 쓰이지 않으므로 여기서는 다루지 않기로 한다.

예제 15-9

그림 15-2에 표시된 회로망에서 직접계산법을 써서
1) (a)의 T회로망에서 T계수를 구하시오.
2) (b)의 Ⅱ회로망에서 T계수를 구하시오.

풀이 1) 그림 15-2(a)의 T회로망에서 $I_2 = 0$으로 놓고 출력단 개방회로를 구성한 다음, 입력단에 V_1, I_1을 각각 걸었을 때 이것과 V_2 사이의 관계를 구하면 다음과 같으므로

$$V_2 = \frac{Z_3}{Z_1 + Z_3} V_1$$

$$V_2 = Z_3 I_1$$

정의에 따라 A, C 계수는 다음과 같이 구해진다.

$$A = 1 + \frac{Z_1}{Z_3}$$

$$C = \frac{1}{Z_3}$$

(15-31)

T회로망에서 $V_2 = 0$으로 놓고 출력단 단락회로를 구성한 다음 입력단에 V_1, I_1을 각각 걸었을 때 이것과 $-I_2$ 사이의 관계를 구하면

$$-I_2 = \frac{V_1}{Z_1 + Z_2 \| Z_3} \frac{Z_3}{Z_2 + Z_3}$$

$$-I_2 = \frac{Z_3}{Z_2 + Z_3} I_1$$

위와 같으므로 B, D 계수는 정의에 따라 다음과 같이 구해지며

$$B = Z_1 + Z_2 + \frac{Z_1 Z_2}{Z_3}$$

$$(15-32)$$

$$D = 1 + \frac{Z_2}{Z_3}$$

식 $15-31$과 식 $15-32$로부터 T회로망의 T계수행렬은 다음과 같다.

$$T = \begin{bmatrix} A & B \\ C & D \end{bmatrix} = \begin{bmatrix} 1 + \dfrac{Z_1}{Z_3} & Z_1 + Z_2 + \dfrac{Z_1 Z_2}{Z_3} \\ \dfrac{1}{Z_3} & 1 + \dfrac{Z_2}{Z_3} \end{bmatrix} \qquad (15-33)$$

2) 그림 $15-2$(b)의 Π회로망에서 $I_2 = 0$으로 놓고 출력단 개방회로를 구성한 다음 입력단 전압전류 V_1, I_1과 V_2 사이의 관계를 구하면 다음과 같으므로

$$V_2 = \frac{Z_A}{Z_A + Z_C} V_1$$

$$V_2 = \frac{Z_B}{Z_A + Z_B + Z_C} Z_A I_1$$

정의에 따라 A, C 계수는 다음과 같이 구해진다.

$$A = 1 + \frac{Z_C}{Z_A}$$

$$(15-34)$$

$$C = \frac{Z_A + Z_B + Z_C}{Z_A Z_B}$$

T회로망에서 $V_2 = 0$으로 놓고 출력단 단락회로를 구성한 다음 입력단 전압전류 V_1, I_1과 $-I_2$ 사이의 관계를 구하면

$$-I_2 = \frac{V_1}{Z_C}$$

$$-I_2 = \frac{Z_B}{Z_B + Z_C} I_1$$

위와 같으므로 B, D 계수는 정의에 따라 다음과 같이 구해지며

$$B = Z_C$$

$$(15-35)$$

$$D = 1 + \frac{Z_C}{Z_B}$$

식 $15-34$와 식 $15-35$로부터 Π회로망의 T계수행렬은 다음과 같다.

$$T = \begin{bmatrix} A & B \\ C & D \end{bmatrix} = \begin{bmatrix} 1 + \dfrac{Z_C}{Z_A} & Z_C \\ \dfrac{Z_A + Z_B + Z_C}{Z_A Z_C} & 1 + \dfrac{Z_C}{Z_B} \end{bmatrix} \qquad (15-36)$$

그림 15-5(a), (b)의 두 개 4단자 회로망에서 T계수가 존재하는지 판단하고 존재할 경우에 T계수를 구하시오.

풀이 1) 그림 15-5(a) 회로 : $I_2 = 0$으로 놓고 출력단 개방회로를 구성하면 $V_1 = V_2$, $I_1 = 0$이므로 $A = 1$, $C = 0$이다. $V_2 = 0$으로 놓고 출력단 단락회로를 구성하면 $V_1 = -I_2 Z_1$, $I_1 = -I_2$이므로 $B = Z_1$, $D = 1$이며, T계수행렬은 다음과 같다.

$$T = \begin{bmatrix} 1 & Z_1 \\ 0 & 1 \end{bmatrix} \tag{15-37}$$

2) 그림 15-5(b) 회로 : $I_2 = 0$으로 놓고 출력단 개방회로를 구성하면 $V_1 = V_2$, $I_1 = V_2/Z_3$이므로 $A = 1$, $C = 1/Z_3$이다. $V_2 = 0$으로 놓고 출력단 단락회로를 구성하면 $V_1 = 0$, $I_1 = -I_2$이므로 $B = 0$, $D = 1$이며, T계수행렬은 다음과 같다.

$$T = \begin{bmatrix} 1 & 0 \\ 1/Z_3 & 1 \end{bmatrix} \tag{15-38}$$

15.5 4단자 계수 간의 변환

4단자 선형회로망의 입출력전달 특성은 존재조건만 만족하면 어떤 계수로도 나타낼 수 있으며, 한 회로망에 대해 존재하는 4단자 계수들 사이에는 변환이 가능하다. 이 절에서 4단자 계수들 간에 변환이 어떻게 이루어지는지 익히기로 한다.

1. Z계수와 Y계수 간의 변환

Z계수와 Y계수의 전압전류 관계식은 식 15-1과 식 15-12로 표시되는데, 이것을 행렬 방정식 형태로 나타내면 각각 다음과 같다.

$$\begin{bmatrix} V_1 \\ V_2 \end{bmatrix} = Z \begin{bmatrix} I_1 \\ I_2 \end{bmatrix} = \begin{bmatrix} Z_{11} & Z_{12} \\ Z_{21} & Z_{22} \end{bmatrix} \begin{bmatrix} I_1 \\ I_2 \end{bmatrix} \tag{15-39}$$

$$\begin{bmatrix} I_1 \\ I_2 \end{bmatrix} = Y \begin{bmatrix} V_1 \\ V_2 \end{bmatrix} = \begin{bmatrix} Y_{11} & Y_{12} \\ Y_{21} & Y_{22} \end{bmatrix} \begin{bmatrix} V_1 \\ V_2 \end{bmatrix} \tag{15-40}$$

여기서 식 15-39를 입출력전류 벡터에 대해 전개한 다음

$$\begin{bmatrix} I_1 \\ I_2 \end{bmatrix} = Z^{-1} \begin{bmatrix} V_1 \\ V_2 \end{bmatrix}$$

식 15－40과 비교하면 Y계수행렬과 Z계수행렬은 다음과 같이 서로 역행렬관계에 있음을 알 수 있다.

$$Y = Z^{-1} = \begin{bmatrix} Z_{22}/\Delta_Z & -Z_{12}/\Delta_Z \\ -Z_{21}/\Delta_Z & Z_{11}/\Delta_Z \end{bmatrix}, \quad \Delta_Z \neq 0 \tag{15-41}$$

여기서 $\Delta_Z = Z_{11}Z_{22} - Z_{12}Z_{21}$ 은 Z계수행렬의 행렬식값이며, 이 값이 0인 경우, 즉 Z계수행렬이 특이행렬일 경우에 Y계수는 존재하지 않는다. 식 15－41은 Z계수로부터 Y계수로 변환하는 과정에 사용할 수 있으며, 반대로 Y계수로부터 Z계수를 구하려면 다음 식을 사용하면 된다.

$$Z = Y^{-1} = \begin{bmatrix} Y_{22}/\Delta_Y & -Y_{12}/\Delta_Y \\ -Y_{21}/\Delta_Y & Y_{11}/\Delta_Y \end{bmatrix}, \quad \Delta_Y \neq 0 \tag{15-42}$$

여기서 $\Delta_Y = Y_{11}Y_{22} - Y_{12}Y_{21}$ 는 Y계수행렬의 행렬식값이다. 만일 이 값이 0인 경우에는 Y계수행렬이 특이행렬이 되어 역행렬이 존재하지 않기 때문에 Z계수는 존재하지 않는다.

식 15－41과 식 15－42를 비교해보면 두 식의 형태가 서로 같음을 알 수 있다. 즉, 식 15－41에서 문자 Z와 Y를 바꿔 넣으면 식 15－42와 일치하며, 같은 방식으로 식 15－42로 부터 식 15－41도 유도된다. 따라서 Z계수와 Y계수 간의 변환식 가운데 하나만 알면 다른 변환식은 같은 꼴을 지니므로 쉽게 유도할 수 있다.

예제 15－11

그림 15－2에 표시된 4단자 회로망 중에

1) (a)의 T회로망에서 식 15－4의 Z계수행렬에 식 15－41을 적용하여 Y계수를 구하고, 이 결과를 식 15－18과 비교하여 일치하는지 확인하시오.

2) (b)의 Ⅱ회로망에서 식 15－21의 Y계수행렬에 식 15－42를 적용하여 Z계수를 구하고, 이 결과를 식 15－7과 비교하여 일치하는지 확인하시오.

풀이 1) 식 15－4의 Z계수행렬의 역행렬을 구하면 다음과 같으며,

$$Z^{-1} = \begin{bmatrix} Z_{22}/\Delta_Z & -Z_{12}/\Delta_Z \\ -Z_{21}/\Delta_Z & Z_{11}/\Delta_Z \end{bmatrix} = \frac{1}{(Z_1 + Z_3)(Z_2 + Z_3) - Z_3^2} \begin{bmatrix} Z_2 + Z_3 & -Z_3 \\ -Z_3 & Z_1 + Z_3 \end{bmatrix}$$

이 결과는 직접계산법에 의해 구한 식 15－18과 일치한다.

2) 식 15－21의 Y계수행렬의 역행렬을 구하면 $Y_A = 1/Z_A$, $Y_B = 1/Z_B$, $Y_C = /Z_C$라 할 때

$$Y^{-1} = \begin{bmatrix} Y_{22}/\Delta_Y & -Y_{12}/\Delta_Y \\ -Y_{21}/\Delta_Y & Y_{11}/\Delta_Y \end{bmatrix} = \frac{1}{(Y_A + Y_B)(Y_B + Y_C) - Y_C^2} \begin{bmatrix} Y_A + Y_C & Y_C \\ Y_C & Y_B + Y_C \end{bmatrix}$$

위와 같이 표시되는데, 이것은 식 15 - 7의 결과와 일치하는 것임을 알 수 있다.

2. Z계수를 h계수로 변환

이 절에서는 Z계수가 주어진 경우 이로부터 h계수를 구하는 변환과정을 살펴보기로 한다. h계수는 I_1, V_2를 독립변수로 하여 전압전류 전달특성을 표시하므로, 식 15 - 1의 Z계수 전압전류 관계식 중에서 둘째식인 출력전압 방정식은 다음과 같이 변형한다.

$$V_2 = Z_{21} I_1 + Z_{22} I_2 \quad \Rightarrow \quad I_2 = -\frac{Z_{21}}{Z_{22}} I_1 + \frac{1}{Z_{22}} V_2 \tag{15 - 43}$$

이 식을 식 15 - 1의 Z계수 관계식 중에 첫째식인 입력전압 방정식에 대입하여 I_1, V_2에 관하여 정리하면 다음과 같이 표시할 수 있다.

$$\begin{aligned} V_1 &= Z_{11} I_1 + Z_{12} I_2 = Z_{11} I_1 + Z_{12} \left(-\frac{Z_{21}}{Z_{22}} I_1 + \frac{1}{Z_{22}} V_2 \right) \\ &= \left(Z_{11} - \frac{Z_{12} Z_{21}}{Z_{22}} \right) I_1 + \frac{Z_{12}}{Z_{22}} V_2 \end{aligned} \tag{15 - 44}$$

위에서 유도한 식 15 - 44와 식 15 - 45를 h계수 방정식 15 - 22에 맞추어 정리하면 h계수는 Z계수로부터 다음과 같이 변환하여 유도할 수 있다.

$$H = \begin{bmatrix} \Delta_Z/Z_{22} & Z_{12}/Z_{22} \\ -Z_{21}/Z_{22} & 1/Z_{22} \end{bmatrix}, \quad Z_{22} \neq 0 \tag{15 - 45}$$

여기서 $\Delta_Z = Z_{11} Z_{22} - Z_{12} Z_{21}$이며 Z계수행렬의 행렬식값을 나타낸다. 이 결과를 보면 $Z_{22} \neq 0$ 조건이 만족될 때에는 Z계수를 h계수로 변환할 수 있다.

예제 15 - 12

그림 15 - 9의 h계수 등가회로에 Z계수의 정의를 적용하여 Z계수를 구하시오.

풀이 그림 15 - 9에서 $I_2 = 0$로 놓고 출력단 개방회로를 만들면 출력단회로에서 $h_{22} \neq 0$일 때 $V_2 = -(h_{21}/h_{22}) I_1$이므로 입력단회로에서 다음 식이 성립한다.

$$V_1 = \left(h_{11} - \frac{h_{12}h_{21}}{h_{22}} \right) I_1$$

따라서 Z계수의 정의에 따라 $Z_{11} = V_1/I_1 = h_{11} - h_{12}h_{21}/h_{22}$, $Z_{21} = V_2/I_1 = -h_{21}/h_{22}$ 이다. 이 어서 그림 15-9에서 $I_1 = 0$으로 놓고 입력단 개방회로를 만들면 입력단회로에서 $V_1 = h_{12}V_2$ 이고, 출력단회로에서 $I_2 = h_{22}V_2$ 이므로, $h_{22} \neq 0$ 일 때 $Z_{22} = V_2/I_2 = 1/h_{22}$, $Z_{12} = V_1/I_2 = h_{12}/h_{22}$ 이다. 이렇게 유도한 Z계수를 행렬로 나타내면 다음과 같다.

$$Z = \begin{bmatrix} \Delta_h/h_{22} & h_{12}/h_{22} \\ -h_{21}/h_{22} & 1/h_{22} \end{bmatrix}, \quad h_{22} \neq 0 \tag{15-46}$$

여기서 $\Delta_h = h_{11}h_{22} - h_{12}h_{21}$ 이며, h계수행렬의 행렬식값이며, h계수를 Z계수로 변환하기 위한 조건은 $h_{22} \neq 0$ 이다.

위의 예제에서는 h계수 등가회로에 Z계수의 정의를 적용하여 직접계산법을 써서 4단자 계수 변환식을 유도하였는데, 그림 15-9의 등가회로 대신에 식 15-22의 h계수 전압전류 방정식에 Z계수의 정의를 적용해도 변환식 15-46을 쉽게 유도할 수 있다.

식 15-45와 식 15-46의 변환식을 비교해보면 이 두 식도 형태가 서로 같음을 알 수 있다. 즉, 식 15-45와 식 15-46에서 문자 Z와 h를 바꿔 넣으면 두 식이 서로 일치하는 것이다. 따라서 Z계수와 h계수 간의 변환식 가운데 하나만 알면 다른 변환식은 같은 꼴을 지니므로 쉽게 유도할 수 있다.

3. 4단자 계수변환표

4단자 계수 간의 변환식은 앞절에서 다루었듯이 변환대상 4단자 계수의 전압전류방정식 을 원하는 4단자 계수 전압전류방정식의 형태에 맞추어 변형하거나 또는 변환대상 4단자 계수의 등가회로나 전압전류방정식에 원하는 4단자 계수의 정의를 적용하여 직접계산법으로 유도할 수 있다. 이러한 4단자 계수 변환식은 모든 계수 사이에 적용하여 쉽게 유도할 수 있으며, 요약하면 표 15-3과 같다.

표 15-3 4단자 계수 변환표

	Z	Y	h	T
Z	$Z_{11} \quad Z_{12}$ $Z_{21} \quad Z_{22}$	$\dfrac{Y_{22}}{\Delta_Y} \quad -\dfrac{Y_{12}}{\Delta_Y}$ $-\dfrac{Y_{21}}{\Delta_Y} \quad \dfrac{Y_{11}}{\Delta_Y}$	$\dfrac{\Delta_h}{h_{22}} \quad \dfrac{h_{12}}{h_{22}}$ $-\dfrac{h_{21}}{h_{22}} \quad \dfrac{1}{h_{22}}$	$\dfrac{A}{C} \quad \dfrac{\Delta_T}{C}$ $\dfrac{1}{C} \quad \dfrac{D}{C}$
Y	$\dfrac{Z_{22}}{\Delta_Z} \quad -\dfrac{Z_{12}}{\Delta_Z}$ $-\dfrac{Z_{21}}{\Delta_Z} \quad \dfrac{Z_{11}}{\Delta_Z}$	$Y_{11} \quad Y_{12}$ $Y_{21} \quad Y_{22}$	$\dfrac{1}{h_{11}} \quad -\dfrac{h_{12}}{h_{11}}$ $\dfrac{h_{21}}{h_{11}} \quad \dfrac{\Delta_h}{h_{11}}$	$\dfrac{D}{B} \quad -\dfrac{\Delta_T}{B}$ $-\dfrac{1}{B} \quad \dfrac{A}{B}$
h	$\dfrac{\Delta_Z}{Z_{22}} \quad \dfrac{Z_{12}}{Z_{22}}$ $-\dfrac{Z_{21}}{Z_{22}} \quad \dfrac{1}{Z_{22}}$	$\dfrac{1}{Y_{11}} \quad -\dfrac{Y_{12}}{Y_{11}}$ $\dfrac{Y_{21}}{Y_{11}} \quad \dfrac{\Delta_Y}{Y_{11}}$	$h_{11} \quad h_{12}$ $h_{21} \quad h_{22}$	$\dfrac{B}{D} \quad \dfrac{\Delta_T}{D}$ $-\dfrac{1}{D} \quad \dfrac{C}{D}$
T	$\dfrac{Z_{11}}{Z_{21}} \quad \dfrac{\Delta_Z}{Z_{21}}$ $\dfrac{1}{Z_{21}} \quad \dfrac{Z_{22}}{Z_{21}}$	$-\dfrac{Y_{22}}{Y_{21}} \quad -\dfrac{1}{Y_{21}}$ $-\dfrac{\Delta_Y}{Y_{21}} \quad -\dfrac{Y_{11}}{Y_{21}}$	$-\dfrac{\Delta_h}{h_{21}} \quad -\dfrac{h_{11}}{h_{21}}$ $-\dfrac{h_{22}}{h_{21}} \quad -\dfrac{1}{h_{21}}$	$A \quad B$ $C \quad D$

$\Delta_Z = Z_{11}Z_{22} - Z_{12}Z_{21}, \ \Delta_Y = Y_{11}Y_{22} - Y_{12}Y_{21}, \ \Delta_h = h_{11}h_{22} - h_{12}h_{21}, \ \Delta_T = AD - BC$

예제 15-13

Y계수가 다음과 같을 때 계수변환표를 이용하여 Z계수와 h계수를 구하시오.

$$Y = \begin{bmatrix} 1 & 2 \\ 1 & 4 \end{bmatrix}$$

풀이 $\Delta_Y = Y_{11}Y_{22} - Y_{12}Y_{21} = 2$ 이므로 표 15-3의 변환표로부터 Z계수와 h계수는 다음과 같이 구해진다.

$$Z = \begin{bmatrix} \dfrac{Y_{22}}{\Delta_Y} & -\dfrac{Y_{12}}{\Delta_Y} \\ -\dfrac{Y_{21}}{\Delta_Y} & \dfrac{Y_{11}}{\Delta_Y} \end{bmatrix} = \begin{bmatrix} 2 & -1 \\ -\dfrac{1}{2} & \dfrac{1}{2} \end{bmatrix}$$

$$H = \begin{bmatrix} \dfrac{1}{Y_{11}} & -\dfrac{Y_{12}}{Y_{11}} \\ \dfrac{Y_{21}}{Y_{11}} & \dfrac{\Delta_Y}{Y_{11}} \end{bmatrix} = \begin{bmatrix} 1 & -2 \\ 1 & 2 \end{bmatrix}$$

15.6 4단자 회로망의 연결

모든 4단자 회로망은 필요에 따라 존재조건만 만족될 경우에는 어떤 4단자 계수로도 나타낼 수 있다. 4단자 계수 가운데 어떤 것을 사용하는가는 대상 회로망에 포함된 소자들의 특성이나 회로해석의 편의에 따라 선정하면 된다. 이 절에서는 지금까지 다룬 4단자 회로망 두 개 이상이 서로 연결되는 경우에 연결방식의 종류와 이 경우에 전체 회로망의 표현이나 해석에 알맞은 4단자 계수는 어떤 것인지에 대해 익히기로 한다. 4단자 회로망의 기본 연결방식에는 직렬연결, 병렬연결, 다단연결 등 세 가지가 있는데, 먼저 이에 대해 살펴본다.

1. 직렬연결

그림 15-10과 같이 4단자 회로망을 상하 방향으로 배열하고 위쪽 4단자 회로망의 하단을 아래쪽 4단자 회로망의 상단과 묶는 식으로 연결하는 방식을 **직렬연결**(series connection)이라 한다. 직렬연결 방식에서는 입출력단의 전압은 더해지고 전류는 똑같이 흐르게 되므로 그림 15-10에서처럼 두 개의 4단자 회로망이 직렬연결되면 다음의 등식이 성립한다.

$$I_a = I_b = I, \quad V = V_a + V_b \tag{15-47}$$

여기서 위상자 전압전류 벡터는 다음과 같이 정의된다.

$$I_a = \begin{bmatrix} I_{a1} \\ I_{a2} \end{bmatrix}, \quad I_b = \begin{bmatrix} I_{b1} \\ I_{b2} \end{bmatrix}, \quad I = \begin{bmatrix} I_1 \\ I_2 \end{bmatrix}$$

$$V_a = \begin{bmatrix} V_{a1} \\ V_{a2} \end{bmatrix}, \quad V_b = \begin{bmatrix} V_{b1} \\ V_{b2} \end{bmatrix}, \quad V = \begin{bmatrix} V_1 \\ V_2 \end{bmatrix} \tag{15-48}$$

직렬로 연결된 4단자 회로망 a, b 각각의 Z계수 행렬이 Z_a, Z_b 일 때, 전체 4단자 회로망의 Z계수가 어떻게 표시되는지 구해보기로 한다. 4단자 회로망 a, b 각각에서의 회로망 방정식은 다음과 같은 행렬방정식으로 표현되는데

$$V_a = Z_a I_a$$

$$V_b = Z_b I_b$$

두 식의 양변을 더한 다음에 식 15-47의 관계식을 적용하면 다음과 같은 결과를 얻을

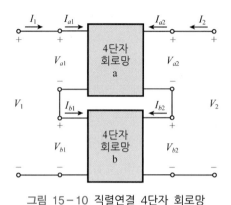

그림 15-10 직렬연결 4단자 회로망

수 있으므로

$$V = (Z_a + Z_b)I = ZI$$

직렬로 연결된 4단자 회로망 전체의 Z계수는 각각의 Z계수의 합으로 표시된다.

$$Z = Z_a + Z_b \qquad\qquad (15-49)$$

앞에서 살펴보았듯이 Z계수는 4단자 회로망들이 직렬로 연결되는 경우에 회로망해석에 적합한 표현임을 알 수 있다. 만약 대상 회로망 a, b의 4단자 계수가 Z계수가 아닌 다른 계수로 표현되어 경우에는 표 15-3의 계수변환 공식을 써서 Z계수로 바꿔서 처리하면 된다. 그리고 직렬연결 전체 회로망의 4단자 계수로서 Z계수가 아닌 다른 계수가 필요한 경우에는 식 15-49에 의해 전체 Z계수를 먼저 구한 다음 표 15-3의 계수변환 공식을 적용하여 필요한 4단자 계수로 바꾸면 된다. 한 가지 주의할 점은 식 15-49의 공식이 모든 직렬연결에 적용되는 것은 아니며, 직렬연결이 되더라도 각 회로망의 Z계수가 바뀌지 않는 조건이 성립하는 경우에만 적용할 수 있다는 것이다. 이 조건의 성립여부는 전체 4단자 회로망의 출(입)력단 개방 시 각 4단자 회로망 입(출)력전압이 연결 전과 똑같이 나타나는가의 여부를 조사함으로써 판단할 수 있다. 다음 예제에서 보듯이 공통접지단자를 갖는 두 개의 4단자 회로망이 공통접지단자를 공유하면서 직렬연결 되는 경우 이 조건이 항상 만족되기 때문에 식 15-49의 공식을 적용할 수 있다(반례는 문제 15.25 참조).

예제 15-14

그림 15-11의 회로망에서 Z계수를 구하고, 식 15-49의 공식이 성립함을 보이시오. 단 회로에서 모든 저항값은 1 Ω이다.

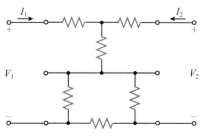

그림 15-11 예제 15-14의 대상회로

풀이 그림 15-11의 대상회로에서 식 15-8의 공식을 적용하여 아랫단의 Ⅱ회로망을 T회로망으로 바꾸면 1/3 Ω 저항들로 구성되므로 전체회로의 Z계수는 다음과 같이 구해진다.

$$Z = \frac{4}{3} \begin{bmatrix} 2 & 1 \\ 1 & 2 \end{bmatrix}$$

대상회로에서 아래 윗단 각각의 Z계수를 구하면 다음과 같으므로,

$$Z_a = \begin{bmatrix} 2 & 1 \\ 1 & 2 \end{bmatrix}, \ Z_b = \frac{1}{3} \begin{bmatrix} 2 & 1 \\ 1 & 2 \end{bmatrix}$$

식 15-49의 직렬연결 공식이 성립함을 알 수 있다. 그림 15-11에서 보듯이 대상회로는 공통접지단자를 공유하며, 직렬연결 되어 있어서 연결상태에서도 아래 윗단 각각의 Z계수가 바뀌지 않기 때문에 이 공식이 성립하는 것이다.

2. 병렬연결

그림 15-12에서 보듯이 4단자 회로망에서 대응하는 입력단자와 출력단자들을 각각 묶어서 사용하는 방식을 **병렬연결(parallel connection)**이라 한다. 병렬연결 방식에서는 입출력단의 전압은 똑같이 걸리고, 전류는 더해지게 되므로 그림 15-12에서처럼 두 개의 4단자 회로망이 병렬로 연결되면 다음의 등식이 성립한다.

$$V_a = V_b = V, \ I = I_a + I_b \tag{15-50}$$

여기서 위상자 전압전류 벡터들은 식 15-48과 같이 정의된다.

병렬로 연결된 4단자 회로망 a, b 각각의 Y계수 행렬이 Y_a, Y_b일 때, 전체 4단자 회로망의 Y계수가 어떻게 표시되는지 구해보기로 한다. Y계수를 사용하는 경우에 4단자 회로망 a, b 각각에서의 회로망 방정식은 다음과 같은 행렬방정식으로 표현되는데

$$I_a = Y_a V_a$$

$$I_b = Y_b V_b$$

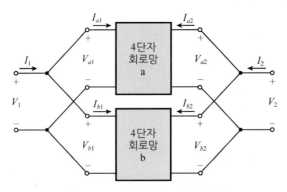

그림 15-12 병렬연결 4단자 회로망

병렬로 연결된 4단자 회로망 a, b 각각의 Y계수 행렬이 Y_a, Y_b일 때, 전체 4단자 회로망의 Y계수가 어떻게 표시되는지 구해보기로 한다. Y계수를 사용하는 경우에 4단자 회로망 a, b 각각에서의 회로망 방정식은 다음과 같은 행렬방정식으로 표현되는데

$$I_a = Y_a V_a$$

$$I_b = Y_b V_b$$

이 식의 양변을 더한 다음에 식 15-50의 등식을 적용하면 다음과 같이 전개되므로

$$I = (Y_a + Y_b) V = V$$

병렬로 연결된 4단자 회로망 전체의 Y계수는 다음과 같이 표현된다.

$$Y = Y_a + Y_b \tag{15-51}$$

따라서 Y계수는 4단자 회로망들이 병렬로 연결되는 경우에 회로망해석에 적합한 표현임을 알 수 있다. 병렬로 연결된 회로망들이 다른 계수로 표현되어 있거나, 전체 회로망의 계수로서 다른 것이 필요한 경우에는 표 15-3의 계수변환을 활용하면 처리할 수 있다. 여기서도 주의할 점은 식 15-51의 공식이 모든 병렬연결에 적용되는 것은 아니고, 병렬연결이 되더라도 각 회로망의 Y계수가 바뀌지 않는 조건이 성립하는 경우에만 적용할 수 있다는 것이다. 이 조건은 전체 4단자 회로망의 출(입)력단 단락 시 각 4단자 회로망 입(출)력전류가 연결 전과 똑같이 흐르는가의 여부를 조사하여 판단할 수 있다. 다음 예제에서 보는 바와 같이 공통접지단자를 갖는 두 개의 4단자 회로망이 공통접지단자를 공유하면서 병렬연결되는 경우에는 이 조건이 항상 만족되기 때문에 식 15-51의 공식을 적용할 수 있다(반례는 문제 15.27 참조).

그림 15-13의 회로망을 병렬연결로 분해하여 Y계수를 구하시오.

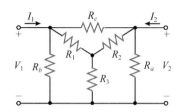

그림 15-13 예제 15-15의 대상회로

풀이 그림 15-13의 대상회로는 다음과 같이 병렬 4단자 회로망으로 분해할 수 있다.

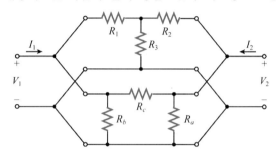

그림 15-14 대상회로의 병렬연결 분해

이렇게 분해된 회로망은 출(입)력단을 단락할 때 두 회로가 서로 분리되므로 병렬연결 Y계수 계산공식을 적용할 수 있다. 이 회로망에서 위와 아래 각 4단자 회로망의 Y계수를 구하면 다음과 같다.

$$Y_a = \frac{1}{R_1R_2 + R_2R_3 + R_3R_1}\begin{bmatrix} R_2 + R_3 & -R_3 \\ -R_3 & R_3 + R_1 \end{bmatrix}, \quad Y_b = \begin{bmatrix} G_b + G_c & -G_c \\ -G_c & G_c + G_a \end{bmatrix}$$

따라서 전체회로망의 Y계수는 식 15-51에 의해 다음과 같이 구할 수 있다.

$$Y = Y_a + Y_b$$

3. 다단연결

그림 15-15와 같이 앞단의 출력단자를 다음 단의 입력단자로 삼아 4단자 회로망들을 연결하는 방식을 **다단연결(cascade connection)**이라고 한다. 이 연결방식에서는 앞단의 출력전압이 다음 단의 입력전압과 같고, 앞단의 출력전류와 다음 단의 입력전류는 부호만 서로 바뀌는 반전관계에 있으므로 다음과 같은 등식이 성립한다.

$$\begin{bmatrix} V_{a2} \\ -I_{a2} \end{bmatrix} = \begin{bmatrix} V_{b1} \\ I_{b1} \end{bmatrix} \tag{15-52}$$

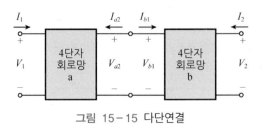

그림 15-15 다단연결

다단으로 연결된 4단자 회로망 a, b 각각의 T계수 행렬이 T_a, T_b일 때, 전체 4단자 회로망의 T계수가 어떻게 표시되는지 구해보기로 한다. T계수를 사용하는 경우에 4단자 회로망 a, b 각각에서의 회로망 방정식은 다음과 같은 행렬방정식으로 표현되는데

$$\begin{bmatrix} V_1 \\ I_1 \end{bmatrix} = T_a \begin{bmatrix} V_{a2} \\ -I_{a2} \end{bmatrix}, \qquad \begin{bmatrix} V_{b1} \\ I_{b1} \end{bmatrix} = T_b \begin{bmatrix} V_2 \\ -I_2 \end{bmatrix}$$

식 15-52에 의해 다음과 같이 전개되므로

$$\begin{bmatrix} V_1 \\ I_1 \end{bmatrix} = T_a T_b \begin{bmatrix} V_2 \\ -I_2 \end{bmatrix}$$

전체 회로망의 T계수는 다음과 같이 결정된다.

$$T = T_a T_b \qquad\qquad (15-53)$$

이 결과를 보면 T계수는 4단자 회로망들이 다단으로 연결되는 경우에 회로망해석에 적합한 표현임을 알 수 있다. 여기서 연결된 회로망들이 다른 계수로 표현되어 있거나 전체 회로망의 계수로서 다른 것이 필요한 경우에는 표 15-3의 계수변환을 활용하여 T계수로 바꾸거나, 식 15-52로 계산된 T계수를 다른 계수로 변환하여 처리할 수 있다.

예제 15-16

그림 15-2(a)의 T회로망을 세 개의 4단자 회로망의 다단연결로 분해하여 전송계수를 구하시오.

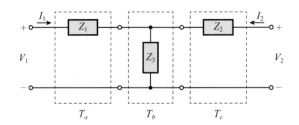

그림 15-16 T회로망의 다단연결 분해

풀이 그림 15-2(a)의 T회로망은 다음과 같이 세 개 회로망의 다단연결로 분해할 수 있다. 여기서 식 15-37과 식 15-38의 결과를 분해된 4단자 회로망에 적용하면 각각의 T계수는 다음과 같다.

$$T_a = \begin{bmatrix} 1 & Z_1 \\ 0 & 1 \end{bmatrix}, \quad T_b = \begin{bmatrix} 1 & 0 \\ 1/Z_3 & 1 \end{bmatrix}, \quad T_c = \begin{bmatrix} 1 & Z_2 \\ 0 & 1 \end{bmatrix}$$

따라서 전체 회로망의 T계수는 식 15-53에 의해 다음과 같이 구할 수 있다.

$$T = T_a T_b T_c = \begin{bmatrix} 1 & Z_1 \\ 0 & 1 \end{bmatrix} \begin{bmatrix} 1 & 0 \\ 1/Z_3 & 1 \end{bmatrix} \begin{bmatrix} 1 & Z_2 \\ 0 & 1 \end{bmatrix} = \begin{bmatrix} 1 + \dfrac{Z_1}{Z_3} & Z_1 + Z_2 + \dfrac{Z_1 Z_2}{Z_3} \\ \dfrac{1}{Z_3} & 1 + \dfrac{Z_2}{Z_3} \end{bmatrix}$$

이 결과는 예제 15-9에서 직접계산법에 의해 구한 결과인 식 15-33과 일치한다.

예제 15-17

그림 15-17의 회로망에서 모든 저항이 1 Ω일 때, Z계수를 구하시오.

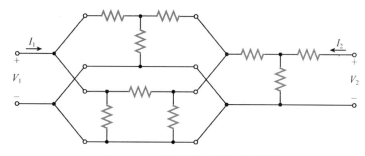

그림 15-17 예제 15-17의 대상회로

풀이 그림 15-17의 대상회로는 T회로망과 Π회로망이 병렬로 연결되어 있고, 이 전체와 T회로망이 다단연결되어 있으므로, 먼저 병렬연결된 부분의 Y계수를 각각 구하여 이 부분의 Y계수를 얻고, 이것을 T계수로 변환하여 전체 회로망의 T계수를 구한 다음, 이것을 Z계수로 변환하는 순서로 처리하기로 한다. T회로망과 Π회로망의 Y계수는 식 15-18과 식 15-21에 의해 각각 다음과 같이 구해진다.

$$Y_a = \frac{1}{3} \begin{bmatrix} 2 & -1 \\ -1 & 2 \end{bmatrix}, \quad Y_b = \begin{bmatrix} 2 & -1 \\ -1 & 2 \end{bmatrix}$$

따라서 병렬연결 부분의 Y계수 Y_1은 다음과 같이 Y_a와 Y_b의 합으로 구해지며

$$Y_1 = Y_a + Y_b = \frac{1}{3} \begin{bmatrix} 8 & -4 \\ -4 & 8 \end{bmatrix}$$

표 15-3의 4단자 계수 변환표를 이용하면 병렬연결 부분의 T계수는 다음과 같다.

$$T_1 = -\frac{1}{Y_{21}} \begin{bmatrix} Y_{22} & 1 \\ \Delta_Y & Y_{11} \end{bmatrix} = \begin{bmatrix} 2 & 3/4 \\ 4 & 2 \end{bmatrix}$$

그리고 출력단에 있는 T회로망의 T계수 T_2는 식 15−33에 의해 다음과 같으므로

$$T_2 = \begin{bmatrix} 2 & 3 \\ 1 & 2 \end{bmatrix}$$

전체 회로망의 T계수는 T_1과 T_2의 곱으로 계산된다.

$$T = T_1 T_2 = \begin{bmatrix} 2 & 3/4 \\ 4 & 2 \end{bmatrix} \begin{bmatrix} 2 & 3 \\ 1 & 2 \end{bmatrix} = \begin{bmatrix} 19/4 & 15/2 \\ 10 & 16 \end{bmatrix}$$

표 15−3의 4단자 계수 변환표를 이용하면 전체 회로망의 Z계수는 다음과 같이 구해진다.

$$Z = \frac{1}{C} \begin{bmatrix} A & \Delta_T \\ 1 & D \end{bmatrix} = \frac{1}{10} \begin{bmatrix} 19/4 & 1 \\ 1 & 16 \end{bmatrix}$$

지금까지 이 절에서 다룬 4단자 회로망 연결처리법에서 주의할 점은 직렬 및 병렬연결을 처리할 경우에는 전제조건이 있다는 것이다. 4단자 회로망들의 연결에 의해 각각의 4단자 회로망 계수가 바뀌지 않아야 한다는 조건인데, 이 조건이 만족되지 않는 연결일 경우에는 식 15−49나 식 15−51의 관계가 성립하지 않으므로 이 식을 적용할 수 없다. 그러므로 이 관계식을 적용하기 전에 먼저 전제조건이 만족되는가를 면밀하게 판단하여 적용 여부를 결정해야 한다. 직렬연결의 경우에는 전체 4단자 회로망의 출(입)력단 개방 시 각 4단자 회로망 입(출)력전압이 연결 전과 똑같이 나타나는가의 여부를 조사하며, 병렬연결의 경우에는 출(입)력단 단락 시 각 4단자 회로망의 입(출)력전류가 연결 전과 똑같이 흐르는가의 여부를 조사함으로써 적용여부를 판단한다. 실제의 경우 병렬연결은 전제조건을 만족시키는 경우가 많지만, 직렬연결의 경우에는 그렇지 않은 경우도 많으므로 주의해야 한다(문제 15.25 참조).

15.7 4단자 회로망해석

4단자 회로망에 전원 및 부하가 연결되어 구성되는 전체 회로망을 4단자 종결회로(terminated two-ports)라고 한다. 입력단에 연결되는 전원부를 테브냉 등가회로로 나타내고, 출력단에 부하임피던스가 연결될 때, 4단자 종결회로는 그림 15−18과 같이 나타낼 수 있다. 여기서 4단자 회로망의 전압전류 특성 표현에는 어떤 계수든 사용할 수 있다. 이와 같이 구성되는 4단자 종결회로망을 해석할 때에는 주로 신호 전달특성을 분석하는 데 관심을 갖기 때문에 다음과 같이 정의되는 회로망함수들이 자주 사용된다.

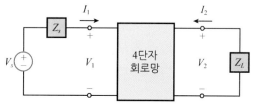

그림 15-18 4단자 종결회로

    – 전압 전달함수 : $H_v(s) = \dfrac{V_2}{V_1}$

    – 전류 전달함수 : $H_i(s) = \dfrac{I_2}{I_1}$

    – 입력임피던스 : $Z_i(s) = \dfrac{V_1}{I_1}$

    – 출력임피던스 : $Z_o(s) = \dfrac{V_2}{I_2}\bigg|_{V_s = 0}$

여기서 주의할 점은 출력임피던스를 구할 때 $V_s = 0$으로 놓아 전원을 단락시키는 것인데, 이것은 등가임피던스의 정의에 따른 것이다.

    4단자 회로망에서 위와 같이 정의되는 상용회로망 함수를 구하는 과정을 **4단자 회로망해석(two-ports network analysis)**이라 한다. 대상회로망의 4단자 계수를 알고 있으면 4단자 회로망해석은 쉽게 처리할 수 있는데, 기본적인 절차는 4단자 회로방정식과 입출력 연결회로에 의한 전원회로 방정식 및 부하회로 방정식을 연립하여 풀어내는 것이며, 이 과정을 거쳐 원하는 회로망함수를 구할 수 있다.

    예를 들어, 그림 15-18에서 4단자 회로망이 Z계수로 표현되어 있는 경우에 4단자 회로망해석 과정을 살펴보기로 한다. 이 경우에 Z계수 등가회로를 사용하면 전체 회로망은 그림 15-19와 같이 표현된다.

    먼저 편의상 V_s와 Z_s로 이루어지는 전원연결 회로는 제외하고 부하연결 회로만 고려한 경우를 다룬다. 대상회로에서 4단자 회로망의 전압전류 전달특성과 출력단에 부하 Z_L이

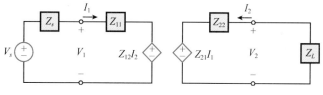

그림 15-19 Z계수 4단자 종결회로

연결됨으로써 나타나는 부하조건은 다음과 같다.

$$\begin{cases} V_1 = Z_{11}I_1 + Z_{12}I_2 \\ V_2 = Z_{21}I_1 + Z_{22}I_2 \end{cases} \tag{15-54}$$

$$V_2 = -Z_L I_2 \tag{15-55}$$

여기서 식 15-55의 부하조건을 식 15-54의 둘째 식에 대입하면 $Z_{21}I_1 = -(Z_{22} + Z_L)I_2$ 이므로 전류이득은 다음과 같이 결정되고

$$H_i(s) = \frac{I_2}{I_1} = -\frac{Z_{21}}{Z_{22} + Z_L} \tag{15-56}$$

식 15-54에서 $V_1 = [-Z_{11}(Z_{22} + Z_L)/Z_{21} + Z_{12}]I_2$ 이므로 식 15-55와 함께 풀면 전압이득은 다음과 같이 결정된다.

$$H_v(s) = \frac{V_2}{V_1} = \frac{Z_{21}Z_L}{Z_{11}Z_{22} - Z_{12}Z_{21} + Z_{11}Z_L} \tag{15-57}$$

입력임피던스는 식 15-54와 식 15-56으로부터 유도된다.

$$Z_i(s) = \frac{V_1}{I_1} = Z_{11} + Z_{12}\frac{I_2}{I_1} = Z_{11} - \frac{Z_{12}Z_{21}}{Z_{22} + Z_L} \tag{15-58}$$

끝으로 출력임피던스를 구하기 위해 $V_s = 0$ 으로 놓으면 $V_1 = -Z_s I_1$ 이 성립하고, 이것을 식 15-54의 첫째 등식에 대입하면 $I_1 = -Z_{12}/(Z_{11} + Z_s)I_2$ 이므로 식 15-54의 둘째 등식에 대입하여 출력임피던스를 다음과 같이 결정할 수 있다.

$$Z_o(s) = \frac{V_2}{I_2}\bigg|_{V_s = 0} = Z_{22} + Z_{21}\frac{I_1}{I_2} = Z_{22} - \frac{Z_{12}Z_{21}}{Z_{11} + Z_s} \tag{15-59}$$

위에서 정의한 회로망함수에서 입력전압 V_1 대신에 전원전압 V_s 를 사용할 수도 있는데, 이 경우에는 전원 연결회로를 고려해야 하며 식 15-54의 4단자 회로망 특성과 식 15-55의 부하조건 외에 다음의 전원조건을 추가로 사용하면 된다.

$$V_s = Z_s I_1 + V_1 \tag{15-60}$$

반도체 트랜지스터는 b(베이스), e(에미터), c(콜렉터)의 3단자로 이루어진 증폭소자로서 에미터를 공통단자로 하여 사용할 때 입출력 전달특성은 그림 15-20에서와 같이 h계수 등가모델로 나타낼 수 있다. 이 4단자 회로망에서 전류이득 $A_i = i_c/i_b$, 전압이득 $A_v = v_{ce}/v_{be}$, 입력저항 $R_i = v_{be}/i_b$, 출력저항 $R_o = v_{ce}/i_c|_{v_s=0}$을 구하시오.

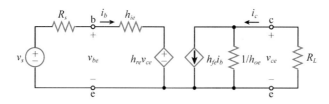

그림 15-20 h계수 4단자 종결회로

풀이 그림 15-20의 4단자 회로망에서 입출력 전달특성과 부하조건을 회로방정식으로 나타내면 다음과 같다.

$$v_{be} = h_{ie}i_b + h_{re}v_{ce}$$
$$i_c = h_{fe}i_b + h_{oe}v_{ce} \tag{15-61}$$
$$v_{ce} = -R_L i_c \tag{15-62}$$

여기서 식 15-62의 부하조건을 식 15-61의 둘째 식에 대입하면 전류이득은 다음과 같이 결정되고

$$A_i = \frac{i_c}{i_b} = \frac{h_{fe}}{1 + h_{oe}R_L} \tag{15-63}$$

식 15-61의 첫째 식 양변을 i_b로 나눈 다음에 식 15-62와 식 15-63을 대입하면 입력저항 다음과 같이 유도할 수 있다.

$$R_i = \frac{v_{be}}{i_b} = h_{ie} - h_{re}R_L\frac{i_c}{i_b} = h_{ie} - \frac{h_{fe}h_{re}R_L}{1 + h_{oe}R_L} \tag{15-64}$$

위의 결과로부터 전압이득은 다음과 같이 유도할 수 있다.

$$A_v = \frac{v_{ce}}{v_b} = \frac{-R_L i_c}{R_i\, i_b} = -\frac{R_L}{R_i}A_i \tag{15-65}$$

마지막으로 출력저항을 구하기 위해 $v_s = 0$으로 놓으면 $v_{be} = -R_s i_b$가 성립하고, 이것을 식 15-61의 첫째 등식에 대입하면 $i_b = -h_{re}v_{ce}/(h_{ie}+R_s)$ 이므로, 식 15-61의 둘째 등식에 대입하여 출력저항은 다음과 같이 유도된다.

$$R_o = \frac{v_{ce}}{i_c}\bigg|_{v_s=0} = \left(h_{oe} - \frac{h_{fe}h_{re}}{h_{ie}+R_s}\right)^{-1} \tag{15-66}$$

15.8 4단자 계수 측정법

우리는 지금까지 4단자 계수들을 정의하고 이 정의에 따라 회로망해석을 통해 전압전류 관계를 유도하여 4단자 계수를 산출하는 방법을 익혔다. 4단자 계수는 회로망해석 대신에 해당 계수의 정의에 따라 관련 전압과 전류를 측정하는 계측기를 연결하고, 간단한 측정에 의해 산출할 수도 있다. 그렇지만 측정에 의해 결정하는 방법에서는 계측기의 측정오차 때문에 4단자 계수에 오차가 생기므로 정확한 산출이 필요한 경우에는 이 방법을 적용하기는 어렵다. 이 절에서는 어느 정도 측정오차가 허용될 경우에 4단자 계수를 측정에 의해 결정하는 방법을 다루기로 하되, 편의상 Z계수를 측정에 의해 결정하는 방법을 예시할 것이다. 다른 4단자 계수들도 비슷한 방법으로 측정에 의해 결정할 수 있다.

Z계수 중에 Z_{11}과 Z_{21} 계수는 다음과 같이 출력단 개방회로에서 입력전류 위상자에 대한 입출력전압 위상자의 비로 정의되므로

$$Z_{11} = \left.\frac{V_1}{I_1}\right|_{I_2=0}, \quad Z_{21} = \left.\frac{V_2}{I_1}\right|_{I_2=0}$$

이 정의에 따라 그림 15−21과 같이 출력단을 개방시킨 상태에서 입출력단에 계측기를 표시된 극성에 맞추어 부착하고 측정값을 읽어서 산출할 수 있다. 만일 이 측정회로에서 가변전원을 조정하여 입력단 전류계의 지시치를 1A가 되도록 맞춘 경우에는 $I_1 = 1$이 되므로, 입력단 전압계 지시치와 출력단 전압계 지시치를 읽으면 위의 정의에 따라 이 값들이 각각 Z_{11}과 Z_{21}을 나타낸다.

Z계수 중에 Z_{12}과 Z_{22} 계수는 다음과 같이 입력단 개방회로에서 출력전류 위상자에 대한 입출력전압 위상자의 비로 정의되므로

$$Z_{12} = \left.\frac{V_1}{I_2}\right|_{I_1=0}, \quad Z_{22} = \left.\frac{V_2}{I_2}\right|_{I_1=0} \quad 1$$

이 정의에 따라 그림 15−22와 같이 입력단을 개방시킨 상태에서 입출력단에 계측기를

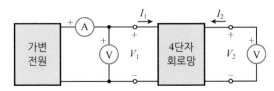

그림 15−21 Z계수 측정회로 : Z_{11}, Z_{21}

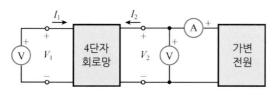

그림 15-22 Z계수 측정회로 : Z_{12}, Z_{22}

표시된 극성에 맞추어 부착하고 측정값을 읽어서 산출할 수 있다. 이 측정회로에서 가변전원을 조정하여 출력단 전류계의 지시치를 1A로 조정한 상태에서 입력단 전압계 지시치와 출력단 전압계 지시치를 읽으면 $I_2 = 1$ 이므로 위의 정의에 따라 이 값들이 각각 Z_{12}와 Z_{22}를 나타낸다.

그림 15-21과 15-22의 측정회로에서 4단자 회로망이 저항회로인 경우에는 가변전원으로 직류전원을 쓰고, 전류계와 전압계로는 직류계기를 사용하여 크기와 부호를 측정하면 되지만, 동적소자를 포함하고 있는 경우에는 정현파 교류전원을 사용하고 전압계와 전류계도 크기와 위상을 함께 측정할 수 있는 계측기를 써야 한다. 그리고 어떤 측정회로에서든 계측기의 측정오차가 항상 존재하며, 특히 전압계의 부하효과(loading effect)에 의한 측정오차가 상당히 클 수 있다는 점에 주의해야 한다.

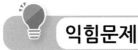

익힘문제

01 그림 15-2의 (a), (b)에 주어진 T, Π 회로망에서 Y계수행렬은 각각 식 15-18과 식 15-21로 구해진다. 두 회로가 등가인 경우에는 Y계수가 일치한다는 성질을 이용하여 다음의 T-Π 변환공식을 유도하시오.

$$Z_A = \frac{Z_1 Z_2 + Z_2 Z_3 + Z_3 Z_1}{Z_1}$$

$$Z_B = \frac{Z_1 Z_2 + Z_2 Z_3 + Z_3 Z_1}{Z_2}$$

$$Z_C = \frac{Z_1 Z_2 + Z_2 Z_3 + Z_3 Z_1}{Z_3}$$

02 그림 15-3의 회로에서 Z계수를 직접계산법에 의해 구하고, 예제 15-2의 결과와 비교하시오.

03 그림 p15.3의 회로에서 Z계수와 Y계수를 구하시오.

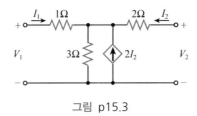

그림 p15.3

04 그림 15-3의 회로에서 Y계수와 h계수를 구하시오.

05 그림 15-6의 회로에서 Z계수와 h계수를 구하시오.

06 그림 p15.6의 회로에서 Z계수, Y계수, h계수, T계수가 존재하는지 각각 판단하고, 존재하는 경우에 해당 계수를 구하시오(답 : Z계수, h계수 T계수는 존재하지 않고 Y계수만 존재 $Y_{11} = Y_{21} = 0$, $Y_{12} = 2/15$, $Y_{22} = 1/15$ [S]).

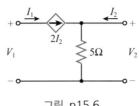

그림 p15.6

07 그림 p15.7의 회로에서 Z계수와 h계수를 구하시오.

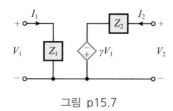

그림 p15.7

08 그림 p15.7의 회로에서 Y계수와 T계수를 구하시오.

09 그림 p15.9의 회로에서 Z계수와 Y계수를 구하시오.

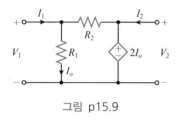

그림 p15.9

10 그림 p15.9의 회로에서 h계수와 T계수를 구하시오.

11 그림 p15.11의 유도결합회로에서 Z계수와 Y계수를 구하시오.

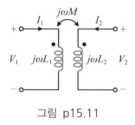

그림 p15.11

12 그림 p15.11의 유도결합회로에서 h계수와 T계수를 구하시오.

13 그림 p15.13의 변압기회로에서 Z계수와 Y계수를 구하시오.

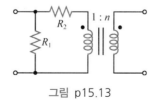

그림 p15.13

14 그림 p15.13의 변압기회로에서 h계수와 T계수를 구하시오.

15 Z계수를 T계수로 변환하는 관계식을 유도하시오.

16 T계수를 Z계수로 변환하는 관계식을 유도하시오.

17 Y계수를 h계수로 변환하는 관계식을 유도하시오.

18 h계수를 Y계수로 변환하는 관계식을 유도하시오.

19 Y계수를 T계수로 변환하는 관계식을 유도하시오.

20 T계수를 Y계수로 변환하는 관계식을 유도하시오.

21 h계수를 T계수로 변환하는 관계식을 유도하시오.

22 T계수를 h계수로 변환하는 관계식을 유도하시오.

23 그림 15−2(b)의 Π회로망을 세 개의 4단자 회로망의 다단연결로 분해하여 전송계수를
    구하시오.

24 다음과 같이 연결된 회로망에서
    1) 식 15−49의 공식을 적용할 수 있는지 여부를 판단하시오.
    2) 전체회로망의 Z계수를 구하시오.

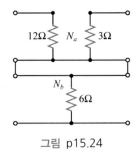

그림 p15.24

25 다음과 같이 연결된 회로망에서 모든 저항은 1 Ω이라고 할 때,
    1) 왼쪽에 직렬연결된 두 회로망에 식 15−49의 공식을 적용할 수 있는지 여부를
       판단하시오.
    2) 전체회로망의 Z계수를 구하시오.

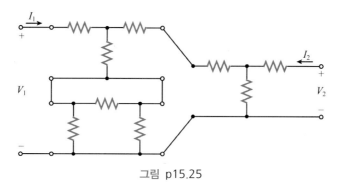

그림 p15.25

26 다음과 같이 연결된 회로망에서 식 15−51의 공식이 성립하는가 여부를 판단하고
Y계수를 구하시오.

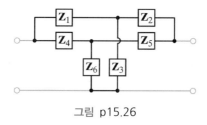

그림 p15.26

27 다음과 같이 연결된 회로망에서 식 15−51의 공식이 성립하는가 여부를 판단하고
Y계수를 구하시오. 단 회로에 사용하는 모든 저항은 1 Ω이다.

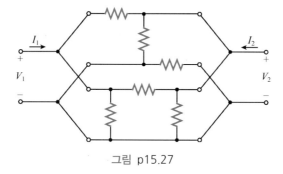

그림 p15.27

28 그림 p15.28 회로에서 $C_1 = C_2 = C_3 = 1$ F, $R = 1\ \Omega$, $g = 1$ S일 때,

1) 대상회로를 4단자 회로망의 병렬연결로 분해하고, 분해된 회로망의 Y계수를 구하시오.

2) 대상회로 전체의 Y계수를 구하고 이로부터 Z계수를 구하시오.

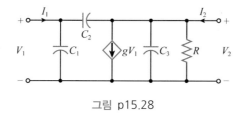

그림 p15.28

29 (직병렬연결) 그림 p15.29와 같이 입력단은 직렬로, 출력단은 병렬로 연결하는 방식을 '직병렬연결(series–parallel connection)'이라 한다. 이러한 연결방식에서는 혼합형계수가 다음과 같은 공식을 만족함을 보이시오.

$$[h] = [h]_a + [h]_b$$

여기서 $[h]$, $[h]_a$, $[h]_b$는 전체회로망 및 a와 b 회로망 각각의 혼합형계수 행렬이다.

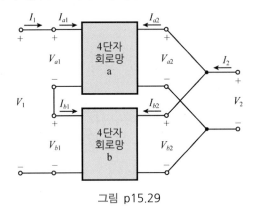

그림 p15.29

30 그림 p15.30 회로에서 입출력 4단자에서 본 Z계수를 구하고, 이 계수를 이용하여 출력단에 $4\,k\Omega$ 부하가 연결될 때 입력임피던스 $Z_i = V_1/I_1$과 전압이득 $A_v = V_o/V_1$을 구하시오.

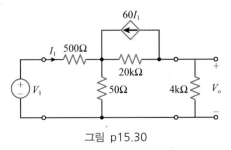

그림 p15.30

31 그림 15–19의 Z계수 4단자 종결회로에서 다음과 같이 정의되는 전원전압에 대한 전압이득과 입력임피던스를 구하시오.

1) 전원전압이득 : $H_{vs} = \dfrac{V_2}{V_s}$

2) 전원 입력임피던스 : $Z_{is} = \dfrac{V_s}{I_1}$

32 그림 p15.32 4단자 회로에서 Z계수를 알고 있을 때 입력임피던스 $Z_i = V_1/I_1$을 구하시오.

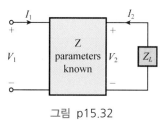

그림 p15.32

33 그림 p15.33 4단자 회로에서 Y계수를 알고 있을 때 입력어드미턴스 Y_i을 구하시오.

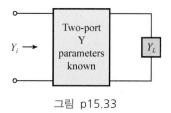

그림 p15.33

34 그림 p15.34 4단자 회로에서 전송계수를 알고 있을 때 이 회로의 전압이득, 전류이득, 입력임피던스, 출력임피던스를 구하시오.

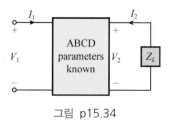

그림 p15.34

35 h계수를 측정에 의해 결정하려고 할 때 측정회로와 측정법을 제시하시오.

36 T계수에 대한 측정회로와 측정법을 제시하시오.

부 록

성실은 만물의 처음이요 끝이다.
성실은 만물의 근원이고
성실이 없으면 만물은 존재하지 않는다.

  - 중용 -

A. 행렬과 크래머 공식

1. 행렬의 정의

실수, 복소수, 함수 혹은 연산자(operator)를 직사각형 모양으로 배열한 것을 **행렬(matrix)** 이라 부른다. 행렬 A를 구성하는 a_{11}, a_{22}, ...를 행렬의 **성분(element 또는 entry)**이라 하고, 가로의 줄을 행(row), 세로의 줄을 **열(column)**이라 한다. n개의 행과 m개의 열로 구성된 행렬 A를 $n \times m$ 행렬이라 하고, 다음과 같이 나타낸다.

$$A = \begin{bmatrix} a_{11} & a_{12} & \cdot & \cdot & \cdot & a_{1m} \\ a_{21} & a_{22} & \cdot & \cdot & \cdot & a_{2m} \\ \cdot & \cdot & & & & \cdot \\ \cdot & \cdot & & & & \cdot \\ \cdot & \cdot & & & & \cdot \\ a_{n1} & a_{n2} & \cdot & \cdot & \cdot & a_{nm} \end{bmatrix} \tag{A.1}$$

여기서 $m, n \in N$(자연수 집합)이다. 이러한 행렬은 다음과 같이 구분된다.

■ 정방행렬(square matrix)

같은 수의 행과 열로 구성된 행렬을 정방행렬이라 한다. 정방행렬에서 그 행의 수를 차수 (order)라 하고, n개의 행을 갖는 정방행렬을 n차 정방행렬 또는 $n \times n$ 행렬이라고 한다.

■ 대각행렬(diagonal matrix)

$n \times n$ 행렬 A에서 성분 a_{11}, a_{22}, $\cdots$, a_{nn} $(n \in N)$을 행렬 A의 주대각(main diagonal)성 분이라 한다. 정방행렬 A의 주대각성분을 제외한 모든 성분이 0(zero)인 행렬을 대각행렬 이라 한다. 대각행렬은 다음과 같이 나타낸다.

$$A = \begin{bmatrix} a_{11} & & & \\ & a_{22} & & 0 \\ & & \cdot & \\ & & & \cdot \\ & 0 & & \cdot \\ & & & & a_{nm} \end{bmatrix} = diag(a_{11}, a_{22}, \cdots, a_{nn}) = [a_{ij}\delta_{ij}] \tag{A.2}$$

여기서 δ_{ij}는 크로네커 델타(Kronecker delta)함수로서 다음과 같이 정의된다.

$$\delta_{ij} = \begin{cases} 1, & i = j \\ 0, & i \neq j, \end{cases} \quad i, j = 1, \ldots, n$$

■ 단위행렬(unit matrix 또는 identity matrix)

주 대각성분이 모두 1이고, 그 외의 요소는 0인 행렬을 단위행렬이라고 하며, 다음과 같이 나타낸다.

$$A = \begin{bmatrix} 1 & 0 & \cdot & \cdot & \cdot & 0 \\ 0 & 1 & \cdot & \cdot & \cdot & 0 \\ \cdot & \cdot & & & & \cdot \\ \cdot & \cdot & & & & \cdot \\ \cdot & \cdot & & & & \cdot \\ 0 & 0 & \cdot & \cdot & \cdot & 1 \end{bmatrix} = [\delta_{ij}] = diag\,(1, 1, \ldots, 1) \tag{A.3}$$

■ 특이행렬(singular matrix)

행렬식이 영인 정방행렬을 특이행렬이라고 한다. 특이행렬에서 모든 행(혹은 열)은 서로 독립이 아니다.

■ 비특이행렬(nonsingular matrix)

행렬식이 영이 아닌 정방행렬을 비특이행렬이라 한다. 비특이행렬의 모든 행(혹은 열)들은 서로 독립이다.

■ 전치행렬(transpose matrix)

임의의 행렬 A에서 행과 열의 자리를 맞바꾸어서 얻어지는 행렬을 행렬 A의 전치행렬이라 하고 A^T로 표시한다. 즉, $(A^T)_{ij} = A_{ji}, \ (i = 1, \cdots, n, j = 1, \cdots, m)$를 만족한다.

■ 대칭행렬(symmetric matrix)

임의의 정방행렬 A에서 A의 전치행렬과 A가 일치할 때, 즉 $A = A^T$를 만족할 때, 행렬 A를 대칭행렬이라고 한다.

■ 켤레행렬(conjugate matrix)

임의의 행렬 A의 각 성분 a_{ij}에 대하여 그의 켤레복소수로 대치될 때, 그 행렬을 행렬 A의 켤레행렬이라 하고 $\overline{A}$로 표시한다. 즉, $(\overline{A})_{ij} = \overline{A_{ij}}$를 만족한다.

■ 켤레전치행렬(conjugate transpose matrix)

임의의 행렬 A에서 전치행렬의 켤레행렬을 켤레전치행렬이라 부른다. 행렬 A의 켤레전치행렬은 A^*로 표시하며 $(A^*)_{ij} = \overline{A}_{ji}$를 만족한다.

2. 행렬의 연산

■ 행렬의 덧셈(addition of matrices)

두 행렬 A와 B가 같은 수의 행과 열을 갖는다면 두 행렬은 서로 더할 수 있다. 만약 $A = [a_{ij}]$이고, $B = [b_{ij}]$라고 한다면, 행렬의 덧셈 $A + B$는 다음과 같이 정의된다.

$$A + B = [a_{ij} + b_{ij}] \tag{A.4}$$

예를 들면, $A = \begin{bmatrix} 1 & 3 & 5 \\ 2 & 4 & 6 \end{bmatrix}$, $B = \begin{bmatrix} 2 & 3 & 4 \\ 3 & 4 & 5 \end{bmatrix}$에서 $A + B$는 다음과 같다.

$$A + B = \begin{bmatrix} 3 & 6 & 9 \\ 5 & 8 & 11 \end{bmatrix}$$

행렬의 덧셈은 다음과 같은 성질을 갖는다.

1) 모든 $n \times m$ 행렬의 집합은 덧셈에 대하여 닫혀있다.
2) $A + B = B + A$ (교환법칙)
3) $(A + B) + C = A + (B + C)$ (결합법칙)
4) 모든 성분이 0으로 구성된 영행렬 0이 존재하여, 임의의 행렬 A에 대하여 $A + 0 = A$를 만족시킨다.
5) 임의의 행렬 A에 대하여 $A + B = 0$을 만족시키는 행렬 $B = -A$가 존재한다.

■ 행렬의 상수곱(scalar multiplication of matrix)

행렬의 상수곱은 각 요소에 상수(scalar)를 곱한 행렬이 된다. 즉, 행렬 A와 상수 k의 곱은 다음과 같이 정의된다.

$$kA = \begin{bmatrix} ka_{11} & ka_{12} & \cdot & \cdot & \cdot & ka_{1m} \\ ka_{21} & ka_{22} & \cdot & \cdot & \cdot & ka_{2m} \\ \cdot & \cdot & & & & \cdot \\ \cdot & \cdot & & & & \cdot \\ \cdot & \cdot & & & & \cdot \\ ka_{n1} & ka_{n2} & \cdot & \cdot & \cdot & ka_{nm} \end{bmatrix} \tag{A.5}$$

행렬의 상수곱은 다음과 같은 성질을 갖는다.

1) 모든 $n \times m$ 행렬의 집합은 상수곱에 대하여 닫혀있다.
2) 상수에 대한 분배법칙 : $(\alpha + \beta)A = \alpha A + \beta A$
   행렬에 대한 분배법칙 : $\alpha(A+B) = \alpha A + \alpha B$
3) 결합법칙 : $(\alpha\beta)A = \alpha(\beta A)$

■ 행렬의 곱(multiplication of matrices)

두 행렬 사이의 곱은 첫 번째 행렬의 열의 수와 두 번째 행렬의 행의 수가 같을 때에만 정의된다. A가 $n \times m$ 행렬, B가 $m \times p$ 행렬일 때, 행렬곱 AB는 다음과 같이 정의된다.

$$AB = C = [c_{ij}] = \left[\sum_{k=1}^{m} a_{ik} b_{kj} \right], \quad i = 1, \ldots, n, \ j = 1, \ldots, p. \tag{A.6}$$

행렬 A와 B의 곱으로 정의되는 행렬 C는 A와 같은 수의 행을 갖고 B와 같은 수의 열을 가진다. 따라서 행렬 C는 $n \times p$ 행렬이 된다. 행렬의 곱에서 주의할 점은 교환법칙이 성립하지 않는다는 것이다. 즉, $AB \neq BA$ 이다. 행렬곱 연산은 다음과 같은 성질을 갖는다.

1) $A(BC) = (AB)C$ (결합법칙)
2) $A(B+C) = AB + AC, \ (A+B)C = AC + BC$ (분배법칙)
3) 임의의 $n \times m$ 행렬 A에 대하여 $IA = A$를 만족시키는 $n \times n$ 단위행렬 I_n과 $AI = A$를 만족시키는 $m \times m$ 단위행렬 I_m이 존재한다.

3. 역행렬(Inverse of matrix)

■ 소행렬식(minor)

$n \times n$ 정방행렬 A에서 i번째 행과 j번째 열을 없애고 남은 $(n-1) \times (n-1)$ 행렬의 행렬식을 행렬 A의 소행렬식이라 부른다.

■ 상호인수(cofactor)

행렬 A의 성분 a_{ij}의 소행렬식을 M_{ij}라고 할 때, 상호인수 β_{ij}는 다음 식으로 정의된다.

$$\beta_{ij} = (-1)^{i+j} M_{ij} \tag{A.7}$$

상호인수 β_{ij}는 행렬식 $|A| = \det(A)$의 전개에서 a_{ij}의 계수가 된다.

■ 수반행렬(adjoint matrix)

i행과 j열의 성분이 β_{ji}인 행렬 B를 행렬 A의 수반행렬이라 하고 $adj\, A$라고 표시한다. 즉, A의 수반행렬은 행렬의 요소가 A의 상호인수로 이루어지는 행렬의 전치행렬이며, 다음과 같이 나타낼 수 있다.

$$B = [b_{ij}] = [\beta_{ji}] = adj\, A. \tag{A.8}$$

■ 행렬식(determinant of a matrix)

행렬식(determinant)은 정방행렬에 대해서만 정의된다. $n \times n$ 정방행렬 A의 행렬식은 상수값을 가지며, $\det(A)$로 표시하고 다음과 같이 정의된다.

1) $n = 1$일 때에는, $\det(A) = a_{11}$

2) $n \geq 2$일 때, 행렬 A의 i행을 기준으로 정의할 수도 있고

$$\det(A) = \sum_{j=1}^{n} a_{ij}\beta_{ij},$$

또는, 행렬 A의 j열을 기준으로 정의할 수도 있다.

$$\det(A) = \sum_{i=1}^{n} a_{ij}\beta_{ij}.$$

따라서 행렬 A가 2×2일 때, $\det(A) = a_{11}a_{22} - a_{12}a_{21}$이다. 예를 들면, 다음과 같다.

$$\det\left(\begin{bmatrix} -1 & 2 \\ 5 & 3 \end{bmatrix}\right) = (-1)(3) - (2)(5) = -13$$

■ 역행렬(inverse of matrix)

정방행렬 A 에 대하여 식(A.9)를 만족하는 행렬 B 가 존재할 때, 행렬 B 를 행렬 A 의 역행렬이라 하고, $B = A^{-1}$ 로 표시한다.

$$AB = BA = I \tag{A.9}$$

일반적으로, 행렬 A 가 $n \times n$ 비특이행렬일 때, $n \times n$ 비특이행렬인 역행렬 A^{-1} 가 유일하게 존재한다. 하지만, 행렬식이 0이 되는 특이행렬의 경우에는 역행렬이 존재하지 않는다. 그러므로, 행렬 A 가 비특이행렬이고 $AB = C$ 일 때, 행렬 B 는 다음과 같이 계산된다.

$$A^{-1}AB = A^{-1}C$$
$$B = A^{-1}C$$

■ 역행렬의 계산(formulation of inverse of matrix)

임의의 정방행렬 A 에 대하여, A 의 수반행렬과 행렬식 사이에는 다음과 같은 관계식이 성립한다.

$$A(adj\ A) = (adj\ A)A = |A|I$$

그러므로, A 의 역행렬 A^{-1} 는 다음과 같이 수반행렬과 행렬식으로부터 계산할 수 있다.

$$A^{-1} = \frac{adj\ A}{\det(A)} \tag{A.10}$$

특히, 2×2 비특이행렬과 3×3 비특이행렬의 역행렬을 구하는 공식은 다음과 같다.

$$\begin{bmatrix} a & b \\ c & d \end{bmatrix}^{-1} = \frac{1}{ad-bc}\begin{bmatrix} d & -b \\ -c & a \end{bmatrix}, \quad ad-bc \neq 0 \tag{A.11}$$

$$\begin{bmatrix} a & b & c \\ d & e & f \\ g & h & i \end{bmatrix}^{-1} = \frac{1}{|A|}\begin{bmatrix} \begin{vmatrix} e & f \\ h & i \end{vmatrix} & -\begin{vmatrix} b & c \\ h & i \end{vmatrix} & \begin{vmatrix} b & c \\ e & f \end{vmatrix} \\ -\begin{vmatrix} d & f \\ g & i \end{vmatrix} & \begin{vmatrix} a & c \\ g & i \end{vmatrix} & -\begin{vmatrix} a & c \\ d & f \end{vmatrix} \\ \begin{vmatrix} d & e \\ g & h \end{vmatrix} & -\begin{vmatrix} a & b \\ g & h \end{vmatrix} & \begin{vmatrix} a & b \\ d & e \end{vmatrix} \end{bmatrix} \tag{A.12}$$

■ 역행렬에 관한 유용한 관계식

1) $(A^T)^{-1} = (A^{-1})^T$

2) $(AB)^{-1} = B^{-1}A^{-1}$

3) $\det(AA^{-1}) = \det(I) = 1 = \det(A) \cdot \det(A^{-1})$

4) $\det(A^{-1}) = \dfrac{1}{\det(A)}$

4. 크래머의 공식(Cramer's Formula)

다음과 같은 1차 연립방정식에서

$$
\begin{array}{c}
a_{11}x_1 + a_{12}x_2 + \cdots + a_{1n}x_n = b_1 \\
a_{21}x_1 + a_{22}x_2 + \cdots + a_{2n}x_n = b_2 \\
\cdot \quad \cdot \qquad \quad \cdot \;\; = \; \cdot \\
\cdot \quad \cdot \qquad \quad \cdot \;\; = \; \cdot \\
a_{n1}x_1 + a_{n2}x_2 + \cdots + a_{nn}x_n = b_n
\end{array}
\tag{A.15}
$$

해 x_k는 다음과 같은 크래머의 공식에 의해 구해진다.

$$
x_k = \frac{\Delta_k}{\Delta}, \quad k = 1, 2, \cdots, n
\tag{A.16}
$$

여기서 Δ는 계수행렬 $\boldsymbol{A} = \{a_{ij}\}$의 행렬식 $\Delta = \det(\boldsymbol{A})$이고, Δ_k는 행렬 $\boldsymbol{A}$의 k번째 열에 상수벡터 $\boldsymbol{b} = [b_1, b_2, \cdots, b_n]^T$를 대입한 행렬의 행렬식이다.

B. 삼각함수 공식

$$\sin(-\theta) = -\sin\theta, \quad \cos(-\theta) = \cos\theta$$

$$\sin\theta = \cos(90° - \theta) = -\cos(90° + \theta)$$

$$\sin\theta = \sin(180° - \theta)$$

$$-\sin\theta = \sin(\theta \pm 180°) = \cos(\theta + 90°)$$

$$-\cos\theta = \cos(\theta \pm 180°)$$

$$\sin(\alpha \pm \beta) = \sin\alpha\cos\beta \pm \cos\alpha\sin\beta$$

$$\cos(\alpha \pm \beta) = \cos\alpha\cos\beta \mp \sin\alpha\sin\beta$$

$$\sin^2\theta = (1 - \cos 2\theta)/2, \quad \cos^2\theta = (1 + \cos 2\theta)/2$$

$$\sin 2\theta = 2\sin\theta\cos\theta, \quad \cos 2\theta = \cos^2\theta - \sin^2\theta$$

$$\cos^2\theta + \sin^2\theta = 1$$

$$\sin\alpha\cos\beta = [\sin(\alpha + \beta) + \sin(\alpha - \beta)]/2, \quad \cos\alpha\sin\beta = [\sin(\alpha + \beta) - \sin(\alpha - \beta)]/2$$

$$\cos\alpha\cos\beta = [\cos(\alpha + \beta) + \cos(\alpha - \beta)]/2, \quad \sin\alpha\sin\beta = -[\cos(\alpha + \beta) - \cos(\alpha - \beta)]/2$$

C. 라플라스 변환표(Table of Laplace Transformation)

$f(t)$	$\mathcal{L}\,f(t) = F(s)$
단위 임펄스함수 $\delta(t)$	1
단위계단함수 $u_s(t)$	$\dfrac{1}{s}$
t	$\dfrac{1}{s^2}$
$1 + at$	$\dfrac{s+a}{s^2}$
t^n	$\dfrac{n!}{s^{n+1}}$
e^{-at}	$\dfrac{1}{s+a}$
$1 - e^{-at}$	$\dfrac{a}{s(s+a)}$
$at - (1 - e^{-at})$	$\dfrac{a^2}{s^2(s+a)}$
$\dfrac{b}{a}\left\{1 - \left(1 - \dfrac{a}{b}\right)e^{-at}\right\}$	$\dfrac{s+b}{s(s+a)}$
$t\,e^{-at}$	$\dfrac{1}{(s+a)^2}$
$t^n e^{-at}$	$\dfrac{n!}{(s+a)^{n+1}}$
$\sin\omega t$	$\dfrac{\omega}{s^2 + \omega^2}$
$\cos\omega t$	$\dfrac{s}{s^2 + \omega^2}$
$1 - \cos\omega t$	$\dfrac{\omega^2}{s(s^2 + \omega^2)}$

$f(t)$	$\mathcal{L} f(t) = F(s)$
$\dfrac{1}{b-a}\left(e^{-at} - e^{-bt}\right)$	$\dfrac{1}{(s+a)(s+b)}$
$\dfrac{1}{b-a}\left(b e^{-bt} - a e^{-at}\right)$	$\dfrac{s}{(s+a)(s+b)}$
$\dfrac{1}{ab}\left\{1 + \dfrac{1}{a-b}\left(b e^{-at} - a e^{-bt}\right)\right\}$	$\dfrac{1}{s(s+a)(s+b)}$
$\dfrac{1}{a^2}\left(at - 1 + e^{-at}\right)$	$\dfrac{1}{s^2(s+a)}$
$e^{-at}\sin\omega t$	$\dfrac{\omega}{(s+a)^2 + \omega^2}$
$e^{-at}\cos\omega t$	$\dfrac{s+a}{(s+a)^2 + \omega^2}$
$\dfrac{1}{\omega_n\sqrt{1-\zeta^2}}\, e^{-\zeta\omega_n t}\sin\omega_n\sqrt{1-\zeta^2}\,t$	$\dfrac{1}{s^2 + 2\zeta\omega_n s + \omega_n^2}$
$\dfrac{\omega_n}{\sqrt{1-\zeta^2}}\, e^{-\zeta\omega_n t}\sin\omega_n\sqrt{1-\zeta^2}\,t$	$\dfrac{\omega_n^2}{s^2 + 2\zeta\omega_n s + \omega_n^2}$
$\dfrac{-1}{\sqrt{1-\zeta^2}}\, e^{-\zeta\omega_n t}\sin\left(\omega_n\sqrt{1-\zeta^2}\,t - \phi\right)$	$\dfrac{s}{s^2 + 2\zeta\omega_n s + \omega_n^2}$
$\dfrac{1}{\sqrt{1-\zeta^2}}\, e^{-\zeta\omega_n t}\sin\left(\omega_n\sqrt{1-\zeta^2}\,t + \phi\right)$	$\dfrac{s + 2\zeta\omega_n}{s^2 + 2\zeta\omega_n s + \omega_n^2}$
$1 - \dfrac{1}{\sqrt{1-\zeta^2}}\, e^{-\zeta\omega_n t}\sin\left(\omega_n\sqrt{1-\zeta^2}\,t + \phi\right)$	$\dfrac{\omega_n^2}{s(s^2 + 2\zeta\omega_n s + \omega_n^2)}$
$e^{-\zeta\omega_n t}\sin\left(\omega_n\sqrt{1-\zeta^2}\,t + \phi\right)$	$\dfrac{s + \zeta\omega_n}{s^2 + 2\zeta\omega_n s + \omega_n^2}$

㈜ $\phi = \tan^{-1}\dfrac{\sqrt{1-\zeta^2}}{\zeta}$

찾아보기

회로이론

2015년 02월 15일 제1판 1쇄 펴냄
2015년 02월 20일 제1판 1쇄 펴냄

지은이 권오규 · 이영삼 · 한수희 · 권보규
펴낸이 류원식 | 펴낸곳 청문각 출판

편집국장 안기용 | 책임편집 우종현 | 본문디자인 디자인이투이
표지디자인 디자인이투이 | 제작 김선형 | 홍보 김은주 | 영업 함승형
출력 블루엔 | 인쇄 영프린팅 | 제본 한진제본

주소 413-120 경기도 파주시 문발로 116(문발동 536-2)
전화 1644-0965(대표) | 팩스 070-8650-0965
등록 2015. 01. 08. 제406-2015-000005호 | 홈페이지 www.cmgpg.co.kr
E-mail cmg@cmgpg.co.kr | ISBN 978-89-6364-222-2 (93560) | 값 29,000원